Wahrscheinlichkeitstheorie und Stochastische Prozesse

Michael Mürmann

Wahrscheinlichkeitstheorie und Stochastische Prozesse

Springer Spektrum

Michael Mürmann
Institut für Angewandte Mathematik
Universität Heidelberg
Heidelberg, Deutschland

ISSN 1234-5678
ISBN 978-3-642-38159-1 ISBN 978-3-642-38160-7 (eBook)
DOI 10.1007/978-3-642-38160-7
Mathematics Subject Classification (2010): 60-01, 28-01, 60 F 05, 60 G 05, 60 G 44, 60 J 25, 60 H 05

Die Deutsche Nationalbibliothek verzeichnet diese Publikation in der Deutschen Nationalbibliografie; detaillierte bibliografische Daten sind im Internet über http://dnb.d-nb.de abrufbar.

Gedruckt auf säurefreiem und chlorfrei gebleichtem Papier.

Springer Spektrum ist eine Marke von Springer DE. Springer DE ist Teil der Fachverlagsgruppe Springer Science+Business Media
www.springer-spektrum.de

Einleitung

Die Wahrscheinlichkeitstheorie hat nach L. Breiman [1] eine rechte und eine linke Hand. Die linke Hand denkt stochastisch, führt Probleme z. B. auf Glücksspiele, Münzwürfe, Bewegungen eines physikalischen Teilchens zurück. Die rechte Hand leistet die exakte Grundlagenarbeit, die auf den Methoden der Maßtheorie basiert. R. Durrett [3] meint, aus sprachlichen Gründen (left = sinister, right = dextrous) links und rechts vertauschen zu müssen. Auch wenn es im Deutschen ähnlich ist, hat m. E. Breiman recht, da die konkrete Behandlung stochastischer Probleme mit exakten Methoden durchgeführt wird.

Die beiden Seiten der Wahrscheinlichkeitstheorie spiegeln sich auch in der Lehre wider. Es hat sich bewährt, einen Kursus über Stochastik mit einer elementaren Grundvorlesung zu beginnen. In ihr soll die intuitive Vorstellung an einfachen Modellen entwickelt werden. Dabei werden Begriffe und Methoden der Wahrscheinlichkeitstheorie an Hand von Beispielen mit möglichst geringem technischem Aufwand eingeführt. Mathematisch exakt können auf diesem Niveau jedoch nur diskrete Modelle und mit dem Riemann-Integral Modelle mit stetigen Dichten wie beispielsweise die Normalverteilung behandelt werden. Eine Vorlesung dieser Art ist auch für Studierende geeignet, die sich anschließend nicht weiter mit der Wahrscheinlichkeitstheorie beschäftigen wollen, z. B. Lehramtsstudierende, die Wahrscheinlichkeitstheorie in erster Linie für die Schule lernen wollen, und Studierende mit Nebenfach Mathematik. Ihnen sie sei z. B. das bewährte Lehrbuch von U. Krengel [10] empfohlen.

Daran schließen sich Vorlesungen über die mathematisch exakte Wahrscheinlichkeitstheorie an, von der dieses Buch handelt. Ihre theoretische Grundlage ist die Maßtheorie. Zu ihr gehört auch die Integrationstheorie, die in der Wahrscheinlichkeitstheorie den Erwartungswert betrifft. Es gibt unterschiedliche Auffassungen, inwieweit die Maßtheorie in einer solchen Vorlesung behandelt werden soll. Man kann sich mit ihr in einer separaten Vorlesung beschäftigen und sie dann in einer anschließenden Vorlesung über Wahrscheinlichkeitstheorie voraussetzen. Dies hat zwar den Vorteil, dass man die Maßtheorie ausführlicher behandeln und sich dann auf die eigentliche Wahrscheinlichkeitstheorie konzentrieren kann. Andererseits benötigt man ein zusätzliches Semester, das die elementare von der maßtheoretischen Wahrscheinlichkeitstheorie trennt. Eine andere Möglichkeit besteht darin, die für die Wahrscheinlichkeitstheorie notwendige Maßtheorie bereitzustellen, ohne in Details zu gehen, vor allem unter Auslassung technisch schwieriger Beweise. Wir vertreten demgegenüber den Standpunkt, dass in eine Vorlesung über Wahrscheinlichkeitstheorie die Maßtheorie, zumindest soweit sie benötigt wird, exakt integriert werden sollte, da für ein tieferes Verständnis und Anwendungen der Wahrscheinlichkeitstheorie genauere Kenntnisse der Maßtheorie notwendig sind. Vor allem die fortgeschrittene Theorie kommt ohne höhere Maßtheorie nicht aus. Daher ist es nicht sinnvoll, die Grundlagen der Maßtheorie ohne Beweise nur zu erwähnen. Dennoch ist dies in erster Linie ein Buch über Wahrscheinlichkeitstheorie, und wir werden die Maßtheorie daher hauptsächlich als Hilfsmittel für sie entwickeln. Das hat zusätzlich den Vorteil, dass ansonsten abstrakte Begriffe und Methoden stochastisch motiviert werden und dadurch einen anschaulichen Hintergrund bekommen. Da die Maßtheorie aber auch in anderen Bereichen der Mathematik eine wichtige Rolle spielt, werden wir sie auch für solche Anwendungen allgemein genug behandeln.

Wir gehen davon aus, dass der Leser eine intuitive Vorstellung von den Grundbegriffen und elementaren Methoden der Wahrscheinlichkeitstheorie, z. B. aus der erwähnten Grundvorlesung, hat. Genau genommen setzen wir jedoch keine konkreten Kenntnisse voraus, da wir diese von Beginn an entwickeln werden. Lediglich in Kap. 1, das motivierenden Charakter hat und dessen Resultate anschließend nicht mehr benötigt werden, benutzen wir elementare Kenntnisse. Ähnlich verhält es sich mit den bekanntesten Verteilungen, die wir jeweils kurz ohne nähere Begründung angeben, teilweise auch in den Übungen herleiten. Für das Verständnis des Buchs ist es zwar nicht unbedingt erforderlich, aber der Leser sollte dennoch einigermaßen mit der stochastischen Denkweise, eben der linken Hand, vertraut sein. Es ist nicht sinnvoll, Wahrscheinlichkeitstheorie abstrakt zu betreiben, ohne eine anschauliche Vorstellung von ihr zu haben. Um im Bilde zu bleiben: man kann eben nur mit beiden Händen etwas richtig anpacken. Nach den maßtheoretischen Grundlagen beschäftigen wir uns vom zweiten Teil an in erster Linie mit stochastischen Themen. Wir beginnen mit dem Begriff der Unabhängigkeit und Grenzwertsätzen für Summen unabhängiger Zufallsvariablen, dem starken Gesetz der großen Zahlen und dem zentralen Grenzwertsatz. Im Zusammenhang mit dem zentralen Grenzwertsatz werden wir schwache Konvergenz und charakteristische Funktionen behandeln. Sie sind auch in anderen Situationen in der Wahrscheinlichkeitstheorie wichtig.

Der dritte Teil behandelt die Theorie der stochastische Prozesse. Bei ihnen handelt es sich um Modelle für zeitabhängige Entwicklungen mit zufälligen Werten. Aus dem zeitlichen Verlauf ergeben sich typische Modellansätze und Fragestellungen, die das Verhalten der Pfade betreffen. Als einführende Beispiele beschäftigen wir uns zunächst mit Markov-Ketten, da sie sich mit elementaren Methoden behandeln lassen und die daher häufig auch bereits in der Grundvorlesung behandelt werden (s. U. Krengel [10], Kapitel III). Ein Leser mit entsprechenden Kenntnissen kann Kap. 10 zur Wiederholung überfliegen oder ganz auslassen.

So weit notwendig werden wir uns dann mit der allgemeinen Theorie stochastischer Prozesse, vor allem ihrer Konstruktion, beschäftigen. Im Vordergrund stehen jedoch einzelne Klassen stochastischer Prozesse, Martingale und Markov-Prozesse. Sie sind charakterisiert durch spezielle Annahmen über ihre zeitliche Entwicklung. Für sie gibt es jeweils eine umfangreiche Theorie mit entsprechenden Eigenschaften und interessanten Beispielen mit wichtigen Anwendungen. Wir werden vor allem die Martingaltheorie ausführlich behandeln.

Für die Modellierung von stochastischen Prozessen und deren Untersuchung benötigen wir eine genügend allgemeine Struktur von Abhängigkeit, die auch für andere Situationen von Bedeutung ist. Sie wird durch die bedingte Wahrscheinlichkeit und Erwartung bzgl. einer σ-Algebra dargestellt. Das sind keine deterministischen Größen wie die bedingten Wahrscheinlichkeiten bzgl. eines Ereignisses und der Erwartungswert, sondern Zufallsvariable, die gewisse Kenntnisse über den Ausgang eines Zufallsexperiments berücksichtigen, z. B. im Fall eines stochastischen Prozesses die Werte des Prozesses bis zu einer festen Zeit.

Auch in diesem Teil müssen wir uns mit Maßtheorie beschäftigen, diesmal mit fortgeschrittenen Themen, die noch spezieller für die Wahrscheinlichkeitstheorie von Bedeutung sind. Wir behandeln Maße auf Funktionenräumen und die Beziehung von Maßen zueinander. Gerade das letzte Thema hat auch einen interessanten Bezug zur Analysis, und zwar zur Beziehung zwischen Differentiation und Integration, die den Hauptsatz der Analysis verallgemeinert.

Im vierten Teil behandeln wir die elementare Theorie des stochastischen Integrals, das die Grundlage der stochastischen Analysis ist. Wir behandeln das stochastische Integral nicht nur bzgl. der Brownschen Bewegung, sondern bzgl. allgemeiner Semimartingale als Integratoren. Die Einführung in diese an sich sehr komplizierte Theorie wird dadurch möglich, dass wir von dem üblichen Vorgehen abweichen, indem wir Semimartingale als stochastische Prozesse mit einer Stetigkeitseigenschaft, die sie zu geeigneten Integratoren machen, und das stochastische Integral dementsprechend definieren. Dieses Konzept hat den Vorteil, dass man ohne zu große technische Vorbereitungen das stochastische Integral bis zu einem gewissen Stadium einfacher und natürlicher definieren und seine grundlegenden Eigenschaften mit wichtigen Anwendungen, z. B. in der stochastischen Theorie der Finanzmärkte bis zur Black-Scholes-Formel der Optionsbewertung, leichter beweisen kann. Diese Methode ist besonders geeignet, wenn man sich wie wir im Rahmen der Wahrscheinlichkeitstheorie nur mit den Grundlagen der stochastischen Analysis beschäftigt. Erst die fortgeschrittene Theorie benötigt eine Fortsetzung des stochastischen Integrals, die dann wesentlich schwieriger wird. Auf sie können wir im Rahmen dieses Buchs nicht weiter eingehen.

Dieser Teil ist auch für ein Seminar über eine elementare Einführung in die stochastische Analysis geeignet.

Neben dem mathematischen Vorgehen sollte eine Grundvorlesung mit Verfahren und Kriterien vertraut machen, für Phänomene und Probleme der Realität ein stochastisches Modell aufzustellen, dieses entsprechend zu behandeln und die Ergebnisse zu interpretieren. In der maßtheoretisch orientierten Vorlesung sollten entsprechende prinzipielle Überlegungen zu stochastischen Modellen diskutiert werden, wie wir es bei passenden Gelegenheiten tun werden (s. z. B. zur heuristischen Begründung mathematischer Modelle und deren exakte Behandlung in Kap. 11).

Am Ende der Kapitel werden Übungsaufgaben gestellt. Zu einigen von ihnen sind die Lösungen am Ende angegeben. Das gilt vor allem für Beweise, die auf die Übungen verlegt sind. Diese Übungen sind mit einem Stern (*) gekennzeichnet.

Die Nummern der Literaturhinweise sind in eckigen Klammern [.] notiert.

Das Lehrbuch entstand aus Vorlesungen an der Universität Heidelberg.

Bedanken möchte ich mich bei Kollege Wolf Beiglböck für seine Durchsicht des Manuskripts und wertvolle Hinweise und bei Alexander Mürmann aus Wien, der mich bei den wirtschaftswissenschaftlichen Aspekten der Theorie der Finanzmärkte beraten hat.

Ich danke auch den Mitarbeitern des Springer-Verlags für die gute und freundliche Zusammenarbeit.

Inhaltsverzeichnis

Teil II Unabhängigkeit und Grenzwertsätze der Wahrscheinlichkeitstheorie

Teil III Abhängigkeit und stochastische Prozesse

Teil I
Grundlagen der Maß- und Integrationstheorie

Einführendes Beispiel: Der unendliche Münzwurf 1

Wie in der Einleitung erwähnt, nehmen wir an, dass der Leser mit der elementaren Wahrscheinlichkeitstheorie (s. z. B. das Lehrbuch von U. Krengel [10]) vertraut ist, auch wenn wir ihre Kenntnisse ab dem nächsten Kapitel nicht notwendig voraussetzen. Konkret bedeutet das additive Wahrscheinlichkeiten (s. Satz 1.2), speziell diskrete Modelle.

Wir wollen die Notwendigkeit, Wahrscheinlichkeitstheorie auf der Grundlage der Maßtheorie zu entwickeln, um gewisse Probleme behandeln zu können, am Beispiel des unendlichen Münzwurfs motivieren. Dies ist in gewissem Sinne das einfachste derartige Beispiel und von grundlegender Bedeutung. An ihm zeigen wir, wie weit man in der Wahrscheinlichkeitstheorie mit elementaren Methoden kommt, und überlegen uns, was für weitergehende Aussagen, in diesem Fall über das Konvergenzverhalten, benötigt wird. Schließlich stellen wir eine Beziehung her zu der gleichmäßigen Verteilung auf $[0,1)$, ein ebenfalls grundlegendes Beispiel.

Zur Konstruktion dieses Modells gehen wir von den bekannten diskreten Modellen für jeweils eine feste Anzahl von unabhängigen Würfen einer idealen Münze aus.

Für $m \geq 1$ sei

$$\Omega_m = \{0,1\}^m \quad \text{und} \quad P_m(A_m) = \frac{|A_m|}{2^m} \quad \text{für } A_m \subset \Omega_m \tag{1.1}$$

mit „1“ stellvertretend für „Zahl“ und „0“ für „Wappen“.

Bei manchen Fragestellungen wie zum Beispiel der Verteilung der Anzahl der Würfe bis zum ersten Wurf mit Ausgang „Zahl“ oder dem Ruinproblem (s. Anfang von Kap. 10), ist die Anzahl der Würfe zwar endlich, hängt aber selbst vom Zufall ab. Für die Behandlung solcher Probleme stellen wir ein elementares Modell auf, das wir später erweitern werden.

Als Grundraum nehmen wir die Menge aller unendlichen 0-1-Folgen, also

$$\Omega = \{\omega = (\omega_n)_{n\geq 1} : \omega_n \in \{0,1\} \quad \text{für} \quad n \geq 1\} = \{0,1\}^{\mathbb{N}}.$$

Bekanntlich ist Ω überabzählbar. Um Teilmengen von Ω eine Wahrscheinlichkeit zuzuordnen, die unabhängigen Würfen einer idealen Münze entspricht, gehen wir von solchen

M. Mürmann, *Wahrscheinlichkeitstheorie und Stochastische Prozesse*,
DOI 10.1007/978-3-642-38160-7_1, © Springer-Verlag Berlin Heidelberg 2014

Teilmengen aus, die nur von endlich vielen Würfen abhängen, wie zum Beispiel „unter den ersten 5 Würfen tritt 1 höchstens 3-mal auf oder „der 3. und 6. Wurf hat das gleiche Ergebnis“. Solche Mengen nennt man Zylindermengen. Exakt lassen sie sich folgendermaßen definieren.

Definition 1.1 Eine Teilmenge $A \subset \{0,1\}^N$ heißt eine *Zylindermenge*, wenn ein $m \geq 1$ und eine Menge $A_m \subset \{0,1\}^m$ existiert, so dass $\{A = (\omega_n)_{n\geq 1} \in \{0,1\}^N : (\omega_1, \ldots, \omega_m) \in A_m\}$ ist. Das System aller Zylindermengen werde mit $\mathcal{Z}$ bezeichnet.

Mit Hilfe der Projektionen auf die jeweils ersten m Komponenten

$$\pi_m : \{0,1\}^N \to \{0,1\}^m \quad \text{für} \quad m \geq 1, \text{ definiert durch } \pi_m((\omega_n)_{n\geq 1}) = (\omega_1, \ldots, \omega_m)$$

lassen sich Zylindermengen geeignet darstellen in der Form

$$\{(\omega_n)_{n\geq 1} \in \Omega : (\omega_1, \ldots, \omega_m) \in A_m\} = \pi_m^{-1}(A_m) .$$

Die Projektionen π_m ($m \geq 1$) sind surjektiv, wie man leicht durch eine beliebige Ergänzung eines gegebenen Elements aus $\{0,1\}^m$ zu einer unendlichen Folge sieht. Die Surjektivität wird sich im Folgenden als wichtig erweisen.

Den Zylindermengen ordnen wir die Wahrscheinlichkeiten zu, die endlich vielen Würfen entspricht. Wir definieren daher auf $\mathcal{Z}$ die Wahrscheinlichkeit P durch

$$P(\pi_m^{-1}(A_m)) = P_m(A_m) \tag{1.2}$$

mit den durch (1.1) definierten Wahrscheinlichkeiten $P_m (m > 1)$.

Da sich Zylindermengen auf verschiedene Weisen in der Form $\pi_m^{-1}(A_m)$ darstellen lassen, müssen wir zeigen, dass diese Definition eindeutig ist. Ferner beweisen wir, dass $\mathcal{Z}$ eine Algebra und P eine additive Wahrscheinlichkeit auf $\mathcal{Z}$ ist.

Satz 1.2

1. $\mathcal{Z}$ ist eine Algebra, d. h. es gilt
   i) $\Omega \in \mathcal{Z}$
   ii) $A \in \mathcal{Z} \Rightarrow A^c \in \mathcal{Z}$
   iii) $A, B \in \mathcal{Z} \Rightarrow A \cup B \in \mathcal{Z}$
2. P ist durch (1.2) auf $\mathcal{Z}$ eindeutig definiert und eine additive Wahrscheinlichkeit, d. h. es gilt
   i) $0 \leq P(A) \leq 1$ für $A \in Z, P(\Omega) = 1$
   ii) $P(A \cup B) = P(A) + P(B)$ für disjunkte $A, B \in \mathcal{Z}$.

Zum Beweis der Eindeutigkeit überlegen wir uns, inwieweit die Darstellung von Zylindermengen auf verschiedene Weisen möglich ist. Das folgende Ergebnis werden wir auch für andere Zwecke benötigen.

▸ **Lemma 1.3** Für $A_m \subset \{0,1\}^m$ und $B_k \subset \{0,1\}^k$ mit $m \geq k$ gilt:

$$\pi_m^{-1}(A_m) = \pi_k^{-1}(B_k) \Leftrightarrow A_m = B_k \times \{0,1\}^{m-k}.$$

Beweis: Wir behandeln zunächst den Spezialfall $m = k$, d. h. wir zeigen:

$$\pi_m^{-1}(A_m) = \pi_m^{-1}(B_m) \Leftrightarrow A_m = B_m.$$

Die Richtung $\Leftarrow$ ist in diesem Fall trivial. Zum Beweis von $\Rightarrow$ zeigen wir allgemein:

▸ **Lemma 1.4** Für beliebige Mengen M, N und Abbildungen $f: M \to N$ gilt

1. $f(f^{-1}(A)) \subset A$ für alle Mengen $A \subset N$
2. Für surjektive Abbildungen f ist $f(f^{-1}(A)) = A$ für alle Mengen $A \subset N$.

Beweis
1. $x \in f^{-1}(A)$ bedeutet $f(x) \in A$. Daraus folgt $f(f^{-1}(A)) \subset A$.
2. Sei $y \in A$. Wegen der Surjektivität von f existiert ein $x \in M$ mit $f(x) = y$. Da $y \in A$ ist, ist $x \in f^{-1}(A)$ und damit $y = f(x) \in f(f^{-1}(A))$. Es folgt $A \subset f(f^{-1}(A))$ und mit 1. die Gleichheit.

Durch Anwendung von Lemma 1.4.2 auf die surjektiven Abbildungen π_m folgt $A_m = \pi_m(\pi_m^{-1}(A_m))$ und $B_m = \pi_m(\pi_m^{-1}(B_m))$ und damit Lemma 1.3 für den Fall $m = k$.

Für beliebiges $m \geq k$ und $B_k \subset \{0,1\}^k$ zeigen wir

$$\pi_k^{-1}(B_k) = \pi_m^{-1}(B_k \times \{0,1\}^{m-k}). \tag{1.3}$$

Mit dem soeben bewiesenen Spezialfall folgt daraus Lemma 1.3.

Nach Definition der Projektionen gilt:

$$(\omega_n)_{n\geq 1} \in \pi_k^{-1}(B_k) \Leftrightarrow (\omega_1,\ldots,\omega_k) \in B_k$$
$$(\omega_n)_{n\geq 1} \in \pi_m^{-1}(B_k \times \{0,1\}^{m-k}) \Leftrightarrow (\omega_1,\ldots,\omega_k,\omega_{k+1},\ldots,\omega_m) \in B_k \times \{0,1\}^{m-k}.$$

Da die rechten Seiten offensichtlich äquivalent sind, folgt (1.3).

Beweis von Satz 1.2: Der Beweis beruht im wesentlichen darauf, dass das Urbild mit allen Mengenoperationen vertauscht.

1. i) $\Omega \in \mathcal{Z}$, da $\Omega = \pi_m^{-1}(\Omega_m)$ für ein beliebiges $m \geq 1$ ist.
   ii) Aus $A = \pi_m^{-1}(A_m) \in \mathcal{Z}$ folgt $A^c = (\pi_m^{-1}(A_m))^c = \pi_m^{-1}(A_m^c) \in \mathcal{Z}$.
   iii) Seien $A = \pi_m^{-1}(A_m)$, $B = \pi_k^{-1}(B_k) \in \mathcal{Z}$. Aus Symmetriegründen können wir ohne Einschränkung $m \geq k$ annehmen. Nach Lemma 1.3 lässt sich B auch als $B = \pi_m^{-1}(B_m)$ mit $B_m = B_k \times \{0,1\}^{m-k}$ darstellen. Es folgt $A \cup B = \pi_m^{-1}(A_m) \cup \pi_m^{-1}(B_m) = \pi_m^{-1}(A_m \cup B_m) \in \mathcal{Z}$.
2. Zum Beweis der Eindeutigkeit sei $\pi_m^{-1}(A_m) = \pi_k^{-1}(B_k)$, wobei wir wieder $m \geq k$ annehmen können. Nach Lemma 1.3 ist $A_m = B_k \times \{0,1\}^{m-k}$ und daher $|A_m| = |B_k| \cdot 2^{m-k}$. Es folgt

$$P_m(A_m) = \frac{|A_m|}{2^m} = \frac{|B_k| \cdot 2^{m-k}}{2^m} = \frac{|B_k|}{2^k} = P_k(B_k)$$

   und damit die Eindeutigkeit der Definition von P.
   i) Aus $A_m \subset \Omega_m$ $(m \geq 1)$ folgt $|A_m| \leq |\Omega_m| = 2^m$ und damit $0 \leq P(A) = P_m(A_m) \leq 1$ für $A = \pi_m^{-1}(A_m) \in \mathcal{Z}$ sowie $P(\Omega) = 1$ für $A_m = \Omega_m$.
   ii) Wie im Beweis von 1 iii) seien $A = \pi_m^{-1}(A_m)$, $B = \pi_k^{-1}(B_k) = \pi_m^{-1}(B_m) \in \mathcal{Z}$ mit $m \geq k$. Sind A und B paarweise disjunkt, dann sind auch A_m und B_m paarweise disjunkt. Denn aus $\pi_m^{-1}(A_m \cap B_m) = A \cap B = \emptyset$ folgt mit Lemma 1.4, dass $A_m \cap B_m = \pi_m(\pi_m^{-1}(A_m \cap B_m)) = \emptyset$ ist.
   Die Additivität von P folgt damit aus der Additivität von P_m:

$$P(A \cup B) = P_m(A_m \cup B_m) = P_m(A_m) + P_m(B_m) = P(A) + P(B).$$

Bei wiederholten unabhängigen Würfen einer idealen Münze erwartet man, dass die relative Häufigkeit der Anzahl der Würfe mit Ausgang „Zahl" gegen $\frac{1}{2}$ konvergiert. Man kann jedoch leicht Folgen von „Zahl" und „Wappen" angeben, für die das nicht gilt. Es zeigt sich aber, dass diese Folgen stochastisch eine Ausnahme bilden, wobei wir präzisieren müssen, in welchem Sinne das gilt.

Bereits in diesem elementaren Modell können wir das schwache Gesetz der großen Zahlen formulieren und beweisen. Dazu definieren wir auf Ω die Zufallsvariablen, d. h. Abbildungen X_k $(k \geq 1)$ durch $X_k((\omega_n)_{n\geq 1}) = \omega_k$ und $S_n = X_1 + \ldots + X_n$ $(n \geq 1)$. S_n ist die Anzahl der Würfe mit Ausgang „Zahl" unter den ersten n Würfen. Das schwache Gesetz der großen Zahlen besagt, dass für jedes $\varepsilon > 0$

$$P\left(\left|\frac{S_n}{n} - \frac{1}{2}\right| \geq \varepsilon\right) \to 0 \quad \text{für} \quad n \to \infty \tag{1.4}$$

konvergiert.

Offensichtlich ist $\left\{\left|\frac{S_n}{n} - \frac{1}{2}\right| \geq \varepsilon\right\} \in \mathcal{Z}$ und $P\left(\left|\frac{S_n}{n} - \frac{1}{2}\right| \geq \varepsilon\right)$ daher definiert.

Zum Beweis von (1.4) schätzen wir für $P\left(\left|\frac{S_n}{n} - \frac{1}{2}\right| \geq \varepsilon\right)$ für $\varepsilon > 0$ und $n \geq 1$ mit der Tschebychev'schen Ungleichung ab.

Für Zufallsvariable X mit endlicher Varianz $V(X)$ gilt für alle $\varepsilon > 0$:

$$P(|X - EX| \geq \varepsilon) \leq \frac{V(X)}{\varepsilon^2}. \tag{1.5}$$

Da es uns in diesem Kapitel nur darauf ankommt, zu zeigen, was man mit elementaren Methoden beweisen kann, verzichten wir an dieser Stelle auf den für Zufallsvariable mit diskreter Verteilung elementaren Beweis der Tschebychev'schen Ungleichung. In Kap. 4 werden wir sie in der verallgemeinerten Form 4.43 beweisen.

Es folgt für jedes $\varepsilon > 0$

$$P\left(\left|\frac{S_n}{n} - \frac{1}{2}\right| \geq \varepsilon\right) \leq \frac{V\left(\frac{S_n}{n}\right)}{\varepsilon^2} = \frac{V(X_1)}{n\varepsilon^2} = \frac{1}{4n\varepsilon^2} \to 0 \tag{1.6}$$

für $n \to \infty$ und damit das schwache Gesetz der großen Zahlen (1.4).

Es besagt, dass die Wahrscheinlichkeit von größeren Abweichungen der Differenz der relativen Häufigkeit $\frac{S_n}{n}$ von $\frac{1}{2}$ als eine beliebig kleine positive Schranke beliebig klein wird für hinreichend großes n. Es bedeutet jedoch nicht, dass die Wahrscheinlichkeit, dass $\frac{S_n}{n}$ nicht gegen $\frac{1}{2}$ konvergiert, beliebig klein und damit gleich 0 ist. Es könnte zu zufälligen Zeiten immer seltener, aber immer mal wieder Abweichungen geben (s. Übung 1.1 bzw. Gegenbeispiel 1 zu Satz 3.17). Dass das hier jedoch nicht der Fall ist, dass also die Wahrscheinlichkeit der Ausnahmemenge $N = \left\{\frac{S_n}{n} \not\to \frac{1}{2} \text{ für } n \to \infty\right\}$ gleich 0 ist, behauptet das starke Gesetz der großen Zahlen. Das starke und schwache Gesetz der großen Zahlen unterscheiden sich in der Konvergenzart. In Kap. 3 werden wir genauer auf den Unterschied zwischen diesen Konvergenzarten eingehen. An dieser Stelle begnügen wir uns mit dem Hinweis, dass die Menge N keine Zylindermenge ist, $P(N)$ also nicht definiert ist.

Das starke Gesetz der großen Zahlen rechtfertigt die Interpretation von $\frac{1}{2}$ als Wahrscheinlichkeit und damit den Modellansatz (s. auch das allgemeine Modell von Bernoulli-Experimenten mit beliebiger Wahrscheinlichkeit (Übung 1.3)). Wir werden auf seine diesbezügliche Bedeutung in Kap. 6, in dem wir das starke Gesetz der großen Zahlen allgemein behandeln, genauer eingehen und in diesem Zusammenhang auch die Beziehung zwischen Phänomenen der Realität und entsprechenden mathematischen Modellen diskutieren.

Jetzt wollen wir versuchen, das starke Gesetz der großen Zahlen so weit wie möglich mit elementaren Methoden zu begründen und uns überlegen, was uns dann zu einem exakten Beweis noch fehlt.

Dazu überdecken wir die Ausnahmemenge N mit Mengen möglichst kleiner Wahrscheinlichkeit. Die folgende Konstruktion ist speziell auf dieses Beispiel zugeschnitten.

Im 1. Schritt zeigen wir, dass es genügt, die Teilfolge $(S_{m^2})_{m \geq 1}$ zu betrachten, indem wir für $\omega \in \Omega$ beweisen:

$$\frac{S_n(\omega)}{n} \to \frac{1}{2} \quad \text{für} \quad n \to \infty \Leftrightarrow \frac{S_{m^2}(\omega)}{m^2} \to \frac{1}{2} \quad \text{für} \quad m \to \infty. \tag{1.7}$$

Die Richtung $\Rightarrow$ ist als die Konvergenz einer Teilfolge trivial.

Beweis von $\Leftarrow$: Zu $n \geq 1$ existiert ein $m \geq 1$ mit $m^2 \leq n < (m+1)^2$. Mit $0 \leq n - m^2 < 2m + 1$ bzw. $0 \leq n - m^2 \leq 2m$ folgt die Richtung $\Leftarrow$ aus den folgenden Abschätzungen für $\omega = (\omega_n)_{n \geq 1} \in \Omega$:

$$\left| \frac{S_n(\omega)}{n} - \frac{S_{m^2}(\omega)}{m^2} \right| = \left| \left(\frac{1}{n} - \frac{1}{m^2} \right) \sum_{k=1}^{m^2} \omega_k + \frac{1}{n} \sum_{k=m^2+1}^{n} \omega_k \right| \leq \left(\frac{1}{m^2} - \frac{1}{n} \right) m^2 + \frac{n - m^2}{n}$$
$$= 2\frac{n - m^2}{n} \leq \frac{4m}{m^2} = \frac{4}{m} \to 0 \quad \text{für} \quad m \to \infty .$$

Mit (1.7) lässt sich die Ausnahmemenge N auch als $N = \left\{ \frac{S_{m^2}}{m^2} \not\to \frac{1}{2} \text{ für } m \to \infty \right\}$ darstellen.

Im 2. Schritt konstruieren wir eine Überdeckung von N mit Mengen möglichst kleiner Wahrscheinlichkeit.

Sei dazu $(\varepsilon_m)_{m \geq 1}$ eine zunächst beliebige Folge mit $\varepsilon_m \downarrow 0$ für $m \to \infty$ die wir später geeignet wählen werden. Für $m \geq 1$ sei $N_m = \left\{ \left| \frac{S_{m^2}}{m^2} - \frac{1}{2} \right| \geq \varepsilon_m \right\}$. Es ist $N_m \in \mathcal{Z}$.

Wir zeigen:

1. Für alle $k \geq 1$ ist $N \subset \cup_{m=k}^{\infty} N_m$
2. Die Folge $(\varepsilon_m)_{m \geq 1}$ mit $\varepsilon_m \downarrow 0$ kann so gewählt werden, dass $\sum_{m=1}^{\infty} P(N_m) < \infty$ ist.

Beweis 1: Wir beweisen die Behauptung in der äquivalenten Form $N^c \supset \cap_{m=k}^{\infty} (N_m)^c$ für alle $k \geq 1$. Sei daher $k \geq 1$ und $\omega \in \cap_{m=k}^{\infty} (N_m)^c$. Nach Definition von N_m ist $\left| \frac{S_{m^2}(\omega)}{m^2} - \frac{1}{2} \right| < \varepsilon_m$ für alle $m \geq k$. Aus $\varepsilon_m \downarrow 0$ folgt $\frac{S_{m^2}(\omega)}{m^2} \to \frac{1}{2}$ und damit $\omega \in N^c$.

Beweis 2: Für $n = m^2$ liefert die Tschebychev'sche Ungleichung (1.6)

$$P(N_m) = P\left(\left| \frac{S_{m^2}}{m^2} - \frac{1}{2} \right| \geq \varepsilon_m \right) \leq \frac{1}{4m^2 \varepsilon_m^2} .$$

Wählen wir zum Beispiel $\varepsilon_m = m^{-\alpha}$ mit $0 < \alpha < \frac{1}{2}$, dann konvergiert $\varepsilon_m \downarrow 0$ und es ist

$$\sum_{m=1}^{\infty} P(N_m) \leq \sum_{m=1}^{\infty} \frac{1}{4m^2 \varepsilon_m^2} = \sum_{m=1}^{\infty} \frac{1}{4m^{2-2\alpha}} < \infty .$$

Mit einer solchen Folge $(\varepsilon_m)_{m \geq 1}$ und den dazu gehörenden Zylindermengen $(N_m)_{m \geq 1}$ erhalten wir zu jedem $\varepsilon > 0$ ein $k \geq 1$ mit $N \subset \cup_{m=k}^{\infty} N_m$, so dass $\sum_{m=k}^{\infty} P(N_m) \leq \varepsilon$ ist.

Wir können damit die Ausnahmemenge N für jedes $\varepsilon > 0$ mit abzählbar vielen Zylindermengen überdecken, deren Wahrscheinlichkeiten eine Gesamtsumme $\leq \varepsilon$ hat. Hat damit N Wahrscheinlichkeit 0 und haben wir damit das starke Gesetz der großen Zahlen bewiesen? Natürlich nicht! Denn zunächst einmal ist $P(N)$ nach wie vor nicht definiert. Wir müssen P also als erstes auf eine größere Klasse, die N enthält, fortsetzen. N lässt sich leicht aus Zylindermengen mit Hilfe abzählbarer Vereinigungen und Durchschnitten darstellen (Übung 1.2; s. auch Kap. 3). Wir müssen P daher auf ein Mengensystem fortsetzen, das die Zylindermengen enthält und außer den Eigenschaften einer Algebra auch abzählbare Vereinigungen und Durchschnitte enthält, also eine σ-Algebra ist.

Wir können dann zeigen, dass $P(N) = 0$ ist, wenn wir aus $\sum_{m=k}^{\infty} P(N_m) \le \varepsilon$ schließen können, dass $P\left(\cup_{m=k}^{\infty} N_m\right) \le \varepsilon$ ist. Wir wollen uns überlegen, welche Eigenschaft der Fortsetzung von P diesen Schritt erlaubt.

Für endliche Vereinigungen folgt aus der Additivität von P auf $\mathcal{Z}$ für $j \ge k \ge 1$

$$P\left(\bigcup_{m=k}^{j} N_m\right) \le \sum_{m=k}^{j} P(N_m) \le \sum_{m=k}^{\infty} P(N_m)\,.$$

Dabei haben wir die Subadditivität von P benutzt, die leicht elementar zu beweisen ist (s. Satz 2.14). Ist k genügend groß mit $\sum_{m=k}^{\infty} P(N_m) \le \varepsilon$, so ist $P\left(\cup_{m=k}^{j} N_m\right) \le \varepsilon$ für alle $j \ge k$.

Hieraus folgt dann $P\left(\cup_{m=k}^{\infty} N_m\right) \le \varepsilon$, wenn für aufsteigende Folgen $(A_n)_{n\ge1}$ mit Vereinigung A gilt, dass $P(A_n) \to P(A)$ für $n \to \infty$ konvergiert. Wir werden in Satz 2.19 zeigen, dass für eine additive Wahrscheinlichkeit diese Stetigkeitseigenschaft äquivalent zur σ-Additivität ist. Das bedeutet, dass Eigenschaft 2 ii) von Satz 1.2 entsprechend auch für abzählbare disjunkte Vereinigungen gilt.

Fassen wir zusammen. Zum Beweis des starken Gesetzes der großen Zahlen müssen wir P auf eine σ-Algebra, die $\mathcal{Z}$ enthält, zu einer σ-additiven Mengenfunktion fortsetzen.

Was wir schon jetzt exakt bewiesen haben, können wir mit der folgenden Definition als Satz formulieren.

▸ **Definition 1.5** Eine Menge $N \subset \Omega$ heißt *P-vernachlässigbar*, wenn es zu jedem $\varepsilon > 0$ Mengen $N_m \in \mathcal{Z}$ $(m \ge 1)$ gibt, so dass $N \subset \cup_{m=1}^{\infty} N_m$ und $\sum_{m=1}^{\infty} P(N_m) \le \varepsilon$ ist.

In unserem Beispiel erhält man zu gegebenem $\varepsilon > 0$ diese Mengen N_m $(m \ge 1)$ aus den ursprünglichen Mengen N_m $(m \ge 1)$ des Beweises durch entsprechendes Weglassen von endlich vielen N_m.

▸ **Satz 1.6** Die Menge $\left\{\frac{S_n}{n} \not\to \frac{1}{2} \text{ für } n \to \infty\right\}$ ist P-vernachlässigbar.

Die Definition von P-vernachlässigbar lässt sich unmittelbar auf beliebige additive Wahrscheinlichkeiten übertragen (s. z. B. den folgenden Satz 1.7).

Zum Schluss dieses Kapitels wollen wir mit Hilfe der Dualbruchentwicklung eine Beziehung zu der gleichmäßigen Verteilung auf $[0,1)$ herstellen.

Jede Zahl $x \in [0,1)$ lässt sich bekanntlich in einen Dualbruch $x = \sum_{n=1}^{\infty} \frac{\omega_n}{2^n}$ mit $\omega_n \in \{0,1\}$ für $n \ge 1$ entwickeln. Diese Entwicklung lässt sich durch $(\omega_n)_{n\ge1} \in \Omega$ darstellen. Sie ist eindeutig, wenn man ausschließt, dass nur endlich viele $\omega_n = 0$ sind. Auf diese Weise erhält man für $n \ge 1$ Abbildungen $d_n\colon [0,1) \to \{0,1\}$, die durch $d_n(x) = \omega_n$ definiert sind, und die wir als Folge zu der Abbildung $D: [0,1) \to \Omega$ mit $D(x) = (d_n(x))_{n\geq 1}$ zusammensetzen.

Teilmengen von $[0,1)$, auf denen einige der „Ziffern" d_n konstant sind, sind zum Beispiel

$$\{x : d_1(x) = 0\} = \left[0, \frac{1}{2}\right)$$
$$\{x : d_1(x) = 1\} = \left[\frac{1}{2}, 1\right)$$
$$\{x : d_1(x) = d_2(x) = 0\} = \left[0, \frac{1}{4}\right)$$

und allgemein für $\omega_1, \ldots, \omega_m \in \{0,1\}$ $(m \geq 1)$

$$\{x : d_1(x) = \omega_1, \ldots, d_m(x) = \omega_m\} = \left[\sum_{k=1}^{m} \frac{\omega_k}{2^k}, \sum_{k=1}^{m} \frac{\omega_k}{2^k} + \frac{1}{2^m}\right). \tag{1.8}$$

Sei Q die gleichmäßige Verteilung auf $[0,1)$, die von $Q([a,b)) = b - a$ für $0 \leq a \leq b \leq 1$ ausgeht. Man kann Q leicht additiv auf endliche disjunkte Vereinigungen solcher Intervalle, die eine Algebra bilden, fortsetzen (s. Beispiel 2 von Abschn. 2.2). Q ist ein Modell für die zufällige Wahl einer reellen Zahl aus $[0,1)$ mit stationärer Verteilung, z. B. auf einem Glücksrad mit auf 1 normiertem Gesamtwinkel.

Nach (1.8) ist $Q(x : d_1(x) = \omega_1, \ldots, d_m(x) = \omega_m) = \frac{1}{2^m}$ und mit der Additivität folgt

$$Q(x : (d_1(x), \ldots, d_m(x)) \in A_m) = \frac{A_m}{2^m} \quad \text{für} \quad A_m \subset \Omega_m .$$

Unter Q hat D die Verteilung P. Denn aus $\{x : (d_1(x), \ldots, d_m(x)) \in A_m\} = \{x: \pi_m(D(x)) \in A_m\} = \{x: D(x) \in \pi_m^{-1}(A_m)\} = D^{-1}(\pi_m^{-1}(A_m))$ folgt nach (1.2):

$$Q(\{x: D(x) \in A\}) = P(A) \quad \text{für} \quad A \in \mathcal{Z} .$$

Damit lassen sich aus Aussagen über P entsprechende über Q ableiten. Was Satz 1.6 betrifft, liefert er, da

$$D^{-1}(N) = \left\{x: \frac{1}{n} \sum_{k=1}^{n} \frac{d_k(x)}{2^k} \not\to \frac{1}{2} \quad \text{für} \quad n \to \infty\right\} \quad \text{für} \quad N = \left\{\frac{S_n}{n} \not\to \frac{1}{2} \quad \text{für} \quad n \to \infty\right\}$$

ist:

▸ **Satz 1.7 (Borel)** Die Menge aller $x \in [0,1)$ mit $\frac{1}{n} \sum_{k=1}^{n} \frac{d_k(x)}{2^k} \not\to \frac{1}{2}$ für $n \to \infty$ Q-vernachlässigbar.

Satz 1.7 stellt ein Beispiel einer nicht-trivialen Fortsetzung von Q dar.

1.1 Übungen

1.1* Man gebe eine Folge von Zufallsvariablen $(X_n)_{n\geq 1}$ an mit:

1. für jedes $\varepsilon > 0$ konvergiert $P(|X_n| \geq \varepsilon) \to 0$ für $n \to \infty$
2. $P(X_n \to 0 \text{ für } n \to \infty) = 0$

1.2 Im Modell des unendlichen Münzwurfs stelle man $\left\{\frac{S_n}{n} \not\to \frac{1}{2} \text{ für } n \to \infty\right\}$ mit Hilfe abzählbarer Vereinigungen und Durchschnitte aus Zylindermengen dar.

1.3 Ein Bernoulli-Experiment ist eine Verallgemeinerung des idealen Münzwurfs auf ein Zufallsexperiment mit zwei möglichen Ausgängen mit i. A. verschiedenen Wahrscheinlichkeiten. Ein Modell ist gegeben durch $\Omega_1 = \{0,1\}^1$ mit Wahrscheinlichkeit p für den Ausgang 1 für ein p mit $0 \leq p \leq 1$ und $q = 1 - p$ für den Ausgang 0.
Man konstruiere ein Modell für unendlich viele unabhängige Wiederholungen eines Bernoulli-Experiments.

1.4 Man beweise das starke Gesetz der großen Zahlen in der Form von Satz 1.6 für unendlich viele unabhängige Wiederholungen eines Bernoulli-Experiments.

1.5 Sei $b \geq 2$ eine natürliche Zahl. Jede Zahl $x \in [0,1)$ lässt sich als Bruch zur Basis b darstellen:

$$x = \sum_{n=1}^{\infty} \frac{d_n(x)}{b^n} \quad (d \in \{0,1,\dots,b-1\}).$$

Die Darstellung ist eindeutig, wenn man ausschließt, dass die Folge $(d_n(x))_{n\geq 1}$ schließlich nur aus $(b-1)$ besteht.
Man beweise für jedes $d \in \{0,1,\dots,b-1\}$ ein starkes Gesetz der großen Zahlen für die relative Häufigkeit des Auftretens der Ziffer d.

1.6 a) Man zeige: Sind die Mengen $A_n \subset \Omega$ $(n \geq 1)$ P-vernachlässigbar, dann ist auch $\cup_{n=1}^{\infty} A_n$ P-vernachlässigbar.
b) Was folgt daraus für das Beispiel von Übung 1.5 für alle b und d?

Grundlagen der Maßtheorie 2

Am Beispiel des unendlichen Münzwurfs haben wir die Notwendigkeit erkannt, in der Wahrscheinlichkeitstheorie über elementare Methoden hinauszugehen. Als grundlegend stellten sich σ-additive Mengenfunktion auf σ-Algebren heraus und als spezielles Problem, eine additive Wahrscheinlichkeit zu einer solchen Mengenfunktion fortzusetzen. Mit diesen Themen beschäftigt sich die Maßtheorie, deren Grundlagen wir in diesem Kapitel behandeln wollen. Außer in der Wahrscheinlichkeitstheorie spielt die Maßtheorie in vielen Bereichen vor allem der angewandten Mathematik eine große Rolle. Probleme aus der Maßtheorie traten schon in der Antike bei der Berechnung von Flächen- und Rauminhalten auf (s. Abschn. 2.3).

Wir werden die Maßtheorie in erster Linie in Bezug zur Wahrscheinlichkeitstheorie behandeln. Insbesondere werden wir uns mit den für sie wichtigen Themen beschäftigen und sie stochastisch motivieren. Wir werden jedoch auch unendliche Maße wie das Lebesgue-Maß zulassen. Sie sind für die allgemeine Maßtheorie unerlässlich und werden auch in der Wahrscheinlichkeitstheorie als Grundlage für Maße mit Dichten gebraucht.

Zuerst beschäftigen wir uns mit Mengensystemen, vor allem Algebren und σ-Algebren, und dann mit speziellen Mengenfunktionen auf ihnen, den Inhalten und Maßen. Wichtigstes Resultat ist der Fortsetzungssatz, der das Problem des einführenden Beispiels löst, mit allgemeinen Bedingungen für Eindeutigkeit. Wir behandeln dann die Vollständigkeit von Maßen, die vor allem in der Theorie der stochastischen Prozesse wichtig ist.

2.1 Mengensysteme

Wir definieren zunächst die bereits im ersten Kapitel erwähnten Algebren und σ-Algebren in allgemeinen Räumen und beweisen ihre elementaren Eigenschaften.

M. Mürmann, *Wahrscheinlichkeitstheorie und Stochastische Prozesse*,
DOI 10.1007/978-3-642-38160-7_2, © Springer-Verlag Berlin Heidelberg 2014

▸ **Definition 2.1** Sei Ω eine nicht-leere Menge. Ein System $\mathcal{A}$ von Teilmengen von Ω heißt

1. eine *Algebra (in Ω)*, wenn gilt:
   i) $\Omega \in \mathcal{A}$
   ii) $A \in \mathcal{A} \Rightarrow A^c \in \mathcal{A}$
   iii) $A, B \in \mathcal{A} \Rightarrow A \cup B \in \mathcal{A}$
2. eine *σ-Algebra (in Ω)*, wenn gilt:
   i), ii) wie bei Algebren
   iv) $A_n \in \mathcal{A}\ (n \geq 1) \Rightarrow \cup_{n=1}^{\infty} A_n \in \mathcal{A}$

In den meisten Fällen ist Ω der Grundraum eines festen Modells. Wir werden in diesen und ähnlichen Fällen, wenn klar ist, um welchen Grundraum es sich handelt, auf die Bezeichnung „in Ω" verzichten.

Eine noch elementarere Klasse von Mengensystemen sind die Semi-Algebren (s. Übung 2.2).

▸ **Satz 2.2**

1. Ein Mengensystem $\mathcal{A}$ ist genau dann eine Algebra, wenn gilt:
   i), ii) entsprechend Definition 2.1
   iii′) $A, B \in \mathcal{A} \Rightarrow A \cap B \in \mathcal{A}$
   Eine Algebra $\mathcal{A}$ hat die Eigenschaften
   v) $\emptyset \in \mathcal{A}$
   vi) $A, B \in \mathcal{A} \Rightarrow B \backslash A \in \mathcal{A}$
   vii) $A_1, \ldots, A_n \in A\ (n \geq 1) \Rightarrow \cup_{k=1}^{n} A_k, \cap_{k=1}^{n} A_k \in \mathcal{A}$
2. Ein Mengensystem $\mathcal{A}$ ist genau dann eine σ-Algebra, wenn gilt:
   i), ii) entsprechend Definition 2.1
   iv′) $A, B \in \mathcal{A} \Rightarrow \cap_{n=1}^{\infty} A_n \in \mathcal{A}$

Jede σ-Algebra ist auch eine Algebra.

Man kann die Maßtheorie analog aufbauen, ohne dass der Grundraum $\Omega \in \mathcal{A}$ sein muss. Dabei ersetzt man Definition 2.1 ii) durch Eigenschaft vi) und Definition 2.1 i) dadurch, dass $\mathcal{A} \neq 0$ ist bzw. durch die bei Gültigkeit von vi) äquivalente Bedingung v). Die entsprechenden Mengensysteme heißen Ringe bzw. σ-Ringe. In der Wahrscheinlichkeitstheorie hat man es jedoch immer mit Algebren bzw. σ-Algebren zu tun. Deshalb beschränken wir uns auf sie.

Beweis:

1. Die Äquivalenz folgt durch Komplementbildung aus $A \cap B = (A^c \cup B^c)^c$, $A \cup B = (A^c \cap B^c)^c$
   v) $\emptyset = \Omega^c \in \mathcal{A}$

vi) $B \setminus A = B \cap A^c \in \mathcal{A}$
vii) folgt mit vollständiger Induktion.

2. Die Äquivalenz folgt wie bei Algebren durch Komplementbildung.
Um iii) zu zeigen, stellen wir die Vereinigung $A \cup B$ als abzählbare Vereinigung dar, indem wir $A_1 = A, A_n = B$ für $n \geq 2$ setzen. Aus iv) folgt $A \cup B = \cup_{n=1}^{\infty} A_n \in \mathcal{A}$.

Wie erhält man im konkreten Fall passende Algebren bzw. σ-Algebren? Wie beim unendlichen Münzwurf das System der Zylindermengen, so ist in fast allen Beispielen ein System elementarer Mengen gegeben, das man zu einer Algebra bzw. σ-Algebra erweitern möchte.

Das wichtigste Beispiel sind die Intervalle in $\mathbb{R}$ bzw. allgemein in $\mathbb{R}^d$ $(d \geq 1)$. Natürlich lässt sich jedes Mengensystem zu einer σ-Algebra durch die Potenzmenge der Grundmenge erweitern. Es ist jedoch nützlich, wenn die Algebra bzw. σ-Algebra möglichst klein ist. Mengenfunktionen lassen sich z. B. umso leichter auf eine σ-Algebra fortsetzen, je kleiner diese ist. Das gleiche gilt für die Eindeutigkeit der Fortsetzung. Wir zeigen, dass es in solchen Situationen stets genau eine kleinste Algebra bzw. σ-Algebra gibt, die das gegebene Mengensystem enthält.

▸ **Satz 2.3** Sei Ω eine nicht-leere Menge und $\mathcal{M}$ ein beliebiges System von Teilmengen von Ω. Dann existiert genau eine kleinste Algebra und eine kleinste σ-Algebra, die $\mathcal{M}$ enthält. Sie heißt die von $\mathcal{M}$ erzeugte Algebra bzw. σ-Algebra und wird mit $\alpha(\mathcal{M})$ bzw. $\sigma(\mathcal{M})$ bezeichnet.

Der Beweis benutzt das folgende Lemma.

▸ **Lemma 2.4** Sei I eine beliebige nicht-leere Indexmenge. Für jedes $i \in I$ sei $\mathcal{A}_i$ eine Algebra bzw. σ-Algebra in Ω. Dann ist das System $\cap_{i \in I} \mathcal{A}_i$ eine Algebra bzw. σ-Algebra in Ω.

Anmerkung: Um Missverständnissen vorzubeugen, weisen wir darauf hin, dass der Durchschnitt nicht als System aller Mengen, die sich als Durchschnitte entsprechender Mengen darstellen lassen, gemeint ist, sondern in der genauen Bedeutung des Durchschnitts, d. h. es ist $A \in \cap_{i \in I} \mathcal{A}_i$ genau dann, wenn $A \in \mathcal{A}_i$ für alle $i \in I$ ist.

Wir führen die Beweise von Lemma 2.4 und Satz 2.3 nur für σ-Algebren, da sie auf den Fall von Algebren direkt übertragbar sind.

Beweis von Lemma 2.4: Der Beweis ist einfach und basiert darauf, dass die entsprechenden Mengenoperationen innerhalb jeder σ-Algebra durchgeführt werden können.

i) $\Omega \in \mathcal{A}_i$ für alle $i \in I \Rightarrow \Omega \in \cap_{i \in I} \mathcal{A}_i$
ii) $A \in \cap_{i \in I} \mathcal{A}_i \Rightarrow A \in \mathcal{A}_i$ für alle $i \in I \Rightarrow A^c \in \mathcal{A}_i$ für alle $i \in I \Rightarrow A^c \in \cap_{i \in I} \mathcal{A}_i$
iv) $A_n \in \cap_{i \in I} \mathcal{A}_i$ für $n \geq 1 \Rightarrow A_n \in \mathcal{A}_i$ für alle $i \in I, n \geq 1 \Rightarrow \cup_{n=1}^{\infty} A_n \in \mathcal{A}_i$ für alle $i \in I \Rightarrow \cup_{n=1}^{\infty} A_n \in \cap_{i \in I} \mathcal{A}_i$

Beweis von Satz 2.3: Die definierenden Eigenschaften von $A = \sigma(\mathcal{M})$ sind

1. $\mathcal{A}$ ist eine σ-Algebra
2. $\mathcal{M} \subset \mathcal{A}$
3. $\mathcal{B}$ σ-Algebra mit $\mathcal{M} \subset \mathcal{B} \Rightarrow \mathcal{A} \subset \mathcal{B}$

Die Eindeutigkeit ist damit klar. Denn erfüllt $\mathcal{A}'$ ebenfalls 1, 2 und 3, können wir $\mathcal{B} = \mathcal{A}'$ in der Eigenschaft 3 für $\mathcal{A}$ einsetzen und erhalten $\mathcal{A} \subset \mathcal{A}'$. Durch Vertauschen der Rollen von $\mathcal{A}$ und $\mathcal{A}'$ erhält man die umgekehrte Inklusion und damit $\mathcal{A} = \mathcal{A}'$.

Zum Beweis der Existenz sei $(\mathcal{A}_i)_{i\in I}$ das System aller σ-Algebren, die $\mathcal{M}$ enthalten. Es ist nicht-leer, da es die Potenzmenge von Ω enthält. Wir zeigen, dass $\mathcal{A} = \cap_{i\in I} \mathcal{A}_i$ die Eigenschaften 1, 2 und 3 erfüllt.

1. folgt aus Lemma 2.4.
2. Nach Definition von $(A_i)_{i\in I}$ ist $\mathcal{M} \subset \mathcal{A}_i$ für alle $i \in I$ und damit ist $\mathcal{M} \subset \cap_{i\in I} \mathcal{A}_i$.
3. Sei $\mathcal{B}$ eine σ-Algebra mit $\mathcal{M} \subset \mathcal{B}$. Dann ist $\mathcal{B}$ in dem System $(\mathcal{A}_i)_{i\in I}$ enthalten. Es existiert daher ein $i_0 \in I$ mit $\mathcal{B} = \mathcal{A}_{i0}$, und es folgt $\cap_{i\in I} \mathcal{A}_i \subset \mathcal{A}_{i0} = \mathcal{B}$.

Man beachte, dass der Existenzbeweis nicht konstruktiv ist. Bei einigen Beispielen kann man die Form der Mengen der von einem Mengensystem erzeugten Algebra konkret angeben, aber in den wenigsten Fällen gilt das auch für die erzeugte σ-Algebra. In den meisten Fällen kommt es jedoch nur darauf an zu zeigen, dass eine gegebene Menge zu ihr gehört. Dazu geht man in der Regel so vor, dass man sie mit Hilfe von Mengenoperationen, die man innerhalb einer σ-Algebra durchführen kann, aus bekannten Mengen der σ-Algebra, z. B. dem Erzeugendsystem, darstellt. Wir werden das jetzt an dem wichtigsten Beispiel, dem System der Intervalle in $\mathbb{R}^d$, für verschiedene Mengen durchführen.

Beispiel

Sei $\Omega = \mathbb{R}^d$ $(d \geq 1)$. Mit J_d bezeichnen wir das System aller Intervalle der Form $(a_1, b_1] \times \ldots \times (a_d, b_d]$ mit $-\infty \leq a_i \leq b_i \leq \infty$ für $1 \leq i \leq d$. Für $b_i = \infty$ ist $(a_i, \infty]$ durch (a_i, ∞) zu ersetzen. Wir lassen $a_i = b_i$ zu, damit auch die leere Menge zu $\mathfrak{J}_d$ gehört.

Die von $\mathfrak{J}_d$ erzeugte Algebra lässt sich leicht bestimmen.

▸ **Bemerkung 2.5** $\alpha(\mathfrak{J}_d)$ besteht aus allen endlichen Vereinigungen von paarweise disjunkten Mengen aus $\mathfrak{J}_d$.

Beweis: Die Behauptung folgt aus den Eigenschaften

1. $\alpha(\mathfrak{J}_d)$ enthält alle Mengen dieser Form.
2. Das System dieser Mengen bildet eine Algebra.

1. ist trivial.

Wir führen den Beweis von 2. der Einfachheit halber nur für $d = 1$. Für beliebiges d geht er im Prinzip genau so, erfordert aber wegen der Indizes der Koordinaten etwas mehr Aufwand.

i) $\Omega = \mathbb{R} = (-\infty, \infty) \in \mathfrak{J}_1$ (mit $a = -\infty$, $b = \infty$)
ii) Sei $A = (a_1, a_1'] \cup \ldots \cup (a_m, a_m']$ mit paarweise disjunkten Intervallen $(a_j, a_j']$ $(1 \le j \le m)$. Da die Intervalle sich nicht überlappen, können wir ohne Einschränkung annehmen, dass sie angeordnet sind, d. h. $a_1 \le a_1' \le a_2 \le a_2' \le a_m \le a_m'$ ist. Dann ist $A^c = (-\infty, a_1] \cup (a_1', a_2] \cup \ldots \cup (a_{m-1}', a_m] \cup (a_{m-1}', \infty)$ auch von der entsprechenden Form. Bei dieser Vereinigung können einige der Intervalle leer sein.
iii′) Seien $A = (a_1, a_1'] \cup \ldots \cup (a_m, a_m']$ und $B = (b_1, b_1'] \cup \ldots \cup (b_n, b_n']$ mit jeweils paarweise disjunkten Intervallen. Da alle Intervalle i. A. nicht untereinander paarweise disjunkt sind, hat ihre Vereinigung nicht von vornherein die erforderliche Form. Sie lässt sich zwar leicht darauf bringen, aber es ist noch einfacher, nach Satz 2.2.1 den Durchschnitt zu nehmen. Er ist $A \cap B = \cup_{j=1}^m \cup_{k=1}^n ((a_j, a_j'] \cap (b_k, b_k'])$. Da die $(a_j, a_j']$ $(1 \le j \le m)$ und $(b_k, b_k']$ $(1 \le k \le m)$ jeweils paarweise disjunkt sind, sind auch alle $(a_j, a_j'] \cap (b_k, b_k'])$ $(1 \le j \le m, 1 \le k \le n)$ paarweise disjunkt.

Andererseits enthält $\alpha(\mathfrak{J}_d)$ alle endlichen Vereinigungen von beliebigen Mengen aus $\mathfrak{J}_d$. Daher gilt auch:

▸ **Korollar 2.6** $\alpha(\mathfrak{J}_d)$ besteht auch aus allen endlichen Vereinigungen von beliebigen Mengen aus $\mathfrak{J}_d$.

Die von $\mathfrak{J}_d$ erzeuget σ-Algebra lässt sich nicht in ähnlicher Weise konkret angeben. Wir wollen sie jetzt genauer untersuchen.

▸ **Definition 2.7** Die von $\mathfrak{J}_d$ erzeugte σ-Algebra heißt die σ-Algebra der *Borel-Mengen* in $\mathbb{R}^d$ und wird mit $B(\mathbb{R}^d)$ bezeichnet.

$\mathcal{B}(\mathbb{R}^d)$ wird auch von den folgenden Mengensystemen erzeugt.

▸ **Proposition 2.8.** $\mathcal{B}(\mathbb{R}^d)$ wird ebenfalls erzeugt von den Mengensystemen

1. aller Intervalle $(a_1, b_1] \times \ldots \times (a_d, b_d] \in \mathfrak{J}_d$ mit $a_i, b_i \in \mathbb{Q}$ für $1 \le i \le d$
2. aller offenen Mengen
3. aller abgeschlossenen Mengen
4. aller kompakten Mengen.

Anmerkungen:
1. Das erste System hat den Vorteil, dass es abzählbar ist. Die Existenz eines abzählbaren Erzeugendensystem wird sich in gewissen Situationen als nützlich erweisen.
2. In beliebigen topologischen Räumen definiert man die σ-Algebra der Borel-Mengen als die von den offenen Mengen erzeugte σ-Algebra. Nach Proposition 2.8 stimmen beide Definitionen für $\mathbb{R}^d$ überein.

Beweis:

1. Es bezeichne $\mathfrak{J}'_d$ das System aller Intervalle aus $\mathfrak{J}_d$ mit $a_i, b_i \in \mathbb{Q}$ für $1 \le i \le d$. Aus $\mathfrak{J}'_d \subset \mathfrak{J}_d$ folgt $\sigma(\mathfrak{J}'_d) \subset \sigma(\mathfrak{J}_d)$.
   Für die umgekehrte Inklusion zeigen wir
   Behauptung: $\mathfrak{J}_d \subset \sigma(\mathfrak{J}'_d)$
   Wir beweisen die Behauptung wieder nur für $d = 1$. Sei $I = (a, b] \in \mathfrak{J}_1$. Im Falle endlicher a, b können wir I mit Hilfe von Folgen $(a_n)_{n\ge1}$ und $(b_n)_{n\ge1}$ rationaler Zahlen mit $a_n \downarrow a$ und $b_n \downarrow b$ für $n \to \infty$ darstellen als $(a, b] = \cap_{m=1}^{\infty}(a, b_m] = \cap_{m=1}^{\infty}(\cup_{n=1}^{\infty}(a_n, b_m]) \in \sigma(\mathfrak{J}'_1)$.
   Eine analoge Darstellung gilt für $a = -\infty$ oder $b = \infty$.
   Aus der Behauptung folgt $\sigma(\mathfrak{J}_d) \subset \sigma(\mathfrak{J}'_d)$. Denn $\sigma(\mathfrak{J}'_d)$ ist eine σ-Algebra, die $\mathfrak{J}_d$ enthält, während $\sigma(\mathfrak{J}_d)$ die kleinste derartige σ-Algebra ist.
   In zweierlei Hinsicht ist diese Vorgehensweise typisch für Beweise der Inklusion von σ-Algebren, die von verschiedenen Mengensystemen erzeugt werden. Zum einen genügt es zu zeigen, dass das erste Erzeugendensystem in der von dem zweiten System erzeugten σ-Algebra enthalten ist. Das kann man wiederum beweisen, indem man die Mengen des ersten Erzeugendensystems mit Hilfe von Mengenoperationen, die man innerhalb von σ-Algebren durchführen darf, aus Mengen des zweiten Systems darstellt. So werden wir auch beim Beweis der weiteren Teile von Proposition 2.8 vorgehen.
2. Sei $B'(\mathbb{R}^d)$ die von allen offenen Mengen in $\mathbb{R}^d$ erzeugte σ-Algebra. Zum Beweis von $B'(\mathbb{R}^d) \subset B(\mathbb{R}^d)$ zeigen wir:
   Behauptung: Jede offene Menge $O \subset \mathbb{R}^d$ ist darstellbar als $O = \bigcup_{\substack{I \in \mathfrak{J}'_d \\ I \subset O}} I$.
   Beweis: Sei $O \subset \mathbb{R}^d$ offen und $O' = \bigcup_{\substack{I \in \mathfrak{J}'_d \\ I \subset O}} I$. Nach Definition von O' ist $O' \subset O$.
   Zum Beweis der umgekehrten Inklusion sei $x = (x_1, \ldots, x_d) \in O$. Da O offen ist, gibt es ein $\delta > 0$ mit $(x_1-\delta, x_1+\delta) \times \ldots \times (x_d-\delta, x_d+\delta) \subset O$. Es existieren $a_i, b_i \in \mathbb{Q}\ (1 \le i \le d)$ mit $x_i \in (a_i, b_i] \subset (x_i - \delta, x_i + \delta)$. Für $I = (a_1, b_1] \times \ldots \times (a_d, b_d] \in \mathfrak{J}'_d$ ist $x \in I \subset O$, und nach Definition von O' folgt $x \in O'$.
   Damit haben wir die Behauptung bewiesen.
   Da es sich bei der Definition von O' um eine abzählbare Vereinigung handelt, folgt, dass jede offene Menge zu $\sigma(\mathfrak{J}'_d)$ gehört, und mit 1 daraus $B'(\mathbb{R}^d) \subset B(\mathbb{R}^d)$.
   Zum Beweis der umgekehrten Inklusion stellen wir jedes halboffene Intervall in $\mathbb{R}$ dar als $(a, b] = \cap_{n=1}^{\infty}\left(a, b + \frac{1}{n}\right)$. Bilden wir diese Durchschnitte in jeder Dimension, so erhalten wir eine Darstellung jedes Intervalls aus $\mathfrak{J}_d$ als abzählbaren Durchschnitt offener Intervalle, und es folgt $B(\mathbb{R}^d) \subset B'(\mathbb{R}^d)$.
3. folgt aus 2 durch Komplementbildung.
4. Jede kompakte Menge ist abgeschlossen. Umgekehrt lässt sich jede abgeschlossene Menge A als abzählbare Vereinigung $A = \cup_{n=1}^{\infty} A_n$ der kompakten Mengen $A_n = A \cap \{x : |x| \le n\}$ darstellen.

Ist bekannt, dass ein Mengensystem $\mathcal{A}$ eine Algebra ist, dann genügt es zum Nachweis, dass $\mathcal{A}$ auch eine σ-Algebra ist, zu zeigen, dass $\mathcal{A}$ monotone abzählbare Vereinigungen bzw. Durchschnitte enthält. Dazu definieren wir:

▸ **Definition 2.9** Seien A_n $(n \geq 1)$ und A Teilmengen von Ω. Es konvergiert

1. $A_n \uparrow A$, wenn $A_n \subset A_{n+1}$ für $n \geq 1$ und $A = \cup_{n=1}^{\infty} A_n$ ist.
2. $A_n \downarrow A$, wenn $A_n \supset A_{n+1}$ für $n \geq 1$ und $A = \cap_{n=1}^{\infty} A_n$ ist.

▸ **Proposition 2.10** Für eine Algebra $\mathcal{A}$ sind äquivalent:

1. $\mathcal{A}$ ist eine σ-Algebra
2. $A_n \in \mathcal{A}$ $(n \geq 1)$ mit $A_n \uparrow A \Rightarrow A \in \mathcal{A}$
3. $A_n \in \mathcal{A}$ $(n \geq 1)$ mit $A_n \downarrow A \Rightarrow A \in \mathcal{A}$

Beweis: $1 \Rightarrow 2$: als Spezialfall

$2 \Rightarrow 1$: Wir können die Vereinigung $A = \cup_{n=1}^{\infty} A_n$ von beliebigen Mengen $A_n \in \mathcal{A}$ $(n \geq 1)$ als Vereinigung von aufsteigenden Mengen aus $\mathcal{A}$ darstellen. Dazu setzen wir $B_n = \cup_{i=1}^{n} A_i$ $(n \geq 1)$. Da $\mathcal{A}$ eine Algebra ist, ist $B_n \in \mathcal{A}$ für $n \geq 1$. Es ist $B_n \subset B_{n+1}$ für $n \geq 1$ und $\cup_{n=1}^{\infty} B_n = \cup_{n=1}^{\infty} (\cup_{i=1}^{n} A_i) = \cup_{i=1}^{\infty} A_i = A$. Aus Annahme 2 folgt $A \in \mathcal{A}$.

$2 \Leftrightarrow 3$: durch Komplementbildung. Als Beispiel zeigen wir $2 \Rightarrow 3$.

Sei $A_n \in \mathcal{A}$ $(n \geq 1)$ mit $A_n \downarrow A$. Da $\mathcal{A}$ eine Algebra ist, ist $A_n^c \in \mathcal{A}$ $(n \geq 1)$ mit $A_n^c \uparrow A^c$. Aus Annahme 2 folgt $A^c \in \mathcal{A}$ und daraus $A \in \mathcal{A}$.

2.2 Mengenfunktionen

Nachdem wir uns mit Mengensystemen beschäftigt haben, untersuchen wir jetzt Funktionen auf ihnen. Wir stellen zunächst die Definition einiger Eigenschaften solcher Mengenfunktionen zusammen.

▸ **Definition 2.11** Sei Ω eine nicht-leere Menge und $\mathcal{M}$ ein beliebiges Mengensystem in Ω mit $\emptyset \in \mathcal{M}$. Eine Funktion $\mu: \mathcal{M} \to \bar{\mathbb{R}} = [-\infty, \infty]$ mit $\mu(\emptyset) = 0$ heißt

1. *positiv*, wenn $\mu(A) \geq 0$ für alle $A \in \mathcal{M}$ ist.
2. *additiv*, wenn für alle paarweise disjunkten $A_1, \ldots, A_n \in \mathcal{M}$ mit $\cup_{i=1}^{\infty} A_i \in \mathcal{M}$ $(n \geq 1)$ gilt:

$$\mu\left(\bigcup_{i=1}^{n} A_i\right) = \sum_{i=1}^{n} \mu(A_i).$$

3. *σ-additiv*, wenn für alle paarweise disjunkten $A_n \in \mathcal{M}\ (n \geq 1)$ mit $\cup_{n=1}^{\infty} A_n \in \mathcal{M}$ gilt:

$$\mu\left(\bigcup_{n=1}^{\infty} A_n\right) = \sum_{n=1}^{\infty} \mu(A_n).$$

4. *monoton*, wenn für alle $A, B \in \mathcal{M}$ mit $A \subset B$ gilt: $\mu(A) \leq \mu(B)$
5. *subadditiv*, wenn für alle $A_1, \ldots, A_n \in \mathcal{M}$ mit $\cup_{i=1}^{n} A_i \in \mathcal{M}\ (n \geq 1)$ gilt:

$$\mu\left(\bigcup_{i=1}^{n} A_i\right) \leq \sum_{i=1}^{n} \mu(A_i).$$

6. *σ-subadditiv*, wenn für alle $A_n \in \mathcal{M}\ (n \geq 1)$ mit $\cup_{n=1}^{\infty} A_n \in \mathcal{M}$ gilt:

$$\mu\left(\bigcup_{n=1}^{\infty} A_n\right) \leq \sum_{n=1}^{\infty} \mu(A_n).$$

Anmerkungen:
1. Wir werden nur Mengenfunktionen μ betrachten, für die $\mu(\emptyset) = 0$ ist, und setzen diese Eigenschaft daher generell voraus.
2. Bei der Additivität und ähnlichen Eigenschaften impliziert die definierende Bedingung, dass die rechte Seite eindeutig definiert ist. Das betrifft für die Additivität und Subadditivität die Werte $\pm\infty$ und für die σ-Additivität und σ-Subadditivität zusätzlich den eindeutigen Wert der Reihe. Für positive Mengenfunktionen ist das immer der Fall. Mengenfunktionen, die auch negative Werte annehmen können, werden wir erst in Kap. 12 behandeln.
3. Für eine Algebra $\mathcal{M}$ genügt für die Additivität und Subadditivität, dass sie für zwei Mengen gilt, da der allgemeine Fall daraus durch Induktion folgt. Man mache sich an einem Beispiel klar, dass dies für die Additivität von Funktionen auf beliebigen Mengensystemen nicht gilt.

Bemerkung 2.12 Jede σ-additive Mengenfunktion ist additiv.
Jede σ-subadditive Mengenfunktion ist subadditiv.

Beweis: Wir stellen wieder eine endliche Vereinigung paarweise disjunkten Mengen als abzählbare Vereinigung dar, diesmal jedoch mit paarweise disjunkten Mengen.

Sei also μ σ-additiv und $A_1, \ldots, A_n \in \mathcal{M}$ paarweise disjunkt mit $\cup_{i=1}^{n} A_i \in \mathcal{M}\ (n \geq 1)$. Für $m \geq n+1$ setzen wir $A_m = \emptyset$. Dann sind die Mengen $A_i \in \mathcal{M}\ (i \geq 1)$ paarweise disjunkt, und aus der σ-Additivität folgt mit $\mu\left(\cup_{i=1}^{n} A_i\right) = \mu\left(\cup_{i=1}^{\infty} A_i\right) = \sum_{i=1}^{\infty} \mu(A_i) = \sum_{i=1}^{n} \mu(A_i)$ die Additivität.

Genauso folgt die Subadditivität aus der σ-Subadditivität.

Die wichtigsten Mengenfunktionen sind Maße. Wir betrachten zunächst als Vorstufe die einfacheren Inhalte.

▸ **Definition 2.13** Eine Mengenfunktion μ auf einer Algebra $\mathcal{A}$ heißt ein *Inhalt*, wenn μ positiv und additiv ist. Ein Inhalt μ heißt *endlich*, wenn $\mu(\Omega) < \infty$ ist.

▸ **Satz 2.14** Ein Inhalt μ auf einer Algebra $\mathcal{A}$ ist monoton und subadditiv, und es gilt:

1. $A, B \in \mathcal{A}$ mit $A \subset B$ und $\mu(A) < \infty \Rightarrow \mu(B \setminus A) = \mu(B) - \mu(A)$
2. $A, B \in \mathcal{A}$ mit $(A \cap B) < \infty \Rightarrow \mu(A \cup B) = \mu(A) + \mu(B) - \mu(A \cap B)$

▸ **Korollar 2.15** Ein Inhalt μ auf einer Algebra $\mathcal{A}$ ist genau dann endlich, wenn $\mu(A) < \infty$ für alle $A \in \mathcal{A}$ ist.

Beweis: Seien $A, B \in \mathcal{A}$ mit $A \subset B$. Wir stellen B als disjunkte Vereinigung $B = A \cup (B \setminus A)$ dar. Aus der Additivität und Positivität von μ folgt $\mu(B) = \mu(A) + \mu(B \setminus A) \geq \mu(A)$ und damit die Monotonie. Ist $\mu(A) < \infty$, können wir $\mu(A)$ subtrahieren und erhalten Eigenschaft 1. Zum Beweis der Subadditivität genügt es nach obiger Anmerkung, sie für zwei Mengen zu beweisen. Dazu stellen wir die Vereinigung von $A, B \in \mathcal{A}$ als disjunkte Vereinigung $A \cup B = A \cup (B \setminus A)$ dar. Mit der Monotonie folgt $\mu(A \cup B) = \mu(A) + \mu(B \setminus A) \leq \mu(A) + \mu(B)$. Man kann sich die Subadditivität leicht veranschaulichen, indem man sich μ beispielsweise als Flächeninhalt vorstellt. In der Summe $\mu(A) + \mu(B)$ zählt der Anteil $\mu(A \cap B)$ des Durchschnitts doppelt. Im Fall $\mu(A \cap B) < \infty$ kann man ihn daher einmal subtrahieren und erhält $\mu(A \cup B)$, d. h. Eigenschaft 2. Aus dieser Vorstellung lässt sich leicht ein exakter Beweis machen. Dazu zerlegt man B als $B = (B \cap A) \cup (B \setminus A)$ in disjunkte Mengen. Mit $\mu(B) = \mu(B \cap A) + \mu(B \setminus A)$ folgt $\mu(B \setminus A) = \mu(B) - \mu(A \cap B)$ im Fall $\mu(A \cap B) < \infty$. Setzen wir diese Beziehung in obige Gleichung ein, folgt Eigenschaft 2.

Korollar 2.15 ist eine triviale Folgerung aus der Monotonie.

Eigenschaft 2 lässt sich für Mengen endlichen Inhalts mit vollständiger Induktion auf endliche Vereinigungen verallgemeinern. Wir geben nur das Resultat an und lassen den Beweis als Übung 2.6.

▸ **Inklusion-Exklusionsgesetz 2.16.** Sei μ ein Inhalt auf einer Algebra A und $A_1, \ldots, A_n \in A$ $(n \geq 2)$ mit $\mu(A_i) < \infty$ für $1 \leq i \leq n$. Dann gilt:

$$\mu\left(\bigcup_{i=1}^{n} A_i\right) = \sum_{k=1}^{n} (-1)^{k+1} \sum_{1 \leq i_1 < i_2 < \ldots i_k \leq n} \mu\left(A_{i_1} \cap A_{i_2} \ldots \cap A_{i_k}\right).$$

Beispiele von Inhalten

1. Der unendliche Münzwurf.
   In Kap. 1 wurde bereits gezeigt, dass $\mathcal{Z}$ eine Algebra und P ein Inhalt auf $\mathcal{Z}$ ist.

2. Der elementargeometrische Inhalt in $\mathbb{R}^d$.
   Auf $\mathfrak{J}_d$ definieren wir den elementargeometrischen Inhalt μ_d durch $\mu_d((a_1, b_1] \times \ldots \times (a_d, b_d]) = (b_1 - a_1) \cdot \ldots \cdot (b_d - a_d)$ mit der Konvention $0 - \infty = 0$. Nach Bemerkung 2.5 besteht die von $\mathfrak{J}_d$ erzeugte Algebra aus allen endlichen Vereinigungen von paarweise disjunkten Intervallen aus $\mathfrak{J}_d$. Wenn wir μ_d auf diese Algebra zu einem Inhalt fortsetzen wollen, so muss für die Fortsetzung gelten:

$$\mu_d\left(\bigcup_{i=1}^{n} I_i\right) = \sum_{i=1}^{n} \mu_d(I_i) \tag{2.1}$$

   für paarweise disjunkte Intervalle $I_1, \ldots, I_n \in \mathfrak{J}_d$.

Wir nehmen (2.1) daher als Definition und zeigen:

Behauptung: μ_d ist durch (2.1) auf $\alpha(J_d)$ eindeutig, d. h. unabhängig von der Darstellung, definiert und ein Inhalt.

Beweis: $\mu_d(\emptyset) = 0$ und die Positivität von μ_d ist trivial.

Zum Beweis der Eindeutigkeit behandeln wir zunächst den Spezialfall, dass ein Intervall $I \in \mathfrak{J}_d$ in der Form $I = \bigcup_{i=1}^{n} I_i$ in paarweise disjunkte $I_1, \ldots, I_n \in \mathfrak{J}_d$ zerlegt ist, und zeigen:

$$\mu_d(I) = \sum_{i=1}^{n} \mu_d(I_i). \tag{2.2}$$

Wir führen diesen Spezialfall weiter auf den Spezialfall des Schnitts durch eine Hyperebene zurück. Sei $I = (a_1, b_1] \times \ldots \times (a_d, b_d]$. Wir zerlegen für ein j das Intervall $(a_j, b_j]$ in $(a_j, b_j] = (a_j, c_j] \cup (c_j, b_j]$ mit $a_j \leq c_j \leq b_j$ und halten die übrigen Intervalle $(a_i, b_i]$ $(i \neq j)$ fest. Multiplizieren wir $b_j - a_j = (c_j - a_j) + (b_j - c_j)$ mit $\prod_{i \neq j}(b_i - a_i)$, so folgt für diesen Fall (2.2).

Aus diesem Spezialfall folgt durch Induktion (2.2) auch für Zerlegungen von I durch endlich viele Schnitte durch Hyperebenen.

Im allgemeinen Fall verfeinern wir eine Zerlegung $I = \cup_{i=1}^{n} I_i$ mit paarweise disjunkten Intervallen $I_1, \ldots, I_n \in \mathfrak{J}_d$, indem wir die Schnitte durch alle Hyperebenen, die durch die Koordinaten der Randpunkte der Intervalle $I_1, \ldots, I_n$ gegeben sind, bilden. Hierfür gilt (2.2). Fassen wir die Summanden, die zu den einzelnen Intervallen $I_1, \ldots, I_n$ gehören, zusammen, so gilt auch dafür jeweils (2.2), und es folgt (2.2) für die ursprüngliche Zerlegung $I = \cup_{i=1}^{n} I_i$.

Auf den Spezialfall (2.2) führen wir nun allgemein die Eindeutigkeit der Definition von μ_d zurück. Sei $A = \cup_{i=1}^{n} I_i = \cup_{j=1}^{m} J_j$ mit jeweils paarweise disjunkten Intervallen $I_1, \ldots, I_n \in \mathfrak{J}_d$ und $J_1, \ldots, J_n \in \mathfrak{J}_d$. Für $1 \leq i \leq n$ zerlegen wir $I_i = I_i \cap A = \cup_{j=1}^{m} (I_i \cap J_j)$ in paarweise disjunkte Intervalle $I_i \cap J_1, \ldots, I_i \cap J_m \in \mathfrak{J}_d$. Aus (2.2) folgt $\mu_d(I_i) = \sum_{j=1}^{m} \mu_d(I_i \cap J_j)$. Analog folgt $\mu_d(J_j) = \sum_{i=1}^n \mu_d(I_i \cap J_j)$. Mit $\sum_{i=1}^n \mu_d(I_i) = \sum_{i=1}^n \sum_{j=1}^m \mu_d(I_i \cap J_j) = \sum_{j=1}^m \mu_d(J_j)$ erhalten wir die Eindeutigkeit der Definition von μ_d.

Die Additivität von μ_d folgt jetzt leicht. Denn seien $A = \cup_{i=1}^n I_i$ und $B = \cup_{j=1}^m J_j$ mit $A \cap B = \emptyset$ mit jeweils paarweise disjunkten Intervallen $I_1, \ldots, I_n \in \mathfrak{J}_d$ und $J_1, \ldots, J_m \in \mathfrak{J}_d$. Dann sind auch $I_1, \ldots, I_n, J_1, \ldots, J_m$ paarweise disjunkt mit $A \cup B = (\cup_{i=1}^n I_i) \cup \left(\cup_{j=1}^m J_j\right)$, und es folgt $\mu(A \cup B) = \mu(A) + \mu(B)$.

Man kann auch die Einschränkung von μ_d auf ein festes Intervall $I \in \mathfrak{J}_d$ betrachten, wie z. B. das Modell für die zufällige Wahl einer reellen Zahl aus $[0,1)$ mit stationärer Verteilung aus Kap. 1 und die entsprechende mehrdimensionale Version auf $[0,1)^d$ $(d \geq 1)$.

Beispiele von Inhalten

3. Sei Ω eine nicht-leere endliche Menge und $\mathcal{A} = \mathcal{P}(\Omega)$ die Potenzmenge von Ω. Für einen gegebenen Inhalt μ auf $\mathcal{A}$ setzen wir $\mu_\omega = \mu(\{\omega\}) \in [0, \infty]$ für $\omega \in \Omega$. Da sich jede Teilmenge von Ω als endliche Vereinigung von paarweise disjunkten einelementigen Mengen darstellen lässt, folgt aus der Additivität

$$\mu(A) = \mu\left(\bigcup_{\omega \in A} \{\omega\}\right) = \sum_{\omega \in A} \mu(\{\omega\}) = \sum_{\omega \in A} \mu_\omega \quad \text{für alle} \quad A \subset \Omega. \tag{2.3}$$

Ist umgekehrt für alle $\omega \in \Omega$ ein μ_ω mit $0 \leq \mu_\omega \leq \infty$ gegeben und definieren wir μ auf $\mathcal{P}(\Omega)$ durch $\mu(A) = \sum_{\omega \in A} \mu_\omega$, so zeigt man leicht, dass μ ein Inhalt auf $\mathcal{P}(\Omega)$ ist. Durch (2.3) sind daher die Inhalte auf $\mathcal{P}(\Omega)$ charakterisiert.

Das gilt nicht mehr für abzählbare Mengen Ω und $\mathcal{A} = \mathcal{P}(\Omega)$. Ein einfaches Gegenbeispiel ist die Mengenfunktion μ, die durch $\mu(A) = 0$ für alle endlichen Mengen und $\mu(A) = \infty$ für alle unendlichen Mengen $A \subset \Omega$ mit einem unendlichen Grundraum Ω definiert ist.

Man überlege sich, dass μ ein Inhalt ist, der nicht in der Form (2.3) darstellbar ist.

Es gibt auch Gegenbeispiele mit endlichem Inhalt. Für ihre Existenz benötigt man jedoch das Auswahlaxiom.

Wie bereits bemerkt, sind die wichtigsten Mengenfunktionen Maße. Diese sind nicht nur additiv, sondern σ-additiv.

▸ **Definition 2.17** Eine Mengenfunktion μ auf einer Algebra $\mathcal{A}$ heißt ein *Maß*, wenn μ positiv und σ-additiv ist. μ heißt *endlich*, wenn $\mu(\Omega) < \infty$ ist, und ein *Wahrscheinlichkeitsmaß*, wenn $\mu(\Omega) = 1$ ist.

In der Wahrscheinlichkeitstheorie bezeichnet man ein Wahrscheinlichkeitsmaß üblicherweise mit P.

Da wir bereits gezeigt haben, dass aus der σ-Additivität die Additivität folgt, ist jedes Maß auch ein Inhalt. Um zu zeigen, dass eine gegebene Mengenfunktion μ auf einer Algebra $\mathcal{A}$ ein Maß ist, weist man meistens zuerst nach, dass sie ein Inhalt ist. Danach ist es oft leichter zu zeigen, dass sie auch ein Maß ist. Wir geben äquivalente Bedingungen für diesen Fall an.

▸ **Satz 2.18** Sei μ ein Inhalt auf einer Algebra $\mathcal{A}$. Dann sind äquivalent:

1. μ ist ein Maß.
2. μ ist stetig von unten, d. h. für $A_n, A \in \mathcal{A}(n \geq 1)$ mit $A_n \uparrow A$ für $n \to \infty$ konvergiert $\mu(A_n) \uparrow \mu(A)$ für $n \to \infty$.
   In diesem Fall folgt:
3. μ ist stetig von oben, d. h. für $A_n, A \in \mathcal{A}\ (n \geq 1)$ mit $A_n \downarrow A$ für $n \to \infty$ und $\mu(A_{n0}) < \infty$ für ein n_0 konvergiert $\mu(A_n) \downarrow \mu(A)$ für $n \to \infty$.
4. μ ist stetig von oben in $\varnothing$, d. h. für $A_n \in A\ (n \geq 1)$ mit $A_n \downarrow \varnothing$ für $n \to \infty$ und $\mu(A_{n0}) < \infty$ für ein n_0 konvergiert $\mu(A_n) \downarrow 0$ für $n \to \infty$.
   Für einen endlichen Inhalt μ sind 1, 2, 3 und 4 äquivalent.

Wir zeigen zunächst an einem Gegenbeispiel, dass für ein Maß die Eigenschaften 3 und 4 ohne die zusätzliche Bedingung $\mu(A_{n0}) < \infty$ für ein n_0 i. A. falsch sind. Dazu sei μ der elementargeometrische Inhalt in $\mathbb{R}$. Dass der elementargeometrische Inhalt ein Maß ist, werden wir später beweisen. Sei $A_n = (n, \infty)$ für $n \geq 1$. Es konvergiert $A_n \downarrow \varnothing$, aber es ist $\mu(A_n) = \infty$ für alle n.

Beweis:

1 ⇒ 2: Seien $A_n, A \in \mathcal{A}\ (n \geq 1)$ mit $A_n \uparrow A$. Die aufsteigende Vereinigung stellen wir als disjunkte Vereinigung dar. Dazu sei $A'_1 = A_1$ und $A'_n = A_n \setminus A_{n-1}$ für $n \geq 2$. Die Mengen $A'_n\ (n \geq 1)$ sind paarweise disjunkt mit $A_n = \cup_{i=1}^n A'_i$ und $A = \cup_{n=1}^\infty A_n = \cup_{i=1}^\infty A'_i$. Da μ ein Maß ist, konvergiert $\mu(A_n) = \sum_{i=1}^n \mu(A'_i) \uparrow \sum_{i=1}^\infty \mu(A'_i) = \mu(A)$.

2 ⇒ 1: Seien nun $A_n \in \mathcal{A}\ (n \geq 1)$ paarweise disjunkt mit Vereinigung $A = \cup_{n=1}^\infty A_n \in \mathcal{A}$. Jetzt bilden wir daraus eine aufsteigende Vereinigung, indem wir $B_n = \cup_{i=1}^n A_i$, für $n \geq 1$ setzen. Es konvergiert $B_n \uparrow A$ und nach Voraussetzung 2 daher $\mu(B_n) \uparrow \mu(A)$.

Da μ ein Inhalt ist, ist $\mu(B_n) = \sum_{i=1}^n \mu(A_i)$. Daher konvergiert $\mu(B_n)$ auch gegen $\sum_{i=1}^\infty \mu(A_i)$. Aus der Gleichheit der Grenzwerte folgt $\sum_{i=1}^\infty \mu(A_i) = \mu(A) = \mu(\cup_{i=1}^\infty A_i)$.

2 ⇒ 3: beweisen wir durch Bildung des Komplements.

Seien $A_n, A \in \mathcal{A}\ (n \geq 1)$ mit $A_n \downarrow A$ und $\mu(A_{n0}) < \infty$ für ein n_0. Aus der Monotonie folgt $\mu(A_n) < \infty$ für $n \geq n_0$ und $\mu(A) < \infty$. Es konvergiert $(A_{n0} \setminus A_n) \uparrow (A_{n0} \setminus A)$ und nach Voraussetzung 2 daher $\mu(A_{n0}) - \mu(A_n) = \mu(A_{n0} \setminus A_n) \uparrow \mu(A_{n0} \setminus A) = \mu(A_{n0}) - \mu(A)$ und damit $\mu(A_n) \downarrow \mu(A)$.

3 ⇒ 4: trivial als Spezialfall.

$4 \Rightarrow 2$: für einen endlichen Inhalt μ beweisen wir ebenfalls durch Bildung des Komplements. Aus $A_n, A \in \mathcal{A}\,(n \geq 1)$ mit $A_n \uparrow A$ folgt $(A \setminus A_n) \downarrow \emptyset$. Nach Voraussetzung 4 konvergiert $\mu(A) - \mu(A_n) = \mu(A \setminus A_n) \downarrow 0$ und damit $\mu(A_n) \uparrow \mu(A)$.

Beispiel 1

Der unendliche Münzwurf Wir wollen beweisen, dass im Modell des unendlichen Münzwurfs der Inhalt P ein Maß ist. Da P endlich ist, zeigen wir dazu, dass P stetig von oben in $\emptyset$ ist.

Seien also $A_n \in \mathcal{Z}\,(n \geq 1)$ mit $A_n \downarrow \emptyset$. Wir müssen beweisen: $P(A_n) \downarrow 0$. Wir führen den Beweis indirekt, indem wir zeigen: $A_n \downarrow A$ mit $P(A_n) \not\to 0 \Rightarrow A \neq \emptyset$.

Für $A_n \downarrow A$ ist wegen der Monotonie $P(A_n) \not\to 0$ äquivalent zu: $P(A_n) \geq \delta\,(n \geq 1)$ für ein $\delta > 0$. Wir zeigen sogar die stärkere Aussage: $A_n \downarrow A$ mit $A_n \neq \emptyset$ für alle $n \Rightarrow A \neq \emptyset$. Wir geben zunächst einen kurzen Beweis an, der topologische Kenntnisse benutzt. Nach dem Satz von Tychonov ist $\Omega = \{0,1\}^N$ kompakt. Da die Projektionen π_n stetig sind, sind die $A_n = \pi_{Nn}^{-1}(B_n)\,(n \geq 1)$ abgeschlossen und als Teilmengen eines kompaktes Raumes kompakt.

Für kompakte Mengen gilt: $A_n \downarrow A$ mit $A_n \neq \emptyset$ für alle $n \Rightarrow A \neq \emptyset$.

Wir führen den Beweis nun mit elementaren Methoden. Seien $A_n \in \mathcal{Z}\,(n \geq 1)$ gegeben als $A_n = \pi_{Nn}^{-1}(B_n)$ mit $B_n \subset \{0,1\}^{Nn}$. Nach Lemma 1.3 lassen sich Zylindermengen mit beliebig großem Index darstellen, daher können wir ohne Einschränkung $N_n \leq N_{n+1}$ für $n \geq 1$ und $N_n \to \infty$ annehmen. Da $A_n \neq \emptyset$ für alle n ist, existieren $\omega^{(n)} = \left(\omega_i^{(n)}\right)_{i \geq 1} \in A_n$, d. h. $\left(\omega_1^{(n)}, \ldots, \omega_{N_n}^{(n)}\right) \in B_n$ für $n \geq 1$. Mit den $\omega^{(n)}\,(n \geq 1)$ konstruieren wir ein $\bar{\omega} = (\bar{\omega}_i)_{i \geq 1} \in \cap_{n=1}^{\infty} A_n$. Da die A_n absteigend sind, ist $\omega^{(n)} \in A_1$ für alle $n \geq 1$, d. h. $\left(\omega_1^{(n)}, \ldots, \omega_{N_1}^{(n)}\right) \in B_1$. B_1 ist endlich und nicht-leer. Daher existiert ein $(\overline{\omega_1}, \ldots, \overline{\omega_{N_1}}) \in B_1$, so dass $\left(\omega_1^{(n)}, \ldots, \omega_{N_1}^{(n)}\right) = (\overline{\omega_1}, \ldots, \overline{\omega_{N_1}})$ für unendlich viele n ist. Aus diesen bilden wir eine Teilfolge $(\omega^{n_k})_{k \geq 1}$ mit $\left(\omega_1^{(n_k)}, \ldots \omega_{N_1}^{(n_k)}\right) = (\overline{\omega_1}, \ldots, \overline{\omega_{N_1}})$ für alle k.

Rekursiv konstruieren wir auf die gleiche Weise für jedes $m \geq 1$ ein $(\overline{\omega_1}, \ldots, \overline{\omega_{N_m}}) \in B_m$ und eine von m abhängige Teilfolge $\left(\omega^{(n_k)}\right)_{k \geq 1}$ mit $\left(\omega_1^{(n_k)}, \ldots, \omega_{N_m}^{(n_k)}\right) = (\overline{\omega_1}, \ldots, \overline{\omega_{N_m}})$ für alle k.

Sei dies für ein m gegeben. Aus $\omega^{(n)} \in A_{m+1}$ für $n \geq m+1$ folgt die Existenz von $(\overline{\omega_1}, \ldots, \overline{\omega_{N_{m+1}}}) \in B_{m+1}$, deren erste N_m Koordinaten mit dem gegebenen $(\overline{\omega_1}, \ldots, \overline{\omega_{N_m}})$ übereinstimmen, so dass $\left(\omega_1^{(n_k)}, \ldots \omega_{N_{m+1}}^{(n_k)}\right) = (\overline{\omega_1}, \ldots, \overline{\omega_{N_{m+1}}})$ für unendlich viele k ist. Aus ihnen bilden wir die $(m+1)$. Teilfolge.

Das so konstruierte $\overline{\omega} = (\overline{\omega_i})_{i \geq 1}$ erfüllt $(\overline{\omega_1}, \ldots, \overline{\omega_{N_m}}) \in B_m$ für alle m. Damit ist $\overline{\omega} \in \cap_{n=1}^{\infty} A_n$ und $\cap_{n=1}^{\infty} A_n \neq \emptyset$.

Dieses Verfahren lässt sich verallgemeinern, indem man $\{0,1\}$ durch eine kompakte Menge ersetzt. In diesem Fall treten konvergente Teilfolgen an Stelle der Gleichheit. Mit dem Diagonalverfahren, das in unserem Beispiel nicht benötigt wurde, erhält man eine für alle Koordinaten konvergente Teilfolge, deren Grenzwert im Durchschnitt liegt.

Unter Ausnutzung von $P(A_n) \geq \delta > 0$ für alle $n \geq 1$ kann man schließlich geeignete Mengen durch kompakte approximieren (s. Beweis des Satzes von Kolmogorov 11.12).

Eine weitere zur σ-Additivität äquivalente Bedingung folgt aus dem folgenden Lemma.

▸ **Lemma 2.19** Sei μ ein Inhalt auf einer Algebra $\mathcal{A}$. Für paarweise disjunkte Mengen $A_n \in \mathcal{A}\ (n \geq 1)$ mit $\cup_{n=1}^{\infty} A_n \in \mathcal{A}$ ist $\sum_{n=1}^{\infty} \mu(A_n) \leq \mu(\cup_{n=1}^{\infty} A_n)$.

▸ **Korollar 2.20** Ein Inhalt μ ist genau dann ein Maß, wenn μ σ-subadditiv ist.

Beweis von Lemma 2.19: Seien $A_n \in \mathcal{A}\ (n \geq 1)$ paarweise disjunkt mit $\cup_{n=1}^{\infty} A_n \in \mathcal{A}$. Für alle m gilt wegen der Additivität und der Monotonie $\sum_{n=1}^{m} \mu(A_n) = \mu(\cup_{n=1}^{m} A_n) \leq \mu(\cup_{n=1}^{\infty} A_n)$. Mit $m \to \infty$ folgt die behauptete Ungleichung.

Beweis von Korollar 2.20: Die σ-Subadditivität folgt aus der σ-Additivität wie im Fall der Additivität durch Darstellung einer beliebigen Vereinigung als disjunkte Vereinigung, in diesem Fall von $A_n \in \mathcal{A}\ (n \geq 1)$ mit $A_1' = A_1$ und $A_n' = A_n \setminus \left(\cup_{i=1}^{n-1} A_i\right)$ für $n \geq 2$. Die σ-Subadditivität folgt aus der σ-Additivität und Monotonie:

$$\mu\left(\bigcup_{n=1}^{\infty} A_n\right) = \mu\left(\bigcup_{n=1}^{\infty} A_n'\right) = \sum_{n=1}^{\infty} \mu(A_n') \leq \sum_{n=1}^{\infty} \mu(A_n)\,.$$

Andererseits gilt für einen beliebigen Inhalt μ und paarweise disjunkte $A_n \in \mathcal{A}\ (n \geq 1)$ mit $\cup_{n=1}^{\infty} A_n \in \mathcal{A}$ nach Lemma 2.19 $\sum_{n=1}^{\infty} \mu(A_n) \leq \mu(\cup_{n=1}^{\infty} A_n)$.

Damit folgt die Gleichheit, d. h. μ ist σ-additiv, also ein Maß.

Beispiel 2

Der elementargeometrische Inhalt Wir zeigen, dass $\mu_d\ (d \geq 1)$ σ-subadditiv ist. Der Einfachheit halber führen wir den Beweis wieder nur für $d = 1$ und setzen $\mu_1 = \mu$. Wir beweisen dazu das folgende Lemma.

▸ **Lemma 2.21** Seien $(a_n, b_n], (a, b] \in \mathfrak{J}_1\ (n \geq 1)$ mit $(a, b] \subset \cup_{n=1}^{\infty} (a_n, b_n]$. Dann ist

$$b - a \leq \sum_{n=1}^{\infty} (b_n - a_n)\,.$$

Beweis: Sei zunächst $(a, b]$ beschränkt. Ferner können wir $\sum_{n=1}^{\infty} (b_n - a_n) < \infty$ voraussetzen, da sonst die Ungleichung trivialerweise gilt.

Für $0 < \varepsilon < b - a$ ist

$$[a + \varepsilon, b] \subset (a, b] \subset \bigcup_{n=1}^{\infty} (a_n, b_n] \subset \bigcup_{n=1}^{\infty} \left(a_n, b_n + \frac{\varepsilon}{2^n}\right)\,.$$

Damit erhalten wir eine Überdeckung eines kompakten Intervalls mit offenen Mengen. Nach dem Satz von Heine-Borel existiert eine endliche Teilüberdeckung, also ein $N \geq 1$ mit

$$[a+\varepsilon, b] \subset \bigcup_{n=1}^{N} \left(a_n, b_n + \frac{\varepsilon}{2^n}\right).$$

Es folgt

$$(a+\varepsilon, b] \subset \bigcup_{n=1}^{N} \left(a_n, b_n + \frac{\varepsilon}{2^n}\right].$$

Da μ ein Inhalt ist, ist μ monoton und subadditiv, und es folgt:

$$b - a - \varepsilon \leq \sum_{n=1}^{N} \left(b_n - a_n + \frac{\varepsilon}{2^n}\right) \leq \sum_{n=1}^{\infty} (b_n - a_n) + \varepsilon.$$

Da diese Ungleichung für alle $\varepsilon > 0$ gilt, folgt Lemma 2.21.

Für ein unbeschränktes Intervall $(a, b]$ wenden wir das Lemma auf beschränkte Teilintervalle $(c, d] \subset (a, b]$ an und erhalten $d - c \leq \sum_{n=1}^{\infty} (b_n - a_n)$. Da $(a, b]$ unbeschränkt ist, kann $d - c$ beliebig groß sein, und es muss $\sum_{n=1}^{\infty} (b_n - a_n) = \infty$ sein.

Mit Hilfe von Lemma 2.21 beweisen wir nun die σ-Subadditivität von μ.

Seien $A_n \in \mathcal{A}$ $(n \geq 1)$ mit $A = \cup_{n=1}^{\infty} A_n \in \mathcal{A}$. Da $A \in \mathcal{A}$ ist, ist A darstellbar als $A = \cup_{i=1}^{m} I_i$ mit paarweise disjunkten Intervallen $I_1, \ldots, I_m \in \mathfrak{J}_1$.

Wir behandeln zunächst den Spezialfall $m = 1$, d. h. $A = I = (a, b]$.

Sei dazu $A_n = \cup_{j=1}^{n_j} I_{nj}$ mit $I_{n1}, I_{n2}, \ldots, J_{nj_n} \in \mathfrak{J}_1$ paarweise disjunkt. Aus Lemma 2 folgt

$$\mu(I) \leq \sum_{n=1}^{\infty} \sum_{j=1}^{j_n} \mu(I_{nj}) = \sum_{n=1}^{\infty} \mu(A_n).$$

Den allgemeinen Fall führen wir auf diesen Spezialfall zurück. Für jedes i mit $1 \leq i \leq m$ ist $I_i = \cup_{n=1}^{\infty} (I_i \cap A_n)$. Nach dem Spezialfall ist $\mu(I_i) \leq \sum_{n=1}^{\infty} \mu(I_i \cap A_n)$ und damit

$$\mu\left(\bigcup_{n=1}^{\infty} A_n\right) = \mu\left(\bigcup_{i=1}^{m} I_i\right) = \sum_{n=1}^{m} \mu(I_i) \leq \sum_{i=1}^{m} \sum_{n=1}^{\infty} \mu(I_i \cap A_n) = \sum_{n=1}^{\infty} \mu(A_n).$$

Dieses Beispiel lässt sich folgendermaßen verallgemeinern.

Beispiel 3

Sei $F : \mathbb{R} \to \mathbb{R}$ eine monoton wachsende Funktion. Dann existiert ein Inhalt μ auf $\mathcal{A}$ mit $\mu((a, b]) = F(b) - F(a)$ für alle a, b mit $-\infty \leq a < b \leq \infty$. Dabei sind mit $F(a)$ für $a = -\infty$ bzw. $F(b)$ für $b = \infty$ die entsprechenden Grenzwerte gemeint. μ ist genau dann ein Maß, wenn F rechtsseitig stetig ist.

Wir lassen den im Prinzip einfachen, aber etwas technischen Beweis als Übung 2.8.

Beispiel 4

Sei Ω eine nicht-leere höchstens abzählbare Menge und $\mathcal{A} = P(\Omega)$. Wie im Fall (2.3) von Inhalten auf endlichen Mengen zeigt man, dass die Maße μ auf $\mathcal{P}(\Omega)$ durch die Form $\mu(A) = \sum_{\omega \in \mathcal{A}} \mu_\omega$ mit $0 \le \mu_\omega \le \infty$ für alle $\omega \in \Omega$ charakterisiert sind.

2.3 Fortsetzung eines Maßes

Wir wollen jetzt das Problem behandeln, auf das uns das Beispiel des unendlichen Münzwurfs geführt hat, einen Inhalt auf einer Algebra zu einem Maß auf eine σ-Algebra fortzusetzen, die die Algebra enthält. Eine notwendige Bedingung dafür, dass das möglich ist, ist offensichtlich, dass der Inhalt bereits auf der Algebra ein Maß, also σ-additiv ist. Wir zeigen, dass diese Bedingung auch hinreichend ist.

Die Fortsetzung von Inhalten ist eines der ältesten Probleme der Mathematik. Denn es trat schon in der Antike mit der Bestimmung von Flächen- und Rauminhalten auf. Ihre Existenz wurde damals nicht bezweifelt, sondern es ging um konkrete Verfahren ihrer Berechnung. Das Exhaustionsverfahren von Eudoxos bestand in der „Ausschöpfung" einer Menge von innen durch Polygone. Das Kompressionsverfahren von Archimedes approximierte sie von innen und außen.

Die exakte Diskussion im 19. Jahrhundert führte im Zusammenhang mit dem Riemann-Integral in Arbeiten von Peano und Jordan zum Jordan-Inhalt. Dabei wird der Inhalt von beschränkten Mengen in $\mathbb{R}^d$ von innen und außen durch den Inhalt von endlichen Vereinigungen von Intervallen approximiert. Sie heißen Jordan-messbar, wenn das Supremum der Approximationen von innen mit dem Infimum der Approximationen von außen übereinstimmt. Dass dieser Zugang unzureichend war, zeigte sich z. B. am Beispiel der Menge der rationalen Zahlen. Anlass von Borel, das Verfahren zu verbessern, waren bestimmte offene Mengen, die nicht Jordan-messbar sind. Er ersetzte die Approximation von außen durch Überdeckungen mit abzählbar vielen Intervallen. Eine entsprechende Approximation von innen ist nicht geeignet, wie man sich am Beispiel der Menge der irrationalen Zahlen leicht klar macht. Es war die Idee von Lebesgue, Teilmengen eines festen beschränkten Intervalls zu betrachten und die Approximation einer Menge von innen durch die Approximation ihres Komplements von außen zu ersetzen, indem man die Differenz zwischen dem Inhalt des Grundintervalls und der Approximation des Komplements von außen bildet. Diese Verfahren hat er für den elementargeometrischen Inhalt entwickelt. Sie führten zu dem Maß, das man heute Lebesgue-Maß bzw. Lebesgue-Borel-Maß nennt (s. Abschn. 2.6). Sie lassen sich leicht auf beliebige Maße auf Algebren übertragen. Wir werden nach einer Methode von Caratheodory vorgehen, die im wesentlichen der Lebesgueschen Idee entspricht.

Gegeben sei also ein Maß μ auf einer Algebra $\mathcal{A}_0$ in einer Menge Ω.

Im 1. Schritt überdecken wir beliebige Teilmengen von Ω von außen durch abzählbare Vereinigungen von Mengen aus $\mathcal{A}_0$ und ordnen ihnen als Approximation von außen das Infimum über alle Überdeckungssummen zu.

Definition 2.22 Für beliebige Teilmengen $A \subset \Omega$ sei

$$\mu^*(A) = \inf\left\{\sum_{n=1}^{\infty} \mu(A_n) : A_n \in \mathcal{A}_0 \ (n \geq 1) \text{ mit } A \subset \bigcup_{n=1}^{\infty} A_n\right\}.$$

Da $\Omega \in \mathcal{A}_0$ ist, existieren solche Überdeckungen.

Da $\mathcal{A}_0$ eine Algebra ist, kann man durch Darstellung einer beliebigen Überdeckung als aufsteigender Grenzwert (s. Beweis von Proposition 2.10 und Übung 2.9) zeigen, dass

$$\mu^*(A) = \inf\left\{\lim_{n\to\infty} \mu(A_n) : A_n \in \mathcal{A}_0 \ (n \geq 1) \text{ mit } A_n \uparrow B \supset A\right\}$$

ist. Von dieser Darstellung kann man auch eine entsprechende Approximation von innen durch absteigende Grenzwerte bilden. Ihre Übertragungen auf den beliebigen Fall bilden den Ausgangspunkt der Maßtheorie von H. König (s. [7] und den neueren Überblick [8]). Der Jordan-Inhalt (s. Übung 2.7) ist mit endlichen Überdeckungen ebenfalls in dieser Form darstellbar. König behandelt den endlichen, abzählbaren und beliebigen Fall parallel.

Die wichtigsten Eigenschaften von μ^* sind:

Satz 2.23 $\mu^*: \mathcal{P}(\Omega) \to [0, \infty]$ ist monoton und σ-subadditiv.

Beweis: Dass $0 \leq \mu^* \leq \infty$ ist, sowie die Monotonie einschließlich $\mu^*(\emptyset) = 0$ ist trivial. Zum Beweis der σ-Subadditivität seien $A_n \subset \Omega$ $(n \geq 1)$ beliebige Teilmengen. Wir können $\sum_{n=1}^{\infty} \mu^*(A_n) < \infty$ annehmen, da sonst trivialerweise $\mu^*(\bigcup_{n=1}^{\infty} A_n) \leq \sum_{n=1}^{\infty} \mu^*(A_n)$ ist.

Sei $\varepsilon > 0$. Zu jedem A_n existieren $A_{nm} \in \mathcal{A}_0$ $(m \geq 1)$ mit $A_n \subset \bigcup_{m=1}^{\infty} A_{nm}$, so dass $\sum_{m=1}^{\infty} \mu(A_{nm}) < \mu^*(A_n) + \frac{\varepsilon}{2^n}$ ist. Wir erhalten so eine abzählbare Überdeckung $(\bigcup_{n=1}^{\infty} A_n) \subset (\bigcup_{n,m=1}^{\infty} A_{nm})$ mit $A_{nm} \in \mathcal{A}_0$ für $n, m \geq 1$. Für sie ist

$$\mu^*\left(\bigcup_{n=1}^{\infty} A_n\right) \leq \sum_{n,m=1}^{\infty} \mu(A_{nm}) \leq \sum_{n=1}^{\infty}\left(\mu^*(A_n) + \frac{\varepsilon}{2^n}\right) = \sum_{n=1}^{\infty} \mu^*(A_n) + \varepsilon.$$

Da die Ungleichung zwischen dem ersten und letzten Term für alle $\varepsilon > 0$ gilt, folgt die σ-Subadditivität.

Wir werden später beliebige Mengenfunktionen mit diesen Eigenschaften untersuchen. Sie heißen äußere Maße.

Definition 2.24 Eine monotone, σ-subadditive Mengenfunktion $\mu^*: \mathcal{P}(\Omega) \to [0, \infty]$ heißt ein *äußeres Maß* auf Ω. Das zu einem Maß μ nach Definition 2.22 gebildete äußere Maß μ^* heißt das zu μ gehörende äußere Maß μ^*.

Im 2. Schritt wollen wir Mengen charakterisieren, deren Approximationen von außen und innen in gewissem Sinne übereinstimmen. Als Approximation von außen wählen wir das äußere Maß. Wie oben erwähnt war die Idee von Lebesgue, eine Menge von innen zu approximieren, indem man ihr Komplement von außen approximiert.

Wir nehmen dazu zunächst $\mu(\Omega) < \infty$ an. Der beschriebenen Approximation einer Menge A von innen entspricht

$$\mu_*(A) = \mu(\Omega) - \mu^*(A^c) .$$

Die Bedingung $\mu_*(A) = \mu^*(A)$ ist äquivalent zu

$$\mu^*(A) + \mu^*(A^c) = \mu(\Omega) .$$

Analog erhält man allgemein für $A \subset B \in \mathcal{A}_0$ mit $\mu(B) < \infty$:

$$\mu^*(A) + \mu^*(B \setminus A) = \mu(B) .$$

Das Verfahren von Carathéodory geht von einer Verallgemeinerung dieser Beziehung aus. Es besteht darin, eine beliebige Teilmenge B von Ω in ihre Durchschnitte mit A und A^c zu zerlegen und zu fordern, dass für alle Mengen $B \subset \Omega$ das äußere Maß von B die Summe der entsprechenden Anteile ist. Das führt zu der folgenden Carathéodory-Eigenschaft (C) einer Menge A:

$$(C)\, \mu^*(A \cap B) + \mu^*(A^c \cap B) = \mu^*(B) \quad \text{für alle} \quad B \subset \Omega .$$

Im Fall $\mu(\Omega) < \infty$ kann man im nachhinein zeigen, dass (C) äquivalent ist zu der Eigenschaft $\mu^*(A) + \mu^*(A^c) = \mu(\Omega)$ von Lebesgue (Übung 2.10).

Die Eigenschaft (C) von Mengen kann für beliebige äußere Maße μ^* definiert werden. Wegen der Subadditivität ist sie äquivalent zu

$$(C')\, \mu^*(A \cap B) + \mu^*(A^c \cap B) \le \mu^*(B) \quad \text{für alle} \quad B \subset \Omega .$$

Wir zeigen nun

1. Ist μ^* das zu einem Maß μ auf $\mathcal{A}_0$ gehörende äußere Maß, dann haben alle $A \in \mathcal{A}_0$ die Eigenschaft (C), und für sie ist $\mu^*(A) = \mu(A)$.
2. Ist μ^* ein beliebiges äußeres Maß, so bildet das System aller Mengen mit der Eigenschaft (C) eine σ-Algebra, und die Einschränkung von μ^* auf diese σ-Algebra ist ein Maß.

Aus 1. und 2. folgt dann der Fortsetzungssatz.

▸ **Proposition 2.25** Sei μ^* das zu einem Maß μ auf einer Algebra $\mathcal{A}_0$ gehörende äußere Maß. Dann hat jedes $A \in \mathcal{A}_0$ die Eigenschaft (C), und es ist $\mu^*(A) = \mu(A)$ für alle $A \in \mathcal{A}_0$.

Beweis: Sei $A \in \mathcal{A}_0$ und $B \subset \Omega$.

Seien ferner $B_n \in \mathcal{A}_0$ $(n \geq 1)$ mit $B \subset \cup_{n=1}^{\infty} B_n$. Aus der Definition von μ^* folgt

$$A \cap B \subset \bigcup_{n=1}^{\infty} (A \cap B_n) \Rightarrow \mu^*(A \cap B) \leq \sum_{n=1}^{\infty} \mu(A \cap B_n)$$

$$A^c \cap B \subset \bigcup_{n=1}^{\infty} (A^c \cap B_n) \Rightarrow \mu^*(A^c \cap B) \leq \sum_{n=1}^{\infty} \mu(A^c \cap B_n)$$

und daraus

$$\mu^*(A \cap B) + \mu^*(A^c \cap B_n) \leq \sum_{n=1}^{\infty} [\mu(A \cap B_n) + \mu(A^c \cap B_n)] = \sum_{n=1}^{\infty} \mu(B_n).$$

Mit dem Infimum über alle derartigen Überdeckungen folgt (C') und damit (C).

Da $A \in \mathcal{A}_0$ ist, gibt es die spezielle Überdeckung $A_1 = A$, $A_n = \emptyset$ für $n \geq 2$ mit $\sum_{n=1}^{\infty} \mu(A_n) = \mu(A)$, und es folgt $\mu^*(A) \leq \mu(A)$.

Für eine beliebige Überdeckung $A \subset \cup_{n=1}^{\infty} A_n$ mit $A_n \in \mathcal{A}_0$ $(n \geq 1)$ ist $A = \cup_{n=1}^{\infty} (A \cap A_n)$. Mit der σ-Subadditivität und Monotonie von μ folgt:

$$\mu(A) \leq \sum_{n=1}^{\infty} \mu(A \cap A_n) \leq \sum_{n=1}^{\infty} \mu(A_n).$$

Da dies für alle derartigen Überdeckungen gilt, folgt $\mu(A) \leq \mu^*(A)$ und damit $\mu^*(A) = \mu(A)$.

Sei μ^* jetzt ein beliebiges äußeres Maß. Wir betrachten das System aller Mengen mit der Eigenschaft (C).

▸ **Definition 2.26** Sei μ^* ein äußeres Maß auf einer Menge Ω. Eine Menge $A \subset \Omega$ heißt μ^*-*messbar*, wenn A die Eigenschaft (C) hat. Mit $\mathcal{M}(\mu^*)$ werde das System aller μ^*-messbaren Mengen bezeichnet.

▸ **Satz (Carathéodory) 2.27** Sei μ^* ein äußeres Maß auf einer Menge Ω. Dann ist $\mathcal{M}(\mu^*)$ eine σ-Algebra, und die Restriktion von μ^* auf $\mathcal{M}(\mu^*)$ ist ein Maß.

Beispiele von Maßen, die man mit Satz 2.27 direkt aus einem äußeren Maß erhält, sind die Hausdorff-Maße (Übung 2.11).

Wir überlegen uns zunächst, dass Proposition 2.25 und Satz 2.27 die gesuchte Fortsetzung liefern. Sei dazu μ^* das zu dem Maß μ auf der Algebra $\mathcal{A}_0$ gehörende äußere Maß. Nach Proposition 2.25 ist $\mathcal{A}_0 \subset \mathcal{M}(\mu^*)$. Da $\mathcal{M}(\mu^*)$ eine σ-Algebra ist, folgt $\sigma(\mathcal{A}_0) \subset \mathcal{M}(\mu^*)$. Dabei gilt i. A. die echte Inklusion. Die Restriktion von μ^* auf $\sigma(\mathcal{A}_0)$ liefert die gesuchte Fortsetzung.

▸ **Fortsetzungssatz 2.28** Jedes Maß μ auf einer Algebra $\mathcal{A}_0$ lässt sich zu einem Maß auf $\sigma(\mathcal{A}_0)$ fortsetzen.

Beweis von Satz 2.27: Wir zerlegen den Beweis in 3 Schritte.

1. $\mathcal{M}(\mu^*)$ ist eine Algebra.
   Wir zeigen die definierenden Eigenschaften einer Algebra.
   i) Wegen $\Omega \cap B = B$ und $\Omega^c \cap B = \emptyset$ erfüllt Ω die Eigenschaft (C), und es ist $\Omega \in \mathcal{M}(\mu^*)$.
   ii) folgt direkt aus der Definition der Eigenschaft (C).
   iii) Seien $A_1, A_2 \in \mathcal{M}(\mu^*)$.
   Wie in der Eigenschaft (C) durch die Menge A jede Teilmenge von Ω in ihren Durchschnitt mit A und A^c zerlegt wird, so wird sie durch zwei Mengen A_1 und A_2 in die Durchschnitte mit $A_1 \cap A_2$, $A_1^c \cap A_2$, $A_1 \cap A_2^c$ und $A_1^c \cap A_2^c$ zerlegt. Wir leiten die folgende (C) entsprechende Formel ab.
   Für $A_1, A_2 \in \mathcal{M}(\mu^*)$ und eine beliebige Teilmenge Bell gilt:

$$\mu^*(B) = \mu^*(A_1 \cap A_2 \cap B) + \mu^*(A_1^c \cap A_2 \cap B) + \mu^*(A_1 \cap A_2^c \cap B) + \mu^*(A_1^c \cap A_2^c \cap B) . \tag{2.4}$$

   Zum Beweis von (2.4) sei $B \subset \Omega$.
   Da $A_2 \in \mathcal{M}(\mu^*)$ ist, ist

$$\mu^*(A_2 \cap B) + \mu^*(A_2^c \cap B) = \mu^*(B) .$$

   Um die Summanden der linken Seite weiter zu zerlegen, setzen wir in (C) für $A_1 \in \mathcal{M}(\mu^*)$ an Stelle von B die Mengen $A_2 \cap B$ und $A_2^c \cap B$ ein und erhalten

$$\begin{aligned} \mu^*(A_2 \cap B) &= \mu^*(A_1 \cap A_2 \cap B) + \mu^*(A_1^c \cap A_2 \cap B) \\ \mu^*(A_2^c \cap B) &= \mu^*(A_1 \cap A_2^c \cap B) + \mu^*(A_1^c \cap A_2^c \cap B) . \end{aligned}$$

   Durch Addition folgt (2.4).
   Zerlegen wir die Menge $(A_1 \cup A_2) \cap B$ in die entsprechenden Teilmengen, so folgt aus der Subadditivität von μ^*

$$\mu^*((A_1 \cup A_2) \cap B) \leq \mu^*(A_1 \cap A_2 \cap B) + \mu^*(A_1^c \cap A_2 \cap B) + \mu^*(A_1 \cap A_2^c \cap B) .$$

   Die rechte Seite ist die Summe der ersten drei Summanden der rechten Seite von (2.4), also folgt

$$\mu^*(B) \geq \mu^*((A_1 \cup A_2) \cap B) + \mu^*\left((A_1 \cup A_2)^c \cap B\right) .$$

   Damit hat $A_1 \cup A_2$ die Eigenschaft (C') hat, also ist $A_1 \cup A_2 \in \mathcal{M}(\mu^*)$.
2. μ^* ist ein Maß auf $\mathcal{M}(\mu^*)$.
   Wegen der σ-Subadditivität von μ^* genügt es nach Korollar 2.20 zu zeigen, dass μ^* ein Inhalt auf $\mathcal{M}(\mu^*)$ ist.

Seien $A_1, A_2 \in \mathcal{M}(\mu^*)$ mit $A_1 \cap A_2 = \varnothing$. In der Zerlegung (2.4) von B ist in diesem Fall $A_1^c \cap A_2 = A_2$ und $A_1 \cap A_2^c = A_1$. Ersetzen wir B durch $(A_1 \cup A_2) \cap B$, so erhalten wir

$$\mu^*\left((A_1 \cup A_2) \cap B\right) = \mu^*\left(A_1 \cap B\right) + \mu^*\left(A_2 \cap B\right). \tag{2.5}$$

Speziell $B = \Omega$ ergibt die Additivität von μ^*. Wir werden (2.5) im folgenden jedoch auch allgemein benötigen.

3. $\mathcal{M}(\mu^*)$ ist eine σ-Algebra.
Wir zeigen zunächst, dass $\cup_{n=1}^{\infty} A_n \in \mathcal{M}(\mu^*)$ für paarweise disjunkte $A_n \in \mathcal{M}(\mu^*)$ $(n \geq 1)$ ist.
Sei $A = \cup_{n=1}^{\infty} A_n$ und $B \subset \Omega$ eine beliebige Teilmenge.
Für $m \geq 1$ sei $C_m = \cup_{n=1}^{m} A_n$. Da $\mathcal{M}(\mu^*)$ eine Algebra ist, ist $C_m \in \mathcal{M}(\mu^*)$.
Mit vollständiger Induktion folgt aus (2.5)

$$\mu^*\left(C_m \cap B\right) = \sum_{n=1}^{m} \mu^*\left(A_n \cap B\right).$$

Da $C_m \subset A$ ist, ist $C_m^c \supset A^c$ und daher

$$\begin{aligned}\mu^*(B) &= \mu^*\left(C_m \cap B\right) + \mu^*\left(C_m^c \cap B\right) = \sum_{n=1}^{m} \mu^*\left(A_n \cap B\right) + \mu^*\left(C_m^c \cap B\right) \\ &\geq \sum_{n=1}^{\infty} \mu^*\left(A_n \cap B\right) + \mu^*\left(A^c \cap B\right).\end{aligned}$$

Mit $m \to \infty$ folgt

$$\mu^*(B) \geq \sum_{n=1}^{\infty} \mu^*\left(A_n \cap B\right) + \mu^*\left(A^c \cap B\right) \geq \mu^*\left(A \cap B\right) + \mu^*\left(A^c \cap B\right),$$

wobei in der letzten Ungleichung die σ-Subadditivität von μ^* benutzt wurde.
Damit hat A die Eigenschaft (C') und es ist $\cup_{n=1}^{\infty} A_n = A \in M(\mu^*)$.
Speziell für $B = A$ gilt in den Ungleichungen die Gleichheit, und es ergibt sich die schon bekannte σ-Additivität von μ^*.
Seien nun $A_n \in \mathcal{M}(\mu^*)$ $(n \geq 1)$ beliebig. Um zu zeigen, dass $\cup_{n=1}^{\infty} A_n \in M(\mu^*)$ ist, stellen wir $\cup_{n=1}^{\infty} A_n$ wie im Beweis von Korollar 2.20 als disjunkte Vereinigung dar mit $A_1' = A_1$ und $A_n' = A_n \setminus \left(\cup_{i=1}^{n-1} A_i\right)$ für $n \geq 2$. Da $\mathcal{M}(\mu^*)$ eine Algebra ist, sind $A_n' \in \mathcal{M}(\mu^*)$ $(n \geq 1)$ paarweise disjunkt, und es ist $\cup_{n=1}^{\infty} A_n = \cup_{n=1}^{\infty} A_n' \in \mathcal{M}(\mu^*)$.

2.4 Eindeutigkeit und Dynkin-Systeme

Wir kommen jetzt zu der naheliegenden Frage, ob bzw. unter welchen Bedingungen die Fortsetzung eines Maßes eindeutig ist. Für spätere Anwendungen stellen wir das Problem allgemeiner und leiten Bedingungen her, unter welchen ein Maß auf einer σ-Algebra durch seine Werte auf einem Erzeugendensystem eindeutig festgelegt ist. Dass dies nicht immer der Fall ist, zeigen wir zunächst an Hand von Gegenbeispielen.

Gegenbeispiele:

1. Zwei Münzwürfe
   Sei $\Omega = \{0,1\}^2$ und $\mathcal{A} = \mathcal{P}(\Omega)$. $\mathcal{M}$ bestehe aus allen Teilmengen von Ω, die von höchstens einem der beiden Würfe abhängen. $\mathcal{M}$ erzeugt $\mathcal{A}$. Denn für $i, j \in \{0,1\}$ ist $\{(i,j)\} = \{(\omega_1,\omega_2)\colon \omega_1 = i\} \cap \{(\omega_1,\omega_2)\colon \omega_2 = j\} \in \sigma(\mathcal{M})$.
   P_1 sei die Wahrscheinlichkeit für unabhängige Würfe, d. h. $P_1(A) = \frac{|A|}{4}$ für $A \subset \Omega$, P_2 sei die Wahrscheinlichkeit für identische Würfe, d. h. $P_2(\{(0,0)\}) = P_2(\{(1,1)\}) = \frac{1}{2}$ und $P_2(\{(0,1)\}) = P_2(\{(1,0)\}) = 0$.
   Auf $\mathcal{M}$ stimmen P_1 und P_2 überein, aber nicht auf $\mathcal{A}$.
   Dies ist gleichzeitig ein Beispiel dafür, dass die gemeinsame Verteilung von Zufallsvariablen (s. Kap. 3) nicht durch ihre Einzelverteilungen eindeutig bestimmt ist.
   Ein ähnliches Beispiel ist der Gewinn im Roulette beim Setzen auf eine Zahl und auf „rot" mit verschiedenen gemeinsamen Verteilungen, je nachdem ob die gesetzte Zahl beim gleichen Spiel „rot", „schwarz" oder „0" ist oder ob bei verschiedenen Spielen gesetzt wird.
2. Sei $\Omega = \{1,2,\ldots,n\}$ $(n \geq 2)$ und $\mathcal{A} = \mathcal{P}(\Omega)$. $\mathcal{M}$ bestehe aus allen Teilmengen von $\{1,2,\ldots,n-1\}$. $\mathcal{M}$ erzeugt $\mathcal{A}$ da $\{n\} = \{1,2,\ldots,n-1\}^c$ ist. Zwei Maße μ_1 und μ_2 auf $\mathcal{A}$ die auf $\{1,2,\ldots,n-1\}$ übereinstimmen, aber mit $\mu_1(\{n\}) \neq \mu_2(\{n\})$, liefern ein weiteres Gegenbeispiel.
3. Für die im letzten Abschnitt betrachtete Situation der Fortsetzung eines Maßes von einer Algebra auf die davon erzeugte σ-Algebra geben wir ein Gegenbeispiel, bei dem das Erzeugendensystem eine Algebra ist.
   Sei $\Omega = \mathbb{Q}$ und $\mathcal{A} = \mathcal{P}(\Omega)$. $\mathcal{M}$ sei die von $\mathbb{Q} \cap (a,b]$ $(a \leq b)$ erzeugte Algebra. Wie im Fall $\Omega = \mathbb{R}$ zeigt man, dass sie aus allen endlichen disjunkten Vereinigungen solcher Mengen besteht. $\mathcal{M}$ erzeugt $\mathcal{A}$, da $\{x\} = \cap_{n=1}^{\infty} \left(Q \cap (x - \frac{1}{n}, x]\right)$ für alle $x \in \mathbb{Q}$ ist.
   Es sei μ_1 das Zählmaß, d. h. $\mu_1(A) = \sum_{x \in A} 1$ für $A \in \mathcal{A}$, und $\mu_2 = 2\mu_1$.
   Für jede nicht-leere Menge $A \in \mathcal{M}$ ist $\mu_1(A) = \mu_2(A) = \infty$. μ_1 und μ_2 stimmen daher auf $\mathcal{M}$, aber nicht auf $\mathcal{A}$ überein.

Wir wollen uns jetzt Bedingungen überlegen, unter welchen Maße, die auf einem Mengensystem $\mathcal{M}$ übereinstimmen, auch auf $\mathcal{A} = \sigma(\mathcal{M})$ übereinstimmen. Die Beispiele 2 und 3 zeigen, dass das i. A. nicht gilt, wenn Ω nicht von $\mathcal{M}$ überdeckt wird oder nur von Mengen vom Maß ∞. Diesen Fall schließen wir zunächst aus, indem wir nur endliche Maße mit gegebenem Maß der Grundmenge betrachten wie z. B. Wahrscheinlichkeitsmaße. Um in diesem Fall Bedingungen für die Eindeutigkeit herzuleiten, überlegen wir uns Stabilitätseigenschaften des Systems aller Mengen, auf denen zwei Maße mit gleichem endlichem Gesamtmaß übereinstimmen. Wir erhalten sie durch Mengenverknüpfungen, für die das Maß der durch sie gebildeten Menge durch das Maß der ursprünglichen Mengen ausgedrückt werden kann. Das gilt für die abzählbare Vereinigung von paarweise disjunkten

Mengen und für endliche Maße für die Differenzmenge von zwei Mengen $A \subset B$. Ein Mengensystem mit diesen Eigenschaften nennt man ein Dynkin-System.

▸ **Definition 2.29** Sei Ω eine nicht-leere Menge. Ein System $\mathcal{D}$ von Teilmengen von Ω heißt ein *Dynkin-System*, wenn gilt:

i) $\Omega \in \mathcal{D}$
ii) $A, B \in \mathcal{D}$ mit $A \subset B \Rightarrow B \setminus A \in \mathcal{D}$
iii) $A_n \in \mathcal{D}\ (n \geq 1)$ paarweise disjunkt $\Rightarrow \cup_{n=1}^{\infty} A_n \in \mathcal{D}$.

Aus den vorausgehenden Überlegungen ergibt sich das folgende Beispiel.

Beispiel

Für endliche Maße μ_1 und μ_2 auf einer σ-Algebra $\mathcal{A}$ mit $\mu_1(\Omega) = \mu_2(\Omega)$ ist das System $\mathcal{D} = \{A \in A: \mu_1(A) = \mu_2(A)\}$ ein Dynkin-System.

Für eine σ-Algebra $\mathcal{A}$ wird die Eigenschaft ii) nur für das Komplement bzgl. des Grundraums $B = \Omega$ verlangt. Sie folgt jedoch für eine beliebige Menge $B \in \mathcal{A}$ aus Satz 2.2. Daher ist jede σ-Algebra ein Dynkin-System. Aber nicht jedes Dynkin-System ist eine σ-Algebra, wie das Mengensystem $\mathcal{M}$ von Beispiel 1 zeigt. Ein Dynkin-System ist sicher dann eine σ-Algebra, wenn man eine abzählbare Vereinigung beliebiger Mengen des Systems als Vereinigung disjunkter Mengen des Systems darstellen kann. In einer σ-Algebra haben wir das z. B. im Beweis von Korollar 2.20 durchgeführt. Die entscheidende Bedingung dafür, dass das in einem Dynkin-System möglich ist, ist die $\cap$-Stabilität.

▸ **Definition 2.30** Ein Mengensystem $\mathcal{M}$ heißt $\cap$-*stabil*, wenn gilt:

$$A, B \in \mathcal{M} \Rightarrow A \cap B \in \mathcal{M}.$$

▸ **Satz 2.31** Ein Dynkin-System $\mathcal{D}$ ist genau dann eine σ-Algebra, wenn $\mathcal{D}$ $\cap$-stabil ist.

Beweis: Dass jede σ-Algebra ein $\cap$-stabiles Dynkin-System ist, haben wir uns bereits überlegt. Sei nun umgekehrt $\mathcal{D}$ ein $\cap$-stabiles Dynkin-System. Die definierenden Eigenschaften i) und ii) einer σ-Algebra folgen aus den entsprechenden Eigenschaften eines Dynkin-Systems. Um iii) zu zeigen, stellen wir wieder eine abzählbare Vereinigung als Vereinigung disjunkter Mengen dar. Für beliebige $A_n \in \mathcal{D}\ (n \geq 1)$ setzen wir also $A_1' = A_1$ und $A_n' = A_n \setminus \left(\cup_{i=1}^{n-1} A_i\right) = A_n \cap \cap_{i=1}^{n-1} A_i^c$ für $n \geq 2$. Da die Mengen $A_n^c \in \mathcal{D}\ (n \geq 1)$ sind und $\mathcal{D}$ $\cap$-stabil ist, sind auch die Mengen $A_n' \in \mathcal{D}\ (n \geq 1)$. Sie sind paarweise disjunkt, und daher ist $\cup_{n=1}^{\infty} A_n = \cup_{n=1}^{\infty} A_n' \in \mathcal{D}$.

Man erzeugt Dynkin-Systeme zu gegebenen Mengensystemen wie Algebren bzw. σ-Algebren.

▸ **Satz 2.32** Zu jedem System $\mathcal{M}$ von Teilmengen einer nicht-leeren Menge Ω existiert genau ein kleinstes Dynkin-System, das $\mathcal{M}$ enthält. Es heißt das von $\mathcal{M}$ erzeugte Dynkin-System und wird mit $\delta(\mathcal{M})$ bezeichnet.

Den Beweis führt man wie im entsprechenden Fall von Algebren bzw. σ-Algebren, indem man zunächst zeigt, dass ein beliebiger Durchschnitt von Dynkin-System wieder ein Dynkin-System ist, und dann den Durchschnitt aller Dynkin-Systeme, die $\mathcal{M}$ enthalten, nimmt.

Von grundlegender Bedeutung für den Nachweis der Eindeutigkeit von Maßen ist der folgende Satz.

▸ **Satz 2.33** Für ein $\cap$-stabiles Mengensystem $\mathcal{M}$ ist $\delta(\mathcal{M})$ eine σ-Algebra.

Beweis: Nach Satz 2.31 müssen wir beweisen, dass $\delta(\mathcal{M})$ $\cap$-stabil ist, sich die $\cap$-Stabilität also von $\mathcal{M}$ auf $\delta(\mathcal{M})$ überträgt. Für $\mathcal{M}$ bedeutet sie:

$$A, B \in \mathcal{M} \Rightarrow A \cap B \in \mathcal{M} \subset \delta(\mathcal{M}).$$

Zum Beweis der $\cap$-Stabilität von $\delta(\mathcal{M})$ zeigen wir, dass wir in diesem Schluss nacheinander die Mengen A, B aus $\mathcal{M}$ durch Mengen aus $\delta(\mathcal{M})$ ersetzen können. Dazu definieren wir für beliebige Mengen $A \subset \Omega$ das Mengensystem $\mathcal{D}(A) = \{B \subset \Omega \colon A \cap B \in \delta(\mathcal{M})\}$ und zeigen:

$$\text{Für } A \in \delta(\mathcal{M}) \text{ ist } \mathcal{D}(A) \text{ ein Dynkin-System.} \tag{2.6}$$

Dazu weisen wir für $A \in \delta(\mathcal{M})$ die definierenden Eigenschaften eines Dynkin-Systems nach.

i) $\Omega \in \mathcal{D}(A)$, da $A \cap \Omega = A \in \delta(\mathcal{M})$ ist.
ii) Seien $B, C \in \mathcal{D}(A)$ mit $B \subset C$. Nach Definition von $\mathcal{D}(A)$ sind $A \cap B, A \cap C \in \delta(\mathcal{M})$ mit $(A \cap B) \subset (A \cap C)$. Da $\delta(\mathcal{M})$ ein Dynkin-System ist, folgt $A \cap (C \setminus B) = (A \cap C) \setminus (A \cap B) \in \delta(\mathcal{M})$ und damit $C \setminus B \in \delta(\mathcal{M})$.

Analog beweist man iii). Seien $A_n \in \mathcal{D}(A)$ $(n \geq 1)$ paarweise disjunkt. Dann sind auch die Mengen $A \cap A_n \in \delta(\mathcal{M})$ $(n \geq 1)$ paarweise disjunkt, und es ist $A \cap (\cup_{n=1}^{\infty} A_n) = \cup_{n=1}^{\infty} (A \cap A_n) \in \delta(\mathcal{M})$ und daher $\cup_{n=1}^{\infty} A_n \in \mathcal{D}(A)$.

Wir zeigen nun, dass aus (2.6) die $\cap$-Stabilität von $\delta(\mathcal{M})$ folgt. Dazu gehen wir aus von der Implikation

$$A, B \in \mathcal{M} \Rightarrow A \cap B \in \mathcal{M} \subset \delta(\mathcal{M}) \Rightarrow A \in \mathcal{D}(B).$$

Sei zunächst $B \in \mathcal{M}$ fest. Da $A \in \mathcal{D}(B)$ für alle $A \in \mathcal{M}$ ist, ist $\mathcal{M} \subset \mathcal{D}(B)$. Nach (2.6) ist $\mathcal{D}(B)$ ein Dynkin-System, und es folgt $\delta(\mathcal{M}) \subset \mathcal{D}(B)$. Damit gilt

$$A \in \delta(\mathcal{M}), B \in \mathcal{M} \Rightarrow A \in \mathcal{D}(B) \Rightarrow B \in \mathcal{D}(A).$$

Die letzte Implikation ist nach Definition von $\mathcal{D}(A)$ und $\mathcal{D}(B)$ klar.

Folglich ist $\mathcal{M} \subset \mathcal{D}(A)$ für $A \in \delta(\mathcal{M})$ und damit auch $\delta(\mathcal{M}) \subset \mathcal{D}(A)$. Wir erhalten schließlich:

$$A, B \in \delta(\mathcal{M}) \Rightarrow B \in \mathcal{D}(A) \Rightarrow A \cap B \in \delta(\mathcal{M}).$$

▸ **Korollar 2.34** Für ein $\cap$-stabiles Mengensystem $\mathcal{M}$ ist $\delta(\mathcal{M}) = \sigma(\mathcal{M})$.

Beweis: Auch ohne $\cap$-Stabilität ist $\sigma(\mathcal{M})$ ein Dynkin-System, das $\mathcal{M}$ enthält, und daher ist stets $\delta(\mathcal{M}) \subset \sigma(\mathcal{M})$.

Für ein $\cap$-stabiles Mengensystem $\mathcal{M}$ folgt aus Satz 2.33, dass $\delta(\mathcal{M})$ eine σ-Algebra ist, und daher gilt in diesem Fall auch $\sigma(\mathcal{M}) \subset \delta(\mathcal{M})$.

▸ **Korollar 2.35** Ist $\mathcal{M}$ $\cap$-stabil und $\mathcal{D}$ ein Dynkin-System, das $\mathcal{M}$ enthält, dann enthält $\mathcal{D}$ auch $\sigma(\mathcal{M})$.

Korollar 2.35 folgt direkt aus Korollar 2.34, da $\sigma(\mathcal{M}) = \delta(\mathcal{M}) \subset \mathcal{D}$ ist.

Die Korollare 2.34 und 2.35 sind die Grundlage für die Behandlung der Eindeutigkeit endlicher Maße mit gleicher Gesamtmasse, z. B. Wahrscheinlichkeitsmaße.

▸ **Satz 2.36** Seien μ_1 und μ_2 endliche Maße auf einer σ-Algebra $\mathcal{A}$ mit $\mu_1(\Omega) = \mu_2(\Omega)$, die auf einem $\cap$-stabilen Erzeugendensystem von $\mathcal{A}$ übereinstimmen. Dann ist $\mu_1 = \mu_2$.

Beweis: Sei $\mathcal{M}$ ein $\cap$-stabiles Erzeugendensystem von A auf dem μ_1 und μ_2 übereinstimmen, und sei $\mathcal{D} = \{A \in \mathcal{A}: \mu_1(A) = \mu_2(A)\}$.

$\mathcal{D}$ ist ein Dynkin-System, das $\mathcal{M}$ enthält. Nach Korollar 2.35 enthält $\mathcal{D}$ dann auch $\sigma(\mathcal{M}) = A$, und es folgt $\mu_1(A) = \mu_2(A)$ für $A \in \mathcal{A}$.

Anmerkung: Ein ähnliches Verfahren besteht darin, an Stelle von Dynkin-Systemen monotone Klassen zu nehmen. Eine monotone Klasse ist ein System von Teilmengen einer Menge Ω, die mit jeder monoton wachsenden und fallenden Folge von Mengen auch ihren Grenzwert enthält. Man sieht leicht, dass eine Algebra genau dann eine σ-Algebra ist, wenn sie eine monotone Klasse ist. Analog zu Satz 2.31 gilt, dass die von einer Algebra erzeugte monotone Klasse eine Algebra und damit eine σ-Algebra ist, mit den entsprechenden Folgerungen. Die Theorie der Dynkin-Systeme mit $\cap$-stabilen Mengensystemen ist jedoch vielseitiger anwendbar. Für einen Satz über monotone Klassen von Funktionenräumen siehe Übung 3.3.

Satz 2.36 ist für Wahrscheinlichkeitsmaße ausreichend. Aber selbst in der Wahrscheinlichkeitstheorie benötigt man unendliche Maße als Grundlage für Maße mit Dichten. Wir behandeln daher nun den allgemeinen Fall. In den Gegenbeispielen 2 und 3 ist das erzeugende Mengensystem zwar $\cap$-stabil, aber die Gesamtmasse ist verschieden bzw. ∞. Zur Herleitung von Bedingungen für Eindeutigkeit auch für unendliche Maße wie z. B. das Lebesgue-Maß betrachten wir Maße, für die Ω durch Mengen endlichen Maßes approximiert werden kann.

Definition 2.37 Sei μ ein Maß auf einer Algebra $\mathcal{A}$ in Ω und $\mathcal{M} \subset \mathcal{A}$ ein Teilsystem. μ heißt *σ-endlich* auf $\mathcal{M}$, wenn Mengen $B_n \in \mathcal{M}(n \geq 1)$ existieren mit $\Omega = \cup_{n=1}^{\infty} B_n$ und $\mu(B_n) < \infty$ für $n \geq 1$. μ heißt σ-endlich, wenn $\mu\sigma$-endlich auf $\mathcal{A}$ ist.

Bemerkung 2.38 Sei μ ein σ-endliches Maß auf einer Algebra $\mathcal{A}_0 \subset \mathcal{A}$. Dann existieren Mengen $B_n \in \mathcal{A}_0\,(n \geq 1)$ mit $\Omega = \cup_{n=1}^{\infty} B_n$ und $\mu(B_n) < \infty$ für $n \geq 1$ mit paarweise disjunkten $B_n\ (n \geq 1)$ sowie mit aufsteigenden $B_n\ (n \geq 1)$.

Beweis: Aus beliebigen Mengen $B_n \in \mathcal{A}_0\ (n \geq 1)$ mit den definierenden Eigenschaften der σ-Endlichkeit lassen sich in einer Algebra paarweise disjunkte bzw. aufsteigende Mengen mit diesen Eigenschaften bilden durch $B_n \setminus \left(\cup_{i=1}^{n-1} B_i\right)$ bzw. $\cup_{i=1}^{n} B_i$ für $n \geq 1$. Da $\mathcal{A}_0$ eine Algebra ist, gehören diese Mengen ebenfalls zu $\mathcal{A}_0$. Die Endlichkeit ihrer Maße folgt aus der Monotonie bzw. Subadditivität.

Mit dem Begriff der σ-Endlichkeit erhalten wir den allgemeinen Eindeutigkeitssatz.

Satz 2.39 Seien μ_1 und μ_2 Maße auf einer σ-Algebra $\mathcal{A}$, die auf einem $\cap$-stabilen Erzeugendensystem $\mathcal{M}$ von $\mathcal{A}$ übereinstimmen und auf $\mathcal{M}$ σ-endlich sind. Dann ist $\mu_1 = \mu_2$.

Beweis: Seien $B_n \in \mathcal{M}\ (n \geq 1)$ mit $\Omega = \cup_{n=1}^{\infty} B_n$ und $\mu(B_n) < \infty$ für $n \geq 1$.

Für $j = 1, 2$ und $n \geq 1$ definieren wir $\mu_{jn}(A) = \mu_j(A \cap B_n)$ für $A \in \mathcal{A}$. Für jedes $n \geq 1$ sind μ_{1n} und μ_{2n} Maße auf $\mathcal{A}$ mit $\mu_{1n}(\Omega) = \mu_{2n}(\Omega)$ die auf $\mathcal{M}$ übereinstimmen.

Dass sie Maße sind, ist klar. Da $\mathcal{M}$ $\cap$-stabil ist, gehört mit $A, B_n \in \mathcal{M}$ auch $A \cap B_n \in \mathcal{M}$.

Daher stimmen μ_{1n} und μ_{2n} auf $\mathcal{M}$ überein, und es ist $\mu_{1n}(\Omega) = \mu_1(B_n) = \mu_2(B_n) = \mu_{2n}(\Omega)$. Nach Satz 2.36 folgt $\mu_{1n} = \mu_{2n}$, d. h. $\mu_1(A \cap B_n) = \mu_2(A \cap B_n)$ für $A \in \mathcal{A}$ und $n \geq 1$.

Ist $\mathcal{A}$ eine Algebra, können wir $B_n (n \geq 1)$ paarweise disjunkt wählen, und es folgt für $A \in \mathcal{A}$

$$\mu_1(A) = \sum_{n=1}^{\infty} \mu_1\,(A \cap B_n) = \sum_{n=1}^{\infty} \mu_2\,(A \cap B_n) = \mu_2(A)$$

also $\mu_1 = \mu_2$.

Den allgemeinen Fall behandeln wir mit dem Inklusion-Exklusionsgesetz 2.16.

Für $A \in \mathcal{A}$, $n \geq 1$ und $j = 1, 2$ gilt:

$$\mu_j\left(A \cap \left(\bigcup_{n=1}^{n} B_i\right)\right) = \mu_j\left(\bigcup_{n=1}^{n} (A \cap B_i)\right) = \sum_{n=1}^{\infty} (-1)^{k+1} \sum_{1 \leq i_1 < i_2 < \ldots < i_k \leq n} \mu_j\,(A \cap B_{i_1} \cap B_{i_2} \ldots \cap B_{i_k})\,.$$

Die rechten Seiten stimmen für $j = 1$ und $j = 2$ überein, da die entsprechenden Mengen jeweils mindestens ein B_i enthalten. Daher ist

$$\mu_1\left(A \cap \left(\bigcup_{i=1}^{n} B_i\right)\right) = \mu_2\left(A \cap \left(\bigcup_{i=1}^{n} B_i\right)\right) \quad \text{für} \quad A \in \mathcal{A}, n \geq 1$$

und mit $n \to \infty$ folgt $\mu_1 = \mu_2$.

Speziell in der Situation des Fortsetzungssatzes 2.28 gilt:

▸ **Fortsetzungssatz 2.40** Zu einem σ-endlichen Maß μ auf einer Algebra $\mathcal{A}_0$ existiert genau eine Fortsetzung zu einem Maß auf $\sigma(\mathcal{A}_0)$.

Maße, die nicht σ-endlich sind, kommen praktisch kaum vor (s. auch Übung 4.10), höchstens als Gegenbeispiele. Wir werden nach Satz 2.40 daher Maße nur auf σ-Algebren betrachten.

Beispiele für $\cap$-stabile Erzeugendensysteme

Für $\Omega = \mathbb{R}^d$ $(d \geq 1)$ und $\mathcal{A} = \mathcal{B}(\mathbb{R}^d)$ sind die folgenden Erzeugendensysteme $\cap$-stabil:

- Intervalle aus $\mathfrak{J}_d$
- Intervalle aus $\mathfrak{J}_d$ mit rationalen Koordinaten der Randpunkte
- offene Mengen
- abgeschlossene Mengen
- kompakte Mengen

und im Fall $d = 1$ zusätzlich die Systeme aller Intervalle der Form

$$(-\infty, b],\, b \in \mathbb{R}$$
$$(-\infty, b),\, b \in \mathbb{R}$$
$$(a, \infty),\, a \in \mathbb{R}$$
$$[a, \infty),\, a \in \mathbb{R}\,.$$

Dass diese Intervalle Erzeugendensysteme sind, folgt aus $(a, b] = (-\infty, b] \setminus (-\infty, a]$ sowie $(-\infty, b] = \cap_{n=1}^{\infty} \left(-\infty, b + \frac{1}{n}\right)$ und analogen Beziehungen.

Als wichtiges Beispiel wenden wir den Fortsetzungssatz auf die Verallgemeinerung des elementargeometrischen Inhalts (s. Beispiel 3 bzw. Übung 2.8) an. Da die beschränkten Mengen endliches Maß haben, ist es σ-endlich.

▸ **Satz 2.41** Sei $F : \mathbb{R} \to \mathbb{R}$ monoton wachsend und rechtsseitig stetig. Dann existiert genau ein Maß μ auf $\mathcal{B}(\mathbb{R})$, das auf den beschränkten Mengen endlich ist, mit

$$\mu((a, b]) = F(b) - F(a) \quad \text{für} \quad a \leq b\,. \tag{2.7}$$

Zu jedem derartigen Maß μ existiert eine entsprechende Funktion F mit (2.7). Sie ist bis auf eine additive Konstante eindeutig bestimmt.

Wir haben damit die wichtigsten Begriffe und Eigenschaften, die Maße betreffen, behandelt. Ihre fundamentalen Strukturen werden wie folgt bezeichnet.

Definition 2.42

1. Ein *messbarer Raum* ist ein Paar $(\Omega, \mathcal{A})$, das aus einer nicht-leeren Menge Ω und einer σ-Algebra $\mathcal{A}$ in Ω besteht.
2. Ein *Maßraum* ist ein Tripel $(\Omega, \mathcal{A}, \mu)$, das aus einem messbaren Raum $(\Omega, \mathcal{A})$ und einem Maß μ auf $\mathcal{A}$ besteht.
3. In der Wahrscheinlichkeitstheorie bezeichnet man einen Maßraum $(\Omega, \mathcal{A}, P)$ mit einem Wahrscheinlichkeitsmaß P als *Wahrscheinlichkeitsraum*. Die Mengen aus $\mathcal{A}$ nennt man Ereignisse.

Die definierenden Eigenschaften einer σ-Algebra und eines Wahrscheinlichkeitsmaßes bilden die Kolmogorov'schen Axiome der Wahrscheinlichkeitstheorie.

2.5 Vollständigkeit

Der Begriff der Vollständigkeit von Maßen ist in der Wahrscheinlichkeitstheorie von großer Bedeutung. Wir brauchen ihn zwar erst im Zusammenhang mit stochastischen Prozessen, aber seine Behandlung passt methodisch am besten an diese Stelle und vertieft zusätzlich das Verständnis von Maßen, insbesondere im Zusammenhang mit der Carathéodory-Fortsetzung (s. Satz 2.49).

Bei der Vollständigkeit geht es um Mengen vom Maß 0. Sie spielen als Ausnahmemengen in der Wahrscheinlichkeitstheorie und allgemein in der Maßtheorie eine wichtige Rolle. Ein typisches Beispiel haben wir schon beim starken Gesetz der großen Zahlen kennengelernt. Um zu zeigen, dass eine Ausnahmemenge N das Maß 0 hat, geht man häufig so vor, dass man eine Obermenge $A \in \mathcal{A}$ mit $\mu(A) = 0$ konstruiert. Wegen der Monotonie wäre dann auch $\mu(N) = 0$. $\mu(N)$ ist aber nur dann definiert, wenn $N \in \mathcal{A}$ ist. Das ist jedoch nicht notwendig der Fall. Ein Maß, für das dies stets gilt, heißt vollständig.

Definition 2.43 Ein Maß μ auf einer σ-Algebra $\mathcal{A}$ heißt *vollständig*, wenn gilt:

$$N \subset A \quad \text{mit} \quad A \in \mathcal{A}, \mu(A) = 0 \Rightarrow N \in \mathcal{A}.$$

Ein wichtiges Beispiel ist das folgende.

Proposition 2.44 Die Restriktion eines äußeren Maßes μ^* auf die μ^*-messbaren Mengen ist vollständig.

Beweis: Sei $N \subset A$ und $A \in \mathcal{A} = \mathcal{M}(\mu^*)$ mit $\mu(A) = \mu^*(A) = 0$.

Für jede Teilmenge $B \subset \Omega$ ist $(B \cap N) \subset N \subset A$. Daraus folgt $\mu^*(B \cap N) = 0$ und mit $\mu^*(B \cap N) + \mu^*(B \cap N^c) = \mu^*(B \cap N^c) \leq \mu^*(B)$, dass N die Eigenschaft (C') hat, also $N \in \mathcal{M}(\mu^*)$ ist.

Insbesondere ist damit die Carathéodory-Fortsetzung vollständig, und jedes Maß kann auf diese Weise zu einem vollständigen Maß fortgesetzt werden. Wir wollen jetzt zeigen, dass es zu jedem Maß eine minimale Fortsetzung zu einem vollständigen Maß gibt, und eine Beziehung zur Carathéodory-Fortsetzung herstellen.

Sei dazu ein Maßraum $(\Omega, \mathcal{A}, \mu)$ gegeben. Wir erweitern $\mathcal{A}$ zu der kleinsten σ-Algebra, die auch alle Teilmengen vom Maß 0 enthält. Deren Mengen lassen sich auf verschiedene Weisen darstellen.

Die Menge aller μ-Nullmengen bezeichnen wir mit

$$\mathcal{N}_\mu = \{N \subset \Omega\colon \text{ es existiert } A \in \mathcal{A} \quad \text{mit} \quad N \subset A \quad \text{und} \quad \mu(A) = 0\}\,.$$

Wir stellen die leicht zu beweisenden Eigenschaften von $\mathcal{N}_\mu$, zusammen, wobei 3 aus der σ-Subadditivität folgt.

Lemma 2.45 $\mathcal{N}_\mu$ hat die Eigenschaften:

1. $\varnothing \in \mathcal{N}_\mu$
2. $N \in \mathcal{N}_\mu, M \subset N \Rightarrow M \in \mathcal{N}_\mu$
3. $N_n \in \mathcal{N}_\mu, (n \geq 1) \Rightarrow \cup_{n=1}^\infty N_n \in N_\mu$.

Mit $\mathcal{A}_\mu$ bezeichnen wir das System aller Mengen $A \subset \Omega$, zu denen Mengen $B, C \in \mathcal{A}$ mit $B \subset A \subset C$ existieren, so dass $\mu(C \setminus B) = 0$ ist, und zeigen:

Lemma 2.46 $\mathcal{A}_\mu$ ist die kleinste σ-Algebra, die $\mathcal{A}$ und $\mathcal{N}_\mu$ enthält

Beweis:

1. $\mathcal{A}, \mathcal{N}_\mu \subset \mathcal{A}_\mu$
   Für $A \in \mathcal{A}$ können wir $B = C = A$ wählen, und es folgt $A \in \mathcal{A}_\mu$.
   Zu $N \in \mathcal{N}_\mu$ existiert nach Definition von $\mathcal{N}_\mu$ ein $A \in \mathcal{A}$ mit $N \subset A$ und $\mu(A) = 0$. Mit $\varnothing \subset N \subset A$ und $\mu(A) = 0$ folgt $N \in \mathcal{A}_\mu$.
2. $\mathcal{A}_\mu$ ist eine σ-Algebra.
   i) $\Omega \in \mathcal{A}_\mu$, da $\Omega \in \mathcal{A} \subset \mathcal{A}_\mu$ ist.
   ii) Sei $A \in \mathcal{A}_\mu$ und $B, C \in \mathcal{A}$ mit $B \subset A \subset C$ und $\mu(C \setminus B) = 0$. Dann ist $C^c \subset A^c \subset B^c$ mit $B^c, C^c \in \mathcal{A}$ und $B^c \setminus C^c = B^c \cap C^c = C \setminus B$. Daher ist $A^c \in \mathcal{A}_\mu$.
   iii) Seien $A_n \in \mathcal{A}_\mu$ $(n \geq 1)$ und $B_n, C_n \in \mathcal{A}$ mit $B_n \subset A_n \subset C_n$ und $\mu(C_n \setminus B_n) = 0$. Es ist

$$\left(\bigcup_{n=1}^\infty B_n\right) \subset \left(\bigcup_{n=1}^\infty A_n\right) \subset \left(\bigcup_{n=1}^\infty C_n\right)$$

   mit

$$\left(\bigcup_{n=1}^\infty C_n\right) \setminus \left(\bigcup_{n=1}^\infty B_n\right) = \bigcup_{n=1}^\infty \left(C_n \setminus \left(\bigcup_{m=1}^\infty B_m\right)\right) \subset \bigcup_{n=1}^\infty (C_n \setminus B_n)\,.$$

   Aus der σ-Subadditivität folgt $\mu\left((\cup_{n=1}^\infty C_n) \setminus (\cup_{n=1}^\infty B_n)\right) = 0$ und damit $\cup_{n=1}^\infty A_n \in \mathcal{A}_\mu$.

Aus 1 und 2 folgt $\sigma(\mathcal{A},\mathcal{N}_\mu)\subset\mathcal{A}_\mu$. Zum Beweis der umgekehrten Inklusion zeigen wir:

3. Jedes $A\in\mathcal{A}_\mu$ ist darstellbar als $A=B\cup N$ mit $B\in\mathcal{A}$ und $N\in\mathcal{N}_\mu$.
   Sei $A\in\mathcal{A}_\mu$ und $B,C\in\mathcal{A}$ mit $B\subset A\subset C$ und $\mu(C\setminus B)=0$. Wir setzen $N=A\setminus B$. Es ist $A=B\cup N$. Da $N\subset(C\setminus B)$ mit $\mu(C\setminus B)=0$ ist, folgt $N\in\mathcal{N}_\mu$ und damit 3.

Aus 3 folgt, dass jedes $A\in\mathcal{A}_\mu$ zu $\sigma(\mathcal{A},\mathcal{N}_\mu)$ gehört, also $\mathcal{A}_\mu\subset\sigma(\mathcal{A},\mathcal{N}_\mu)$ ist.

Es gilt auch die Umkehrung von 3, dass jedes A von der Form $A=B\cup N$ mit $B\in\mathcal{A}$ und $N\in\mathcal{N}_\mu$ zu $\mathcal{A}_\mu$ gehört. Denn A gehört zur kleinsten σ-Algebra, die $\mathcal{A}$ und $\mathcal{N}_\mu$ enthält, und nach Lemma 2.46 damit zu $\mathcal{A}_\mu$. Es folgt also:

▸ **Korollar 2.47** $\mathcal{A}_\mu$ besteht aus allen Mengen der Form $A=B\cup N$ mit $B\in\mathcal{A}$ und $N\in\mathcal{N}_\mu$.

Für eine weitere Charakterisierung der Mengen aus $\mathcal{A}_\mu$ s. Übung 2.13.

Wir setzen μ nun eindeutig zu einem vollständigen Maß auf $\mathcal{A}_\mu$ fort. Aus $A\in\mathcal{A}_\mu$ und $B,C\in\mathcal{A}$ mit $B\subset A\subset C$ und $\mu(C\setminus B)=0$ folgt $\mu(C)=\mu(B)+\mu(C\setminus B)=\mu(B)$. Wenn sich μ daher zu einem Maß $\bar\mu$ auf $\mathcal{A}_\mu$ fortsetzen lässt, so muss $\bar\mu(A)=\mu(C)=\mu(B)$ sein. Wir zeigen zunächst, dass sich $\bar\mu$ dadurch eindeutig definieren lässt.

Behauptung: Durch $\bar\mu(A)=\mu(C)=\mu(B)$ für $B,C\in\mathcal{A}$ mit $B\subset A\subset C$ und $\mu(C\setminus B)=0$ ist $\bar\mu$ auf $\mathcal{A}_\mu$ eindeutig definiert.

Beweis: Für $j=1,2$ seien $B_j,C_j\in\mathcal{A}$ mit $B_j\subset A\subset C_j$ und $\mu(C_j\setminus B_j)=0$. Aus $B_1\subset A\subset C_2$ folgt $\mu(C_1)=\mu(B_1)\le\mu(C_2)$. Durch Vertauschen der Rollen von 1 und 2 folgt analog $\mu(C_2)\le\mu(C_1)$ und damit $\mu(C_2)=\mu(C_1)$.

▸ **Satz 2.48** $\bar\mu$ ist ein vollständiges Maß auf $\mathcal{A}_\mu$, das μ fortsetzt. $\bar\mu$ ist die eindeutige minimale Fortsetzung von μ zu einem vollständigen Maß und heißt *Lebesgue-Vervollständigung*.

Beweis:

1. $\bar\mu$ ist Fortsetzung von μ.
   Für $A\in\mathcal{A}$ wählen wir wie im Beweis von Lemma 2.46 $B=C=A$ und erhalten $\bar\mu(A)=\mu(B)=\mu(A)$.
2. $\bar\mu$ ist ein Maß.
   Zu zeigen ist die σ-Additivität von $\bar\mu$, da die anderen Eigenschaften trivial sind.
   Seien $A_n\in\mathcal{A}_\mu\,(n\ge1)$ paarweise disjunkt und B_n, $C_n\in\mathcal{A}$ mit $B_n\subset A_n\subset C_n$ und $\mu(C_n\setminus B_n)=0$. Wie beim Beweis, dass $\mathcal{A}_\mu$ eine σ-Algebra ist, gezeigt wurde, gilt $(\cup_{n=1}^\infty B_n)\subset(\cup_{n=1}^\infty A_n)\subset(\cup_{n=1}^\infty C_n)$ mit $\mu\left((\cup_{n=1}^\infty C_n)\setminus(\cup_{n=1}^\infty B_n)\right)=0$. Als Teilmengen der paarweise disjunkten Mengen $A_n\,(n\ge1)$ sind auch die Mengen $B_n\,(n\ge1)$ paarweise disjunkt, und es folgt

$$\bar\mu\left(\bigcup_{n=1}^{\infty}A_n\right)=\mu\left(\bigcup_{n=1}^{\infty}B_n\right)=\sum_{n=1}^{\infty}\mu(B_n)=\sum_{n=1}^{\infty}\bar\mu(A_n).$$

3. $\bar{\mu}$ ist vollständig.
   Nach Konstruktion enthält $\mathcal{A}_\mu$ die μ-Nullmengen. Das genügt jedoch nicht, da $\mathcal{A}_\mu$ auch die $\bar{\mu}$-Nullmengen enthalten muss.
   Sei also $N \subset A$ mit $A \in \mathcal{A}_\mu$ und $\bar{\mu}(A) = 0$. Zu A existieren $B, C \in \mathcal{A}$ mit $B \subset A \subset C$ und $\bar{\mu}(A) = \mu(B) = \mu(C) = 0$. Aus $N \subset C$ mit $\mu(C) = 0$ folgt $N \in \mathcal{N}_\mu \subset \mathcal{A}_\mu$.
4. $\bar{\mu}$ ist minimale Vervollständigung.
   Sei $\tilde{\mu}$ die Fortsetzung von μ zu einem vollständigen Maß auf eine σ-Algebra $\widetilde{\mathcal{A}} \supset \mathcal{A}$. Dann muss $\widetilde{\mathcal{A}}$ insbesondere die μ-Nullmengen $\mathcal{N}_\mu$ enthalten und mit Lemma 2.46 folgt $\mathcal{A}_\mu \subset \widetilde{\mathcal{A}}$. Damit ist $\bar{\mu}$ eine minimale Vervollständigung, die wegen der Eindeutigkeit der Fortsetzung von μ auf $\mathcal{A}_\mu$ eindeutig ist.

Ohne Beweis (Übung 2.14) erwähnen wir noch die folgende Charakterisierung der Carathéodory-Fortsetzung für σ-endliche Maße.

▸ **Satz 2.49** Für ein σ-endliches Maß μ auf einer Algebra $\mathcal{A}_0$ stimmt die Carathéodory-Fortsetzung mit der Lebesgue-Vervollständigung der eindeutigen Fortsetzung von μ auf $\sigma(\mathcal{A}_0)$ überein. Insbesondere ist für ein σ-endliches Maß auf einer σ-Algebra die Carathéodory-Fortsetzung gleich der Lebesgue-Vervollständigung.

2.6 Das Lebesgue-Maß

Der elementargeometrische Inhalt ist auf der von $\mathcal{J}_d$ erzeugten Algebra σ-endlich. Man kann z. B. $B_n = (-n, n]^d$ wählen. Er ist daher eindeutig auf $\mathcal{B}(\mathbb{R}^d)$ fortsetzbar.

▸ **Definition 2.50** Das *Lebesgue-Borel-Maß* auf $\mathbb{R}^d$ ist die eindeutige Fortsetzung des elementar geometrischen Inhalts auf $\mathcal{B}(\mathbb{R}^d)$.

Das *Lebesgue-Maß* auf $\mathbb{R}^d$ ist die Carathéodory-Fortsetzung des elementar geometrischen Inhalts.

Nach Satz 2.49 ist das Lebesgue-Maß die Lebesgue-Vervollständigung des Lebesgue-Borel-Maßes.

Da der Unterschied zwischen dem Lebesgue-Borel-Maß und dem Lebesgue-Maß nur im Definitionsbereich liegt, spricht man, wenn es darauf nicht ankommt, oft in beiden Fällen vom Lebesgue-Maß.

Wir bezeichnen das Lebesgue-Maß auf $\mathbb{R}^d$ mit λ_d. In Dimension 1 bezeichnen wir es auch kurz mit $\lambda_1 = \lambda$. Wir nennen die Mengen des Definitionsbereichs von λ_d Lebesgue-messbar.

Eine wichtige Eigenschaft des Lebesgue-Maßes ist die Translationsinvarianz.

Für $a \in \mathbb{R}^d$ bezeichne $T_a\colon \mathbb{R}^d \to \mathbb{R}^d$ die Translation um a, die durch $T_a(x) = x + a$ für $x \in \mathbb{R}^d$ definiert ist. Für jede Teilmenge $A \subset \mathbb{R}^d$ ist $T_a(A) = a + A$.

Für $a \in \mathbb{R}^d$ ist trivialerweise $\mu_d(a + I) = \mu_d(I)$ für alle Intervalle $I \in \mathfrak{J}_d$. Daraus folgt $\mu_d^*(a + A) = \mu_d^*(A)$ für alle $a \in \mathbb{R}^d$ und $A \subset \mathbb{R}^d$ und damit $\lambda_d(a + A) = \lambda_d(A)$ für alle $a \in \mathbb{R}^d$ und Lebesgue-messbaren Mengen A. Ein Maß mit dieser Eigenschaft heißt translationsinvariant.

▸ **Satz 2.51** Das Lebesgue-Borel-Maß ist das einzige translationsinvariante Maß μ auf $B(\mathbb{R}^d)$ mit $\mu(W) = 1$, wobei $W = (0,1]^d$ der Einheitswürfel im $\mathbb{R}^d$ ist.

Beweis: Wie eben gezeigt, ist $\mu = \lambda_d$ translationsinvariant. $\lambda_d(W) = 1$ ist klar.

Sei umgekehrt μ ein Maß mit diesen Eigenschaften. Für $n \geq 1$ sei $W_n = (0, \frac{1}{n}]^d$. W ist die disjunkte Vereinigung von n^d Translationen von W_n. Aus der Translationsinvarianz von μ folgt $1 = \mu(W) = n^d \cdot \mu(W_n)$ und damit $\mu(W_n) = \frac{1}{n^d} = \lambda_d(W_n)$.

Sei $I \in \mathfrak{J}_d$ mit rationalen Koordinaten der Randpunkte. I lässt sich als disjunkte Vereinigung von Translationen von W_n mit geeignetem n darstellen. Da μ und λ_d translationsinvariant sind, folgt $\mu(I) = \lambda_d(I)$. Das System dieser Intervalle erfüllt die Voraussetzungen des Eindeutigkeitssatzes 2.39, und es folgt $\mu = \lambda_d$ auf $\mathcal{B}(\mathbb{R}^d)$.

▸ **Korollar 2.52** Sei μ ein translationsinvariantes Maß auf $\mathcal{B}(\mathbb{R}^d)$ mit $\mu(W) < \infty$. Dann ist $\mu = \alpha\lambda_d$ für ein $\alpha \geq 0$.

Beweis: Wir setzen $\alpha = \mu(W)$. Im Fall $\alpha = 0$ ist $\mu \equiv 0 = 0\lambda_d$, da $\mathbb{R}^d$ abzählbare Vereinigung von Translationen von W ist.

Für $\alpha > 0$ definieren wir $\nu = \frac{1}{\alpha}\mu$. ν erfüllt die Voraussetzungen des Satzes. Es folgt $\nu = \lambda_d$ und damit $\mu = \alpha\lambda_d$.

Beispiele von λ_d-Nullmengen sind:

1. höchstens abzählbare Mengen
2. für $d = 1$ die Cantor-Menge.

   Die Cantor-Menge wird mit folgendem Rekursionsverfahren konstruiert. Sei $C_0 = [0,1]$. Aus C_0 nimmt man das mittlere offene Drittel heraus und erhält $C_1 = \left[0, \frac{1}{3}\right] \cup \left[\frac{2}{3}, 1\right]$. Nimmt man aus diesen Intervallen jeweils das mittlere offene Drittel heraus und fährt rekursiv so fort, dann erhält man für $n \geq 1$ die Menge C_n als Vereinigung von 2^n Intervallen der Länge $\frac{1}{3^n}$. Die Cantor-Menge C ist definiert durch $C = \cap_{n \geq 0} C_n$. Es ist $\lambda(C_n) = \left(\frac{2}{3}\right)^n$ und daher ist $\lambda(C) = 0$.

   C ist kompakt und hat die Mächtigkeit des Kontinuums. Denn jedes $\omega \in C$ entspricht eineindeutig einer 0-1-Folge, indem man beim Übergang von C_n zu C_{n+1} angibt, ob ω im linken oder rechten Teilintervall liegt. Wie schon am Ende des ersten Kapitels erwähnt, hat über die Dualbruchentwicklung die Menge aller 0-1-Folgen die Mächtigkeit des Kontinuums.
3. für $d \geq 2$ niederdimensionale Teilräume.

Die Existenz von nicht-Lebesgue-messbaren Mengen kann man mit dem Auswahlaxiom nachweisen. Auch Lebesgue-messbare Mengen, die keine Borel-Mengen sind, existieren, lassen sich ebenfalls nicht konstruktiv angeben. Ihre Existenz folgt z. B. mit einem Mächtigkeitsargument der folgenden Art. Da die Cantor-Menge eine λ_1-Nullmenge ist, sind alle Teilmengen der Cantor-Menge Lebesgue-messbar. Die Cantor-Menge hat die Mächtigkeit des Kontinuums, und die Menge aller ihrer Teilmengen hat eine echt größere Mächtigkeit als das System aller Borel-Mengen.

2.7 Übungen

2.1 Sei Ω eine nicht-leere Menge und $\mathcal{A}$ ein Mengensystem in Ω mit den Eigenschaften:
   i) $\Omega \in \mathcal{A}$
   ii) $A \in \mathcal{A} \Rightarrow A^c \in \mathcal{A}$
   iii) $A, B \in \mathcal{A}$ paarweise disjunkt $\Rightarrow A \cup B \in \mathcal{A}$.

   Folgt daraus, dass $\mathcal{A}$ eine Algebra ist? (Beweis oder Gegenbeispiel)

2.2 Ein Mengensystem $\mathcal{S}$ von Teilmengen einer Menge Ω heißt eine Semi-Algebra (in Ω), wenn gilt:
   i) $\Omega \in \mathcal{S}$
   ii) $A, B \in \mathcal{S} \Rightarrow A \cap B \in \mathcal{S}$
   iii) $A \in \mathcal{S} \Rightarrow$ es existieren paarweise disjunkte Mengen $A_1, \ldots, A_n \in \mathcal{S}$ $(n \geq 1)$ mit $A^c = \cup_{i=1}^{n} A_i$.

   Man zeige:
   a) In $\mathbb{R}^d$ ist das System aller nicht notwendig beschränkten Intervalle der Form $(a_1, b_1] \times \ldots \times (a_d, b_d]$ einschließlich der leeren Menge eine Semi-Algebra.
   b) Beim unendlichen Münzwurf ist das System aller Mengen der Form $\pi_n^{-1}(B_1 \times \ldots \times B_n)$ mit $B_i \subset \{0,1\}$ $(1 \leq i \leq n)$, $n \geq 1$ eine Semi-Algebra.
   c) Sei $\mathcal{S}$ eine Semi-Algebra in Ω. Dann besteht die von $\mathcal{S}$ erzeugte Algebra aus allen endlichen Vereinigungen von paarweise disjunkten Mengen aus $\mathcal{S}$ sowie aus allen endlichen Vereinigungen von beliebigen Mengen aus $\mathcal{S}$.
   d) Man gebe an:
      1. zwei Semi-Algebren, deren Durchschnitt keine Semi-Algebra ist
      2. ein Mengensystem, zu dem keine kleinste Semi-Algebra existiert, die es enthält.

2.3 Sei Ω eine nicht-leere Menge. Für $A, B \subset \Omega$ bezeichne $A \Delta B = (A \setminus B) \cup (B \setminus A)$ die symmetrische Differenz von A und B.

   Man zeige:
   a) Die symmetrische Differenz ist kommutativ und assoziativ und erfüllt:

$$A \Delta A = \varnothing$$
$$A \Delta \varnothing = A$$
$$(A \Delta B) \cap C = (A \cap C) \Delta (B \cap C) .$$

b) Ein Mengensystem $\mathcal{A}$ in Ω ist genau dann eine Algebra in Ω, wenn $\mathcal{A}$ im algebraischen Sinne ein kommutativer Ring mit Einselement bzgl. Δ als Addition und $\cap$ als Multiplikation ist.

2.4 Sei Ω eine beliebige nicht-leere Menge. Aus welchen Mengen besteht die von den endlichen Teilmengen von Ω erzeugte σ-Algebra?

2.5 Man zeige: Jede positive und additive Mengenfunktion auf einer Semi-Algebra lässt sich eindeutig zu einem Inhalt auf die von der Semi-Algebra erzeugten Algebra fortsetzen.

2.6* Man beweise Satz 2.16 (Inklusion-Exklusionsgesetz) und erläutere die Formel.

2.7 Sei $\mathcal{A}$ eine Algebra in einer Menge Ω und μ ein endlicher Inhalt auf $\mathcal{A}$. Für jede Teilmenge $B \subset \Omega$ sei

$$\bar{\mu}(B) = \inf\{\mu(A) : A \supset B, A \in \mathcal{A}\}$$
$$\underline{\mu}(B) = \sup\{\mu(A) : A \subset B, A \in \mathcal{A}\}$$

und $\overline{\mathcal{A}} = \{B \subset \Omega : \bar{\mu}(B) = \underline{\mu}(B)\}$.

Die Mengenfunktion $\bar{\mu}$ heißt auf $\overline{\mathcal{A}}$ der Jordaninhalt.

Man zeige:

a) $A \in \overline{\mathcal{A}}$ genau dann, wenn es zu jedem $\varepsilon > 0$ Mengen $B, C \in \mathcal{A}$ mit $B \subset A \subset C$ gibt, so dass $\mu(C) - \mu(B) < \varepsilon$ ist.

b) $\overline{\mathcal{A}}$ ist eine Algebra in Ω, die $\mathcal{A}$ enthält.

c) Die Einschränkung von $\bar{\mu}$ auf $\overline{\mathcal{A}}$ ist die eindeutige Fortsetzung von μ zu einem Inhalt auf $\overline{\mathcal{A}}$.

d) Dieses Fortsetzungsverfahren ist abgeschlossen, d. h. es ist $\overline{\overline{\mathcal{A}}} = \overline{\mathcal{A}}$.

2.8* Sei $F: \mathbb{R} \to \mathbb{R}$ eine monoton wachsende Funktion.

Man zeige:

a) Auf $\alpha(\mathfrak{J}_1)$ existiert genau ein Inhalt μ mit $\mu((a, b]) = F(b) - F(a)$ für alle a, b mit $-\infty \leq a < b \leq \infty$. Dabei sind mit $F(a)$ für $a = -\infty$ bzw. $F(b)$ für $b = \infty$ die entsprechenden Grenzwerte gemeint.
Man erhält jeden Inhalt μ auf $\alpha(\mathfrak{J}_1)$, der auf den beschränkten Mengen endlich ist, auf diese Weise. Dabei ist F durch μ, bis auf eine additive Konstante eindeutig bestimmt.

b) μ ist genau dann ein Maß, wenn F rechtsseitig stetig ist.
Im Folgenden sei F rechtsseitig stetig.

c) μ lässt sich eindeutig zu einem Maß auf die σ-Algebra der Borel-Mengen fortsetzen, das im folgenden auch mit μ bezeichnet wird.

d) Man drücke $\mu(I)$ durch F für beliebige Intervalle I aus.

e) Was bedeutet das folgende Verhalten von F für das Maß μ?
   1. eine (Un)stetigkeitsstelle
   2. ein Intervall, auf dem F konstant ist.

2.9 Sei μ ein Maß auf einer Algebra $\mathcal{A}_0$ in Ω mit dem zugehörigen äußeren Maß μ^*. Man zeige: Für jede Teilmenge $A \subset \Omega$ ist

$$\mu^*(A) = \inf\left\{\lim_{n\to\infty} \mu(A_n) : A_n \in A_0\ (n \geq 1)\ mit\ A_n \uparrow B \supset A\right\}$$

und beweise Satz 2.23 und Proposition 2.25.

2.10* Sei μ ein Maß auf einer Algebra $\mathcal{A}_0$ in Ω mit dem zugehörigen äußeren Maß μ^*. Man zeige:

a) Für jede Teilmenge $A \subset \Omega$ ist $\mu^*(A) = \inf\{\mu^*(B) : B \in \sigma(\mathcal{A}_0))$ mit $A \subset B\}$. Das Infimum wird angenommen.
Man beachte, dass es sich nicht um eine äquivalente Definition von μ^* handelt, da auf der rechten Seite ebenfalls μ^* vorkommt. Als solche kann sie jedoch aufgefasst werden, wenn $\mathcal{A}_0$ eine σ-Algebra ist, da in dem Fall auf der rechten Seite $\mu^* = \mu$ ist. Dasselbe gilt, wenn man für ein σ-endliches Maß die eindeutige Fortsetzung von μ auf $\sigma(\mathcal{A}_0)$ einsetzt.

b) Für ein endliches Maß μ hat eine Teilmenge $A \subset \Omega$ genau dann die Carathéodory-Eigenschaft (C), wenn A die Eigenschaft $\mu^*(A) + \mu^*(A^c) = \mu(\Omega)$ von Lebesgue hat.

Hinweis: Man benutze, dass μ auf $\sigma(\mathcal{A}_0)$ ein Maß ist.

2.11 *Hausdorff-Maße*
Sei $p > 0$ reell. Die Mengenfunktion μ_p^* auf $\mathbb{R}^d$ sei definiert durch

$$\mu_p^*(A) = \lim_{n\to\infty}\left(\inf\left\{\sum_{n=1}^{\infty}(d(A_n))^p : A \subset \bigcup_{n=1}^{\infty} A_n,\ d(A_n) \leq \varepsilon \text{ für alle } n \geq 1\right\}\right)$$

für $A \subset \mathbb{R}^d$,

wobei $d(A) = sup\{|x - y| : x, y \in A\}$ der Durchmesser von A ist.
Man zeige:

a) μ_p^* ist ein äußeres Maß auf $\mathbb{R}^d$.

b) μ_p^* hat die Eigenschaft:
Für $A, B \subset \mathbb{R}^d$ mit d ist $(A, B) = \inf\{|x - y| : a \in A, y \in B\} > 0$ ist

$$\mu_p^*(A \cup B) = \mu_p^*(A) + \mu_p^*(B).$$

c) Für jedes äußere Maß μ^* auf $\mathbb{R}^d$, das die in b) behauptete Eigenschaft hat, sind die Borel-Mengen μ^*-messbar.
Anleitung: Zu einer offenen nicht-leeren Menge $O \subset \mathbb{R}^d$ konstruiere man eine Folge offener Mengen $O_n \uparrow O$ für $n \to \infty$ mit d ist $(O_n, O_{n+1}^c) > 0$ für alle n und zeige für eine Teilmenge $B \subset \mathbb{R}^d$ mit $\mu_p^*(B) < \infty$:
1. $\mu^*(B) \geq \mu^*(B \cap O_n) + \mu^*(B \cap O^c)$ für alle n und $B \subset \mathbb{R}^d$
2. $\mu^*(B \cap O_n) \to \mu^*(B \cap O)$ für $n \to \infty$.

Zum Beweis von 2 setze man $D_n = B \cap (O_{n+1} \setminus O_n)$ und zeige

$$\mu^*(B \cap O_{2n+1}) \geq \sum_{k=1}^{n} \mu^*(D_{2k})$$

eine analoge Ungleichung für $\mu^*(B \cap O_{2n})$ und

$$\mu^*(B \cap O) \leq \mu^*(B \cap O_n) + \sum_{k=n}^{\infty} \mu^*(D_k).$$

Die Restriktion von μ_p^* auf die μ_p^*-messbaren Mengen heißt das p-dimensionale Hausdorff-Maß μ_p.

d) Das p-dimensionale Hausdorff-Maß ist für jedes $p > 0$ translationsinvariant.

e) Sei $0 < p < q$ und $A \subset \mathbb{R}^d$ eine μ_p^*-messbare Menge mit $\mu_p(A) < \infty$. Dann ist $\mu_q(A) = 0$.

f) Für $p > d$ ist $\mu_p \equiv 0$, für $p = d$ stimmt μ_p auf den Borel-Mengen bis auf einen konstanten Faktor mit dem Lebesgue-Borel-Maß überein, und für $p < d$ ist $\mu_p(O) = \infty$ für jede offene, nicht-leere Menge $O \subset \mathbb{R}^d$.

g) Die Cantor-Menge in $\mathbb{R}$ hat ein positives endliches Hausdorff-Maß der Dimension $\frac{\log 2}{\log 3}$.

2.12 Sei μ ein Inhalt auf einer Algebra. Definiert man μ^* wie für Maße, so ist μ^* auch in diesem Fall ein äußeres Maß (Man verifiziere das!). Die Carathéodory-Fortsetzung liefert daher ein Maß, selbst wenn μ kein Maß ist. Warum liegt kein Widerspruch vor? Man behandle ein Beispiel. (Inhalte, die keine Maße sind, erhält man z. B. mit Übung 2.8.)

2.13 Man beweise folgende weitere Charakterisierung der Mengen der σ-Algebra $\mathcal{A}_\mu$ der Lebesgue-Vervollständigung.
$\mathcal{A}_\mu$ besteht aus allen Mengen der Form $A = B \Delta N$ mit $B \in \mathcal{A}$ und $N \in \mathcal{N}_\mu$.

2.14 Man beweise Satz 2.49.
Hinweis: Man benutze Übung 2.9.

2.15 Man zeige:
Sei μ ein σ-endliches Maß auf einer Algebra $\mathcal{A}_0$. Zu jedem $A \in \sigma(\mathcal{A}_0)$ mit $\mu(A) < \infty$ und $\varepsilon > 0$ existiert eine Menge $A_0 \in \mathcal{A}_0$ mit $\mu(A \Delta A_0) < \varepsilon$.

2.16 Man zeige:
Sei μ ein Maß auf einer Algebra $\mathcal{A}_0$. Für jede Fortsetzung $\bar{\mu}$ auf eine σ-Algebra $\overline{\mathcal{A}}$, die $\mathcal{A}_0$ enthält, ist $\bar{\mu}(A) \leq \mu^*(A)$ für alle $A \in \sigma(\mathcal{A}_0)$. Insbesondere ist die Restriktion von μ^* auf $\sigma(\mathcal{A}_0)$ die Fortsetzung von μ auf $\sigma(\mathcal{A}_0)$ mit maximalem Wert.

3 Messbare Abbildungen, Zufallsvariable

Auf dem Wahrscheinlichkeitsraum als Grundmodell von Zufallsexperimenten spielen vor allem Zufallsvariable in der Wahrscheinlichkeitstheorie eine zentrale Rolle. Bei ihnen handelt es sich um Größen, deren Wert vom Ausgang eines Zufallsexperiments abhängt.

Mathematisch stellt man eine Zufallsvariable daher als Abbildung X auf einem Wahrscheinlichkeitsraum $(\Omega, \mathcal{A}, P)$ dar, die jedem Ausgang $\omega \in \Omega$ des Zufallsexperiments eine reelle Zahl $X(\omega)$ oder ein Element in einem allgemeinen Zustandsraum E zuordnet. Das stochastische Verhalten einer Zufallsvariablen wird durch ihre Verteilung beschrieben. Sie besteht aus den Wahrscheinlichkeiten, mit denen eine Zufallsvariable X ihre Werte annimmt, d. h. Wahrscheinlichkeiten von der Form $P(\{\omega\colon X(\omega) \in B\})$ für geeignete Teilmengen B des Zustandsraums.

Damit diese Wahrscheinlichkeiten definiert sind, muss $\{\omega\colon X(\omega) \in B\} \in \mathcal{A}$ für diese Mengen B sein. Man erhält auf diese Weise Wahrscheinlichkeiten von Teilmengen von E und nimmt daher auch sie aus einer geeigneten σ-Algebra auf dem Zustandsraum.

Diese stochastisch motivierten Funktionen werden wir auch auf allgemeinen Maßräumen behandeln.

3.1 Messbare Abbildungen

Zunächst untersuchen wir solche Abbildungen zwischen messbaren Räumen ohne ein Maß.

Wir benutzen im Folgenden die abkürzende Bezeichnungsweise

$$\{X \in B\} = \{\omega : X(\omega) \in B\} = X^{-1}(B) .$$

Eine entsprechende Schreibweise gebrauchen wir auch für Mengen, die durch konkrete Eigenschaften definiert sind, z. B. $\{X \leq x\} = \{\omega\colon X(\omega) \leq x\}$.

Die oben begründete Eigenschaft nennt man Messbarkeit.

M. Mürmann, *Wahrscheinlichkeitstheorie und Stochastische Prozesse*,
DOI 10.1007/978-3-642-38160-7_3, © Springer-Verlag Berlin Heidelberg 2014

Definition 3.1 Seien $(\Omega, \mathcal{A})$ und $(E, \mathcal{B})$ messbare Räume. Eine Abbildung $X: \Omega \to E$ heißt $\mathcal{A}$-$\mathcal{B}$-*messbar*, wenn $X^{-1}(B) \in \mathcal{A}$ für alle $B \in \mathcal{B}$ ist.

Häufig ist es klar, um welche σ-Algebra $\mathcal{B}$ auf dem Zustandsraum E es sich handelt, z. B. $\mathcal{B}(\mathbb{R}^d)$. Dann nennen wir $\mathcal{A}$-$\mathcal{B}$-messbare Abbildungen auch kurz $\mathcal{A}$-messbar.

Zum Nachweis der Messbarkeit genügt es, die Bedingung $X^{-1}(B) \in \mathcal{A}$ für alle B aus einem beliebigen Erzeugendensystem zu zeigen.

Satz 3.2 Seien $(\Omega, \mathcal{A})$ und $(E, \mathcal{B})$ messbare Räume und $\mathcal{M}$ ein Erzeugendensystem von $\mathcal{B}$. Eine Abbildung $X: \Omega \to E$ ist genau dann $\mathcal{A}$-$\mathcal{B}$-messbar, wenn $X^{-1}(B) \in \mathcal{A}$ für alle $B \in \mathcal{M}$ ist.

Beweis: Sei $X^{-1}(B) \in \mathcal{A}$ für alle $B \in \mathcal{M}$. Wir betrachten das Mengensystem

$$\mathcal{B}_X = \{B \subset E : X^{-1}(B) \in \mathcal{A}\}.$$

Es hat die Eigenschaften:

1. $\mathcal{M} \subset \mathcal{B}_X$
2. $\mathcal{B}_X$ ist eine σ-Algebra

1. gilt nach Voraussetzung.
2. folgt wie im Beweis von Satz 1.2 aus der Tatsache, dass das Urbild mit allen Mengenoperationen vertauscht. Als Beispiel zeigen wir iv) von Definition 2.1.2 genauer.

$$B_n \in \mathcal{B}_X (n \geq 1) \Rightarrow X^{-1}(B_n) \in \mathcal{A} \;\; (n \geq 1) \Rightarrow X^{-1}\left(\bigcup_{n=1}^{\infty} B_n\right) = \bigcup_{n=1}^{\infty} X^{-1}(B_n) \in \mathcal{A}$$
$$\Rightarrow \bigcup_{n=1}^{\infty} B_n \in \mathcal{B}_X .$$

Ein analoger Schluss gilt für das Komplement, und mit $X^{-1}(E) = \Omega \in \mathcal{A}$ ist $E \in \mathcal{B}_X$.

Aus 1. und 2. folgt $\mathcal{B} = \sigma(\mathcal{M}) \subset \mathcal{B}_X$ und damit die $\mathcal{A}$-$\mathcal{B}$-Messbarkeit von X.

Die umgekehrte Behauptung gilt als Einschränkung trivialerweise.

Beispiele

1. $E = \mathbb{R}, B = B(\mathbb{R})$

   $\mathcal{B}(\mathbb{R})$ wird erzeugt von den Intervallen $\{(-\infty, x], x \in \mathbb{R}\}$ sowie ähnlichen Intervallen (s. Beispiele nach dem Fortsetzungssatz 2.40). Eine Abbildung $X: \Omega \to \mathbb{R}$ ist daher genau dann $\mathcal{A}$-messbar, wenn $\{X \leq x\} \in \mathcal{A}$ für alle $x \in \mathbb{R}$ ist. Äquivalente Bedingungen sind $\{X < x\} \in \mathcal{A}$, $\{X \geq x\} \in \mathcal{A}$ und $\{X \leq x\} \in \mathcal{A}$ jeweils für alle $x \in \mathbb{R}$.

   Speziell ist jede monotone Funktion $X: I \to \mathbb{R}$ auf einem Intervall $I \subset \mathbb{R}$ $\mathcal{B}(I)$-messbar, da das Urbild von Intervallen ebenfalls ein Intervall ist.

2. $E = \overline{\mathbb{R}} = \mathbb{R} \cup \{-\infty, \infty\}$
Für viele Zwecke ist es nützlich, außer den reellen Zahlen auch die Werte $-\infty$ und ∞ zuzulassen, damit z. B. Supremum und Infimum einer Folge von messbaren reellwertigen Funktionen immer definiert sind. Wir versehen $\overline{\mathbb{R}}$ mit der σ-Algebra $\mathcal{B}(\overline{\mathbb{R}}) = \sigma(\mathcal{B}(\mathbb{R}), \{-\infty\}, \{\infty\})$, der kleinsten σ-Algebra also, die die Borel-Mengen von $\mathbb{R}$ und die einelementigen Mengen $\{-\infty\}$ und $\{\infty\}$ enthält. $\mathcal{B}(\overline{\mathbb{R}})$ besteht aus allen Mengen der Form $B \cup C$ mit $B \in \mathcal{B}(\mathbb{R})$ und $C \subset \{-\infty, \infty\}$.
Denn einerseits muss $\mathcal{B}(\overline{\mathbb{R}})$ diese Mengen enthalten, andererseits bildet das System aller Mengen dieser Form eine σ-Algebra, die das Erzeugendensystem enthält, wie man leicht sieht. Das System aller Intervalle in $\overline{\mathbb{R}}$ der Form $[-\infty, x]$ mit $x \in \mathbb{R}$ bildet ein Erzeugendensystem von $\mathcal{B}(\overline{\mathbb{R}})$. Das folgt aus

$$\{-\infty\} = \bigcap_{n=1}^{\infty} [-\infty, n]$$

$$\{\infty\} = \left(\bigcup_{n=1}^{\infty} [-\infty, n]\right)^c$$

$$(-\infty, x] = [-\infty, x] \setminus \{-\infty\} .$$

Daher sind auch $\overline{\mathbb{R}}$-wertige Funktionen $X \colon \Omega \to \overline{\mathbb{R}}$ genau dann $\mathcal{A}$-messbar, wenn $\{X \le x\} \in \mathcal{A}$ für alle $x \in \mathbb{R}$ ist, wobei zu beachten ist, dass $X \le x$ die Möglichkeit $X = -\infty$ einschließt. Auch in diesem Fall sind $\{X < x\} \in \mathcal{A}$, $\{X \ge x\} \in \mathcal{A}$ und $\{X > x\} \in \mathcal{A}$ jeweils für alle $x \in \mathbb{R}$ äquivalente Bedingungen.
Treten reellwertige Funktionen im allgemeinen Rahmen von $\overline{\mathbb{R}}$-wertigen Funktionen auf, so sind für sie die $\mathcal{B}(\mathbb{R})$- und $\mathcal{B}(\overline{\mathbb{R}})$-Messbarkeit offensichtlich äquivalent.

3. $E = \mathbb{R}^d$, $\mathcal{B} = \mathcal{B}(\mathbb{R}^d)$
Eine Abbildung $X \colon \Omega \to \mathbb{R}^d$ kann in ihre Koordinatenfunktionen $X_1, \ldots, X_d$, die durch $X(\omega) = (X_1(\omega), \ldots, X_d(\omega))$ für $\omega \in \Omega$ definiert sind, zerlegt werden. Es gilt:

Proposition 3.3 Eine Abbildung $X \colon \Omega \to \mathbb{R}^d$ mit $X = (X_1, \ldots, X_d)$ ist genau dann $\mathcal{A}$-$\mathcal{B}(\mathbb{R}^d)$-messbar, wenn alle $X_i (1 \le i \le n)$ $\mathcal{A}$-$B(\mathbb{R})$-messbar sind.

Beweis: Allgemein ist für beliebige Teilmengen $\mathcal{B}_i \subset \mathbb{R} (1 \le i \le d)$

$$X^{-1}(B_1 \times \ldots \times B_d) = \bigcap_{i=1}^{d} X_i^{-1}(B_i) . \tag{3.1}$$

Sei X $\mathcal{A}$-$\mathcal{B}(\mathbb{R}^d)$-messbar. Für ein festes j mit $1 \le j \le d$ wählen wir $B_j = I \in \mathcal{J}_1$ und $B_i = \mathbb{R}$ für $i \ne j$. Für diese $B_i (1 \le i \le d)$ ist $B_1 \times \ldots \times B_d \in \mathcal{J}_d$. Mit (3.1) folgt $X_j^{-1}(I) = X^{-1}(B_1 \times \ldots \times B_d) \in \mathcal{A}$ für alle $I \in \mathcal{J}_1$ und damit die $\mathcal{A}$-$\mathcal{B}(\mathbb{R})$-Messbarkeit von X_j.

Sind umgekehrt $X_1, \ldots, X_d$ $\mathcal{A}$-$\mathcal{B}(\mathbb{R})$-messbar, wählen wir $B_j = I_j \in \mathcal{J}_1 (1 \le j \le d)$. Es ist $I_1 \times \ldots \times I_d \in \mathcal{J}_d$, und mit (3.1) folgt die $\mathcal{A}$-$\mathcal{B}(\mathbb{R}^d)$-Messbarkeit von X.

Beispiele

4. Stetige Funktionen

   Jede stetige Funktion $X: \Omega \to E$ zwischen topologischen Räumen Ω und E sind messbar bzgl. der σ-Algebren $\mathcal{B}(\Omega)$ und $\mathcal{B}(E)$ ihrer Borel-Mengen. Denn die offenen Mengen in E erzeugen $\mathcal{B}(E)$ und für jede offene Menge $O \subset E$ ist $X^{-1}(O) \subset \Omega$ offen und daher in $\mathcal{B}(\Omega)$.

   Häufig gebrauchte Beispiele sind $\Omega = \mathbb{R}^n$ und $E = \mathbb{R}^d$.

5. Indikatorfunktionen

   Eine beliebige Teilmenge $A \subset \Omega$ kann man durch ihre Indikatorfunktion 1_A auf Ω darstellen. Sie ist durch $1_A(\omega) = 1$ für $\omega \in A$ und $1_A(\omega) = 0$ für $\omega \notin A$ definiert. Es gilt:

▸ **Bemerkung 3.4** Für eine Menge $A \subset \Omega$ ist 1_A genau dann $\mathcal{A}$-messbar, wenn $A \in \mathcal{A}$ ist.

Beweis: Für eine Menge $A \subset \Omega$ ist $\{1_A \geq x\} = \Omega$ für $x \leq 0$, $(1_A \geq x\} = A$ für $0 < x \leq 1$ und $\{1_A \geq x\} = \emptyset$ für $x > 1$.

Daher ist genau dann $\{1_A \geq x\} \in \mathcal{A}$ für alle $x \in \mathbb{R}$, wenn $A \in \mathcal{A}$ ist.

Häufig bildet man messbare Funktionen von messbaren Abbildungen. Sie sind ebenfalls messbar.

▸ **Satz 3.5** Seien $(\Omega, \mathcal{A})$, $(E, \mathcal{B})$ und $(F, \mathcal{C})$ messbare Räume, und sei $X: \Omega \to E$ $\mathcal{A}$-$\mathcal{B}$-messbar und $\varphi: E \to F$ $\mathcal{B}$-$\mathcal{C}$-messbar. Dann ist $\varphi(X): \Omega \to F$ $\mathcal{A}$-$\mathcal{C}$-messbar.

Beweis: Für $C \subset F$ ist $\varphi(X)^{-1}(C) = \{\omega: \varphi(X(\omega)) \in C\} = \{\omega: X(\omega) \in \varphi^{-1}(C)\} = X^{-1}(\varphi^{-1}(C))$.

Für $C \in \mathcal{C}$ ist wegen der Messbarkeit von φ und X $\varphi^{-1}(C) \in \mathcal{B}$ und $X^{-1}(\varphi^{-1}(C)) \in \mathcal{A}$.

Durch Anwendung von Satz 3.15 auf die Beispiele 3 und 4 erhalten wir weitere Beispiele.

Beispiele

6. Stetige Verknüpfungen von messbaren Abbildungen

▸ **Satz 3.6** Für $\mathcal{A}$-messbare Abbildungen $X, Y: \Omega \to \mathbb{R}^d$ und $\alpha \in \mathbb{R}$ sind $X + Y$, αX und $X \cdot Y$ $\mathcal{A}$-messbar. Im Fall $d = 1$ sind $\sup(X, Y)$, $\inf(X, Y)$ und, falls $Y \neq 0$ ist, X/Y $\mathcal{A}$-messbar.

Mit $X \cdot Y$ ist das Skalarprodukt in $\mathbb{R}^d$ gemeint, in $\mathbb{R}$ also das gewöhnliche Produkt.

Wir schreiben bewusst $\sup(X, Y)$ und nicht $\max(X, Y)$, obwohl es sich punktweise um ein Maximum handelt. Es wird jedoch als Funktion i. A. weder von X noch von Y angenommen. Dasselbe gilt für $\inf(X, Y)$.

Beweis: Nach Beispiel 3 ist $(X, Y)\colon \Omega \to \mathbb{R}^{2d}$ $\mathcal{A}$-messbar. Da die durch $\varphi(x, y) = x + y$ für $x, y \in \mathbb{R}^d$ definierte Abbildung $\varphi\colon \mathbb{R}^{2d} \to \mathbb{R}^d$ stetig und damit nach Beispiel 4 messbar ist, ist $\varphi(X, Y) = X + Y$ $\mathcal{A}$-messbar.

Die anderen Abbildungen sind ebenfalls als stetige Funktionen von X und Y $\mathcal{A}$-messbar.

Beispiele

7. Aus Beispiel 6 folgt mit vollständiger Induktion, dass Funktionen der Form $X = \sum_{i=1}^{n} x_i 1_{A_i}$ mit $A_1, \ldots, A_n \in \mathcal{A}$ und $x_1, \ldots, x_n \in \mathbb{R}$ $\mathcal{A}$-messbar sind.
   Man überzeugt sich leicht, dass alle $\mathcal{A}$-messbaren Funktionen mit endlich vielen Werten auf diese Weise darstellbar sind, wobei $A_1, \ldots, A_n$ paarweise disjunkt gewählt werden können.
   Diese Funktionen spielen vor allem in der Integrationstheorie eine grundlegende Rolle.
   Die Messbarkeit von Supremum und Infimum gilt auch für Folgen.

▸ **Satz 3.7** Seien $X_n\colon \Omega \to \overline{\mathbb{R}}$ $(n \geq 1)$ $\mathcal{A}$-messbar. Dann sind $\sup_{n\geq 1} X_n$, $\inf_{n\geq 1} X_n$, $\limsup_{n\to\infty} X_n$ und $\liminf_{n\to\infty} X_n$ $\mathcal{A}$-messbar.

Beweis: Für $\omega \in \Omega$ und $x \in \mathbb{R}$ gilt:

$$\sup_{n\geq 1} X_n(\omega) \leq x \Leftrightarrow X_n(\omega) \leq x \quad \text{für alle} \quad n \geq 1 .$$

Daher ist $\left\{\sup_{n\geq 1} X_n \leq x\right\} = \cap_{n=1}^{\infty} \{X_n \leq x\} \in \mathcal{A}$, und es folgt die $\mathcal{A}$-Messbarkeit von $\sup_{n\geq 1} X_n$.

Mit den Beziehungen

$$\begin{aligned} \inf_{n\geq 1} X_n &= -\sup_{n\geq 1}(-X_n) \\ \limsup_{n\to\infty} X_n &= \inf_{n\geq 1} \sup_{m\geq n} X_m \\ \liminf_{n\to\infty} X_n &= \sup_{n\geq 1} \inf_{m\geq n} X_m \end{aligned}$$

folgt die $\mathcal{A}$-Messbarkeit dieser Funktionen aus der $\mathcal{A}$-Messbarkeit von $\sup_{n\geq 1} X_n$.

Als nächstes zeigen wir, dass Mengen, auf denen $\mathcal{A}$-messbare Funktionen einer bestimmten Ordnungsrelation genügen, zur σ-Algebra $\mathcal{A}$ gehören.

▸ **Proposition 3.8** Seien $X, Y\colon \Omega \to \overline{\mathbb{R}}$ $\mathcal{A}$-messbar. Dann sind $\{X < Y\}, \{X \leq Y\}, \{X = Y\}, \{X \neq Y\} \in \mathcal{A}$.

▸ **Korollar 3.9** Seien $X_n\colon \Omega \to \overline{\mathbb{R}}$ $(n \geq 1)$ $\mathcal{A}$-messbare Funktionen. Dann ist $\left\{\lim_{n\to\infty} X_n \text{ existiert}\right\} \in \mathcal{A}$.

Beweis von Proposition 3.8: Es ist

$$\{X < Y\} = \bigcup_{x \in Q} \{X < x < Y\} = \bigcup_{x \in Q} (\{X < x\} \cap \{Y > x\}) \in \mathcal{A}.$$

Die anderen Mengen lassen sich auf diesen Fall zurückführen:

$$\{X \leq Y\} = \{Y < X\}^c$$
$$\{X = Y\} = \{X \leq Y\} \setminus \{X < Y\}$$
$$\{X \neq Y\} = \{X = Y\}^c .$$

Beweis von Korollar 3.9: Mit der Existenz des Grenzwerts ist die Konvergenz in $\mathbb{R}$ gemeint. Für sie gilt:

$$\left\{\lim_{n\to\infty} X_n \text{ existiert}\right\} = \left\{\limsup_{n\to\infty} X_n = \liminf_{n\to\infty} X_n\right\} \cap \left\{\limsup_{n\to\infty} X_n \in R\right\} \in \mathcal{A}.$$

Korollar 3.9 gilt entsprechend auch für die Konvergenz im weiteren Sinne in $\overline{\mathbb{R}}$, da in diesem Fall in obiger Beziehung der Durchschnitt mit der zweiten Menge entfällt.

Für die Integration, aber auch für viele andere Zwecke, ist es nützlich, dass man messbare Funktionen durch solche mit endlich vielen Werten approximieren kann. Wir betrachten zunächst diese Funktionen.

▸ **Definition 3.10** Sei $(\Omega, \mathcal{A})$ ein messbarer Raum. Eine Funktion $X\colon \Omega \to \mathbb{R}$ der Form $X = \sum_{i=1}^{n} x_i 1_{A_i}$ mit paarweise disjunkten Mengen $A_1, \ldots, A_n \in \mathcal{A}$ und $x_1, \ldots, x_n \in \mathbb{R}$ heißt eine *einfache $\mathcal{A}$-messbare Funktion.* $\mathcal{E}(\mathcal{A})$ bezeichne die Menge aller einfachen $\mathcal{A}$-messbaren Funktionen und $\mathcal{E}^+(\mathcal{A})$ die Menge aller nicht-negativen einfachen $\mathcal{A}$-messbaren Funktionen.

Die $\mathcal{A}$-Messbarkeit dieser Funktionen wurde in Beispiel 7 gezeigt.

Als Folgerung des nächsten Satzes wird sich ergeben, dass auch ohne die Einschränkung, dass die Mengen $A_1, \ldots, A_n$ paarweise disjunkt sind, Funktionen von dieser Form zu $\mathcal{E}(\mathcal{A})$ gehören.

Die algebraischen Eigenschaften von $\mathcal{E}(\mathcal{A})$ lassen sich folgendermaßen zusammenfassen.

▸ **Satz 3.11** $\mathcal{E}(\mathcal{A})$ ist ein algebraischer Verband $\mathcal{A}$-messbarer Funktionen mit Einselement $1 = 1_\Omega$.

Ein Vektorverband von Funktionen ist ein Vektorraum, der mit zwei Funktionen auch ihr Supremum und Infimum enthält, ein algebraischer Verband enthält zusätzlich auch ihr Produkt. Speziell enthält jeder Vektorverband von Funktionen mit einer Funktion X auch die Funktion $X^+ = \sup(X, 0)$. Damit ein Vektorraum ein Vektorverband ist, genügt dies, da $\sup(X, Y) = X + (Y - X)^+$ und $\inf(X, Y) = -\sup(-X, -Y)$ ist. Das gleiche gilt für $X^- = \inf(X, 0)$.

Beweis: Dass mit $X \in \mathcal{E}(\mathcal{A})$ und $a \in \mathbb{R}$ auch $aX \in \mathcal{E}(\mathcal{A})$ ist, ist trivial, ebenso dass $1 \in \mathcal{E}(\mathcal{A})$ ist. Seien $X = \sum_{i=1}^n x_i 1_{A_i}$ und $Y = \sum_{j=1}^m y_j 1_{B_j}$ mit jeweils paarweise disjunkten Mengen $A_1, \ldots, A_n \in \mathcal{A}$ und $B_1, \ldots, B_m \in \mathcal{A}$ und $x_1, \ldots, x_m, y_1, \ldots, y_m \in \mathbb{R}$. Wir können ohne Einschränkung $\cup_{i=1}^n A_i = \cup_{j=1}^m B_j = \Omega$ annehmen, da wir andernfalls die Darstellung von X und Y um den Summanden 0 auf dem Komplement von $\cup_{i=1}^n A_i$ bzw. $\cup_{j=1}^m B_j$ ergänzen können.

Für $1 \le i \le n$ und $1 \le j \le m$ sei $C_{ij} = A_i \cap B_j \in \mathcal{A}$. Die Mengen $C_{ij} (1 \le i \le n; 1 \le j \le m)$ sind paarweise disjunkt. Da nach Annahme $A_i \in \mathcal{A}(1 \le i \le n)$ und $B_j \in \mathcal{A}(1 \le j \le m)$ eine Zerlegung von Ω in paarweise disjunkte Mengen ist, ist

$$\sum_{i=1}^n 1_{A_i} = \sum_{j=1}^m 1_{B_j} = 1$$

und es folgt

$$X = \sum_{i=1}^n \sum_{j=1}^m x_i 1_{C_{ij}} \quad \text{und} \quad Y = \sum_{i=1}^n \sum_{j=1}^m y_j 1_{C_{ij}} .$$

Wir erhalten die Darstellungen der Funktionen

$$X + Y = \sum_{i=1}^n \sum_{j=1}^m \left(x_i + y_j\right) 1_{C_{ij}}$$

$$X \cdot Y = \sum_{i=1}^n \sum_{j=1}^m \left(x_i \cdot y_j\right) 1_{C_{ij}}$$

$$\sup(X, Y) = \sum_{i=1}^n \sum_{j=1}^m \max\left(x_i, y_j\right) 1_{C_{ij}}$$

$$\inf(X, Y) = \sum_{i=1}^n \sum_{j=1}^m \min\left(x_i, y_j\right) 1_{C_{ij}}$$

die damit jeweils zu $\mathcal{E}(\mathcal{A})$ gehören.

Insbesondere sind für beliebige Mengen $A_i \in \mathcal{A}$ und $x_i \in \mathbb{R}(1 \le i \le n)$ die Funktionen $X = \sum_{i=1}^n x_i 1_{A_i} \in \mathcal{E}(\mathcal{A})$. Das ist analog zur Darstellung von $\alpha(\mathcal{J}_d)$ mit paarweise disjunkten endlichen Vereinigungen und mit beliebigen endlichen Vereinigungen von Mengen aus $\mathcal{J}_d$ (s. Bemerkung 2.5 und Korollar 2.6).

Wir zeigen jetzt die erwähnte Approximierbarkeit messbarer Funktionen durch einfache Funktionen.

▸ **Approximationssatz 3.12** Sei $(\Omega, \mathcal{A})$ ein messbarer Raum. Eine Funktion $X: \Omega \to [0, \infty]$ ist genau dann $\mathcal{A}$-messbar, wenn eine Folge $(X_n)_{n \ge 1}$ in $\mathcal{E}^+(\mathcal{A})$ existiert mit $X_n \uparrow X$ für $n \to \infty$.

Beweis: Aus der Existenz einer solchen Folge folgt die $\mathcal{A}$-Messbarkeit von X aus $X = \sup_{n\geq 1} X_n$.

Sei nun $X: \Omega \to [0, \infty]$ $\mathcal{A}$-messbar. Wir approximieren X durch Abschneiden bei großen Werten und Zerlegung des verbleibenden Wertebereichs in kleine Intervalle. Auf den Urbildern dieser Intervalle ersetzen wir X jeweils durch den kleinsten Wert.

Zur konkreten Durchführung sei für $n \geq 1$

$$A_{ni} = \left\{\frac{i}{2^n} \leq X < \frac{i+1}{2^n}\right\} \quad \text{für} \quad 0 \leq i < n2^n \quad \text{und} \quad A_{n,n2^n} = \{X \geq n\}.$$

Da X $\mathcal{A}$-messbar ist, sind die Mengen $A_{ni} \in \mathcal{A}(0 \leq i \leq n2^n)$. Sie sind paarweise disjunkt. Wir setzen $X_n = \sum_{i=1}^{n2^n} \frac{i}{2^n} 1_{A_{ni}} \in \mathcal{E}^+(\mathcal{A})(n \geq 1)$ und zeigen, dass $X_n \uparrow X$ für $n \to \infty$ konvergiert.

Beweis: Sei $n \geq 1$. Ist $X(\omega) < n$, dann existiert ein i mit $0 \leq i < n2^n$, so dass $\frac{i}{2^n} \leq X(\omega) < \frac{i+1}{2^n}$ ist. Nach Definition von X_n ist $X_n(\omega) = \frac{i}{2^n}$, und es folgt

$$X_n(\omega) \leq X(\omega) < X_n(\omega) + \frac{1}{2^n}. \tag{3.2}$$

Für ein solches ω ist $X_{n+1}(\omega) = \frac{2i}{2^{n+1}}$ oder $X_{n+1}(\omega) = \frac{2i+1}{2^{n+1}}$, in beiden Fällen ist daher $X_n(\omega) \leq X_{n+1}(\omega)$.

Im Fall $X(\omega) \geq n$ gilt analog $X_n(\omega) = n \leq X_{n+1}(\omega)$.

Damit ist die Monotonie bewiesen.

Zum Beweis der Konvergenz behandeln wir zuerst den Fall $X(\omega) < \infty$. Für genügend großes n ist $X(\omega) < n$ und mit (3.2) folgt $X_n(\omega) \uparrow X(\omega)$.

Im Fall $X(\omega) = \infty$ ist $X_n(\omega) = n$ für alle $n \geq 1$, und es gilt ebenfalls $X_n(\omega) \uparrow X(\omega)$.

Wie durch Mengensysteme kann man σ-Algebren auch durch Abbildungen erzeugen.

▸ **Satz 3.13** Sei I eine nicht-leere Indexmenge und $\{X_i: \Omega \to E_i, i \in I\}$ eine Familie von Abbildungen einer Menge Ω in messbare Räume $(E_i, \mathcal{B}_i)(i \in I)$. Dann existiert genau eine kleinste σ-Algebra $\mathcal{A}$ in Ω bezüglich der alle Abbildungen X_i $\mathcal{A}$-$\mathcal{B}_i$-messbar für $i \in I$ sind.

Sie heißt die von $\{X_i, i \in I\}$ erzeugte σ-Algebra und wird mit $\sigma(X_i, i \in I)$ bezeichnet.

Beweis: Man kann diesen Satz genau so wie im Fall von Mengensystemen beweisen, indem man den Durchschnitt aller derartigen σ-Algebren bildet.

Wir führen ihn stattdessen auf den entsprechenden Satz zurück. Denn auf diese Weise erhält man gleichzeitig ein Erzeugendensystem von Mengen.

Für $i \in I$ ist X_i genau dann $\mathcal{A}$-$\mathcal{B}_i$-messbar, wenn $X_i^{-1}(B_i) \in \mathcal{A}$ für alle $B_i \in \mathcal{B}_i$ ist. Daher ist $\sigma(X_i, i \in I) = \sigma(X_i^{-1}(B_i): B_i \in \mathcal{B}_i, i \in I)$.

Beispiele

1. In einem topologischen Raum Ω heißt die von den stetigen reellwertigen Funktionen erzeugte σ-Algebra die σ-Algebra der Baire-Mengen, die mit $\mathcal{B}_0(\Omega)$ bezeichnet wird. Jede Baire-Menge ist eine Borel-Menge, und für metrische Räume stimmen beide σ-Algebren überein (s. Übung 3.1).
2. Für Funktionen $X_1, \ldots, X_n: \Omega \to \mathbb{R}$ ist $\sigma(X_1, \ldots, X_n) = \{(X_1, \ldots, X_n)^{-1}(B), B \in \mathcal{B}(\mathbb{R}^n)\}$.
   Denn nach Beispiel 3 aus Abschn. 3.1 sind $X_1, \ldots, X_n$ genau dann $\mathcal{A}$-messbar, wenn $(X_1, \ldots, X_n): \Omega \to \mathbb{R}^n$ $\mathcal{A}$-messbar ist. Daraus folgt, dass $\{(X_1, \ldots, X_n)^{-1}(B), B \in \mathcal{B}(\mathbb{R}^n)\} \subset \sigma(X_1, \ldots, X_n)$ ist. Andererseits ist $\{(X_1, \ldots, X_n)^{-1}(B), B \in \mathcal{B}(\mathbb{R}^n)\}$ eine σ-Algebra, bezüglich der $X_1, \ldots, X_n$ messbar sind. Dass es sich um eine σ-Algebra handelt, folgt direkt aus der Vertauschung des Urbilds mit allen Mengenoperationen. Daher ist auch $\sigma(X_1, \ldots, X_n) \subset \{(X_1, \ldots, X_n)^{-1}(B), B \in \mathcal{B}(\mathbb{R}^n)\}$.
   Mit Hilfe dieses Beispiels können wir die $\sigma(X_1, \ldots, X_n)$-messbaren Funktionen charakterisieren. Dabei wenden wir den Approximationssatz an.

Satz 3.14 Seien $X_1, \ldots, X_n: \Omega \to \mathbb{R}$. Eine Funktion $Y: \Omega \to \overline{\mathbb{R}}$ ist genau dann $\sigma(X_1, \ldots, X_n)$-messbar, wenn eine messbare Funktion $\varphi: \mathbb{R}^n \to \overline{\mathbb{R}}$ existiert, so dass $Y = \varphi(X_1, \ldots, X_n)$ ist.

Beweis: Ist Y von der angegebenen Form, dann ist Y als Hintereinanderschaltung von messbaren Funktionen messbar.

Die umgekehrte Richtung behandeln wir in mehreren Schritten, ausgehend von Spezialfällen durch sukzessive Verallgemeinerungen bis zum allgemeinen Fall.

1. Fall: $Y = 1_A$ mit $A \in \sigma(X_1, \ldots, X_n)$.
   Nach Beispiel 2 ist A darstellbar als $A = (X_1, \ldots, X_n)^{-1}(B)$ mit $B \in \mathcal{B}(\mathbb{R}^n)$, und es ist $1_A = 1_B(X_1, \ldots, X_n)$.
2. Fall: $Y \in \mathcal{E}(\sigma(X_1, \ldots, X_n))$.
   Sei $Y = \sum_{j=1}^m y_j 1_{A_j}$ mit $A_j \in \sigma(X_1, \ldots, X_n)$ für $1 \le j \le m$. Nach dem 1. Fall ist $1_{A_j} = 1_{B_j}(X_1, \ldots, X_n)$ mit $B_j \in \mathcal{B}(\mathbb{R}^n)$ für $1 \le j \le m$, und mit $\varphi = \sum_{j=1}^m y_j 1_{B_j}$ ist $Y = \varphi(X_1, \ldots, X_n)$.
3. Fall: $Y \ge 0$ $\sigma(X_1, \ldots, X_n)$-messbar.
   Nach dem Approximationssatz 3.12 existiert eine Folge $(Y_N)_{N\ge1}$ in $\mathcal{E}^+(\sigma(X_1, \ldots, X_n))$ mit $Y_N \uparrow Y$ für $N \to \infty$. Nach dem 2. Fall sind $Y_N = \varphi_N(X_1, \ldots, X_n)$ mit $\varphi_N \in \mathcal{E}^+(\mathcal{B}(\mathbb{R}^n))$ für $N \ge 1$. Aus $Y_N \uparrow Y$ folgt die monotone Konvergenz der φ_N auf der Bildmenge $(X_1, \ldots, X_n)(\Omega)$. Wir setzen die Grenzfunktion zu einer messbaren Funktion auf $\mathbb{R}^n$ fort, indem wir z. B. $\varphi = \sup_{N\ge1} \varphi_N$ nehmen. φ ist $\sigma(X_1, \ldots, X_n)$-messbar und es ist $Y = \varphi(X_1, \ldots, X_n)$.
4. Fall: Y $\sigma(X_1, \ldots, X_n)$-messbar.

Wir zerlegen Y in $Y = Y^+ - Y^-$. Die Funktionen $Y^\pm \geq 0$ sind $\sigma(X_1, \ldots, X_n)$-messbar und nach dem 3. Fall daher darstellbar als $Y^\pm = \varphi^\pm(X_1, \ldots, X_n)$ mit $\sigma(X_1, \ldots, X_n)$-messbaren Funktionen $\varphi^\pm$. Für $\varphi = \varphi^+ - \varphi^-$ ist $Y = \varphi(X_1, \ldots, X_n)$.

Wir haben hier zum ersten Mal ein Verfahren zum Beweis von Eigenschaften messbarer Funktionen kennengelernt, das wir noch häufig anwenden werden. Dabei beweisen wir die Eigenschaft zuerst für messbare Indikatorfunktionen und verallgemeinern sie dann Schritt für Schritt mit Hilfe von Linearität und monotoner Konvergenz bis zum allgemeinen Fall (s. auch Übung 3.3). Das Verfahren wird besonders für Definition und Eigenschaften des Integrals von zentraler Bedeutung sein.

3.2 Bildmaße und Zufallsvariable

Bisher haben wir messbare Abbildungen zwischen messbaren Räumen betrachtet. Jetzt nehmen wir zusätzlich an, dass auf der σ-Algebra des Definitionsbereichs ein Maß gegeben ist. Dieses liefert über die Abbildung ein Maß auf dem Bildraum, in der Wahrscheinlichkeitstheorie die Verteilung einer Zufallsvariablen.

▸ **Satz 3.15** Sei $(\Omega, \mathcal{A}, \mu)$ ein Maßraum, $(E, \mathcal{B})$ ein messbarer Raum und $X\colon \Omega \to E$ eine $\mathcal{A}$-$\mathcal{B}$-messbare Abbildung. Dann ist durch $\nu(B) = \mu(X^{-1}(B))$ für $B \in \mathcal{B}$ ein Maß ν auf $(E, \mathcal{B})$ definiert. ν heißt das *Bildmaß* von μ unter der Abbildung X und wird mit $X(\mu)$ oder μ_X bezeichnet.

In der Wahrscheinlichkeitstheorie heißen messbare Abbildungen auf einem Wahrscheinlichkeitsraum $(\Omega, \mathcal{A}, P)$ *Zufallsvariable* und das Bildmaß P_X einer Zufallsvariablen X die *Verteilung* von X. P_X ist ebenfalls ein Wahrscheinlichkeitsmaß. Im Fall einer reellwertigen Zufallsvariablen X heißt die durch $F_X(x) = P(X \leq x)\ (x \in \mathbb{R})$ definierte Funktion die *Verteilungsfunktion* von X.

Beweis: Wegen der $\mathcal{A}$-$\mathcal{B}$-Messbarkeit ist ν definiert. Da trivialerweise $\nu \geq 0$ und $\nu(\emptyset) = 0$ ist, ist nur die σ-Additivität von ν zu zeigen.

Seien $B_n \in \mathcal{B}(n \geq 1)$ paarweise disjunkt. Dann sind auch $X^{-1}(B_n) \in \mathcal{A}(n \geq 1)$ paarweise disjunkt, und es gilt:

$$\nu\left(\bigcup_{n=1}^{\infty} B_n\right) = \mu\left(X^{-1}\left(\bigcup_{n=1}^{\infty} B_n\right)\right) = \mu\left(\bigcup_{n=1}^{\infty} X^{-1}(B_n)\right) = \sum_{n=1}^{\infty} \mu\left(X^{-1}(B_n)\right) \sum_{n=1}^{\infty} \nu(B_n).$$

Für ein Wahrscheinlichkeitsmaß P ist $P_X(E) = P(X^{-1}(E)) = P(\Omega) = 1$.

Ergänzend zur abkürzenden Bezeichnung $\{X \in B\}$ lassen wir in $\mu(\{X \in B\})$ auch die Mengenklammer weg, schreiben also $\mu(X \in B)$.

3.3 Konvergenzarten

Zum Schluss dieses Kapitels beschäftigen wir uns mit Konvergenzbegriffen von messbaren reellwertigen Funktionen. Aus der Analysis sind punktweise und gleichmäßige Konvergenz bekannt. Wie beim schwachen und starken Gesetz der großen Zahlen spielen in der Maßtheorie Konvergenzbegriffe eine Rolle, bei denen es Ausnahmemengen gibt, die bzgl. eines zugrunde liegenden Maßes im Grenzwert in einem bestimmtem Sinne, der die Art der Konvergenz kennzeichnet, beliebig klein werden. Wir untersuchen in diesem Kapitel die fast überall- bzw. fast sichere Konvergenz und die stochastische Konvergenz. Im nächsten Kapitel kommen Konvergenzbegriffe hinzu, bei denen das Integral eine Rolle spielt.

▸ **Definition 3.16** Sei $(\Omega, \mathcal{A}, \mu)$ ein Maßraum und $X_n (n \geq 1)$ und X reellwertige $\mathcal{A}$-messbare Funktionen auf Ω. X_n konvergiert gegen $X (X_n \to X)$ für $n \to \infty$

1. *μ-stochastisch*, wenn für jedes $\varepsilon > 0$

$$\mu(|X_n - X| \geq \varepsilon) \to 0 \quad \text{für} \quad n \to \infty \quad \text{konvergiert}.$$

2. *μ-fast überall (μ-f.ü.)*, wenn $\mu(X_n \not\to X) = 0$ ist.
   In der Wahrscheinlichkeitstheorie nennt man für ein Wahrscheinlichkeitsmaß P die P-fast überall Konvergenz. *P-fast sichere (P-f.s.) Konvergenz.*

Beim schwachen Gesetz der großen Zahlen handelt es sich um stochastische Konvergenz, beim starken Gesetz der großen Zahlen um fast sichere Konvergenz.

Für jede Art von Konvergenz sollte als erstes die Eindeutigkeit des Grenzwerts gezeigt werden. Dass der Grenzwert einer stochastisch bzw. fast überall konvergenten Folge eindeutig ist, können wir wegen möglicher Ausnahmepunkte nicht erwarten, wohl aber die Übereinstimmung außerhalb einer Nullmenge.

▸ **Satz 3.17**

1. $X_n \to X, X_n \to Y$ μ-stochastisch für $n \to \infty \Rightarrow \mu(X \neq Y) = 0$
2. $X_n \to X, X_n \to Y$ μ-f.ü. für $n \to \infty \Rightarrow \mu(X \neq Y) = 0$.

Bezeichnung: Die Eigenschaft „$\mu(X \neq Y) = 0$" drückt man auch durch „$X = Y$ μ-f.ü. bzw. μ-f.s." aus.

Beweis:

1. Für $\varepsilon > 0$ und $n \geq 1$ ist:

$$\{|X - Y| \geq \varepsilon\} \subset \left\{|X - X_n| \geq \frac{\varepsilon}{2}\right\} \cup \left\{|X_n - Y| \geq \frac{\varepsilon}{2}\right\}.$$

Es folgt:

$$\mu(|X-Y| \geq \varepsilon) \leq \mu\left(|X-X_n| \geq \frac{\varepsilon}{2}\right) + \mu\left(|X_n-Y| \geq \frac{\varepsilon}{2}\right)$$

und mit $n \to \infty$

$$\mu(|X-Y| \geq \varepsilon) = 0 \quad \text{für alle} \quad \varepsilon > 0\,.$$

Für $k \to \infty$ konvergiert $\left\{|X-Y| \geq \frac{1}{k}\right\} \uparrow \{X \neq Y\}$ und daher

$$0 = \mu\left(|X-Y| \geq \frac{1}{k}\right) \uparrow \mu(X \neq Y) = 0\,.$$

2. Es konvergiere $X_n(\omega) \to X(\omega)$ für $n \to \infty$ für $\omega \notin N$ mit $\mu(N) = 0$ und $X_n(\omega) \to Y(\omega)$ für $\omega \notin M$ mit $\mu(M) = 0$. Dann ist $X(\omega) = Y(\omega)$ für $\omega \notin N \cup M$. Wegen der Subadditivität von μ ist $\mu(N \cup M) = 0$.

Wir belegen an Hand von Gegenbeispielen, dass i. A. keine der beiden Konvergenzarten die andere impliziert. Für endliche Maße werden wir jedoch anschließend zeigen, dass aus der fast überall Konvergenz die stochastische Konvergenz folgt. Das gilt damit insbesondere für die fast sichere Konvergenz von Wahrscheinlichkeitsmaßen. Anschließend diskutieren wir den Unterschied zwischen diesen Konvergenzarten.

Gegenbeispiele

1. Sei $\Omega = [0,1)$ und μ das Lebesgue-Maß auf Ω.
   Für $m \geq 1$ zerlegen wir $[0,1)$ in m Teilintervalle der Länge $\frac{1}{m}$ und betrachten ihre Indikatorfunktionen $Y_{mi} = 1_{[\frac{i-1}{m},\frac{i}{m})}$ $(1 \leq i \leq m)$.
   Für $0 < \varepsilon \leq 1$ ist $\mu(|Y_{mi}| \geq \varepsilon) = \frac{1}{m}$. Ordnen wir $(Y_{mi})_{m\geq 1, 1\leq i\leq m}$, in eine Folge $(Y_{11}, Y_{21}, Y_{22}, Y_{31}, \ldots)$ an, die wir mit $(X_n)_{n\geq 1}$ bezeichnen, so konvergiert $X_n \to 0$ μ-stochastisch für $n \to \infty$, aber für alle $\omega \in \Omega$ ist $\limsup_{n\to\infty} X_n(\omega) = 1$ und $\liminf_{n\to\infty} X_n(\omega) = 0$.
2. Sei $\Omega = \mathbb{R}$ und μ das Lebesgue-Maß auf Ω.
   Für $X_n = 1_{[n,\infty)}$ konvergiert $X_n(\omega) \to 0$ für $n \to \infty$ für alle $\omega \in \Omega$, aber für $0 < \varepsilon \leq 1$ ist $\mu(|X_n| \geq \varepsilon) = \infty$ für alle $n \geq 1$.

▸ **Satz 3.18** Sei $(\Omega, \mathcal{A}, \mu)$ ein Maßraum mit einem endlichen Maß μ und $X_n (n \geq 1)$ und X reellwertige $\mathcal{A}$-messbare Funktionen auf Ω. Es konvergiert $X_n \to X$ μ-f.ü. für $n \to \infty$ genau dann, wenn für jedes $\varepsilon > 0$ $\mu\left(\sup_{m\geq n} |X_m - X| \geq \varepsilon\right) \to 0$ für $n \to \infty$ konvergiert.

▸ **Korollar 3.19** Für ein endliches Maß μ folgt aus der μ-f.ü.-Konvergenz die μ-stochastische Konvergenz.

Beweis von Satz 3.18: Für $\omega \in \Omega$ konvergiert $X_n(\omega) \to X(\omega)$ für $n \to \infty$ genau dann, wenn es zu jedem $\varepsilon > 0$ ein $n \geq 1$ gibt, so dass $|X_n(\omega) - X(\omega)| \leq \varepsilon$ für $n \geq m$ ist. Es genügt, dass das für $\varepsilon = \frac{1}{k}$ für alle $k \geq 1$ gilt. Daher konvergiert $X_n(\omega) \not\to X(\omega)$ genau dann, wenn ein $k \geq 1$ existiert, so dass für alle $n \geq 1$ ein $m \geq n$ existiert mit $|X_n(\omega) - X(\omega)| > \frac{1}{k}$, und es ist

$$\{X_n \not\to X\} = \bigcup_{k=1}^{\infty} \bigcap_{n=1}^{\infty} \bigcup_{m=n}^{\infty} \left\{|X_m - X| > \frac{1}{k}\right\} .$$

Da die Mengen $\cap_{n=1}^{\infty} \cup_{n=m}^{\infty} \left\{|X_m - X| > \frac{1}{k}\right\}$ aufsteigend in k sind, folgt:

$$\mu(X_n \not\to X) = 0 \Leftrightarrow \mu\left(\bigcap_{n=1}^{\infty} \bigcup_{m=n}^{\infty} \left\{|X_m - X| > \frac{1}{k}\right\}\right) = 0 \quad \text{für alle} \quad k \geq 1 .$$

Wir können jetzt wieder $\varepsilon = \frac{1}{k}$ für alle $k \geq 1$ durch alle $\varepsilon > 0$ ersetzen. Da $\cup_{m=n}^{\infty} \{|X_m - X| > \varepsilon\} = \left\{\sup_{m \geq n} |X_m - X| > \varepsilon\right\}$ absteigend in n und μ ein endliches Maß ist, gilt:

$$\mu(X_n \not\to X) = 0 \Leftrightarrow \text{für jedes } \varepsilon > 0 \text{ konvergiert } \mu\left(\sup_{m \geq n} |X_m - X| > \varepsilon\right) \to 0 \quad \text{für} \quad n \to \infty .$$

Da die Konvergenz für alle $\varepsilon > 0$ gilt, ist diese Bedingung äquivalent zu der von Satz 3.18. Korollar 3.19 ist eine triviale Folgerung.

Satz 3.18 und Gegenbeispiel 1 zeigen, warum eine stochastisch konvergente Folge i. A. nicht f.ü. konvergiert. Das Maß der Ausnahmemengen konvergiert zwar in diesem Fall gegen 0, aber diese Mengen können dennoch in Abhängigkeit von n eine Menge von strikt positivem Maß unendlich oft überdecken (s. auch die entsprechende Argumentation bzgl. des Unterschieds zwischen dem schwachen und dem starken Gesetz der großen Zahlen in Kap. 1). Bei der f.ü. Konvergenz im Fall endlicher Maße ist dagegen bis auf Ausnahmemengen, deren Maß gegen 0 geht, die Abweichung nicht nur jeweils für genügend große n beliebig klein, sondern bleibt nach Satz 3.18 auch beliebig klein. Jede stochastisch konvergente Folge besitzt jedoch eine f.ü. konvergente Teilfolge (s. Übung 3.5b).

Wenn wir im folgenden stochastische bzw. f.ü. Konvergenz auf einem festen Maßraum behandeln, so lassen wir die Erwähnung des Maßes meistens weg.

3.4 Übungen

3.1 Sei Ω ein topologischer Raum, $\mathcal{B}(\Omega)$ die von den offenen Mengen erzeugte σ-Algebra der Borel-Mengen und $\mathcal{B}_0(\Omega)$ die von den stetigen reellwertigen Funktionen erzeugte σ-Algebra der Baire-Mengen.
Man zeige:
a) $\mathcal{B}_0(\Omega) \subset \mathcal{B}(\Omega)$
b) Für einen metrischen Raum ist $\mathcal{B}_0(\Omega) = \mathcal{B}(\Omega)$.
Anleitung zu b: Zu einer abgeschlossenen Menge $A \subset \Omega$ gebe man eine stetige Funktion an, deren Nullstellenmenge A ist.

3.2 Sei $\Omega = C([0,1])$ die Menge aller stetigen reellwertigen Funktionen auf $[0,1]$, versehen mit der Maximumsnorm. Dann ist $\mathcal{B}(\Omega) = \sigma(X_t, 0 \le t \le 1)$ mit den Koordinatenfunktionen $X_t(\omega) = \omega(t) (0 \le t \le 1)$.
Hinweis: Der Raum $C([0,1])$ ist separabel.

3.3 Man beweise den folgenden Satz über monotone Klassen.
Sei V ein Vektorraum von beschränkten reellwertigen Funktionen auf einer Menge Ω mit der Eigenschaft: $f_n \in V (n \ge 1)$ mit $f_n \ge 0$, $f_n \uparrow f$ beschränkt $\Rightarrow f \in V$. Enthält V die konstanten Funktionen und die Indikatorfunktionen 1_A aller Mengen A eines $\cap$-stabilen Mengensystems $\mathcal{M}$, dann enthält V alle beschränkten $\sigma(\mathcal{M})$-messbaren Funktionen.
Anleitung: Man betrachte das Mengensystem $(A \subset \Omega: 1_A \in V)$.

3.4 Sei $(\Omega, \mathcal{A}, \mu)$ ein Maßraum und $X, Y: \Omega \to \overline{\mathbb{R}}$ $\mathcal{A}$-messbar. Es ist $X = Y$ μ-f.ü. genau dann, wenn $\mu\left(X^{-1}(B) \,\Delta\, Y^{-1}(B)\right) = 0$ für alle $B \in \mathcal{B}(\overline{\mathbb{R}})$ ist. In diesem Fall stimmen die Bildmaße μ_X und μ_Y überein.

3.5* Eine Folge $\mathcal{A}$-messbarer Funktionen $(X_n)_{n\ge1}$ auf einem Maßraum $(\Omega, \mathcal{A}, \mu)$ heißt eine stochastische Cauchy-Folge, wenn für jedes $\varepsilon > 0$ gilt:

$$\mu(|X_n - X_m| \ge \varepsilon) \to 0 \quad \text{für} \quad n, m \to \infty .$$

Man zeige:

a) Jede stochastisch konvergente Folge ist eine stochastische Cauchy-Folge.
b) Sei $(X_n)_{n\ge1}$ eine stochastische Cauchy-Folge. Dann existiert eine Teilfolge $(X_{n_k})_{k\ge1}$, die f.ü. und stochastisch konvergiert. Insbesondere besitzt damit jede stochastisch konvergente Folge eine f.ü. konvergente Teilfolge.
Anleitung: Man konstruiere eine Teilfolge $(n_k)_{k\ge1}$ mit $\mu\left(|X_n - X_m| \ge \frac{1}{2^k}\right) \le \frac{1}{2^k}$ für $n, m \ge n_k$.
c) Jede stochastische Cauchy-Folge ist stochastisch konvergent.
Im Folgenden sei μ ein endliches Maß.
d) Es konvergiert $X_n \to X$ stochastisch für $n \to \infty$ genau dann, wenn jede Teilfolge $(X_{n_k})_{k\ge1}$ eine Unterteilfolge besitzt, die gegen X f.ü. konvergiert.
e) Es konvergiere $X_n \to X$ stochastisch für $n \to \infty$. Dann konvergiert $f(X_n) \to f(X)$ stochastisch für $n \to \infty$ für jede stetige Funktion $f: \mathbb{R} \to \mathbb{R}$.
f) Es konvergiere $X_n \to X$ und $Y_n \to Y$ stochastisch für $n \to \infty$. Dann konvergiert $X_n Y_n \to XY$ stochastisch für $n \to \infty$.

3.6 Für $\mathcal{A}$-messbare reellwertige Funktionen X, Y auf einem Maßraum $(\Omega, \mathcal{A}, \mu)$ mit einem endlichem Maß μ sei

$$d(X, Y) = \inf\{\varepsilon > 0: \mu(|X - Y| \ge \varepsilon) \le \varepsilon\} .$$

Man zeige:

a) $d(X, Y) = 0 \Leftrightarrow X = Y$ μ-f.ü.
b) $X_n \to X$ stochastisch für $n \to \infty \Leftrightarrow d(X_n, X) \to 0$ für $n \to \infty$.

c) Identifiziert man $\mathcal{A}$-messbare Funktionen, die μ-f.ü. übereinstimmen, so ist d eine Metrik auf dem Raum der Äquivalenzklassen. Man beachte, dass die Unabhängigkeit von der Wahl der Repräsentanten gezeigt werden muss.
d) Dieser metrische Raum ist vollständig.
e) Die einfachen Funktionen (genauer: ihre Äquivalenzklassen) liegen dicht. Ist $\mathcal{A}_0$ eine Algebra, die $\mathcal{A}$ erzeugt, dann liegen die einfachen Funktionen, die auf Mengen aus $\mathcal{A}_0$ konstant sind, dicht.

3.7 Man beweise:
Satz von Egorov: Sei $(\Omega, \mathcal{A}, \mu)$ ein Maßraum mit einem endlichen Maß μ. Eine Folge $(X_n)_{n\geq 1}$ $\mathcal{A}$-messbarer Funktionen konvergiert genau dann gegen eine $\mathcal{A}$-messbare Funktion X μ-f.ü., wenn es zu jedem $\varepsilon > 0$ eine Menge $A \in \mathcal{A}$ mit $\mu(A^c) < \varepsilon$ gibt, so dass X_n auf A gleichmäßig gegen X konvergiert.
Anleitung: Für $k, n \geq 1$ sei $A_{k,n} = \cap_{i\geq n} \left\{|X_i - X| \leq \frac{1}{k}\right\}$.
Zu jedem k existiert ein $n(k)$ mit $\mu\left(A^c_{k,n(k)}\right) < \frac{\varepsilon}{2^k}$.
Man belege anhand eines Gegenbeispiels, dass der Satz falsch ist, wenn μ nicht endlich ist.

Integration, Erwartungswert

4

Ausgangspunkt der Definition des Erwartungswerts von reellwertigen Zufallsvariablen sind solche mit endlich vielen Werten. Der Erwartungswert EX einer Zufallsvariablen $X = \sum_{i=1}^{n} x_i 1_{A_i}$ mit den Werten x_i auf den Ereignissen A_i für $1 \leq i \leq n$ ist definiert als das mit den Wahrscheinlichkeiten $P(A_i)$ $(1 \leq i \leq n)$ gewichtete Mittel ihrer Werte

$$EX = \sum_{i=1}^{n} x_i P(A_i)\,. \tag{4.1}$$

Man möchte durch eine geeignete Approximation den Erwartungswert auf eine möglichst große Klasse von Zufallsvariablen fortsetzen, so dass diese Fortsetzung günstige Eigenschaften hat. Neben der Linearität und Monotonie sind das vor allem gute Konvergenzeigenschaften.

Ein ähnliches Fortsetzungsproblem ist von der klassischen Integrationstheorie her bekannt.

Dort geht man ebenfalls von Funktionen der Form $\sum_{i=1}^{n} x_i 1_{A_i}$ denen man das mit (4.1) vergleichbare Integral $\sum_{i=1}^{n} x_i\, \mu(A_i)$ zuordnet. Beim Riemann-Integral ist μ ist der elementargeometrische Inhalt und die Mengen A_i $(1 \leq i \leq n)$ sind Intervalle, während beim Lebesgue-Integral μ das Lebesgue-Maß ist und die Mengen A_i $(1 \leq i \leq n)$ Lebesgue-messbare Mengen sind. Das erste systematische Verfahren, das Integral durch eine geeignete Approximation fortzusetzen, war das Riemann-Integral. Dabei approximiert man das Integral beschränkter Funktionen auf einem kompakten Intervall von oben durch die Integrale über die Treppenfunktionen, die über der Funktion liegen, und nimmt deren Infimum als oberes Riemann-Integral. Entsprechend bildet man das untere Riemann-Integral. Riemann-integrierbar sind Funktionen, bei denen das obere und untere Riemann-Integral übereinstimmen. Dieser Integralbegriff stellte sich jedoch als zu unflexibel heraus. Zum einen sind zu wenig Funktionen integrierbar. Das bekannteste Beispiel einer nicht-integrierbaren Funktion ist auf $[0, 1]$ die Indikatorfunktion der rationalen Zahlen in $[0, 1]$. Zudem hat das Riemann-Integral schwache Konvergenzeigenschaften.

M. Mürmann, *Wahrscheinlichkeitstheorie und Stochastische Prozesse*,
DOI 10.1007/978-3-642-38160-7_4, © Springer-Verlag Berlin Heidelberg 2014

Es konvergiert nur bzgl. der gleichmäßigen Konvergenz. Statt den Definitionsbereich in Intervalle zu zerlegen, geht die Lebeguesche Theorie von der Zerlegung des Wertebereichs in Intervalle aus. Da diese den Funktionswerten angepasst ist, liefert sie bessere Approximationen für unstetige Funktionen. Dabei entsteht jedoch das neue Problem, dass selbst für stetige Funktionen die Urbilder von Intervallen i. A. keine endliche Vereinigung von Intervallen mehr sind. Daher benötigte man die Fortsetzung des elementargeometrischen Inhalts auf eine größere Klasse von Mengen, die zum Lebesgue-Maß führte. Die Entwicklung der Integrationstheorie ist daher eng mit der Entwicklung der Maßtheorie verbunden. Die Fortsetzung des Integrals wird durch monotone Approximation durchgeführt. Dem entspricht, dass die grundlegende Konvergenzeigenschaft des Lebesgue-Integrals monotone Konvergenz ist, aus welcher weitere Konvergenzeigenschaften folgen. Sie sind eine der Stärken der Lebesgue'schen Integrationstheorie.

Wir werden im folgenden das Integral im Lebesgue'schen Sinne zu einem beliebigen Maß μ konstruieren. Dazu benötigen wir die monotone Approximation durch einfache Funktionen nach dem Approximationssatz 3.12. Wie der Beweis dieses Satzes zeigt, entspricht dieses Vorgehen im wesentlichen der Lebesgue'schen Idee der Zerlegung des Wertebereichs.

Wir geben zunächst einen kurzen Überblick über die einzelnen Schritte.

1. Das Integral von Funktionen aus $\mathcal{E}^+(\mathcal{A})$ definieren wir analog zu (4.1).
2. Das Integral von nicht-negativen $\mathcal{A}$-messbaren Funktionen definieren wir mit Hilfe des Approximationssatzes 3.12 als monotoner Grenzwert der Integrale einer approximierenden Folge von Funktionen aus $\mathcal{E}^+(\mathcal{A})$.
   Bei diesem Vorgehen kann man auf die Forderung der Übereinstimmung mit der Approximation von oben verzichten. Das entspricht der Situation bei Maßen, dass die Stetigkeit von unten ausreicht (s. Satz 2.18). Analog dazu würden bei der Approximation des Integrals von oben Probleme bei unbeschränkten Funktionen oder Maßen auftreten. Im beschränkten Fall dagegen hat man gleichmäßige Konvergenz und damit auch die Approximation von oben. Das entspricht auch der von Lebesgue behandelten Situation. Messbarkeit ist die entscheidende Eigenschaft, die beim Lebesgue-Integral zum Ziel führt.
3. $\overline{\mathbb{R}}$-wertige $\mathcal{A}$-messbare Funktionen X zerlegt man in ihren positiven und negativen Teil $X = X^+ - X^-$ und definiert das Integral als Differenz der entsprechenden Integrale, falls diese existiert.

4.1 Definition des Integrals

Wir setzen im ganzen Kapitel einen festen Maßraum $(\Omega, \mathcal{A}, \mu)$ voraus.

Da im Falle nicht-endlicher Maße die Summe $\sum_{i=1}^n x_i 1_{A_i}$ nicht für alle $X = \sum_{i=1}^n x_i 1_{A_i} \in \mathcal{E}(\mathcal{A})$ definiert ist, beginnen wir mit Funktionen aus $\mathcal{E}^+(\mathcal{A})$.

Hier und im folgenden treffen wir die für die Integrationstheorie sinnvolle Konvention $0 \cdot \infty = \infty \cdot 0 = 0$. Denn sowohl der Wert 0 auf einer Menge vom Maß ∞ als auch die Werte $\pm\infty$ auf einer Menge vom Maß 0 liefern keinen Beitrag zum Integral.

Wir wollen auf $\mathcal{E}^+(\mathcal{A})$ das Integral durch $\int X \, d\mu = \sum_{i=1}^n x_i \mu(A_i)$ für $X = \sum_{i=1}^n x_i 1_{A_i} \in \mathcal{E}^+(\mathcal{A})$ definieren. Dazu müssen wir zeigen, dass diese Definition eindeutig, d. h. unabhängig von der Darstellung von X ist. Wir beweisen dabei auch die elementaren Eigenschaften des Integrals.

Satz 4.1 Durch $I(X) = \sum_{i=1}^n x_i 1_{A_i}$ für $X = \sum_{i=1}^n x_i 1_{A_i}$ mit paarweise disjunkten Mengen $A_1, \ldots, A_n \in \mathcal{A}$ und $x_1, \ldots, x_n \geq 0$ ist auf $\mathcal{E}^+(\mathcal{A})$ eindeutig ein Funktional mit Werten in $[0, +\infty]$ definiert. Es ist

1. additiv: $I(X + Y) = I(X) + I(Y)$ für $X, Y \in \mathcal{E}^+(\mathcal{A})$
2. positiv homogen: $I(aX) = aI(X)$ für $X \in \mathcal{E}^+(\mathcal{A})$, $a \geq 0$
3. monoton: für $X, Y \in \mathcal{E}^+(\mathcal{A})$ mit $X \leq Y$ ist $I(X) \leq I(Y)$.

Definition 4.2 $I(X)$ heißt das *Integral von X bezüglich* μ und wird mit $\int X \, d\mu$ bezeichnet.

Beweis von Satz 4.1: Seien $X = \sum_{i=1}^n x_i 1_{A_i}$, $Y = \sum_{j=1}^m y_j 1_{B_j} \in \mathcal{E}^+(\mathcal{A})$ mit jeweils paarweise disjunkten Mengen $A_1, \ldots, A_n \in \mathcal{A}$ und $B_1, \ldots, B_m \in \mathcal{A}$. Wir können wieder $\cup_{i=1}^n A_i = \cup_{j=1}^m B_j = \Omega$ annehmen, da ein zusätzlicher Wert 0 auch das Integral nicht ändert.

Dann ist $\mu(A_i) = \sum_{j=1}^m \mu(A_i \cap B_j)$ und $\mu(B_j) = \sum_{i=1}^n \mu(A_i \cap B_j)$.

Zum Beweis der Eindeutigkeit der Definition sei speziell $X = Y$. Dann gilt:

$$\mu(A_i \cap B_j) > 0 \Rightarrow A_i \cap B_j \neq \emptyset \Rightarrow x_i = y_j .$$

Für alle i, j ist daher $x_i \mu(A_i \cap B_j) = y_j \mu(A_i \cap B_j)$ und die Eindeutigkeit folgt aus

$$\begin{aligned} \sum_{i=1}^n x_i \, \mu(A_i) &= \sum_{i=1}^n x_i \sum_{j=1}^m \mu(A_i \cap B_j) = \sum_{i=1}^n \sum_{j=1}^m x_i \mu(A_i \cap B_j) \\ &= \sum_{i=1}^n \sum_{j=1}^m y_j \mu(A_i \cap B_j) = \sum_{i=1}^n y_j \sum_{j=1}^m \mu(A_i \cap B_j) = \sum_{j=1}^m y_j \, \mu(B_j) . \end{aligned}$$

1. Seien jetzt X, Y beliebig. Wie im Beweis von Satz 3.11 stellen wir X, Y und $X + Y$ dar als

$$X = \sum_{i=1}^n \sum_{j=1}^m x_i 1_{A_i \cap B_j}, \; Y = \sum_{i=1}^n \sum_{j=1}^m y_j 1_{A_i \cap B_j}$$

$$X + Y = \sum_{i=1}^n \sum_{j=1}^m (x_i + y_j) 1_{A_i \cap B_j} .$$

Die Additivität folgt aus der Definition des Integrals.

2. ist trivial.
3. Analog zum Beweis der Eindeutigkeit folgt aus $X \le Y$, dass $x_i\mu(A_i \cap B_j) \le y_j\mu(A_i \cap B_j)$ für alle i, j ist, und damit $I(X) = \sum_{i=1}^n x_i\mu(A_i) \le \sum_{j=1}^m y_j\mu(B_j) = I(Y)$.

   Im nächsten Schritt definieren wir das Integral von nicht-negativen $\mathcal{A}$-messbaren Funktionen X mit Hilfe einer Folge einfacher Funktionen aus $\mathcal{E}^+(\mathcal{A})$, die monoton gegen X konvergiert. Dazu müssen wir wieder zeigen, dass die Definition eindeutig, d. h. in diesem Fall unabhängig von der Wahl der approximierenden Folge ist. Als Vorbereitung beweisen wir das folgende Lemma, das nur Integrale von Funktionen aus $\mathcal{E}^+(\mathcal{A})$ betrifft.

▸ **Lemma 4.3** Sei $(X_n)_{n\ge1}$ eine monoton wachsende Folge in $\mathcal{E}^+(\mathcal{A})$ und $Y \in \mathcal{E}^+(\mathcal{A})$ mit $Y \le \sup_{n\ge1} X_n$. Dann ist $\int Y \,\mathrm{d}\mu \le \sup_{n\ge1} \int X_n \,\mathrm{d}\mu$.

Beweis: Die Monotonie des Integrals kann man nicht direkt benutzen, da $X_n < Y$ für alle $n \ge 1$ sein kann. Ersetzt man Y durch $Y - \varepsilon$, so treten Probleme bei unendlichen Maßen auf. Stattdessen ersetzen wir Y durch ηY mit $0 < \eta < 1$ und lassen dann $\eta \uparrow 1$ gehen.

Sei zunächst $0 < \eta < 1$ fest. Wir betrachten die Mengen $B_n = \{X_n \ge \eta Y\} \in \mathcal{A}\ (n \ge 1)$ und zeigen, dass $B_n \uparrow \Omega$ für $n \to \infty$ konvergiert.

Die Monotonie der Mengen B_n $(n \ge 1)$ ist klar.

Für $\omega \in \Omega$ mit $Y(\omega) = 0$ ist $\omega \in B_n$ für alle $n \ge 1$.

Im Fall $Y(\omega) > 0$ ist $\eta Y(\omega) < Y(\omega)$, und aus $Y \le \sup_{n\ge1} X_n$ folgt $\omega \in B_n$ für genügend große n.

Damit ist die Konvergenz $B_n \uparrow \Omega$ für $n \to \infty$ bewiesen.

Nach Definition von B_n ist $X_n \ge \eta Y 1_{B_n}$ für $n \ge 1$. Daraus folgt:

$$\int X_n \,\mathrm{d}\mu \ge \int (\eta Y 1_{B_n}) \,\mathrm{d}\mu = \eta \int (Y 1_{B_n}) \,\mathrm{d}\mu .$$

Sei $Y = \sum_{j=1}^m y_j 1_{A_j}$. Dann ist $Y1_{B_n} = \sum_{j=1}^m y_j 1_{A_j} 1_{B_n} = \sum_{j=1}^m y_j 1_{A_j \cap B_n}$, und aus $\mu(A_j \cap B_n) \uparrow \mu(A_j)$ für $n \to \infty$ folgt

$$\sup_{n\ge1} \int (Y1_{B_n}) \,\mathrm{d}\mu = \sup_{n\ge1} \sum_{j=1}^m y_j\, \mu(A_j \cap B_n) = \sum_{j=1}^m y_j\, \mu(A_j) = \int Y \,\mathrm{d}\mu$$

und damit

$$\sup_{n\ge1} \int X_n \,\mathrm{d}\mu \ge \sup_{n\ge1} \int (\eta Y 1_{B_n}) \,\mathrm{d}\mu = \eta \int Y \,\mathrm{d}\mu .$$

Mit $\eta \uparrow 1$ erhalten wir schließlich die zu beweisende Ungleichung.

▸ **Korollar 4.4** Seien $(X_n)_{n\ge1}$ und $(Y_n)_{n\ge1}$ monoton wachsende Folgen in $\mathcal{E}^+(\mathcal{A})$ mit $\sup_{n\ge1} Y_n \le \sup_{n\ge1} X_n$. Dann ist $\sup_{n\ge1} \int Y_n \,\mathrm{d}\mu \le \sup_{n\ge1} \int X_n \,\mathrm{d}\mu$.

Beweis: Für jedes $m \geq 1$ ist $Y_m \leq \sup_{n\geq 1} X_n$ und daher nach Lemma 4.3 $\int Y_m \,d\mu \leq \sup_{n\geq 1} \int X_n \,d\mu$. Mit dem Supremum über m folgt Korollar 4.4.

Ist insbesondere $\sup_{n\geq 1} Y_n = \sup_{n\geq 1} X_n$, so folgt $\sup_{n\geq 1} \int Y_n \,d\mu = \sup_{n\geq 1} \int X_n \,d\mu$ und damit die Eindeutigkeit der folgenden Definition 4.6 des Integrals. Vorher formulieren wir noch den Satz über monotone Konvergenz der Integration in $\mathcal{E}^+(\mathcal{A})$, dessen Beweis wir als Übung 4.5 lassen.

▸ **Korollar 4.5** Sei $(X_n)_{n\geq 1}$ eine monoton wachsende Folge in $\mathcal{E}^+(\mathcal{A})$ und $X \in \mathcal{E}^+(\mathcal{A})$ mit $X_n \uparrow X$ für $n \to \infty$. Dann konvergiert $\int X_n \,d\mu \uparrow \int X \,d\mu$ für $n \to \infty$.

Bevor wir das Integral von nichtnegativen $\mathcal{A}$-messbaren Funktionen definieren, wollen wir kurz den funktionalanalytischen Zugang zur Integration skizzieren. Dabei geht man an Stelle des Integrals bzgl. eines Maßes direkt von einem Funktional auf einem Funktionenraum aus. Der Funktionenraum ist ein Vektorverband $\mathcal{H}$ reellwertiger beschränkter Funktionen auf einer Menge Ω. Auf ihm ist ein positives lineares Funktional I, das Daniell Integral, gegeben. Die Positivität bedeutet, dass $I(X) \geq 0$ für $X \in \mathcal{H}$ mit $X \geq 0$ ist. Mit der Linearität folgt die Monotonie. Ferner setzt man monotone Konvergenz entsprechend Korollar 4.5 voraus, d. h. für eine monoton wachsende Folge $(X_n)_{n\geq 1}$ nichtnegativer Funktionen in $\mathcal{H}$ mit $X_n \uparrow X$ für $n \to \infty$ und $X \in \mathcal{H}$ konvergiert $I(X_n) \uparrow I(X)$ für $n \to \infty$.

Wir zeigen, dass daraus die entsprechende Behauptung von Korollar 4.4 folgt.

Seien $(X_n)_{n\geq 1}$ und $(Y_n)_{n\geq 1}$ monoton wachsende Folgen in $\mathcal{H}$ mit $\sup_{n\geq 1} Y_n \leq \sup_{n\geq 1} X_n$. Dann konvergiert für jedes $m \geq 1$ $\inf(Y_m, X_n) \uparrow Y_m$ für $n \to \infty$ und es folgt:

$$\sup_{n\geq 1} I(X_n) \geq \sup_{n\geq 1} I(\inf(Y_m, X_n)) = I(Y_m)$$

für alle $m \geq 1$ und daher

$$\sup_{n\geq 1} I(Y_n) \leq \sup_{n\geq 1} I(X_n) .$$

Damit kann man im nächsten Schritt wie in unserem Fall das Funktional auf alle monotonen Grenzwerte von nicht-negativen Funktionen aus $\mathcal{H}$ fortsetzen.

Darstellungssätze stellen eine Beziehung zwischen beiden Zugängen her. Nach dem Riesz'schen Darstellungssatz z. B. lassen sich alle positiven stetigen linearen Funktionale auf $C([a, b])$ als Integral bzgl. eines endlichen Maßes auf $B([a, b])$ darstellen. Die Umkehrung ist trivial.

Kehren wir zu unserem Integralbegriff mit der schon vorbereiteten Definition des Integrals von nichtnegativen $\mathcal{A}$-messbaren Funktionen zurück.

▸ **Definition 4.6** Für eine nichtnegative $\mathcal{A}$-messbare Funktion X ist das *Integral von X bezüglich μ* definiert durch $\int X \,d\mu = \sup_{n\geq 1} \int X_n \,d\mu$, wobei $(X_n)_{n\geq 1}$ eine monoton wachsende Folge in $\mathcal{E}^+(\mathcal{A})$ mit $X_n \uparrow X$ für $n \to \infty$ ist.

Bemerkungen

1. Eine derartige Folge existiert nach dem Approximationssatz 3.12. Die Unabhängigkeit von der Wahl der Folge folgt aus Korollar 4.4.
2. Für $X \in \mathcal{E}^+(\mathcal{A})$ stimmt die Definition mit der bisherigen überein, da man $X_n = X$ für alle $n \geq 1$ wählen kann.
3. Die Eigenschaften von Proposition 4.1 des Integrals von Funktionen aus $\mathcal{E}^+(\mathcal{A})$ lassen sich durch Grenzübergang leicht auf das Integral von nicht-negativen $\mathcal{A}$-messbaren Funktionen übertragen.

Als ersten Konvergenzsatz beweisen wir den Korollar 4.5 entsprechenden Satz von der monotonen Konvergenz.

▸ **Satz von der monotonen Konvergenz (B. Levi) 4.7** Sei $(X_n)_{n\geq 1}$ eine monoton wachsende Folge nicht-negativer $\mathcal{A}$-messbarer Funktionen mit $X_n \uparrow X$ für $n \to \infty$. Dann konvergiert $\int X_n \, d\mu \uparrow \int X \, d\mu$ für $n \to \infty$.

Anmerkung: Der Grenzwert und damit $\int X \, d\mu$ kann ∞ sein.

Beweis: Die $\mathcal{A}$-Messbarkeit von X folgt aus Satz 3.7.

Aus $X_n \leq X$ für alle $n \geq 1$ folgt, dass $\sup_{n\geq 1} \int X_n \, d\mu \leq \int X \, d\mu$ ist.

Für die umgekehrte Ungleichung konstruieren wir aus Folgen aus $\mathcal{E}^+(\mathcal{A})$, die jeweils gegen ein X_n konvergieren, eine Folge, die gegen X konvergiert.

Sei dazu für jedes $n \geq 1$ $(X_m^n)_{m\geq 1}$ eine monoton wachsende Folge in $\mathcal{E}^+(\mathcal{A})$ mit $X_m^n \uparrow X_n$ für $m \to \infty$.

Wir betrachten die Folge $(Y_m)_{m\geq 1}$ mit $Y_m = \sup\left(X_m^1, X_m^2, \dots, X_m^m\right) \in \mathcal{E}^+(\mathcal{A})$ für $m \geq 1$. Mit wachsendem m approximiert Y_m immer mehr der Funktionen X_n immer besser. Konkret zeigen wir, dass $Y_m \uparrow X$ für $m \to \infty$ konvergiert.

Aus der Monotonie der Folgen $(X_m^n)_{m\geq 1}$ für $n \geq 1$ folgt die Monotonie der Folge $(Y_m)_{m\geq 1}$:

$$Y_m \leq \sup\left(X_{m+1}^1, X_{m+1}^2, \dots, X_{m+1}^m\right) \leq \sup\left(X_{m+1}^1, X_{m+1}^2, \dots, X_{m+1}^m, X_{m+1}^{m+1}\right) = Y_{m+1}\,.$$

Ferner ist $Y_m = \sup\left(X_m^1, X_m^2, \dots, X_m^m\right) \leq \sup\left(X_1, X_2, \dots, X_m\right) = X_m$ für alle $m \geq 1$ und damit $\sup_{m\geq 1} Y_m \leq \sup_{m\geq 1} X_m = X$.

Zum Beweis der umgekehrten Ungleichung halten wir n zunächst fest. Für $m \geq n$ ist $X_m^n \leq \sup\left(X_m^1, X_m^2, \dots, X_m^m\right) \leq X_m$ und wegen der Monotonie von X_m^n in m und von Y_m folgt

$$X_n = \sup_{m\geq 1} X_m^n = \sup_{m\geq n} X_m^n \leq \sup_{m\geq n} Y_m = \sup_{m\geq 1} Y_m\,.$$

Da diese Ungleichung für alle $n \geq 1$ gilt, folgt $X = \sup_{n\geq 1} X_n \leq \sup_{m\geq 1} Y_m$ und damit die Konvergenz $Y_m \uparrow X$ für $m \to \infty$.

Nach Definition des Integrals ist daher $\int X \,\mathrm{d}\mu = \sup_{m\geq 1} \int Y_m \,\mathrm{d}\mu$. Wie bereits gezeigt, ist $Y_m \leq X_m$ für alle $m \geq 1$ und daher $\int X \,\mathrm{d}\mu = \sup_{m\geq 1} \int Y_m \,\mathrm{d}\mu \leq \sup_{m\geq 1} \int X_m \,\mathrm{d}\mu$.

Wenden wir den Satz von der monotonen Konvergenz auf die Partialsummen von Reihen nichtnegativer $\mathcal{A}$-messbarer Funktionen an, so folgt:

▸ **Korollar 4.8** Für eine Folge nicht-negativer $\mathcal{A}$-messbarer Funktionen $(X_n)_{n\geq 1}$ ist

$$\int \left(\sum_{n=1}^{\infty} X_n \right) \mathrm{d}\mu = \sum_{n=1}^{\infty} \left(\int X_n \,\mathrm{d}\mu \right).$$

Für beliebige konvergente Folgen darf man i. A. den Grenzwert nicht mit dem Integral vertauschen. Für nichtnegative Funktionen gilt jedoch die folgende wichtige Ungleichung.

▸ **Lemma von Fatou 4.9** Für eine Folge nichtnegativer $\mathcal{A}$-messbarer Funktionen $(X_n)_{n\geq 1}$ ist $\int \liminf_{n\to\infty} X_n \,\mathrm{d}\mu \leq \liminf_{n\to\infty} \int X_n \,\mathrm{d}\mu$.

Beweis: Es ist $\liminf_{n\to\infty} X_n = \sup_{n\geq 1} \inf_{m\geq n} X_m$. Daher konvergiert $Y_n = \inf_{m\geq n} X_m \uparrow \liminf_{n\to\infty} X_n$ für $n \to \infty$. Aus dem Satz von der monotonen Konvergenz folgt $\int \liminf_{n\to\infty} X_n \,\mathrm{d}\mu = \sup_{n\geq 1} \int Y_n \,\mathrm{d}\mu$.

Für $m \geq n$ ist $Y_n \leq X_m$ und daher $\int Y_n \,\mathrm{d}\mu \leq \int X_m \,\mathrm{d}\mu$. Da diese Ungleichung für alle $m \geq n$ gilt, folgt $\int Y_n \,\mathrm{d}\mu \leq \inf_{m\geq n} \int X_m \,\mathrm{d}\mu$ und damit

$$\int \liminf_{n\to\infty} X_n \,\mathrm{d}\mu = \sup_{n\geq 1} \int Y_n \,\mathrm{d}\mu \leq \sup_{n\geq 1} \inf_{m\geq n} \int X_m \,\mathrm{d}\mu = \liminf_{n\to\infty} \int X_n \,\mathrm{d}\mu .$$

Wir zeigen nun anhand einiger Beispiele, dass im Lemma von Fatou die echte Ungleichung gelten kann. Das zweite und dritte Beispiel sind gleichzeitig Gegenbeispiele, dass Grenzwert und Integral i. A. nicht vertauscht werden dürfen.

Beispiele

In allen Beispielen ist μ das Lebesgue-Maß auf $\mathbb{R}$.

1. Wir gehen von zwei Funktionen aus, für deren Infimum bereits eine entsprechende Ungleichung gilt. Das ist dann der Fall, wenn das Infimum von Funktionen an verschiedenen Stellen angenommen wird. Als Beispiel nehmen wir

   $$X = 1_{(0,1]}, Y = 1_{(-1,0]} .$$

   Es ist $\inf(X,Y) = 0$ und daher $\int \inf(X,Y) \,\mathrm{d}\mu = 0$, aber es ist $\inf\left(\int X \,\mathrm{d}\mu, \int Y \,\mathrm{d}\mu\right) = 1$. Aus diesem Beispiel erhalten wir eins für Folgen mit $X_{2n} = X$ und $X_{2n+1} = Y$ für $n \geq 1$.

   Im zweiten und dritten Beispiel existiert der Grenzwert der Funktionen.

2. Für $n \geq 1$ sei $X_n(\omega) = n$ für $0 < \omega < \frac{1}{n}$ und 0 sonst. Für alle ω ist $\lim_{n\to\infty} X_n(\omega) = 0$ und damit $\int \lim_{n\to\infty} X_n \, d\mu = 0$. Dagegen ist $\int X_n \, d\mu = 1$ für alle $n \geq 1$, also auch $\lim_{n\to\infty} \int X_n \, d\mu = 1$.
3. Im letzten Beispiel liegt sogar gleichmäßige Konvergenz vor.
   Für $n \geq 1$ sei $X_n(\omega) = \frac{1}{n}$ für $0 < \omega < n$ und 0 sonst. Es konvergiert $X_n \to 0$ für $n \to \infty$ gleichmäßig. Also ist $\int \lim_{n\to\infty} X_n \, d\mu = 0$, aber $\int X_n \, d\mu = 1$ für alle $n \geq 1$.

Bevor wir das Integral von $\overline{\mathbb{R}}$-wertigen $\mathcal{A}$-messbaren Funktionen definieren, beschäftigen wir uns als Vorbereitung genauer mit nicht-negativen Funktionen mit endlichem Integral.

Definition 4.10 Eine nicht-negative $\mathcal{A}$-messbare Funktion X heißt *μ-integrierbar*, wenn $\int X \, d\mu < \infty$ ist.

Der Beweis der folgenden Bemerkung ist trivial.

Bemerkung 4.11

1. Seien X, Y nicht-negative μ-integrierbare Funktionen und $a \geq 0$. Dann sind auch $X + Y$ und aX μ-integrierbar.
2. Sei X eine $\mathcal{A}$-messbare und Y eine μ-integrierbare Funktion mit $0 \leq X \leq Y$. Dann ist auch X μ-integrierbar.

In manchen Situationen möchte man aus dem Wert des Integrals einer Funktion auf Aussagen über ihre Funktionswerte schließen. Folgende Einschränkung ist dabei unvermeidlich. Analog zur Situation bei der μ-f.ü. und stochastischen Konvergenz, bei der der Grenzwert nur bis auf Übereinstimmung außerhalb einer μ-Nullmenge eindeutig ist, können Funktionen, die μ-f.ü. übereinstimmen, bzgl. des Integrals nicht unterschieden werden.

Für die Formulierung entsprechender Eigenschaften benutzen wir die folgende Bezeichnungsweise, die wir von der μ-f.ü. Konvergenz und μ-f.ü. Gleichheit her schon kennen.

Bezeichnungsweise: Eine Eigenschaft $\mathcal{E}$ gilt *μ-fast überall* (μ-f.ü.) wenn eine Menge $N \in \mathcal{A}$ mit $\mu(N) = 0$ existiert, so dass alle $\omega \notin N$ die Eigenschaft $\mathcal{E}$ haben.

Anmerkungen
1. Es wird nicht verlangt, dass die Menge aller ω mit der Eigenschaft $\mathcal{E}$ zu $\mathcal{A}$ gehört. Das gilt jedoch für vollständige Maße.
2. In der Wahrscheinlichkeitstheorie verwendet man für Wahrscheinlichkeitsmaße P den entsprechenden Ausdruck P-fast sicher (P-f.s.).

Satz 4.12 Für nicht-negative $\mathcal{A}$-messbare Funktionen X, Y gilt:

1. $X = 0\ \mu$-f.ü. $\Leftrightarrow \int X \, d\mu = 0$
2. $X = Y\ \mu$-f.ü. $\Rightarrow \int X \, d\mu = \int Y \, d\mu$
3. X μ-integrierbar $\Rightarrow X < \infty\ \mu$-f.ü.

Beweis:

1. $\Rightarrow$: Sei zunächst $X = \sum_{i=1}^{n} x_i 1_{A_i} \in \mathcal{E}^+(\mathcal{A})$.
   $X = 0\ \mu$-f.ü. bedeutet in diesem Fall, dass $\mu(A_i) = 0$ für alle i mit $x_i \neq 0$ ist. Für alle i ist daher $x_i \mu(A_i) = 0$ und damit $\int X \, d\mu = 0$.
   Sei nun $X \geq 0$ und $X = 0\ \mu$-f.ü. $\mathcal{A}$-messbar. Sei $(X_n)_{n\geq 1}$ eine Folge aus $\mathcal{E}^+(\mathcal{A})$ mit $X_n \uparrow X$ für $n \to \infty$. Für alle $n \geq 1$ ist $0 \leq X_n \leq X$ und daher $X_n \in \mathcal{E}^+(\mathcal{A})$ mit $X_n = 0$ μ-f.ü. Es folgt $\int X_n \, d\mu = 0$ für alle $n \geq 1$ und damit $\int X \, d\mu = 0$.
   $\Leftarrow$: Für $\varepsilon > 0$ sei $A_\varepsilon = \{X \geq \varepsilon\} \in \mathcal{A}$. Da $0 \leq \varepsilon 1_{A_\varepsilon} \leq X$ ist, gilt:
   $$0 \leq \int \varepsilon 1_{A_\varepsilon} \, d\mu = \varepsilon \mu(A_\varepsilon) \leq \int X \, d\mu = 0 .$$
   Daher ist $\mu(A_\varepsilon) = 0$ für alle $\varepsilon > 0$. Für $k \to \infty$ konvergiert $A_{1/k} \uparrow \{X > 0\} = \{X \neq 0\}$. Es folgt $\mu(X \neq 0) = 0$, also $X = 0\ \mu$-f.ü.
2. Wir zerlegen X und Y nach den Stellen, an denen X und Y übereinstimmen bzw. verschieden sind. Dazu setzen wir $N = \{X \neq Y\} \in \mathcal{A}$. Es ist $X = X1_N + X1_{N^c}$ und $Y = Y1_N + Y1_{N^c}$. Da nach Voraussetzung $\mu(N) = 0$ ist, sind $X1_N = 0$ und $Y1_N = 0\ \mu$-f.ü. Mit 1 folgt $\int X 1_N \, d\mu = \int Y 1_N \, d\mu = 0$. Nach Definition von N ist $X1_{N^c} = Y1_{N^c}$ und damit $\int X 1_{N^c} \, d\mu = \int Y 1_{N^c} \, d\mu$. Durch Addition folgt $\int X \, d\mu = \int Y \, d\mu$.
3. Für alle $c > 0$ ist $c1_N \leq X$ und daher $c\mu(N) \leq \int X \, d\mu < \infty$. Aus $\mu(N) \leq \frac{\int X \, d\mu}{c}$ für alle $c > 0$ folgt mit $c \to \infty$, dass $\mu(N) = 0$ ist.

Im letzten Schritt definieren wir das Integral von $\mathcal{A}$-messbaren Funktionen, indem wir sie in ihren positiven und negativen Teil zerlegen und ihr Integral als Differenz der entsprechenden Integrale definieren. Diese ist jedoch nicht für alle $\mathcal{A}$-messbaren Funktionen definiert. Wir können jedoch auch die Werte $\pm\infty$ zulassen, wenn mindestens eins der Integrale endlich ist.

Definition 4.13 Eine $\mathcal{A}$-messbare Funktion $X \colon \Omega \to \overline{\mathbb{R}}$ heißt *μ-integrierbar*, wenn X^+ und X^- μ-integrierbar sind. Sie heißt *im weiteren Sinne μ-integrierbar*, wenn X^+ oder X^- μ-integrierbar sind. In diesen Fällen ist das *Integral von X bzgl. μ* definiert durch $\int X \, d\mu = \int X^+ \, d\mu - \int X^- \, d\mu$. Für $A \in \mathcal{A}$ ist das Integral von X über A bzgl. μ definiert durch $\int_A X \, d\mu = \int X1_A \, d\mu$. In der Wahrscheinlichkeitstheorie nennt man das Integral von X bzgl. eines Wahrscheinlichkeitsmaßes den *Erwartungswert von X* und bezeichnet ihn mit EX.

Für (im weiteren Sinne) μ-integrierbare Funktionen X existiert das Integral $\int_A X \, d\mu$, da $X1_A$ $\mathcal{A}$-messbar und $0 \leq (X1_A)^\pm = X^\pm 1_A \leq X^\pm$ ist.

Ist die Funktion X explizit gegeben, bezeichnet man das Integral auch mit $\int X(\omega)\,\mathrm{d}\,\mu(\omega)$, bzgl. des Lebesgue-Maßes wie üblich mit $\int X(\omega)\,\mathrm{d}\,\omega$ und über ein Intervall $[a,b]$ mit $\int_a^b X(\omega)\,\mathrm{d}\,\omega$. Ein leicht zu beweisendes, aber wichtiges Kriterium für μ-Integrierbarkeit ist das folgende.

Satz 4.14 Eine $\mathcal{A}$-messbare Funktion X ist genau dann μ-integrierbar, wenn $|X|$ μ-integrierbar ist.

Beweis: Die Aussage folgt aus $|X| = X^+ + X^-$ und $0 \le X^\pm \le |X|$.

Wir werden das Kriterium häufig benutzen, um die μ-Integrierbarkeit einer $\mathcal{A}$-messbaren Funktion X nachzuprüfen, indem wir das Integral $\int |X|\,\mathrm{d}\,\mu$, welches stets definiert ist, mit geeigneten Methoden bestimmen.

Die elementaren Eigenschaften des Integrals, Linearität und Monotonie, beweisen wir durch Zurückführung auf das Integral nicht-negativer Funktionen.

Satz 4.15

1. Seien X, Y μ-integrierbar und $a \in \mathbb{R}$. Dann sind $aX, \sup(X,Y), \inf(X,Y)$ und, falls definiert, $X+Y$ μ-integrierbar, und es ist

$$\int (X+Y)\,\mathrm{d}\,\mu = \int X\,\mathrm{d}\,\mu + \int Y\,\mathrm{d}\,\mu$$
$$\int (aX)\,\mathrm{d}\,\mu = a\int X\,d\mu\,.$$

2. Seien X, Y im weiteren Sinne μ-integrierbar. Dann gilt

$$X \le Y \Rightarrow \int X\,\mathrm{d}\,\mu \le \int Y\,\mathrm{d}\,\mu$$
$$\left|\int X\,\mathrm{d}\mu\right| \le \int |X|\,\mathrm{d}\,\mu\,.$$

Anmerkung: $X + Y$ ist an den Stellen nicht definiert, an denen eine der Funktionen den Wert ∞ und die andere den Wert $-\infty$ hat. Aber auch diesen Fall werden wir später zulassen können.

Beweis:

1. Die μ-Integrierbarkeit der angegebenen Funktionen folgt mit Satz 4.14 aus den Ungleichungen:

$$|X+Y| \le |X| + |Y|$$
$$|aX| = |a|\,|X|$$
$$|\sup(X,Y)| \le |X| + |Y|$$
$$|\inf(X,Y)| \le |X| + |Y|\,.$$

Die Additivität des Integrals folgt nicht unmittelbar aus der Definition des Integrals, da i. A. $(X+Y)^\pm \neq X^\pm + Y^\pm$ ist. Stattdessen stellen wir $X+Y$ auf zweierlei Weise dar. Es ist

$$X + Y = (X+Y)^+ - (X+Y)^- = (X^+ - X^-) + (Y^+ - Y^-) .$$

Daraus folgt

$$(X+Y)^+ + X^- + Y^- = (X+Y)^- + X^+ + Y^+ .$$

Wir wenden auf diese Gleichung die Additivität des Integrals nicht-negativer Funktionen an und fassen die Integrale dann wieder entsprechend zusammen und erhalten

$$\int (X+Y)\, \mathrm{d}\mu = \int X\, \mathrm{d}\mu + \int Y\, \mathrm{d}\mu .$$

Für $a \geq 0$ ist $(aX)^\pm = a(X)^\pm$ und für $a < 0$ ist $(aX)^\pm = -a(X)^\mp$. In beiden Fällen folgt

$$\int (aX)\, \mathrm{d}\mu = a \int X\, \mathrm{d}\mu .$$

2. Aus $X \leq Y$ folgt $X^+ \leq Y^+$ und $X^- \geq Y^-$ und daraus $\int X\, \mathrm{d}\mu \leq \int Y\, \mathrm{d}\mu$.
   Wenden wir dies auf die Ungleichungen $\pm X \leq |X|$ an, so erhalten wir $\pm \int X\, \mathrm{d}\mu = \int (\pm X)\, \mathrm{d}\mu \leq \int |X|\, \mathrm{d}\mu$ und damit $|\int X\, \mathrm{d}\mu| \leq \int |X|\, \mathrm{d}\mu$.

Die Einschränkung von Satz 4.15 auf das Integral von reellwertigen μ-integrierbaren Funktionen lässt sich folgendermaßen zusammenfassen.

▸ **Definition 4.16** $\mathcal{L}^1(\mu)$ bezeichne die Menge aller reellwertigen μ-integrierbaren Funktionen.

▸ **Satz 4.17** $\mathcal{L}^1(\mu)$ ist ein Vektorverband, und das Integral ist ein positives lineares Funktional auf $\mathcal{L}^1(\mu)$.

Wie im Zusammenhang des Integrals als Funktional erwähnt, folgt aus der Positivität und der Linearität die Monotonie.

Mit Hilfe des Integrals können wir auf $\mathcal{L}^1(\mu)$ einen neuen Konvergenzbegriff einführen. Dazu definieren wir $\|X\|_1 = \int |X|\, \mathrm{d}\mu$. Wie man leicht sieht, gilt

▸ **Satz 4.18** $\|.\|_1$ ist eine Seminorm auf $\mathcal{L}^1(\mu)$.

Eine Seminorm hat die gleichen Eigenschaften wie eine Norm mit Ausnahme der Bedingung, dass $\|X\|_1 = 0$ nur für das Nullelement $X = 0$ ist. Dementsprechend ist der Grenzwert konvergenter Folgen wie im Fall der stochastischen und f.ü. Konvergenz nicht eindeutig bestimmt.

Die Konvergenz in der Seminorm $\|.\|_1$ wird auch Konvergenz in $\mathcal{L}^1(\mu)$ genannt. Nach Definition bedeutet die Konvergenz $X_n \to X$ in $\mathcal{L}^1(\mu)$ für $n \to \infty$, dass $\int |X_n - X| \, d\mu \to 0$ für $n \to \infty$ konvergiert.

Wir werden später durch Bildung von Äquivalenzklassen aus der Seminorm eine Norm machen.

Aus der Ungleichung $|\int X_n \, d\mu - \int X \, d\mu| \leq \int |X_n - X| \, d\mu$ folgt

▸ **Satz 4.19** Aus der Konvergenz $X_n \to X$ in $\mathcal{L}^1(\mu)$ für $n \to \infty$ folgt die Konvergenz der Integrale $\int X_n \, d\mu \to \int X \, d\mu$ für $n \to \infty$.

Wir übertragen jetzt die μ-f.ü. Eigenschaften des Integrals von Satz 4.12.

▸ **Satz 4.20** Seien X, Y $\mathcal{A}$-messbare Funktionen. Dann gilt:

1. Sei $X = Y$ μ-f.ü. Dann ist X (im weiteren Sinne) μ-integrierbar genau dann, wenn Y (im weiteren Sinne) μ-integrierbar ist. In diesen Fällen ist $\int X \, d\mu = \int Y \, d\mu$.
2. Ist X μ-integrierbar, dann ist $X \in \mathbb{R}$ μ-f.ü.

Anmerkung: Der Spezialfall $Y = 0$ von 1 bedeutet: $X = 0$ μ-f.ü. $\Rightarrow \int X \, d\mu = 0$. Natürlich gilt jetzt nicht mehr die Umkehrung von Satz 4.12, da sich die Integrale des positiven und negativen Teils gegenseitig aufheben können.

Beweis: Die Aussagen folgen leicht durch Zurückführung auf Satz 4.12.

1. Aus $X = Y$ μ-f.ü. folgt $X^{\pm} = Y^{\pm}$ μ-f.ü. und damit nach Satz 4.12 $\int X^{\pm} \, d\mu \int Y^{\pm} \, d\mu$. Hieraus folgt 1.
2. X μ-integrierbar $\Rightarrow |X|$ μ-integrierbar $\Rightarrow |X| < \infty$ μ-f.ü. $\Rightarrow X \in \mathbb{R}$ μ-f.ü.

▸ **Folgerungen 4.21**

1. Jede μ-integrierbare Funktion stimmt μ-f.ü. mit einer reellwertigen μ-integrierbaren Funktion überein.
2. Für μ-integrierbare Funktionen X, Y gilt:

$$X \leq Y \ \mu\text{-f.ü.} \Leftrightarrow \int_A X \, d\mu \leq \int_A Y \, d\mu \quad \text{für alle} \quad A \in \mathcal{A}$$

$$X = Y \ \mu\text{-f.ü.} \Leftrightarrow \int_A X \, d\mu = \int_A Y \, d\mu \quad \text{für alle} \quad A \in \mathcal{A}.$$

Anmerkung: Teil 2 zeigt, dass eine μ-integrierbare Funktion durch ihre Integrale über alle Mengen aus $\mathcal{A}$ μ-f.ü. eindeutig bestimmt ist.

Beweis:

1. $Y = X1_{\{X \in \mathbb{R}\}}$ erfüllt offensichtlich die Bedingung.
2. Es genügt, die erste Äquivalenz zu beweisen, da die zweite daraus folgt.

$\Rightarrow$: $X \le Y$ μ-f.ü. $\Rightarrow X1_A \le Y1_A$ μ-f.ü. für $A \in \mathcal{A}$.

Für $N = \{X > Y\}$ ist $\mu(N) = 0$, also $X1_A = X1_A1_{N^c}$ μ-f.ü. und $Y1_A = Y1_A1_{N^c}$ μ-f.ü. Da $X1_A1_{N^c} \le Y1_A1_{N^c}$ ist, folgt

$$\int_A X \,\mathrm{d}\mu = \int_A X1_{N^c} \,\mathrm{d}\mu \le \int_A Y1_{N^c} \,\mathrm{d}\mu = \int_A Y \,\mathrm{d}\mu .$$

$\Leftarrow$: Da wir eine μ-f.ü. Behauptung beweisen müssen und X und Y μ-f.ü. reellwertig sind, können wir nach 1 annehmen, dass X und Y reellwertig sind.

Wir wählen speziell $A = \{X > Y\}$. Aus der Voraussetzung $\int_A X \,\mathrm{d}\mu \le \int_A Y \,\mathrm{d}\mu$ folgt $\int_A 1_A (X - Y) \,\mathrm{d}\mu \le 0$. Andererseits ist $1_A(X - Y) \ge 0$ und daher $\int 1_A(X - Y) \,\mathrm{d}\mu \ge 0$. Also ist $\int 1_A(X - Y) \,\mathrm{d}\mu = 0$ mit $1_A(X - Y) \ge 0$. Nach Satz 4.12 folgt $1_A(X - Y) = 0$ μ-f.ü. Da $X - Y > 0$ auf A ist, muss $\mu(A) = 0$ und damit $X \le Y$ μ-f.ü. sein.

Als Fazit stellen wir fest, dass einerseits μ-f.ü. übereinstimmende Funktionen bzgl. des Integrals nicht unterscheidbar sind, andererseits aber integrierbare Funktionen durch die Integrale über alle messbaren Teilmengen bis auf μ-f.ü.-Gleichheit charakterisiert sind. In Sätzen, die das Integral betreffen, brauchen daher alle Voraussetzungen nur μ-f.ü. zu gelten.

Als Beispiel führen wir an:

▸ **Satz von der monotonen Konvergenz (B. Levi) 4.7** Sei $(X_n)_{n\ge1}$ eine μ-f.ü. monoton wachsende Folge μ-f.ü. nichtnegativer $\mathcal{A}$-messbarer Funktionen mit $X_n \uparrow X$ μ-f.ü. für $n \to \infty$. Dann konvergiert $\int X_n \,\mathrm{d}\mu \uparrow \int X \,\mathrm{d}\mu$ für $n \to \infty$.

Dabei braucht jede Voraussetzung separat nur μ-f.ü. zu gelten, da eine höchstens abzählbare Vereinigung von Nullmengen wieder eine Nullmenge ist. Man führt diese Version leicht auf die bisherige zurück, indem man Funktionen wählt, die mit den gegebenen jeweils μ-f.ü. übereinstimmen, die Voraussetzungen aber überall erfüllen.

Diese Überlegungen legen nahe, in entsprechenden Situationen μ-f.ü. übereinstimmende Funktionen zu identifizieren. Exakt geht das mit der folgenden Äquivalenzrelation:

▸ **Bezeichnung 4.22** Mit $\sim_\mu$ bezeichnen wir die folgende Äquivalenzrelation auf der Menge aller $\mathcal{A}$-messbaren Funktionen von Ω nach $\overline{\mathbb{R}}$:

$$X \sim_\mu Y \Leftrightarrow X = Y \ \mu\text{-f.ü.}$$

Dass es sich um eine Äquivalenzrelation handelt, ist klar. Genauso kann man auf der Menge aller $\mathcal{A}$-$\mathcal{B}$-messbaren Funktionen von Ω in einen messbaren Raum $(E, \mathcal{B})$ eine entsprechende Äquivalenzrelation definieren.

Eine grundlegende Bemerkung über den Umgang mit dieser Äquivalenzrelation ist hier angebracht. Es ist, gerade im Zusammenhang mit dem Integral, mathematisch angemessener, mit Äquivalenzklassen anstatt mit einzelnen Funktionen zu arbeiten. Auf diese Weise wird z. B. aus der Seminorm $\|.\|_1$ eine Norm. Aber auch in anderen Situationen ist das angebracht, wie z. B. bei der f.ü. und stochastischen Konvergenz (s. Satz 3.17). Es ist jedoch anschaulicher, sich Funktionen vorzustellen. Das gilt vor allem in der Wahrscheinlichkeitstheorie, in der man bei Zufallsvariablen an zufällige Größen und nicht an Äquivalenzklassen denkt. Man muss dabei aber beachten, dass in entsprechenden Situationen die Funktionen nur bis auf μ-f.ü. Übereinstimmung eindeutig sind, sie also als Repräsentanten ihrer Äquivalenzklasse auffassen und sich die im Prinzip einfache Übertragung auf Äquivalenzklassen klarmachen. Wir werden deshalb in diesem Sinne im folgenden weiterhin mit Funktionen argumentieren, auch wenn es sich genau genommen um Äquivalenzklassen handelt. Man erkennt solche Situationen daran, dass entsprechende Aussagen μ-f.ü. gelten.

Wir werden das Vorgehen für die Übertragung der Strukturen von $\mathcal{L}^1(\mu)$ auf Äquivalenzklassen genauer durchführen und später in entsprechenden Situationen nicht mehr so genau darauf eingehen, da sie analog übertragen werden.

Vorher wollen wir uns noch überlegen, dass man auch μ-f.ü. definierte Funktionen als Repräsentanten von Äquivalenzklassen zulassen kann. Dazu ein Beispiel. Wenn X und Y μ-integrierbar sind, dann sind X und Y μ-f.ü. reellwertig, und daher ist $X + Y$ μ-f.ü. definiert.

▸ **Proposition 4.23** Sei $N \in \mathcal{A}$ mit $\mu(N) = 0$ und $X: N^c \to \overline{\mathbb{R}}$ $\mathcal{A}$-messbar. Dann gilt:

1. Es existiert eine $\mathcal{A}$-messbare Fortsetzung $X': \Omega \to \overline{\mathbb{R}}$.
2. Für $\mathcal{A}$-messbare Fortsetzungen X' und X'' ist $X' \sim_\mu X''$.

Anmerkung: Messbarkeit von Funktionen, die auf messbaren Teilmengen definiert sind, ist genauso definiert wie für Funktionen, die auf dem ganzen Grundraum definiert sind (s. auch Übung 4.2).

Beweis:
1. Setzt man X durch 0 auf N fort, so gilt für die so definierte Funktion X':
   Für $B \in \mathcal{B}(\overline{\mathbb{R}})$ ist $X'^{-1}(B) = X^{-1}(B)$, wenn $0 \notin B$ ist, und $X'^{-1}(B) = X^{-1}(B) \cup N$, wenn $0 \in B$ ist. X' ist daher $\mathcal{A}$-messbar.
2. ist klar, da $\{X' \neq X''\} \subset N$ ist.

Aus Proposition 4.23 folgt, dass es zu jeder $\mathcal{A}$-messbaren, μ-f.ü. definierten Funktion genau eine Äquivalenzklasse von Fortsetzungen gibt. Wir werden daher im folgenden auch solche Funktionen zulassen, wenn wir es im oben diskutierten Sinne mit Äquivalenzklassen zu tun haben. Genauso kann man Funktionen, die μ-f.ü. mit einer $\mathcal{A}$-messbaren Funktion übereinstimmen, als Repräsentanten einer eindeutig bestimmten Äquivalenzklasse zulassen. Ist μ ein vollständiges Maß, sind solche Funktionen stets $\mathcal{A}$-messbar (Übung 4.3). Da sich jedes Maß vervollständigen lässt, können wir die $\mathcal{A}$-Messbarkeit stillschweigend voraussetzen.

Kommen wir nun zu den Äquivalenzklassen der Funktionen aus $\mathcal{L}^1(\mu)$.

▸ **Definition 4.24** $L^1(\mu)$ sei die Menge aller Äquivalenzklassen von Funktionen aus $\mathcal{L}^1(\mu)$.

Um die Strukturen von $\mathcal{L}^1(\mu)$ auf $L^1(\mu)$ zu übertragen, müssen wir jeweils die Verträglichkeit mit der Äquivalenzrelation zeigen.

Algebraische Struktur: Ist $X_1 \sim_\mu X_2$ und $Y_1 \sim_\mu Y_2$, dann ist $X_1 + Y_1 \sim_\mu X_2 + Y_2$, da die Vereinigung von Nullmengen eine Nullmenge ist. Ebenso folgt aus $X_1 \sim_\mu X_2$, dass $aX_1 \sim_\mu aX_2$ für $a \in \mathbb{R}$ ist. Auf $L^1(\mu)$ kann daher über Repräsentanten Addition und Multiplikation mit einem Skalar definiert werden, bzgl. der $L^1(\mu)$ ein Vektorraum ist.

Ordnung: Die übliche $\leq$ Ordnung von Funktionen ist nicht geeignet, da sie nicht unabhängig von der Wahl der Repräsentanten ist. Wir versehen deshalb $\mathcal{L}^1(\mu)$ mit der Ordnung $X \leq Y$ μ-f.ü., die nicht von der Wahl der Repräsentanten abhängt und sich daher auf $L^1(\mu)$ übertragen lässt. Tatsächlich ist sie auf $\mathcal{L}^1(\mu)$ keine Ordnung, da sie nicht antisymmetrisch ist, sondern eine Quasiordnung, und erst ihre Übertragung auf $L^1(\mu)$ ist eine Ordnung. Wie man leicht sieht, ist mit dieser Ordnung $L^1(\mu)$ ein Vektorverband.

Seminorm: Aus $X_1 \sim_\mu X_2$ folgt $\|X_1 - X_2\|_1 = \int |X_1 - X_2| \, d\mu = 0$ und $\|X_1\|_1 = \|X_2\|_1$. Damit kann $\|.\|_1$ zu einer Seminorm auf $L^1(\mu)$ übertragen werden. Wie wir es erreichen wollten, ist sie eine Norm. Denn für $X \in \mathcal{L}^1(\mu)$ gilt:

$$\|X\|_1 = 0 \Leftrightarrow \int |X| \, d\mu = 0 \Leftrightarrow X = 0 \ \mu\text{-f.ü.} \Leftrightarrow X \sim_\mu 0 .$$

Die Konvergenz in dieser Norm nennt man $L^1(\mu)$-Konvergenz oder kurz L^1-Konvergenz, wenn klar ist, um welches Maß es sich handelt.

4.2 Vertauschung von Limes und Integral

Wie bereits erwähnt, sind die Konvergenzsätze, mit denen wir uns jetzt beschäftigen werden, eine der Stärken der Lebesgue'schen Theorie. Der schon bewiesene Satz 4.7 von der monotonen Konvergenz dient dazu als Grundlage. Zunächst verallgemeinern wir das Lemma von Fatou.

▸ **Lemma von Fatou 4.25** Sei $(X_n)_{n\geq 1}$ eine Folge $\mathcal{A}$-messbarer Funktionen.

1. Es existiere eine im weiteren Sinne μ-integrierbare Funktion Y mit $\int Y \,\mathrm{d}\mu > -\infty$, so dass $X_n \geq Y$ μ-f.ü. für $n \geq 1$ ist. Dann ist $\int \liminf_{n\to\infty} X_n \,\mathrm{d}\mu \leq \liminf_{n\to\infty} \int X_n \,\mathrm{d}\mu$.
2. Es existiere eine im weiteren Sinne μ-integrierbare Funktion Y mit $\int Y \,\mathrm{d}\mu < \infty$, so dass $X_n \leq Y$ μ-f.ü. für $n \geq 1$ ist. Dann ist $\limsup_{n\to\infty} \int X_n \,\mathrm{d}\mu \leq \int \limsup_{n\to\infty} X_n \,\mathrm{d}\mu$.

Beweis:
1. Ist $\int Y \,\mathrm{d}\mu = \infty$, dann ist $\int X_n \,\mathrm{d}\mu = \infty$ für alle $n \geq 1$. Dieser Fall ist daher trivial. Sei also $\int Y \,\mathrm{d}\mu < \infty$ und damit Y μ-integrierbar. Dann ist $Y \in \mathbb{R}$ μ-f.ü. und daher $X_n - Y \geq 0$ μ-f.ü. definiert. Aus der Anwendung des Lemmas von Fatou 4.9 auf $X_n - Y$ folgt dieser Fall.
2. führt man auf 1 zurück, indem man X_n durch $-X_n$ ersetzt.

Genauso lässt sich der Satz von der monotonen Konvergenz mit einer entsprechenden Minorante bei monoton wachsender Konvergenz bzw. Majorante bei monoton fallender Konvergenz verallgemeinern.

Eine wichtige hinreichende Bedingung für die Vertauschbarkeit von Grenzwert und Integral für μ-f.ü.-konvergente Folgen liefert der folgende Satz.

▸ **Satz von der majorisierten Konvergenz (Lebesgue) 4.26** Sei $(X_n)_{n\geq 1}$ eine Folge $\mathcal{A}$-messbarer Funktionen und X eine $\mathcal{A}$-messbare Funktion mit $X_n \to X$ μ-f.ü. für $n \to \infty$. Es existiere eine μ-integrierbare Funktion Y, so dass $|X_n| \leq Y$ μ-f.ü. für alle $n \geq 1$ ist. Dann sind alle Funktionen X_n $(n \geq 1)$ und X μ-integrierbar, und für $n \to \infty$ konvergieren $\int |X_n - X| \,\mathrm{d}\mu \to 0$ und $\int X_n \to \int X \,\mathrm{d}\mu$.

Beweis: Die μ-Integrierbarkeit der Funktionen X_n $(n \geq 1)$ ist klar. Aus $|X_n| \leq Y$ μ-f.ü. für alle $n \geq 1$ und $X_n \to X$ μ-f.ü. folgt $|X| \leq Y$ μ-f.ü., und daher ist auch X μ-integrierbar. Da $|X_n - X| \leq 2Y$ μ-f.ü. für alle $n \geq 1$ ist, folgt aus dem Lemma von Fatou 4.25.2

$$0 \leq \limsup_{n\to\infty} \int |X_n - X| \,\mathrm{d}\mu \leq \int \limsup_{n\to\infty} |X_n - X| \,\mathrm{d}\mu = 0$$

und damit die Konvergenz $\int |X_n - X| \,\mathrm{d}\mu \to 0$.

Nach Satz 4.19 folgt daraus auch die Konvergenz der Integrale.

Für die meisten Anwendungen der Vertauschung von Grenzwert und Integral für die μ-f.ü.-Konvergenz genügt die Existenz einer μ-integrierbaren Majorante. Für endliche Maße μ gibt es eine schwächere Bedingung, die gleichmäßige μ-Integrierbarkeit, die für die L^1-Konvergenz von f.ü. konvergenten Folgen von Funktionen notwendig und hinreichend ist und mit der wir uns jetzt beschäftigen werden. Sie spielt vor allem in der Martingaltheorie eine wichtige Rolle (s. Kap. 14).

Zur Begründung ihrer Definition beachte man, dass für ein endliches Maß μ für die μ-Integrierbarkeit einer $\mathcal{A}$-messbaren Funktion X eine Wachstumsbeschränkung von der Art notwendig ist, dass $|X|$ große Werte nur auf Mengen von hinreichend kleinem Maß μ annimmt. Insbesondere folgt mit majorisierter Konvergenz $\int_{\{|X|\geq c\}} |X| \, d\mu \to 0$ für $c \to \infty$. Eine Familie $\mathcal{F}$ von Funktionen, für die diese Konvergenz gleichmäßig für $X \in \mathcal{F}$ ist, heißt gleichmäßig μ-integrierbar.

▸ **Definition 4.27** Sei μ ein endliches Maß. Eine Familie $\mathcal{F}$ von $\mathcal{A}$-messbaren Funktionen heißt *gleichmäßig μ-integrierbar*, wenn $\int_{\{|X|\geq c\}} |X| \, d\mu \to 0$ für $c \to \infty$ gleichmäßig für $X \in \mathcal{F}$ konvergiert.

Da $\int_{\{|X|\geq c\}} |X| \, d\mu$ monoton fallend in c ist, bedeutet die gleichmäßige μ-Integrierbarkeit, dass zu jedem $\varepsilon > 0$ ein $c > 0$ existiert, so dass $\int_{\{|X|\geq c\}} |X| \, d\mu \leq \varepsilon$ für alle $X \in \mathcal{F}$ ist.

Dass jede Funktion X aus einer gleichmäßig μ-integrierbaren Familie μ-integrierbar ist, folgt aus

$$\int |X| \, d\mu = \int_{\{|X|\geq c\}} |X| \, d\mu + \int_{\{|X|<c\}} |X| \, d\mu \leq \int_{\{|X|\geq c\}} |X| \, d\mu + c\,\mu(\Omega) .$$

Beispiele

1. Jede endliche Menge $\{X_1, \ldots, X_n\}$ von μ-integrierbaren Funktionen ist gleichmäßig μ-integrierbar.
   Wie bereits bemerkt, konvergiert $\int_{\{|X|\geq c\}} |X| \, d\mu \to 0$ für $c \to \infty$ für jede μ-integrierbare Funktion X. Für endlich viele $X_1, \ldots, X_n$ ist die Konvergenz gleichmäßig.
2. Es existiere eine μ-integrierbare Funktion Y mit $|X| \leq Y$ μ-f.ü. für alle $X \in \mathcal{F}$, wobei die Ausnahmemenge von X abhängen darf. Dann ist $\mathcal{F}$ gleichmäßig μ-integrierbar.
   Denn mit der Ausnahmemenge N_X für $X \in \mathcal{F}$ ist $\{|X| \geq c\} \subset \{Y \geq c\} \cup N_X$ für $c > 0$ und da N_X eine μ-Nullmenge ist, folgt $\int_{\{|X|\geq c\}} |X| \, d\mu \leq \int_{\{Y\geq c\}} |X| \, d\mu \leq \int_{\{Y\geq c\}} Y \, d\mu$ für alle $X \in \mathcal{F}$. Mit der μ-Integrierbarkeit von Y folgt die gleichmäßige μ-Integrierbarkeit von $\mathcal{F}$.
3. Wir werden anschließend sehen, dass die Beschränktheit von $\int |X| \, d\mu$ für $X \in \mathcal{F}$ für die gleichmäßige μ-Integrierbarkeit nicht ausreicht. Existiert jedoch ein $p > 1$, so dass $\int |X|^p \, d\mu$ für $X \in \mathcal{F}$ beschränkt ist, dann ist $\mathcal{F}$ gleichmäßig μ-integrierbar.
   Das folgt aus der Abschätzung $\int |X|^p \, d\mu \geq \int_{\{|X|\geq c\}} c^{p-1} |X| \, d\mu = c^{p-1} \int_{\{|X|\geq c\}} |X| \, d\mu$ für $c > 0$ und damit $\int_{\{|X|\geq c\}} |X| \, d\mu \leq \frac{1}{c^{p-1}} \int |X|^p \, d\mu$.

Wir beweisen jetzt ein wichtiges Kriterium für gleichmäßige Integrierbarkeit.

▸ **Satz 4.28** Sei μ ein endliches Maß. Eine Familie $\mathcal{F}$ von $\mathcal{A}$-messbaren Funktionen ist genau dann gleichmäßig μ-integrierbar, wenn folgende Bedingungen gelten:

1. $\sup\{\int |X| \, d\mu : X \in F\} < \infty$
2. Für $\mu(A) \to 0 \; (A \in \mathcal{A})$ konvergiert $\int_A |X| \, d\mu \to 0$ gleichmäßig für $X \in \mathcal{F}$.

Beweis: Wir benutzen folgende allgemein gültige Abschätzung für eine $\mathcal{A}$-messbare Funktion X, $A \in \mathcal{A}$ und $c > 0$:

$$\int_A |X| \, d\mu = \int_{A \cap \{|X| < c\}} |X| \, d\mu + \int_{A \cap \{|X| \geq c\}} |X| \, d\mu \leq c\,\mu(A) + \int_{\{|X| \geq c\}} |X| \, d\mu \, . \qquad (4.2)$$

Sei $\mathcal{F}$ gleichmäßig μ-integrierbar.

Beweis von 1: Zu $\varepsilon = 1$ existiert ein $c > 0$ mit $\int_{\{|X| \geq c\}} |X| \, d\mu \leq 1$ für alle $X \in \mathcal{F}$. Mit $A = \Omega$ in (4.2) folgt $\int |X| \, d\mu \leq c\,\mu(\Omega) + 1$ für alle $X \in \mathcal{F}$.

Beweis von 2: Zu $\varepsilon > 0$ sei $c > 0$ mit $\int_{\{|X| \geq c\}} |X| \, d\mu \leq \frac{\varepsilon}{2}$ für alle $X \in \mathcal{F}$. Mit $\delta = \frac{\varepsilon}{2c}$ folgt aus (4.2) dass $\int_A |X| \, d\mu \leq \varepsilon$ für $A \in \mathcal{A}$ mit $\mu(A) \leq \delta$ und $X \in \mathcal{F}$ ist.

Zum Beweis der Umkehrung setzen wir jetzt die Eigenschaften 1 und 2 voraus.

Zu $\varepsilon > 0$ sei $\delta > 0$ nach Eigenschaft 2 mit $\int_A |X| \, d\mu \leq \varepsilon$ für $A \in \mathcal{A}$ mit $\mu(A) \leq \delta$ und $X \in \mathcal{F}$.

Nach Eigenschaft 1 ist $c = \frac{1}{\delta} \sup\{\int |X| \, d\mu : X \in F\} < \infty$. Sei $X \in \mathcal{F}$. Für $A = \{|X| \geq c\}$ gilt $c\,\mu(A) \leq \int_{\{|X| \geq c\}} |X| \, d\mu \leq \int |X| \, d\mu \leq c\delta$. Daher ist $\mu(A) \leq \delta$ und damit $\int_{\{|X| \geq c\}} |X| \, d\mu \leq \varepsilon$.

Da dies für alle $X \in \mathcal{F}$ gilt, ist $\mathcal{F}$ gleichmäßig μ-integrierbar.

Wir beweisen jetzt das angekündigte Kriterium für L^1-Konvergenz für f.ü. konvergente Folgen.

▸ **Satz 4.29** Sei μ ein endliches Maß und $(X_n)_{n \geq 1}$ eine Folge μ-integrierbarer Funktionen, die μ-f.ü. gegen eine Funktion X konvergiert. Dann sind äquivalent:

1. $\{X_n : n \geq 1\}$ ist gleichmäßig μ-integrierbar.
2. X ist μ-integrierbar, und es konvergiert $\int |X_n - X| \, d\mu \to 0$ für $n \to \infty$.

In diesem Fall konvergiert $\int X_n \, d\mu \to \int X \, d\mu$ für $n \to \infty$.

Beweis: Die Konvergenz der Integrale folgt aus der L^1-Konvergenz nach Satz 4.19.

$1 \Rightarrow 2$: Dies ist die Richtung, die vor allem für Anwendungen wichtig ist.

Aus dem Lemma von Fatou 4.9 folgt $\int X \, d\mu \leq \liminf_{n \to \infty} \int |X_n| \, d\mu < \infty$, da $\int |X_n| \, d\mu$ für $n \geq 1$ beschränkt ist. X ist daher μ-integrierbar.

Sei $Y_n = |X_n - X|$ für $n \geq 1$. Es konvergiert $Y_n \to 0$ μ-f.ü. Auch $\{Y_n : n \geq 1\}$ ist gleichmäßig μ-integrierbar. Das folgt leicht aus der Ungleichung $Y_n \leq |X_n| + |X|$ durch Nachweis der Eigenschaften 1 und 2 des Kriteriums 4.28 für gleichmäßige Integrierbarkeit.

Sei $\varepsilon > 0$. Es existiert ein $c > 0$ mit $\int_{\{Y_n \geq c\}} |Y_n| \, d\mu \leq \frac{\varepsilon}{2}$ für alle n. Da $Y_n 1_{\{Y_n < c\}} \leq c$ für alle $n \geq 1$ und μ endlich ist, können wir den Satz von der majorisierten Konvergenz anwenden, aus dem die Konvergenz $\int_{\{Y_n<c\}} Y_n \, d\mu \to 0$ für $n \to \infty$ folgt. Sei n_0 mit $\int_{\{Y_n<c\}} Y_n \, d\mu \leq \frac{\varepsilon}{2}$ für $n \geq n_0$.

Für $n \geq n_0$ ist $0 \leq \int Y_n \, d\mu = \int_{\{Y_n \geq c\}} Y_n \, d\mu + \int_{\{Y_n<c\}} Y_n \, d\mu \leq \varepsilon$.

Damit ist die Konvergenz $\int |X_n - X| \, d\mu = \int Y_n \, d\mu \to 0$ bewiesen.

$2 \Rightarrow 1$: Wir beweisen die Eigenschaften 1 und 2 des Kriteriums 4.28 für gleichmäßige Integrierbarkeit.

1. folgt aus der Ungleichung $\int |X_n| \, d\mu \leq \int |X_n - X| \, d\mu + \int X \, d\mu$.
2. Sei $\varepsilon > 0$. Es existiert ein n_0 mit $\int |X_n - X| \, d\mu \leq \frac{\varepsilon}{2}$ für $n \geq n_0$. Da $(X_1, \ldots, X_{n0-1}, X\}$ gleichmäßig μ-integrierbar ist, existiert ein $\delta > 0$ mit $\int_A |X_n| \, d\mu \leq \frac{\varepsilon}{2}$ für $n < n_0$ und $\int_A |X| \, d\mu \leq \frac{\varepsilon}{2}$ für $A \in \mathcal{A}$ mit $\mu(A) \leq \delta$. Für $n \geq n_0$ und $\mu(A) \leq \delta$ ist

$$\int_A |X_n| \, d\mu \leq \int_A |X_n - X| \, d\mu + \int_A |X| \, d\mu \leq \int |X_n - X| \, d\mu + \int_A |X| \, d\mu \leq \varepsilon .$$

Daher ist $\int_A |X_n| \, d\mu \leq \varepsilon$ für alle $n \geq 1$ und $A \in \mathcal{A}$ mit $\mu(A) \leq \delta$, und es folgt 2.

4.3 Integration bzgl. Bildmaßen und Maßen mit Dichten

Von einem gegebenen Maß kann man durch eine Abbildung oder mit einer Dichte ein neues Maß bilden. Wir zeigen, wie man das Integral bzgl. dieser Maße durch das Integral bzgl. des ursprünglichen Maßes darstellen kann.

Bildmaße haben wir in Satz 3.15 eingeführt. Für das Integral bzgl. eines Bildmaßes gilt der folgende Transformationssatz.

Transformationssatz 4.30 Sei $(\Omega, \mathcal{A}, \mu)$ ein Maßraum, $(E, \mathcal{B})$ ein messbarer Raum und $X\colon \Omega \to E$ eine $\mathcal{A}$-$\mathcal{B}$-messbare Abbildung. Dann gilt für $\mathcal{B}$-messbare Funktionen $\varphi\colon E \to \overline{\mathbb{R}}$

1. Für $\varphi \geq 0$ ist $\int \varphi \, d\mu_X = \int \varphi(X) \, d\mu$.
2. φ ist (im weiteren Sinne) μ_X-integrierbar genau dann, wenn $\varphi(X)$ (im weiteren Sinne) μ-integrierbar ist. In diesen Fällen ist $\int \varphi \, d\mu_X = \int \varphi(X) \, d\mu$.

Beweis:

1. Wir beginnen, wie gewohnt, mit dem Spezialfall der Indikatorfunktion $\varphi = 1_B$ einer Menge $B \in \mathcal{B}$. Für sie gilt die Gleichheit der Integrale wegen

$$\int 1_B \, d\mu_X = \mu_X(B) = \mu(X \in B) = \int 1_{\{X \in B\}} \, d\mu = \int 1_B(X) \, d\mu .$$

Für $\varphi = \sum_{i=1}^{n} x_i 1_{B_i} \in \mathcal{E}^+(\mathcal{B})$ folgt sie aus der Linearität auf beiden Seiten.
Zu einer $\mathcal{B}$-messbaren Funktion $\varphi \geq 0$ wählen wir eine Folge $(\varphi_n)_{n\geq 1}$ in $\mathcal{E}^+(\mathcal{B})$ mit $\varphi_n \uparrow \varphi$ für $n \to \infty$. Dann konvergiert auch $\varphi_n(X) \uparrow \varphi(X)$ für $n \to \infty$, und die Gleichheit der Integrale folgt mit monotoner Konvergenz.
2. folgt aus Anwendung von 1 auf $\varphi^{\pm}$, da $(\varphi(X))^{\pm} = \varphi^{\pm}(X)$ ist.

Wir betrachten das Beispiel $E = \overline{\mathbb{R}}$ und der durch $\varphi(x) = x$ für alle $x \in \overline{\mathbb{R}}$ definierten Funktion. Dann gilt, falls eines der Integrale existiert

$$\int x \,\mathrm{d}\mu_X(x) = \int X \,\mathrm{d}\mu .$$

Dieses Beispiel ist vor allem in der Wahrscheinlichkeitstheorie von Bedeutung. Für ein Wahrscheinlichkeitsmaß P ist

$$EX = \int X \,\mathrm{d}P = \int x \,\mathrm{d}P_X(x) .$$

Während das erste Integral ein Integral bzgl. des Wahrscheinlichkeitsmaßes auf dem Grundraum Ω ist, ist das zweite ein Integral bzgl. der Verteilung auf dem Wertebereich. Da der Erwartungswert einer Zufallsvariablen nur von ihrer Verteilung abhängt, spricht man auch vom Erwartungswert einer Verteilung.

Betrachten wir zunächst diskrete Verteilungen.

Eine Zufallsvariable X mit endlich vielen Werten x_i mit den Wahrscheinlichkeiten p_i für $1 \leq i \leq n$ hat den Erwartungswert $EX = \sum_{i=1}^{n} x_i p_i$. Eine Zufallsvariable X mit abzählbar unendlich vielen Werten $x_n \geq 0$ mit den Wahrscheinlichkeiten p_n für $n \geq 1$ hat den Erwartungswert $EX = \sum_{n=1}^{\infty} x_n p_n \leq \infty$, wie man sich leicht durch Approximation durch Zufallsvariable mit endlich vielen Werten überlegt. Entsprechende reellwertige Zufallsvariable haben einen endlichen Erwartungswert, wenn die Reihe $\sum_{n=1}^{\infty} x_n p_n$ absolut konvergiert. In dem Fall ist $EX = \sum_{n=1}^{\infty} x_n p_n$.

Beispiele

1. Binomialverteilung
Die Binomialverteilung mit Parametern $n \geq 1$ und p $(0 \leq p \leq 1)$ ist die Verteilung der Summe $S_n = \sum_{i=1}^{n} X_i$ von unabhängigen Zufallsvariablen X_i $(1 \leq i \leq n)$ mit Verteilung $P(X_i = 1) = p$ und $P(X_i = 0) = q = 1 - p$ für $1 \leq i \leq n$. Da Unabhängigkeit von Zufallsvariablen im diskreten Fall und die Binomial Verteilung zu den elementaren Grundlagen der Wahrscheinlichkeitstheorie gehören, gehen wir, wie in der Einleitung erläutert, davon aus, dass sie bekannt sind, werden sie aber im nächsten Kapitel im allgemeinen Zusammenhang auch behandeln (bzgl. der Binomialverteilung s. Beispiel 1 zur Faltung (Definition 5.26) und Übung 5.6 a). Da wir zur Bestimmung des Erwartungswerts der Binomialverteilung die Linearität des Erwartungswerts ausnutzen, benötigen wir jetzt jedoch nur die Verteilungen der einzelnen

Zufallsvariablen X_i $(1 \leq i \leq n)$ und nicht ihre Unabhängigkeit. Die Zufallsvariablen X_i $(1 \leq i \leq n)$ haben den Erwartungswert $EX_i = 1 \cdot p + 0 \cdot q = p$ und S_n daher den Erwartungswert $ES_n = np$. In diesem Beispiel haben wir das Integral auf dem Grundraum und auf dem Wertebereich benutzt – auf dem Grundraum, um die Linearität auszunutzen, und auf dem Wertebereich zur Berechnung des Erwartungswerts der einzelnen Summanden.

2. Die Poissonverteilung mit Parameter $\lambda > 0$ ist eine diskrete Verteilung mit Werten in $\mathbb{Z}^+$ mit den Wahrscheinlichkeiten $P(X = n) = e^{-\lambda} \frac{\lambda^n}{n!}$ für $n \geq 0$. Sie ist die Grenzverteilung der Binomialverteilung für $n \to \infty$, $p \to 0$ mit $np \to \lambda$ (s. Beispiel 2 zu Definition 7.10 und Übung 7.1), tritt also als Approximation der Binomialverteilung auf, wenn die Wahrscheinlichkeit p des Ausgangs 1 klein ist, dies aber durch eine große Anzahl von Wiederholungen ausgeglichen wird, so dass der Erwartungswert von endlicher Größenordnung ist, z. B. beim radioaktiven Zerfall als Verteilung der Zerfälle in einem festen Intervall (s. Abschn. 11.1).
Man kann ihren Erwartungswert $EX = \sum_{n=0}^{\infty} n e^{-\lambda} \frac{\lambda^n}{n!}$ durch Kürzen und leichte Umformungen berechnen. Noch einfacher ist es, ihn in Abhängigkeit von λ zu betrachten. Zu seiner Bestimmung differenziert man die Exponentialreihe $e^{\lambda} = \sum_{n=0}^{\infty} \frac{\lambda^n}{n!}$. Man erhält $e^{\lambda} = \sum_{n=0}^{\infty} \frac{n\lambda^{n-1}}{n!}$ und damit $EX = \sum_{n=0}^{\infty} \lambda n e^{-\lambda} \frac{\lambda^{n-1}}{n!} = \lambda$. Der Parameter λ ist also der Erwartungswert.
Eine weitere Möglichkeit, aus gegebenen Maßen neue zu konstruieren, sind Maße mit Dichten.
Die Standardnormalverteilung ist zum Beispiel definiert durch

$$P(B) = \int_B \frac{1}{\sqrt{2\pi}} \exp\left(-\frac{x^2}{2}\right) dx \quad \text{für} \quad B \in \mathcal{B}(\mathbb{R}).$$

Sie ist ein Wahrscheinlichkeitsmaß mit einer Dichte bzgl. des Lebesgue-Maßes.
Wir definieren Maße mit Dichten jetzt allgemein und bestimmen das Integral bzgl. dieser Maße. Wir werden die Struktur von Maßen mit Dichten ausführlicher im allgemeinem Rahmen in Abschn. 12.3 behandeln.

▸ **Satz 4.31** Sei $(\Omega, \mathcal{A}, \mu)$ ein Maßraum und $f \geq 0$ eine $\mathcal{A}$-messbare Funktion. Dann ist durch $\nu(A) = \int_A f \, d\mu$ für $A \in \mathcal{A}$ ein Maß auf $(\Omega, \mathcal{A})$ definiert. Es heißt das *Maß mit der Dichte f bezüglich* μ.

Für eine $\mathcal{A}$-messbare Funktion X gilt.

1. Für $X \geq 0$ ist $\int X \, d\nu = \int (Xf) \, d\mu$.
2. X ist (im weiteren Sinne) ν-integrierbar genau dann, wenn Xf (im weiteren Sinne) μ-integrierbar ist. In diesen Fällen ist $\int X \, d\nu = \int (Xf) \, d\mu$.

Beweis: $\nu(A) \geq 0$ für $A \in \mathcal{A}$ und $\nu(\emptyset) = 0$ ist trivial.

Für paarweise disjunkte $A_n \in \mathcal{A}$ $(n \geq 1)$ ist $1_{\cup_n A_n} = \sum_n 1_{A_n}$ und mit Korollar 4.8 folgt

$$\nu\Big(\bigcup_n A_n\Big) = \int f 1_{\bigcup_n A_n}\, \mathrm{d}\mu = \int \sum_n 1_{A_n}\, \mathrm{d}\mu = \sum_n \int f 1_{A_n}\, \mathrm{d}\mu = \sum_n \nu(A_n).$$

Auch in diesem Fall läuft der Beweis der Gleichheit der Integrale mit den bekannten Schritten ab. Wir fassen uns daher kurz.

Für $X = 1_A$ mit $A \in \mathcal{A}$ gilt die Aussage wegen

$$\int 1_A\, \mathrm{d}\nu = \nu(A) = \int_A 1_A\, \mathrm{d}\mu.$$

Für $X \in \mathcal{E}^+(\mathcal{A})$ folgt sie durch Linearität, für $X \geq 0$ durch monotone Konvergenz, da mit $X_n \uparrow X$ für $n \to \infty$ auch $X_n f \uparrow X f$ konvergiert, und im allgemeinen Fall durch Zerlegung in positiven und negativen Teil.

Hat im Beispiel zum Transformationssatz die Verteilung P_X von X die Dichte f bzgl. des Lebesgue-Maßes, so ist

$$EX = \int x\, \mathrm{d}P_X(x) = \int x \cdot f(x)\, \mathrm{d}x$$

und allgemein

$$E\varphi(X) = \int \varphi(x)\, \mathrm{d}P_X(x) = \int \varphi(x) \cdot f(x)\, \mathrm{d}x$$

wenn die Integrale existieren. Ihre Existenz kann man nachprüfen durch die Bestimmung von $E|X| = \int |x| \cdot f(x)\, \mathrm{d}x$ bzw. $E|\varphi(X)| = \int |\varphi(x)| \cdot f(x)\, \mathrm{d}x$.

Beispiele

3. Normalverteilung

   Es ist klar, dass eine standardnormalverteilte Zufallsvariable X endlichen Erwartungswert hat.

   Durch explizite Integration oder durch Symmetrie erhält man $EX = 0$.

   Die Normalverteilung mit Parametern $\mu \in \mathbb{R}$ und $\sigma^2 > 0$ hat die Dichte

$$\gamma_{\mu,\sigma^2}(x) = \frac{1}{\sqrt{2\pi\sigma^2}} \exp\left(-\frac{(x-\mu)^2}{\sigma^2}\right) \quad \text{für} \quad x \in \mathbb{R} \tag{4.3}$$

   bzgl. des Lebesgue-Maßes. Sie wird mit $\mathcal{N}(\mu, \sigma^2)$ bezeichnet. Die Standardnormalverteilung ist der Fall $\mu = 0$, $\sigma^2 = 1$. Ist X standardnormalverteilt, dann ist $Y = \mu + \sigma X$ $\mathcal{N}(\mu, \sigma^2)$-verteilt, wie man sich durch Substitution leicht überlegt. Daher hat $\mathcal{N}(\mu, \sigma^2)$ den Erwartungswert μ.

4. Exponentialverteilung

   Die Exponentialverteilung mit Parameter $\lambda > 0$ ist die Verteilung auf $\mathbb{R}^+$ mit der Dichte $f(x) = \lambda e^{-\lambda x}$ $(x \geq 0)$ bzgl. des Lebesgue-Maßes auf $\mathbb{R}^+$. Sie tritt z. B. beim radioaktiven Zerfall als Verteilung des Zeitpunkts des ersten Zerfalls auf (s. Abschn. 11.1).

Man kann ihren Erwartungswert $\int_0^\infty \lambda x e^{-\lambda x}\,\mathrm{d}x$ mit partieller Integration bestimmen. Auch in diesem Fall kann man die Ableitung benutzen, indem man das Integral $\int_0^\infty e^{-\lambda x}\,\mathrm{d}x = \frac{1}{\lambda}$ nach λ differenziert. Da man durch Abschätzung des Differenzenquotienten mit majorisierter Konvergenz zeigen kann, dass man unter dem Integral differenzieren darf, erhält man $\int_0^\infty \left(-x e^{-\lambda x}\right) \mathrm{d}x = \frac{1}{\lambda^2}$ und damit $\int_0^\infty \lambda x e^{-\lambda x}\,\mathrm{d}x = \frac{1}{\lambda}$.

4.4 L^p-Räume

Für $1 \le p < \infty$ und eine $\mathcal{A}$-messbare Funktion X ist $|X|^p \ge 0$ $\mathcal{A}$-messbar und damit $\int |X|^p \,\mathrm{d}\mu$ definiert. In Verallgemeinerung zum Fall $p = 1$ definieren wir:

Definition 4.32 Für $1 \le p < \infty$ bezeichne $\mathcal{L}^p(\mu)$ die Menge aller $\mathcal{A}$-messbaren reellwertigen Funktionen X mit $\int |X|^p \,\mathrm{d}\mu < \infty$.

Für $X \in \mathcal{L}^p(\mu)$ definieren wir $\|X\|_p = \left(\int |X|^p \,\mathrm{d}\mu\right)^{1/p}$ und zeigen:

Satz 4.33 Für $1 \le p < \infty$ ist $\mathcal{L}^p(\mu)$ ein Vektorverband und $\|.\|_p$ eine Seminorm auf $\mathcal{L}^p(\mu)$.

Beweis: Für $X, Y \in \mathcal{L}^p(\mu)$ gilt:

$$|\sup(X,Y)|^p \le (\sup(|X|,|Y|))^p = (\sup(|X|^p,|Y|^p))$$
$$|\inf(X,Y)|^p \le (\sup(|X|,|Y|))^p = (\sup(|X|^p,|Y|^p))\,.$$

Damit sind $\sup(X,Y), \inf(X,Y) \in \mathcal{L}^p(\mu)$. Ferner gilt

$$|X+Y|^p \le (|X|+|Y|)^p \le (2\sup(|X|,|Y|))^p$$

und es folgt, dass auch $X + Y \in \mathcal{L}^p(\mu)$ ist.

Dass mit $X \in \mathcal{L}^p(\mu)$ und $a \in \mathbb{R}$ auch $aX \in \mathcal{L}^p(\mu)$ ist, ist trivial.

Für $X \in \mathcal{L}^p(\mu)$ ist $\|X\|_p \ge 0$ mit

$$\|X\|^p = 0 \Leftrightarrow \int |X|^p \,\mathrm{d}\mu = 0 \Leftrightarrow X = 0 \ \mu\text{-f.ü.}$$

Wenn wir Satz 4.33 bewiesen haben, können wir daher wieder mit Äquivalenzklassen aus der Seminorm eine Norm machen und den normierten Raum $\mathrm{L}^p(\mu)$ definieren.

$$\|aX\|_p = |a|\|X\|_p \quad \text{für} \quad X \in \mathcal{L}^p(\mu), a \in \mathbb{R} \text{ ist trivial}\,.$$

Nicht-trivial ist dagegen die Dreiecksungleichung. Den einfachen Fall $p = 1$ haben wir schon behandelt. Sei daher $1 < p < \infty$. Wir benötigen verschiedene Abschätzungen, die auch für sich von Bedeutung sind.

Zu p mit $1 < p < \infty$ existiert genau ein q mit $1 < q < \infty$, so dass $\frac{1}{p} + \frac{1}{q} = 1$ ist. p und q heißen konjugierte Exponenten. Im Fall $p = 2$ ist auch $q = 2$.

▸ **Hölder'sche Ungleichung 4.34** Seien $1 < p, q < \infty$ mit $\frac{1}{p} + \frac{1}{q} = 1$. Dann gilt:

$$X \in \mathcal{L}^p(\mu), Y \in \mathcal{L}^q(\mu) \Rightarrow XY \in \mathcal{L}^1(\mu) \quad \text{mit} \quad \|XY\|_1 \leq \|X\|_p \|Y\|_q .$$

Aus der Hölder'schen Ungleichung folgt sofort:

▸ **Korollar 4.35** Seien $1 < p, q < \infty$ mit $\frac{1}{p} + \frac{1}{q} = 1$ und $Y \in \mathcal{L}^q(\mu)$. Dann ist durch $\varphi_Y(X) = \int XY \, \mathrm{d}\mu$ auf $\mathcal{L}^p(\mu)$ ein stetiges lineares Funktional definiert.

Zum Beweis der Hölder'schen Ungleichung benötigen wir das folgende Lemma.

▸ **Lemma 4.36** Für $1 < p, q < \infty$ mit $\frac{1}{p} + \frac{1}{q} = 1$ und $a, b \geq 0$ ist $ab \leq \frac{a^p}{p} + \frac{b^q}{q}$.

Beweis: Für $a \geq 0$ definieren wir die Funktion $f_a(b) = \frac{a^p}{p} + \frac{b^q}{q} - ab \ \ (b \geq 0)$.

Wir müssen zeigen, dass $f_a(b) \geq 0$ für $b \geq 0$ ist. Dazu bestimmen wir das Minimum von f_a. Es gilt

$$f_a'(b) = b^{q-1} - a = 0 \Leftrightarrow a = b^{q-1} \Leftrightarrow b = b_0 = a^{1/(q-1)} .$$

Aus $a = b^{q-1}$ folgt $a^p = b^{(q-1)p} = b^q$ und damit $f_a(b_0) = \frac{b^q}{p} + \frac{b^q}{q} - b^{q-1}b = 0$. Dass b_0 Minimalstelle von f_a ist, folgt aus $f_a(0) = \frac{a^p}{p} \geq 0$ und $f_a(b) \to \infty$ für $b \to \infty$.

Beweis der Hölder'schen Ungleichung 4.34: Im Fall $\|X\|_p = 0$ oder $\|Y\|_q = 0$ ist $X = 0$ bzw. $Y = 0$ μ-f.ü. und damit in beiden Fällen $XY = 0$ μ-f.ü., und die Hölder'schen Ungleichung gilt trivialerweise.

Für $\|X\|_p > 0$ und $\|Y\|_q > 0$ setzen wir in Lemma 4.35 $a = \frac{|X|}{\|X\|_p}$ und $b = \frac{|Y|}{\|Y\|_q}$ ein und erhalten

$$\frac{|XY|}{\|X\|_p \|Y\|_q} \leq \frac{|X|^p}{p\left(\int |X|^p \, \mathrm{d}\mu\right)} + \frac{|Y|^q}{q\left(\int |Y|^q \, \mathrm{d}\mu\right)} .$$

Daraus folgt die μ-Integrierbarkeit von XY und die Hölder'sche Ungleichung durch Integration:

$$\frac{\int |XY| \, d\mu}{\|X\|_p \|Y\|_q} \leq \frac{1}{p} + \frac{1}{q} = 1 .$$

Im Fall $p = q = 2$ wird die Seminorm $\|.\|_2$ durch das Skalarprodukt $\langle X, Y\rangle = \int XY \, d\mu$ erzeugt. In diesem Fall ist die Hölder'sche Ungleichung die Cauchy-Schwarz'sche Ungleichung

$$|\langle X, Y\rangle| \leq \|X\|_2 \, \|Y\|_2 \, .$$

Die Dreiecksungleichung nennt man die

Minkowski'sche Ungleichung 4.37 Für $1 \leq p < \infty$ gilt:

$$X, Y \in \mathcal{L}^p(\mu) \Rightarrow \|X + Y\|_p \leq \|X\|_p + \|Y\|_p \, .$$

Beweis: Den Fall $p = 1$ haben wir schon behandelt.
Für $1 < p < \infty$ sei q der konjugierte Exponent.
Wir schätzen ab:

$$|X + Y|^p \leq |X + Y|^{p-1}(|X| + |Y|) \, .$$

Da $(p-1)q = p$ ist, ist $|X + Y|^{p-1} \in \mathcal{L}^q(\mu)$. Wir können daher die Hölder'sche Ungleichung auf $|X + Y|^{p-1}$ und $|X|$ bzw. $|Y|$ anwenden und erhalten

$$\int |X + Y|^{p-1} \, |X| \, d\mu \leq \|X\|_p \, \left\| |X + Y|^{p-1} \right\|_q$$
$$\int |X + Y|^{p-1} \, |Y| \, d\mu \leq \|Y\|_p \, \left\| |X + Y|^{p-1} \right\|_q \, .$$

Es ist

$$\left\| |X + Y|^{p-1} \right\|_q = \left(\int \left(|X + Y|^{p-1} \right)^q \, d\mu \right)^{1/q} = \left(\int \left(|X + Y|^p \right) d\mu \right)^{1/q} \, .$$

Schließlich folgt durch Addition

$$\int \left(|X + Y|^p \right) d\mu \leq \left(\int \left(|X + Y|^p \right) d\mu \right)^{1/q} \left(\|X\|_p + \|Y\|_p \right) \, .$$

Im Fall $\|X + Y\|_p = 0$ gilt die Minkowski'sche Ungleichung trivialerweise, im Fall $\|X + Y\|_p > 0$ folgt sie aus der Division durch $\left(\int \left(|X + Y|^p \right) d\mu \right)^{1/q}$.
Für endliche Maße μ sind die Räume $\mathcal{L}^p(\mu)$ monoton fallend in p.

Proposition 4.38 Für ein endliches Maß μ ist $\mathcal{L}^{p_2}(\mu) \subset \mathcal{L}^{p_1}(\mu)$ für $p_1 \leq p_2$.

Beweis: Für $X \in \mathcal{L}^{p_2}(\mu)$ schätzen wir ab:

$$|X|^{p_1} \leq (\sup(1,|X|))^{p_1} \leq (\sup(1,|X|))^{p_2} = \sup\left(1,|X|^{p_2}\right).$$

Da für ein endliches Maß μ die konstanten Funktionen μ-integrierbar sind, ist $\sup\left(1,|X|^{p_2}\right)$ μ-integrierbar.

Neben dem schon bekannten Fall $p = 1$ ist in der Wahrscheinlichkeitstheorie vor allem der Fall $p = 2$ von Bedeutung.

▸ **Definition 4.39** Die *Varianz* $V(X)$ einer Zufallsvariablen X mit endlichem Erwartungswert ist definiert durch $V(X) = E\left[(X - EX)^2\right] \leq \infty$.

Mit der Linearität des Erwartungswerts folgt $V(X) = E(X^2) - (EX)^2$.

Die Varianz ist ein quadratisches Maß der Streuung einer Verteilung. Ihre positive Quadratwurzel bezeichnet man als Standardabweichung. Manchmal setzt man für Zufallsvariable X, die keinen endlichen Erwartungswert haben, $V(X) = \infty$.

Für ein Wahrscheinlichkeitsmaß P ist $\mathcal{L}^2(\mathrm{P})$ die Menge aller Zufallsvariablen mit endlicher Varianz, da die Zufallsvariablen aus $\mathcal{L}^2(P)$ nach Proposition 4.38 auch in $\mathcal{L}^1(P)$ sind, also endlichen Erwartungswert haben.

Die folgende Transformationsformel gilt auch für Zufallsvariable mit unendlicher Varianz und ist trivial.

▸ **Satz 4.40** Für eine Zufallsvariable X und $a, b \in \mathbb{R}$ ist $V(aX + b) = a^2 V(X)$.

Beispiele

1. Poissonverteilung
   Um die Varianz der Poissonverteilung zu bestimmen, gehen wir ähnlich vor wie bei der Bestimmung ihres Erwartungswerts. Diesmal differenzieren wir die Exponentialreihe 2-mal und erhalten $\mathrm{e}^{\lambda} = \sum_{n=0}^{\infty} \frac{n(n-1)\lambda^{n-2}}{n!}$. Für eine mit Parameter λ poissonverteilte Zufallsvariable X ist daher $EX^2 = \sum_{n=0}^{\infty} \lambda^2 n(n-1)\mathrm{e}^{-\lambda}\frac{\lambda^{n-2}}{n!} + \sum_{n=0}^{\infty} n\mathrm{e}^{-\lambda}\frac{\lambda^n}{n!} = \lambda^2 + \lambda$ und $V(X) = \lambda$. λ ist also auch die Varianz der Poissonverteilung mit Parameter λ.
2. Normalverteilung
   Eine standardnormalverteilte Zufallsvariable hat die Varianz

$$V(X) = E(X^2) = \int_B \frac{1}{\sqrt{2\pi}} x^2 \exp\left(-\frac{x^2}{2}\right) \mathrm{d}x = 1,$$

   wie man mit partieller Integration leicht ausrechnet.

Durch Transformation sieht man, dass $\mathcal{N}(\mu, \sigma^2)$ die Varianz σ^2 hat. Damit haben wir die Bedeutung beider Parameter der Normalverteilung $\mathcal{N}(\mu, \sigma^2)$. μ ist ihr Erwartungswert und σ^2 ihre Varianz.

Wie im Fall $p = 1$ definieren wir $L^p(\mu)$ als die Menge aller Äquivalenzklassen von Funktionen aus $\mathcal{L}^p(\mu)$ bzgl. der gleichen Äquivalenzrelation $\sim_\mu$. Es folgt, dass $L^p(\mu)$ ein Vektorverband mit der Norm $\|.\|_p$ ist.

Wir beweisen, dass die Räume $L^p(\mu)$ vollständig sind. Damit sind die Räume $L^p(\mu)$ Banach-Räume, und der Raum $L^2(\mu)$ ist ein Hilbert-Raum. Aus diesem Grund ist der Fall $p = 2$ auch in der Funktionalanalysis von besonderer Bedeutung.

▸ **Satz von Riesz-Fisher 4.41** Die Räume $L^p(\mu)$ sind vollständig für $1 \leq p < \infty$.

Beweis: Sei $(X_n)_{n\geq 1}$ eine Cauchy-Folge in $L^p(\mu)$. Es existiert eine Teilfolge $(X_{n_k})_{k\geq 1}$ mit $\|X_{n_{k+1}} - X_{n_k}\|_p \leq \frac{1}{2^k}$ für $k \geq 1$.

Wir bezeichnen

$$Y_k = X_{n_{k+1}} - X_{n_k} \in L^p(\mu) \quad \text{für} \quad k \geq 1$$

$$Y = \sum_{k=1}^{\infty} |X_{n_{k+1}} - X_{n_k}| = \sum_{k=1}^{\infty} |Y_k| \leq \infty \,.$$

Für $K \geq 1$ ist

$$\left\| \sum_{k=1}^{K} |Y_k| \right\|_p \leq \sum_{k=1}^{K} \|Y_k\|_p \leq \sum_{k=1}^{\infty} \|Y_k\|_p \leq 1 \,.$$

Da $\left(\sum_{k=1}^{K} |Y_k|\right)^p \uparrow Y^p$ für $K \to \infty$ konvergiert, folgt mit monotoner Konvergenz

$$\int \left(\sum_{k=1}^{K} |Y_k| \right)^p \mathrm{d}\mu \uparrow \int Y^p \, \mathrm{d}\mu$$

und damit $\int Y^p \, \mathrm{d}\mu < \infty$, also $Y \in L^p(\mu)$. Insbesondere ist $Y \in \mathbb{R}$ μ-f.ü. und daher $\sum_{k=1}^{\infty} Y_k$ absolut konvergent μ-f.ü.

Aus der μ-f.ü. Konvergenz der Partialsummen $\sum_{k=1}^{K} Y_k = X_{n_{K+1}} - X_{n_1}$, folgt die μ-f.ü. Konvergenz der Teilfolge $(X_{n_k})_{k\geq 1}$. Sei X der Grenzwert. Aus obigen Abschätzungen folgt, dass $X \in L^p(\mu)$ ist. Wir zeigen, dass $\|X_n - X\|_p \to 0$ für $n \to \infty$ konvergiert.

Zu $\varepsilon > 0$ existiert ein $n_0 \geq 1$ mit $\int |X_n - X_m|^p \, \mathrm{d}\mu = \left(\|X_n - X_m\|_p\right)^p \leq \varepsilon$ für $n, m \geq n_0$. Mit dem Lemma von Fatou 4.9 folgt für $n \geq n_0$:

$$\int |X_n - X|^p \, \mathrm{d}\mu = \int \lim_{k\to\infty} |X_n - X_{n_k}|^p \, \mathrm{d}\mu \leq \liminf_{k\to\infty} \int |X_n - X_{n_k}|^p \, \mathrm{d}\mu \leq \varepsilon \,.$$

Damit ist $X = X_n - (X_n - X) \in L^p(\mu)$ und es konvergiert $\|X_n - X\|_p \to 0$ für $n \to \infty$.

Als Korollar des Beweises halten wir die μ-f.ü. Konvergenz einer Teilfolge fest.

Korollar 4.42 Zu einer in $L^p(u)$ konvergenten Folge $X_n \to X$ für $n \to \infty$ existiert eine Teilfolge $(X_{n_k})_{k\geq 1}$ mit $X_{n_k} \to X$ μ-f.ü. für $k \to \infty$.

Zur Herleitung einer weiteren Beziehung zwischen den verschiedenen Konvergenzarten beweisen wir die Tschebychev'sche Ungleichung. Sie stammt aus der Wahrscheinlichkeitstheorie als Abschätzung der Wahrscheinlichkeiten von Abweichungen durch die Varianz (s. u. Beispiel 1) und hat dort wichtige Anwendungen (s. Kap. 6), gilt aber auch für beliebige Maße. Wir beweisen sie in der folgenden allgemeinen Version.

Verallgemeinerte Tschebychev'sche Ungleichung 4.43 Sei X eine $\mathcal{A}$-messbare Funktion mit Werten in einem Intervall $I \subset \mathbb{R}$ und $\varphi: I \to [0, \infty)$ monoton wachsend. Dann gilt für $c \in I$ mit $\varphi(c) > 0$:

$$\mu(X \geq c) \leq \frac{\int \varphi(X)\, d\mu}{\varphi(c)}.$$

Beweis: Nach Beispiel 1 von Kap. 3 ist jede monotone Funktion messbar.

Die Tschebychev'sche Ungleichung folgt aus den Ungleichungen:

$$\int \varphi(X)\, d\mu \geq \int \varphi(X) 1_{\{X\geq c\}}\, d\mu \geq \int \varphi(c) 1_{\{X\geq c\}}\, d\mu = \varphi(c) \cdot \mu(X \geq c).$$

Beispiel 1

Sei $p > 0$. Wir wenden die Funktion $\varphi(x) = x^p\ (x \geq 0)$ auf $|X|$ an und erhalten:

$$\mu(|X| \geq c) \leq \frac{1}{c^p} \int |X|^p\, d\mu \quad \text{für} \quad c > 0.$$

Von besonderer Bedeutung in der Wahrscheinlichkeitstheorie ist der Fall $p = 2$. Für Zufallsvariable X mit endlichem Erwartungswert EX liefert sie $P(|X - EX| \geq c) \leq \frac{V(X)}{c^2}$. Dies ist die klassische Tschebychev'sche Ungleichung (s. auch (1.5)).

Konvergiert eine Folge $X_n \to X$ in $L^p(\mu)$ für $n \to \infty$, so folgt aus der Tschebychev'schen Ungleichung

$$\mu(|X_n - X| \geq \varepsilon) \leq \frac{1}{\varepsilon^p} \int |X_n - X|^p\, d\mu \quad \text{für} \quad \varepsilon > 0$$

die μ-stochastische Konvergenz.

Korollar 4.44 Aus der Konvergenz $X_n \to X$ in $L^p(\mu)$ für $n \to \infty$ folgt die μ-stochastische Konvergenz $X_n \to X$ für $n \to \infty$.

Beispiel 2

Sei $\beta > 0$. Mit $\varphi(x) = e^{\beta x}\,(x \in \mathbb{R})$ folgt $\mu(X \geq c) \leq e^{-\beta c} \int e^{\beta X}\,d\mu$.

Zum Schluss definieren wir auch für $p = \infty$ den Raum $L^\infty(\mu)$. Der Raum $\mathcal{L}^\infty(\mu)$ besteht im Prinzip aus den beschränkten Funktionen. Um anschließend zu den entsprechenden Äquivalenzklassen überzugehen, müssen wir beachten, dass wie bei der Ordnung die Beschränktheit und das Supremum des Betrags von der Wahl eines Repräsentanten der Äquivalenzklasse abhängt, und die Begriffe daher wieder entsprechend modifizieren.

Definition 4.45 Eine $\mathcal{A}$-messbare Funktion $X\colon \Omega \to \overline{\mathbb{R}}$ heißt *wesentlich beschränkt*, wenn ein $c \geq 0$ existiert, so dass $|X| \leq c$ μ-f.ü. ist. Es bezeichne $\mathcal{L}^\infty(\mu)$ die Menge aller wesentlich beschränkten Funktionen.

Für $X \in \mathcal{L}^\infty(\mu)$ definieren wir $\|X\|_\infty = \inf\{c\colon |X| \leq c\ \mu\text{-f.ü.})$ und zeigen:

Satz 4.46 $\mathcal{L}^\infty(\mu)$ ist ein Vektorverband und $\|.\|_\infty$ eine Seminorm auf $\mathcal{L}^\infty(\mu)$. Für $X \in \mathcal{L}^\infty(\mu)$ ist $|X| \leq \|X\|_\infty$ μ-f.ü.

Beweis: Wir beweisen zuerst die letzte Behauptung, die besagt, dass das Infimum angenommen wird.

Für $n \geq 1$ ist $|X| \leq \|X\|_\infty + \frac{1}{n}$ μ-f.ü. Außerhalb der Vereinigung der Ausnahmemengen vom Maß 0 ist $|X| \leq \|X\|_\infty$, und damit ist $|X| \leq \|X\|_\infty$ μ-f.ü.

Daraus folgt für $X, Y \in \mathcal{L}^\infty(\mu)$

$$|X + Y| \leq |X| + |Y| \leq \|X\|_\infty + \|Y\|_\infty\ \mu\text{-f.ü.}$$

und damit $\|X + Y\|_\infty \leq \|X\|_\infty + \|Y\|_\infty$.

Alle anderen Eigenschaften sind klar.

Für $p = \infty$ kann $q = 1$ als konjugierter Exponent aufgefasst werden. Als leichte Übung sei empfohlen, die Hölder'sche Ungleichung auch für diesen Fall zu beweisen.

$L^\infty(\mu)$ ist analog definiert als die Menge aller Äquivalenzklassen von Funktionen aus $L^\infty(\mu)$ bzgl. der bekannten Äquivalenzrelation. Die Seminorm $\|.\|_\infty$ kann auf $L^\infty(\mu)$ übertragen werden, da die Unabhängigkeit von dem Repräsentanten einer Äquivalenzklasse klar ist. Dass $\|.\|_\infty$ eine Norm ist, folgt aus der Annahme des Infimums:

$$\|X\|_\infty = 0 \Leftrightarrow |X| \leq 0\ \mu\text{-f.ü.} \Leftrightarrow X = 0\ \mu\text{-f.ü.}$$

$L^\infty(\mu)$ ist mit der Norm $\|.\|_\infty$ wieder ein Vektorverband.

Auch der Raum $L^\infty(\mu)$ ist vollständig, also ein Banach-Raum.

▸ **Satz 4.47** $L^\infty(\mu)$ ist vollständig.

Beweis: Sei $(X_n)_{n\geq 1}$ eine Cauchy-Folge in $L^\infty(\mu)$. Da $|X_n - X_m| \leq \|X_n - X_m\|_\infty$ μ-f.ü. ist, ist $(X_n)_{n\geq 1}$ eine Cauchy-Folge μ-f.ü., und es existiert ein X mit $X_n \to X$ μ-f.ü.für $n \to \infty$. Wir zeigen, dass $X \in L^\infty(\mu)$ ist und $\|X_n - X\|_\infty \to 0$ für $n \to \infty$ konvergiert.

Zu $\varepsilon > 0$ existiert ein $n_0 \geq 1$ mit $\|X_n - X_m\|_\infty \leq \varepsilon$ für $n, m \geq n_0$. Aus $|X_n - X_m| \leq \|X_n - X_m\|_\infty$ μ-f.ü. folgt mit $m \to \infty$, dass $|X_n - X| \leq \varepsilon$ für $n \geq n_0$ μ-f.ü. ist, und damit die Konvergenz $\|X_n - X\|_\infty \to 0$ für $n \to \infty$ einschließlich $X \in L^\infty(\mu)$.

Für endliche Maße μ überträgt sich die Monotonieeigenschaft von Proposition 4.38 auch auf $p = \infty$ (s. Übung 4.9).

4.5 Riemann- und Lebesgue-Integral

Auf den Unterschied zwischen Riemann- und Lebesgue-Integral sind wir schon zu Beginn dieses Kapitels eingegangen und haben u. a. erwähnt, dass eine größere Klasse von Funktionen im Lebesgue'schen Sinne integrierbar ist. Den Beweis dafür sind wir noch schuldig geblieben und werden ihn jetzt führen. Die Übereinstimmung beider Integrale für Riemann-integrierbare Funktionen ist auch für die Praxis der Integration wichtig, da wir die aus der Analysis bekannten Methoden zur Berechnung von Riemann-Integralen, die auf dem Hauptsatz der Analysis beruhen, auch für das Lebesgue-Integral von Riemann-integrierbaren Funktionen benutzen wollen, ohne sie neu beweisen zu müssen. Interessanterweise liefert die Lebesgue'sche Theorie eine Charakterisierung der Riemann-integrierbaren Funktionen, wie wir jetzt zeigen werden.

▸ **Satz 4.48** Eine beschränkte Funktion $f: [a, b] \to \mathbb{R}$ ist genau dann Riemann-integrierbar, wenn sie f.ü. stetig bezüglich des Lebesgue-Maßes ist. In diesem Fall ist sie Lebesgue-integrierbar, und beide Integrale stimmen überein.

Anmerkung: Wir werden beim Beweis sehen, dass das vollständige Lebesgue-Maß gebraucht wird und das Lebesgue-Borel-Maß nicht ausreicht (s. Definition 2.50).

Beweis: Wir wiederholen aus der Analysis kurz die Definition des Riemann-Integrals. Sei $f: [a, b] \to \mathbb{R}$ eine beschränkte Funktion.

Zu jeder Zerlegung $\mathcal{Z}$: $a = x_0 < x_1 < \ldots < x_m = b$ von $[a, b]$ sind Ober- und Untersumme definiert durch

$$\overline{S}(f; \mathcal{Z}) = \sum_{i=1}^{m} M_i (x_i - x_{i-1}) \quad \text{mit} \quad M_i = \sup\{f(x) : x_{i-1} \leq x \leq x_i\} \; (1 \leq i \leq m)$$

$$\underline{S}(f; \mathcal{Z}) = \sum_{i=1}^{m} m_i (x_i - x_{i-1}) \quad \text{mit} \quad m_i = \inf\{f(x) : x_{i-1} \leq x \leq x_i\} \; (1 \leq i \leq m)$$

und das Ober- und Unterintegral durch

$$\overline{\int_a^b} f(x)\,\mathrm{d}x = \inf\{\overline{S}(f;\mathcal{Z}) : \mathcal{Z} \text{ Zerlegung von } [a,b]\}$$

$$\underline{\int_a^b} f(x)\,\mathrm{d}x = \sup\{\underline{S}(f;\mathcal{Z}) : \mathcal{Z} \text{ Zerlegung von } [a,b]\}\,.$$

f heißt Riemann-integrierbar, wenn $\overline{\int_a^b} f(x)\,\mathrm{d}x = \underline{\int_a^b} f(x)\,\mathrm{d}x$ ist. Den gemeinsamen Wert nennt man das Riemann-Integral $\int_a^b f(x)\,\mathrm{d}x$.

Wir sind dabei von unserer Notation abgewichen und haben mit $\int_a^b f(x)\,\mathrm{d}x$ diesmal das Riemann-Integral bezeichnet. Zur Unterscheidung werden wir in diesem Beweis das Lebesgue-Integral mit $\int f\,\mathrm{d}\lambda$, bezeichnen, wobei λ das Lebesgue-Maß auf $[a,b]$ ist.

Die Feinheit einer Zerlegung $\mathcal{Z}$: $a = x_0 < x_1 < \ldots < x_m = b$ von $[a,b]$ ist definiert durch

$$\delta(\mathcal{Z}) = \max\{x_i - x_{i-1} : 1 \le i \le m\}\,.$$

Für eine beliebige beschränkte Funktion $f\colon [a,b] \to \mathbb{R}$ konvergieren für jede Folge $(\mathcal{Z}_n)_{n\ge 1}$ von Zerlegungen von $[a,b]$ mit $\delta(\mathcal{Z}_n) \to 0$ für $n \to \infty$

$$\overline{S}(f;\mathcal{Z}_n) \to \overline{\int_a^b} f(x)\,\mathrm{d}x$$

$$\underline{S}(f;\mathcal{Z}_n) \to \underline{\int_a^b} f(x)\,\mathrm{d}x\,.$$

Um die Beziehung zum Lebesgue-Integral herzustellen, definieren wir zu einer beschränkten Funktion $f\colon [a,b] \to \mathbb{R}$ und einer Zerlegung $\mathcal{Z}$: $a = x_0 < x_1 < \ldots < x_m = b$ von $[a,b]$ die Treppenfunktionen

$$\bar{f}_{\mathcal{Z}} = \sum_{i=1}^{m} M_i 1_{[x_{i-1},x_i)}$$

$$\underline{f}_{\mathcal{Z}} = \sum_{i=1}^{m} m_i 1_{[x_{i-1},x_i)}$$

wobei wir für $i = m$ das Intervall $[x_{m-1}, x_m)$ durch $[x_{m-1}, x_m]$ ersetzen.

Dann sind $\bar{f}_{\mathcal{Z}}, \underline{f}_{\mathcal{Z}} \in \mathcal{B}([a,b])$ mit $\underline{f}_{\mathcal{Z}} \le f \le \bar{f}_{\mathcal{Z}}$. Es ist

$$\overline{S}(f;\mathcal{Z}) = \int \bar{f}_{Z}\,\mathrm{d}\lambda$$

$$\underline{S}(f;\mathcal{Z}) = \int \underline{f}_{\mathcal{Z}}\,\mathrm{d}\lambda\,.$$

Sei $(\mathcal{Z}_n)_{n\geq 1}$ eine Folge von Zerlegungen von $[a, b]$ mit

1. $\mathcal{Z}_{n+1}$ ist Verfeinerung von $\mathcal{Z}_n$ für $n \geq 1$
2. $\delta(\mathcal{Z}_n) \to 0$ für $n \to \infty$.

Zur Abkürzung setzen wir $\bar{f}_{\mathcal{Z}_n} = \bar{f}_n$ und $\underline{f}_{\mathcal{Z}_n} = \underline{f}_n$ für $n \geq 1$.

Die Folge $\left(\bar{f}_n\right)_{n\geq 1}$ ist monoton fallend und die Folge $\left(\underline{f}_n\right)_{n\geq 1}$ monoton wachsend. Daher existieren die messbaren Grenzwerte $\bar{f} = \lim_{n\to\infty} \bar{f}_n$ und $\underline{f} = \lim_{n\to\infty} \underline{f}_n$ mit $\underline{f} \leq f \leq \bar{f}$.

Da alle Funktionen beschränkt sind, folgt mit monotoner Konvergenz, dass $\bar{f}$ λ-integrierbar ist und $\int \bar{f}_n \, \mathrm{d}\lambda \to \int \bar{f} \, \mathrm{d}\lambda$ für $n \to \infty$ konvergiert. Andererseits konvergiert $\overline{S}(f; \mathcal{Z}_n) \to \int_a^{\bar{b}} f(x) \, \mathrm{d}x$ für $n \to \infty$. Daher ist $\int_a^{\bar{b}} f(x) \, \mathrm{d}x = \int \bar{f} \, \mathrm{d}\lambda$. Analog folgt $\int_{\underline{a}}^{b} f(x) \, \mathrm{d}x = \int \underline{f} \, \mathrm{d}\lambda$.

Damit erhalten wir das Kriterium:

$$f \text{ Riemann-integrierbar} \Leftrightarrow \int \bar{f} \, \mathrm{d}\lambda = \int \underline{f} \, \mathrm{d}\lambda \Leftrightarrow \int \left(\bar{f} - \underline{f}\right) \mathrm{d}\lambda = 0 \Leftrightarrow \bar{f} = \underline{f} \lambda\text{-f.ü.}$$

Mit einfachen Abschätzungen zeigt man

1. f in x stetig $\Rightarrow \bar{f}(x) = \underline{f}(x)$
2. $\bar{f}(x) = \underline{f}(x)$, x kein Randpunkt einer der Zerlegungen $\mathcal{Z}_n$ $(n \geq 1) \Rightarrow f$ in x stetig.

Da die Menge der Randpunkte aller Zerlegungen $\mathcal{Z}_n$ $(n \geq 1)$ abzahlbar und damit eine λ-Nullmenge ist, folgt das endgültige Kriterium für Riemann-Integrierbarkeit

$$\bar{f} = \underline{f} \lambda\text{-f.ü.} \Leftrightarrow f \lambda\text{-f.ü. stetig}.$$

Für eine Riemann-integrierbare Funktion f ist $f = \bar{f}$ λ-f.ü. Da das Lebesgue-Maß vollständig ist, folgt nach Übung 4.3 die λ-Messbarkeit von f.

Ferner ist $\int \bar{f} \, \mathrm{d}\lambda = \int f \, \mathrm{d}\lambda$ und damit $\int_a^b f(x) \, \mathrm{d}x = \int f \, \mathrm{d}\lambda$.

4.6 Übungen

4.1 Man skizziere eine Riemann'sche Integrationstheorie für einen endlichen Inhalt auf einer Algebra mit ihren wichtigsten Eigenschaften (vgl. Übung 2.7).

4.2 *Restriktion von Maßen und Integralen*
Sei $(\Omega, \mathcal{A}, \mu)$ ein Maßraum und $C \subset \Omega$ eine zunächst beliebige Teilmenge.
Man zeige:
a) Das Mengensystem $\mathcal{A}_C = \{B \cap C \colon B \in \mathcal{A}\}$ ist eine σ-Algebra in C.
$\mathcal{A}_C$ heißt die Spur von $\mathcal{A}$ in C.
b) Ist $X \colon \Omega \to \overline{\mathbb{R}}$ $\mathcal{A}$-messbar, dann ist die Restriktion X_C von X auf C $\mathcal{A}_C$-messbar.

c) Für $C \in \mathcal{A}$ ist $\mathcal{A}_C = \{B : B \in \mathcal{A}, B \subset C\}$.
Im Folgenden sei $C \in \mathcal{A}$.

d) Durch $\mu_C(B) = \mu(B)$ für $B \in \mathcal{A}_C$ ist auf $(C, \mathcal{A}_C)$ ein Maß definiert. μ_C heißt die Restriktion von μ auf C.

e) Für $\mathcal{A}$-messbare Funktionen ist

$$\int X_C \, \mathrm{d}\mu_C = \int_C X \, \mathrm{d}\mu .$$

Man formuliere dabei diese Aussage genauer bzgl. der Existenz der Integrale.

4.3* a) Man beweise:
Sei μ ein vollständiges Maß auf $(\Omega, \mathcal{A})$ und $(E, \mathcal{B})$ ein messbarer Raum. Sei ferner $X: \Omega \to E$ eine $\mathcal{A}$-$\mathcal{B}$-messbare Abbildung und $Y: \Omega \to E$ mit $Y = X$ μ-f.ü. Dann ist auch Y $\mathcal{A}$-$\mathcal{B}$-messbar.

b) Man belege mit einem Gegenbeispiel, dass die Behauptung falsch ist, wenn μ nicht vollständig ist.

4.4 *Alternative Definition des Integrals*

a) Man zeige zunächst: Die einfachen μ-integrierbaren Funktionen liegen dicht in $\mathcal{L}^1(\mu)$.
Man kann das Integral auch folgendermaßen definieren.

b) Man definiert $\mathcal{E}_\mu(\mathcal{A})$ als Menge aller einfachen μ-integrierbaren Funktionen und auf $\mathcal{E}_\mu(\mathcal{A})$ das Integral.
Man zeige, dass $\mathcal{E}_\mu(\mathcal{A})$ ein Vektorverband und das Integral ein positives lineares Funktional auf $\mathcal{E}_\mu(\mathcal{A})$ ist.
Auf $\mathcal{E}_\mu(\mathcal{A})$ definiert man die $\mathcal{L}^1(\mu)$-Seminorm zu diesem Integral und erhält die Menge aller integrierbarer Funktionen und das Integral durch Vervollständigung. Um die Elemente der Vervollständigung als Funktionen zu realisieren, benutze man die stochastische Konvergenz. Man beschreibe die einzelnen Schritte einschließlich der Eigenschaften des Integrals, die bewiesen werden müssen, ohne die genaue Durchführung der Beweise und zeige, dass man auf diese Weise dieselben integrierbaren Funktionen mit demselben Wert des Integrals erhält.

4.5* Man beweise Korollar 4.5.

4.6* Man zeige, dass der Satz von der majorisierten Konvergenz und Satz 4.30 auch für stochastisch konvergente Folgen gilt.
Hinweis: Man benutze Übung 3.5.

4.7 Seien $(X_n)_{n\geq 1}$ unabhängige Wiederholungen eines Bernoulli-Experiments (s. Übung 1.3) mit Verteilung $P(X_n = 1) = p$ und $P(X_n = 0) = q = 1 - p$ mit $0 < p < 1$. Sei T_1 die Zeit des ersten Eintretens des Ausgangs 1 (s. Beispiel 1 zum Erwartungswert). Man zeige, dass T_1 die Verteilung $P(T_1 = n) = q^{n-1} \cdot (1-q)$ $(n \geq 1)$ hat, und bestimme ihren Erwartungswert und Varianz.
Diese Verteilung heißt geometrische Verteilung mit Parameter q.

4.8 Man bestimme die Varianz der Exponentialverteilung.

4.9 Man zeige für endliche Maße μ:

a) Für $1 \le p < \infty$ ist $L^\infty(\mu) \subset L^p(\mu)$, und für $X \in L^\infty(\mu)$ konvergiert $\|X\|_p \to \|X\|_\infty$ für $p \to \infty$.

b) Sei $X \in L^p(\mu)$ für $1 \le p < \infty$, aber $X \notin L^\infty(\mu)$. Dann geht $\|X\|_p \to \infty$ für $p \to \infty$. Man gebe ein Beispiel für eine solche Funktion X an.

4.10 Sei $\Omega = \mathbb{N}$ und μ das Zählmaß auf $\mathcal{A} = \mathcal{P}(\mathbb{N})$. Die Räume $L^p(\mu)$ $(1 \le p \le \infty)$ werden mit l^p bezeichnet. Sie können als Menge aller reellen Zahlenfolgen $(x_n)_{n\ge1}$ mit $\sum_{n=1}^\infty |x_n|^p < \infty$ aufgefasst werden. Man zeige, dass im Gegensatz zum Fall eines endlichen Maßes (Proposition 4.38) die Räume l^p monoton wachsend in p sind.

4.11 Man zeige für beliebige Maße μ:
Sei $1 \le p_1 \le p_2 \le \infty$ und $X \in L^{p_1}(\mu) \cap L^{p_2}(\mu)$. Dann ist $X \in L^p(\mu)$ für alle p mit $p_1 \le p \le p_2$. Die durch $\varphi_1(p) = \|X\|_p$ auf $[p_1, p_2]$ definierte Funktion φ_1 ist stetig und die durch $\varphi_2(p) = \log(\|X\|_p^p)$ auf $[p_1, p_2]$ definierte Funktion φ_2 ist konvex.

4.12 Man zeige: Ein Maß μ ist genau dann σ-endlich, wenn eine strikt positive μ-integrierbare Funktion existiert.
Warum benötigt man in der Wahrscheinlichkeitstheorie auch unendliche, aber nur σ-endliche Maße?

4.13 Fortsetzung von Übung 2.8
Man gebe das Maß μ im Fall einer stetig differenzierbaren Funktion F an.

4.14 Sei $I \subset \mathbb{R}$ ein nicht-ausgeartetes Intervall und $X\colon I \to \mathbb{R}$ eine streng monoton wachsende und stetig differenzierbare Funktion. Man bestimme das Bildmaß des Lebesgue-Maßes unter X. Was liefert die Anwendung des Transformationssatzes auf diesen Fall?

Teil II

Unabhängigkeit und Grenzwertsätze der Wahrscheinlichkeitstheorie

Unabhängigkeit

5

Nachdem wir die abstrakten Grundlagen der Wahrscheinlichkeitstheorie aus der Maß- und Integrationstheorie behandelt haben, werden wir uns von nun an überwiegend mit stochastischen Themen beschäftigen. In diesem Kapitel untersuchen wir den Begriff der Unabhängigkeit. Um Unabhängigkeit zu definieren, müssen wir zunächst Abhängigkeit über bedingte Wahrscheinlichkeiten einführen. Da sie zu den elementaren Grundlagen der Wahrscheinlichkeitstheorie gehören, stellen wir zu Beginn des Kapitels nur kurz ihre Theorie zusammen, ohne auf Motivation und Beispiele näher einzugehen. Wir definieren Unabhängigkeit dann zunächst für Ereignisse und Zufallsvariable. Anschließend führen wir sie für Mengensysteme als gemeinsamen Oberbegriff ein und untersuchen ihre allgemeine Struktur. In diesem Zusammenhang behandeln wir aus der Maß- und Integrationstheorie Produktmaße und den Satz von Fubini. Aus der Wahrscheinlichkeitstheorie folgt daraus die Verteilung der Summe von unabhängigen Zufallsvariablen und das Kolmogorovsche 0-1-Gesetz als Vorbereitung zum starken Gesetz der großen Zahlen, das wir dann im folgenden Kapitel beweisen.

5.1 Bedingte Wahrscheinlichkeiten

Bedingte Wahrscheinlichkeiten treten auf, wenn bei einem Zufallsexperiment von einem Ereignis bekannt ist, dass es eingetreten ist. Sie passen die Wahrscheinlichkeiten dieser Information an. Typische Beispiele von bedingten Wahrscheinlichkeiten sind beim Kartenspiel die Verteilung der Karten der Mitspieler, wenn die eigenen Karten bekannt sind, bei stochastischen Prozessen die Verteilung seines weiteren Verlaufs, wenn die Entwicklung bis zur Gegenwart bekannt ist, und in der Statistik das Auftreten eines bestimmten Verhaltens in der Bevölkerung in den einzelnen Bevölkerungsschichten z. B. bzgl. Geschlecht, Alter, Beruf.

Um eine passende Definition herzuleiten, sei ein Wahrscheinlichkeitsraum $(\Omega, \mathcal{A}, P)$ und ein Ereignis $B \in \mathcal{A}$ gegeben, von dem bekannt ist, dass es eingetreten ist. Wir suchen

M. Mürmann, *Wahrscheinlichkeitstheorie und Stochastische Prozesse*,
DOI 10.1007/978-3-642-38160-7_5, © Springer-Verlag Berlin Heidelberg 2014

für diese Situation eine geeignete Modifizierung P_B von P. Es ist naheliegend zu verlangen, dass P_B auf den messbaren Teilmengen von B proportional zu P und $P_B(B^c) = 0$ ist. Dadurch ist P_B bereits explizit festgelegt, wenn $P(B) > 0$ ist. Diese Bedingung ist offensichtlich notwendig.

▸ **Satz 5.1** Sei $(\Omega, \mathcal{A}, P)$ ein Wahrscheinlichkeitsraum und $B \in \mathcal{A}$ mit $P(B) > 0$. Dann existiert genau ein Wahrscheinlichkeitsmaß P_B auf $(\Omega, \mathcal{A}, P)$ mit

1. Es existiert ein $\alpha > 0$ mit $P_B(A) = \alpha P(A)$ für $A \in \mathcal{A}$ mit $A \subset B$.
2. $P_B(B^c) = 0$

P_B ist gegeben durch $P_B(A) = \frac{P(A \cap B)}{P(B)}$ für $A \in \mathcal{A}$.

▸ **Definition 5.2** Unter der Voraussetzung von Satz 5.1 heißt $\frac{P(A \cap B)}{P(B)}$ für $A \in \mathcal{A}$ die *bedingte Wahrscheinlichkeit* von A unter der Bedingung B. Sie wird mit $P(A|B)$ bezeichnet.

Statt „unter der Bedingung B“ sagt man meistens auch kurz „gegeben B“.

Beweis von Satz 5.1: Wir beweisen zuerst die Eindeutigkeit von P_B, da der Beweis gleichzeitig die Darstellung von P_B liefert.

Sei dazu P_B ein Wahrscheinlichkeitsmaß auf $(\Omega, \mathcal{A}, P)$ mit den Eigenschaften 1 und 2.

Ein Ereignis $A \in \mathcal{A}$ zerlegen wir als disjunkte Vereinigung in $A = (A \cap B) \cup (A \cap B^c)$. Aus den Eigenschaften 1 und 2 folgt $P_B(A) = P_B(A \cap B) + P_B(A \cap B^c) = \alpha P(A \cap B)$.

Speziell für $A = \Omega$ ist $1 = P_B(\Omega) = \alpha P(B)$. Damit ist $\alpha = \frac{1}{P(B)}$ und $P_B(A) = \frac{P(A \cap B)}{B}$ für alle $A \in \mathcal{A}$ und es folgt die Eindeutigkeit.

Das so definierte P_B ist offensichtlich ein Wahrscheinlichkeitsmaß mit den Eigenschaften 1 und 2, und damit ist auch die Existenz gesichert.

Für den Umgang mit bedingten Wahrscheinlichkeiten sind zwei Sätze besonders wichtig, der Multiplikationssatz und der Satz von der totalen Wahrscheinlichkeit.

Wir schreiben zunächst die Definition 5.2 um in die multiplikative Form

$$P(A \cap B) = P(B) \cdot P(A|B). \tag{5.1}$$

Anmerkung: Die Gl. 5.1 gilt auch im Fall $P(B) = 0$ mit einem beliebigen Wert der bedingten Wahrscheinlichkeit $P(A|B)$, da in diesem Fall auch $P(A \cap B) = 0$ ist. Wir werden (5.1) daher auch in dieser Situation in diesem Sinne benutzen.

Der Multiplikationssatz ist die Verallgemeinerung von (5.1) auf den Durchschnitt von endlich vielen Ereignissen.

▸ **Multiplikationssatz 5.3** Für $A_1, \ldots, A_n \in \mathcal{A}$ $(n \geq 2)$ mit $P(A_1 \cap \ldots \cap A_{n-1}) > 0$ ist

$$P(A_1 \cap \ldots \cap A_n) = P(A_1) \cdot P(A_2|A_1) \cdot \ldots \cdot P(A_n|A_1 \cap \ldots \cap A_{n-1}).$$

Entsprechend der Anmerkung zu (5.1) kann man auf die Voraussetzung $P(A_1 \cap \ldots \cap A_{n-1}) > 0$ verzichten.

Beweis: Wegen der Monotonie ist $P(A_1 \cap \ldots \cap A_k) > 0$ für alle $k \le n-1$. Daher ist die rechte Seite definiert.

Die Behauptung folgt formal durch Einsetzen der Definition der bedingten Wahrscheinlichkeiten auf der rechten Seite und anschließendem Kürzen, exakt mit vollständiger Induktion.

Wir überlassen die einfache Durchführung als leichte Übung.

Während man mit der Definition 5.2 bedingte Wahrscheinlichkeiten berechnet, benutzt man die multiplikative Form vor allem, um Wahrscheinlichkeiten mit Hilfe von bedingten Wahrscheinlichkeiten zu bestimmen.

Besonders wichtige Anwendungen des Multiplikationssatzes treten bei Folgen $(X_n)_{n\ge1}$ von Zufallsvariablen, die die zeitliche Entwicklung eines zufälligen Prozesses beschreiben, mit diskretem Zustandsraum E auf. In diesem Fall wählt man die Ereignisse A_k von der Form $A_k = \{X_k = i_k\}$ mit $i_k \in E\,(1 \le k \le n)$. Die Ereignisse $A_1 \cap \ldots \cap A_n$ stellen die möglichen Entwicklungen bis zur Zeit n, z. B. der Gegenwart, dar (s. Kap. 10).

Der Satz von der totalen Wahrscheinlichkeit geht von einer Zerlegung des Grundraums in endlich oder abzählbar viele Ereignisse aus. Dementsprechend stellt er die Wahrscheinlichkeit eines Ereignisses dar als Summe über die bedingten Wahrscheinlichkeiten dieses Ereignisses bzgl. der Ereignisse der Zerlegung, gewichtet mit deren Wahrscheinlichkeiten. Wichtige Anwendungen sind im Fall der zeitliche Entwicklung eines zufälligen Prozesses die Verteilung des Prozesses, zerlegt nach den Entwicklungen bis zur Gegenwart, und in der Statistik die Zerlegung nach Bevölkerungsschichten.

▸ **Satz von der totalen Wahrscheinlichkeit 5.4** Seien $B_n \in \mathcal{A}$ $(n \ge 1)$ paarweise disjunkt mit $\bigcup_{n\ge1} B_n = \Omega$. Dann ist $P(A) = \sum_{n\ge1} P(B_n) \cdot P(A|B_n)$ für $A \in \mathcal{A}$.

Ist $P(B_n) = 0$ für einige n, geht man entsprechend der Anmerkung zu (5.1) vor.

Beweis: Aus der Zerlegung $\bigcup_{n\ge1} B_n = \Omega$ von Ω erhält man die Zerlegung $A = \bigcup_{n\ge1}(A \cap B_n)$ von A in paarweise disjunkte Mengen. Mit (5.1) folgt $P(A) = \sum_{n\ge1} P(A \cap B_n) = \sum_{n\ge1} P(B_n) \cdot P(A|B_n)$.

5.2 Definition und Eigenschaften der Unabhängigkeit

Im folgenden sei ein Wahrscheinlichkeitsraum $(\Omega, \mathcal{A}, P)$ gegeben.

Ein Ereignis A heißt von einem Ereignis B mit $P(B) > 0$ unabhängig, wenn $P(A|B) = P(A)$ ist. Diese Bedingung ist äquivalent zu $P(A \cap B) = P(A) \cdot P(B)$. Diese Beziehung ist auch im Fall $P(B) = 0$ sinnvoll und zeigt ihre Symmetrie in A und B. Man benutzt daher die symmetrische Ausdrucksweise und nennt die Ereignisse A und B in diesem Fall unabhängig.

Wir wollen die Definition der Unabhängigkeit in geeigneter Weise auf mehrere Ereignisse verallgemeinern. Für drei Ereignisse A, B und C genügt die paarweise Unabhängigkeit nicht für einen sinnvollen Begriff von Unabhängigkeit. Man betrachte zum Beispiel bei zwei unabhängigen, idealen Münzwürfen die Ereignisse

$$A = \{\text{„Zahl" beim 1. Wurf}\}$$
$$B = \{\text{„Zahl" beim 2. Wurf}\}$$
$$C = \{\text{beide Würfe haben das gleiche Ergebnis.}\}$$

Man prüft leicht nach, dass A, B und C paarweise unabhängig sind. Aber sie sind nicht untereinander unabhängig, da z. B. das gleichzeitige Eintreten von A und B das Ereignis C impliziert. Auch ist z. B. $P(A \cap B \cap C) \neq P(A) \cdot P(B) \cdot P(C)$. Andererseits folgt aus der Gleichung $P(A \cap B \cap C) = P(A) \cdot P(B) \cdot P(C)$ nicht die paarweise Unabhängigkeit. Ein einfaches Gegenbeispiel ist $A = \emptyset$ mit beliebigen Ereignissen B und C.

Es stellt sich heraus, dass für die Unabhängigkeit von endlich vielen Ereignissen die Produkteigenschaft für jede Teilauswahl sinnvoll ist. Dann kann man z. B. im Fall von drei unabhängigen Ereignissen A, B, C im Gegensatz zu obigem Beispiel leicht schließen, dass auch $A \cap B$ und C unabhängig sind. Wir werden die Bedeutung dieser Definition später noch besser verstehen (s. Anmerkung nach Satz 5.11).

▸ **Definition 5.5** Ereignisse $A_1, \ldots, A_n \in \mathcal{A}$ $(n \geq 2)$ heißen *unabhängig*, wenn $P(A_{i_1} \cap \ldots \cap A_{i_k}) = P(A_{i_1}) \cdot \ldots \cdot P(A_{i_k})$ für alle $1 \leq i_1 < i_2 < \ldots < i_k \leq n$ $(2 \leq k \leq n)$ ist.

Man nennt Zufallsvariable unabhängig, wenn sie ihre Werte unabhängig annehmen (s. die folgende Definition 5.6). Wir lassen Zufallsvariable mit Werten in beliebigen messbaren Räumen zu, nehmen der einfachen Notation halber jedoch an, dass alle den gleichen Zustandsraum haben. Eine Verallgemeinerung auf Zufallsvariable mit verschiedenen Zustandsräumen ist klar, tritt aber selten auf.

▸ **Definition 5.6** Zufallsvariable $X_1, \ldots, X_n$ mit Werten in einem messbaren Raum $(E, \mathcal{B})$ heißen *unabhängig*, wenn für alle $B_1, \ldots, B_n \in \mathcal{B}$ die Ereignisse $\{X_1 \in B_1), \ldots, \{X_n \in B_n\}$ unabhängig sind.

Anmerkung: Die Unabhängigkeit von Zufallsvariablen ist äquivalent zu der Bedingung

$$P(X_1 \in B_1, \ldots, X_n \in B_n) = P(X_1 \in B_1) \cdot \ldots \cdot P(X_n \in B_n) \quad \text{für alle } B_1, \ldots, B_n \in \mathcal{B}$$

da für eine Teilauswahl die übrigen B_i durch E ersetzt werden können.

Bevor wir Unabhängigkeit von Folgen und beliebig indizierten Systemen definieren, führen wir für den endlichen Fall eine gemeinsame Verallgemeinerung als Oberbegriff ein. Bereits die Unabhängigkeit von Zufallsvariablen ist definiert als Unabhängigkeit von Mengensystemen, in diesem Fall speziell von σ-Algebren. Auch die Unabhängigkeit von Ereignissen kann man als Unabhängigkeit der Mengensysteme, die jeweils aus einem Ereignis bestehen, darstellen. Es gilt aber noch mehr. Sind die Ereignisse $A_1, \ldots, A_n \in \mathcal{A}$ unabhängig und ersetzt man jedes A_i durch ein beliebiges Ereignis $A'_i \in \{\emptyset, A_i, A_i^c, \Omega\} = \sigma(A_i)$, dann sind auch die Ereignisse $A'_1, \ldots, A'_n$ unabhängig, wie man leicht sieht.

Das legt nahe, Unabhängigkeit von beliebigen Mengensystemen zu definieren.

▸ **Definition 5.7** Teilmengensysteme $\mathcal{M}_1, \ldots, \mathcal{M}_n$ von $\mathcal{A}$ heißen *unabhängig*, wenn für alle Ereignisse $A_i \in \mathcal{M}_i$ $(1 \leq i \leq n)$ die Ereignisse $A_1, \ldots, A_n$ unabhängig sind.

Am wichtigsten sind unabhängige σ-Algebren. Vergleichbar mit der Messbarkeit stellt sich die Frage, unter welchen Voraussetzungen es zum Nachweis genügt, die Unabhängigkeit von Erzeugendensystemen zu zeigen. Da es sich um Eigenschaften von Wahrscheinlichkeiten handelt, benötigt man wieder die $\cap$-Stabilität.

▸ **Satz 5.8** Seien $\mathcal{M}_1, \ldots, \mathcal{M}_n$ unabhängige $\cap$-stabile Mengensysteme. Dann sind auch die σ-Algebren $\sigma(\mathcal{M}_1), \ldots, \sigma(\mathcal{M}_n)$ unabhängig.

Der Satz ist vor allem zum Nachweis der Unabhängigkeit von Zufallsvariablen wichtig. Danach genügt es, dass sie ihre Werte in $\cap$-stabilen Erzeugendensystemen unabhängig annehmen, für reellwertige Zufallsvariable z. B. in Intervallen.

Beweis: Wie in ähnlichen Situationen betrachten wir das System aller Mengen mit einer entsprechenden Eigenschaft. In diesem Fall wählen wir feste Mengen $A_i \in \mathcal{M}_i$ für $2 \leq i \leq n$ und setzen $\mathcal{D}_1 = \{A_1 \in \mathcal{A} : A_1, \ldots, A_n \text{ unabhängig}\}$.

$\mathcal{D}_1$ hat die Eigenschaften

1. $\mathcal{M}_1 \subset \mathcal{D}_1$
2. $\mathcal{D}_1$ ist ein Dynkin-System

1 gilt nach Voraussetzung.

Beweis von 2: Da $A_2, \ldots, A_n$ unabhängig sind, ist $A_1 \in \mathcal{D}_1$ genau dann, wenn gilt

$$P(A_1 \cap \ldots \cap A_{i_k}) = P(A_1) \ldots P(A_{i_k}) \quad \text{für } 2 \leq i_2 \leq \ldots \leq i_k \leq n \quad (2 \leq k \leq n)\,. \tag{5.2}$$

Wir zeigen, dass $\mathcal{D}_1$ die definierenden Eigenschaften eines Dynkin-Systems erfüllt.

i) $\Omega \in \mathcal{D}_1$

Das ist klar. Denn $A_1 = \Omega$ in (5.2) bedeutet, A_1 wegzulassen. Das entspricht dem Übergang zu einem Teilsystem von $A_2, \ldots, A_n$.

iii) Seien $A_{1m} \in \mathcal{D}_1$ $(m \geq 1)$ paarweise disjunkt. Dann gilt für $2 \leq i_2 \leq \ldots \leq i_k \leq n$ und $m \geq 1$:

$$P(A_{1m} \cap A_{i_2} \cap \ldots \cap A_{i_k}) = P(A_{1m}) \cdot P(A_{i_2}) \cdot \ldots \cdot P(A_{i_k}) .$$

Durch Summation über m folgt:

$$\begin{aligned} P\left(\left(\bigcup_{m=1}^{\infty} A_{1m}\right) \cap A_{i_2} \cap \ldots \cap A_{i_k}\right) &= \sum_{m=1}^{\infty} P(A_{1m}) \cdot P(A_{i_2}) \cdot \ldots \cdot P(A_{i_k}) \\ &= P\left(\bigcup_{m=1}^{\infty} A_{1m}\right) \cdot P(A_{i_2}) \cdot \ldots \cdot P(A_{i_k}) \end{aligned}$$

und damit $\bigcup_{m=1}^{\infty} A_{1m} \in \mathcal{D}_1$.

Analog zeigt man:

ii) $B, C \in \mathcal{D}_1$ mit $B \subset C \Rightarrow C \backslash B \in \mathcal{D}_1$

Aus 1 und 2 folgt mit der $\cap$-Stabilität von $\mathcal{M}_1$, dass $\mathcal{D}_1 \supset \delta(\mathcal{M}_1) = \sigma(\mathcal{M}_1)$ ist.

Nach Definition von $\mathcal{D}_1$ sind damit $\sigma(\mathcal{M}_1), \mathcal{M}_2, \ldots, \mathcal{M}_n$ unabhängig.

Sukzessive ersetzt man so jedes $\mathcal{M}_i$ durch $\sigma(\mathcal{M}_i)$.

Wir kommen nun zu beliebig indizierten Systemen von unabhängigen Ereignissen, Zufallsvariablen und Mengensystemen. In Analogie zum endlichen Fall definieren wir:

▸ **Definition 5.9** Sei I eine beliebige, nicht-leere Indexmenge.

1. Ereignisse $(A_i)_{i \in I}$ mit $A_i \in \mathcal{A}$ für alle $i \in I$ heißen *unabhängig*, wenn $P(\bigcap_{i \in J} A_i) = \prod_{i \in J} P(A_i)$ für alle endlichen Teilmengen $J \in I$ ist.
2. Zufallsvariable $(X_i)_{i \in I}$ mit Werten in einem messbaren Raum $(E, \mathcal{B})$ heißen *unabhängig*, wenn die Ereignisse $(X_i^{-1}(B_i))_{i \in I}$ für alle $B_i \in \mathcal{B}$ $(i \in I)$ unabhängig sind.
3. Mengensysteme $(\mathcal{M}_i)_{i \in I}$ heißen *unabhängig*, wenn die Ereignisse $(A_i)_{i \in I}$ für alle $A_i \in \mathcal{M}_i$ $(i \in I)$ unabhängig sind.

Äquivalent ist jeweils, dass jede endliche Teilmenge unabhängig ist. Man beachte, dass das zwar nicht direkt der Definition entspricht, da es die Produkteigenschaft auch für jede Auswahl der endlichen Teilmengen bedeutet, aber, da es für alle endlichen Teilmengen gilt, trivial ist. Eigenschaften lassen sich daher auf den endlichen Fall zurückführen. Für Satz 5.8 liefert das:

▸ **Satz 5.10** Seien $(\mathcal{M}_i)_{i \in I}$ unabhängige $\cap$-stabile Mengensysteme. Dann sind auch die σ-Algebren $(\sigma(\mathcal{M}_i))_{i \in I}$ unabhängig.

Mit Hilfe von Satz 5.10 zeigen wir, dass Ereignisse, die von verschiedenen unabhängigen Ereignissen abhängen, unabhängig sind. Das betrifft z. B. das genannte Beispiel, dass für unabhängige Ereignisse A, B, C auch die Ereignisse $A \cap B$ und C unabhängig sind.

▸ **Satz 5.11** Seien $(\mathcal{M}_i)_{i\in I}$ unabhängige $\cap$-stabile Mengensysteme. Sei K eine beliebige nicht leere Indexmenge und $I_k \subset I$ $(k \in K)$ paarweise disjunkt. Dann sind auch die σ-Algebren $(\sigma(\mathcal{M}_i, i \in I_k))_{k\in K}$ unabhängig.

Beweis: Sei $\mathcal{B}_k = \sigma(\mathcal{M}_i, i \in I_k)$ für $k \in K$. Aus dem gegebenen Erzeugendensystem $\bigcup_{i\in I_k} \mathcal{M}_i$ von $\mathcal{B}_k$ bilden wir ein $\cap$-stabiles Erzeugendensystem aus allen endlichen Durchschnitten durch

$$\mathcal{N}_k = \left\{A_{i_1} \cap \ldots \cap A_{i_n} : A_{i_j} \in \mathcal{M}_{i_j}; i_1, \ldots, i_n \in I_k \text{ paarweise verschieden}, n \geq 1\right\} \quad \text{für } k \in K.$$

Es gilt:

1. $\mathcal{B}_k = \sigma(\mathcal{N}_k)$ für $k \in K$

Mit $n = 1$ folgt $\bigcup_{i\in I_k} \mathcal{M}_i \subset \mathcal{N}_k$ und damit $\mathcal{B}_k = \sigma(\bigcup_{i\in I_k} \mathcal{M}_i) \subset \sigma(\mathcal{N}_k)$.
Da andererseits $\mathcal{N}_k \subset \mathcal{B}_k$ und $\mathcal{B}_k$ eine σ-Algebra ist, ist $\sigma(\mathcal{N}_k) \subset \mathcal{B}_k$.

2. $\mathcal{N}_k$ ist $\cap$-stabil für $k \in K$.

Seien $A_{i_1} \cap \ldots \cap A_{i_n}, A'_{j_1} \cap \ldots \cap A'_{j_m} \in \mathcal{N}_k$ mit jeweils paarweise verschiedenen $i_1, \ldots, i_n \in I_k$ und $j_1, \ldots, j_m \in I_k$. In dem Durchschnitt $A_{i_1} \cap \ldots \cap A_{i_n} \cap A'_{j_1} \cap \ldots \cap A'_{j_m}$ können einige Indizes gleich sein. Ist $i_r = j_s$, dann ist $A_{i_r} \cap A'_{i_s} \in \mathcal{M}_{i_r}$, da $\mathcal{M}_{i_r}$ nach Voraussetzung $\cap$-stabil ist. Der Durchschnitt $A_{i_1} \cap \ldots \cap A_{i_n} \cap A'_{j_1} \cap \ldots \cap A'_{j_m}$ lässt sich daher auch mit paarweise verschiedenen Indizes aus I_k darstellen und ist damit in $\mathcal{N}_k$ enthalten.

3. $(\mathcal{N}_k)_{k\in K}$ sind unabhängig.

Seien $k_1, \ldots, k_n \in K$ paarweise verschieden. Für $1 \leq j \leq n$ sei $B_j \in \mathcal{N}_{k_j}$ mit der Darstellung $B_j = A_{j1} \cap \ldots \cap A_{ji_j}$. Da alle Indizes $\{ji : 1 \leq j \leq n, 1 \leq i \leq i_j\}$ paarweise verschieden sind, ist

$$P\left(\bigcap_{j=1}^{n} B_j\right) = P\left(\bigcap_{j=1}^{n}\bigcap_{i=1}^{i_j} A_{ji}\right) = \prod_{j=1}^{n}\prod_{i=1}^{i_j} P(A_{ji}) = \prod_{j=1}^{n} P\left(\bigcup_{i=1}^{i_j} A_{ji}\right) = \prod_{j=1}^{n} P(B_j).$$

Aus 1, 2 und 3 folgt mit Satz 5.10 die Unabhängigkeit der σ-Algebren $(B_k)_{k\in K}$.

Anmerkung: Es wird jetzt deutlich, dass für eine sinnvolle Definition von Unabhängigkeit die paarweise Unabhängigkeit wegen fehlender $\cap$-Stabilität nicht ausreicht, wohl aber die Produkteigenschaft von je endlich vielen Ereignissen.

5.3 Produktmaße und der Satz von Fubini

Wir untersuchen jetzt die Verteilung von unabhängigen Zufallsvariablen. Das führt allgemein zu Produktmaßen und ihre Integration zum Satz von Fubini. Zur Motivation beginnen wir mit einigen Beispielen, nicht nur aus der Wahrscheinlichkeitstheorie.

Beispiel 1

Verteilung von unabhängigen reellwertigen Zufallsvariablen Für unabhängige reellwertige Zufallsvariable X, Y ist $P(X \in A, Y \in B) = P(X \in \mathcal{A}) \cdot (Y \in B)$ für $A, B \in \mathcal{B}(\mathbb{R})$. Das bedeutet für die gemeinsame Verteilung $P_{(X,Y)}$ von X und Y, d. h. die Verteilung von (X, Y) auf $\mathcal{B}(\mathbb{R}^2)$, dass $P_{(X,Y)}(A \times B) = P_X(A) \cdot P_Y(B)$ für $A, B \in \mathcal{B}(\mathbb{R})$ ist. Für unabhängige Zufallsvariable ist die gemeinsame Verteilung $P_{(X,Y)}$ damit durch die Verteilungen P_X und P_Y auf $\{A \times B : A, B \in \mathcal{B}(\mathbb{R})\}$ eindeutig festgelegt. Da dieses Mengensystem die Rechtecke enthält, ist es ein Erzeugendensystem von $(\mathcal{B}(\mathbb{R}^2)$. Es ist $\cap$-stabil und enthält $\mathbb{R}^2$. Daher ist $P_{(X,Y)}$ durch P_X und P_Y eindeutig bestimmt.

Wir sind dabei von gegebenen unabhängigen Zufallsvariablen ausgegangen. Wollen wir dagegen die gemeinsame Verteilung von unabhängigen Zufallsvariablen X, Y mit gegebenen Verteilungen P_X und P_Y konstruieren, so müssen wir eine Verteilung P im $\mathbb{R}^2$ mit $P(A \times B) = P_X(A) \cdot P_Y(B)$ für $A, B \in \mathcal{B}(\mathbb{R})$ bestimmen.

Wir haben speziell reellwertige Zufallsvariable gewählt, weil wir auf dem Produktraum $\mathbb{R}^2$ bereits eine passende σ-Algebra kennen. Die gemeinsame Verteilung von Zufallsvariablen, nicht nur von unabhängigen, möchte man aber natürlich auch für Zufallsvariable mit beliebigen Zustandsräumen definieren. Dazu benötigt man auf dem Produktraum eine geeignete σ-Algebra. Wir leiten sie mit dem zweiten Beispiel für Zufallsexperimente ab.

Beispiel 2

Unabhängige Durchführung von Zufallsexperimenten Gegeben seien zwei Wahrscheinlichkeitsräume $(\Omega_j, \mathcal{A}_j, P_j)$ $(j = 1, 2)$ als Modelle von Zufallsexperimenten. Wir wollen ein Modell für die unabhängige Durchführung beider Zufallsexperimente konstruieren. Die möglichen Ausgänge beider Zufallsexperimente sind als Paare $(\omega_1, \omega_2) \in \Omega_1 \times \Omega_2$ darstellbar. Ein geeigneter Grundraum ist daher $\Omega_1 \times \Omega_2$. Wir fordern, dass Ereignisse, die nur vom ersten bzw. zweiten Zufallsexperiment in messbarer Weise abhängen, in einer geeigneten σ-Algebra liegen und unabhängig sind mit den P_1 bzw. P_2 entsprechenden Wahrscheinlichkeiten.

Ereignisse, die nur vom ersten bzw. zweiten Zufallsexperiment in messbarer Weise abhängen, sind von der Form $A_1 \times \Omega_2$ mit $A_1 \in \mathcal{A}_1$ bzw. $\Omega_1 \times A_2$ mit $A_2 \in \mathcal{A}_2$. Die kleinste σ-Algebra in $\Omega_1 \times \Omega_2$ die diese Mengen enthält, wird offensichtlich auch von den Mengen der Form $A_1 \times A_2$ mit $A_j \in \mathcal{A}_j$ $(j = 1, 2)$ erzeugt. Das führt zu der folgenden Definition.

▸ **Definition 5.12** Seien $(\Omega_j, \mathcal{A}_j)$ $(j = 1, 2)$ messbare Räume. Die von dem Mengensystem $\mathcal{A}_1 \times \mathcal{A}_2 = \{A_1 \times A_2 : A_j \in \mathcal{A}_j, j = 1, 2\}$ erzeugte σ-Algebra heißt die *Produkt-σ-Algebra* von $\mathcal{A}_1$ und $\mathcal{A}_2$ und wird mit $\mathcal{A}_1 \otimes \mathcal{A}_2$ bezeichnet.

Im Fall $\Omega_1 = \Omega_2 = \mathbb{R}$ ist $\mathcal{B}(\mathbb{R}) \otimes \mathcal{B}(\mathbb{R}) = \mathcal{B}(\mathbb{R}^2)$, wie man sich leicht überlegt.

Mit der Produkt-σ-Algebra kann man wie im Fall von reellwertigen Zufallsvariablen auch für zwei Zufallsvariable mit beliebigem Zustandsraum $(E, \mathcal{B})$ die gemeinsame Verteilung auf $\mathcal{B} \otimes \mathcal{B}$ definieren, speziell auch die gemeinsame Verteilung von unabhängigen Zufallsvariablen mit der entsprechenden Produkteigenschaft. Wir werden uns damit später beschäftigen.

Kommen wir zu unserem Beispiel zurück. Die Forderungen an das gesuchte Wahrscheinlichkeitsmaß P auf $\mathcal{A}_1 \otimes \mathcal{A}_2$ können wir jetzt folgendermaßen formulieren:

Für alle $A_j \in \mathcal{A}_j$ $(j = 1, 2)$ soll gelten:

1. $P(A_1 \times \Omega_2) = P_1(A_1)$ und $P(\Omega_1 \times A_2) = P_2(A_2)$
2. $A_1 \times \Omega_2$ und $\Omega_1 \times A_2$ sind unabhängig.

Wie man leicht sieht, sind 1 und 2 äquivalent zu

$$P(A_1 \times A_2) = P_1(A_1) \cdot P_2(A_2) \quad \text{für alle} \quad A_j \in \mathcal{A}_j \quad (j = 1, 2)\,.$$

Wie in Beispiel 1 ist die Eindeutigkeit klar, und die Existenz muss gezeigt werden.

Beispiel 3

Flächeninhalt Der elementargeometrische Inhalt von Rechtecken ist das Produkt ihrer Seitenlängen. Mit einem Eindeutigkeitsargument kann man diese Eigenschaft leicht auf das Lebesgue-Maß des Produkts von beliebigen Borel-Mengen übertragen.

Diese Beispiele führen zu dem allgemeinen Problem, zu zwei Maßen μ_j auf $\mathcal{A}_j$ $(j = 1, 2)$ ein Maß μ auf $\mathcal{A}_1 \otimes \mathcal{A}_2$ mit $\mu(A_1 \times A_2) = \mu_1(A_1) \cdot \mu_2(A_2)$ für alle $A_1 \times A_2 \in \mathcal{A}_1 \times \mathcal{A}_2$ zu bestimmen. Es gibt zwei Wege dazu. Der erste definiert einen Inhalt auf der von den Produktmengen erzeugten Algebra, die aus allen endlichen Vereinigungen von disjunkten Produktmengen besteht, als entsprechende Summe. Man zeigt die Eindeutigkeit der Definition und die σ-Additivität dieses Inhalts und erhält das Maß mit dem allgemeinen Fortsetzungssatz.

Abgesehen davon, dass dieser Beweis schwieriger ist, ziehen wir den zweiten Weg mit dem Cavalierischen Prinzip vor allem deshalb vor, weil er gleichzeitig den ersten Schritt zur Integration bzgl. dieses Maßes durch iterierte Integrale liefert. Das Cavalierische Prinzip wurde für den Flächeninhalt im $\mathbb{R}^2$ entwickelt. Es bedeutet, dass man den Flächeninhalt einer messbaren Menge A erhält, indem man zu jedem $\omega_1 \in \mathbb{R}$ den auf der Parallelen zur ω_2-Achse durch ω_1 liegenden Teil von A, den sogenannten Schnitt A_{ω_1}, bildet und dessen eindimensionales Maß integriert. Wir werden dieses Verfahren für beliebige Maße durchführen. Dazu müssen wir als erstes die bereits erwähnten Schnitte definieren und entsprechende Messbarkeitseigenschaften nachweisen.

Definition 5.13 Seien Ω_j $(j = 1, 2)$ nicht-leere Mengen und $A \subset: \Omega_1 \times \Omega_2$. Für $\omega_1 \in \Omega_1$ heißt die Menge $A_{\omega_1} = \{\omega_2 \in \Omega_2 : (\omega_1, \omega_2) \in \mathcal{A}\} \subset \Omega_2$ der ω_1-*Schnitt* von A und für $\omega_2 \in \Omega_2$ die Menge $A_{\omega_2} = \{\omega_1 \in \Omega_1 : (\omega_1, \omega_2) \in A\} \subset \Omega_1$ der ω_2-*Schnitt* von A.

Wir können für $\omega_1 \in \Omega_1$ den ω_1-Schnitt einer Menge $A \subset: \Omega_1 \times \Omega_2$ auch mit Hilfe der durch $T_{\omega_1}(\omega_2) = (\omega_1, \omega_2)$ definierten Abbildung $T_{\omega_1} : \Omega_2 \to \Omega_1 \times \Omega_2$ darstellen als $A_{\omega_1} = \{\omega_2 \in \Omega_2 : T_{\omega_1}(\omega_2) \in A\} = T_{\omega_1}^{-1}(A)$. Analog ist der ω_2-Schnitt von A darstellbar.

Da die Urbilder von Abbildungen mit allen Mengenoperationen vertauschen, folgt:

Bemerkung 5.14 Schnitte vertauschen mit allen Mengenoperationen.

Seien nun auf den Mengen Ω_j σ-Algebren $\mathcal{A}_j$ $(j = 1, 2)$ gegeben. Wir zeigen, dass die Schnitte von messbaren Mengen ebenfalls messbar sind.

Satz 5.15 Seien $(\Omega_j, \mathcal{A}_j)$ $(j = 1, 2)$ messbare Räume. Dann gehört jeder Schnitt einer Menge aus $\mathcal{A}_1 \otimes \mathcal{A}_2$ zu $\mathcal{A}_2$ bzw. $\mathcal{A}_1$.

Beweis: Wir zeigen, dass für alle $\omega_1 \in \Omega_1$ die Abbildung T_{ω_1} $\mathcal{A}_2$-$\mathcal{A}_1 \otimes \mathcal{A}_2$-messbar ist. Denn daraus folgt, dass für $A \in \mathcal{A}_1 \otimes \mathcal{A}_2$ der ω_1-Schnitt $A_{\omega_1} = T_{\omega_1}^{-1}(A) \in \mathcal{A}_2$ ist.

Für eine Menge $A_1 \times A_2$ aus dem Erzeugendensystem $\mathcal{A}_1 \times \mathcal{A}_2$ ist $T_{\omega_1}^{-1}(A_1 \times A_2) = A_2$ für $\omega_1 \in A_1$ und $T_{\omega_1}^{-1}(A_1 \times A_2) = \emptyset$ sonst. In beiden Fällen ist $T_{\omega_1}^{-1}(A_1 \times A_2) \in \mathcal{A}_2$ und T_{ω_1} daher $\mathcal{A}_2$-$\mathcal{A}_1 \otimes \mathcal{A}_2$-messbar.

Analog geht man beim ω_2-Schnitt vor.

Auch von einer Funktion auf einer Produktmenge lassen sich Schnitte bilden, indem man eine Variable festhält und die Funktion in Abhängigkeit der anderen Variablen betrachtet.

Definition 5.16 Seien Ω_j $(j = 1, 2)$ und E nicht-leere Mengen und $X : \Omega_1 \times \Omega_2 \to E$. Für $\omega_1 \in \Omega_1$ heißt die Funktion $X_{\omega_1} : \Omega_2 \to E$, die durch $X_{\omega_1}(\omega_2) = X(\omega_1, \omega_2)$ definiert ist, der ω_1-*Schnitt* von X und für $\omega_2 \in \Omega_2$ die Funktion $X_{\omega_2} : \Omega_1 \to E$, die durch $X_{\omega_2}(\omega_1) = X(\omega_1, \omega_2)$ definiert ist, der ω_2-*Schnitt* von X.

Mit der Abbildung T_{ω_1} kann man auch den ω_1-Schnitt einer Funktion X darstellen. Aus $X_{\omega_1}(\omega_2) = X(\omega_1, \omega_2) = X(T_{\omega_1}(\omega_2))$ folgt, dass $X_{\omega_1} = X(T_{\omega 1})$ ist. Der ω_2-Schnitt von X ist analog als $X_{\omega_2} = X(T_{\omega_2})$ darstellbar. Aus der im Beweis von Satz 5.15 gezeigten Messbarkeit von T_{ω_1} und T_{ω_2} folgt:

Satz 5.17 Seien $(\Omega_j, \mathcal{A}_j)$ $(j = 1, 2)$ und $(E, \mathcal{B})$ messbare Räume. Dann ist jeder Schnitt einer $\mathcal{A}_1 \otimes \mathcal{A}_2$-$\mathcal{B}$-messbaren Abbildung $X : \Omega_1 \times \Omega_2 \to E$ $\mathcal{A}_2$-$\mathcal{B}$- bzw. $\mathcal{A}_1$-$\mathcal{B}$-messbar.

Schnitte von Mengen lassen sich durch Indikatorfunktionen mit Schnitten von Funktionen in Beziehung setzen. Denn für eine Menge $A \subset \Omega_1 \times \Omega_2$ und $\omega_1 \in \Omega_1$ ist $(1_A)_{\omega_1} = 1_{(A_{\omega_1})}$, da $(1_A)_{\omega_1}(\omega_2) = 1_A(\omega_1, \omega_2) = 1_{(A_{\omega_1})}(\omega_2)$ für alle $\omega_2 \in \Omega_2$ ist.

Mit diesen Messbarkeitseigenschaften können wir jetzt das Produktmaß mit dem Cavalierischen Prinzip konstruieren. Das Vorgehen haben wir bereits skizziert. Die Eindeutigkeit eines entsprechenden Maßes ist nur für σ-endliche Maße zu erwarten. Wir benötigen die σ-Endlichkeit aber auch für seine Existenz.

▸ **Satz 5.18** Seien $(\Omega_j, \mathcal{A}_j, \mu_j)$ $(j = 1, 2)$ Maßräume mit σ-endlichen Maßen. Dann existiert genau ein Maß μ auf $(\Omega_1 \times \Omega_2, \mathcal{A}_1 \otimes \mathcal{A}_2)$ mit $\mu(A_1 \times A_2) = \mu_1(A_1) \cdot \mu_2(A_2)$ für alle $A_j \in \mathcal{A}_j$ $(j = 1, 2)$. Dieses Maß ist σ-endlich und lässt sich darstellen in der Form

$$\mu(A) = \int \mu_2(A_{\omega_1})\, d\mu_1(\omega_1) = \int \mu_1(A_{\omega_2})\, d\mu_2(\omega_2) \quad \text{für} \quad A \in \mathcal{A}_1 \otimes \mathcal{A}_2\,. \tag{5.3}$$

μ heißt das Produktmaß von μ_1 und μ_2 und wird mit $\mu_1 \times \mu_2$ bezeichnet.

Auch die Bezeichnung $\mu_1 \otimes \mu_2$ ist für das Produktmaß gebräuchlich.

Beweis: *Eindeutigkeit:* Ein Maß μ mit der Produkteigenschaft ist auf $\mathcal{A}_1 \times \mathcal{A}_2$ eindeutig festgelegt. $\mathcal{A}_1 \times \mathcal{A}_2$ ist $\cap$-stabil. Ferner ist ein solches Maß μ σ-endlich auf $\mathcal{A}_1 \times \mathcal{A}_2$. Denn für $j = 1, 2$ existieren wegen der σ-Endlichkeit von μ_j Mengen $A_{jn} \in \mathcal{A}_j$ $(n \geq 1)$ mit $\mu_j(A_{jn}) < \infty$ für alle $n \geq 1$ und $A_{jn} \uparrow \Omega_j$ für $n \to \infty$. Dann ist $A_n = A_{1n} \times A_{2n} \in \mathcal{A}_1 \times \mathcal{A}_2$ für alle $n \geq 1$ mit $A_n \uparrow \Omega_1 \times \Omega_2$ für $n \to \infty$ und $\mu(A_n) = \mu_1(A_{1n}) \cdot \mu_2(A_{2n}) < \infty$ für alle $n \geq 1$.

Es folgt die Eindeutigkeit und σ-Endlichkeit von μ.

Existenz: Wir zeigen, dass durch die Darstellungen (5.3) jeweils ein Maß mit den verlangten Eigenschaften definiert ist. Es genügt, dies für die erste zu beweisen.

Als ersten Schritt müssen wir die Messbarkeit der Maße von Schnitten zeigen, d. h. dass für $A \in \mathcal{A}_1 \otimes \mathcal{A}_2$ $\mu_2(A_{\omega_1})$ und $\mu_1(A_{\omega_2})$ in Abhängigkeit von ω_1 bzw. ω_2 $\mathcal{A}_1$- bzw. $\mathcal{A}_2$-messbar sind. Zum Beweis nehmen wir zunächst an, dass μ_1 und μ_2 endlich sind. Wir betrachten das Mengensystem $\mathcal{D}$, das aus allen Mengen $A \in \mathcal{A}_1 \otimes \mathcal{A}_2$ besteht, für die $\mu_2(A_{\omega 1})$ und $\mu_1(A_{\omega_2})$ in Abhängigkeit von ω_1 bzw. ω_2 $\mathcal{A}_1$- bzw. $\mathcal{A}_2$-messbar sind, und zeigen:

1. $\mathcal{A}_1 \times \mathcal{A}_2 \subset \mathcal{D}$
2. $\mathcal{D}$ ist ein Dynkin-System

Aus der $\cap$-Stabilität von $\mathcal{A}_1 \times \mathcal{A}_2$ folgt dann $\mathcal{D} \supset \delta(\mathcal{A}_1 \times \mathcal{A}_2) = \sigma(\mathcal{A}_1 \times \mathcal{A}_2) = \mathcal{A}_1 \otimes \mathcal{A}_2$ und damit die Messbarkeit der Maße von Schnitten.

Beweis von 1: Für $A = A_1 \times A_2 \in \mathcal{A}_1 \times \mathcal{A}_2$ ist $A_{\omega_1} = A_2$ für $\omega_1 \in A_1$ und $A_{\omega_1} = \emptyset$ für $\omega_1 \notin A_1$. Damit ist $\mu_2(A_{\omega_1}) = \mu_2(A_2)$ für $\omega_1 \in A_1$ und $\mu_2(A_{\omega_1}) = 0$ für $\omega_1 \notin A_1$, und es gilt

$$\mu_2(A_{\omega_1}) = \mu_2(A_2) 1_{A_1}(\omega_1)\,, \quad \mu_1(A_{\omega_2}) = \mu_1(A_1) 1_{A_2}(\omega_2) \quad \text{für} \quad A = A_1 \times A_2\,. \tag{5.4}$$

Diese Funktionen sind $\mathcal{A}_1$- bzw. $\mathcal{A}_2$-messbar.

Beweis von 2:

i) Nach 1 ist $\Omega_1 \times \Omega_2 \in \mathcal{A}_1 \times \mathcal{A}_2 \in \mathcal{D}$.

iii) Seien $A_n \in \mathcal{D}$ ($n \geq 1$) paarweise disjunkt. Da die Schnitte mit allen Mengenoperationen vertauschen, sind für alle $\omega_1 \in \Omega_1$ die Schnitte $(A_n)_{\omega_1}$ ($n \geq 1$) paarweise disjunkt mit $(\bigcup_{n=1}^\infty A_n)_{\omega_1} = \bigcup_{n=1}^\infty (A_n)_{\omega_1}$. Daher ist

$$\mu_2\left(\left(\bigcup_{n=1}^\infty A_n\right)_{\omega_1}\right) = \mu_2\left(\bigcup_{n=1}^\infty (A_n)_{\omega_1}\right) = \sum_{n=1}^\infty \mu_2((A_n)_{\omega_1}) \tag{5.5}$$

und es folgt die $\mathcal{A}_1$-Messbarkeit. Analog folgt die $\mathcal{A}_2$-Messbarkeit von $\mu_1((\bigcup_{n=1}^\infty A_n)_{\omega_2})$ und damit $\bigcup_{n=1}^\infty A_n \in \mathcal{D}$.

Genauso zeigt man ii) $A, B \in \mathcal{D}$ mit $A \subset B \Rightarrow B \setminus A \in \mathcal{D}$. Hierzu braucht man wegen der Differenz die Endlichkeit von μ_1 und μ_2.

Seien jetzt μ_1 und μ_2 σ-endlich. Für $j = 1, 2$ seien wieder $A_{jn} \in \mathcal{A}_j$ ($n \geq 1$) mit $\mu_j(A_{jn}) < \infty$ für alle $n \geq 1$ und $A_{jn} \uparrow \Omega_j$ für $n \to \infty$. Wir wenden den Fall endlicher Maße an auf die durch $\mu_{jn}(A) = \mu_j(A_j \cap A_{jn})$ für $A_j \in \mathcal{A}_j$ ($j = 1, 2$; $n \geq 1$) definierten Maße. Mit $\mu_{jn} \to \mu_j$ für $n \to \infty$ folgt auch in diesem Fall die Messbarkeit der Maße von Schnitten.

Damit ist $\mu(A) = \int \mu_2(A_{\omega_1}) d\mu_1(\omega_1)$ für $A \in \mathcal{A}_1 \otimes \mathcal{A}_2$ definiert. Wir beweisen, dass μ die Eigenschaft von Satz 5.18 erfüllt.

Wir zeigen zuerst, dass μ ein Maß ist.

$\mu \geq 0$ und$\mu(\emptyset) = 0$ ist trivial.

Zum Beweis der σ-Additivität von μ seien $A_n \in \mathcal{A}_1 \otimes \mathcal{A}_2$ ($n \geq 1$) paarweise disjunkt. Mit (5.5) und Korollar 4.8 folgt

$$\mu\left(\bigcup_{n=1}^\infty A_n\right) = \int \sum_{n=1}^\infty \mu_2\left((A_n)_{\omega_1}\right) d\mu_1(\omega_1) = \sum_{n=1}^\infty \int \mu_2\left((A_n)_{\omega_1}\right) d\mu_1(\omega_1) = \sum_{n=1}^\infty \mu(A_n) .$$

Aus (5.4) folgt die Produkteigenschaft

$$\mu(A_1 \times A_2) = \int \mu_2(A_2) 1_{A_1} d\mu_1 = \mu_1(A_1) \cdot \mu_2(A_2) .$$

Analog zeigt man, dass die durch $\mu(A) = \int \mu_1(A_{\omega_2}) d\mu_2(\omega_2)$ für $A \in \mathcal{A}_1 \otimes \mathcal{A}_2$ definierte Mengenfunktion die Eigenschaften des Satzes erfüllt. Die Gleichheit folgt aus der bereits bewiesenen Eindeutigkeit.

Wir belegen mit einem Gegenbeispiel, dass die iterierten Integrale verschieden sein können, wenn mindestens ein Maß nicht σ-endlich ist.

Gegenbeispiel

Für $j = 1, 2$ sei $\Omega_j = [0,1]$ und $\mathcal{A}_j = \mathcal{B}([0,1])$. μ_1 sei das Lebesgue-Maß auf $[0,1]$ und μ_2 das Zählmaß auf $[0,1]$. Da $[0,1]$ überabzählbar ist, ist μ_2 nicht σ-endlich.

Sei $A = \{(\omega_1, \omega_2) \in [0,1]^2 : \omega_1 = \omega_2\}$ die Diagonale. Da A abgeschlossen ist, ist $A \in \mathcal{B}([0,1]^2)$. Für alle $\omega_1 \in [0,1]$ ist $A_{\omega_1} = \{\omega_1\}$ und daher $\mu_2(A_{\omega_1}) = 1$ und $\int \mu_2(A_{\omega_1})\mathrm{d}\mu_1(\omega_1) = 1$. Dagegen ist $\mu_1(A_{\omega_2}) = 0$ für alle $\omega_2 \in [0,1]$ und daher $\int \mu_1(A_{\omega_2})\mathrm{d}\mu_2(\omega_2) = 0$.

Wir behandeln nun die Integration bzgl. des Produktmaßes von σ-endlichen Maßen und zeigen, dass man das Integral durch Iteration der Integrale bzgl. der einzelnen Maße erhalten kann. Wir beginnen wie immer mit Indikatorfunktionen. Für $A \in \mathcal{A}_1 \otimes \mathcal{A}_2$ ist

$$\begin{aligned}\int 1_A \mathrm{d}\mu = \mu(A) = \int \mu_2(A_{\omega_1})\mathrm{d}\mu_1(\omega_1) &= \int \left[\int 1_{A_{\omega_1}}(\omega_2)\mathrm{d}\mu_2(\omega_2)\right]\mathrm{d}\mu_1(\omega_1)\\ = \int \left[\int (1_A)_{\omega_1}(\omega_2)\mathrm{d}\mu_2(\omega_2)\right]\mathrm{d}\mu_1(\omega_1) &= \int \left[\int 1_A(\omega_1, \omega_2)\mathrm{d}\mu_2(\omega_2)\right]\mathrm{d}\mu_1(\omega_1)\,.\end{aligned}$$

Das letzte innere Integral bedeutet, dass man bei dem Integranden $1_A(\omega_1, \omega_2)$ die Variable ω_1 festhält und über ω_2 integriert, also streng genommen das vorletzte innere Integral, aber diese Schreibweise ist vor allem für die Praxis der Integration klarer. Dasselbe gilt für die weiteren Integrale dieser Art.

Für $X \in \mathcal{E}^+(\mathcal{A}_1 \otimes \mathcal{A}_2)$ folgt mit Linearität die $\mathcal{A}_1$-Messbarkeit von $\int X(\omega_1, \omega_2)\mathrm{d}\mu_2(\omega_2)$ und $\int X\mathrm{d}\mu = \int[\int X(\omega_1, \omega_2)\mathrm{d}\mu_2(\omega_2)]\mathrm{d}\mu_1(\omega_1)$.

Für eine $\mathcal{A}_1 \otimes \mathcal{A}_2$-messbare Funktion $X \geq 0$ sei $(X_n)_{n\geq 1}$ eine Folge in $\mathcal{E}^+(\mathcal{A}_1 \otimes \mathcal{A}_2)$ mit $X_n \uparrow X$ für $n \to \infty$. Mit monotoner Konvergenz folgt $\int X\mathrm{d}\mu = \int[\int X(\omega_1, \omega_2)\mathrm{d}\mu_2(\omega_2)]$ $\mathrm{d}\mu_1(\omega_1)$ einschließlich der Messbarkeit des inneren Integrals.

$\mu_1 \times \mu_2$-integrierbare Funktionen X schließlich zerlegen wir in $X = X^+ - X^-$. Aus $\int X^\pm \mathrm{d}\mu = \int[\int X^\pm(\omega_1, \omega_2)\mathrm{d}\mu_2(\omega_2)]\mathrm{d}\mu_1(\omega_1) < \infty$ folgt, dass für μ_1-fast alle ω_1 die Integrale $\int X^\pm(\omega_1, \omega_2)\mathrm{d}\mu_2(\omega_2) < \infty$ sind und damit $X_{\omega_1}\mu_2$-integrierbar ist, und die Integralformel.

In allen Schlüssen können wir die Integrationsreihenfolge vertauschen, und es folgt:

▸ **Satz von Fubini 5.19** Unter den Voraussetzungen von Satz 5.18 gilt:

1. Sei $X \geq 0$ $\mathcal{A}_1 \otimes \mathcal{A}_2$-messbar. Dann sind die Integrale $\int X(\omega_1, \omega_2)\mathrm{d}\mu_2(\omega_2)$ und $\int X(\omega_1, \omega_2)\mathrm{d}\mu_1(\omega_1)$ in Abhängigkeit von ω_1 bzw. ω_2 $\mathcal{A}_1$- bzw. $\mathcal{A}_2$-messbar, und es ist
$$\begin{aligned}\int X\mathrm{d}\mu &= \int \left[\int X(\omega_1, \omega_2)\mathrm{d}\mu_2(\omega_2)\right]\mathrm{d}\mu_1(\omega_1)\\ &= \int \left[\int X(\omega_1, \omega_2)\mathrm{d}\mu_1(\omega_1)\right]\mathrm{d}\mu_2(\omega_2)\,.\end{aligned} \tag{5.6}$$
2. Sei $X\mu_1 \times \mu_2$-integrierbar. Dann ist für μ_1-fast alle ω_1 die Funktion X_{ω_1} μ_2-integrierbar und für μ_2-fast alle ω_2 die Funktion $X_{\omega 2}$ μ_1-integrierbar. Es gelten die Messbarkeitseigenschaften von 1 sowie (5.6).

Im Gegensatz zu den bisher bewiesenen Integralformeln, bei denen auch die Integrierbarkeit beider Seiten äquivalent war, kann man diesmal aus der Existenz und Endlichkeit der iterierten Integrale nicht auf die Integrierbarkeit schließen. Das liegt daran, dass sich im inneren Integral positiver und negativer Teil zumindest teilweise aufheben können. Wir bringen dazu ein Gegenbeispiel.

Gegenbeispiel

Für $j = 1, 2$ sei $\Omega_j = \mathbb{R}$, $\mathcal{A}_j = \mathcal{B}(\mathbb{R})$ und μ_j das Lebesgue-Maß. Die Funktion X sei definiert durch $X(\omega_1, \omega_2) = \operatorname{sign}(\omega_1\omega_2)$ für (ω_1, ω_2) mit $0 < |\omega_1\omega_2| \leq 1$ und $X(\omega_1, \omega_2) = 0$ sonst. Man sieht sofort, dass alle iterierten Integrale gleich 0 sind. Aber aus dem Satz von Fubini folgt $\int |X| d(\mu_1 \times \mu_2) = \int \frac{2}{|\omega_1|} d\omega_1 = \infty$. Nach Satz 4.14 ist X daher nicht $\mu_1 \times \mu_2$-integrierbar.

Ist nicht bekannt, ob eine Funktion $X \mu_1 \times \mu_2$-integrierbar ist, so kann man wie in dem Gegenbeispiel den Satz von Fubini auf $|X|$ oder $X^{\pm}$ anwenden, um zuerst die Integrierbarkeit zu klären. Ist dies der Fall, wendet man anschließend den Satz von Fubini auf X zur Bestimmung des Integrals an.

Das Produkt von zwei σ-Algebren und Maßen sowie der Satz von Fubini lässt sich rekursiv auf endliche Produkte verallgemeinern. Man erhält für $n \geq 2$ auf $\Omega_1 \times \ldots \times \Omega_n$ die Produkt-σ-Algebra $\mathcal{A}_1 \otimes \ldots \otimes \mathcal{A}_n$ und das Produktmaß $\mu_1 \times \ldots \times \mu_n$. Das Integral nicht-negativer oder integrierbarer Funktionen kann man iterativ mit einer beliebigen Reihenfolge der Integrationen bestimmen.

Mit Hilfe von Produkt-σ-Algebren können wir die gemeinsame Verteilung von Zufallsvariablen in beliebigen messbaren Räume definieren.

Seien dazu zunächst Ω und $E_1, \ldots, E_n$ nicht-leere Mengen. Abbildungen $X_i : \Omega \to E_i$ $(1 \leq i \leq n)$ kann man koordinatenweise zu der Abbildung $(X_1, \ldots, X_n) : \Omega \to E_1 \times \ldots \times E_n$ zusammenfassen. Umgekehrt lässt sich jede Abbildung $X: \Omega \to E_1 \times \ldots \times E_n$ als $(X_1, \ldots, X_n)$ in ihre Koordinaten zerlegen. Sind auf Ω und $E_1, \ldots, E_n$ σ-Algebren gegeben, so beweist man genauso wie im Fall von Proposition 3.3:

▸ **Proposition 5.20** Seien $(\Omega, \mathcal{A})$ und $(\mathcal{E}_i, \mathcal{B}_i)$ $(1 \leq i \leq n)$ messbare Räume und $X_i: \Omega \to E_i$ $(1 \leq i \leq n)$ Abbildungen. Die Abbildung $(X_1, \ldots, X_n)$ ist genau dann $\mathcal{A}$-$\mathcal{B}_1 \otimes \ldots \otimes \mathcal{B}_n$-messbar, wenn für alle i $(1 \leq i \leq n)$ die Abbildungen X_i $\mathcal{A}$-$\mathcal{B}_i$-messbar sind.

Damit kann man von endlich vielen Zufallsvariablen in beliebigen Räumen die gemeinsame Verteilung definieren.

▸ **Definition 5.21** Für $1 \leq i \leq n$ seien $X_i: \Omega \to E_i$ Zufallsvariable auf $(\Omega, \mathcal{A}, P)$ in $(E_i, \mathcal{B}_i)$. Die *gemeinsame Verteilung* von $X_1, \ldots, X_n$ ist die Verteilung von $(X_1, \ldots, X_n)$.

Mit dem folgenden Satz charakterisieren wir die Verteilung von unabhängigen Zufallsvariablen. Wir formulieren und beweisen ihn in diesem Fall für Zufallsvariable mit evtl. verschiedenen Zustandsräumen (s. Anmerkung vor Definition 5.6).

▸ **Satz 5.22** Zufallsvariable $X_i: \Omega \to E_i$ mit Werten in $(E_i, \mathcal{B}_i)$ $(1 \leq i \leq n)$ sind genau dann unabhängig, wenn $P_{(X_1,\ldots,X_n)} = P_{X_1} \times \ldots \times P_{X_n}$ ist.

Beweis: Die Behauptung folgt direkt aus den Definitionen der gemeinsamen Verteilung und des Produktmaßes. Denn für alle $B_i \in \mathcal{B}_i$ $(1 \le i \le n)$ ist

$$P_{(X_1,\dots,X_n)}(B_1 \times \dots \times B_n) = P(X_1 \in B_1, \dots, X_n \in B_n)$$
$$P_{X1} \times \dots \times P_{X_n}(B_1 \times \dots \times B_n) = P(X_1 \in B_1) \cdot \dots \cdot P(X_n \in B_n) .$$

Man beachte, dass nach der Anmerkung zu Definition 5.6 keine Teilauswahl notwendig ist.

Eine wichtige Eigenschaft von unabhängigen reellwertigen Zufallsvariablen ist die Multiplikativität des Erwartungswerts.

▶ **Satz 5.23** Seien $X_1, \dots, X_n$ $(n \ge 2)$ unabhängige Zufallsvariable mit endlichem Erwartungswert. Dann hat $X_1 \cdot \dots \cdot X_n$ den endlichen Erwartungswert $E(X_1 \cdot \dots \cdot X_n) = E(X_1) \cdot \dots \cdot E(X_n)$.

Beweis: Es genügt, den Satz für $n = 2$ zu beweisen. Er folgt dann durch Induktion für beliebiges $n \ge 2$, da nach Satz 5.11 aus der Unabhängigkeit von $X_1, \dots, X_{n+1}$ die Unabhängigkeit von $X_1, \dots, X_n$ und X_{n+1} folgt.

Zur vereinfachten Bezeichnung nennen wir die unabhängigen Zufallsvariablen X und Y. Seien zunächst $X, Y \ge 0$. Wir wenden den Transformationssatz auf (X, Y) und $\varphi(x, y) = xy$ an und erhalten

$$E(XY) = \int xy \mathrm{d}P_{(X,Y)}(x, y) .$$

Mit Satz 5.22 und dem Satz von Fubini folgt

$$E(XY) = \int xy \mathrm{d}(P_X \times P_Y)(x, y) = \int \left[\int xy \mathrm{d}P_Y(y)\right] \mathrm{d}P_X(x)$$
$$= \int [x(EY)] \mathrm{d}P_X(x) = (EX) \cdot (EY) .$$

Für X, Y in $\overline{\mathbb{R}}$ wenden wir zunächst den Fall von nichtnegativen Zufallsvariablen auf $|X|$, $|Y|$ an. Insbesondere folgt, dass XY einen endlichen Erwartungswert hat, und obige Gleichungen sind auch für X, Y gültig.

Aus Satz 5.23 folgt die Additivität der Varianz von unabhängigen Zufallsvariablen.

▶ **Satz 5.24** Für unabhängige Zufallsvariable $X_1, \dots, X_n$ mit endlicher Varianz ist

$$V(X_1 + \dots + X_n) = V(X_1) + \dots + V(X_n) .$$

Beweis: Es genügt wieder, den Fall von zwei Zufallsvariablen X, Y zu behandeln. Es ist

$$V(X + Y) = E[((X + Y) - E(X + Y))^2]$$
$$= E[(X - EX)^2 + (Y - EY)^2 + 2(X - EX)(Y - EY)] .$$

Nach Satz 5.23 ist $E[(X - EX) \cdot (Y - EY)] = E(X - EX) \cdot E(Y - EY) = 0$ und damit $V(X + Y) = V(X) + V(Y)$.

Anmerkung: Für beliebige Zufallsvariable X, Y mit endlicher Varianz heißt der im Beweis vorkommende Ausdruck $C(X, Y) = E[(X - EX) \cdot (Y - EY)] = E(X \cdot Y) - E(X) \cdot E(Y)$ die Kovarianz von X und Y. Dass sie existiert und endlich ist, folgt aus der Hölder'schen Ungleichung 4.35. Man nennt X und Y unkorreliert, wenn $C(X, Y) = 0$ ist. Wie wir gezeigt haben, sind insbesondere unabhängige Zufallsvariable mit endlicher Varianz unkorreliert. Der Beweis und damit die Behauptung von Satz 5.24 ist auch für unkorrelierte Zufallsvariable gültig.

Beispiel

Binomialverteilung Wie die Linearität bei der Bestimmung des Erwartungswerts, kann man Satz 5.24 zur Berechnung der Varianz ausnutzen. Wir führen das wieder am Beispiel der Binomialverteilung durch (s. Kapitel 4, Beispiel 1 zum Erwartungswert). Die Zufallsvariablen X_n haben die Varianz $V(X_n) = E(X_n^2) - (EX_n)^2 = p - q^2 = pq$ und S_n daher die Varianz $V(S_n) = npq$.

Mit Satz 5.24 kann man als eine einfache Anwendung der Tschebychev'schen Ungleichung das schwache Gesetz der großen Zahlen für Zufallsvariable mit endlicher Varianz beweisen.

Sei $(X_n)_{n\geq 1}$ eine Folge unabhängiger, identisch verteilter Zufallsvariablen mit endlichem Erwartungswert μ und endlicher Varianz σ^2. Für $S_n = \sum_{i=1}^n X_i$ $(n \geq 1)$ ist $E(\frac{S_n}{n}) = \mu$ und $V(\frac{S_n}{n}) = \frac{V(S_n)}{n^2} = \frac{\sigma^2}{n}$. Mit der klassischen Tschebychev'schen Ungleichung folgt für jedes $\varepsilon > 0$

$$P\left(\left|\frac{S_n}{n} - \mu\right| \geq \varepsilon\right) \leq \frac{\sigma^2}{n\varepsilon^2} \to 0 \quad \text{für} \quad n \to \infty$$

und damit die stochastische Konvergenz $\frac{S_n}{n} \to \mu$ für $n \to \infty$. Da wir im nächsten Kapitel für das starke Gesetz der großen Zahlen, die fast sichere Konvergenz, nur die Endlichkeit des Erwartungswerts benötigen werden, gilt dafür auch das schwache Gesetz der großen Zahlen. Der Beweis ist aber wesentlich schwieriger.

Die Methode lässt sich direkt verallgemeinern auf unkorrelierte und nicht notwendig identisch verteilte Zufallsvariable mit folgendem Ergebnis.

▸ **Schwaches Gesetz der großen Zahlen 5.25** Sei $(X_n)_{n\geq 1}$ eine Folge unkorrelierter Zufallsvariablen mit $\mu_n = E(X_n)$ und $\sigma_n^2 = V(X_n)$ $(n \geq 1)$, und es konvergiere $\frac{1}{n^2} \sum_{i=1}^n \sigma_i^2 \to 0$ für $n \to \infty$. Dann konvergiert für jedes $\varepsilon > 0$ $P\left(\left|\frac{S_n}{n} - \frac{\mu_1 + \ldots + \mu_n}{n}\right| \geq \varepsilon\right) \to 0$ für $n \to \infty$.

In der Wahrscheinlichkeitstheorie spielen Summen von unabhängigen reellwertigen Zufallsvariablen eine wichtige Rolle. Wir wollen nun ihre Verteilung aus den Verteilungen der einzelnen Summanden herleiten. Wir führen das für die Summe von zwei unabhängigen Zufallsvariablen durch. Der allgemeine Fall folgt durch rekursive Berechnung.

Seien also X und Y unabhängige Zufallsvariable mit Verteilungen P_X und P_Y. Zur Herleitung der Verteilung von $X + Y$ bestimmen wir allgemein $E\varphi(X + Y)$ für messbare Funktionen $\varphi \geq 0$. Man erhält daraus die Verteilung von $X + Y$, indem man speziell $\varphi = 1_B$ mit $B \in \mathcal{B}(\mathbb{R})$ wählt, da $E1_B(X + Y) = P(X + Y \in B)$ ist.

Ähnlich wie im Beweis von Satz 5.23 folgt aus dem Transformationssatz und dem Satz von Fubini

$$E\varphi(X+Y) = \int \varphi(x+y)\mathrm{d}(P_X \times P_Y)(x,y) = \int \left[\int \varphi(x+y)\mathrm{d}P_X(x)\mathrm{d}P_Y(y) \right].$$

Für $\varphi = 1_B$ ist $1_B(x+y) = 1_{B-y}(x)$ mit $B - y = \{z - y : y \in B\}$. Wir erhalten damit die Verteilung von $X + Y$ durch

$$P(X+Y \in B) = \int 1_B(x+y)\mathrm{d}(P_X \times P_Y)(x,y) = \int P_X(B-y)\mathrm{d}P_Y(y).$$

Dass es sich um ein Wahrscheinlichkeitsmaß handelt, folgt leicht aus der ersten Darstellung. Die Vertauschung der Integrationsreihenfolge liefert

$$P(X+Y \in B) = \int P_Y(B-x)\mathrm{d}P_X(x).$$

Die so definierte Verknüpfung von Wahrscheinlichkeitsmaßen auf $\mathcal{B}(\mathbb{R})$ nennt man Faltung.

▸ **Definition 5.26** Seien P und Q Wahrscheinlichkeitsmaße auf $\mathcal{B}(\mathbb{R})$. Die *Faltung* $P * Q$ von P und Q ist das durch

$$(P*Q)(B) = \int 1_B(x+y)\mathrm{d}(P \times Q)(x,y) = \int P(B-y)\mathrm{d}Q(y) = \int Q(B-x)\mathrm{d}P(x)$$

für $B \in \mathcal{B}(\mathbb{R})$ definierte Wahrscheinlichkeitsmaß auf $\mathcal{B}(\mathbb{R})$.

▸ **Satz 5.27** Sind X und Y unabhängige reellwertige Zufallsvariable mit Verteilungen P_X und P_Y, dann hat $X + Y$ die Verteilung $P_X * P_Y$.

Die Faltung hat die Eigenschaften:

▸ **Satz 5.28** Die Faltung von Wahrscheinlichkeitsmaßen auf $\mathcal{B}(\mathbb{R})$ ist kommutativ und assoziativ.

Die Kommutativität wurde bereits gezeigt und ging in die Definition 5.26 ein. Sie folgt auch aus der Kommutativität $X+Y = Y+X$ der Summe von unabhängigen Zufallsvariablen X, Y.

Analog folgt die Assoziativität aus der Integration von $\int 1_B(x+y+z)\mathrm{d}(P \times Q \times R)(x,y,z)$ mit entsprechenden Integrationsreihenfolgen oder aus der Assoziativität $(X+Y)+Z = X+(Y+Z)$.

Mit $B = (-\infty, z]$ für $z \in \mathbb{R}$ erhält man die Verteilungsfunktion F_{X+Y} der Summe von unabhängigen Zufallsvariablen X und Y:

$$F_{X+Y}(z) = P(X+Y \le z) = \int F_X(z-y)\mathrm{d}P_Y(y) = \int F_Y(z-x)\mathrm{d}P_X(x).$$

Der einfachste Fall sind diskrete Verteilungen. In diesem Fall ist

$$\begin{aligned} P(X+Y=z) &= \sum_{\substack{(x,y)\\ x+y=z}} P(X=x)\cdot P(Y=y) \\ &= \sum_x P(X=x)\cdot P(Y=z-x) = \sum_y P(X=z-y)\cdot P(Y=y) \end{aligned}$$

Beispiele

1. Binomialverteilung: Wir haben die Binomialverteilung mit Parametern $n \geq 1$ und p $(0 \leq p \leq 1)$ bereits kurz in Kap. 4 als Beispiel 1 als zum Erwartungswert erwähnt als Verteilung der Summe $S_n = \sum_{i=1}^n X_i$ von n unabhängigen Zufallsvariablen X_i mit Verteilung $P(X_i = 1) = p$ und $P(X_i = 0) = q = 1 - p$ $(1 \leq i \leq n)$. Ein wichtiger Spezialfall sind bei unabhängigen Wiederholungen eines Zufallsexperiments die Indikatorfunktionen X_i des Eintretens eines Ereignisses A im $i$ten Experiment. In diesem Fall ist $p = P(A)$.
   Ihre Verteilung haben wir jedoch noch nicht bestimmt. Mit Hilfe der Faltung kann man jetzt leicht zeigen, dass die Binomial-Verteilung mit Parameter n und p die Verteilung $P(S_n = k) = \binom{n}{k} p^k q^{n-k}$ $(0 \leq k \leq n)$ hat. Wir lassen die Durchführung als Übung 5.6a.
2. Poissonverteilung: Seien X und Y unabhängig poissonverteilt mit Parameter λ und μ. Für $n \geq 0$ ist

$$\begin{aligned} P(X+Y=n) &= \sum_{k=0}^{n} P(X=k)\cdot P(Y=n-k) = \sum_{k=0}^{n} \mathrm{e}^{-\lambda}\frac{\lambda^k}{k!}\cdot \mathrm{e}^{-\mu}\frac{\mu^{n-k}}{(n-k)!} \\ &= \frac{\mathrm{e}^{-(\lambda+\mu)}}{n!}\sum_{k=0}^{n}\binom{n}{k}\lambda^k\mu^{n-k} = \mathrm{e}^{-(\lambda+\mu)}\frac{(\lambda+\mu)^n}{n!}\,. \end{aligned}$$

   Daher ist $X + Y$ ebenfalls poissonverteilt, und zwar mit Parameter $\lambda + \mu$.
   Hat X eine Verteilung mit einer Dichte f bzgl. des Lebesgue-Maßes, so ist bei beliebiger Verteilung von Y

$$F_{X+Y}(z) = \int \left[\int_{-\infty}^{z-y} f(x)\mathrm{d}x\right] \mathrm{d}P_Y(y)\,.$$

   Mit der Translationsinvarianz des Lebesgue-Maßes und dem Satz von Fubini folgt

$$F_{X+Y}(z) = \int \left[\int_{-\infty}^{z} f(x-y)\mathrm{d}x\right] \mathrm{d}P_Y(y) = \int_{-\infty}^{z} \left[\int f(x-y)\mathrm{d}P_Y(y)\right] \mathrm{d}x\,.$$

   Die Faltung $P_X * P_Y$ ist daher ebenfalls eine Verteilung mit einer Dichte bzgl. des Lebesgue-Maßes, und zwar mit der Dichte

$$h(z) = \int f(z-y)\mathrm{d}P_Y(y)\,. \tag{5.7}$$

Sind X und Y mit den Dichten f und g bzgl. des Lebesgue-Maßes verteilt, dann hat die Verteilung von $X + Y$ die Dichte

$$h(z) = \int f(z-y)g(y)\mathrm{d}y = \int f(x)g(z-x)\mathrm{d}x$$

bzgl. des Lebesgue-Maßes.

3. Auch für Normalverteilungen (s. (4.3)) ist die Faltung ebenfalls normalverteilt. Es ist

$$\mathcal{N}(\mu_1, \sigma_1^2) * \mathcal{N}(\mu_2, \sigma_2^2) = \mathcal{N}(\mu_1 + \mu_2, \sigma_1^2 + \sigma_2^2)\,.$$

Zum Beweis kann man das Faltungsintegral mit quadratischer Ergänzung im Exponenten bestimmen (Übung 5.9). Wir werden in Kap. 8 eine wesentlich einfachere Methode benutzen.

5.4 Terminale Ereignisse

Bevor wir im nächsten Kapitel das starke Gesetz der großen Zahlen beweisen, wollen wir uns jetzt schon allgemein mit Ereignissen beschäftigen, die dabei auftreten, den sogenannten terminalen Ereignissen.

Zu ihrer Motivation betrachten wir die fast sichere Konvergenz, von der das starke Gesetz der großen Zahlen handelt. Wie in Satz 3.18 gezeigt, ist die fast sichere Konvergenz $X_n \to X$ für $n \to \infty$ äquivalent dazu, dass für alle $\varepsilon > 0$ $P(\sup_{m \geq n} |X_m - X| \geq \varepsilon) \to 0$ für $n \to \infty$ konvergiert. Das wiederum ist äquivalent zu $P(\bigcap_n \bigcup_{m \geq n} \{|X_m - X| \geq \varepsilon\}) = 0$.

Für eine beliebige Folge $(A_n)_{n \geq 1}$ von Teilmengen einer Grundmenge Ω definiert man

$$\limsup_{n \to \infty} A_n = \bigcap_n \bigcup_{m \geq n} A_m = \lim_{n \to \infty} \bigcup_{m \geq n} A_m$$

als absteigendenden Grenzwert.

Es ist $\omega \in \limsup_{n \to \infty} A_n$ genau dann, wenn es zu jedem $n \geq 1$ ein $m \geq n$ mit $\omega \in A_m$ gibt, ω also in unendlich vielen A_n liegt. Daher ist $1_{\limsup_{n \to \infty} A_n} = \limsup_{n \to \infty} 1_{A_n}$, woher auch die Bezeichnung stammt.

Analog definiert man

$$\liminf_{n \to \infty} A_n = \bigcup_n \bigcap_{m \geq n} A_m = \lim_{n \to \infty} \bigcap_{m \geq n} A_m$$

als aufsteigendenden Grenzwert.

Es ist $\omega \in \liminf_{n \to \infty} A_n$ genau dann, wenn ω in allen bis auf endlich vielen A_n liegt.

Man sieht leicht, dass $(\limsup_{n \to \infty} A_n)^c = \liminf_{n \to \infty} (A_n)^c$ und $(\liminf_{n \to \infty} A_n)^c = \limsup_{n \to \infty} (A_n)^c$ ist.

Für die Wahrscheinlichkeiten von limes inferior und limes superior von Ereignissen gilt:

▸ **Proposition 5.29**

$$P(\liminf_{n\to\infty} A_n) \le \liminf_{n\to\infty} P(A_n) \le \limsup_{n\to\infty} P(A_n) \le P(\limsup_{n\to\infty} A_n)\ .$$

Beweis: Die mittlere Ungleichung ist aus der Analysis bekannt.

Die übrigen Ungleichungen kann man auch mit dem Lemma von Fatou beweisen. Wir beweisen die letzte Ungleichung direkt.

Sei $B_n = \bigcup_{m\ge n} A_m$ für $n \ge 1$. Aus der Konvergenz $B_n \downarrow \limsup_{n\to\infty} A_n$ für $n \to \infty$ folgt die Konvergenz $P(B_n) \downarrow (\limsup_{n\to\infty} A_n)$ für $n \to \infty$.

Da $A_n \subset B_n$ für alle $n \ge 1$ ist, folgt $\limsup_{n\to\infty} P(A_n) \le \limsup_{n\to\infty} P(B_n) = P(\limsup_{n\to\infty} A_n)$.

Analog kann man die erste Ungleichung beweisen oder mit Hilfe des Komplements auf den limes superior zurückführen.

Beweise von fast sicherer Konvergenz erfordern den Beweis, dass $P(\limsup_{n\to\infty} A_n) = 0$ für gewisse Mengen $(A_n)_{n\ge1}$ ist. Eine hinreichende Bedingung dafür, die nur die Werte $P(A_n)$ $(n \ge 1)$ benutzt, liefert das 1. Borel-Cantelli-Lemma.

▸ **1. Borel-Cantelli Lemma 5.30** Sei $(A_n)_{n\ge1}$ eine Folge von Ereignissen mit $\sum_{n=1}^{\infty} P(A_n) < \infty$.

Dann ist $P(\limsup_{n\to\infty} A_n) = 0$.

Beweis: Die Behauptung folgt aus der σ-Subadditivität von P:

$$P\left(\limsup_{n\to\infty} A_n\right) = \lim_{n\to\infty} P\left(\bigcup_{m=n}^{\infty} A_m\right) \le \lim_{n\to\infty} \sum_{m=n}^{\infty} P(A_m) = 0\ .$$

Für die Umkehrung benötigt man die Unabhängigkeit der Ereignisse $(A_n)_{n\ge1}$.

▸ **2. Borel-Cantelli Lemma 5.31** Sei $(A_n)_{n\ge1}$ eine Folge von unabhängigen Ereignissen mit $\sum_{n=1}^{\infty} P(A_n) = \infty$. Dann ist $P(\limsup_{n\to\infty} A_n) = 1$

Beweis: Wir gehen zum Komplement über. Es ist

$$P\left(\bigcup_{m=n}^{\infty} A_m\right) = 1 - P\left(\bigcap_{m=n}^{\infty} (A_m)^c\right)\ .$$

Für alle $N \ge n$ ist

$$P\left(\bigcap_{m=n}^{\infty} (A_m)^c\right) \le P\left(\bigcap_{m=n}^{N} (A_m)^c\right) = \prod_{m=n}^{N} P(A_m)^c = \prod_{m=n}^{N} (1 - P(A_m))\ .$$

Da $1 - x \leq e^{-x}$ für alle $x \in \mathbb{R}$ ist, folgt:

$$P\left(\bigcap_{m=n}^{\infty} (A_m)^c\right) \leq \prod_{m=n}^{N} e^{-P(A_m)} = e^{\sum_{m=n}^{N} -P(A_m)} \to 0 \quad \text{für} \quad N \to \infty .$$

Für alle $n \geq 1$ ist damit $P(\bigcap_{m=n}^{\infty} (A_m)^c) = 0$ und daher $P(\bigcup_{m=n}^{\infty} A_m) = 1$, und es folgt $P(\limsup_{n\to\infty} A_n) = \lim_{n\to\infty} P(\bigcup_{m=n}^{\infty} A_m) = 1$.

Beispiel: Wir wollen an einem einfachen Beispiel zeigen, dass man manchmal das 2. Borel-Cantelli Lemma auch anwenden kann, wenn die ursprüngliche Folge nicht aus unabhängigen Ereignissen besteht.

Gegeben seien unabhängige Wiederholungen eines Bernoulli-Experiments mit Wahrscheinlichkeit p mit $0 < p < 1$. Wir wollen die Wahrscheinlichkeit bestimmen, wie oft ein gegebenes k-Tupel $\overline{\omega}_k \in \{0,1\}^k$ vorkommt. Dazu setzen wir $A_n = \{(\omega_m)_{m\geq 1} : (\omega_{n+1}, \omega_{n+2}, \ldots, \omega_{n+k}) = \overline{\omega}_k\}$ $(n \geq 1)$. Für $k \geq 2$ sind die Ereignisse $(A_n)_{n\geq 1}$ nicht unabhängig, jedoch die Teilfolge $(A_{nk})_{n\geq 0}$. Da $P(A_n) = p_k(\overline{\omega}_k) > 0$ für alle $n \geq 1$ ist, ist $\sum_{n=0}^{\infty} P(A_{nk}) = \infty$. Mit dem 2. Borel-Cantelli Lemma folgt $P(\limsup_{n\to\infty} A_{nk}) = 1$. Da $P(\limsup_{n\to\infty} A_n) \geq P(\limsup_{n\to\infty} A_{nk})$ ist, ist auch $P(\limsup_{n\to\infty} A_n) = 1$.

Limes superior und limes inferior einer Folge $(A_n)_{n\geq 1}$ von Mengen hängen für jedes $n \geq 1$ nur von den Mengen $(A_m)_{m\geq n}$ ab. Das ist vergleichbar mit dem limes superior und limes inferior einer Folge reeller Zahlen. Da solche Mengen häufig vorkommen, wollen wir sie genauer untersuchen. Es ist vorteilhaft, sie allgemein durch σ-Algebren zu ersetzen. Der Fall von Mengen entspricht den von ihnen erzeugten σ-Algebren.

Definition 5.32 Sei $(\mathcal{A}_n)_{n\geq 1}$ eine Folge von σ-Algebren in einer Menge Ω. Die σ-Algebra $\mathcal{A}_\infty = \bigcap_n \sigma(\bigcup_{m\geq n} \mathcal{A}_m)$ heißt die σ-Algebra der *terminalen Ereignisse* bezüglich $(\mathcal{A}_n)_{n\geq 1}$.

Beispiele

1. Betrachten wir als erstes den Fall von Mengen. Sei also $\mathcal{A}_n = \sigma(A_n)$ für alle $n \geq 1$. Dann sind $\liminf_{n\to\infty} A_n, \limsup_{n\to\infty} A_n \in \mathcal{A}_\infty$. Denn für alle $N \geq 1$ ist $\limsup_{n\to\infty} A_n = \bigcap_{n\geq N} \bigcup_{m\geq n} A_m \in \sigma(\bigcup_{m\geq N} \mathcal{A}_m)$. Eine analoge Darstellung gilt für $\liminf_{n\to\infty} A_n$.
2. Sei $(X_n)_{n\geq 1}$ eine Folge von Zufallsvariablen und $(\mathcal{A}_n)_{n\geq 1}$ eine Folge von σ-Algebren mit der Eigenschaft, dass für jedes $n \geq 1$ $X_n \mathcal{A}_n$-messbar ist, z. B. $\mathcal{A}_n = \sigma(X_n)$ oder $\mathcal{A}_n = \sigma(X_1, \ldots, X_n)$ für $n \geq 1$. Dann sind $\limsup_{n\to\infty} X_n$ und $\limsup_{n\to\infty} \frac{X_1+\ldots+X_n}{\alpha_n}$ mit $\alpha_n \to \infty$ für $n \to \infty$ $\mathcal{A}_\infty$-messbar.
   Denn für jedes $N \geq 1$ ist $\limsup_{n\to\infty} X_n = \inf_{n\geq N} \sup_{m\geq n} X_n$ $\sigma(\bigcup_{m\geq N} \mathcal{A}_m)$-messbar. Für $n \geq N$ ist $\frac{X_1+\ldots+X_n}{\alpha_n} = \frac{X_1+\ldots+X_{N-1}}{\alpha_n} + \frac{X_N+\ldots+X_n}{\alpha_n}$. Da $\frac{X_1+\ldots+X_{N-1}}{\alpha_n} \to 0$ für $n \to \infty$ konvergiert, ist für jedes $N \geq 1$ $\limsup_{n\to\infty} \frac{X_1+\ldots+X_n}{\alpha_n} = \limsup_{n\to\infty} \frac{X_N+\ldots+X_n}{\alpha_n}$ $\sigma(\bigcup_{m\geq N} A_m)$-messbar. Entsprechendes gilt für den jeweiligen limes inferior.
   Terminale Ereignisse bzgl. unabhängiger σ-Algebren haben die bemerkenswerte Eigenschaft, dass ihre Wahrscheinlichkeiten 0 oder 1 sind.

▸ **Kolmogorov'sches 0-1-Gesetz 5.33** Seien $(\mathcal{A}_n)_{n\geq 1}$ unabhängige σ-Algebren. Dann hat jedes bezüglich $(\mathcal{A}_n)_{n\geq 1}$ terminale Ereignis die Wahrscheinlichkeit 0 oder 1.

Beweis: Wir zeigen, dass jedes Ereignis $A \in \mathcal{A}_\infty$ zu sich selbst unabhängig ist.

Für jedes $n \geq 1$ sind $\sigma(\bigcup_{m=1}^n \mathcal{A}_m)$ und $\sigma(\bigcup_{m=n+1}^\infty \mathcal{A}_m)$ unabhängig. Da $A \in \sigma(\bigcup_{m=n+1}^\infty \mathcal{A}_m)$ ist, sind daher $\sigma(A)$ und $\sigma(\bigcup_{m=1}^n \mathcal{A}_m)$ für jedes $n \geq 1$ unabhängig, also auch $\sigma(A)$ und $\bigcup_{n=1}^\infty \sigma(\bigcup_{m=1}^n \mathcal{A}_m)$. $\bigcup_{n=1}^\infty \sigma(\bigcup_{m=1}^n \mathcal{A}_m)$ ist $\bigcap$-stabil und erzeugt $\sigma(\bigcup_{m=1}^\infty \mathcal{A}_m)$. Nach Satz 5.10 sind daher $\sigma(A)$ und $\sigma(\bigcup_{m=1}^\infty \mathcal{A}_m)$ unabhängig. Da $A \in \sigma(A)$ und $A \in \sigma(\bigcup_{m=1}^\infty \mathcal{A}_m)$ ist, sind A und A unabhängig. Also ist $P(A) = P(A \cap A) = P(A) \cdot P(A)$. Die Wahrscheinlichkeit $p = P(A)$ ist daher Lösung der Gleichung $p^2 = p$, die nur die Lösungen $p = 0$ und $p = 1$ hat.

Zum Schluss zeigen wir noch, dass $\overline{\mathbb{R}}$-wertige Zufallsvariable, die bzgl. einer solchen σ-Algebra messbar sind, f.s. konstant sind.

▸ **Satz 5.34** Sei $\tilde{\mathcal{A}}$ eine σ-Algebra mit der Eigenschaft, dass $P(A) = 0$ oder 1 für alle $A \in \tilde{\mathcal{A}}$ ist. Dann ist jede $\overline{\mathbb{R}}$-wertige $\tilde{\mathcal{A}}$-messbare Zufallsvariable f.s. konstant.

Beweis: Sei X eine Zufallsvariable, die die Voraussetzungen des Satzes erfüllt.

Ist $P(X = -\infty) > 0$, so muss nach Voraussetzung $X = -\infty$ f.s. sein. Dasselbe gilt im Fall $P(X = \infty) > 0$. Sei daher $X \in \mathbb{R}$ f.s. Wir zerlegen $\mathbb{R}$ in Intervalle der Länge $\frac{1}{2^n}$ für $n \geq 1$. Da X in jedem Intervall mit Wahrscheinlichkeit 0 oder 1 liegt, gibt es für jedes $n \geq 1$ genau ein Intervall der Länge $\frac{1}{2^n}$, in dem X mit Wahrscheinlichkeit 1 enthalten ist. Da dies für alle $n \geq 1$ gilt, ist X f.s. Element des Durchschnitts dieser Intervalle und daher f.s. konstant.

Der Beweis und damit Satz 5.34 lässt sich leicht auf $\mathbb{R}^d$-wertige Zufallsvariable übertragen.

5.5 Übungen

5.1 Man zeige: Für $j = 1, 2$ seien Ω_j nicht-leere Mengen und S_j Semi-Algebren in Ω_j. Dann ist $S_1 \times S_2$ eine Semi-Algebra in $\Omega_1 \times \Omega_2$.

5.2 Sei $(X_n)_{n\geq 1}$ eine Folge von Zufallsvariablen in $(E, \mathcal{B})$, die die zufällige Entwicklung eines Prozesses mit Wert X_n zur Zeit n modelliert. Für $n \geq 1$ sei $\mathcal{A}_n = \sigma(X_1, \ldots, X_n)$. Eine Zufallsvariable T mit Werten in $\mathbb{N} \cup \{\infty\}$, die f.s. endlich ist, heißt Stoppzeit bzgl. $(\mathcal{A}_n)_{n\geq 1}$, wenn $\{T = n\} \in \mathcal{A}_n$ für alle $n \geq 1$ ist.

a) Man interpretiere die σ-Algebren $\mathcal{A}_n$ und die Bedingung für Stoppzeiten.

Man zeige:

b) Eine f.s. endliche Zufallsvariable T mit Werten in $\mathbb{N} \cup \{\infty\}$ ist genau dann eine Stoppzeit, wenn $\{T \leq n\} \in \mathcal{A}_n$ für alle $n \geq 1$ ist.

c) Für eine Menge $B \in \mathcal{B}$ sei $T_B = \min\{n : X_n \in B\}$ die erste Eintrittszeit in B. Man setzt $T_B = \infty$, wenn kein $n \geq 1$ mit $X_n \in B$ existiert. T_B ist eine Stoppzeit bzgl. $(\mathcal{A}_n)_{n\geq 1}$, wenn T_B f.s. endlich ist.

d) Der Wert des Prozesses X_T zu einer Stoppzeit T, der durch $X_T(\omega) = X_{T(\omega)}(\omega)$ definiert ist, ist eine Zufallsvariable. Man beachte, dass X_T f.s. definiert ist.
Für eine Stoppzeit T bezeichne $\mathcal{A}_T$ das System aller Mengen $A \subset \Omega$ mit $A \cap \{T = n\} \in \mathcal{A}_n$ für alle $n \geq 1$.
e) Man interpretiere $\mathcal{A}_T$.
f) Eine Menge $A \subset \Omega$ ist genau dann in $\mathcal{A}_T$, wenn $A \cap \{T \leq n\} \in \mathcal{A}_n$ für alle $n \geq 1$ ist.
g) $\mathcal{A}_T$ ist eine σ-Algebra, und X_T ist $\mathcal{A}_T$-messbar.
h) Sei $(X_n)_{n\geq 1}$ eine Folge unabhängiger, identisch verteilter Zufallsvariablen und $(T_n)_{n\geq 1}$ eine streng monoton wachsende Folge von Stoppzeiten. Dann sind auch die Zufallsvariablen $(X_{T_k+1})_{k\geq 1}$ unabhängig mit der gleichen Verteilung wie die X_n.
Was bedeutet dieses Ergebnis für eine Strategie, beim Glücksspiel wie z. B. Roulette nur bei geeignet scheinenden, vom bisherigen Spielverlauf abhängigen, Zeiten zu setzen, z. B. „rot" zu setzen, wenn lange kein „rot" vorkam?
Man erläutere, möglichst mit einem Beispiel, warum die Unabhängigkeit der $(X_{Tk+1})_{k\geq 1}$ i.a. verletzt ist, wenn die $(X_n)_{n\geq 1}$ zwar unabhängig, aber nicht identisch verteilt sind.

5.3 **Wald'sche Gleichung:** Man beweise: Sei $(X_n)_{n\geq 1}$ eine Folge unabhängiger, identisch verteilter Zufallsvariablen mit endlichem Erwartungswert und T eine Stoppzeit bzgl. $(X_n)_{n\geq 1}$ mit endlichem Erwartungswert. Dann hat $\sum_{n=1}^{T} X_n$ den endlichen Erwartungswert $E(\sum_{n=1}^{T} X_n) = (ET) \cdot (EX_1)$.
Anleitung: Es ist $\sum_{n=1}^{T} X_n = \sum_{n=1}^{\infty} X_n 1_{\{T\geq n\}}$.

5.4 Sei $(\Omega, \mathcal{A})$ ein messbarer Raum und X reellwertig $\mathcal{A}$-messbar.
Man zeige: Der Graph

$$G_X = \{(\omega, x) \in \Omega \times \mathbb{R} : X(\omega) = x\}$$

und im Fall $X \geq 0$ der positive Subgraph

$$G_X^+ = \{(\omega, x) \in \Omega \times \mathbb{R} : 0 \leq x \leq X(\omega)\}$$

gehören zu $\mathcal{A} \otimes \mathcal{B}(\mathbb{R})$.
Ist μ ein σ-endliches Maß auf $(\Omega, \mathcal{A})$, dann ist

$$(\mu \times \lambda)(G_X) = 0$$
$$(\mu \times \lambda)(G_X^+) = \int X \mathrm{d}\mu$$

wobei λ das Lebesgue-Maß auf $\mathcal{B}(\mathbb{R})$ ist.

5.5* Sei P_1 ein Wahrscheinlichkeitsmaß auf einem messbaren Raum $(\Omega_1, \mathcal{A}_1)$. Jedem $\omega_1 \in \Omega_1$ sei ein Wahrscheinlichkeitsmaß Q_{ω_1} auf dem messbaren Raum $(\Omega_2, \mathcal{A}_2)$ zugeordnet. Für jedes $B \in \mathcal{A}_2$ sei $Q_{\omega_1}(B)$ in Abhängigkeit von ω_1 $\mathcal{A}_1$-messbar. Diese Situation kommt bei zweistufigen Zufallsexperimenten vor. Zuerst wird ein Zufallsexperiment mit Ausgang in Ω_1 und Verteilung P_1 durchgeführt. Anschließend führt man ein Zufallsexperiment mit Ausgang in Ω_2 durch, dessen Verteilung Q_{ω_1} vom Ausgang ω_1 des ersten Zufallsexperiments abhängt. Der wichtigste Fall sind die Werte eines stochastischen Prozesses (s. Satz 11.16) zu verschiedenen Zeiten.

Man zeige:

a) Für alle $A \in \mathcal{A}_1 \otimes \mathcal{A}_2$ ist $Q_{\omega_1}(A_{\omega_1})$ in Abhängigkeit von ω_1 $\mathcal{A}_1$-messbar.

b) Durch $P(A) = \int Q_{\omega_1}(A_{\omega_1})\mathrm{d}P_1(\omega_1)$ ist auf $(\Omega_1 \times \Omega_2, \mathcal{A}_1 \otimes \mathcal{A}_2)$ ein Wahrscheinlichkeitsmaß definiert.

c) Ist $X \geq 0$ $\mathcal{A}_1 \otimes \mathcal{A}_2$-messbar, dann ist $\int X(\omega_1, \omega_2)\mathrm{d}Q_{\omega_1}(\omega_2)$ in Abhängigkeit von $\omega_1 \mathcal{A}_1$-messbar, und es ist

$$\int X(\omega_1, \omega_2)\mathrm{d}P(\omega_1, \omega_2) = \int \left(\int X(\omega_1, \omega_2)\mathrm{d}Q_{\omega_1}(\omega_2) \right) \mathrm{d}P_1(\omega_1) .$$

Was gilt im Fall $\overline{\mathbb{R}}$-wertiger $\mathcal{A}_1 \otimes \mathcal{A}_2$-messbarer Funktionen?

5.6 Sei $(X_n)_{n\geq 1}$ eine Folge von unabhängigen Zufallsvariablen mit der Verteilung $P(X_n = 1) = p$ und $P(X_n = 0) = q = 1 - p$ mit $0 \leq p \leq 1$.

a*) Man leite für $n \geq 1$ die Binomial-Verteilung als Verteilung der Summe S_n ab (s. Beispiel 1 zur Faltung).

1. mit kombinatorischen Argumenten
2. durch Induktion mit der Faltungsformel

Sei $p > 0$. Für $k \geq 1$ bezeichne T_k die Anzahl der Experimente bis zum $k$ten Eintreten des Ausgangs 1.

b) Man zeige, die Anzahlen $(T_k - T_{k-1})_{k\geq 1}$ der Experimente zwischen dem Eintreten von 1 unabhängig mit Parameter q geometrisch verteilt sind (s. Übung 4.7). Dabei ist $T_0 = 0$ gesetzt.

c) Man leite für $k \geq 1$ die Verteilung von T_k ab

1. mit kombinatorischen Argumenten
2. durch Induktion mit der Faltungsformel

Man zeige, dass sie in der Form

$$P(T_k = k + n) = \binom{-k}{n} p^k \cdot (-q)^n \quad (n \geq 0)$$

darstellbar ist. Sie heißt daher negative Binomialverteilung.

5.7 Man bestimme für $n \geq 1$ die Verteilungen der Summen $S_n = \sum_{i=1}^n X_i$ $(n \geq 1)$ unabhängiger, mit Parameter λ exponentialverteilter Zufallsvariablen $(X_i)_{i\geq 1}$.

5.8 Man zeige:

$$\mathcal{N}(\mu_1, \sigma_1^2) * \mathcal{N}(\mu_2, \sigma_2^2) = \mathcal{N}(\mu_1 + \mu_2, \sigma_1^2 + \sigma_2^2)$$

durch explizite Berechnung des Faltungsintegrals.

5.9 Die *Laplace-Transformation* einer reellwertigen Zufallsvariablen X bzw. ihrer Verteilung ist die Funktion $g(\lambda) = E(e^{-\lambda X})$.
Man zeige:
a) $g(\lambda)$ ist definiert für alle $\lambda \in \mathbb{R}$ mit $0 < g(\lambda) \le +\infty$.
b) $X \ge 0$ f.s. $\Rightarrow g(\lambda) < \infty$ für $\lambda \ge 0$.
c) Ist die Laplace-Transformation von X in einer Umgebung von 0 endlich, dann existieren alle Momente EX^n $(n \ge 1)$ von X und sind endlich. Man drücke in diesem Fall die Momente durch die Laplace-Transformation aus.
d) Man drücke die Laplace-Transformation von $aX + b$ $(a, b \in \mathbb{R})$ durch die Laplace-Transformation von X aus.
e) Wie erhält man die Laplace-Transformation der Summe von unabhängigen Zufallsvariablen aus denjenigen der einzelnen Summanden?
f) Man bestimme die Laplace-Transformation von binominalverteilten, Poissonverteilten, exponentialverteilten und normal verteilten Zufallsvariablen.
g) Man bestimme die Momente von exponentialverteilten und normalverteilten Zufallsvariablen.

5.10 **Cauchy-Verteilung:** Ein Spiegel sei an einer senkrechten Achse befestigt, um die er sich drehen kann. Parallel zur Ruhelage des Spiegels befindet sich im Abstand $a > 0$ eine Wand. Eine punktförmige Lichtquelle zwischen Wand und Spiegel strahlt Licht auf den Spiegel, das auf die Wand reflektiert wird. Der Spiegel werde aus der Ruhelage um einen zufälligen, im Intervall $(-\frac{\pi}{4}, \frac{\pi}{4})$ gleichmäßig verteilten Winkel gedreht.
Man zeige:
a) Die Verteilung des Auftreffpunkts des reflektierten Lichts hat die Dichte

$$\gamma_a(x) = \frac{1}{\pi} \cdot \frac{a}{a^2 + x^2} \qquad (x \in \mathbb{R})$$

bzgl. des Lebesgue-Maßes. Diese Verteilung heißt Cauchy-Verteilung mit Parameter a.
b) Sie besitzt keinen Erwartungswert, auch nicht im weiteren Sinne.
c) a ist ein Skalenparameter: ist X Cauchyverteilt mit Parameter a, dann ist cX für $c > 0$ Cauchyverteilt mit Parameter ac.
d) Für $a, b > 0$ ist $\gamma_a * \gamma_b = \gamma_{a+b}$.
Wie erhält man aus dieser Beziehung für ein ähnliches Experiment mit der gleichen Verteilung das Huygens'sche Prinzip?
e) Für unabhängige, mit Parameter a Cauchyverteilte Zufallsvariable X_i $(1 \le i \le n)$ ist $\frac{1}{n} \sum_{i=1}^n X_i$ ebenfalls Cauchyverteilt mit Parameter a.
Sei $(X_n)_{n \ge 1}$ eine Folge von unabhängigen, mit Parameter a Cauchyverteilten Zufallsvariablen.
f) Man bestimme $\liminf_{n\to\infty}(\frac{1}{n}\sum_{i=1}^n X_i)$ und $\limsup_{n\to\infty}(\frac{1}{n}\sum_{i=1}^n X_i)$.
g) Man zeige: Für $x > 0$ konvergiert $P(\frac{1}{n}\sup(X_1, \dots, X_n) \le x) \to \exp(-\frac{a}{\pi x})$ für $n \to \infty$.

5.11 a) Man beweise Satz 5.34 mit Hilfe der Verteilungsfunktion.

b) Warum ist das folgende Argument als Beweis von Satz 5.34 falsch?
Für alle x ist $P(X = x) = 0$ oder 1. Da X mindestens einen Wert annehmen muss, gibt es ein x mit $P(X = x) = 1$.

6 Das starke Gesetz der großen Zahlen

Grenzwertsätze haben in der Wahrscheinlichkeitstheorie eine große Bedeutung und dienen verschiedenen Zwecken.

1. Mit ihnen kann man vereinfachte, näherungsweise Berechnungen darstellen.
   Viele Approximationen in der Wahrscheinlichkeitstheorie können als Grenzwerte idealisiert werden und lassen als solche genauer erkennen, in welchem Sinne die Approximation gilt. Ein bekanntes Beispiel ist die Approximation der Binomialverteilung durch die Normalverteilung in den Sätzen von de Moivre-Laplace.
2. Sie fördern das theoretische Verständnis durch Präzisierung der Vorstellung.
   Zum Beispiel rechtfertigen die Gesetze der großen Zahlen den wahrscheinlichkeitstheoretischen Ansatz. Intuitiver Hintergrund der Definition der Wahrscheinlichkeit ist die Vorstellung einer hypothetischen Größe, der sich die relative Häufigkeit bei wachsender Anzahl von unabhängigen Wiederholungen eines Zufallsexperiments beliebig genau annähert. Entsprechendes gilt für den Erwartungswert als Annäherung des arithmetischen Mittels. Die Gesetze der großen Zahlen präzisieren diese Vorstellung im Modell und zeigen, in welchem Sinn in ihm Konvergenz gilt.
3. Sie sind die Grundlage vieler Modelle.
   So liefert die Approximation der Binomialverteilung durch die Poissonverteilung ein Modell für radioaktiven Zerfall oder die Approximation der Irrfahrt durch die Brown'sche Bewegung (s. Kap. 11, Beispiel 3) ein Modell für die Bewegung eines molekularen Teilchens.
   Grenzwertsätze spielen auch in der Geschichte der Wahrscheinlichkeitstheorie eine wichtige Rolle. Sie waren die ersten Resultate, die über Probleme mit rein kombinatorischen Lösungen hinausgingen.

In diesem Kapitel beweisen wir das starke Gesetz der großen Zahlen, das wir schon im ersten Kapitel als Motivation für die Beschäftigung mit der Maßtheorie vorgestellt haben.

M. Mürmann, *Wahrscheinlichkeitstheorie und Stochastische Prozesse*,
DOI 10.1007/978-3-642-38160-7_6, © Springer-Verlag Berlin Heidelberg 2014

▸ **Starkes Gesetz der großen Zahlen 6.1** Sei $(X_n)_{n\geq 1}$ eine Folge unabhängiger, identisch verteilter Zufallsvariablen mit endlichem Erwartungswert μ, und sei $S_n = \sum_{k=1}^{n} X_k$ für $n \geq 1$. Dann konvergiert $\frac{S_n}{n} \to \mu$ f.s. für $n \to \infty$.

Als Korollar folgt die stochastische Konvergenz, das schwache Gesetz der großen Zahlen.

Das klassische Beispiel betrifft die Binomialverteilung (s. Beispiel 1 zur Faltung und Übung 5.6 a). In diesem Fall ist $\frac{S_n}{n}$ die relative Häufigkeit des Eintretens des Ausgangs 1, z. B. des Eintretens eines Ereignisses A, unter den ersten n unabhängigen Wiederholungen eines Zufallsexperiments. Der allgemeine Fall betrifft unabhängige, identisch verteilte Zufallsvariable $(X_n)_{n\geq 1}$, für den $\frac{S_n}{n}$ das arithmetische Mittel der ersten n Zufallsvariablen ist.

Bevor wir das starke Gesetz der großen Zahlen beweisen, wollen wir eine wichtige Bemerkung zu seiner Bedeutung machen. Haben wir mit seinem Beweis gezeigt, wie manchmal behauptet wird, dass in der Realität z. B. bei unabhängigen Wiederholungen eines Zufallsexperiments die relative Häufigkeit eines Ereignisses gegen seine Wahrscheinlichkeit konvergiert? Natürlich nicht! Denn abgesehen davon, dass dazu unendliche viele Wiederholungen notwendig wären, ist es grundsätzlich nicht möglich, Aussagen über die Realität mathematisch zu beweisen. Ein mathematisches Modell für ein Phänomen der Realität versucht, die Strukturen, für die man sich interessiert und die man untersuchen will, durch mathematische Objekte möglichst realistisch darzustellen und dann mit mathematischen Methoden zu behandeln. Aber es ist ein mathematisches Modell und nicht die Realität. Das Ergebnis seiner mathematischen Untersuchung muss man dann für die Realität interpretieren. Was das starke Gesetz der großen Zahlen liefert, ist die Bestätigung, dass das wahrscheinlichkeitstheoretische Modell die zu Beginn des Kapitels unter 2 erwähnte intuitive Vorstellung von Wahrscheinlichkeit wiedergibt, und ist insofern eine Rechtfertigung des Modells.

Für Zufallsvariable mit endlichem vierten Moment lässt sich ein einfacher Beweis mit Hilfe der Tschebychev'schen Ungleichung und dem 1. Borel-Cantelli Lemma führen (Übung 6.1). Man benötigt jedoch nur die Endlichkeit des ersten Moments, also des Erwartungswerts. Auf dem Wege des Beweises werden wir Resultate erhalten, die auch für sich von Interesse sind.

Wir führen den Beweis zuerst für Zufallsvariable mit endlicher Varianz in einer allgemeineren Version in zwei Schritten. Wir können dabei $\mu = 0$ annehmen, da der allgemeine Fall daraus durch Zentrierung folgt.

1. Wir zeigen unter geeigneten Voraussetzungen die fast sichere Konvergenz von Reihen der Form $\sum_{n=1}^{\infty} \frac{X_n}{b_n}$.Das starke Gesetz der großen Zahlen betrifft den Fall $b_n = n$ für $n \geq 1$.
2. Aus der Konvergenz der Reihe $\sum_{n=1}^{\infty} \frac{X_n}{b_n}$ folgern wir, dass $\frac{S_n}{b_n} \to 0$ für $n \to \infty$ konvergiert.

Zuerst behandeln wir also die fast sichere Konvergenz von Reihen. Dazu betrachten wir Reihen der Form $\sum_{n=1}^{\infty} X_n$. Später ersetzen wir X_n durch $\frac{X_n}{b_n}$.

Für die fast sichere Konvergenz von Reihen müssen wir zeigen, dass die Restsumme fast sicher beliebig klein wird. Zum Beweis dient eine Verschärfung der Tschebychev'schen Ungleichung.

▸ **Kolmogorov'sche Ungleichung 6.2** Seien $X_1, \ldots, X_n$ unabhängige Zufallsvariable mit $EX_i = 0$ für $1 \leq i \leq n$. Dann gilt für jedes $c > 0$

$$P\left(\sup_{1\leq i\leq n} |S_i| \geq c\right) \leq \frac{V(S_n)}{c^2}.$$

Aus $|S_n| \geq c$ folgt $\sup_{1\leq i\leq n} |S_i| \geq c$. Die Kolmogorov'sche Ungleichung ist daher schärfer als die entsprechende Tschebychev'sche Ungleichung. Dahinter steckt die allgemeine Tendenz, dass sich von großen Werten von $\sup_{1\leq i\leq n} |S_i|$ auf große Werte von $|S_n|$ mit Wahrscheinlichkeit von gleicher Größenordnung schließen lässt.

Beweis: Sei $c > 0$. Wir zerlegen das Ereignis

$$A = \left\{\sup_{1\leq i\leq n} |S_i| \geq c\right\}$$

nach dem ersten i mit $|S_i| \geq c$, setzen also

$$A_j = \{|S_j| \geq c, |S_i| < c \quad \text{für} \quad 1 \leq i < j\} \quad \text{für} \quad 1 \leq j \leq n.$$

Die Ereignisse $A_1, \ldots, A_n$ sind paarweise disjunkt mit $\bigcup_{j=1}^{n} A_j = A$.

Es gilt

$$E\left(S_n^2\right) \geq E\left(S_n^2 1_A\right) = \sum_{j=1}^{n} E\left(S_n^2 1_{A_j}\right).$$

Für $1 \leq j \leq n$ ist

$$E\left(S_n^2 1_{A_j}\right) = E\left(\left[\left(S_n - S_j\right)^2 + 2\left(S_n - S_j\right) \cdot S_j + \left(S_j\right)^2\right] 1_{A_j}\right).$$

Wir behandeln den Erwartungswert der einzelnen Summanden der rechten Seite. Der erste Summand ist ≥ 0.

Wir zeigen, dass der zweite Summand = 0 ist.

$S_j 1_{Aj}$ ist $\sigma(X_1, \ldots, X_j)$-messbar und $S_n - S_j = X_{j+1} + \ldots + X_n$ ist $\sigma(X_{j+1}, \ldots, X_n)$-messbar. Daher sind $S_j 1_{Aj}$ und $S_n - S_j$ unabhängig. Da $E(S_n - S_j) = 0$ ist, folgt

$$E\left[S_j 1_{A_j}\left(S_n - S_j\right)\right] = E\left(S_j 1_{A_j}\right) \cdot E\left(S_n - S_j\right) = 0.$$

Auf A_j ist $(S_j)^2 \geq c^2$, und es folgt die Ungleichung

$$E\left(S_n^2 1_{A_j}\right) \geq E\left(\left(S_j\right)^2 1_{A_j}\right) \geq c^2 P(A_j)$$

und damit schließlich $V(S_n) = E\left(S_n^2\right) \geq \sum_{j=1}^n c^2 P\left(A_j\right) = c^2 P(A)$.

Für die fast sichere Konvergenz von Reihen folgt:

▸ **Korollar 6.3** Für unabhängige Zufallsvariable $(X_n)_{n\geq 1}$ mit $EX_n = 0$ für $n \geq 1$ und $\sum_{n=1}^\infty V(X_n) < \infty$ konvergiert $\sum_{n=1}^\infty X_n$ f.s.

Beweis: Wir wenden für $n, m \geq 1$ die Kolmogorov'sche Ungleichung auf die Summen $S_{n+i} - S_n = \sum_{j=1}^i X_{n+j}$ für $1 \leq i \leq m$ an und erhalten

$$P\left(\sup_{1\leq i\leq m} |S_{n+i} - S_n| > \frac{\varepsilon}{2}\right) \leq P\left(\sup_{1\leq i\leq m} |S_{n+i} - S_n| \geq \frac{\varepsilon}{2}\right) \leq \frac{4}{\varepsilon^2} \sum_{j=n+1}^{n+m} V\left(X_j\right).$$

Mit $m \to \infty$ folgt:

$$P\left(\sup_{i\geq 1} |S_{n+i} - S_n| > \frac{\varepsilon}{2}\right) \leq \frac{4}{\varepsilon^2} \sum_{j=n+1}^{\infty} V\left(X_j\right) \to 0 \quad \text{für} \quad n \to \infty$$

und

$$P\left(\sup_{k,m\geq n} |S_k - S_m| > \varepsilon\right) \to 0 \quad \text{für} \quad n \to \infty\,. \tag{6.1}$$

Analog zu Satz 3.18 beweist man das Cauchy Kriterium:

$(S_n)_{n\geq 1}$ ist genau dann f.s. konvergent, wenn für alle $\varepsilon > 0$ $P\left(\sup_{k,m\geq n} |S_k - S_m| > \varepsilon\right) \to 0$ für $n \to \infty$ konvergiert.

Damit folgt Korollar 6.3 aus (6.1).

Beispiel

Zufälliges Vorzeichen Die Reihe $\sum_{n=1}^\infty \frac{1}{n}$ ist divergent, aber $\sum_{n=1}^\infty \frac{(-1)^n}{n}$ ist konvergent. Welche Konvergenzeigenschaft hat $\sum_{n=1}^\infty \frac{X_n}{n}$ mit unabhängigen, gleich verteilten Vorzeichen $X_n = \pm 1$?

Für diese Zufallsvariablen X_n folgt aus Korollar 6.3 für beliebige $c_n \geq 0$:
$\sum_{n=1}^\infty c_n^2 < \infty \Rightarrow \sum_{n=1}^\infty c_n X_n$ konvergiert f.s.
Insbesondere konvergiert $\sum_{n=1}^\infty \frac{X_n}{n}$, sogar $\sum_{n=1}^\infty \frac{X_n}{n^\alpha}$ mit $\alpha > \frac{1}{2}$ f.s.

Dieses Beispiel zeigt auch, dass die Reihe in Korollar 6.3 i. A. nicht absolut konvergiert.

Zum Beweis des starken Gesetzes der großen Zahlen wenden wir Korollar 6.3 auf $\sum_{n=1}^\infty \frac{X_n}{b_n}$ an und zeigen, dass unter geeigneten Eigenschaften der Folge $(b_n)_{n\geq 1}$ aus der

Konvergenz der Reihe $\sum_{n=1}^{\infty} \frac{X_n}{b_n}$ die Konvergenz $\frac{S_n}{b_n} \to 0$ für $n \to \infty$ folgt. Dies ist ein rein analytisches Resultat, das wir auf die Realisierungen $(X_n(\omega))_{n\geq 1}$ anwenden werden.

▸ **Lemma von Kronecker 6.4** Seien $(x_n)_{n\geq 1}$ und $(b_n)_{n\geq 1}$ reelle Zahlenfolgen mit $b_n > 0$ für $n \geq 1$ und $b_n \uparrow \infty$ für $n \to \infty$, so dass die Reihe $\sum_{n=1}^{\infty} \frac{x_n}{b_n}$ konvergiert. Dann konvergiert $\frac{1}{b_n} \sum_{k=1}^{n} x_k \to 0$ für $n \to \infty$.

Beweis: Wir bezeichnen die Restsumme mit $r_n = \sum_{k=n+1}^{\infty} \frac{x_k}{b_k}$. Es ist $r_{n-1} - r_n = \frac{x_n}{b_n}$ für alle $n \geq 1$, und es konvergiert $r_n \to 0$ für $n \to \infty$.

Wir stellen $\sum_{k=1}^{n} x_k$ dar als

$$\sum_{k=1}^{n} x_k = \sum_{k=1}^{n} b_k (r_{k-1} - r_k) = \sum_{k=0}^{n-1} b_{k+1} r_k - \sum_{k=1}^{n} b_k r_k = \sum_{k=1}^{n-1} (b_{k+1} - b_k)\, r_k + b_1 r_0 - b_n r_n\,.$$

Daher ist

$$\frac{1}{b_n} \sum_{k=1}^{n} x_k = \frac{1}{b_n} \sum_{k=1}^{n-1} (b_{k+1} - b_k)\, r_k + \frac{b_1 r_0}{b_n} - r_n\,.$$

Die letzten beiden Terme konvergieren gegen 0 für $n \to \infty$. Wir zeigen, dass dies auch für den ersten Term gilt.

Sei $\varepsilon > 0$. Da $r_n \to 0$ für $n \to \infty$ konvergiert, existiert ein $m \geq 1$ mit $|r_k| \leq \frac{\varepsilon}{2}$ für $k \geq m$. Wir halten m fest und zerlegen für $n \geq m + 1$ die Summe in

$$\frac{1}{b_n} \sum_{k=1}^{n-1} (b_{k+1} - b_k)\, r_k = \frac{1}{b_n} \sum_{k=1}^{m} (b_{k+1} - b_k)\, r_k + \frac{1}{b_n} \sum_{k=m+1}^{n-1} (b_{k+1} - b_k)\, r_k\,.$$

Da die Anzahl der Summanden in der ersten Summe fest ist, konvergiert die Summe gegen 0 für $n \to \infty$. Es existiert daher ein $n_0 \geq m + 1$, so dass für $n \geq n_0$ gilt

$$\left| \frac{1}{b_n} \sum_{k=1}^{m} (b_{k+1} - b_k)\, r_k \right| \leq \frac{\varepsilon}{2}\,.$$

Den Betrag der zweiten Summe schätzen wir ab durch

$$\begin{aligned} \left| \frac{1}{b_n} \sum_{k=m+1}^{n-1} (b_{k+1} - b_k)\, r_k \right| &\leq \frac{1}{b_n} \sum_{k=m+1}^{n-1} (b_{k+1} - b_k)\, |r_k| \leq \frac{1}{b_n} \sum_{k=m+1}^{n-1} (b_{k+1} - b_k)\, \frac{\varepsilon}{2} \\ &= \frac{b_n - b_{m+1}}{b_n} \frac{\varepsilon}{2} \leq \frac{\varepsilon}{2}\,. \end{aligned}$$

Damit ist

$$\left| \frac{1}{b_n} \sum_{k=1}^{n-1} (b_{k+1} - b_k)\, r_k \right| \leq \varepsilon \quad \text{für} \quad n \geq n_0$$

und es folgt die Konvergenz $\frac{1}{b_n} \sum_{k=1}^{n-1} (b_{k+1} - b_k)\, r_k \to 0$ für $n \to \infty$.

Aus der Kolmogorov'schen Ungleichung und dem Lemma von Kronecker folgt:

Satz 6.5

1. Sei $(X_n)_{n\geq 1}$ eine Folge unabhängiger Zufallsvariablen mit $EX_n = 0$ für $n \geq 1$ und $(b_n)_{n\geq 1}$ eine reelle Zahlenfolge mit $b_n > 0$ für alle $n \geq 1$ und $b_n \uparrow \infty$ für $n \to \infty$, so dass $\sum_{n=1}^{\infty} \frac{V(X_n)}{b_n^2} < \infty$ ist. Dann konvergiert $\sum_{n=1}^{\infty} \frac{X_n}{b_n}$ f.s. und $\frac{1}{b_n}\sum_{k=1}^{n} X_k \to 0$ für $n \to \infty$.
2. Sei $(X_n)_{n\geq 1}$ eine Folge unabhängiger, identisch verteilter Zufallsvariablen mit $EX_1 = 0$ endlicher Varianz. Sei $(b_n)_{n\geq 1}$ eine reelle Zahlenfolge mit $b_n > 0$ für alle n, $b_n \uparrow \infty$ für $n \to \infty$ und $\sum_{n=1}^{\infty} \frac{1}{b_n^2} < \infty$. Dann konvergiert $\frac{1}{b_n}\sum_{k=1}^{n} X_k \to 0$ f.s. für $n \to \infty$.

Für Zufallsvariable mit endlichem Erwartungswert μ wenden wir Satz 6.5 auf die zentrierten Zufallsvariablen $(X_n - \mu)_{n\geq 1}$ an und erhalten mit $b_n = n$ für $n \geq 1$ das starke Gesetz der großen Zahlen für Zufallsvariable mit endlicher Varianz. In diesem Fall können wir sogar $b_n = n^\alpha$ mit $\alpha > \frac{1}{2}$ oder $b_n = \sqrt{n}\log n$ wählen, jedoch nicht $b_n = \sqrt{n}$, die Normierung des zentralen Grenzwertsatzes.

Wir beweisen das starke Gesetz der großen Zahlen ohne die Voraussetzung endlicher Varianz durch Abschneiden von X_n für Werte $|X_n| \geq n$, indem wir zeigen:

1. Die abgeschnittenen Zufallsvariablen stimmen mit den ursprünglichen bis auf endlich viele f.s. überein.
2. Für die abgeschnittenen Zufallsvariablen gilt das starke Gesetz der großen Zahlen.

Zum Beweis der ersten Aussage zeigen wir:

Lemma 6.6 Für nichtnegative Zufallsvariable X gilt:

$$\sum_{n=1}^{\infty} P(X \geq n) \leq EX \leq \sum_{n=1}^{\infty} P(X \geq n) + 1 .$$

Korollar 6.7 Für eine Folge unabhängiger, identisch verteilter Zufallsvariablen $(X_n)_{n\geq 1}$ ist $P(|X_n| \geq n$ für unendlich viele $n) = 0$ genau dann, wenn $E|X_1| < \infty$ ist.

Beweis von Lemma 6.6: Ist $P(X = \infty) > 0$, so stimmt die Aussage, da alle Terme ∞ sind. Sei daher $X < \infty$ f.s.

Für eine ganzzahlige nichtnegative Zufallsvariable X ist $EX = \sum_{n=1}^{\infty} P(X \geq n)$. Denn es ist

$$\begin{aligned} EX &= \sum_{m=0}^{\infty} mP(X = m) = \sum_{m=1}^{\infty} mP(X = m) = \sum_{m=1}^{\infty}\sum_{n=1}^{m} P(X = m) \\ &= \sum_{n=1}^{\infty}\sum_{m=n}^{\infty} P(X = m) = \sum_{n=1}^{\infty} P(X \geq n) . \end{aligned}$$

Für eine nichtnegative Zufallsvariable X ist $[X] \leq X < [X] + 1$ und für $n \geq 1$ ist $[X] \geq n$ genau dann, wenn $X \geq n$ ist.

Daraus folgt:

$$\sum_{n=1}^{\infty} P(X \geq n) = \sum_{n=1}^{\infty} P([X] \geq n) = E[X] \leq EX \leq E[X] + 1 = \sum_{n=1}^{\infty} P(X \geq n) + 1 .$$

Beweis von Korollar 6.7: Aus dem 1. und 2. Borel-Cantelli Lemma folgt mit Lemma 6.6: $P(|X_n| \geq n$ für unendlich viele $n) = 0 \Leftrightarrow \sum_{n=1}^{\infty} P(|X_n| \geq n) < \infty \Leftrightarrow \sum_{n=1}^{\infty} P(|X_1| \geq n) < \infty$ $\Leftrightarrow E|X_1| < \infty$.

Wir nehmen im folgenden wieder an, dass $\mu = 0$ ist, da der allgemeine Fall daraus durch Zentrierung folgt.

Wir definieren die abgeschnittenen Zufallsvariablen $\widetilde{X}_n$ für $n \geq 1$ durch

$$\widetilde{X}_n(\omega) = X_n(\omega) \quad \text{für} \quad |X_n(\omega)| < n$$
$$\widetilde{X}_n(\omega) = 0 \quad \text{für} \quad |X_n(\omega)| \geq n .$$

Da für jedes $n \geq 1$ $\widetilde{X}_n$ eine Funktion von X_n ist, sind die Zufallsvariablen $(\widetilde{X}_n)_{n \geq 1}$ unabhängig. Aus Korollar 6.7 folgt:

$$P(\widetilde{X}_n = X_n \quad \text{bis auf höchstens endlich viele } n) = 1$$

und aus der Konvergenz $\frac{1}{n} \sum_{k=1}^{n} \widetilde{X}_k \to 0$ f.s. folgt die Konvergenz $\frac{1}{n} \sum_{k=1}^{n} X_k \to 0$ f.s. für $n \to \infty$.

Wir zeigen daher, dass $\frac{1}{n} \sum_{k=1}^{n} \widetilde{X}_k \to 0$ f.s. für $n \to \infty$ konvergiert.

Es ist zu beachten, dass für die abgeschnittenen Zufallsvariablen i. A. $E\widetilde{X}_n \neq 0$ ist. Es gilt jedoch:

$$E\widetilde{X}_n \to 0 \quad \text{für} \quad n \to \infty . \tag{6.2}$$

Zum Beweis von (6.2) definieren wir:

$$\widehat{X}_n(\omega) = X_1(\omega) \quad \text{für} \quad |X_1(\omega)| < n$$
$$\widehat{X}_n(\omega) = 0 \quad \text{für} \quad |X_1(\omega)| \geq n .$$

Da für $n \geq 1$ $\widehat{X}_n$ die gleiche Verteilung hat wie $\widetilde{X}_n$, ist $E\widehat{X}_n = E\widetilde{X}_n$.

Für $n \to \infty$ konvergiert $\widehat{X}_n \to X_1$ f.s. mit integrierbarer Majorante $|\widehat{X}_n| \leq |X_1|$ für alle $n \geq 1$, und (6.2) folgt mit majorisierter Konvergenz:

$$E\widetilde{X}_n = E\widehat{X}_n \to EX_1 = 0 \quad \text{für} \quad n \to \infty .$$

Spalten wir daher den Erwartungswert ab:

$$\frac{1}{n}\sum_{k=1}^{n}\widetilde{X_k} = \frac{1}{n}\sum_{k=1}^{n}\left(\widetilde{X_k} - E\widetilde{X_k}\right) + \frac{1}{n}\sum_{k=1}^{n}E\widetilde{X_k}$$

so konvergiert der zweite Term gegen 0.

Dass auch der erste Term, dessen Summanden Erwartungswert 0 haben, gegen 0 konvergiert, beweisen wir wieder mit Satz 6.5, indem wir zeigen, dass $\sum_{n=1}^{\infty}\frac{E\left[\left(\widetilde{X}_n - E\widetilde{X}_n\right)^2\right]}{n^2} < \infty$ ist.

Für $n \geq 1$ ist

$$E\left[\left(\widetilde{X}_n - E\widetilde{X}_n\right)^2\right] = E\left[\left(\widetilde{X}_n\right)^2\right] - \left(E\widetilde{X}_n\right)^2 \leq E\left[\left(\widetilde{X}_n\right)^2\right].$$

Wir schätzen $\sum_{n=1}^{\infty}\frac{E\left[\left(\widetilde{X}_n\right)^2\right]}{n^2}$ ähnlich ab wie die Reihe im Beweis von Lemma 6.6, indem wir sie darstellen als

$$\sum_{n=1}^{\infty}\frac{E\left[\left(\widetilde{X}_n\right)^2\right]}{n^2} = \sum_{n=1}^{\infty}\sum_{k=1}^{n}\frac{1}{n^2}E\left[\left(\widetilde{X}_n\right)^2 1_{\{k-1\leq|\widetilde{X}_n|<k\}}\right].$$

Für $k-1 \leq \left|\widetilde{X}_n\right| < k \leq n$ ist $\widetilde{X}_n = X_n$ und damit wie X_1 verteilt. Daher ist

$$E\left[\left(\widetilde{X}_n\right)^2 1_{\{k-1\leq|\widetilde{X}_n|<k\}}\right] = E\left[\left(X_n\right)^2 1_{\{k-1\leq|X_n|<k\}}\right] = E\left[\left(X_1\right)^2 1_{\{k-1\leq|X_1|<k\}}\right].$$

Mit Änderung der Summationsreihenfolge folgt

$$\sum_{n=1}^{\infty}\frac{E\left[\left(\widetilde{X}_n\right)^2\right]}{n^2} = \sum_{k=1}^{\infty}\left(\sum_{n=k}^{\infty}\frac{1}{n^2}\right)E\left[\left(X_1\right)^2 1_{\{k-1\leq|X_1|<k\}}\right].$$

Wir zeigen zunächst

$$\sum_{n=k}^{\infty}\frac{1}{n^2} \leq \frac{2}{k} \quad \text{für} \quad k \geq 1.$$

Für $k \geq 2$ ist

$$\sum_{n=k}^{\infty}\frac{1}{n^2} \leq \sum_{n=k}^{\infty}\frac{1}{n(n-1)} = \sum_{n=k}^{\infty}\left(\frac{1}{n-1} - \frac{1}{n}\right) = \frac{1}{k-1} \leq \frac{2}{k}$$

und für $k = 1$

$$\sum_{n=1}^{\infty}\frac{1}{n^2} = 1 + \sum_{n=2}^{\infty}\frac{1}{n^2} \leq 1 + 1 = \frac{2}{k}.$$

Damit erhalten wir schließlich

$$\sum_{n=1}^{\infty}\frac{E\left[\left(\widetilde{X}_n\right)^2\right]}{n^2} \leq 2\sum_{k=1}^{\infty}E\left[\frac{\left(X_1\right)^2}{k}1_{\{k-1\leq|X_1|<k\}}\right] \leq 2\sum_{k=1}^{\infty}E\left[|X_1|\,1_{\{k-1\leq|X_1|<k\}}\right] = 2E|X_1| < \infty.$$

Das starke Gesetz der großen Zahlen gilt auch für Zufallsvariable mit Erwartungswert im weiteren Sinne. Zum Beweis nehmen wir ohne Einschränkung unabhängige, identisch verteilte Zufallsvariable $(X_n)_{n\geq 1}$ mit $EX_1 = \infty$ an. Da in diesem Fall $EX_1^- < \infty$ ist, gilt für $(X_n^-)_{n\geq 1}$ das starke Gesetz der großen Zahlen. Es konvergiert also $\frac{1}{n}\sum_{k=1}^n X_k^- \to EX_1^-$ f.s. für $n \to \infty$. Um $\frac{S_n}{n} \to \infty$ zu zeigen, genügt es daher, Zufallsvariable $X_n \geq 0$ mit $EX_1 = \infty$ anzunehmen.

Im Fall $P(X_1 = \infty) > 0$ ist $X_n = \infty$ für ein $n \geq 1$ f.s. und daher $\frac{S_n}{n} = \infty$ für genügend große n f.s.

Sei also $X_1 < \infty$ f.s. Für $N \geq 1$ definieren wir

$$X_n^N(\omega) = X_n(\omega) \quad \text{für} \quad X_n(\omega) \leq N$$
$$X_n^N(\omega) = 0 \quad \text{für} \quad X_n(\omega) > N\,.$$

Für $N \geq 1$ folgt mit dem starken Gesetz der großen Zahlen:

$$\liminf_{n\to\infty}\left(\frac{S_n}{n}\right) \geq \liminf_{n\to\infty}\left(\frac{1}{n}\sum_{k=1}^n X_k^N\right) = E\left(X_1 1_{\{X_1\leq N\}}\right) \text{ f.s.}$$

Für $N \to \infty$ konvergiert $X_1 1_{\{x1\leq N\}} \uparrow X_1$ f.s. und mit monotoner Konvergenz folgt $EX_1 1_{\{x1\leq N\}} \uparrow EX_1 = \infty$.

Daher ist $\liminf_{n\to\infty}\left(\frac{S_n}{n}\right) = \infty$ f.s., also geht $\frac{S_n}{n} \to \infty$ f.s. für $n \to \infty$.

Es gilt auch die folgende Umkehrung des starken Gesetzes der großen Zahlen.

▸ **Satz 6.8** Sei $(X_n)_{n\geq 1}$ eine Folge unabhängiger, identisch verteilter Zufallsvariablen mit $E|X_1| = \infty$. Dann ist $\frac{S_n}{n}$ nicht konvergent f.s.

Das bedeutet, dass bereits aus der Konvergenz von $\frac{S_n}{n}$ mit strikt positiver Wahrscheinlichkeit die Endlichkeit des Erwartungswerts und damit das starke Gesetz der großen Zahlen folgt.

Beweis: Mit der Umformung

$$\frac{X_n}{n} = \frac{S_n - S_{n-1}}{n} = \frac{S_n}{n} - \left(\frac{n-1}{n}\right)\frac{S_{n-1}}{n-1}$$

folgt aus der Konvergenz von $\frac{S_n(\omega)}{n}$ die Konvergenz $\frac{X_n(\omega)}{n} \to 0$ und damit insbesondere, dass $|X_n(\omega)| \geq n$ für höchstens endlich viele n ist.

Mit Korollar 6.7 und dem Kolmogorovschen 0-1-Gesetz folgt

$$E|X_1| = \infty \Leftrightarrow P(|X_n| \geq n \text{ für höchstens endlich viele } n) = 0 \Rightarrow P\left(\frac{S_n}{n} \text{ konvergent}\right) = 0\,.$$

Ohne Beweis erwähnen wir noch das Gesetz vom iterierten Logarithmus. Es gibt die maximale Größenordnung von S_n für große Werte von n unter der Voraussetzung endlicher

Varianz $\sigma^2 > 0$ der Zufallsvariablen X_n an. Sei ohne Einschränkung wieder $EX_1 = 0$. Nach Satz 6.5.2 konvergiert $\frac{S_n}{b_n} \to 0$ f.s. für $n \to \infty$, wenn $\sum_{n=1}^{\infty} \frac{1}{b_n^2} < \infty$ ist. Also konvergiert z. B. $\frac{S_n}{\sqrt{n}\log n} \to 0$ f.s. für $n \to \infty$. Dagegen ist $V\left(\frac{S_n}{\sqrt{n}}\right) = \sigma^2$ für alle $n \geq 1$ und mit dem 0-1-Gesetz folgt $\limsup_{n\to\infty}\left(\frac{S_n}{\sqrt{n}}\right) = \infty$ f.s.

Das Gesetz vom iterierten Logarithmus besagt:

$$\limsup_{n\to\infty}\left(\frac{S_n}{\sigma\sqrt{2n\cdot\log(\log n)}}\right) = 1 \text{ f.s.}$$

Das bedeutet: für jedes $\varepsilon > 0$ ist

$$P(S_n \geq (1-\varepsilon)\sigma\sqrt{2n\cdot\log(\log n)} \text{ für unendlich viele } n) = 1$$
$$P(S_n \geq (1+\varepsilon)\sigma\sqrt{2n\cdot\log(\log n)} \text{ für unendlich viele } n) = 0\,.$$

Ersetzt man X_n durch $-X_n$, so folgt

$$\liminf_{n\to\infty}\left(\frac{S_n}{\sigma\sqrt{2n\cdot\log(\log n)}}\right) = -1 \text{ f.s.}$$

6.1 Übungen

6.1 Man führe mit Hilfe der Tschebychev'schen Ungleichung und dem 1. Borel-Cantelli Lemma einen einfachen Beweis des starken Gesetzes der großen Zahlen für Zufallsvariable mit endlichem vierten Moment.

6.2 Seien $(X_n)_{n\geq 1}$ unabhängige, identisch verteilte reellwertige Zufallsvariable mit Verteilungsfunktion F. Für $n \geq 1$ ist $F_n(t) = \frac{1}{n}|\{i : X_i \leq t\}|$ $(t \in \mathbb{R})$ die empirische Verteilungsfunktion von $(X_1, \ldots, X_n)$.
Man zeige:
   a) Für $t \in \mathbb{R}$ konvergiert $F_n(t) \to F(t)$ f.s. für $n \to \infty$.
   b) Für stetiges F konvergiert $F_n \to F$ gleichmäßig f.s. für $n \to \infty$.

6.3 Im unendlichen idealen Münzwurf sei Z_n die Anzahl der aufeinanderfolgenden „1" ab dem n-ten Wurf, d. h. es ist $Z_n(\omega) = k \geq 0$, wenn $X_n(\omega) = \ldots = X_{n+k-i}(\omega) = 1$, $X_{n+k}(\omega) = 0$ ist. Man beweise:

$$P\left(\limsup_{n\to\infty}\frac{Z_n}{\log_2 n} = 1\right) = 1\,.$$

($\log_2$ ist der Logarithmus zur Basis 2)
Anleitung: Man zeige:
   1. Für $\varepsilon > 0$ ist $P(Z_n \geq (1+\varepsilon)\log_2 n$ für unendlich viele $n) = 0$.
   2. $P(Z_n \geq \log_2 n$ für unendlich viele $n) = 1$.

6.4 Man beweise mit Methoden der Wahrscheinlichkeitstheorie den
Satz von Weierstraß: Jede stetige Funktion auf einem kompakten Intervall $[a,b]$ ist gleichmäßig durch Polynome approximierbar.
Anleitung: Man transformiere das Intervall zunächst auf $[0,1]$. Zu einer stetigen Funktion f auf $[0,1]$ betrachte man $E_p f\left(\frac{S_n}{n}\right)$ als Funktion von p, wobei S_n mit Parametern n und p binomialverteilt ist.

6.5 Ein faires und dennoch ungünstiges Glücksspiel
Die Auszahlung in einem Glücksspiel betrage 0 oder 2^k $(k \geq 1)$ mit Wahrscheinlichkeit

$$p_k = \frac{1}{2^k \cdot k(k+1)} \quad \text{für den Wert} \quad 2^k \ (k \geq 1)$$

$$p_0 = 1 - \sum_{k=1}^{\infty} p_k \quad \text{für den Wert } 0.$$

Man zeige:
a) Der Erwartungswert der Auszahlung ist 1. Bei einem Einsatz von 1 ist das Glücksspiel daher fair.
Sei $(X_n)_{n\geq 1}$ eine Folge unabhängiger Zufallsvariablen mit dieser Verteilung und $S_n = \sum_{k=1}^n X_k$ für $n \geq 1$. $S_n - n$ ist der Nettogewinn nach n Spielen bei fairem Einsatz.
b) Für $\varepsilon > 0$ konvergiert $P\left(S_n - n < -\frac{(1-\varepsilon)n}{\log_2 n}\right) \to 1$ für $n \to \infty$.

Insbesondere konvergiert die Wahrscheinlichkeit zu verlieren gegen 1 für $n \to \infty$.
Anleitung: Für $m \leq n$ sei

$$X_m^n = X_m\,, \quad \text{falls} \quad X_m \leq \frac{n}{\log_2 n} \text{ ist,}$$

$$X_m^n = 0\,, \quad \text{falls} \quad X_m > \frac{n}{\log_2 n} \text{ ist.}$$

Man zeige:
1. $P(X_m^n = X_m$ für $1 \leq m \leq n) \to 1$ für $n \to \infty$.
2. $P\left(\sum_{m=1}^n |X_m^n - nEX_1^n| < \frac{\varepsilon n}{\log_2 n}\right) \to 1$ für $n \to \infty$.
3. $-\frac{1+\varepsilon}{\log_2 n} \leq EX_1^n - 1 \leq -\frac{1}{\log_2 n}$ für genügend großes n.

Schwache Konvergenz 7

7.1 Definition und Grundlagen

Die bisher behandelten Arten der Konvergenz (stochastische, fast sichere und in der L^p-Norm) betreffen die Werte von Zufalls variablen bzw. allgemein von messbaren Funktionen. Wir kommen jetzt zu einem Konvergenzbegriff für Maße, der sogenannten schwachen Konvergenz, der vor allem in der Wahrscheinlichkeitstheorie von großer Bedeutung ist. Zur Motivation ihrer Definition beginnen wir mit einigen Beispielen aus der Wahrscheinlichkeitstheorie.

Beispiele

1. Zentraler Grenzwertsatz.
   Der zentrale Grenzwertsatz, mit dem wir uns in Kap. 9 beschäftigen werden, ist der Prototyp für schwache Konvergenz in der Wahrscheinlichkeitstheorie. Er sagt aus, dass für unabhängige, identisch verteilte Zufallsvariable mit endlicher Varianz die Verteilungen der normierten Summen S_n^* $(n \geq 1)$ gegen die Standardnormalverteilung in dem Sinne konvergieren, dass $P(a < S_n^* \leq b) \to \int_a^b \gamma(x)\,\mathrm{d}x$ für $n \to \infty$ konvergiert für $-\infty \leq a < b \leq \infty$, wobei γ die Dichte der Standardnormalverteilung ist. Hier konvergieren also nicht die Werte der Zufallsvariablen, sondern ihrer Verteilungen. Auch ist die Grenzverteilung i. A. nicht durch eine Verteilung einer Zufallsvariablen auf dem Grundraum gegeben.
2. Konvergenz der Binomialverteilung gegen die Poissonverteilung.
   Für $n \to \infty$, $p \to 0$ mit $np \to \lambda > 0$ konvergiert $\binom{n}{k} p^k q^{n-k} \to \mathrm{e}^{-\lambda} \frac{\lambda^k}{k!}$ für alle $k \geq 0$ (Übung 7.1). Auch in diesem Beispiel konvergieren Wahrscheinlichkeiten und nicht die Werte von Zufallsvariablen.
3. Das schwache Gesetz der großen Zahlen kann man ebenfalls als Konvergenz von Verteilungen auffassen, und zwar in dem Sinne, dass für unabhängige, identisch verteilte Zufallsvariable mit endlichem Erwartungswert μ die Verteilung von $\frac{S_n}{n}$ im Grenzwert auf den Punkt μ konzentriert ist. Die Grenzverteilung ist in diesem Fall

DOI 10.1007/978-3-642-38160-7_7,

das ausgeartete Wahrscheinlichkeitsmaß mit Wahrscheinlichkeit 1 für den Wert μ. Es wird das Dirac-Maß an der Stelle μ genannt und mit δ_μ bezeichnet:

$$\delta_\mu(A) = 1_A(\mu)\,. \tag{7.1}$$

4. Mit Dirac-Maßen kann man auch eine Beziehung zur Konvergenz von reellen Zahlenfolgen herstellen. Dabei entspricht der Konvergenz $x_n \to x_0$ für $n \to \infty$ die Konvergenz der Dirac-Maße $\delta_{x n} \to \delta_{x 0}$. Dieses Beispiel ist jedoch untypisch (vgl. auch Satz 7.11) und dient nur gelegentlich für Gegenbeispiele.

Wir suchen eine sinnvolle Definition für Verteilungen auf $\mathbb{R}$, die diese Beispiele einschließt. Die naheliegende Bedingung „$P_n(A) \to P(A)$ für $n \to \infty$ für alle Borel-Mengen $A \subset \mathbb{R}$“ ist zu stark. Sei z. B. im Fall des zentralen Grenzwertsatzes für die Binomialverteilung D die Menge der Werte aller S_n^* ($n \geq 1$). Es ist $P(S_n^* \in D) = 1$ für alle $n \geq 1$, aber $\int_D \gamma(x)\,\mathrm{d}x = 0$, da D abzählbar ist.

Selbst die Konvergenz „$P_n(I) \to P(I)$ für $n \to \infty$ für alle Intervalle $I \subset \mathbb{R}$“, die z. B. im Fall des zentralen Grenzwertsatzes gilt, ist i. A. zu stark. Im Beispiel des schwachen Gesetzes der großen Zahlen konvergiert zwar $P\left(\frac{S_n}{n} \leq x\right) \to 0$ für $x < \mu = EX_1$ und $P\left(\frac{S_n}{n} \leq x\right) \to 1$ für $x > \mu$ für $n \to \infty$, aber für $x = \mu$ folgt z. B. für Verteilungen mit endlicher Varianz aus dem zentralen Grenzwertsatz, dass $P\left(\frac{S_n}{n} \leq \mu\right) \to \frac{1}{2}$ für $n \to \infty$ konvergiert. Auch anderes Grenzverhalten von $P\left(\frac{S_n}{n} \leq \mu\right)$ ist möglich (s. z. B. Übung 6.5). μ ist offensichtlich eine kritische Stelle. Ähnliches gilt für Beispiel 4. Beispielsweise ist $\delta_{\frac{1}{n}}((0,1]) = 1$ für alle n, aber $\delta_0((0,1]) = 0$.

Schaut man sich diese Beispiele genauer an, so stellt man fest, dass in dem Fall, dass Randpunkte eines Intervalls strikt positives Maß bzgl. der Grenzverteilung haben, im Grenzübergang positive Masse von außen oder innen an den Rand gelangen kann. Das kann nicht passieren, wenn die Randpunkte Maß 0 haben. Im Fall des schwachen Gesetzes der großen Zahlen konvergiert z. B. $P\left(\frac{S_n}{n} \in I\right) \to \delta_\mu(I)$ für $n \to \infty$ für alle Intervalle $I \subset \mathbb{R}$, für die μ kein Randpunkt ist. Der Grenzwert ist 1, wenn $\mu \in \operatorname{Int} I$, und 0, wenn $\mu \notin \bar{I}$ ist.

Diese Überlegungen führen zu der folgenden Definition. Sie gilt nicht nur für Wahrscheinlichkeitsmaße, sondern allgemein für endliche Maße auf $\mathcal{B}(\mathbb{R})$. Es genügt dabei, die Konvergenz nur für Intervalle der Form $(a,b]$ zu verlangen. Denn die Konvergenz für andere Intervalle folgt sofort, da die Randpunkte bzgl. des Grenzmaßes Maß 0 haben.

▸ **Definition 7.1** Eine Folge endlicher Maße $(\mu_n)_{n\geq 1}$ auf $\mathcal{B}(\mathbb{R})$ *konvergiert schwach* gegen ein endliches Maß μ auf $\mathcal{B}(\mathbb{R})$ für $n \to \infty$, wenn $\mu_n((a,b]) \to \mu((a,b])$ für $n \to \infty$ konvergiert für alle $-\infty \leq a < b \leq \infty$ mit $\mu(\{a\}) = \mu(\{b\}) = 0$.

Man kann die schwache Konvergenz durch Verteilungsfunktionen charakterisieren. Die Verteilungsfunktion F_μ eines endlichen Maßes μ auf $\mathcal{B}(\mathbb{R})$ ist wie für Wahrscheinlichkeitsmaße definiert durch

$$F_\mu(x) = \mu((-\infty, x]) \quad (x \in \mathbb{R})\,. \tag{7.2}$$

F_μ ist eine monoton wachsende, rechtsseitig stetige und beschränkte Funktion mit $F_\mu(x) \to 0$ für $x \to -\infty$. Nach Satz 2.41 besteht eine eineindeutige Beziehung zwischen den endlichen Maßen auf $\mathcal{B}(\mathbb{R})$ und den Funktionen mit diesen Eigenschaften, da F_μ in diesem Fall durch den Grenzwert 0 bei $-\infty$ eindeutig ist. Aus $\mu(\{x\}) = F_\mu(x) - F_\mu(x-)$ folgt, dass $\mu(\{x\}) = 0$ genau dann ist, wenn x eine Stetigkeitsstelle von F_μ ist.

Es gilt die folgende Charakterisierung:

▸ **Proposition 7.2** Eine Folge endlicher Maße $(\mu_n)_{n\geq 1}$ auf $\mathcal{B}(\mathbb{R})$ konvergiert genau dann schwach gegen μ für $n \to \infty$, wenn $F_{\mu_n}(x) \to F_\mu(x)$ für alle Stetigkeitsstellen $x \in \mathbb{R}$ und $\mu_n(\mathbb{R}) \to \mu(\mathbb{R})$ für $n \to \infty$ konvergiert.

Beweis: Die Behauptung $\Rightarrow$ sind als Spezialfälle $a = -\infty$ und $b < \infty$ bzw. $b = \infty$ klar.

Die Richtung $\Leftarrow$ des Beweises führt man leicht durch die Unterscheidungen $a > -\infty$ und $a = -\infty$ sowie $b < \infty$ und $b = \infty$ auf diese Spezialfälle zurück.

Für $-\infty < a < b < \infty$ ist $\mu((a,b]) = F_\mu(b) - F_\mu(a)$ und für $a > -\infty$ ist $\mu((a,\infty)) = \mu(\mathbb{R}) - F_\mu(a)$.

Die Konvergenz $\mu_n(\mathbb{R}) \to \mu(\mathbb{R})$ ist notwendig, wie folgendes Gegenbeispiel zeigt:

Gegenbeispiel

Sei $\mu_n = \delta_n$ für $n \geq 1$. Für $n \to \infty$ konvergiert $F_{\delta_n}(x) \to 0$ für alle $x \in \mathbb{R}$, aber μ_n konvergiert nicht gegen das Nullmaß. Denn für alle $n \geq 1$ ist $\mu_n(\mathbb{R}) = 1$.

Wir müssen noch zeigen, dass das Grenzmaß einer schwach konvergenten Folge eindeutig bestimmt ist. Dazu beweisen wir:

▸ **Proposition 7.3** Die Verteilungsfunktion eines endlichen Maßes hat höchstens abzählbar viele Unstetigkeitsstellen.

▸ **Korollar 7.4** Die Stetigkeitsstellen einer Verteilungsfunktion eines endlichen Maßes sind dicht in $\mathbb{R}$.

▸ **Korollar 7.5** Das Grenzmaß einer schwach konvergenten Folge ist eindeutig bestimmt.

Beweis von Proposition 7.3: Sei $\varepsilon > 0$ und $x_1 < \ldots < x_m$ mit $F_\mu(x_i) - F_\mu(x_i-) \geq \varepsilon$ für $1 \leq i \leq m$. Dann ist $m\varepsilon \leq \sum_{i=1}^m \left(F_\mu(x_i) - F_\mu(x_i-)\right) = \mu(\{x_1,\ldots,x_m\}) \leq \mu(\mathbb{R})$ und damit $m \leq \frac{\mu(\mathbb{R})}{\varepsilon}$. Die Anzahl aller $x \in \mathbb{R}$ mit $F_\mu(x) - F_\mu(x-) \geq \varepsilon$ ist daher beschränkt, also endlich, und damit ist $\{x : F_\mu(x) \neq F_\mu(x-)\} = \cup_{k=1}^\infty \{F_\mu(x) - F_\mu(x-) \geq \frac{1}{k}\}$ höchstens abzählbar.

Korollar 7.4 folgt unmittelbar.

Beweis von Korollar 7.5: Aus Korollar 7.4 folgt, dass die Verteilungsfunktion eines Grenzmaßes eindeutig auf einer dichten Teilmenge von $\mathbb{R}$ festgelegt ist. Da sie rechtsseitig stetig ist, ist sie damit auf $\mathbb{R}$ und daher auch das Grenzmaß eindeutig.

Es stellt sich nun die naheliegende Frage, ob für schwach konvergente Folgen von Maßen die Konvergenz auch für eine größere Klasse von Mengen gilt, sowie nach einer möglichen Beziehung der schwachen Konvergenz zur Konvergenz der Integrale geeigneter Funktionen. Wir behandeln dieses Problem allgemein für endliche Maße auf metrischen Räumen. Auf ihnen ist die schwache Konvergenz als Konvergenz der Integrale stetiger, beschränkter Funktionen definiert. Das entspricht dem allgemeinen Begriff von schwacher Konvergenz in einem Dualsystem bzgl. einer Klasse von Funktionalen, in diesem Fall der Integrale $\int f \, d\mu$ in Abhängigkeit von μ für alle stetigen, beschränkten Funktionen f. Diese Funktionen sind integrierbar bzgl. endlicher Maße, da sie messbar und beschränkt sind. Wir werden sehen, dass diese Definition im Fall $\mathbb{R}$ äquivalent zur bisherigen ist.

▸ **Definition 7.6** Sei E ein metrischer Raum. Eine Folge $(\mu_n)_{n\geq 1}$ endlicher Maße auf $\mathcal{B}(E)$ *konvergiert schwach* gegen ein endliches Maß μ auf $\mathcal{B}(E)$ für $n \to \infty$, wenn $\int f \, d\mu_n \to \int f \, d\mu$ für $n \to \infty$ für alle stetigen, beschränkten Funktionen $f\colon E \to \mathbb{R}$ konvergiert.

Wir charakterisieren nun die schwache Konvergenz durch die Konvergenz der Maße einer geeigneten Klasse von Mengen und zeigen im Fall $E = \mathbb{R}$ die Äquivalenz zu Definition 7.1.

▸ **Portmanteau-Theorem 7.7** Sei E ein metrischer Raum. Für eine Folge endlicher Maße $(\mu_n)_{n\geq 1}$ und ein endliches Maß μ auf $\mathcal{B}(E)$ sind äquivalent:

1. $\mu_n \to \mu$ schwach für $n \to \infty$
2. $\limsup_{n\to\infty} \mu_n(A) \leq \mu(A)$ für alle abgeschlossenen Mengen $A \subset E$ und $\mu_n(E) \to \mu(E)$ für $n \to \infty$
3. $\liminf_{n\to\infty} \mu_n(O) \geq \mu(O)$ für alle offenen Mengen $O \subset E$ und $\mu_n(E) \to \mu(E)$ für $n \to \infty$
4. $\mu_n(A) \to \mu(A)$ für $n \to \infty$ für alle $A \in \mathcal{B}(E)$ mit $\mu(\partial A) = 0$.
   Im Fall $E = \mathbb{R}$ ist 1–4 äquivalent zu
5. $\mu_n((a,b]) \to \mu((a,b])$ für $n \to \infty$ für alle $-\infty \leq a < b \leq \infty$ mit $\mu(\{a\}) = \mu(\{b\}) = 0$.

Anschaulich bedeutet die Ungleichung in 2, dass für abgeschlossene Mengen A positive Masse bzgl. μ von außen auf den Rand ∂A und damit nach A gelangen kann, die bzgl. der Maße μ_n nicht in A enthalten sind. Analog kann entsprechend der Ungleichung in 3 für offene Mengen O Masse von innen auf den Rand ∂O gelangen. Beides kann für beliebige Mengen $A \in \mathcal{B}(E)$ mit $\mu(\partial A) = 0$ nicht passieren. Sie heißen μ-stetige Mengen.

Es mag auf den ersten Blick erstaunlich erscheinen, dass in diesen Fällen, abgesehen von der Konvergenz der Maße des ganzen Raumes E, nur entsprechende Ungleichungen äquivalent zur schwachen Stetigkeit sind. Aber mit der Bildung des Komplements folgt die Äquivalenz von 2 und 3 und damit jeweils auch Ungleichungen in der anderen Richtung.

Beweis: Wir bezeichnen die Metrik auf E mit ρ.

1 ⇒ 2: Für $f = 1$ folgt die Konvergenz $\mu_n(E) = \int 1 \, \mathrm{d}\mu_n \to \mu(E) = \int 1 \, \mathrm{d}\mu$ für $n \to \infty$.

Für abgeschlossene Mengen A approximieren wir $\mu_n(A) = \int 1_A \, \mathrm{d}\mu_n$, indem wir 1_A durch stetige, beschränkte Funktionen approximieren.

Für $A = \emptyset$ ist 2 trivial.

Sei zunächst $A \subset E$ eine beliebige nicht-leere Menge. Wir betrachten die Funktion

$$\rho_A(x) = \inf\{\rho(x,z) : z \in A\} \quad (x \in E)$$

und zeigen

$$|\rho_A(x) - \rho_A(y)| \le \rho(x,y) \quad \text{für alle } x, y \in E\,. \tag{7.3}$$

Beweis von (7.3) Wir nehmen ohne Einschränkung $\rho_A(x) \ge \rho_A(y)$ an. Für $z \in A$ ist

$$\rho_A(x) \le \rho(x,z) \le \rho(x,y) + \rho(y,z)\,.$$

Da dies für alle $z \in A$ gilt, folgt

$$\rho_A(x) \le \rho(x,y) + \rho_A(y)$$

und damit (7.3).

Gleichung (7.3) impliziert, dass ρ_A stetig ist. Damit ist für eine beliebige Menge $A \subset E$ und $\delta > 0$ die Menge $A_\delta = \{x : \rho_A(x) < \delta\}$ offen.

Da $\rho_A(x) = 0$ genau dann ist, wenn $x \in \overline{A}$ ist, konvergiert $A_\delta \downarrow \overline{A}$ für $\delta \downarrow 0$.

Sei A jetzt abgeschlossen, also $\overline{A} = A$. Dann konvergiert $\mu(A_\delta) \downarrow \mu(A)$ für $\delta \downarrow 0$. Zu $\varepsilon > 0$ existiert daher ein $\delta > 0$ mit $\mu(A_\delta) < \mu(A) + \varepsilon$. Wir halten dieses $\delta > 0$ zunächst fest.

Die Funktion φ auf $\mathbb{R}$ sei definiert durch:

$$\begin{aligned} \varphi(t) &= 1 \quad \text{für} \quad t \le 0 \\ \varphi(t) &= 1 - t \quad \text{für} \quad 0 < t \le 1 \\ \varphi(t) &= 0 \quad \text{für} \quad t > 1\,. \end{aligned}$$

φ ist stetig und beschränkt. Für die durch $f(x) = \varphi\left(\frac{1}{\delta}\rho_A(x)\right)$ $(x \in E)$ definierte Funktion gilt:

$$1_A \le f \le 1_{A_\delta}\,. \tag{7.4}$$

Beweis von (7.4): Da $0 \leq f \leq 1$ ist, genügt es, die folgenden Fälle zu betrachten:

$$1_A(x) = 1 \Leftrightarrow x \in A \Rightarrow f(x) = \varphi(0) = 1$$
$$1_{A_\delta}(x) = 0 \Leftrightarrow x \notin A_\delta \Rightarrow \frac{1}{\delta}\rho_A(x) \geq 1 \Rightarrow f(x) = \varphi\left(\frac{1}{\delta}\rho_A(x)\right) = 0\,.$$

Aus der ersten Ungleichung von (7.4) folgt

$$\mu_n(A) = \int 1_A \,\mathrm{d}\mu_n \leq \int f \,\mathrm{d}\mu_n \quad \text{für} \quad n \geq 1\,.$$

Da f stetig und beschränkt ist, konvergiert nach Voraussetzung $\int f \,\mathrm{d}\mu_n \to \int f \,\mathrm{d}\mu$ für $n \to \infty$ und mit der zweiten Ungleichung von (7.4) folgt

$$\limsup_{n\to\infty} \mu_n(A) \leq \int f \,\mathrm{d}\mu \leq \int 1_{A_\delta} \,\mathrm{d}\mu = \mu(A_\delta) < \mu(A) + \varepsilon\,.$$

Da diese Ungleichung für alle $\varepsilon > 0$ gilt, folgt

$$\limsup_{n\to\infty} \mu_n(A) \leq \mu(A)\,.$$

Ist A ein Intervall, dann hat der Graph von f die Form eines Kleiderbügels (frz. portmanteau). Daher stammt vielleicht der Name des Satzes.

$2 \Leftrightarrow 3$: folgt durch Komplementbildung.

$2, 3 \Rightarrow 4$: Wegen der Äquivalenz von 2 und 3 können wir beide Eigenschaften gleichzeitig voraussetzen. Aus ihnen folgt für beliebige Mengen $A \in \mathcal{B}(E)$

$$\mu(\overline{A}) \geq \limsup_{n\to\infty} \mu_n(\overline{A}) \geq \limsup_{n\to\infty} \mu_n(A) \geq \liminf_{n\to\infty} \mu_n(A) \geq \liminf_{n\to\infty} \mu_n(\operatorname{Int} A) \geq \mu(\operatorname{Int} A)$$

Da $\partial A = \overline{A} \setminus \operatorname{Int} A$ ist, ist $\mu(\overline{A}) = \mu(\operatorname{Int} A) = \mu(A)$ für μ-stetige Mengen A.

In der Ungleichungskette stimmen daher in diesem Fall der erste und letzte Term überein. Dann muss überall Gleichheit gelten, und es folgt die Konvergenz $\mu_n(A) \to \mu(A)$ für $n \to \infty$.

$4 \Rightarrow 1$: Die Eigenschaften 2, 3 und 4 betreffen Maße von Mengen. Um von ihnen auf das Integral stetiger, beschränkter Funktionen zu schließen, approximieren wir es durch das Integral einfacher messbarer Funktionen.

Sei also $f\colon E \to \mathbb{R}$ stetig und beschränkt. Mit dem gleichen Argument wie beim Beweis von Bemerkung 7.3 zeigt man, dass die Menge $D = \{a : \mu(\{x : f(x) = a\}) > 0\}$ höchstens abzählbar ist.

Sei $\alpha < f(x) < \beta$ für alle x und $\alpha = a_0 < a_1 < \ldots < a_m = \beta$ mit $a_i \notin D$ für $0 \leq i \leq m$. Sei ferner $A_i = \{x : a_{i-1} < f(x) \leq a_i\}$ für $1 \leq i \leq m$.

Es ist $|f - \sum_{i=1}^m a_{i-1} 1_{A_i}| \leq \max_{1\leq i\leq m} (a_i - a_{i-1})$.

Für $1 \leq i \leq m$ ist $\mu(\partial A_i) = 0$.

Denn aus

$$f^{-1}((a_{i-1}, a_i)) \subset f^{-1}((a_{i-1}, a_i]) = A_i \subset f^{-1}([a_{i-1}, a_i])$$

mit $f^{-1}((a_{i-1}, a_i))$ offen und $f^{-1}([a_{i-1}, a_i])$ abgeschlossen folgt:

$$\partial A_i = \overline{A} \setminus \operatorname{Int} A_i \subset f^{-1}([a_{i-1}, a_i]) \setminus f^{-1}((a_{i-1}, a_i)) = f^{-1}(\{a_{i-1}\}) \cup f^{-1}(\{a_i\})$$

Da $a_{i-1}, a_i \notin D$ sind, folgt $\mu(\partial A_i) = 0$.

Damit konvergiert nach 4 $\mu_n(A_i) \to \mu(A_i)$ für $n \to \infty$ für $1 \le i \le m$.

Wir schätzen nun die Differenz der Integrale ab:

$$\begin{aligned}
&\left|\int f \, \mathrm{d}\mu_n - \int f \, \mathrm{d}\mu\right| \\
&\quad \le \left|\int f \, \mathrm{d}\mu_n - \sum_{i=1}^m a_{i-1}\mu_n(A_i)\right| + \left|\sum_{i=1}^m a_{i-1}\mu_n(A_i) - \sum_{i=1}^m a_{i-1}\mu(A_i)\right| \\
&\quad\quad + \left|\sum_{i=1}^m a_{i-1}\mu(A_i) - \int f \, \mathrm{d}\mu\right| \\
&\quad \le \max_{1 \le i \le m}(a_i - a_{i-1})(\mu_n(E) + \mu(E)) + \left|\sum_{i=1}^m a_{i-1}(\mu_n(A_i) - \mu(A_i))\right| .
\end{aligned}$$

$\{\mu_n(E) + \mu(E), n \ge 1\}$ ist beschränkt, da $(\mu_n(E))_{n \ge 1}$ wegen $\partial E = \emptyset$ konvergiert.

Sei $\varepsilon > 0$. Wir wählen eine Zerlegung $\alpha = a_0 < a_1 < \ldots < a_m = \beta$ mit $a_i \notin D$ für $0 \le i \le m$, so dass $\max_{1 \le i \le m}(a_i - a_{i+1})(\mu_n(E) + \mu(E)) \le \frac{\varepsilon}{2}$ für alle $n \ge 1$ ist. Das ist möglich, da das Komplement von D dicht in $\mathbb{R}$ ist.

Zu dieser Zerlegung existiert ein n_0, so dass für $n \ge n_0$ gilt:

$$\left|\sum_{i=1}^m a_{i-1}(\mu_n(A_i) - \mu(A_i))\right| \le \frac{\varepsilon}{2} .$$

Daraus folgt $|\int f \, \mathrm{d}\mu_n - \int f \, \mathrm{d}\mu| \le \varepsilon$ für $n \ge n_0$ und damit die Konvergenz $\int f \, \mathrm{d}\mu_n \to \int f \, \mathrm{d}\mu$.

Im allgemeinen Fall ist damit die Äquivalenz von 1–4 bewiesen. Sei nun $E = \mathbb{R}$.

4 $\Rightarrow$ 5: folgt als Spezialfall $A = (a, b]$ für $-\infty \le a < b \le \infty$.

5 $\Rightarrow$ 1: Da wir wieder von Maßen auf Integrale schließen müssen, ist der Beweis ähnlich wie der von „4 $\Rightarrow$ 1" mit dem Unterschied, dass wir jetzt den Definitionsbereich, der außerdem unbeschränkt ist, in Intervalle zerlegen müssen. Das entspricht dem Vorgehen beim Riemann-Integral.

Sei $f: \mathbb{R} \to \mathbb{R}$ stetig und beschränkt.

Wir zeigen zuerst, dass $\int_I f \, \mathrm{d}\mu_n \to \int_I f \, \mathrm{d}\mu$ für $n \to \infty$ für jedes μ-stetige, beschränkte Intervall $I = (a, b]$ konvergiert.

Sei $I = (a,b]$ daher ein μ-stetiges, beschränktes Intervall und $a = a_0 < a_1 < \ldots < a_m = b$ mit $\mu(\{a_i\}) = 0$ für $0 \le i \le m$. Mit Hilfe des Stetigkeitsmoduls $\delta_{[a,b]}$ von f auf $[a,b]$ können wir die Differenz der Integrale folgendermaßen abschätzen:

$$\begin{aligned}\left|\int_I f \,\mathrm{d}\mu_n - \int_I f \,\mathrm{d}\mu\right| &\le \left|\int_I f \,\mathrm{d}\mu_n - \sum_{i=1}^m f(a_{i-1})\,\mu_n((a_{i-1},a_i])\right| \\ &\quad + \left|\sum_{i=1}^m f(a_{i-1})\,\mu_n((a_{i-1},a_i]) - \sum_{i=1}^m f(a_{i-1})\,\mu((a_{i-1},a_i])\right| \\ &\quad + \left|\sum_{i=1}^m f(a_{i-1})\,\mu((a_{i-1},a_i]) - \int_I f\,\mathrm{d}\mu\right| \\ &\le \delta_{[a,b]}\left(\max_{1\le i\le m}(a_i - a_{i-1})\right)(\mu_n(I) + \mu(I)) \\ &\quad + \left|\sum_{i=1}^m f(a_{i-1})\,(\mu_n((a_{i-1},a_i]) - \mu((a_{i-1},a_i]))\right| .\end{aligned}$$

Da $(\mu_n(I))_{n\ge1}$ konvergiert, ist $\{\mu_n(I) + \mu(I), n \ge 1\}$ beschränkt.

Zu $\varepsilon > 0$ existiert daher eine Zerlegung $a = a_0 < a_1 < \ldots < a_m = b$ mit $\mu(\{a_i\}) = 0$ für $0 \le i \le m$, so dass $\delta_{[a,b]}(\max_{1\le i\le m}(a_i - a_{i-1}))(\mu_n(I) + \mu(I)) \le \frac{\varepsilon}{2}$ für alle $n \ge 1$ ist.

Zu dieser Zerlegung existiert ein n_0, so dass für $n \ge n_0$ gilt:

$$\left|\sum_{i=1}^m f(a_{i-1})\,\mu_n(A_i) - \sum_{i=1}^m f(a_{i-1})\,\mu(A_i)\right| \le \frac{\varepsilon}{2}.$$

Es folgt $\left|\int_I f\,\mathrm{d}\mu_n - \int_I f\,\mathrm{d}\mu\right| \le \varepsilon$ für $n \ge n_0$ und damit die Konvergenz $\int f\,\mathrm{d}\mu_n \to \int f\,\mathrm{d}\mu$ für $n \to \infty$.

Zum Beweis der Konvergenz der Integrale über $\mathbb{R}$ zerlegen wir sie in die Integrale über solche Intervalle I und ihr Komplement I^c und zeigen, dass die Integrale über I^c für hinreichend großes I beliebig klein werden.

Wir beweisen eine entsprechende Eigenschaft zunächst für Maße, indem wir zeigen, dass zu jedem $\varepsilon > 0$ ein μ-stetiges, beschränktes Intervall $I = (a,b]$ existiert, so dass $\mu_n(I^c) \le \varepsilon$ für alle $n \ge 1$ ist. Dann ist auch $\mu(I^c) < \varepsilon$.

Für $I = (a,b]$ ist $I^c = (-\infty, a] \cup (b, \infty)$. Wir konstruieren daher $a, b \in \mathbb{R}$ mit $\mu_n((-\infty,a]) \le \frac{\varepsilon}{2}$ und $\mu_n((b,\infty)) \le \frac{\varepsilon}{2}$ für $n \ge 1$. Wir beschränken uns auf den ersten Fall, da der zweite analog folgt. Es konvergiert $\mu_n((-\infty,a]) \downarrow 0$ für $a \to -\infty$. Daher existiert ein $a' \in \mathbb{R}$ mit $\mu(\{a'\}) = 0$ und $\mu_n((-\infty,a']) \le \frac{\varepsilon}{4}$. Da $\mu_n((-\infty,a']) \to \mu((-\infty,a'])$ für $n \to \infty$ konvergiert, existiert ein n_0, so dass $\mu_n((-\infty,a']) \le \frac{\varepsilon}{2}$ für $n \ge n_0$ ist. Für die endlich vielen μ_n mit $n < n_0$ existiert ein $a \le a'$ mit $\mu(\{a\}) = 0$ und $\mu_n((-\infty,a]) \le \frac{\varepsilon}{2}$ für $n < n_0$. Für dieses a ist $\mu_n((-\infty,a]) \le \frac{\varepsilon}{2}$ für alle $n \ge 1$.

Zum Beweis der Konvergenz der Integrale sei M eine obere Schranke von $|f|$. Zu $\varepsilon > 0$ sei $I = (a,b]$ ein μ-stetiges, beschränktes Intervall mit $\mu_n(I^c) \le \frac{\varepsilon}{4M}$ für alle $n \ge 1$.

Dann ist $\left|\int_{I^c} f \, \mathrm{d}\mu_n - \int_{I^c} f \, \mathrm{d}\mu\right| \le \frac{\varepsilon}{2}$ für $n \ge 1$. Wegen der Konvergenz $\int_I f \, \mathrm{d}\mu_n \to \int_I f \, \mathrm{d}\mu$ für $n \to \infty$ existiert ein n_0 mit $\left|\int_I f \, \mathrm{d}\mu_n - \int_I f \, \mathrm{d}\mu\right| \le \frac{\varepsilon}{2}$ für $n \ge n_0$. Damit ist $\left|\int f \, \mathrm{d}\mu_n - \int f \, \mathrm{d}\mu\right| \le \varepsilon$ für $n \ge n_0$, und es folgt die Konvergenz $\int f \, \mathrm{d}\mu_n - \int f \, \mathrm{d}\mu$ für $n \to \infty$.

Aus dem Portmanteau-Theorem folgt die Eindeutigkeit des Grenzmaßes schwach konvergenter Folgen, die wir bisher nur für $E = \mathbb{R}$ bewiesen haben.

▸ **Korollar 7.8** Seien μ und ν endliche Maße auf $\mathcal{B}(E)$ mit $\int f \, \mathrm{d}\mu = \int f \, \mathrm{d}\nu$ für alle stetigen, beschränkten Funktionen $f: E \to \mathbb{R}$. Dann ist $\mu = \nu$.

▸ **Korollar 7.9** Das Grenzmaß einer schwach konvergenten Folge ist eindeutig bestimmt.

Beweis von Korollar 7.8: Setzt man $\mu_n = \mu$ für alle $n \ge 1$, dann konvergiert nach Definition der schwachen Konvergenz $\mu_n \to \nu$ schwach für $n \to \infty$. Aus 2 folgt $\mu(A) \le \nu(A)$ für alle abgeschlossenen Mengen $A \subset E$. Durch Vertauschen der Rollen von μ und ν erhält man auch $\mu(A) \ge \nu(A)$. Damit ist $\mu(A) = \nu(A)$ für alle abgeschlossenen Mengen $A \subset E$. Da die abgeschlossenen Mengen ein $\cap$-stabiles Mengensystem bilden, das E enthält, folgt $\mu = \nu$.

Korollar 7.9 folgt direkt aus Korollar 7.8.

Die schwache Konvergenz betrifft Maße. In der Wahrscheinlichkeitstheorie spricht man im Zusammenhang mit Zufallsvariablen von Verteilungskonvergenz, wenn ihre Verteilungen schwach konvergieren.

▸ **Definition 7.10** Eine Folge $(X_n)_{n\ge1}$ von Zufallsvariablen in einem metrischen Raum E *konvergiert in Verteilung* gegen eine Zufallsvariable X in E für $n \to \infty$, wenn die Verteilungen der $(X_n)_{n\ge1}$ schwach gegen die Verteilung von X konvergieren. Man bezeichnet diese Konvergenz mit $X_n \xrightarrow{\mathcal{D}} X$.

Anmerkungen:

1. Da es bei der Konvergenz in Verteilung nur auf die Verteilung ankommt, können die einzelnen Zufallsvariablen auf verschiedenen Wahrscheinlichkeitsräumen definiert sein.
2. Aus dem gleichen Grund kann man den Begriff der Konvergenz in Verteilung auch benutzen für die Konvergenz der Verteilungen einer Folge von Zufallsvariablen gegen eine Verteilung ohne Angabe einer Zufallsvariablen mit der Grenzverteilung (s. u. Beispiele 2, 3 und den zentralen Grenzwertsatz 9.1).
3. Die Konvergenz in Verteilung lässt sich auch für messbare Funktionen auf beliebigen Maßräume mit endlichem Maß definieren. Sie ist aber in erster Linie in der Wahrscheinlichkeitstheorie von Bedeutung.

Wir bringen nun einige Beispiele von schwacher Konvergenz bzw. Konvergenz in Verteilung. Zur Vorbereitung der Definition haben wir schon Beispiele angeführt. Für einige von ihnen weisen wir jetzt die schwache Konvergenz mit der exakten Definition nach.

Beispiele

1. Sei E ein metrischer Raum mit Metrik ρ, und sei $X_n = x_n$ für $n \geq 1$ und $X = x_0$ f.s. Nach (7.1) hat X_n die Verteilung δ_{X_n} für $n \geq 1$ und X_0 die Verteilung δ_{X_0}. Wir zeigen (s. einführendes Beispiel 4):
$$\delta_{Xn} \to \delta_{X_0} \quad \text{schwach für} \quad n \to \infty \Leftrightarrow x_n \to x_0 \quad \text{für} \quad n \to \infty\,.$$
Nach Definition 7.6 bedeutet die schwache Konvergenz $\delta_{Xn} \to \delta_{X_0}$ die Konvergenz $f(x_n) \to f(x_0)$ für alle stetigen beschränkten Funktionen f. Damit ist $\Leftarrow$ klar. Die Richtung $\Rightarrow$ folgt mit der speziellen Wahl $f(x) = \min((\rho(x, x_0), 1))$ $(x \in E)$.
2. Konvergenz der Binomialverteilung gegen die Poissonverteilung.
Sei S_n binomialverteilt mit Parametern n und p und F_n die Verteilungsfunktion von S_n.
Für $n \to \infty$, $p \to 0$ mit $np \to \lambda > 0$ konvergiert für jedes x
$$F_n(x) = P(S_n \leq x) = P(S_n \leq [x]) = \sum_{k \leq [x]} b(k; n, p) \to \sum_{k \leq [x]} p(k; \lambda)$$
(s. einführendes Beispiel 2 bzw. Übung 7.1). Die Grenzfunktion ist die Verteilungsfunktion der Poissonverteilung mit Parameter λ. Damit konvergiert $(S_n)_{n \geq 1}$ in Verteilung gegen die Poissonverteilung mit Parameter λ.
3. Der zentrale Grenzwertsatz, den wir im 9. Kapitel beweisen werden, ist im klassischen Fall der Binomialverteilung die Konvergenz in Verteilung von Zufallsvariablen mit diskreter Verteilung gegen eine Verteilung mit Dichte bzgl. des Lebesgue-Maßes. Wir geben jetzt ein einfacheres Beispiel für einen solchen Fall an.
Sei $X_n = \frac{k}{n}$ mit Wahrscheinlichkeit $\frac{1}{n}$ für $1 \leq k \leq n$.
Für jede stetige Funktion $f\colon [0, 1] \to \mathbb{R}$ konvergiert als Riemann-Summe
$$\int f \,\mathrm{d}P_{X_n} = Ef(X_n) = \sum_{k=1}^{n} f\left(\frac{k}{n}\right)\frac{1}{n} \to \int_0^1 f(x)\,\mathrm{d}x \quad \text{für} \quad n \to \infty\,.$$
Daher konvergiert $(X_n)_{n \geq 1}$ in Verteilung gegen die gleichmäßige Verteilung auf $[0, 1]$.

Wir haben darauf hingewiesen, dass schwache Konvergenz und Konvergenz in Verteilung nicht die Werte von messbaren Funktionen bzw. Zufallsvariablen betreffen. Andererseits stellt sich natürlich die Frage, ob aus einer der Konvergenzen für messbare Funktionen die schwache Konvergenz ihrer Verteilungen folgt. Wir zeigen, dass dies bereits für die schwächste derartige Konvergenz, die stochastische Konvergenz, gilt.

▸ **Satz 7.11** Für reellwertige Zufallsvariable folgt aus der stochastischen Konvergenz $X_n \to X$ für $n \to \infty$ die Konvergenz in Verteilung.

Beweis: Wir führen den Beweis für messbare Funktionen auf einem beliebigen Maßraum mit endlichem Maß μ (s. Anmerkung 3 zu Satz 7.10). Da $\mu(X_n \in \mathbb{R}) = \mu(X \in \mathbb{R}) = \mu(\Omega)$ ist, zeigen wir nach Proposition 7.2 die Konvergenz der Verteilungsfunktionen.

Sei zunächst $x \in \mathbb{R}$ beliebig und $\delta > 0$. Für alle $n \geq 1$ gilt

$$\mu(X \leq x - \delta) = \mu(X \leq x - \delta, |X_n - X| \leq \delta) + \mu(X \leq x - \delta, |X_n - X| > \delta)\,.$$

Aus $X \leq x - \delta$ und $|X_n - X| \leq \delta$ folgt $X_n \leq x$, und damit ist

$$\mu(X \leq x - \delta) \leq \mu(X \leq x) + \mu(|X_n - X| > \delta)\,.$$

Aus der stochastischen Konvergenz $X_n \to X$ folgt mit $n \to \infty$

$$\mu\,(X \leq x - \delta) \leq \liminf_{n\to\infty} \mu\,(X_n \leq x)$$

und für die Verteilungsfunktionen, die wir mit F_{X_n} bzw. F_X bezeichnen, mit $\delta \to 0$

$$F_X(x-) \leq \liminf_{n\to\infty} F_{X_n}(x)\,.$$

Ähnlich schätzen wir rechts von x ab:

$$\begin{aligned}\mu(X_n \leq x) &= \mu(X_n \leq x, |X_n - X| \leq \delta) + \mu(X_n \leq x, |X_n - X| > \delta)\\ &\leq \mu(X \leq x + \delta) + \mu(|X_n - X| > \delta)\,.\end{aligned}$$

Mit $n \to \infty$ folgt

$$\limsup_{n\to\infty} \mu\,(X_n \leq x) \leq \mu\,(X \leq x + \delta)$$

und mit $\delta \to 0$ wegen der Rechtsstetigkeit

$$\limsup_{n\to\infty} F_{X_n}(x) \leq F_X(x)\,.$$

Damit gilt für alle $x \in \mathbb{R}$

$$F_X(x-) \leq \liminf_{n\to\infty} F_{X_n}(x) \leq \limsup_{n\to\infty} F_{X_n}(x) \leq F_X(x)\,.$$

Für Stetigkeitsstellen x von F_X folgt die Konvergenz

$$F_{X_n}(x) \to F_X(x) \quad \text{für} \quad n \to \infty\,.$$

7.2 Relative Kompaktheit

Grenzwertsätze für schwache Konvergenz werden oft in 2 Schlitten bewiesen:

1. Existenz schwach konvergenter Teilfolgen unter einer Kompaktheitsbedingung.
2. Eindeutigkeit des Grenzmaßes aller schwach konvergenten Teilfolgen.
   Daraus folgt dann ebenfalls mit einem Kompaktheitsargument die schwache Konvergenz der Folge selbst.

Wir beschäftigen uns also zunächst mit Kompaktheit bzgl. der schwachen Konvergenz.

▸ **Definition 7.12** Eine Familie $\mathcal{M}$ von endlichen Borel-Maßen auf einem metrischen Raum heißt *Relativ schwach kompakt*, wenn jede Folge in $\mathcal{M}$ eine schwach konvergente Teilfolge besitzt.

Dabei bedeutet „relativ", dass das Grenzmaß der konvergenten Teilfolge nicht notwendig zu $\mathcal{M}$ gehören muss.

Wir leiten nun ein Kriterium für relativ schwache Kompaktheit her. Dabei beschränken wir uns auf Maße auf $\mathbb{R}$, die wir mit Hilfe von Verteilungsfunktionen behandeln, erwähnen später, wie sich der Beweis leicht auf $\mathbb{R}^d$ übertragen lässt, und geben ohne Beweis an, für welche allgemeineren metrischen Räume das Kriterium gilt.

▸ **Satz von Helly 7.13** Sei $(\mu_n)_{n\geq 1}$ eine Folge endlicher Maße auf $\mathbb{R}$ mit beschränkter Gesamtmasse $\{\mu_n(\mathbb{R}),\, n \geq 1\}$. Dann existiert zu der Folge $(F_n)_{n\geq 1}$ ihrer Verteilungsfunktionen eine Teilfolge $(F_{n_k})_{k\geq 1}$ und eine monoton wachsende, rechtsseitig stetige, beschränkte Funktion F, so dass $F_{n_k}(x) \to F(x)$ für $n \to \infty$ an allen Stetigkeitsstellen x von F konvergiert.

Beweis: Sei $D \subset \mathbb{R}$ abzählbar dicht, z. B. $D = \mathbb{Q}$.

Für ein festes $x \in \mathbb{R}$ ist nach Voraussetzung die Menge $\{F_n(x),\, n \geq 1\}$ beschränkt. Daher existiert eine konvergente Teilfolge $(F_{n_k}(x))_{k\geq 1}$. Mit dem Diagonalverfahren erhält man eine Teilfolge $(F_{n_k})_{k\geq 1}$, so dass $(F_{n_k}(x))_{k\geq 1}$ für alle $x \in D$ konvergiert. Wir bezeichnen den Grenzwert mit

$$\widetilde{F}(x) = \lim_{k\to\infty} F_{n_k}(x) \quad (x \in D)\,.$$

$\widetilde{F}$ ist auf D monoton wachsend und beschränkt. Wir definieren für alle $x \in \mathbb{R}$

$$F(x) = \lim_{y\downarrow x,\ y\in D} \widetilde{F}(y) = \inf_{y>x,\ y\in D} \widetilde{F}(y)\,.$$

Man beachte, dass i. A. $F(x) \neq \widetilde{F}(x)$ für $x \in D$ ist. Wir beweisen die folgenden Eigenschaften der Funktion F, aus denen Satz 7.13 folgt.

1. F ist monoton wachsend
2. F ist beschränkt
3. F ist rechtsseitig stetig
4. $F_{n_k}(x) \to F(x)$ für $k \to \infty$ für alle Stetigkeitsstellen x von F.

Die Eigenschaften 1 und 2 sind klar.

3. Sei $x \in \mathbb{R}$ und $\varepsilon > 0$. Nach Definition von F existiert ein $z \in D$ mit $x < z$ und $\widetilde{F}(z) < F(x) + \varepsilon$. Für alle $y \in \mathbb{R}$ mit $x < y < z$ gilt

$$F(x) \leq F(y) \leq \widetilde{F}(z) < F(x) + \varepsilon$$

und es folgt die rechtsseitige Stetigkeit von F.

4. Sei $x \in \mathbb{R}$ zunächst beliebig. Für $z \in D$ mit $x < z$ ist $F_{n_k}(x) \leq F_{n_k}(z)$ und mit $k \to \infty$ folgt

$$\limsup_{k \to \infty} F_{n_k}(x) \leq \widetilde{F}(z) .$$

Bilden wir das Infimum über alle $z \in D$ mit $x < z$, so folgt

$$\limsup_{k \to \infty} F_{n_k}(x) \leq F(x) .$$

Analog folgt für $z \in D$ mit $z < x$

$$\widetilde{F}(z) \leq \liminf_{k \to \infty} F_{n_k}(x) .$$

Da D dicht ist, existiert zu jedem $y < x$ ein $z \in D$ mit $y < z < x$. Aus $F(y) \leq \widetilde{F}(z)$ folgt

$$F(y) \leq \liminf_{k \to \infty} F_{n_k}(x)$$

und mit $y \uparrow x$

$$F(x-) \leq \liminf_{k \to \infty} F_{n_k}(x) .$$

Aus der so bewiesenen Kette von Ungleichungen

$$F(x-) \leq \liminf_{k \to \infty} F_{n_k}(x) \leq \limsup_{k \to \infty} F_{n_k}(x) \leq F(x)$$

folgt für alle Stetigkeitsstellen x von F die Konvergenz $F_{n_k}(x) \to F(x)$ für $k \to \infty$.

Der Satz von Helly liefert aus folgenden Gründen noch nicht die schwache Konvergenz der zugehörigen Maße.

1. F ist nicht notwendig eine Verteilungsfunktion, da der Grenzwert bei $-\infty$ i. A. $\neq 0$ ist.
2. Es fehlt die Konvergenz der Gesamtmasse.

Beides liegt daran, dass Masse im Unendlichen verschwinden kann. Das zeigen auch folgende Gegenbeispiele.

Gegenbeispiele

1. $\mu_n = \delta_{-n}$ für $n \geq 1$.
   Für alle $x \in \mathbb{R}$ konvergiert $F_n(x) \to 1$ für $n \to \infty$. Die Grenzfunktion ist keine Verteilungsfunktion.
2. $\mu_n = \delta_n$ für $n \geq 1$.
   Für alle $x \in \mathbb{R}$ konvergiert $F_n(x) \to 0$ für $n \to \infty$, aber die Gesamtmasse konvergiert nicht gegen 0.
3. $\mu_n = \frac{1}{2}(\delta_{-n} + \delta_n)$ für $n \geq 1$.
   Für alle $x \in \mathbb{R}$ konvergiert $F_n(x) \to \frac{1}{2}$ für $n \to \infty$. Beide Bedingungen sind verletzt.

Wir benötigen daher eine Eigenschaft, die das Verschwinden der Masse im Unendlichen verhindert. Dies gewährleistet die folgende Eigenschaft, die wir für beliebige metrische Räume definieren.

▸ **Definition 7.14** Eine Familie $\mathcal{M}$ von endlichen Borel-Maßen auf einem metrischen Raum E heißt *straff*, wenn es zu jedem $\varepsilon > 0$ eine kompakte Menge $K \subset E$ gibt, so dass $\mu(K^c) \leq \varepsilon$ für alle $\mu \in \mathcal{M}$ ist.

Beispiel

Für $E = \mathbb{R}^d$ $(d \geq 1)$ ist jede Menge, die aus endlich vielen endlichen Borel-Maßen auf E besteht, straff.

Es genügt, die Straffheit für einzelne Maße nachzuweisen. Sei μ daher ein endliches Borel-Maß auf $B(\mathbb{R}^d)$. Für $n \geq 1$ ist $K_n = [-n, n]^d$ kompakt mit $K_n \uparrow \mathbb{R}^d$ für $n \to \infty$. Daher konvergiert $\mu(K_n) \to \mu(\mathbb{R}^d)$ für $n \to \infty$ für jedes μ, und es folgt die Straffheit von $\{\mu\}$.

Für $E = \mathbb{R}$ beweisen wir den

▸ **Satz von Prohorov 7.15** Eine Familie $\mathcal{M}$ von endlichen Maßen auf $\mathbb{R}$ ist genau dann relativ schwach kompakt, wenn $\{\mu(\mathbb{R}), \mu \in \mathcal{M}\}$ beschränkt und $\mathcal{M}$ straff ist.

Beweis: $\Leftarrow$: Das ist die für Anwendungen wichtige Richtung.

Sei $(\mu_n)_{n\geq 1}$ eine Folge in $\mathcal{M}$ mit Verteilungsfunktionen $(F_n)_{n\geq 1}$. Nach dem Satz von Helly existiert eine Teilfolge $(F_{n_k})_{k\geq 1}$ und eine monoton wachsende, rechtsseitig stetige, beschränkte Funktion F, so dass $F_{n_k}(x) \to F(x)$ für $k \to \infty$ für alle Stetigkeitsstellen x von F konvergiert.

Wir zeigen

1. F ist eine Verteilungsfunktion, d. h. es konvergiert $F(x) \to 0$ für $x \to -\infty$.
2. Sei μ das Maß mit Verteilungsfunktion F. Es konvergiert $\mu_{n_k}(\mathbb{R}) \to \mu(\mathbb{R})$ für $k \to \infty$.

Zu $\varepsilon > 0$ existiert nach Voraussetzung eine kompakte Menge $K \subset \mathbb{R}$ mit $\mu_n(K^c) \le \varepsilon$ für $n \ge 1$. Sei $I = (a, b] \supset K$ mit Stetigkeitsstellen a, b von F. Für alle $k \ge 1$ ist $\mu_{n_k}(I^c) \le \mu_{n_k}(K^c) \le \varepsilon$.

1. Es ist $F_{n_k}(a) = \mu_{n_k}((-\infty, a]) \le \mu_{n_k}(I^c) \le \varepsilon$. Da a eine Stetigkeitsstelle von F ist, folgt $F(a) \le \varepsilon$.

Zu $\varepsilon > 0$ existiert daher ein $a \in \mathbb{R}$ mit $0 \le F(a) \le \varepsilon$. Mit der Monotonie von F folgt $F(a) \downarrow 0$ für $a \to -\infty$.

Der Beweis von 2 geht ähnlich. Er wird lediglich etwas erschwert durch die Bildung des Komplements.

Es ist

$$\mu_{n_k}(\mathbb{R}) \ge \mu_{n_k}((-\infty, b]) = \mu_{n_k}(\mathbb{R}) - \mu_{n_k}((b, \infty)) \ge \mu_{n_k}(\mathbb{R}) - \mu_{n_k}(I^c) \ge \mu_{n_k}(\mathbb{R}) - \varepsilon .$$

Mit $k \to \infty$ folgt

$$\liminf_{n\to\infty} \mu_{n_k}(R) \ge F(b) \ge \limsup_{n\to\infty} \mu_{n_k}(R) - \varepsilon .$$

Da die Ungleichung zwischen den äußeren Termen für alle $\varepsilon > 0$ gilt, folgt die Konvergenz von $\mu_{n_k}(\mathbb{R})$. Aus der ganzen Ungleichung folgt dann $F(b) \uparrow \lim_{n\to\infty} \mu_{n_k}(R)$ für $b \to \infty$ und daraus die Konvergenz $\mu_{n_k}(\mathbb{R}) \to \mu(\mathbb{R})$ für $k \to \infty$.

$\Rightarrow$: Aus der relativ schwachen Kompaktheit von $\mathcal{M}$ folgt leicht die Beschränktheit von $\{\mu(\mathbb{R}), \mu \in \mathcal{M}\}$. Denn sonst würde eine Folge $(\mu_n)_{n\ge1}$ in M mit $\mu_n(\mathbb{R}) \to \infty$ existieren, zu der keine schwach konvergente Teilfolge existiert.

Auch die Straffheit beweisen wir indirekt. Sei $\mathcal{M}$ also relativ schwach kompakt, aber nicht straff. Dann existiert ein $\varepsilon_0 > 0$, so dass zu jeder kompakten Menge $K \subset \mathbb{R}$ ein $\mu \in \mathcal{M}$ mit $\mu(K^c) > \varepsilon_0$ existiert. Zu $K_n = [-n, n]$ sei $\mu_n \in \mathcal{M}$ mit $\mu_n([-n, n]^c) > \varepsilon_0$. Da $\mathcal{M}$ relativ schwach kompakt ist, existiert eine schwach konvergente Teilfolge $\mu_{n_k} \to \mu$ für $k \to \infty$. Es folgt $\mu_{n_k}(\mathbb{R}) \to \mu(\mathbb{R})$.

Sei $(a, b]$ ein μ-stetiges, beschränktes Intervall. Für genügend großes k ist $(a, b] \subset [-n_k, n_k]$ und damit $\mu_{n_k}((a, b]) \le \mu_{n_k}([-n_k, n_k]) < \mu_{n_k}(\mathbb{R}) - \varepsilon_0$. Mit $k \to \infty$ folgt $\mu((a, b]) < \mu(\mathbb{R}) - \varepsilon_0$.

Diese Ungleichung gilt für alle μ-stetigen, beschränkten Intervalle $(a, b]$. Mit $(a, b] \uparrow \mathbb{R}$ erhalten wir einen Widerspruch.

▸ **Korollar 7.16** Sei $(\mu_n)_{n\ge1}$ eine schwach konvergente Folge, Dann ist $\{\mu_n, n \ge l\}$ straff.

Der Fall $E = \mathbb{R}^d$, den wir im nächsten Kapitel benötigen werden, lässt sich genauso behandeln. Dazu benutzt man Verteilungsfunktionen von endlichen Maßen wie im Fall $E = \mathbb{R}$. Die Verteilungsfunktion eines endlichen Maßes μ auf $\mathbb{R}^d$ ist definiert durch

$$F_\mu(x) = \mu(\{y : y_j \leq x_j \quad \text{für} \quad 1 \leq j \leq d\})$$
$$\text{mit} \quad x = (x_1, \ldots, x_d) \quad \text{und} \quad y = (y_1, \ldots, y_d)\,.$$

Die folgenden Eigenschaften beweist man wie im Fall $E = \mathbb{R}$.
Für $1 \leq j \leq d$ gibt es höchstens abzählbar viele Werte x_j mit $\mu\,(y\colon y_j = x_j) > 0$.
Die Verteilungsfunktion eines endlichen Maßes legt das Maß eindeutig fest.
Schwache Konvergenz $\mu_n \to \mu$ für $n \to \infty$ ist äquivalent zu

$$F_{\mu_n}(x) \to F_\mu(x) \quad \text{für alle} \quad x \text{ mit } \mu(\{y : y_j = x_j\}) = 0$$
$$\text{für} \quad 1 \leq j \leq d \quad \text{und} \quad \mu_n(\mathbb{R}^d) \to \mu(\mathbb{R}^d)\,.$$

Die Beweise der Sätze von Helly und Prohorov kann man damit direkt auf den Fall $E = \mathbb{R}^d$ übertragen.

Der Satz von Prohorov gilt allgemein in polnischen Räumen. Das sind vollständige, separable metrische Räume.

Wie oben erwähnt, wird Kompaktheit beim Beweis von Grenzwertsätzen auch benötigt, um aus der Eindeutigkeit eines Grenzmaßes für alle schwach konvergenten Teilfolgen auf die Konvergenz der Folge selbst zu schließen. Wir beweisen den entsprechenden Satz für beliebige metrische Räume.

▸ **Satz 7.17** Sei $(\mu_n)_{n\geq 1}$ eine relativ schwach kompakte Folge von endlichen Borel-Maßen auf einem metrischen Raum E und μ ein endliches Borel-Maß auf E mit der Eigenschaft, dass jede schwach konvergente Teilfolge von $(\mu_n)_{n\geq 1}$ gegen μ konvergiert. Dann konvergiert $\mu_n \to \mu$ schwach für $n \to \infty$.

Beweis: Wir nehmen an, dass unter den gegebenen Voraussetzungen μ_n nicht schwach gegen μ konvergiert. Dann existiert eine stetige, beschränkte Funktion $f\colon E \to \mathbb{R}$, so dass $\int f \, d\mu_n$ nicht gegen $\int f \, d\mu$ konvergiert. Es existiert daher ein $\varepsilon_0 > 0$ mit $\left|\int f \, d\mu_n - \int f \, d\mu\right| > \varepsilon_0$ für unendlich viele $n \geq 1$ und damit eine Teilfolge $(\mu_{n_k})_{k\geq 1}$ mit $\left|\int f \, d\mu_{n_k} - \int f \, d\mu\right| > \varepsilon_0$ für alle $k \geq 1$. Da $(\mu_n)_{n\geq 1}$ relativ schwach kompakt ist, existiert zu $(\mu_{n_k})_{k\geq 1}$ eine schwach konvergente Unterteilfolge $\left(\mu_{n_{k_j}}\right)_{j\geq 1}$. Da sie auch eine Teilfolge von $(\mu_n)_{n\geq 1}$ ist, konvergiert sie nach Voraussetzung schwach gegen μ. Insbesondere konvergiert $\int f \, d\mu_{n_{k_j}} \to \int f \, d\mu$, und wir erhalten einen Widerspruch.

Ein wichtiges Verfahren zum Nachweis der Eindeutigkeitsvoraussetzung von Satz 7.17 lernen wir im nächsten Kapitel kennen.

7.3 Übungen

7.1 Man beweise die Approximation der Binomialverteilung durch die Poissonverteilung: für $n \to \infty$, $p \to 0$ mit $np \to \lambda > 0$ konvergiert $\binom{n}{k} p^k q^{n-k} \to e^{-\lambda} \frac{\lambda^k}{k!}$.
Anleitung: Man behandle zuerst den Fall $k = 0$ und betrachte anschließend den Quotient der Wahrscheinlichkeiten aufeinander folgender Werte.

7.2 a) Man beweise für unabhängige, identisch verteilte Bernoulli-Experimente im Grenzwert der Approximation der Binomialverteilung durch die Poissonverteilung (s. Übung 7.1) die Konvergenz der geeignet skalierten Zeit des ersten Eintretens des Ausgangs 1 (s. Übung 5.6) in Verteilung gegen eine mit Parameter X exponential-verteilte Zufallsvariable.
b) Man beweise für $k \geq 1$ die entsprechende Konvergenz der Zeiten des k-ten Eintretens des Ausgangs 1.

7.3 Sei $(X_n)_{n\geq 1}$ eine Folge unabhängiger, identisch verteilter Zufallsvariablen mit Verteilungsfunktion F und $M_n = \sup(X_1, \ldots, X_n)$ für $n \geq 1$.
a) Man bestimme für Zufallsvariable X_n, die mit Parameter λ exponentialverteilt sind, die Verteilung von M_n für $n \geq 1$ und zeige, dass die Verteilung von $M_n - \frac{\log n}{\lambda}$ schwach konvergiert.
b) Es existiere ein $\alpha > 0$ mit $\lim_{n\to\infty} x^\alpha \cdot (1 - F(x)) = c > 0$.
Dann existieren Konstanten a_n $(n \geq 1)$, so dass die Verteilung von $a_n M_n$ schwach gegen eine nicht ausgeartete Grenzverteilung konvergiert.
Man behandle als Beispiel die Cauchy-Verteilung (s. Übung 5.10).
c) Die Zufallsvariablen X_n $(n \geq 1)$ seien nach oben durch ein $b \in \mathbb{R}$ f.s. beschränkt, und es existiere ein $\alpha > 0$ mit $\lim_{x\to b-} (b - x)^{-\alpha} \cdot (1 - F(x)) = c > 0$.
Dann existieren Konstanten a_n $(n \geq 1)$, so dass die Verteilung von $a_n(b - M_n)$ schwach gegen eine nicht ausgeartete Grenzverteilung konvergiert.
Man behandle als Beispiel gleichmäßig auf $[a, b]$ verteilte Zufallsvariable.

7.4 Man zeige: Zu jedem endlichen Maß μ auf $\mathcal{B}(\mathbb{R})$ existiert eine Folge von endlichen Maßen,
a) die auf endlichen Mengen konzentriert sind
b) mit Dichten bzgl. des Lebesgue-Maßes
die jeweils schwach gegen μ konvergieren.

7.5 *Lévy-Metrik.*
Für zwei Verteilungsfunktionen F, G von endlichen Maßen auf $\mathbb{R}$ sei

$$d(F, G) = \inf\{h > 0 \colon F(x - h) - h \leq G(x) \leq F(x + h) + h \quad \text{für alle} \quad x \in \mathbb{R}\}.$$

Man zeige:
a) d ist eine Metrik. Sie heißt die Lévy-Metrik.
b) Man veranschauliche sich d, indem man ein typisches F mit Unstetigkeitsstellen zeichne und für $\varepsilon > 0$ das Gebiet schraffiere, in dem der Graph aller Verteilungsfunktionen G mit $d(F, G) \leq \varepsilon$ liegt.

c) d erzeugt die schwache Konvergenz.

Anleitung: Zum Beweis, dass aus der schwachen Konvergenz die Konvergenz der Verteilungsfunktionen in der Lévy-Metrik folgt, zerlege man ein genügend großes Intervall in genügend kleine Teilintervalle mit Stetigkeitsstellen von F als Randpunkte.

d) Die Menge aller Verteilungsfunktionen ist separabel in der Lévy-Metrik.

e) Die Menge der Verteilungsfunktionen aller endlichen Maße auf $\mathbb{R}$ ist vollständig in der Levy-Metrik.

f) Die Menge der Verteilungsfunktionen aller Wahrscheinlichkeitsmaße auf $\mathbb{R}$ ist abgeschlossen in der Lévy-Metrik.

g) Sei $(\mu_n)_{n\geq 1}$ eine Folge endlicher Maße auf $\mathbb{R}$, die schwach gegen ein endliches Maß μ auf $\mathbb{R}$ mit stetiger Verteilungsfunktion konvergieren. Dann konvergieren die Verteilungsfunktionen gleichmäßig.

7.6 a) Sei $\mathcal{M}$ eine Menge von endlichen Maßen auf $\mathbb{R}$ mit der Eigenschaft, dass eine messbare Funktion $f\colon \mathbb{R} \to \mathbb{R}$ mit $|f(x)| \to \infty$ für $|x| \to \infty$ existiert, so dass $\{\int |f| \,\mathrm{d}\mu : \mu \in M\}$ beschränkt ist. Dann ist $\mathcal{M}$ straff.

b) Sei $(X_n)_{n\geq 1}$ eine Folge unkorrelierter (s. Anmerkung zu Satz 5.21), identisch verteilter Zufallsvariablen mit endlicher Varianz, und sei $S_n = \sum_{k=1}^n X_k$ für $n \geq 1$. Dann sind die Verteilungen der Zufallsvariablen $\frac{S_n - nEX_1}{\sqrt{n}}$ $(n \geq 1)$ straff.

Charakteristische Funktionen 8

8.1 Definition und Grundlagen

Mit charakteristischen Funktionen bezeichnet man in der Wahrscheinlichkeitstheorie die Fourier-Transformationen von Verteilungen auf $\mathcal{B}(\mathbb{R})$. Sie sind ein wichtiges analytisches Hilfsmittel und dienen vor allem zum Nachweis schwacher Konvergenz, aber auch zur Bestimmung der Faltung von Verteilungen und der Momente einer Verteilung.

Für ihre Definition benötigen wir die Integration komplexwertiger Funktionen. Um auf der Menge $\mathbb{C}$ der komplexen Zahlen eine geeignete σ-Algebra zu bestimmen, identifizieren wir $\mathbb{C}$ als normierten Raum wie üblich mit $\mathbb{R}^2$ durch die Beziehung $z = x + \mathrm{i}y \mathrel{\hat{=}} (x, y)$ mit dem zugehörigen Betrag $|z|$ als Norm und der entsprechenden σ-Algebra der Borel-Mengen $\mathcal{B}(\mathbb{C})$. Zerlegen wir eine komplexwertige Funktion $Z\colon \Omega \to \mathbb{C}$ in ihren Real- und Imaginärteil $Z(\omega) = X(\omega) + \mathrm{i}y(\omega)$, dann sind $X = \operatorname{Re} Z$ und $Y = \operatorname{Im} Z$ die Koordinatenfunktionen. Ist daher $(\Omega, \mathcal{A})$ ein messbarer Raum, so ist Z nach Proposition 3.3 genau dann $\mathcal{A}$-$\mathcal{B}(\mathbb{C})$-messbar, wenn $\operatorname{Re} Z$ und $\operatorname{Im} Z$ $\mathcal{A}$-$\mathcal{B}(\mathbb{R})$-messbar sind. Entsprechend definieren wir das Integral komplexwertiger Funktionen durch die Zerlegung in Real- und Imaginärteil. Integration im weiteren Sinne macht für komplexwertige Funktionen keinen Sinn.

▸ **Definition 8.1** Sei $(\Omega, \mathcal{A}, \mu)$ ein Maßraum, Eine Funktion $Z\colon \Omega \to \mathbb{C}$ heißt *μ-integrierbar*, wenn $\operatorname{Re} Z$ und $\operatorname{Im} Z$ μ-integrierbar sind. In diesem Fall ist das *Integral von Z bzgl. μ* definiert durch

$$\int Z \,\mathrm{d}\mu = \int \operatorname{Re} Z \,\mathrm{d}\mu + \mathrm{i} \int \operatorname{Im} Z \,\mathrm{d}\mu .$$

Der Real- bzw. Imaginärteil des Integrals ist daher nach Definition das Integral des Real- bzw. Imaginärteils. Das Integral hat folgende elementare Eigenschaften.

DOI 10.1007/978-3-642-38160-7_8,

Satz 8.2

1. Die Menge aller komplexwertigen μ-integrierbaren Funktionen ist ein komplexer Vektorraum und das Integral ist ein lineares Funktional darauf.
   Für komplexwertige μ-integrierbare Funktionen Z gilt:
2. $\int \bar{Z}\, \mathrm{d}\mu = \overline{\int Z\, \mathrm{d}\mu}$.
3. $|\int Z\, \mathrm{d}\mu| \leq \int |Z|\, \mathrm{d}\mu$.

Beweis: Eigenschaften 1 und 2 sind klar. Bei der Multiplikation mit einer komplexen Zahl beachte man jedoch die Form der Zerlegung des Produkts in Real- und Imaginärteil.

3. Wir verwenden zum Beweis die Darstellung komplexer Zahlen in Polarkoordinaten. Jede komplexe Zahl z lässt sich darstellen in der Form $z = r\mathrm{e}^{\mathrm{i}\varphi}$ mit $r = |z| \geq 0$ und $\varphi \in \mathbb{R}$.

Für eine μ-integrierbare Funktion $Z\colon \Omega \to \mathbb{C}$ sei $\int Z\, \mathrm{d}\mu = r\,\mathrm{e}^{\mathrm{i}\varphi}$ mit $r = |\int Z\, \mathrm{d}\mu|$. Dann gilt

$$0 \leq \left|\int Z\, \mathrm{d}\mu\right| = r = \mathrm{e}^{-\mathrm{i}\varphi} \int Z\, \mathrm{d}\mu = \int \left(\mathrm{e}^{-\mathrm{i}\varphi} Z\right) \mathrm{d}\mu = \mathrm{Re} \int \left(\mathrm{e}^{-\mathrm{i}\varphi} Z\right) \mathrm{d}\mu$$
$$= \int \mathrm{Re}\left(\mathrm{e}^{-\mathrm{i}\varphi} Z\right) \mathrm{d}\mu \leq \int \left|\mathrm{e}^{-\mathrm{i}\varphi} Z\right| \mathrm{d}\mu = \int |Z|\, \mathrm{d}\mu\,.$$

Im Folgenden schränken wir uns auf Wahrscheinlichkeitsräume $(\Omega, \mathcal{A}, P)$ ein und bezeichnen auch für komplexwertige Funktionen Z das Integral als Erwartungswert EZ von Z.

Nach der Integration komplexwertiger Funktionen können wir nun charakteristische Funktionen definieren. Wie im Fall der schwachen Konvergenz definieren wir sie sowohl für Wahrscheinlichkeitsmaße bzw. Verteilungen als auch für Zufallsvariable, verwenden jedoch diesmal die gleiche Bezeichnung.

Definition 8.3

1. Die *charakteristische Funktion* $\widehat{P}$ eines Wahrscheinlichkeitsmaßes P auf $\mathcal{B}(\mathbb{R})$ ist definiert durch
$$\widehat{P} = \int \mathrm{e}^{\mathrm{i}\lambda x}\, \mathrm{d}P(x) \quad (\lambda \in \mathbb{R})\,.$$

2. Die *charakteristische Funktion* ϕ_X einer reellwertigen Zufallsvariablen X ist die charakteristische Funktion ihrer Verteilung:
$$\phi_X(\lambda) = \int \mathrm{e}^{\mathrm{i}\lambda x}\, \mathrm{d}P_X(x) = E\left(\mathrm{e}^{\mathrm{i}\lambda X}\right) \quad (\lambda \in \mathbb{R})\,.$$

Die Integrale existieren, da die komplexe Exponentialfunktion stetig und daher messbar, und da $\left|\mathrm{e}^{\mathrm{i}\lambda x}\right| = 1$ für $\lambda, x \in \mathbb{R}$ und damit beschränkt ist. Die zweite Darstellung in 2 folgt aus dem Transformationssatz.

Man beachte, dass die charakteristische Funktion einer Zufallsvariablen nur von ihrer Verteilung abhängt.

Charakteristische Funktionen haben die folgenden elementaren Eigenschaften.

▸ **Satz 8.4** Die charakteristische Funktion ϕ eines Wahrscheinlichkeitsmaßes auf $\mathcal{B}(\mathbb{R})$ hat die Eigenschaften:

1. $\phi(0) = 1$.
2. $|\phi(\lambda)| \leq 1$ für $\lambda \in \mathbb{R}$.
3. $\phi(-\lambda) = \overline{\varphi(\lambda)}$ für $\lambda \in \mathbb{R}$.
4. ϕ ist gleichmäßig stetig.

Beweis: Die Eigenschaften 1, 2 (mit Satz 8.2.3) und 3 sind trivial.

4. Zum Beweis der gleichmäßigen Stetigkeit schätzen wir für $\lambda, h \in \mathbb{R}$ ab:

$$\begin{aligned}|\phi(\lambda + h) - \phi(\lambda)| &= \left|\int \left(e^{i(\lambda+h)x} - e^{i\lambda x}\right) d P(x)\right| \leq \int \left|e^{i(\lambda+h)x} - e^{i\lambda x}\right| d P(x)\\ &= \int \left|e^{ihx} - 1\right| d P(x)\end{aligned}$$

mit einer von λ unabhängigen Schranke.

Für $h \to 0$ konvergiert $|e^{ihx} - 1| \to 0$ für alle $x \in \mathbb{R}$ mit der integrierbaren Majorante $|e^{ihx} - 1| \leq 2$. Nach dem Satz über majorisierte Konvergenz konvergiert $\int \left|e^{ihx} - 1\right| d P(x) \to 0$ und daher $|\phi(\lambda + h) - \phi(\lambda)| \to 0$ für $h \to 0$ gleichmäßig in $\lambda \in \mathbb{R}$.

Als Nächstes bestimmen wir das Verhalten von charakteristischen Funktionen unter affinen Transformationen. Sei X eine reellwertige Zufallsvariable mit charakteristischer Funktion ϕ_X und seien $a, b \in \mathbb{R}$. Dann hat $aX + b$ die charakteristische Funktion

$$\phi_{aX+b}(\lambda) = E\left(e^{i\lambda(aX+b)}\right) = e^{i\lambda b} E\left(e^{i\lambda a X)}\right) = e^{i\lambda b} \phi_X(a\lambda) \quad (\lambda \in \mathbb{R}). \tag{8.1}$$

Eine wichtige Eigenschaft von charakteristischen Funktionen ist ihr Verhalten bzgl. der Faltung. Für die charakteristische Funktion der Summe unabhängiger Zufallsvariablen gilt:

▸ **Satz 8.5** Seien $X_1, \ldots, X_n$ unabhängige Zufallsvariable mit charakteristischen Funktionen $\phi_{X_1}, \ldots, \phi_{X_n}$. Dann hat $X_1 + \ldots + X_n$ die charakteristische Funktion $\phi_{X_1+\ldots+X_n} = \phi_{X_1} \cdot \ldots \cdot \phi_{X_n}$.

Beweis: Für $\lambda \in \mathbb{R}$ ist

$$\begin{aligned}\varphi_{X_1+\ldots+X_n}(\lambda) &= E\left[e^{i\lambda(X_1+\ldots+X_n)}\right] = E\left[\left(e^{i\lambda X_1}\cdot\ldots\cdot e^{i\lambda X_n}\right)\right] = \left(Ee^{i\lambda X_1}\right)\cdot\ldots\cdot\left(Ee^{i\lambda X_n}\right)\\ &= \phi_{X_1}(\lambda)\cdot\ldots\cdot\phi_{X_n}(\lambda).\end{aligned}$$

Dabei haben wir benutzt, dass auch für komplexwertige Zufallsvariable der Erwartungswert des Produkts unabhängiger Zufallsvariablen gleich dem Produkt der Erwartungswerte ist. Das führt man wieder durch Zerlegung in Real- und Imaginärteil auf den reellwertigen Fall zurück.

Der relativ komplizierten Faltung von Wahrscheinlichkeitsmaßen entspricht also für die zugehörigen charakteristischen Funktionen das wesentlich einfachere punktweise Produkt von Funktionen. Um diese Tatsache zur Bestimmung von Faltungen ausnutzen zu können, benötigt man, dass man von der charakteristischen Funktion auf das Wahrscheinlichkeitsmaß zurückschließen kann, ein Wahrscheinlichkeitsmaß also durch seine charakteristische Funktion eindeutig bestimmt ist. Wir werden das im nächsten Abschnitt beweisen. Zunächst bestimmen wir einige Beispiele von charakteristischen Funktionen.

Beispiele

1. Für den ausgearteten Fall $P = \delta_a$, der Verteilung der fast sicheren Zufallsvariablen $X = a$, ist $\widehat{\delta_a}(\lambda) = e^{i\lambda a}$ $(\lambda \in \mathbb{R})$.
   Allgemein hat eine Zufallsvariable X mit diskreter Verteilung $P(X = x_k) = p_k$ $(1 \le k \le n$ oder $k \ge 1)$ die charakteristische Funktion
   $$\phi_X(\lambda) = \sum_k p_k e^{i\lambda a_k}.$$
   Dazu einige spezielle Beispiele:
2. Binomialverteilung.
   Die charakteristische Funktion der Binominalverteilung ist
   $$\begin{aligned}\phi_{S_n}(\lambda) &= \sum_{k=0}^{n}\binom{n}{k}p^k q^{n-k}e^{i\lambda k} = \sum_{k=0}^{n}\binom{n}{k}\left(pe^{i\lambda}\right)^k q^{n-k}\\ &= \left(pe^{i\lambda}+q\right)^n = \left[1+p\left(e^{i\lambda}-1\right)\right]^n \quad (\lambda \in \mathbb{R}).\end{aligned}$$
   Wir können sie auch über die Darstellung als Summe unabhängiger Zufallsvariablen ableiten. Seien dazu $X_1, \ldots, X_n$ unabhängig mit Verteilung $P(X_j = 1) = p$, $P(X_j = 0) = q = 1 - p$ für $1 \le j \le n$. Dann ist $S_n = \sum_{k=1}^n X_k$ binomialverteilt mit Parameter n und p. Für $1 \le j \le n$ ist
   $$\phi_{X_j}(\lambda) = p\,e^{i\lambda} + (1-p) = 1 + p\left(e^{i\lambda}-1\right) \quad (\lambda \in \mathbb{R})$$
   und mit Satz 8.5 folgt
   $$\phi_{S_n}(\lambda) = \left[1+p\left(e^{i\lambda}-1\right)\right]^n \quad (\lambda \in \mathbb{R}).$$

Für dieses Beispiel war auch die direkte Bestimmung der charakteristischen Funktion nicht schwer. Wir haben den zweiten Weg zusätzlich angegeben, da er in anderen Fällen oft wesentlich einfacher ist.

3. Poissonverteilung.
Da wir mit λ das Argument der charakteristischen Funktion bezeichnen, nennen wir jetzt den Parameter der Poissonverteilung α: $P(N=k) = \mathrm{e}^{-\alpha}\frac{\alpha^k}{k!}$ $(k \geq 0)$.
Als charakteristische Funktion erhalten wir

$$\phi_N(\lambda) = \sum_{k=0}^{\infty} \mathrm{e}^{-\alpha}\frac{\alpha^k}{k!}\mathrm{e}^{\mathrm{i}\lambda k} = \mathrm{e}^{-\alpha}\sum_{k=0}^{\infty}\frac{\left(\alpha\mathrm{e}^{\mathrm{i}\lambda}\right)^k}{k!} = \mathrm{e}^{-\alpha}\mathrm{e}^{\alpha\mathrm{e}^{\mathrm{i}\lambda}} = \mathrm{e}^{\alpha\left(\mathrm{e}^{\mathrm{i}\lambda}-1\right)} \quad (\lambda \in \mathbb{R}).$$

Der Konvergenz der Binomialverteilung gegen die Poissonverteilung für $n \to \infty$, $p \to 0$ mit $np \to \alpha$ entspricht die punktweise Konvergenz ihrer charakteristischen Funktionen

$$\left[1 + p\left(\mathrm{e}^{\mathrm{i}\lambda} - 1\right)\right]^n = \left[1 + \frac{1}{n}np\left(\mathrm{e}^{\mathrm{i}\lambda} - 1\right)\right]^n \to \mathrm{e}^{\alpha\left(\mathrm{e}^{\mathrm{i}\lambda}-1\right)} \quad (\lambda \in \mathbb{R}).$$

Wir werden sehen (Satz 8.10), dass dahinter ein allgemeiner Sachverhalt steckt.
Die folgenden Beispiele betreffen Verteilungen mit einer Dichte bzgl. des Lebesgue-Maßes. Hat X eine Verteilung mit der Dichte f, dann ist ihre charakteristische Funktion

$$\phi_X(\lambda) = \int \mathrm{e}^{\mathrm{i}\lambda x} f(x)\,\mathrm{d}x \quad (\lambda \in \mathbb{R}).$$

4. Exponentialverteilung.
Wie bei der Poissonverteilung bezeichnen wir den Parameter mit α. Mit der Dichte $f(x) = \alpha\mathrm{e}^{-\alpha x}$ für $x \geq 0$ erhalten wir

$$\begin{aligned}\phi_X(\lambda) &= \int_0^\infty \mathrm{e}^{\mathrm{i}\lambda x}\alpha\mathrm{e}^{-\alpha x}\,\mathrm{d}x = \alpha\int_0^\infty \mathrm{e}^{(-\alpha+\mathrm{i}\lambda)x}\alpha\,\mathrm{d}x \\ &= \frac{\alpha}{-\alpha+\mathrm{i}\lambda}\mathrm{e}^{(-\alpha+\mathrm{i}\lambda)x}\big|_0^\infty = \frac{\alpha}{\alpha-\mathrm{i}\lambda} \quad (\lambda \in \mathbb{R}).\end{aligned}$$

Dabei haben wir benutzt, dass sich das Integral geeigneter komplexwertiger Funktionen wie im Reellen mit Hilfe von Stammfunktionen bestimmen lässt. Das verifiziert man wieder leicht durch Zerlegung in Real- und Imaginärteil. Genauso zeigt man, dass für $\beta \in \mathbb{C}$ die Funktion $\mathrm{e}^{\beta x}$ $(x \in \mathbb{R})$ den gleichen Ausdruck der Stammfunktion wie im Reellen hat, da man mit Hilfe der Potenzreihenentwicklung die gleiche Ableitung erhält.
Für spätere Zwecke behandeln wir noch den Fall der symmetrisierten Exponentialverteilung mit der Dichte $f(x) = \frac{\alpha}{2}\mathrm{e}^{-\alpha|x|}$ $(x \in \mathbb{R})$. Die symmetrisierte Exponentialverteilung kann realisiert werden als Wert einer exponentialverteilten Zufallsvariablen mit unabhängigem, gleich verteiltem Vorzeichen ± 1. Eine andere Möglichkeit der Darstellung werden wir mit der Eindeutigkeit herleiten.

Durch Zerlegung des Integrals in $\int_{-\infty}^{0} e^{i\lambda x} \frac{\alpha}{2} e^{\alpha x} \,dx$ und $\int_{0}^{\infty} e^{i\lambda x} \frac{\alpha}{2} e^{-\alpha x} \,dx$ erhält man

$$\phi_X(\lambda) = \frac{1}{2}\frac{\alpha}{\alpha - i\lambda} + \frac{1}{2}\frac{\alpha}{\alpha + i\lambda} = \frac{\alpha^2}{\alpha^2 + \lambda^2} \quad (\lambda \in \mathbb{R}).$$

5. Normalverteilung.
Wir bestimmen zuerst die charakteristische Funktion der Standardnormalverteilung $\mathcal{N}(0,1)$. Zur Berechnung von

$$\phi(\lambda) = \frac{1}{\sqrt{2\pi}} \int e^{i\lambda x} e^{-x^2/2} \,dx \quad (\lambda \in \mathbb{R})$$

entwickeln wir $e^{i\lambda x}$ in eine Potenzreihe. Damit wir die Reihe mit dem Integral vertauschen dürfen, schätzen wir die Partialsummen durch eine Majorante ab:

$$\left| \sum_{n=0}^{N} \frac{(i\lambda x)^n}{n!} \right| \le \sum_{n=0}^{N} \frac{|i\lambda x|^n}{n!} \le \sum_{n=0}^{\infty} \frac{|i\lambda x|^n}{n!} = e^{|\lambda x|}.$$

Da $\int e^{|\lambda x|} e^{-x^2/2} \,dx < \infty$ für alle $\lambda \in \mathbb{R}$ ist, folgt mit dem Satz über majorisierte Konvergenz

$$\frac{1}{\sqrt{2\pi}} \int e^{i\lambda x} e^{-x^2/2} \,dx = \frac{1}{\sqrt{2\pi}} \sum_{n=0}^{\infty} \int \frac{(i\lambda x)^n}{n!} e^{-x^2/2} \,dx \quad (\lambda \in \mathbb{R}).$$

Wir müssen daher die Integrale $\int x^n e^{-x^2/2} \,dx$ $(n \ge 0)$ bestimmen.
Für ungerades n ist der Integrand eine ungerade Funktion und das Integral daher gleich 0. Die Integrale für gerades $n = 2m$ bestimmen wir rekursiv mit partieller Integration Für $m = 0$ ist

$$\int x^0 e^{-x^2/2} \,dx = \sqrt{2\pi}.$$

Für $m \ge 0$ ist

$$\begin{aligned}
\int x^{2(m+1)} e^{-x^2/2} \,dx &= \int x^{2m+1} \cdot x e^{-x^2/2} \,dx \\
&= x^{2m+1} \cdot \left(-e^{-x^2/2}\right)\Big|_{-\infty}^{\infty} + (2m+1) \int x^{2m} e^{-x^2/2} \,dx \\
&= (2m+1) \int x^{2m} e^{-x^2/2} \,dx.
\end{aligned}$$

Daraus folgt für $m \ge 0$

$$\frac{1}{\sqrt{2\pi}} \int x^{2m} e^{-x^2/2} \,dx = (2m-1) \cdot (2m-3) \cdot \ldots \cdot 1.$$

Erweitern wir mit dem Produkt der geraden Zahlen

$$(2m)\cdot(2m-2)\cdot\ldots\cdot 2 = 2^m \cdot m!$$

so erhalten wir

$$\frac{1}{\sqrt{2\pi}}\int x^{2m}\mathrm{e}^{-x^2/2}\,\mathrm{d}x = \frac{(2m)!}{2^m\cdot m!}$$

und damit die charakteristische Funktion der Standardnormalverteilung

$$\frac{1}{\sqrt{2\pi}}\int \mathrm{e}^{\mathrm{i}\lambda x}\mathrm{e}^{-x^2/2}\,\mathrm{d}x = \sum_{m=0}^{\infty}\frac{(\mathrm{i}\lambda)^{2m}}{(2m)!}\frac{(2m)!}{2^m\cdot m!} = \sum_{m=0}^{\infty}\left(-\frac{\lambda^2}{2}\right)^m\frac{1}{m!} = \mathrm{e}^{-\lambda^2/2}\,(\lambda\in\mathbb{R}).$$

Wir skizzieren noch einen einfacheren Weg zur Bestimmung der charakteristischen Funktion der Standardnormalverteilung, der jedoch Kenntnisse aus der komplexen Funktionentheorie voraussetzt. Dazu formt man den Integranden mit quadratischer Ergänzung um:

$$\begin{aligned}\frac{1}{\sqrt{2\pi}}\int \mathrm{e}^{\mathrm{i}\lambda x}\mathrm{e}^{-x^2/2}\,\mathrm{d}x &= \frac{1}{\sqrt{2\pi}}\int \mathrm{e}^{-(x-\mathrm{i}\lambda)^2/2-\lambda^2/2}\,\mathrm{d}x\\ &= \mathrm{e}^{-\lambda^2/2}\frac{1}{\sqrt{2\pi}}\int \mathrm{e}^{-(x-\mathrm{i}\lambda)^2/2}\,\mathrm{d}x\,.\end{aligned}$$

Das Integral $\frac{1}{\sqrt{2\pi}}\int \mathrm{e}^{-(x-\mathrm{i}\lambda)^2/2}\,\mathrm{d}x$ ist als Wegintegral $\frac{1}{\sqrt{2\pi}}\int_\Gamma \mathrm{e}^{-z^2/2}\,\mathrm{d}z$ in der komplexen Ebene über die Parallele Γ zur reellen Achse durch den Punkt $(-\mathrm{i}\lambda)$ darstellbar. Mit Hilfe des Cauchy'schen Integralsatzes und geeigneten Abschätzungen kann man zeigen, dass es mit dem Integral über die reelle Achse übereinstimmt und daher gleich 1 ist.

Die charakteristische Funktion der allgemeinen Normal Verteilung $N(\mu,\sigma^2)$ erhält man aus der charakteristischen Funktion der Standardnormalverteilung $N(0,1)$ durch eine affine Transformation. Ist X $\mathcal{N}(0,1)$-verteilt, dann ist $\mu+\sigma X$ $\mathcal{N}(\mu,\sigma^2)$-verteilt. Nach (8.1) ist die charakteristische Funktion von $\mathcal{N}(\mu,\sigma^2)$ daher

$$\phi_{\mu+\sigma X}(\lambda) = \mathrm{e}^{\mathrm{i}\lambda\mu}\phi_X(\sigma\lambda) = \mathrm{e}^{\mathrm{i}\lambda\mu-\lambda^2\sigma^2/2} \quad (\lambda\in\mathbb{R}).$$

Im symmetrischen Fall $\mu=0$ hat die charakteristische Funktion die gleiche Form wie die Dichte der Normalverteilung bis auf einen konstanten Faktor und die Tatsache, dass σ durch σ^{-1} ersetzt wird. Dies werden wir anschließend ausnutzen.

8.2 Eindeutigkeit und Umkehrformeln

Wie bereits erwähnt, benötigt man, um z. B. die Faltung von Wahrscheinlichkeitsmaßen mit Hilfe von charakteristischen Funktionen zu bestimmen, dass Wahrscheinlichkeitsmaße durch ihre charakteristischen Funktionen eindeutig festgelegt sind. Das wollen wir in diesem Abschnitt zeigen und auch konkrete Umkehrformeln herleiten.

Seien P und Q Wahrscheinlichkeitsmaße auf $\mathcal{B}(\mathbb{R})$ mit den charakteristischen Funktionen $\widehat{P}$ und $\widehat{Q}$. Für festes $t \in \mathbb{R}$ betrachten wir das folgende Integral bzgl. des Produktmaßes

$$\iint e^{-i\lambda t} e^{i\lambda x} \, d(P \times Q)(x, \lambda).$$

Das Integral existiert, da der Integrand auf $\mathbb{R}^2$ messbar und beschränkt ist. Nach dem Satz von Fubini stimmen die Integrale mit verschiedenen Integrationsreihenfolgen überein. Diese sind

$$\int \left(\int e^{-i\lambda t} e^{i\lambda x} \, dP(x) \right) dQ(\lambda) = \int e^{-i\lambda t} \widehat{P}(\lambda) \, dQ(\lambda)$$
$$\int \left(\int e^{-i\lambda t} e^{i\lambda x} \, dQ(\lambda) \right) dP(x) = \int \widehat{Q}(x - t) \, dP(x)$$

und wir erhalten die

▸ **Parseval-Relation 8.6** Für Wahrscheinlichkeitsmaße P und Q auf $\mathcal{B}(\mathbb{R})$ mit den charakteristischen Funktionen $\widehat{P}$ und $\widehat{Q}$ gilt für alle $t \in \mathbb{R}$

$$\int e^{-i\lambda t} \widehat{P}(\lambda) \, dQ(\lambda) = \int \widehat{Q}(x - t) \, dP(x).$$

Zu einem gegebenen Wahrscheinlichkeitsmaß P wählen wir speziell $Q = \mathcal{N}\left(0, \frac{1}{\sigma^2}\right)$ mit der charakteristischen Funktion $\widehat{Q}(\lambda) = e^{-\lambda^2/2\sigma^2}$ $(\lambda \in \mathbb{R})$ und erhalten

$$\int e^{-i\lambda t} \widehat{P}(\lambda) \sqrt{\frac{\sigma^2}{2\pi}} \, e^{-\lambda^2 \sigma^2/2} \, d\lambda = \int e^{-(x-t)^2/2\sigma^2} \, dP(x).$$

Die rechte Seite ist bis auf den fehlenden Faktor $\frac{1}{\sqrt{2\pi\sigma^2}}$ nach (5.7) die Dichte der Faltung $\mathcal{N}(0, \sigma^2) * P$ an der Stelle t. Bezeichnen wir diese mit $f_{\sigma^2}(t)$, so ist also

$$f_{\sigma^2}(t) = \frac{1}{\sqrt{2\pi\sigma^2}} \int e^{-(x-t)^2/2\sigma^2} \, dP(x) = \frac{1}{2\pi} \int e^{-i\lambda t} \widehat{P}(\lambda) e^{-\lambda^2\sigma^2/2} \, d\lambda \quad (t \in \mathbb{R}). \tag{8.2}$$

Nach Satz 8.5 ist die Faltung $\mathcal{N}(0, \sigma^2) * P$ die Verteilung der Summe $X + \sigma Y$ von unabhängigen Zufallsvariablen X und σY, wobei X die Verteilung P und Y die Verteilung $\mathcal{N}(0, 1)$ hat. Für $\sigma \to 0$ konvergiert $X + \sigma Y \to Y$ f.s., daher auch stochastisch, und aus Satz 7.11 folgt die schwache Konvergenz $\mathcal{N}(0, \sigma^2) * P \to P$. Da durch (8.2) f_{σ^2} für alle $\sigma > 0$ durch $\widehat{P}$ eindeutig bestimmt ist, ist es auch das Grenzmaß P. Damit folgt die Eindeutigkeit.

▸ **Satz 8.7** Ein Wahrscheinlichkeitsmaß P auf $\mathcal{B}(\mathbb{R})$ ist durch seine charakteristische Funktion $\widehat{P}$ eindeutig bestimmt.

Wir werden mit Hilfe von (8.2) spezielle Umkehrformeln herleiten. Vorher wollen wir den Eindeutigkeitssatz anwenden.

Beispiele

1. Faltung der Normalverteilung
   Die Faltung $\mathcal{N}(\mu_1, \sigma_1^2) * \mathcal{N}(\mu_2, \sigma_2^2)$ hat die charakteristische Funktion

$$e^{i\lambda\mu_1 - \lambda^2\sigma_1^2/2} \cdot e^{i\lambda\mu_2 - \lambda^2\sigma_2^2/2} = e^{i\lambda(\mu_1+\mu_2) - \lambda^2(\sigma_1^2+\sigma_2^2)/2} \quad (\lambda \in \mathbb{R}).$$

   Da die rechte Seite die charakteristische Funktion von $\mathcal{N}(\mu_1 + \mu_2, \sigma_1^2 + \sigma_2^2)$ ist, folgt aus der Eindeutigkeit

$$\mathcal{N}(\mu_1, \sigma_1^2) * \mathcal{N}(\mu_2, \sigma_2^2) = \mathcal{N}(\mu_1 + \mu_2, \sigma_1^2 + \sigma_2^2).$$

   Man vergleiche den geringen Aufwand dieser Herleitung mit der über das Faltungsintegral (Übung 5.8).
2. Ist ϕ_X die charakteristische Funktion einer Zufallsvariablen X, dann hat $-X$ nach (8.1) die charakteristische Funktion $\phi_{-X}(\lambda) = \phi_X(-\lambda) = \overline{\phi_X(\lambda)}$ $(\lambda \in \mathbb{R})$.
   Eine Zufallsvariable X ist symmetrisch verteilt, wenn X und $-X$ die gleiche Verteilung haben.
   Wegen der Eindeutigkeit ist X daher genau dann symmetrisch verteilt, wenn $\phi_X(\lambda) \in \mathbb{R}$ für alle $\lambda \in \mathbb{R}$ ist.
   Für unabhängige, identisch verteilte Zufallsvariablen X, Y mit beliebiger Verteilung und charakteristischer Funktion ϕ hat die Zufallsvariable $X - Y$ die charakteristische Funktion $\phi \cdot \overline{\phi} = |\phi|^2$. Dazu ein Beispiel:
3. Symmetrisierte Exponentialverteilung.
   Die Exponentialverteilung mit Parameter α hat nach Beispiel 4 die charakteristische Funktion $\phi(\lambda) = \frac{\alpha}{\alpha - i\lambda}$ $(\lambda \in \mathbb{R})$. Daher ist $|\phi|^2(\lambda) = \frac{\alpha^2}{\alpha^2+\lambda^2}$ $(\lambda \in \mathbb{R})$ die charakteristische Funktion der Differenz $X - Y$ von unabhängigen, mit Parameter α exponentialverteilten Zufallsvariablen X, Y. Da sie auch die charakteristische Funktion der symmetrisierten Exponentialverteilung ist, hat auch $X - Y$ diese Verteilung.
   Zur Herleitung von Umkehrformeln bestimmen wir zunächst das Wahrscheinlichkeitsmaß eines beschränkten Intervalls $(a, b]$ bzgl. $\mathcal{N}(0, \sigma^2) * P$. Mit der Dichte (8.2) und dem Satz von Fubini erhalten wir

$$\int_a^b f_{\sigma^2}(t)\,dt = \frac{1}{2\pi}\int \left(\int_a^b e^{-i\lambda t}\,dt\right) \widehat{P}(\lambda)\, e^{-\lambda^2\sigma^2/2}\,d\lambda$$
$$= \frac{1}{2\pi}\int \left(\frac{e^{-i\lambda b} - e^{-i\lambda a}}{-i\lambda}\right) \widehat{P}(\lambda)\, e^{-\lambda^2\sigma^2/2}\,d\lambda.$$

Da $\mathcal{N}(0,\sigma^2) * P \to P$ schwach für $\sigma \to 0$ konvergiert, folgt die Umkehrformel:

▸ **Satz 8.8** Für ein Wahrscheinlichkeitsmaß P auf $\mathcal{B}(\mathbb{R})$ gilt für alle P-stetigen, beschränkten Intervalle $(a,b]$

$$P((a,b]) = \lim_{\sigma\to 0} \frac{1}{2\pi} \int \left(\frac{\mathrm{e}^{-\mathrm{i}\lambda b} - \mathrm{e}^{-\mathrm{i}\lambda a}}{-\mathrm{i}\lambda} \right) \widehat{P}(\lambda) \mathrm{e}^{-\lambda^2\sigma^2/2}\,\mathrm{d}\lambda\,.$$

Ist $\widehat{P}$ integrierbar bzgl. des Lebesgue-Maßes, kann man den Grenzwert mit dem Integral vertauschen und erhält das folgende Resultat.

▸ **Satz 8.9** Sei P ein Wahrscheinlichkeitsmaß auf $\mathcal{B}(\mathbb{R})$ mit einer charakteristischen Funktion $\widehat{P}$, die bzgl. des Lebesgue-Maßes integrierbar ist. Dann ist P mit der stetigen Dichte $f(x) = \frac{1}{2\pi} \int \mathrm{e}^{-\mathrm{i}\lambda x} \widehat{P}(\lambda)\,\mathrm{d}\lambda$ $(x \in \mathbb{R})$ bzgl. des Lebesgue-Maßes verteilt.

In dieser Umkehrformel ist die Dichte ähnlich dargestellt, wie die charakteristische Funktion selbst definiert ist, bis auf den Faktor $\frac{1}{2\pi}$ und das Vorzeichen im Exponenten. Wir können daher unter Berücksichtigung dieser Unterschiede die Rollen von f und $\widehat{P}$ vertauschen. Nach dem Beweis des Satzes werden wir das an einem Beispiel durchführen.

Beweis: Wir zeigen mit majorisierter Konvergenz, dass man in der Umkehrformel von Satz 8.8 den Grenzwert $\sigma \to 0$ mit dem Integral vertauschen darf. Dazu schätzen wir für $\lambda \in \mathbb{R}$ ab:

$$\left| \frac{\mathrm{e}^{-\mathrm{i}\lambda b} - \mathrm{e}^{-\mathrm{i}\lambda a}}{-\mathrm{i}\lambda} \right| = \left| \int_a^b \mathrm{e}^{-\mathrm{i}\lambda x}\,\mathrm{d}x \right| \le b - a\,.$$

Mit $\mathrm{e}^{-\lambda^2\sigma^2/2} \le 1$ folgt $\left| \frac{\mathrm{e}^{-\mathrm{i}\lambda b} - \mathrm{e}^{-\mathrm{i}\lambda a}}{-\mathrm{i}\lambda} \widehat{P}(\lambda) \right| \mathrm{e}^{-\lambda^2\sigma^2/2} \le (b-a) \left|\widehat{P}(\lambda)\right|$ für $\lambda \in \mathbb{R}$.

Nach Voraussetzung ist die Majorante integrierbar. Bilden wir unter dem Integral den Grenzwert $\sigma \to 0$, so erhalten wir mit dem Satz von Fubini

$$\begin{aligned} P((a,b]) &= \frac{1}{2\pi} \int \left(\frac{\mathrm{e}^{-\mathrm{i}\lambda b} - \mathrm{e}^{-\mathrm{i}\lambda a}}{-\mathrm{i}\lambda} \right) \widehat{P}(\lambda)\,\mathrm{d}\lambda \\ &= \frac{1}{2\pi} \int \left(\int_a^b \mathrm{e}^{-\mathrm{i}\lambda x}\,\mathrm{d}x \right) \widehat{P}(\lambda)\,\mathrm{d}\lambda = \int_a^b f(x)\,\mathrm{d}x \end{aligned}$$

mit $f(x) = \frac{1}{2\pi} \int \mathrm{e}^{-\mathrm{i}\lambda x} \widehat{P}(\lambda)\,\mathrm{d}\lambda$ für $\lambda \in \mathbb{R}$. Dies gilt für alle P-stetigen, beschränkten Intervalle $(a,b]$. Da diese das Maß P eindeutig festlegen, hat P die Dichte f bzgl. des Lebesgue-Maßes. Damit ist jedes Intervall P-stetig und die Umkehrformel gilt für alle $a, b \in \mathbb{R}$ mit $a < b$.

Die Stetigkeit von f folgt wie die Stetigkeit von charakteristischen Funktionen.

Beispiel

Die symmetrisierte Exponentialverteilung mit der Dichte $f(x) = \frac{\alpha}{2}\mathrm{e}^{-\alpha|x|}$ $(x \in \mathbb{R})$ hat die charakteristische Funktion $\phi(\lambda) = \frac{\alpha^2}{\alpha^2+\lambda^2}$ $(\lambda \in \mathbb{R})$. Da sie integrierbar ist, folgt aus der Umkehrformel

$$\frac{\alpha}{2}\mathrm{e}^{-\alpha|x|} = \frac{1}{2\pi}\int \mathrm{e}^{-\mathrm{i}\lambda x}\frac{\alpha^2}{\alpha^2+\lambda^2}\,\mathrm{d}\lambda \quad (x \in \mathbb{R})\,.$$

Vertauschen wir die Rollen von λ und x und ersetzen anschließend λ durch $-\lambda$, so folgt

$$\frac{\alpha}{2}\mathrm{e}^{-\alpha|\lambda|} = \frac{1}{2\pi}\int \mathrm{e}^{\mathrm{i}\lambda x}\frac{\alpha^2}{\alpha^2+x^2}\,\mathrm{d}x \quad (\lambda \in \mathbb{R})$$

und wir erhalten so die charakteristische Funktion ϕ der Cauchy-Verteilung mit der Dichte $\frac{1}{\pi}\frac{\alpha^2}{\alpha^2+x^2}$ $(x \in \mathbb{R})$ (s. Übung 5.10)

$$\phi(\lambda) = \int \mathrm{e}^{\mathrm{i}\lambda x}\frac{1}{\pi}\frac{\alpha^2}{\alpha^2+x^2}\,\mathrm{d}x = \mathrm{e}^{-\alpha|\lambda|} \quad (\lambda \in \mathbb{R})\,.$$

Man kann sie mit Hilfe der komplexen Partialbruchzerlegung

$$\frac{\alpha^2}{\alpha^2+x^2} = \frac{\mathrm{i}}{2}\left(\frac{1}{x+\mathrm{i}\alpha} - \frac{1}{x-\mathrm{i}\alpha}\right)$$

auch mit dem Residuenkalkül bestimmen. Auch von einigen anderen Verteilungen mit analytischer Dichte kann man die charakteristische Funktion mit Methoden der komplexen Funktionentheorie bestimmen, wie z. B. die oben erwähnte zweite Methode für die Normalverteilung. Aus den charakteristischen Funktionen der Cauchyverteilungen folgt mit der Eindeutigkeit die Faltung von Cauchyverteilungen (s. Übung 5.10 c), deren Bestimmung mit der Faltungsformel wesentlich komplizierter ist.

8.3 Der Konvergenzsatz

Die schwache Konvergenz ist definiert als Konvergenz der Integrale stetiger, beschränkter Funktionen. Durch Zerlegung in Real- und Imaginärteil folgt die Konvergenz auch für stetige, beschränkte komplexwertige Funktionen. Wählen wir für $\lambda \in \mathbb{R}$ speziell die durch $\mathrm{e}^{\mathrm{i}\lambda x}$ $(x \in \mathbb{R})$ definierten Funktionen, so folgt

▸ **Satz 8.10** Konvergiert $P_n \to P$ schwach für $n \to \infty$, dann konvergiert $\widehat{P_n}(\lambda) \to \widehat{P}(\lambda)$ für $n \to \infty$ für alle $\lambda \in \mathbb{R}$.

Es gilt auch die Umkehrung dieses Satzes. Sie gilt sogar in der schärferen Form, dass man unter einer schwachen zusätzlichen Bedingung nur die Konvergenz von $\widehat{P_n}$ $(n \geq 1)$ voraussetzen muss, ohne dass die Grenzfunktion von vornherein als charakteristische Funktion eines Wahrscheinlichkeitsmaßes gegeben ist. Dass das nicht ohne zusätzliche Bedingung geht, zeigt das folgende Gegenbeispiel.

Beispiel

Sei $P_{\sigma^2} = \mathcal{N}(0, \sigma^2)$ für $\sigma > 0$. Die charakteristische Funktion $\widehat{P_{\sigma^2}}(\lambda) = e^{-\lambda^2\sigma^2/2}$ $(\lambda \in \mathbb{R})$ konvergiert für $\sigma \to \infty$ gegen 1 für $\lambda = 0$ und gegen 0 für $\lambda \neq 0$. Da die Grenzfunktion nicht stetig an der Stelle 0 ist, kann sie nach Satz 8.4.4 nicht die charakteristische Funktion eines Wahrscheinlichkeitsmaßes sein.

Als zusätzliche Bedingung für die Konvergenz gegen die charakteristische Funktion eines Wahrscheinlichkeitsmaßes wird lediglich benötigt, dass die Grenzfunktion stetig an der Stelle 0 ist. Da charakteristische Funktionen sogar gleichmäßig stetig sind, ist dies eine sehr schwache, auch notwendige Bedingung.

▸ **Konvergenzsatz 8.11** Sei $(P_n)_{n\geq 1}$ eine Folge von Wahrscheinlichkeitsmaßen auf $\mathcal{B}(\mathbb{R})$, für die $\widehat{P_n}$ gegen eine an der Stelle 0 stetige Funktion ϕ für $n \to \infty$ konvergiert. Dann existiert ein Wahrscheinlichkeitsmaß P auf $\mathcal{B}(\mathbb{R})$ mit der charakteristischen Funktion ϕ, so dass $P_n \to P$ für $n \to \infty$ schwach konvergiert.

▸ **Korollar 8.12** Für $n \to \infty$ konvergiert $P_n \to P$ schwach genau dann, wenn für alle $\lambda \in \mathbb{R}$ $\widehat{P_n}(\lambda) \to \widehat{P}(\lambda)$ konvergiert.

Wir beweisen Satz 8.11 mit dem üblichen Vorgehen mit schwacher Kompaktheit und Eindeutigkeit des Grenzmaßes konvergenter Teilfolgen. Die Straffheit zeigen wir mit dem folgenden Lemma.

▸ **Lemma 8.13** Sei P ein Wahrscheinlichkeitsmaß auf $\mathcal{B}(\mathbb{R})$ mit der charakteristischen Funktion ϕ. Dann gilt für alle $c > 0$:

$$P\left(\left\{x : |x| \geq \frac{2}{c}\right\}\right) \leq \frac{1}{c} \int_{-c}^{c} (1 - \phi(\lambda))\, d\lambda .$$

Beim Beweis wird sich mit ergeben, dass die rechte Seite der Ungleichung reell und ≥ 0 ist.

Beweis: Für $c > 0$ ist

$$\frac{1}{c} \int_{-c}^{c} (1 - \phi(\lambda))\, d\lambda = \frac{1}{c} \int_{-c}^{c} \left[\int (1 - e^{i\lambda x})\, dP(x)\right] d\lambda .$$

Nach dem Satz von Fubini ist

$$\begin{aligned}
&\frac{1}{c}\int_{-c}^{c}\left[\int (1-\mathrm{e}^{\mathrm{i}\lambda x})\,\mathrm{d}P(x)\right]\mathrm{d}\lambda \\
&= \frac{1}{c}\int\int_{-c}^{c}\left[(1-\mathrm{e}^{\mathrm{i}\lambda x})\,\mathrm{d}\lambda\right]\mathrm{d}P(x) = \frac{1}{c}\int\left(2c-2\frac{\sin(cx)}{x}\right)\mathrm{d}P(x) \\
&= 2\int\left(1-\frac{\sin(cx)}{cx}\right)\mathrm{d}P(x) \geq \int_{\{|x|\geq\frac{2}{c}\}} 2\int\left(1-\frac{\sin(cx)}{cx}\right)\mathrm{d}P(x).
\end{aligned}$$

Die letzte Ungleichung gilt, da $1-\frac{\sin(cx)}{cx}\geq 0$ für alle $x\in\mathbb{R}$ ist.

Für $|x|\geq\frac{2}{c}$ ist $1-\frac{\sin(cx)}{cx}\leq\frac{1}{|cx|}\leq\frac{1}{2}$ und Lemma 8.13 folgt aus

$$\frac{1}{c}\int_{-c}^{c}(1-\phi(\lambda))\,\mathrm{d}\lambda \geq \int_{\{|x|\geq\frac{2}{c}\}} 1\,\mathrm{d}P(x) = P\left(\left\{x:|x|\geq\frac{2}{c}\right\}\right).$$

Beweis des Konvergenzsatzes 8.11: Wir zeigen als erstes, dass $\{P_n,\, n\geq 1\}$ straff ist.

Da $\widehat{P_n}(0)=1$ für alle $n\geq 1$ ist, ist auch $\phi(0)=1$.

Sei $\varepsilon>0$. Aus der Stetigkeit von ϕ in 0 folgt die Existenz eines $\delta>0$, so dass $|\phi(\lambda)-1|\leq\frac{\varepsilon}{4}$ für $|\lambda|\leq\delta$ ist, und daher ist

$$\left|\frac{1}{\delta}\int_{-\delta}^{\delta}(1-\phi(\lambda))\,\mathrm{d}\lambda\right|\leq\frac{\varepsilon}{2}.$$

Da $|1-\phi_n(\lambda)|\leq 2$ für alle $\lambda\in\mathbb{R}$ und $n\geq 1$ ist, folgt mit majorisierter Konvergenz

$$\frac{1}{\delta}\int_{-\delta}^{\delta}(1-\phi_n(\lambda))\,\mathrm{d}\lambda \to \frac{1}{\delta}\int_{-\delta}^{\delta}(1-\phi(\lambda))\,\mathrm{d}\lambda \quad \text{für} \quad n\to\infty.$$

Daher existiert ein $n_0\geq 1$ mit $\frac{1}{\delta}\int_{-\delta}^{\delta}(1-\phi_n(\lambda))\,\mathrm{d}\lambda\leq\varepsilon$ für $n\geq n_0$. Aus Lemma 8.13 folgt $P_n\left(\left\{x:|x|>\frac{2}{\delta}\right\}\right)\leq\varepsilon$ für $n\geq n_0$. Da die endliche Menge $\{P_n,\, n<n_0\}$ straff ist, existiert ein $C>0$ mit $P_n(\{x:|x|>C\})\leq\varepsilon$ für $n<n_0$. Für $K=\max\left(\frac{2}{\delta},C\right)$ ist damit $P_n(\{x:|x|>K\})\leq\varepsilon$ für alle n, und es folgt die Straffheit von $\{P_n,\, n\geq 1\}$.

Sei nun $(P_{n_k})_{k\geq 1}$ eine schwach konvergente Teilfolge mit Grenzmaß P. Nach Satz 8.10 konvergiert $\widehat{P_{n_k}}(\lambda)\to\widehat{P}(\lambda)$ für $k\to\infty$ für alle $\lambda\in\mathbb{R}$. Andererseits konvergiert nach Voraussetzung $\widehat{P_{n_k}}(\lambda)\to\phi(\lambda)$ für alle $\lambda\in\mathbb{R}$. Daher ist $\widehat{P}=\phi$. Aus dem Eindeutigkeitssatz 8.7 folgt, dass alle konvergenten Teilfolgen das gleiche Grenzmaß P haben, und mit der relativen Kompaktheit von $\{P_n,\, n\geq 1\}$ die schwache Konvergenz $P_n\to P$ für $n\to\infty$ aus Satz 7.17.

Beispiele

1. Konvergenz der Binomialverteilung gegen die Poissonverteilung.
   Wir haben oben gezeigt, dass für $n \to \infty$, $p \to 0$ mit $np \to \alpha$ die charakteristischen Funktionen der Binomialverteilung mit Parametern n und p punktweise gegen die charakteristische Funktion der Poissonverteilung mit Parameter α konvergiert. Dies ist damit ein weiterer Beweis für die entsprechende schwache Konvergenz.
2. Konvergenz der Binomialverteilung gegen die Normalverteilung.
   Sei S_n binominalverteilt mit Parametern n und p mit $0 < p < 1$. Die normierte Zufallsvariable $S_n^* = \frac{S_n - np}{\sqrt{npq}}$ hat die charakteristische Funktion

$$\phi_{S_n^*}(\lambda) = \exp\left(-\mathrm{i}\frac{\lambda np}{\sqrt{npq}}\right)\phi_{S_n}\left(\frac{\lambda}{\sqrt{npq}}\right) = \exp\left(-\mathrm{i}\frac{\lambda np}{\sqrt{npq}}\right)\left(p\exp\left(\mathrm{i}\frac{\lambda p}{\sqrt{npq}}\right)+q\right)^n$$
$$= \left(p\exp\left(\mathrm{i}\frac{\lambda q}{\sqrt{npq}}\right)+q\exp\left(-\mathrm{i}\frac{\lambda p}{\sqrt{npq}}\right)\right)^n = \left(1-\frac{\lambda^2}{2n}+o\left(\frac{1}{n}\right)\right)^n \to \mathrm{e}^{-\lambda^2/2} \quad (\lambda \in \mathbb{R})$$

   für $n \to \infty$.
   Es folgt die Konvergenz in Verteilung von S_n^* gegen $\mathcal{N}(0,1)$ für $n \to \infty$.

▸ **Satz von de Moivre-Laplace 8.14** Sei $0 < p < 1$ und S_n binominalverteilt mit Parametern n und p für $n \geq 1$. Dann konvergiert S_n^* in Verteilung für $n \to \infty$ gegen $\mathcal{N}(0,1)$.

Wir formulieren noch ohne Beweis den lokalen Grenzwertsatz von de Moivre-Laplace, der aus der Stirling'schen Formel folgt (s. z. B. U. Krengel [10], § 5.1). Er gibt eine entsprechende Approximation der einzelnen Wahrscheinlichkeiten der Binomialverteilung an. Er sagt aus, dass für $0 < p < 1$ sich $P(S_n = k) \sim \frac{1}{\sqrt{npq}}\gamma\left(\frac{k-np}{\sqrt{npq}}\right)$ mit der Dichte γ der Standardnormalverteilung gleichmäßig z. B. für beschränkte $\left|\frac{k-np}{\sqrt{npq}}\right|$ für $n \to \infty$ verhält. Dabei bedeutet „$\sim$", dass der Quotient beider Seiten gegen 1 konvergiert. Man kann aus dem lokalen Grenzwertsatz von de Moivre-Laplace direkt mit Riemann-Summen den Satz von de Moivre-Laplace herleiten.

Der Satz von de Moivre-Laplace ist ein Spezialfall des zentralen Grenzwertsatzes. Für den Beweis des allgemeinen Falls, den wir im folgenden Kapitel führen werden, benötigen wir die Taylor-Entwicklung charakteristischer Funktionen mit einer Beziehung zwischen der Existenz von Momenten einer Zufallsvariablen und der Differenzierbarkeit ihrer charakteristischen Funktion.

▸ **Satz 8.15** Sei X eine Zufallsvariable mit $E(|X|^n) < \infty$ für ein $n \geq 1$. Dann ist die charakteristische Funktion ϕ_X von X n-mal stetig differenzierbar mit den Ableitungen

$$\phi_X^{(k)}(\lambda) = E\left[(\mathrm{i}X)^k \mathrm{e}^{\mathrm{i}\lambda X}\right] \quad \text{für} \quad \lambda \in \mathbb{R} \quad \text{und} \quad 1 \leq k \leq n\,. \tag{8.3}$$

Es ist $E\left(X^k\right) = \frac{\phi_X^{(k)}(0)}{i^k}$ für $1 \le k \le n$ und

$$\phi_X(\lambda) = \sum_{k=0}^{n} \frac{(\mathrm{i}\lambda)^k}{k!} E\left(X^k\right) + \frac{(\mathrm{i}\lambda)^n}{n!} \varepsilon_n(\lambda) \quad (\lambda \in \mathbb{R})$$

mit $\varepsilon_n(\lambda) \to 0$ für $\lambda \to 0$ und $|\varepsilon_n(\lambda)| \le 3E(|X|^n)$ für alle $\lambda \in \mathbb{R}$.

Beweis: Zur Abkürzung setzen wir $\phi_X = \phi$. Es ist $\phi(\lambda) = \int \mathrm{e}^{\mathrm{i}\lambda x}\,\mathrm{d}P(x)$ $(\lambda \in \mathbb{R})$ mit der Verteilung $P = P_X$ von X. Die rechte Seite von (8.3) entspricht den jeweiligen Ableitungen unter dem Integral. Wir müssen daher zeigen, dass die Ableitung mit dem Integral vertauscht werden darf.

Nach Proposition 4.38 folgt aus $E(|X|^n) < \infty$, dass $E(|X|^k) < \infty$ für alle $k \le n$ ist.

Wir bestimmen die Ableitungen rekursiv, beginnen also mit der ersten Ableitung unter der Voraussetzung $E|X| < \infty$.

Für $\lambda, h \in \mathbb{R}$ mit $h \ne 0$ ist

$$\frac{\phi(\lambda + h) - \phi(\lambda)}{h} = \int \mathrm{e}^{\mathrm{i}\lambda x} \frac{\mathrm{e}^{\mathrm{i}hx} - 1}{h}\,\mathrm{d}P(x)\,.$$

Für alle $x \in \mathbb{R}$ konvergiert $\frac{\mathrm{e}^{ihx}-1}{h} \to \mathrm{i}x$ für $h \to 0$. Aus $\mathrm{e}^{\mathrm{i}hx} - 1 = \int_0^{hx} \left(-\mathrm{i}\,\mathrm{e}^{\mathrm{i}t}\right)\mathrm{d}t$ folgt die Abschätzung $\left|\mathrm{e}^{\mathrm{i}\lambda x} \frac{\mathrm{e}^{ihx}-1}{h}\right| \le |x|$ mit einer integrierbaren Majorante, da $\int |x|\,\mathrm{d}P(x) = E|X| < \infty$ ist. Es folgt die Differenzierbarkeit von ϕ mit der Ableitung $\phi'_X(\lambda) = \int \mathrm{i}x\,\mathrm{e}^{\mathrm{i}\lambda x}\,\mathrm{d}P(x) = E\left(\mathrm{i}X\,\mathrm{e}^{\mathrm{i}\lambda X}\right)$ $(\lambda \in \mathbb{R})$. Die Stetigkeit der Ableitung folgt wie die Stetigkeit von ϕ, da der zusätzliche Faktor $\mathrm{i}x$ nicht von λ abhängt.

Auf die gleiche Weise bestimmen wir rekursiv die höheren Ableitungen. Sei $k < n$. Setzen wir die Formel für die k-te Ableitung voraus, so erhalten wir für $\lambda, h \in \mathbb{R}$ mit $h \ne 0$

$$\frac{\phi^{(k)}(\lambda + h) - \phi^{(k)}(\lambda)}{h} = \int (\mathrm{i}x)^k \mathrm{e}^{\mathrm{i}\lambda x} \frac{\mathrm{e}^{\mathrm{i}hx} - 1}{h}\,\mathrm{d}P(x)\,.$$

Mit der Abschätzung $\left|(\mathrm{i}x)^k \mathrm{e}^{\mathrm{i}\lambda x} \frac{\mathrm{e}^{ihx}-1}{h}\right| \le |x|^{k+1}$, die aus dem Fall $k = 0$ folgt, erhält man analog die Existenz und Formel der $(k+1)$-ten Ableitung sowie ihre Stetigkeit.

Der Wert der Ableitungen an der Stelle $\lambda = 0$ ergibt die zweite Formel.

Für die Taylor-Entwicklung von ϕ setzen wir die Taylor-Entwicklung von cos und sin zusammen zur Entwicklung von

$$\mathrm{e}^{\mathrm{i}y} = \sum_{n=0}^{n-1} \frac{(\mathrm{i}y)^k}{k!} + \frac{(\mathrm{i}y)^n}{n!} \left[\cos(\theta_1 y) + \mathrm{i}\sin(\theta_2 y)\right]$$

mit von y abhängigen θ_j mit $0 \le \theta_j \le 1$ für $j = 1, 2$.

Daraus folgt

$$\phi_X(\lambda) = E\left(e^{i\lambda X}\right) = \sum_{k=0}^{n} \frac{(i\lambda)^k}{k!} E\left(X^k\right) + \frac{(i\lambda)^n}{n!}\varepsilon_n(\lambda) \quad (\lambda \in \mathbb{R})$$

mit

$$\varepsilon_n(\lambda) = E\left[X^n\left(\cos\left(\Theta_1 \lambda X\right) + i\sin\left(\Theta_2 \lambda X\right) - 1\right)\right] \quad (\lambda \in \mathbb{R}).$$

Dabei sind Θ_j Zufallsvariable mit $0 \le \Theta_j \le 1$ für $j = 1, 2$.

Da $\cos(\Theta_1 \lambda X) + i\sin(\Theta_2 \lambda X) - 1 \to 0$ für $\lambda \to 0$ konvergiert mit integrierbarer Majorante $|\cos(\Theta_1 \lambda X) + i\sin(\Theta_2 \lambda X) - 1| \le 3$, folgen die Behauptungen über ε_n.

Zum Schluss behandeln wir charakteristische Funktionen in $\mathbb{R}^d$. Die charakteristische Funktion $\widehat{P}$ eines Wahrscheinlichkeitsmaßes P auf $\mathcal{B}(\mathbb{R}^d)$ ist definiert durch $\widehat{P}(\lambda) = \int e^{i\langle\lambda,x\rangle}\, dP(x)$ für $\lambda \in \mathbb{R}^d$. Dabei ist $\langle\lambda, x\rangle = \sum_{j=1}^{d} \lambda_j x_j$ für $\lambda = (\lambda_1, \ldots, \lambda_d)$ und $x = (x_1, \ldots, x_d)$ das Skalarprodukt in $\mathbb{R}^d$. Als charakteristische Funktion ϕ_X einer $\mathbb{R}^d$-wertigen Zufallsvariablen X bezeichnet man wieder die charakteristische Funktion ihrer Verteilung. Es gelten die gleichen elementaren Eigenschaften wie in $\mathbb{R}$. Die Beweise lassen sich mit entsprechenden Anpassungen leicht übertragen.

Zum Beweis der Eindeutigkeit zeigen wir zunächst eine Richtung des folgenden Satzes über die Zerlegung einer $\mathbb{R}^d$-wertigen Zufallsvariablen X in ihre Koordinaten $X = (X_1, \ldots, X_d)$.

▸ **Satz 8.16** Reellwertige Zufallsvariable $X_1, \ldots, X_d$ sind genau dann unabhängig, wenn $\phi_{(X_1,\ldots,X_d)}(\lambda_1, \ldots, \lambda_d) = \prod_{j=1}^{d} \phi_{X_j}(\lambda_j)$ für alle $(\lambda_1, \ldots, \lambda_d) \in \mathbb{R}^d$ ist.

Beweis: Wir beweisen zuerst die Richtung $\Rightarrow$. Daraus folgern wir die Eindeutigkeit und mit ihr die Richtung $\Leftarrow$.

Für unabhängige $X_1, \ldots, X_d$ ist für $(\lambda_1, \ldots, \lambda_d) \in \mathbb{R}^d$

$$\begin{aligned}\phi_{(X_1,\ldots,X_d)}(\lambda_1, \ldots, \lambda_d) &= E\left[\exp\left(i\sum_{j=1}^{d} \lambda_j X_j\right)\right] = E\left[\prod_{j=1}^{d} \exp\left(i\lambda_j X_j\right)\right] \\ &= \prod_{j=1}^{d} E\left[\exp\left(i\lambda_j X_j\right)\right] = \prod_{j=1}^{d} \phi_{X_j}(\lambda_j).\end{aligned}$$

Beispiel

Für unabhängige $\mathcal{N}(0, \sigma^2)$-verteilte $X_1, \ldots, X_d$ ist

$$\phi_{(X_1,\ldots,X_d)}(\lambda_1, \ldots, \lambda_d) = \prod_{j=1}^{d} e^{-\lambda_j^2\sigma^2/2} = e^{-|\lambda|^2\sigma^2/2} \quad (\lambda_1, \ldots, \lambda_d) \in \mathbb{R}^d.$$

Damit folgt wie in $\mathbb{R}$ die Parseval-Relation in $\mathbb{R}^d$, die Eindeutigkeit und die Umkehrformel

$$P\left(\left\{x : a_j < x_j \le b_j \text{ für } 1 \le j \le d\right\}\right) = \lim_{\sigma \to 0} \int \widehat{P}(\lambda)\, e^{-|\lambda|^2 \sigma^2/2} \prod_{j=1}^{d} \left(\frac{e^{-i\lambda_j b_j} - e^{-i\lambda_j a_j}}{-i\lambda_j} \right) d\lambda$$

für $a, b \in \mathbb{R}^d$ mit $P(\{x : x_j = a_j\}) = P(\{x : x_j = b_j\}) = 0$ für $1 \le j \le d$.

Mit der Eindeutigkeit folgt dann auch die Richtung $\Leftarrow$ von Satz 8.15.

Zufallsvariable X in $\mathbb{R}^d$ mit $E(|X|^n) < \infty$ sind n-mal stetig differenzierbar mit partiellen Ableitungen der Ordnung $\le n$, die als entsprechende Ableitung unter dem Integral dargestellt werden können, und für sie gilt die Taylor-Entwicklung

$$\phi_X(\lambda) = \sum_{k=0}^{n} \frac{i^k}{k!} E\left(\langle \lambda, X \rangle^k\right) + \frac{|\lambda|^n}{n!} \varepsilon_n(\lambda) \quad (\lambda \in \mathbb{R}^d)$$

mit $\varepsilon_n(\lambda) \to 0$ für $\lambda \to 0$ und $|\varepsilon_n(\lambda)| \le 3E(|X|^n)$ für alle $\lambda \in \mathbb{R}^d$.

8.4 Übungen

8.1 a) Man bestimme die charakteristischen Funktionen der geometrischen Verteilung und der gleichmäßigen Verteilung auf $[a, b]$.

b) Seien X, Y unabhängig gleichmäßig auf $[-a, a]$ verteilt. Man bestimme Verteilung und charakteristische Funktion von $X + Y$.

8.2 Man zeige, dass die charakteristische Funktion der Standardnormalverteilung die Differentialgleichung $f'(\lambda) = -\lambda f(\lambda)$ $(\lambda \in \mathbb{R})$ mit $f(0) = 1$ erfüllt und leite sie daraus ab.

8.3 Eine Zufallsvariable X hat eine Gitterverteilung, wenn $a, b \in \mathbb{R}$ mit $b > 0$ existieren, so dass $P\left(\frac{X-a}{b} \in \mathbb{Z}\right) = 1$ ist.

Man zeige: Eine Zufallsvariable X mit charakteristischer Funktion ϕ hat genau dann eine Gitterverteilung, wenn ein $\lambda \ne 0$ mit $|\phi(\lambda)| = 1$ existiert. Welche Werte von λ erfüllen in diesem Fall diese Bedingung, und welchen Wert hat $\phi(\lambda)$ für diese λ?

8.4 *Gammaverteilungen.*

Die Gammafunktion Γ ist definiert durch

$$\Gamma(t) = \int_0^\infty x^{t-1} e^{-x}\, dx \quad (t > 0).$$

Man zeige:

a) Sie hat die Eigenschaften

$$\Gamma(t) = (t-1) \cdot \Gamma(t-1) \quad (t > 1)$$
$$\Gamma(n+1) = n! \text{ für ganzzahliges } n \ge 0.$$

b) Für $\alpha, \nu > 0$ ist durch

$$f_{\alpha,\nu}(x) = \frac{1}{\Gamma(\nu)}\alpha^{\nu}x^{\nu-1}e^{-\alpha x} \quad (x > 0)$$

die Dichte eines Wahrscheinlichkeitsmaßes bzgl. des Lebesgue-Maßes auf $\mathbb{R}^+$ definiert. Sie heißt die Gammaverteilung mit den Parametern α und ν.

c) Welche Bedeutung hat der Parameter α?

d) Die Gammaverteilung mit den Parametern α und ν hat die charakteristische Funktion

$$\phi_{\alpha,\nu}(\lambda) = \frac{1}{\left(1 - i\frac{\lambda}{\alpha}\right)^{\nu}} \quad (\lambda \in R).$$

Man beweise diese Behauptung

1. durch Entwicklung der Exponentialfunktion.
2. durch komplexe Integration (bei entsprechenden Kenntnissen)

e) Es ist $f_{\alpha,\mu+\nu} = f^*_{\alpha,\mu}f_{\alpha,\nu}$ für α, μ, $\nu > 0$.

Beweis

1. durch explizite Berechnung der Faltung
   Anleitung: Zur Bestimmung von $\int_0^x (x-y)^{\mu-1}y^{n-1}\,\mathrm{d}y$ substituiere man $y = xt$.
2. mit Hilfe von charakteristischen Funktionen.

Man gebe für die folgenden Beispiele e) und f) jeweils die Parameter und die charakteristische Funktion an.

e) Die Summe von n unabhängigen, mit gleichem Parameter exponentialverteilten Zufallsvariablen ist gammaverteilt.

f) Sind $X_1, \ldots, X_n$ unabhängige $N(0, \sigma^2)$-verteilte Zufallsvariable, so ist $X_1^2 + \ldots + X_n^2$ gammaverteilt. Im Fall $\sigma^2 = 1$ ist dies die Chi-Quadrat-Verteilung mit n Freiheitsgraden.

Der zentrale Grenzwertsatz 9

Nach dem starken Gesetz der großen Zahlen konvergiert das arithmetische Mittel von unabhängigen, identisch verteilten Zufallsvariablen mit endlichem Erwartungswert gegen den Erwartungswert f.s. Der zentrale Grenzwertsatz ist für Zufallsvariable mit endlicher Varianz die nächste Approximation in Verteilung von der Größenordnung der Standardabweichung. Während die Gesetze der großen Zahlen mehr von theoretischem Interesse sind, ist der zentrale Grenzwertsatz für die näherungsweise Berechnung von Verteilungen auch von praktischer Bedeutung.

9.1 Der eindimensionale Fall

Sei $(X_n)_{n \geq 1}$ eine Folge von unabhängigen, identisch verteilten Zufallsvariablen mit endlichem Erwartungswert μ, und sei $S_n = \sum_{k=1}^{n} (n \geq 1)$. Nach dem starken Gesetz der großen Zahlen konvergiert $\frac{S_n}{n} \to \mu$ f.s. für $n \to \infty$.

Wir nehmen nun an, dass die Zufallsvariablen X_n $(n \geq 1)$ auch endliche Varianz σ^2 haben. Da im ausgearteten Fall $\sigma^2 = 0$ die Zufallsvariablen X_n $(n \geq 1)$ f.s. konstant sind, sei $\sigma^2 > 0$. Wir bilden die normierten Zufallsvariablen $S_n^* = \frac{S_n - n\mu}{\sqrt{n\sigma^2}}$ mit Erwartungswert 0 und Varianz 1. Der zentrale Grenzweitsatz sagt aus, dass sie in Verteilung gegen $\mathcal{N}(0,1)$ konvergieren.

▸ **Zentraler Grenzwertsatz 9.1** Sei $(X_n)_{n \geq 1}$ eine Folge unabhängiger, identisch verteilter Zufallsvariablen mit Erwartungswert μ und endlicher Varianz $\sigma^2 > 0$. Dann konvergiert $\frac{S_n - n\mu}{\sqrt{n\sigma^2}}$ in Verteilung gegen $\mathcal{N}(0,1)$ für $n \to \infty$.

Beweis: Wir nehmen ohne Einschränkung $\mu = 0$ an. Der allgemeine Fall lässt sich auf diesen wie üblich durch Zentrierung zurückführen.

Wir zeigen die Konvergenz der charakteristischen Funktionen. Ist ϕ die charakteristische Funktion der Zufallsvariablen X_n $(n \geq 1)$, dann hat $S_n^* = \frac{S_n - n\mu}{\sqrt{n\sigma^2}}$ die charakteristische

M. Mürmann, *Wahrscheinlichkeitstheorie und Stochastische Prozesse*,
DOI 10.1007/978-3-642-38160-7_9, © Springer-Verlag Berlin Heidelberg 2014

Funktion

$$\phi_{S_n^*}(\lambda) = \left(\phi\left(\frac{\lambda}{\sqrt{n\sigma^2}}\right)\right)^n \quad (\lambda \in \mathbb{R}).$$

Da $EX = 0$ ist, ist $\phi'(0) = 0$, und mit $\phi''(0) = -\sigma^2$ erhalten wir nach Satz 8.14 die Taylor-Entwicklung von ϕ

$$\phi(\lambda) = 1 - \frac{\lambda^2\sigma^2}{2} - \frac{\lambda^2}{2}\varepsilon_2(\lambda) \text{ mit } \varepsilon_2(\lambda) \to 0 \text{ für } \lambda \to 0$$

und damit

$$\phi_{S_n^*}(\lambda) = \left(1 - \frac{\lambda^2}{2n} - \frac{\lambda^2}{2n\sigma^2}\varepsilon^2\left(\frac{\lambda}{\sqrt{n\sigma^2}}\right)\right)^n \quad (\lambda \in \mathbb{R})$$

mit $\varepsilon_2\left(\frac{\lambda}{\sqrt{n\sigma^2}}\right) \to 0$ für $n \to \infty$ für jedes $\lambda \in \mathbb{R}$.

Im Reellen würde daraus $\phi_{S_n^*}(\lambda) \to e^{-\lambda^2/2}$ für $n \to \infty$ folgen. Im Komplexen geht das nicht so einfach, da zum Beweis der komplexe Logarithmus benötigt wird. Wir verwenden stattdessen die folgende einfache Abschätzung.

▸ **Lemma 9.2** Seien $z, w \in \mathbb{C}$ mit $|z|, |w| \le 1$. Dann ist $|z^n - w^n| \le n|z - w|$ für alle $n \ge 1$.

Beweis: Wir beweisen das Lemma induktiv.

Für $n = 1$ liegt Gleichheit vor.

Die Ungleichung gelte für ein $n \ge 1$. Dann folgt:

$$\begin{aligned}|z^{n+1} - w^{n+1}| &= |z^n(z - w) + w(z^n - w^n)| \le |z|^n|z - w| + |w||z^n - w^n| \\ &\le |z - w| + n|z - w| = (n+1)|z - w|.\end{aligned}$$

Wir wenden Lemma 9.2 an auf $z = \phi\left(\frac{\lambda}{\sqrt{n\sigma^2}}\right)$ und $w = 1 - \frac{\lambda^2}{2n}$. Für jedes $\lambda \in \mathbb{R}$ ist $|z| \le 1$ und $|w| \le 1$ für genügend großes n. Es folgt für $\lambda \in \mathbb{R}$

$$\left|\phi_{S_n^*}(\lambda) - \left(1 - \frac{\lambda^2}{2n}\right)^n\right| = |z^n - w^n| \le n\left|\phi\left(\frac{1}{\sqrt{n\sigma^2}}\right) - \left(1 - \frac{\lambda^2}{2n}\right)\right| = \frac{\lambda^2}{2\sigma^2}\left|\varepsilon_2\left(\frac{\lambda}{\sqrt{n\sigma^2}}\right)\right| \to 0$$

für $n \to \infty$. Da $\left(1 - \frac{\lambda^2}{2n}\right)^n \to e^{-\lambda^2/2}$ für $n \to \infty$ konvergiert, konvergiert $\phi_{S_n^*}(\lambda) \to e^{-\lambda^2/2}$.

Da dies die charakteristische Funktion von $\mathcal{N}(0,1)$ ist, folgt der zentrale Grenzwertsatz aus dem Konvergenzsatz.

Ergänzend erwähnen wir noch eine Verallgemeinerung des zentralen Grenzwertsatzes ohne Beweis. Sie betrifft unabhängige Zufallsvariable, die nicht notwendig identisch verteilt sind. Darüber hinaus brauchen sie auch nicht in einer Folge angeordnet zu sein. Stattdessen hat man ein Dreiecksschema, bei dem für jedes $n \ge 1$ unabhängige Zufallsvariable

$(X_{nk})_{1 \le k \le k(n)}$ gegeben sind. Durch Zentrierung kann man ohne Einschränkung $EX_{nk} = 0$ für $n \ge 1, 1 \le k \le k(n)$ annehmen.

Sei $\sigma_{nk}^2 = \mathrm{Var}(X_{nk})$. Dann ist $s_n^2 = \sum_{k=t}^{k(n)} \sigma_{nk}^2$ die Varianz von $S_n = \sum_{k=t}^{k(n)} X_{nk}$.

Eine Voraussetzung für die Gültigkeit des zentralen Grenzwertsatzes ist die sogenannte Lindeberg-Bedingung:

Für jedes $\varepsilon > 0$ ist $\lim_{n\to\infty} \frac{1}{s_n^2} \sum_{k=1}^{k(n)} \int_{\{|x_{nk}| \ge \varepsilon s_n\}} |x_{nk}|^2 \, \mathrm{d} P_{X_{nk}}(x_{nk}) = 0$.

Sie bedeutet, dass S_n für großes n eine Summe von vielen unabhängigen Zufallsvariablen ist, deren einzelne Summanden zur Varianz von S_n einen beliebig kleinen Beitrag leisten.

Unter dieser Voraussetzung folgt die Konvergenz von $\frac{S_n}{s_n}$ in Verteilung gegen $\mathcal{N}(0,1)$.

Einer Folge $(X_n)_{n\ge1}$ entspricht der Fall $k(n) = n$ und $X_{nk} = X_k$.

9.2 Der mehrdimensionale Fall

Sei $X \in \mathbb{R}^d$ ein zufälliger Vektor, den wir in seine Koordinaten $X = (X^1, \ldots, X^d)$ zerlegen. Wir haben den Koordinatenindex diesmal nach oben gesetzt, um ihn vom unteren Folgenindex zu unterscheiden. Für X mit $E|X^j| < \infty$ für $1 \le j \le d$ – dies ist äquivalent zu $E|X| < \infty$, wie man leicht sieht – definieren wir den Erwartungswert von X koordinatenweise als $EX = (EX^1, \ldots EX^d)$.

Für unabhängige, identisch verteilte Zufallsvariable $(X_n)_{n\ge1}$ in $\mathbb{R}^d$ mit endlichem Erwartungswert gilt wie für reellwertige Zufallsvariable das starke Gesetz der großen Zahlen, da es direkt aus dem starken Gesetz der großen Zahlen für die einzelnen Koordinaten folgt.

Für Zufallsvariable $X^1, \ldots, X^d$ mit endlicher Varianz, was äquivalent zu $E|X|^2 < \infty$ ist, sind für $1 \le j, k \le d$ die Kovarianzen $\Gamma^{j,k} = E[(X^j - EX^j)(X^k - EX^k)]$ definiert. Sie bilden die Kovarianzmatrix $\Gamma = \left(\Gamma^{j,k}\right)_{1\le j,k\le d}$. Sie hat die Eigenschaften:

▸ **Proposition 9.3** Eine Kovarianzmatrix Γ ist symmetrisch und positiv semidefinit.

Beweis: Die Symmetrie von Γ ist klar.

Für $\alpha_j \in \mathbb{R}$ für $1 \le j \le d$ ist

$$\sum_{j,k} \Gamma^{j,k} \alpha_j \alpha_k = \sum_{j,k} E[\alpha_j (X^j - \mu^j) \alpha_k (X^k - \mu^k)] = E\left[\left(\sum_j \alpha_j (X^j - \mu^j)\right)^2\right] \ge 0 .$$

Daher ist Γ positiv semidefinit.

Wir werden später sehen, dass jede symmetrische, positiv semidefinite Matrix Kovarianzmatrix einer Verteilung, sogar speziell einer mehrdimensionalen Normalverteilung ist.

Für die Verallgemeinerung des zentralen Grenzwertsatzes auf den mehrdimensionalen Fall gehen wir in anderer Reihenfolge als im eindimensionalen Fall vor, indem wir zunächst die Konvergenz der charakteristischen Funktionen beweisen und aus deren Grenzwert die zugehörige Verteilung bestimmen.

Sei also $(X_n)_{n\geq 1}$ eine Folge unabhängiger, identisch verteilter Zufallsvariablen in $\mathbb{R}^d$ mit $E|X_1|^2 < \infty$, und sei $S_n = \sum_{k=1}^n X_k$ für $n \geq 1$. Da es keine gemeinsame skalare Varianz gibt, bilden wir die Normierung $S_n^* = \frac{S_n - n\mu}{\sqrt{n}}$ mit $\mu = EX_1$. Die Taylor-Entwicklung der charakteristischen Funktion von S_n^* liefert für $\mu = 0$ analog zum eindimensionalen Fall:

$$\phi_{S_n^*}(\lambda) = \left[E \exp\left(\mathrm{i}\frac{\langle \lambda, X_1\rangle}{\sqrt{n}}\right)\right]^n = \left(1 - \frac{1}{2n}E\left(\langle\lambda, X_1\rangle^2\right) + \frac{1}{2}\left|\frac{\lambda}{\sqrt{n}}\right|^2 \varepsilon_2\left(\frac{\lambda}{\sqrt{n}}\right)\right)^n \quad (\lambda \in \mathbb{R}^d).$$

Da $E\left(\langle\lambda, X_1\rangle^2\right) = E\left(\sum_{j,k} \lambda_j \lambda_k X_1^j X_1^k\right) = \langle\Gamma\lambda, \lambda\rangle$ ist, konvergiert

$$\phi_{S_n^*}(\lambda) \to \exp\left(-\frac{1}{2}\langle\Gamma\lambda, \lambda\rangle\right) \quad \text{für } n \to \infty .$$

Aus der Konvergenz der charakteristischen Funktionen und der Stetigkeit des Grenzwerts folgt nach dem Konvergenzsatz in $\mathbb{R}^d$, dass die durch $\phi(\lambda) = \exp\left(-\frac{1}{2}\langle\Gamma\lambda, \lambda\rangle\right)$ $(\lambda \in \mathbb{R}^d)$ definierte Funktion die charakteristische Funktion einer Verteilung in $\mathbb{R}^d$ ist, und die Konvergenz von S_n^* in Verteilung gegen diese Verteilung.

In $\mathbb{R}^d$ ist es am geschicktesten, Normalverteilungen durch ihre charakteristischen Funktionen zu definieren, da sie auf niederdimensionalen Teilräumen konzentriert sein können und durch ihre charakteristischen Funktionen am einfachsten in einheitlicher Form darstellbar sind. Wir werden anschließend diese Verteilungen genauer beschreiben. Durch Addition eines festen Vektors $\mu \in \mathbb{R}^d$ zu den Zufallsvariablen mit den soeben abgeleiteten charakteristischen Funktionen erhält man mit der (8.1) entsprechenden Formel für die Translation in $\mathbb{R}^d$ Verteilungen mit den folgenden charakteristischen Funktionen.

▸ **Definition 9.4** Sei $\mu \in \mathbb{R}^d$ und Γ eine symmetrische, positiv semidefinite $d \times d$-Matrix. Ein Wahrscheinlichkeitsmaß P auf $\mathcal{B}(\mathbb{R}^d)$ heißt *Normalverteilung* mit Erwartungswert μ und Kovarianzmatrix Γ, wenn seine charakteristische Funktion $\hat{P}(\lambda) = \exp\left(\mathrm{i}\langle\mu, \lambda\rangle - \frac{1}{2}\langle\Gamma\lambda, \lambda\rangle\right)$ $(\lambda \in \mathbb{R}^d)$ ist. Es wird mit $\mathcal{N}(\mu, \Gamma)$ bezeichnet.

Dass $\mathcal{N}(\mu, \Gamma)$ zu jedem $\mu \in \mathbb{R}^d$ und symmetrischer, positiv semidefiniter Matrix Γ existiert, werden wir gleich beweisen.

Dies vorausgesetzt, überzeugt man sich leicht mit der Eindeutigkeit der Taylor-Entwicklung davon, dass μ tatsächlich der Erwartungswert und Γ die Kovarianzmatrix ist.

Aus Definition 9.4 folgt wie im reellen Fall, dass die Summe von unabhängigen normalverteilten Zufallsvariablen in $\mathbb{R}^d$ normalverteilt ist, genauer:

$$\mathcal{N}(\mu_1, \Gamma_1) * \mathcal{N}(\mu_2, \Gamma_2) = \mathcal{N}(\mu_1 + \mu_2, \Gamma_1 + \Gamma_2).$$

Aus der bereits bewiesenen Konvergenz der charakteristischen Funktionen folgt:

▸ **Zentraler Grenzwertsatz 9.5** Sei $(X_n)_{n\geq 1}$ eine Folge unabhängiger, identisch verteilter Zufallsvariablen in $\mathbb{R}^d$ mit $E|X_1|^2 < \infty$, Erwartungswert μ und Kovarianzmatrix Γ. Dann konvergiert $\frac{S_n - n\mu}{\sqrt{n}}$ in Verteilung gegen $\mathcal{N}(0, \Gamma)$ für $n \to \infty$.

Der zentrale Grenzwertsatz schließt die Existenz der Normalverteilung $\mathcal{N}(0, \Gamma)$ ein, wenn Γ die Kovarianzmatrix einer Zufallsvariablen in $\mathbb{R}^d$ mit beliebiger Verteilung ist. Wir zeigen nun direkt die Existenz von $\mathcal{N}(\mu, \Gamma)$ zu jedem $\mu \in \mathbb{R}^d$ und jeder symmetrischen, positiv semidefiniten Matrix Γ durch explizite Konstruktion dieser Verteilung.

Da $\mathcal{N}(\mu, \Gamma)$ aus $\mathcal{N}(0, \Gamma)$ durch Translation mit dem Vektor μ entsteht, können wir wieder ohne Einschränkung $\mu = 0$ annehmen.

Wir zeigen zunächst, dass Normalverteilungen unter linearen Abbildungen stabil sind, und geben an, wie sich die Kovarianzmatrix dabei verändert.

Sei $Y = (Y^1, \ldots, Y^k)^T$ – als Spaltenvektor in $\mathbb{R}^k$ – $\mathcal{N}(0, \Gamma)$-verteilt und A eine $d \times k$-Matrix. Die charakteristische Funktion von $X = AY$ in $\mathbb{R}^d$ ist

$$\begin{aligned}\phi_X(\lambda) &= E\ \exp(\mathrm{i}\langle\lambda, AY\rangle) = E\ \exp\left(\mathrm{i}\left\langle A^{\mathrm{T}}\lambda, Y\right\rangle\right) = \exp\left(-\frac{1}{2}\left\langle\Gamma\left(A^{\mathrm{T}}\lambda\right), A^{\mathrm{T}}\lambda\right\rangle\right)\\ &= \exp\left(-\frac{1}{2}\left\langle A\Gamma A^{\mathrm{T}}\lambda, \lambda\right\rangle\right) \quad (\lambda \in \mathbb{R}^d).\end{aligned}$$

Daher ist X $\mathcal{N}(0, A\Gamma A^{\mathrm{T}})$-verteilt.

Man kann leicht allgemein zeigen, dass für Zufallsvariable Y in $\mathbb{R}^k$ mit beliebiger Verteilung mit Kovarianzmatrix Γ die Zufallsvariable $X = AY$ in $\mathbb{R}^d$ die Kovarianzmatrix $A\Gamma A^{\mathrm{T}}$ hat.

Mit Hilfe von geeigneten linearen Abbildungen konstruieren wir jetzt zu einer beliebigen symmetrischen, positiv semidefiniten Matrix Γ die Verteilung $\mathcal{N}(0, \Gamma)$.

Wir gehen dazu von unabhängigen $\mathcal{N}(0,1)$-verteilten Zufallsvariablen $Y^1, \ldots, Y^d$ aus. Nach dem Beispiel zu Satz 8.15 hat $Y = (Y^1, \ldots, Y^k)^{\mathrm{T}}$ hat die charakteristische Funktion $\phi_Y(\lambda) = \mathrm{e}^{-|\lambda|^2/2}$ $(\lambda \in \mathbb{R}^d)$, die als $\phi_Y(\lambda) = \exp\left(-\frac{1}{2}\langle I_d\lambda, \lambda\rangle\right)$ mit der $d \times d$-Einheitsmatrix I_d darstellbar ist. Y ist daher $\mathcal{N}(0, I_d)$-verteilt.

Sei nun Γ eine beliebige symmetrische, positiv semidefinite $d \times d$-Matrix. Γ ist diagonalisierbar, d. h. es existiert eine $d \times d$-Matrix U mit $UU^{\mathrm{T}} = U^{\mathrm{T}}U = I_d$, so dass $U^{\mathrm{T}}\Gamma U = D$ eine Diagonalmatrix ist. Es ist $\Gamma = UDU^{\mathrm{T}}$. Da Γ positiv semidefinit ist, sind die Eigenwerte in der Diagonalen von D nicht-negativ. Sei $B = \sqrt{D}$ die Diagonalmatrix, die in der Diagonalen die Wurzel aus den entsprechenden Diagonalelementen von D hat. Es ist $BB^{\mathrm{T}} = D$. Für die Matrix $A = UB$ ist $AI_dA^{\mathrm{T}} = UB(UB)^{\mathrm{T}} = UBB^{\mathrm{T}}U^{\mathrm{T}} = UDU^{\mathrm{T}} = \Gamma$. Daher hat $X = AY$ die Verteilung $\mathcal{N}(0, \Gamma)$.

Nachdem wir so die Verteilung $\mathcal{N}(0, \Gamma)$ für jede symmetrische, positiv semidefinite Matrix Γ konstruiert haben, wollen wir diese Verteilung noch genauer beschreiben.

Zuerst nehmen wir an, dass Γ regulär ist. Dann sind auch D, B und A regulär. Die Verteilung von Y hat die Dichte $\frac{1}{(2\pi)^{d/2}}\mathrm{e}^{-|y|^2/2}(y \in \mathbb{R}^d)$. Mit $x = Ay$ folgt aus dem Substitutionssatz, dass X die Verteilung mit der Dichte $\frac{1}{(2\pi)^{d/2}}(\det\Gamma)^{-1/2}\exp\left(-\frac{1}{2}\left\langle x, \Gamma^{-1}x\right\rangle\right)$ $(x \in R^d)$ hat.

Sei Γ jetzt singulär mit Rang $k < d$. Dann sind $(d - k)$ Diagonalelemente von D und damit von B gleich 0. X ist in diesem Fall das Bild von k unabhängigen $\mathcal{N}(0,1)$-verteilten Zufallsvariablen und damit auf einem k-dimensionalen Teilraum des $\mathbb{R}^d$ konzentriert. Um eine entsprechend komprimierte Darstellung zu erhalten, lassen wir in der Matrix B die Spalten mit 0 in der Diagonalen weg. Die Matrix $\tilde{B}$, die wir auf diese Weise erhalten, ist eine $d \times k$-Matrix, für die ebenfalls $\tilde{B}\tilde{B}^{\mathrm{T}} = D$ ist. In diesem Fall sei $Y = (Y^1, \ldots, Y^k)^{\mathrm{T}}$ mit unabhängigen $\mathcal{N}(0,1)$-verteilten Zufallsvariablen $Y^1, \ldots, Y^k$ und $A = U\tilde{B}$. Auch für diese Matrix A ist $AI_dA^{\mathrm{T}} = \Gamma$, und $X = AY$ hat die Verteilung $\mathcal{N}(0, \Gamma)$. Führt man auf dem Bild von A Koordinaten ein, so lässt sich für die Verteilung von X leicht eine Dichte von der Form des regulären Falls angeben (Übung 9.2).

9.3 Übungen

9.1 Im Fall $d = 1$ erhält man mit Definition 9.4 eine größere Klasse als die üblichen Normalverteilungen in $\mathbb{R}$. Welche kommen dazu?

9.2 Man stelle $\mathcal{N}(0, \Gamma)$ für eine beliebige symmetrische, positiv semidefinite Matrix Γ durch eine Dichte auf einem Teilraum dar.
Anleitung: Man benutze die Eigenvektoren von Γ.

9.3* Man gebe standardnormalverteilte Zufallsvariable X, Y mit Kovarianz $C(X, Y) = 0$ an, die nicht unabhängig sind. Insbesondere ist ihre gemeinsame Verteilung keine 2-dimensionale Normalverteilung.

Die letzte Aufgabe ist eine Anwendung des zentralen Grenzwertsatzes in der Statistik. Sie setzt daher elementare Kenntnisse der Statistik voraus.

9.4 a) Bekanntlich sind die Wahrscheinlichkeiten der Geburt von Jungen und Mädchen verschieden. Als Wahrscheinlichkeit der Geburt von Jungen wird 0,514 angegeben. Wie viele Geburten müssen registriert werden, um eine Behauptung von dieser Genauigkeit mit einer Wahrscheinlichkeit von 95 % aufzustellen?
Wie beurteilen Sie das Ergebnis?

b) wie viele Geburten müssen registriert werden, um mit einer Wahrscheinlichkeit von 95 % die Abweichung von der Gleichverteilung auf dem 5 %-Niveau feststellen zu können? Dabei lege man die in a) genannte Wahrscheinlichkeit zugrunde.

Teil III
Abhängigkeit und stochastische Prozesse

10 Markov-Ketten

In den folgenden Kapiteln werden wir uns mit Modellen für zufällige zeitliche Entwicklungen, sogenannten stochastischen Prozessen, beschäftigen. Wichtige Beispiele sind

- Glücksspiele: die Beschäftigung mit Problemen bei Glücksspielen (u. a. der Briefwechsel zwischen Pascal und Fermat 1654) war der entscheidende Anstoß zur Begründung der Wahrscheinlichkeitstheorie.
- Physik: radioaktiver Zerfall, Bewegung molekularer Teilchen.
- Wirtschaftswissenschaften: Aktienkurse, Risikoprozess von Versicherungen (eingegangene Prämien abzüglich ausbezahlter Schadensbeträge).

Bevor wir allgemeine stochastische Prozesse behandeln, beschäftigen wir uns in diesem Kapitel mit einer speziellen Klasse, den Markov-Ketten. Bei ihnen handelt es sich um Prozesse mit diskreter Zeit und Wertebereich und der speziellen Annahme über ihre zeitliche Entwicklung, dass zu jeder Zeit die bedingte Verteilung der Entwicklung in der Zukunft, gegeben die bisherige Entwicklung, nur vom augenblicklichen Zustand abhängt. Wegen ihrer diskreten Struktur lassen sie sich mit elementaren Methoden behandeln. Daher können wir an ihnen typische Fragestellungen und Methoden der Untersuchung von stochastischen Prozessen kennen lernen ohne die technischen Schwierigkeiten, mit denen wir es bei stochastischen Prozessen mit kontinuierlicher Zeit und allgemeinem Zustandsraum zu tun haben werden. Dennoch haben Markov-Ketten eine vielseitige Struktur, und es gibt bis heute immer wieder neue Beispiele mit interessanten Anwendungen (z. B. in der Bildverarbeitung, s. auch P. Brémaud [2]).

Als einführendes Beispiel für eine Markov-Kette behandeln wir das folgende Ruinproblem. Zwei Spieler A und B spielen unabhängige Glücksspiele, bei denen jeweils Spieler A mit Wahrscheinlichkeit p und Spieler B mit Wahrscheinlichkeit $q = 1 - p$ gewinnt. Der Gewinner erhält eine Einheit von dem Verlierer. Das Spiel wird solange fortgesetzt, bis einer der Spieler kein Geld mehr hat. Zu Beginn besitze Spieler A a Einheiten und Spieler B b Einheiten. Wir wollen die Wahrscheinlichkeiten bestimmen, dass am Ende Spieler A ge-

M. Mürmann, *Wahrscheinlichkeitstheorie und Stochastische Prozesse*,
DOI 10.1007/978-3-642-38160-7_10,

winnt, Spieler B gewinnt und dass das Spiel nie endet. Dazu bezeichnen wir für $n \geq 0$ mit X_n das Kapital von Spieler A nach n Spielen. Es ist $X_0 = a$. Damit X_n für alle $n \geq 1$ und alle Spielverläufe definiert ist, setzen wir X_n nach dem Ende des gesamten Spiels konstant gleich dem Wert nach dem letzten durchgeführten Spiel. Die möglichen Situationen im Verlauf des Spiels sind von der Form, dass Spieler A c Einheiten und Spieler B $a + b - c$ Einheiten besitzt mit $0 \leq c \leq a + b$. Wir bezeichnen mit p_c die bedingte Wahrscheinlichkeit, dass am Ende Spieler A gewinnt, wenn $X_n = c$ ist. Diese Wahrscheinlichkeit hängt nicht von n ab. Für $0 < c < a + b$ zerlegen wir die Wahrscheinlichkeit p_c nach dem Ausgang des nächsten Spiels. Ist $X_n = c$, dann ist $X_{n+1} = c + 1$ mit Wahrscheinlichkeit p und $X_{n+1} = c - 1$ mit Wahrscheinlichkeit q. Nach dem Satz von der totalen Wahrscheinlichkeit 5.4 ist $p_c = p \cdot p_{c+1} + q \cdot p_{c-1}$ für $0 < c < a + b$ mit den Randbedingungen $p_0 = 0$, $p_{a+b} = 1$.

Im Spezialfall $p = q = \frac{1}{2}$ liegt p_c $(0 \leq c \leq a + b)$ auf einer Geraden, und es folgt $p_c = \frac{c}{a+b}$ für $0 \leq c \leq a + b$. Zu Beginn des Spiels ist $X_0 = a$ und die Wahrscheinlichkeit, dass am Ende Spieler A gewinnt, daher $p_a = \frac{a}{a+b}$. Durch Vertauschen der Rollen von A und B folgt, dass die Wahrscheinlichkeit, dass am Ende Spieler B gewinnt, gleich $\frac{b}{a+b}$ ist. Daher ist die Wahrscheinlichkeit, dass das Spiel nie endet, gleich 0. Den Fall $p \neq q$ stellen wir als Übung 10.1. Dieses Problem und das Verfahren zu seiner Lösung sind typisch für den Umgang mit der zeitlichen Entwicklung eines stochastischen Prozesses.

10.1 Definition und Beispiele

Zunächst behandeln wir einen beliebigen Prozess mit diskreter Zeit und Wertebereich. Wir wollen ihn ab einer festen Zeit betrachten und nehmen ohne Einschränkung 0 als Anfangszeitpunkt. Die Zeitmenge ist damit $\mathbb{Z}^+$, die Menge der nichtnegativen ganzen Zahlen. Der Zustandsraum sei eine beliebige nicht-leere, höchstens abzählbare Menge E. Daher ist der Wert des Prozesses zur Zeit $n \in \mathbb{Z}^+$ eine E-wertige Zufallsvariable X_n und der gesamte Prozess eine entsprechende Folge $(X_n)_{n\geq 0}$ von Zufallsvariablen. Ausgangspunkt der Verteilung des Prozesses $(X_n)_{n\geq 0}$ sind die gemeinsamen Verteilungen von $(X_0, \ldots, X_n)$ für alle $n \geq 1$, die das zugrundeliegende Wahrscheinlichkeitsmaß auf $\sigma(X_n, n \geq 0)$ wegen der $\cap$-Stabilität eindeutig festlegen (s. allg. Lemma 11.8). Sie ergeben sich aus den Wahrscheinlichkeiten einzelner Pfade mit dem Multiplikationssatz 5.3:

$$\begin{aligned} &P(X_0 = i_0, \ldots, X_n = i_n) \\ &\quad = P(X_0 = i_0) \cdot P(X_1 = i_1 | X_0 = i_0) \cdot \ldots \cdot P(X_n \\ &\quad = i_n | X_0 = i_0, \ldots, X_{n-1} = i_{n-1}) \quad \text{für} \quad i_0, \ldots, i_n \in E\,. \end{aligned}$$

Dabei haben wir stillschweigend vorausgesetzt, dass $P(X_0 = i_0, \ldots, X_{n-1} = i_{n-1}) > 0$ ist. Andernfalls ist $P(X_0 = i_0, \ldots, X_n = i_n) = 0$ (s. auch Anmerkung zu (5.1)). Die bedingten Wahrscheinlichkeiten $P(X_1 = i_1 | X_0 = i_0), \ldots, P(X_n = i_n | X_0 = i_0, \ldots, X_{n-1} = i_{n-1})$ beschreiben die Dynamik der stochastischen Entwicklung. Man nennt sie Übergangswahrscheinlichkeiten. Den einfachsten Fall, dass diese Übergangswahrscheinlichkeiten nicht von der Bedingung abhängen, die $(X_n)_{n\geq 0}$ also unabhängig sind, haben wir in Kap. 5 behandelt. Jetzt geht es uns darum, typische stochastische Entwicklungen mit Abhängigkeiten zu studieren. Wir betrachten in diesem Kapitel den im gewissen Sinne nächsteinfachen Fall, dass diese bedingten Wahrscheinlichkeiten bzgl. der Bedingung nur vom Zustand des Prozesses zur letzten Zeit abhängen. Das ist die sogenannte Markov-Eigenschaft. In diesem Fall kann die Abhängigkeitsstruktur aller Zufallsvariablen durch die von je zwei aufeinanderfolgenden eindeutig dargestellt werden.

▸ **Definition 10.1** Eine *Markov-Kette* ist eine Folge $(X_n)_{n\geq 0}$ von Zufallsvariablen mit Werten in einem höchstens abzählbaren Zustandsraum E, der die folgende *Markov-Eigenschaft* hat: für alle $n \geq 0$ und $i_0, \ldots, i_n, i_{n+i} \in E$ mit $P(X_0 = i_0, \ldots, X_n = i_n) > 0$ ist

$$P(X_{n+i} = i_{n+1}|X_0 = i_0, \ldots, X_n = i_n) = P(X_{n+1} = i_{n+1}|X_n = i_n).$$

Wir beginnen mit zwei einfachen Beispielen.

Beispiel 1

Ruinproblem Für das einführende Beispiel ist $E = \{0, 1, \ldots, M\}$ mit $M = a + b$. Die Übergangswahrscheinlichkeiten $P(X_{n+1} = i_{n+1}|X_0 = i_0, \ldots, X_n = i_n)$ sind

$$\begin{array}{ll} p & \text{für} \quad 0 < i_n < M, i_{n+1} = i_n + 1 \\ q & \text{für} \quad 0 < i_n < M, i_{n+1} = i_n - 1 \\ 1 & \text{für} \quad i_n = i_{n+1} = 0 \\ 1 & \text{für} \quad i_n = i_{n+1} = M \\ 0 & \text{in allen anderen Fällen.} \end{array}$$

Beispiel 2

Summen von unabhängigen Zufallsvariablen Sei $E = \mathbb{Z}^d$ $(d \geq 1)$ und X_0, Y_n $(n \geq 1)$ unabhängige Zufallsvariablen in E. Für $n \geq 1$ sei $X_n = X_0 + Y_1 + \ldots + Y_n$. Für $P(X_0 = i_0, \ldots, X_n = i_n) > 0$ ist

$$\begin{aligned} P(X_{n+1} = i_{n+1}|X_0 = i_0, \ldots, X_n = i_n) &= \frac{P(X_0 = i_0, \ldots, X_n = i_n, X_{n+1} = i_{n+1})}{P(X_0 = i_0, \ldots, X_n = i_n)} \\ &= \frac{P(X_0 = i_0, Y_1 = i_1 - i_0, \ldots, Y_n = i_n - i_{n-1}, Y_{n+1} = i_{n+1} - i_n)}{P(X_0 = i_0, Y_1 = i_1 - i_0, \ldots, Y_n = i_n - i_{n-1})} = P(Y_{n+1} = i_{n+1} - i_n). \end{aligned}$$

Die letzte Gleichung folgt aus der Unabhängigkeit der X_0, Y_n $(n \geq 1)$.

Wir haben in diesen Beispielen zwar gezeigt, dass die Übergangswahrscheinlichkeiten $P(X_{n+1} = i_{n+1}|X_0 = i_0, \ldots, X_n = i_n)$ nicht von $i_0, \ldots, i_{n-1}$ abhängen. Dies ist jedoch noch nicht die Markov-Eigenschaft. Wir müssen daher zunächst zeigen, dass diese Eigenschaft äquivalent zur Markov-Eigenschaft ist.

▸ **Satz 10.2** Die Markov-Eigenschaft ist äquivalent zu der Eigenschaft, dass für alle $n \geq 1$ und $i_0, \ldots, i_n, i_{n+1} \in E$ mit $P(X_0 = i_0, \ldots, X_n = i_n) > 0$ die bedingten Wahrscheinlichkeiten $P(X_{n+1} = i_{n+1} | X_0 = i_0, \ldots, X_n = i_n)$ nicht von $i_0, \ldots, i_{n-1}$ abhängen.

Klar ist, dass aus der Markov-Eigenschaft die Eigenschaft von Satz 10.2 folgt. Für die Umkehrung benutzen wir das folgende allgemeine Lemma über bedingte Wahrscheinlichkeiten, das wir auch später wiederholt anwenden werden.

▸ **Lemma 10.3** Sei C die disjunkte Vereinigung von höchstens abzählbar vielen Ereignissen C_i ($i \geq 1$) mit $P(C) > 0$. Sind für ein Ereignis A die bedingten Wahrscheinlichkeiten $P(A|C_i)$ für alle i mit $P(C_i) > 0$ gleich, dann ist auch $P(A|C) = P(A|C_i)$ für alle i mit $P(C_i) > 0$.

Beweis: Da $P(C) > 0$ ist, ist $P(C_i) > 0$ für mindestens ein i. Wir nehmen ohne Einschränkung an, dass $P(C_1) > 0$ ist. Es ist

$$P(A|C_1) \cdot P(C) = \sum_i P(A|C_1) \cdot P(C_i) = \sum_i P(A|C_i) \cdot P(C_i) = \sum_i P(A \cap C_i) = P(A \cap C) .$$

Dabei haben wir auch im Fall $P(C_i) = 0$ nach der Anmerkung zu (5.1) $P(A|C_i) = P(A|C_1)$ setzen dürfen. Durch Division durch $P(C)$ folgt Lemma 10.3.

Beweis von Satz 10.2: Wie bereits bemerkt, muss nur die Umkehrung beweisen werden.

Es hänge also $P(X_{n+1} = i_{n+1} | X_0 = i_0, \ldots, X_n = i_n)$ nicht von $i_0, \ldots, i_{n-1}$ ab.

Seien $i_n, i_{n+1} \in E$ fest gegeben. Wir wenden Lemma 10.3 an auf $A = \{X_{n+1} = i_{n+1}\}$ und $C_{i_0,\ldots,i_{n-1}} = \{X_0 = i_0, \ldots, X_n = i_n\}$ für $i_0, \ldots, i_{n-1} \in E$. Es ist $\cup_{i_0,\ldots,i_{n-1}} C_{i_0,\ldots,i_{n-1}} = \{X_n = i_n\}$.

Nach Voraussetzung sind die bedingten Wahrscheinlichkeiten $P(A|C_{i_0,\ldots,i_{n-1}})$ für alle $i_0, \ldots, i_{n-1} \in E$ mit $P(C_{i_0,\ldots,i_{n-1}}) > 0$ gleich, und aus Lemma 10.3 folgt die Markov-Eigenschaft.

Nachdem mit Satz 10.2 die beiden Beispiele als Markov-Ketten bestätigt sind, betrachten wir als wichtigen Spezialfall von Beispiel 2 die Irrfahrten und anschließend weitere Beispiele.

Beispiel 2

Spezialfall: Irrfahrten Im eindimensionalen Fall sei $P(Y_n = 1) = p$ und $P(Y_n = -1) = q = 1 - p$ für alle $n \geq 1$. Man kann sich unter $(X_n)_{n \geq 0}$ die Bewegung eines Teilchens auf $\mathbb{Z}$ vorstellen, das unabhängig von der Vergangenheit jeweils um 1 nach rechts oder links mit Wahrscheinlichkeit p bzw. q springt. Im Fall $p = q = \frac{1}{2}$ nennt man die Irrfahrt symmetrisch, im Fall $p \neq q$ asymmetrisch.

Da die Markov-Kette von Beispiel 1 sich im Bereich der inneren Punkte $1, 2, \ldots, M-1$ wie diese Irrfahrt verhält mit Absorption an den Randpunkten 0 und M, nennt man sie auch Irrfahrt mit absorbierenden Rändern.

Im mehrdimensionalen Fall $d \geq 2$ betrachten wir nur die symmetrische Irrfahrt. Bei ihr springt das Teilchen auf einen der $2d$ Nachbarplätze mit gleicher Wahrscheinlichkeit,

d. h. es ist $P(Y_n = \pm e_j) = \frac{1}{2d}$ für $1 \le j \le d$ und alle n. Dabei ist $e_j = (0, \ldots, 0, 1, 0, \ldots, 0)$ mit einer 1 an der j-ten Stelle der j-te Einheitsvektor.

Beispiel 3

Verzweigungsprozesse Verzweigungsprozesse sind Modelle für die Entwicklung der Größe einer Population im Laufe der Generationen.

Für $n \ge 0, k \ge 1$ bezeichne Y_{nk} die Anzahl der Nachkommen des k-ten Individuums der n-ten Generation. Wir nehmen an, dass $(Y_{nk})_{n\ge 0, k\ge i}$ unabhängige, identisch verteilte Zufallsvariable mit einer gegebenen Verteilung $(p_k)_{k\ge 0} \in \mathbb{Z}^+$ sind.

Für $n \ge 0$ bezeichne Z_n die Anzahl der Nachkommen der n-ten Generation. Sei bis zur n-ten in Generation $Z_0 = i_0, \ldots, Z_n = i_n$. Dann ist $Z_{n+1} = \sum_{k=1}^{i_n} Y_{nk}$ und daher $P(Z_{n+1} = j | Z_0 = i_0, \ldots, Z_n = i_n) = P\left(\sum_{k=1}^{i_n} Y_{nk} = j\right)$ mit unabhängigen Zufallsvariablen $Y_{n_1}, \ldots, Y_{n,i_n}$ mit gleicher Verteilung $(p_k)_{k\ge 0}$. Damit ist $(Z_n)_{n\ge 0}$ nach Satz 10.2 eine Markov-Kette.

Man kann Z_{n+1} in Abhängigkeit von Z_n darstellen als $Z_{n+1} = \sum_{k=1}^{Z_n} Y_{nk}$. Zu gegebenem Z_0 ist $(Z_n)_{n\ge 1}$ damit rekursiv definiert durch $Z_{n+1} = \sum_{k=1}^{Z_n} Y_{nk}$ für $n \ge 0$. Dabei ist $Z_{n+1} = 0$, wenn $Z_n = 0$ ist. Die Rekursionsformel stellt damit eine Summe unabhängiger Zufallsvariablen dar, bei der auch die Anzahl der Summanden vom Zufall abhängt.

Häufig betrachtet man die Nachkommen eines einzelnen Individuums, nimmt also $Z_0 = 1$ an.

Beispiel 4

Das CRR-Marktmodell Das Cox-Ross-Rubinstein-Modell (CRR-Modell) ist ein vereinfachtes diskretes Modell für die Entwicklung von Aktienkursen. Für $n \ge 0$ sei X_n der Kurs einer Aktie zur Zeit $n \ge 1$ in einer geeigneten Zeitskala. Von einem Zeitpunkt zum nächsten ändere sich der Kurs, indem er, unabhängig von der bisherigen Entwicklung des Kurses, mit b oder a mit $0 < a < b$ multipliziert wird mit den Wahrscheinlichkeiten p bzw. $q = 1 - p$. Aus finanztheoretischen Gründen sei $a < 1 < b$.

Die Zufallsvariablen X_n $(n \ge 0)$ sind darstellbar als Produkt $X_n = X_0 \cdot \prod_{i=1}^{n} Y_i$ von unabhängigen, identisch verteilten Zufallsvariablen mit Verteilung $P(Y_n = b) = p$, $P(Y_n = a) = q$ für $n \ge 1$. Analog zur Summe von unabhängigen Zufallsvariablen zeigt man, dass die Folge $(X_n)_{n\ge 0}$ eine Markov-Kette ist. Wir können durch Normierung der Währungseinheit annehmen, dass, ausgehend von der Einheit 1, die möglichen Zustände von der Form $a^i b^j$ $(i, j \ge 0)$ sind. Sie bilden den Zustandsraum E. Wir überlassen dem Leser die einfache Aufgabe, die Übergangswahrscheinlichkeiten zu bestimmen.

Da in jeder Zeiteinheit nur der Übergang zu 2 verschiedenen Zuständen möglich ist, ist das CRR-Modell ein sehr stark vereinfachtes Modell für die Entwicklung von Aktienkursen. Fasst man jedoch die Zeiteinheit als eine sehr kleine Zeiteinheit einer realen, „makroskopischen" Zeitskala auf, dann erhält man in einer Zeitspanne von realistischer Größenordnung die Multiplikation mit einer Zufalls variablen mit einer transformierten Binominalverteilung und mit geeigneter Parameterwahl ein realistischeres Verhalten.

Wir werden im nächsten Kapitel erwähnen, wie man das CRR-Modell durch einen kontinuierlichen Markov-Prozess approximieren kann.

Beispiel 5

Das Ehrenfest'sche Diffusionsmodell Dieses stark vereinfachte Modell für Diffusion spielte eine wichtige Rolle in der Geschichte der statistischen Mechanik.

In einem Behälter befinden sich N diffundierende Teilchen. Im physikalischen Fall ist N von der Größenordnung 10^{23}. Wir denken uns den Behälter in zwei Teile I und II mit einer durchlässigen Wand aufgeteilt. Sei X_n $(n \geq 0)$ die Anzahl der Teilchen in Bereich I zur Zeit n einer mikroskopischen Zeiteinheit. Die stochastische Dynamik sei dadurch gegeben, dass von einem Zeitpunkt zum nächsten ein Teilchen den Bereich wechselt, wobei dieses Teilchen unter allen Teilchen mit gleicher Wahrscheinlichkeit unabhängig von der Vergangenheit ausgewählt wird.

Die zu dieser Dynamik gehörenden Übergangswahrscheinlichkeiten $P(X_{n+1} = i_{n+1} | X_0 = i_0, \ldots, X_n = i_n)$ sind $\frac{i_n}{N}$ für $i_n > 0$, $i_{n+1} = i_n - 1$ und $\frac{N-i_n}{N} = 1 - \frac{i_n}{N}$ für $i_n < N$, $i_{n+1} = i_n + 1$. In allen anderen Fällen sind sie 0. Nach Satz 10.2 ist das Ehrenfest'sche Diffusionsmodell eine Markov-Kette.

Trotz der sehr starken Vereinfachung enthält es genügend Charakteristika von Diffusion, um ein Phänomen erklären zu können, den scheinbaren Widerspruch zwischen mikroskopischer Reversibilität und makroskopischer Irreversibilität. Wir werden später mit den entsprechenden Kenntnissen darauf eingehen.

Fassen wir in der Markov-Eigenschaft die Zeit n als Gegenwart auf, dann bedeutet sie, dass die bedingte Verteilung des Zustands zum nächsten Zeitpunkt, gegeben die bisherige Entwicklung, nur vom gegenwärtigen Zustand abhängt. Für weitere Eigenschaften von Markov-Ketten benötigen wir, dass sich die Markov-Eigenschaft durch allgemeinere Ereignisse bzgl. der Vergangenheit und der Zukunft in der folgenden Form verallgemeinern lässt.

▸ **Satz 10.4** Sei $(X_n)_{n \geq 0}$ eine Markov-Kette mit Zustandsraum E. Dann ist für alle $i \in E$, $A \subset E^n$, $B \subset E^m$ $(n, m \geq 1)$ mit $P((X_0, \ldots, X_{n-1}) \in A, X_n = i) > 0$ $P((X_{n+1}, \ldots, X_{n+m}) \in B | (X_0, \ldots, X_{n-1}) \in A, X_n = i) = P((X_{n+1}, \ldots, X_{n+m}) \in B | X_n = i)$.

Eine analoge Verallgemeinerung bzgl. der Gegenwart gilt i. A. nicht.

Beweis: Da beide Seiten der zu beweisenden Gleichung in Abhängigkeit von B diskrete Wahrscheinlichkeitsmaße auf E^m sind, genügt es, sie für einelementige Mengen zu beweisen, d. h. zu zeigen:

$$\begin{aligned} &P(X_{n+1} = i_{n+1}, \ldots, X_{n+m} = i_{n+m} | (X_0, \ldots, X_{n-1}) \in A, X_n = i) \\ &= P(X_{n+1} = i_{n+1}, \ldots, X_{n+m} = i_{n+m} | X_n = i) \qquad (10.1) \end{aligned}$$

für $i_{n+1}, \ldots, i_{n+m} \in E$.

Wir behandeln zunächst den Fall, dass auch A einelementig ist. Zur Abkürzung setzen wir $P(X_{k+1} = j|X_k = i) = p_k(j|i)$. Für $i_0, \ldots, i_n \in E$ mit $i_n = i$ ist

$$P(X_{n+1} = i_{n+1}, \ldots, X_{n+m} = i_{n+m}|X_0 = i_0, \ldots, X_n = i_n) = \frac{P(X_0 = i_0, \ldots, X_{n+m} = i_{n+m})}{P(X_0 = i_0, \ldots, X_n = i_n)}$$
$$= \frac{P(X_0 = i_0) \cdot p_0(i_1|i_0) \cdot \ldots \cdot p_{n+m-1}(i_{n+m}|i_{n+m-1})}{P(X_0 = i_0) \cdot p_0(i_i|i_0) \cdot \ldots \cdot p_{n-1}(i_n|i_{n-1})}$$
$$= p_n(i_{n+1}|i_n) \cdot \ldots \cdot p_{n+m-1}(i_{n+m}|i_{n+m-1}) .$$

Wir bezeichnen diese Wahrscheinlichkeit, die nicht von $i_0, \ldots, i_{n-1}$ abhängt, kurz mit p. Aus Lemma 10.3 folgt für eine beliebige Vereinigung C von Mengen der Form $X_0 = i_0, \ldots, X_{n-1} = i_{n-1}$, dass $P(X_{n+1} = i_{n+1}, \ldots, X_{n+m} = i_{n+m}|C \cap X_n = i) = p$ ist. Setzen wir für C erst $(X_0, \ldots, X_{n-1}) \in A$ und dann $(X_0, \ldots, X_{n-1}) \in E^n = \Omega$, so folgt (10.1) aus der Gleichheit beider Wahrscheinlichkeiten.

Eine wichtige Anwendung von Satz 10.4 betrifft Übergangswahrscheinlichkeiten für mehrere Zeitschritte, kurz Mehr-Schritt Übergangswahrscheinlichkeiten genannt. Grundlage für ihre Bestimmung und Behandlung sind die folgenden Chapman-Kolmogorov Gleichungen.

▸ **Chapman-Kolmogorov Gleichungen 10.5** Sei $(X_n)_{n\geq 0}$ eine Markov-Kette mit Zustandsraum E. Dann ist für $0 \leq l < m < n$ und $i, j \in E$ mit $P(X_l = i) > 0$:

$$P(X_n = j|X_l = i) = \sum_{k\in E} P(X_m = k|X_l = i) \cdot P(X_n = j|X_m = k) .$$

Anmerkung: Analog zur Anmerkung zu (5.1) können wir für Summanden mit $P(X_m = k) = 0$ $P(X_n = j|X_m = k)$ einen beliebigen Wert zuordnen, da in diesem Fall auch $P(X_m = k|X_l = i) = 0$ ist.

Beweis: Durch Zerlegung nach den Werten von X_m folgt

$$P(X_l = i, X_n = j) = \sum_{k\in E} P(X_l = i, X_m = k, X_n = j)$$
$$= \sum_{k\in E} P(X_l = i, X_m = k) \cdot P(X_n = j|X_l = i, X_m = k) .$$

Nach Satz 10.4 ist $P(X_n = j|X_l = i, X_m = k) = P(X_n = j|X_m = k)$. Setzen wir das in obige Gleichung ein und dividieren beide Seiten durch $P(X_l = i)$, so folgt die Behauptung.

Die Übergangswahrscheinlichkeiten $P(X_{n+1} = j|X_n = i)$ hängen i. A. nicht nur von den Zuständen $i, j \in E$ ab, sondern auch von der Zeit n des Übergangs. Im Folgenden betrachten wir nur solche Markov-Ketten, bei denen diese Übergangswahrscheinlichkeiten nicht von der Zeit abhängen. Das ist z. B. bei den meisten physikalischen Entwicklungen der Fall. Es gilt nicht, wenn saisonabhängige Effekte eine Rolle spielen.

Definition 10.6 Eine Markov-Kette $(X_n)_{n\geq 0}$ mit Zustandsraum E hat *stationäre Übergangswahrscheinlichkeiten*, wenn $P(X_{n+1} = j|X_n = i)$ für alle $i, j \in E$ nicht von n abhängt.

Die Beispiele 1, 3, 4 und 5 sind Markov-Ketten mit stationären Übergangswahrscheinlichkeiten, Beispiel 2 dann, wenn die $(Y_n)_{n\geq 1}$ identisch verteilt sind wie z. B. bei den Irrfahrten.

Die Übergangswahrscheinlichkeiten beschreiben die Dynamik der zeitlichen Entwicklung und bestimmen daher im wesentlichen das Modell. Für die Verteilung einer Markov-Kette benötigt man jedoch zusätzlich noch ihre Anfangs Verteilung. Bezeichnen wir die stationären Übergangswahrscheinlichkeiten mit $p_{ij} = P(X_{n+1} = j|X_n = i)$ $(i, j \in E)$ und die Anfangsverteilung mit $\pi_i = P(X_0 = i)$ $(i \in E)$, so ist $P(X_0 = i_0, \ldots, X_n = i_n) = \pi_{i_0} \cdot p_{i_0 i_1} \cdot \ldots \cdot p_{i_{n-1} i_n}$. Das gilt auch, wenn $P(X_0 = i_0, \ldots, X_{n-1} = i_{n-1}) = 0$ ist (warum?).

Sind die Übergangswahrscheinlichkeiten gegeben, so bezeichnen wir die Verteilung der Markov-Kette in Abhängigkeit von der Anfangsverteilung $\pi = (\pi_i)_{i\in E}$ mit P_π und den Erwartungswert mit E_π, im speziellen Fall, dass die Markov-Kette von einem deterministischen Zustand $i \in E$ startet, kurz mit P_i bzw. E_i.

Wir zeigen nun, dass für stationäre Übergangswahrscheinlichkeiten auch die Mehr-Schritt Übergangswahrscheinlichkeiten nur von der Zeitdifferenz abhängen.

Proposition 10.7 Für eine Markov-Kette $(X_n)_{n\geq 0}$ mit stationären Übergangswahrscheinlichkeiten hängt $P(X_{n+m} = j|X_n = i)$ für alle $i, j \in E$ und $m \geq 1$ nicht von n ab. Wir bezeichnen diese Mehr-Schritt Übergangswahrscheinlichkeiten mit $p_{ij}^{(m)} = P(X_{n+m} = j|X_n = i)$.

Beweis: Wir beweisen Proposition 10.7 mit vollständiger Induktion nach m. Der Fall $m = 1$ ist die Definition von stationären Übergangswahrscheinlichkeiten.

Wir nehmen nun an, dass Proposition 10.7 für ein $m \geq 1$ gilt. Aus den Chapman-Kolmogorov Gleichungen folgt

$$\begin{aligned} P(X_{n+m+1} = j|X_n = i) &= \sum_{k\in E} P(X_{n+m} = k|X_n = i) \cdot P(X_{n+m+1} = j|X_{n+mm} = k) \\ &= \sum_{k\in E} p_{ik}^{(m)} \cdot p_{kj} \,. \end{aligned}$$

Damit folgt nicht nur Proposition 10.7 für $m + 1$, sondern wir erhalten zur Bestimmung der $p_{ij}^{(m)}$ $(i, j \in E)$ auch die Rekursionsformel

$$p_{ij}^{(m+1)} = \sum_{k\in E} p_{ik}^{(m)} \cdot p_{kj} \; (i, j \in E) \,. \tag{10.2}$$

Gleichung 10.2) hat die Form einer Matrixmultiplikation. Das legt nahe, das System der Übergangswahrscheinlichkeiten $\{p_{ij}: i, j \in E)$ als $E \times E$-Matrix $\mathbb{P} = (p_{ij})_{i,j\in E}$ aufzufassen und auch für solche Matrizen eine Multiplikation bei entsprechender Konvergenzbedingung, die bei Übergangswahrscheinlichkeiten erfüllt ist, wie gewohnt zu definieren. Die Rekursionsformel (10.2) zeigt, dass der Matrix $\left(p_{ij}^{(m)}\right)_{i,j\in E}$ das m-fache Matrixprodukt $\mathbb{P}^m$ von $\mathbb{P}$ entspricht. Die allgemeinen Chapman-Kolmogorov Gleichungen bedeuten das Potenzgesetz $\mathbb{P}^{n+m} = \mathbb{P}^n \cdot \mathbb{P}^m$, wobei n und m hier die Zeitdifferenzen bezeichnen.

Auch die entsprechende Multiplikation eines Vektors mit einer Matrix hat eine stochastische Bedeutung. Denn die Marginalverteilung von X_n unter P_π kann man als

$$P_\pi(X_n = j) = \sum_{i\in E} P(X_0 = i, X_n = j) = \sum_{i\in E} \pi_i \cdot p_{ij}^{(n)} = (\pi \cdot P^n)_j$$

durch die Multiplikation $\pi \cdot \mathbb{P}^n$ des Vektors $\pi \cdot (\pi_i)_{i\in E}$ mit der Matrix $\mathbb{P}^n$ darstellen. Für die Bedeutung der Multiplikation mit einem Vektor von rechts identifizieren wir eine Funktion $f\colon E \to \mathbb{R}$ mit dem Vektor $f = (f_i)_{i\in E}$ mit $f_i = f(i)$ für $i \in E$. Bei Start in einem festen Zustand $i \in E$ ist für beschränkte Funktionen f

$$E_i(f(X_n)) = \sum_{i\in E} p_{ij}^{(n)} \cdot f_j = (p^n \cdot f)_i$$

und unter der Anfangsverteilung π

$$E_\pi(f(X_n)) = \pi \cdot \mathbb{P}^n \cdot f\,.$$

Vor allem für Markov-Ketten mit endlichem Zustandsraum sind Methoden der linearen Algebra oft nützlich.

10.2 Rekurrenz und Transienz

Im folgenden wollen wir uns mit dem Langzeitverhalten von Markov-Ketten $(X_n)_{n\geq 0}$ mit stationären Übergangswahrscheinlichkeiten beschäftigen, d. h. mit dem Verhalten der Verteilung und der Pfade von $(X_n)_{n\geq 0}$ für $n \to \infty$ und mit dem Zusammenhang zwischen beidem.

In diesem Abschnitt untersuchen wir, welche Zustände man von gegebenen Zuständen aus wie oft mit welcher Wahrscheinlichkeit erreicht.

Für den Rest dieses Kapitels machen wir die generelle Voraussetzung, dass $(X_n)_{n\geq 0}$ eine Markov-Kette mit Zustandsraum E und stationären Übergangswahrscheinlichkeiten $(p_{ij})_{i,j\in E}$ ist.

Das folgende unterschiedliche Rückkehrverhalten wird sich als entscheidend herausstellen.

▸ **Definition 10.8** Ein Zustand $i \in E$ heißt *rekurrent*, wenn $P(X_n = i$ für ein $n \geq 1 | X_0 = i) = 1$ ist, sonst heißt i *transient*.

Beispiele

1. Irrfahrt mit absorbierenden Rändern.
   Für die Irrfahrt mit absorbierenden Rändern sind offensichtlich die Randzustände 0 und M rekurrent, da bereits $P(X_1 = 0|X_0 = 0) = 1$ und $P(X_1 = M|X_0 = M) = 1$ ist. Dagegen sind alle anderen Zustände transient, da man von ihnen aus 0 oder M mit strikt positiver Wahrscheinlichkeit ohne eine vorherige Rückkehr erreichen kann.
4. Verzweigungsprozesse.
   Auch in diesem Beispiel ist 0 absorbierend und daher rekurrent. Abgesehen von dem ausgearteten Fall, dass jedes Individuum genau einen Nachkommen mit Wahrscheinlichkeit 1 hat, sind alle anderen Zustände transient. Das folgt leicht mit der Unterscheidung:

   $p_0 > 0$: Für jeden Zustand $i > 0$ gibt es die strikt positive Wahrscheinlichkeit $(p_0)^i$ dass die Population bereits in der nächsten Generation ausstirbt.

   $P_0 = 0,\ p_1 < 1$: In diesem Fall sind die Pfade monoton wachsend mit strikt positiver Wahrscheinlichkeit strenger Monotonie nach einer Generation.

Weitere Beispiele werden wir behandeln, wenn wir geeignete Rekurrenzkriterien abgeleitet haben.

In diesem Abschnitt untersuchen wir die Anzahl der Besuche in einem Zustand j, ausgehend von einem festen Zustand $i \in E$.

Die Verteilung des ersten Besuchs in j ist grundlegend. Für $i, j \in E$ bezeichnen wir sie mit $f_{ij}^{(n)} = P_i(X_k \neq j \text{ für } 1 \leq k \leq n-1, X_n = j)$ für $n \geq 1$ und setzen $f_{ij}^{(0)} = 0$.

Mit der Zerlegung nach der ersten Zeit eines Besuchs in j folgt

$$P_i(\text{es existiert ein } n \geq 1 \quad \text{mit} \quad X_n = j) = f_{ij} \quad \text{mit} \quad f_{ij} = \sum_{n=1}^{\infty} f_{ij}^{(n)} . \tag{10.3}$$

Ein Zustand $i \in E$ ist genau dann rekurrent, wenn $f_{ii} = 1$ ist.

Die Anzahl der Besuche im Zustand j bezeichnen wir mit $N_j = |\{n \geq 1 : X_n = j\}| = \sum_{n=1}^{\infty} 1_{\{X_n = j\}}$.

Ihr Erwartungswert bei Start in i ist

$$E_i(N_j) = E_i\left(\sum_{n=1}^{\infty} 1_{\{X_n=j\}}\right) = \sum_{n=1}^{\infty} E_i\left(1_{\{X_n=j\}}\right) = \sum_{n=1}^{\infty} P_i(X_n = j) = \sum_{n=1}^{\infty} p_{ij}^{(n)} \leq \infty .$$

Wir zerlegen das Ereignis $\{X_n = j\}$ nach dem ersten Besuch in j und erhalten

$$\begin{aligned}
p_{ij}^{(n)} = P_i(X_n = j) &= \sum_{m=1}^{n} P_i(X_k \neq j \text{ für } 1 \leq k \leq m-1, X_m = j, X_n = j) \\
&= \sum_{m=1}^{n} P_i(X_k \neq j \quad \text{für} \quad 1 \leq k \leq m-1, X_m = j) \\
&\quad \cdot P_i(X_n = j | X_k \neq j \quad \text{für} \quad 1 \leq k \leq m-1, X_m = j) \\
&= \sum_{m=1}^{n} P_i(X_k \neq j \quad \text{für} \quad 1 \leq k \leq m-1, X_m = j) \cdot P_i(X_n = j | X_m = j)
\end{aligned}$$

nach Satz 10.4, und damit

$$p_{ij}^{(n)} = \sum_{m=1}^{n} f_{ij}^{(m)} \cdot p_{jj}^{(n-m)} . \tag{10.4}$$

Dabei ist $p_{jj}^{(0)} = 1$ und allgemein $p_{ij}^{(0)} = \delta_{ij}$ für $i, j \in E$.

Die Gleichung (10.4) heißt Erneuerungsgleichung. Zur Bedeutung dieses Namens stelle man sich z. B. eine Maschine vor, die zu zufälligen Zeiten ausfällt und dann erneuert werden muss. Der Zustand j entspricht dabei der Erneuerung. Die Erneuerungsgleichung zerlegt die Wahrscheinlichkeit einer Erneuerung zur Zeit n nach der ersten Erneuerung. Die erste Erneuerung kann dabei eine andere Verteilung haben als die weiteren, wenn die Maschine z. B. schon zu Beginn in Betrieb ist. Das entspricht dem Fall $i \neq j$.

Mit der Erneuerungsgleichung leiten wir nun ein Rekurrenzkriterium ab. Dazu bedienen wir uns eines wichtigen analytischen Hilfsmittels, der erzeugenden Funktionen. Bei ihnen handelt es sich um Potenzreihen zu einer gegebenen Folge von Koeffizienten. Sie sind besonders in dieser Situation von Nutzen.

Wir bezeichnen die zu $\left(p_{ij}^{(n)}\right)_{n\geq 0}$ und $\left(f_{ij}^{(n)}\right)_{n\geq 1}$ gehörenden Potenzreihen mit $P_{ij}(s) = \sum_{n=0}^{\infty} p_{ij}^{(n)} s^n$ und $F_{ij}(s) = \sum_{n=0}^{\infty} f_{ij}^{(n)} s^n$.

Da ihre Koeffizienten vom Betrag ≤ 1 sind, konvergieren diese Potenzreihen absolut für $|s| < 1$. Mit der Erneuerungsgleichung stellen wir eine Beziehung zwischen ihnen her. Dazu setzen wir (10.4) in die Potenzreihe $P_{ij}(s)$ ein und erhalten

$$P_{ij}(s) = \sum_{n=0}^{\infty} p_{ij}^{(n)} s^n = \delta_{ij} + \sum_{n=1}^{\infty} \left(\sum_{m=1}^{n} f_{ij}^{(m)} s^m \cdot p_{jj}^{(n-m)} s^{n-m} \right) \quad \text{für} \quad |s| < 1 .$$

Wegen der absoluten Konvergenz können wir diese Reihe umordnen, indem wir die Summe über n durch die Summe über $k = n - m$ ersetzen. Es folgt

$$P_{ij}(s) = \delta_{ij} + \sum_{k=1}^{\infty} \left(\sum_{m=1}^{\infty} f_{ij}^{(m)} s^m \cdot p_{jj}^{(k)} s^k \right) = \delta_{ij} + F_{ij}(s) \cdot P_{jj}(s) .$$

Satz 10.9 Für $i, j \in E$ und $|s| < 1$ ist $P_{ij}(s) = \delta_{ij} + F_{ij}(s) \cdot P_{jj}(s)$.

Der Grenzwert $s \uparrow 1$ liefert das folgende Rekurrenzkriterium.

Korollar 10.10

1. Ein Zustand $j \in E$ ist genau dann rekurrent, wenn $\sum_{n=1}^{\infty} p_{jj}^{(n)} < \infty$ ist. In diesem Fall ist $\sum_{n=1}^{\infty} p_{ij}^{(n)} < \infty$ für alle $i \in E$ mit $f_{ij} > 0$.
2. Ein Zustand $j \in E$ ist genau dann transient, wenn $\sum_{n=1}^{\infty} p_{jj}^{(n)} < \infty$ ist. In diesem Fall ist $\sum_{n=1}^{\infty} p_{ij}^{(n)} < \infty$ für alle $i \in E$. Insbesondere konvergiert $p_{ij}^{(n)} \to 0$ für $n \to \infty$.

Beweis: Für $i = j$ und $|s| < 1$ ist $P_{jj}(s) = 1 + F_{jj}(s) \cdot P_{jj}(s)$. Da $F_{jj}(s) < 1$ für $|s| < 1$ ist, folgt $P_{jj}(s) = \frac{1}{1-F_{jj}(s)}$.

Für $s \uparrow 1$ geht daher genau dann $P_{jj}(s) \to \infty$, wenn $F_{jj}(s) \to 1$ konvergiert. Andererseits gehen nach dem Abel'schen Grenzwertsatz $P_{jj}(s) \to \sum_{n=0}^{\infty} p_{jj}^{(n)}$ und $F_{jj}(s) \to \sum_{n=1}^{\infty} f_{jj}^{(n)}$.

Daher ist $\sum_{n=0}^{\infty} p_{jj}^{(n)} = \infty$ genau dann, wenn $f_{jj} \sum_{n=1}^{\infty} f_{jj}^{(n)} = 1$, j also rekurrent ist.

Ist j rekurrent und $f_{ij} > 0$, konvergiert nach Satz 10.9 $P_{ij}(s) \to \infty$ für $s \uparrow 1$ und mit dem Abel'schen Grenzwertsatz folgt $\sum_{n=0}^{\infty} p_{ij}^{(n)} = \infty$. Für transientes j folgt analog $\sum_{n=0}^{\infty} p_{ij}^{(n)} < \infty$ für alle $i \in E$.

Wir wenden dieses Rekurrenzkriterium auf die Irrfahrten an.

Da die Übergangswahrscheinlichkeiten translationsinvariant sind, genügt es, $j = 0$ zu betrachten.

Für die eindimensionale Irrfahrt mit $X_0 = 0$ ist $X_n = Y_1 + \ldots + Y_n$ $(n \geq 1)$ mit unabhängigen Y_n $(n \geq 1)$ mit Verteilung $P(Y_n = 1) = p$ und $P(Y_n = -1) = q = 1 - p$. Eine Rückkehr nach 0 ist nur zu geraden Zeiten möglich. Daher ist $p_{00}^{(2m+1)} = 0$ für $m \geq 1$. Für gerade Zeiten ist $p_{00}^{(2m)} = \binom{2m}{m} p^m q^m$. Nach dem lokalen Grenzwertsatz von de Moivre-Laplace verhält sich $p_{00}^{(2m)} \sim \frac{1}{\sqrt{\pi m}}(4pq)^m$ für $m \to \infty$.

Im Fall $p \neq q$ ist $4pq < 1$ und daher $\sum_{n=0}^{\infty} p_{00}^{(n)} < \infty$. Für die asymmetrische Irrfahrt ist damit der Zustand 0 und wegen der Translationsinvarianz jeder Zustand transient.

Für $p = q = \frac{1}{2}$ ist $\sum_{n=0}^{\infty} p_{00}^{(n)} = \infty$. Für die symmetrische Irrfahrt ist jeder Zustand rekurrent.

Auch im mehrdimensionalen Fall ist eine Rückkehr nach 0 nur zu geraden Zeiten möglich. Man kann zeigen, dass $p_{00}^{(n)}$ für $m \to \infty$ von der Größenordnung $\frac{1}{m^{d/2}}$ ist (s. H.-O. Georgii [5]). An Stelle eines exakten Beweises begnügen wir uns mit einer heuristischen Begründung. Eine Rückkehr muss in allen d Dimensionen gleichzeitig erfolgen. Diese geschieht in allen Dimensionen etwa gleich häufig, jeweils mit einer Wahrscheinlichkeit von der Größenordnung $\frac{1}{\sqrt{m}}$ für $m \to \infty$. Die symmetrische Irrfahrt in $\mathbb{Z}^d$ ist daher rekurrent für $d \leq 2$ und transient für $d \geq 3$.

Startet eine Markov-Kette mit stationären Übergangswahrscheinlichkeiten in einem rekurrenten Zustand i, dann kehrt sie mit Wahrscheinlichkeit 1 nach i zurück. Die Entwicklung der Markov-Kette von dieser Rückkehrzeit an hat wegen der Markov-Eigenschaft und der Stationarität der Übergangswahrscheinlichkeiten dieselbe Verteilung wie die ursprüngliche Markov-Kette, kehrt insbesondere wieder mit Wahrscheinlichkeit 1 nach i zurück. Durch Iteration dieses Arguments folgt, dass die Markov-Kette beliebig oft und damit unendlich oft nach i mit Wahrscheinlichkeit 1 zurückkehrt. Ist i dagegen transient, kehrt die Markov-Kette mit strikt positiver Wahrscheinlichkeit nicht mehr nach i zurück. Im Fall einer Rückkehr kehrt sie danach mit derselben strikt positiver Wahrscheinlichkeit nicht mehr nach i zurück. Iteration des Arguments liefert in diesem Fall, dass die Markov-Kette nach i nur endlich oft mit Wahrscheinlichkeit 1 zurückkehrt.

Diese heuristischen Überlegungen sind kein exakter Beweis. Denn wir haben die Markov-Eigenschaft nicht auf eine feste Zeit angewandt, sondern auf eine vom Zufall abhängige Zeit. Dass die Markov-Eigenschaft auch für zufällige Zeiten, deren Wert nur vom Verhalten der Markov-Kette bis zu dieser Zeit, sogenannte Stoppzeiten gilt, nennt man die starke Markov-Eigenschaft. Wir werden uns im Zusammenhang mit Martingalen in Kap. 14 mit Stoppzeiten genauer beschäftigen und bei der Gelegenheit die starke Markov-Eigenschaft für Markov-Ketten mit stationären Übergangswahrscheinlichkeiten durch Zerlegung nach den möglichen Werten der Stoppzeit beweisen (Satz 14.15, s. auch Übung 14.5).

Wir können jedoch jetzt schon auf diese Weise das eben erwähnte Beispiel behandeln.

Satz 10.11

1. Für $m \geq 1$ und $i \in E$ ist $P_i(X_n = i$ für mindestens m verschiedene $n \geq 1) = (f_{ii})^m$.
2. Für einen rekurrenten Zustand $i \in E$ ist $P_i(X_n = i$ für unendlich viele $n \geq 1) = 1$.

Für einen transienten Zustand $i \in E$ ist $P_i(X_n = i$ für unendlich viele $n \geq 1) = 0$.

Beweis:

1. Wir beweisen 1 mit vollständiger Induktion nach m.
   Für $m = 1$ entspricht die Behauptung der Definition (10.3) von f_{ii}.
   Es gelte 1 für ein $m \geq 1$. Wir setzen $T = \inf\{n \geq 1\colon X_n = i)$ mit $T = \infty$, wenn kein $n \geq 1$ mit $X_n = i$ existiert. T ist eine zufällige Zeit. Ihre Verteilung, eingeschränkt auf die endlichen Werte, ist $P_i(T = k) = f_{ii}^{(k)}$ $(k \geq 1)$. Da das Ereignis $\{X_n = i$ für mindestens $(m+1)$ verschiedene $n \geq 1\}$ impliziert, dass $T < \infty$ ist, folgt durch Zerlegung nach den Werten von T:

$$
\begin{aligned}
&P_i(X_n = i \text{ für mindestens } m+1 \text{ verschiedene } n \geq 1)\\
&\quad = \sum_{k=1}^{\infty} P_i(X_n = i \text{ für mindestens } m+1 \text{ verschiedene } n \geq 1, T = k)\\
&\quad = \sum_{k=1}^{\infty} P_i(T = k) \cdot P_i(X_n = i \text{ für mindestens } m+1 \text{ verschiedene } n \geq 1 | T = k)\\
&\quad = \sum_{k=1}^{\infty} f_{ii}^{(k)} \cdot P_i(X_n = i \text{ für mindestens } m+1 \text{ verschiedene } n \geq 1 | X_l \neq i\\
&\qquad\quad \text{für} \quad 1 \leq l \leq k-1, X_k = i)\\
&\quad = \sum_{k=1}^{\infty} f_{ii}^{(k)} \cdot P_i(X_n = i \text{ für mindestens } m \text{ verschiedene } n \geq k+1 | X_l \neq i\\
&\qquad\quad \text{für} \quad 1 \leq k \leq k-1, X_k = i)\\
&\quad = \sum_{k=1}^{\infty} f_{ii}^{(k)} \cdot P(X_n = i \text{ für mindestens } m \text{ verschiedene } n \geq k+1 | X_k = i)
\end{aligned}
$$

$$= \sum_{k=1}^{\infty} f_{ii}^{(k)} \cdot P(X_n = i \text{ für mindestens } m \text{ verschiedene } n \geq 1 | X_0 = i)$$

$$= \sum_{k=1}^{\infty} f_{ii}^{(k)} \cdot (f_{ii})^m = (f_{ii})^{m+1} .$$

2. folgt mit $m \to \infty$.

Die folgende Rückkehreigenschaft rekurrenter Zustände werden wir später benötigen.

▸ **Korollar 10.12** Ist $i \in E$ rekurrent und $j \in E$ mit $f_{ij} > 0$, dann ist $f_{ij} = 1$.

Diese Eigenschaft ist anschaulich klar. Wenn es eine strikt positive Wahrscheinlichkeit gibt, von i aus nach j zu gelangen, dann muss man von j aus i mit Wahrscheinlichkeit 1 erreichen. Andernfalls gäbe es eine strikt positive Wahrscheinlichkeit, von i nicht mehr nach i zurückzukehren.

Beweis: Für $j = i$ ist die Behauptung wegen der Rekurrenz von i klar.

Für $j \neq i$ existiert nach Voraussetzung ein $m \geq 1$ mit $p_{ij}^{(m)} > 0$. Aus Satz 10.11 folgt

$$1 = P_i(X_n = i \quad \text{für ein} \quad n > m) = \sum_{k \in E} P_i(X_n = i \quad \text{für ein} \quad n > m, X_m = k)$$
$$= \sum_{k \in E} P_i(X_m = k) \cdot P_i(X_n = i \quad \text{für ein} \quad n > m | X_m = k) = \sum_{k \in E} p_{ik}^{(m)} \cdot f_{ki} .$$

Aus $\sum_{k \in E} p_{ik}^{(m)} = 1$, $f_{ki} = 1$ für alle $k \in E$ und $p_{ij}^{(m)} > 0$ folgt $f_{ji} = 1$ mit einem einfachen Widerspruchsargument.

Rekurrente Zustände lassen sich nach dem Erwartungswert der Rückkehrzeit weiter unterscheiden. Für $i \in E$ sei $T_i = \inf\{n \geq 1 \colon X_n = i\}$ die Rückkehrzeit nach i. Für einen rekurrenten Zustand i ist $T_i < \infty P_i$-f.s. Wir bezeichnen den Erwartungswert von T_i in diesem Fall mit

$$\mu_i = E_i(T_i) = \sum_{n=1}^{\infty} n f_{ii}^{(n)} \leq \infty .$$

▸ **Definition 10.13** Ein rekurrenter Zustand $i \in E$ heißt *positiv rekurrent*, wenn $\mu_i < \infty$ ist, und *nullrekurrent*, wenn $\mu_i = \infty$ ist.

Wir werden später die Bedeutung dieses Unterschieds kennenlernen.

10.3 Grenzverhalten irreduzibler Markov-Ketten

Wir haben in Korollar 10.10 bereits gezeigt, dass für einen transienten Zustand $j \in E$ $p_{ij}^{(n)} \to 0$ für alle $i \in E$ für $n \to \infty$ konvergiert. Rekurrenz und Transienz werden sich auch darüber hinaus für das Langzeitverhalten der Übergangswahrscheinlichkeiten und der Pfade als entscheidend herausstellen. Von Bedeutung ist ferner, welche Zustände man von welchen Zuständen aus erreichen kann.

Definition 10.14

1. Ein Zustand $j \in E$ heißt von $i \in E$ aus *erreichbar*, wenn ein $n \geq 0$ mit $p_{ij}^{(n)} > 0$ existiert. Diese Eigenschaft bezeichnen wir mit $i \to j$.
2. Zwei Zustände $i, j \in E$ *interkommunizieren*, wenn $i \to j$ und $j \to i$ gilt. Diese Eigenschaft bezeichnen wir mit $i \leftrightarrow j$.

Man beachte, dass bei dieser Definition $n = 0$ zugelassen ist und daher $i \leftrightarrow i$ für alle $i \in E$ gilt.

Satz 10.15 „$\leftrightarrow$" ist eine Äquivalenzrelation.

Beweis:
1. Reflexivität: Wie erwähnt, gilt $i \leftrightarrow i$ für alle $i \in E$.
2. Die Symmetrie folgt direkt aus der Definition der Relation $\leftrightarrow$.
3. Transitivität: Es genügt aus Symmetriegründen zu zeigen: $i \to j$ und $j \to k \Rightarrow i \to k$. Aus $i \to j$ und $j \to k$ folgt die Existenz von $n, m \geq 0$ mit $p_{ij}^{(n)} > 0$ und $p_{jk}^{(m)} > 0$. Nach den Chapman-Kolmogorov Gleichungen, die trivialerweise auch für $n = 0$ oder $m = 0$ gelten, folgt

$$p_{ik}^{(n+m)} = \sum_{l \in E} p_{il}^{(n)} \cdot p_{lk}^{(m)} \geq p_{ij}^{(n)} \cdot p_{jk}^{(m)} > 0 \quad \text{und damit} \quad i \to k\,.$$

Die Abschätzung durch einen Summanden der Chapman-Kolmogorov Gleichungen werden wir noch öfter benutzen und nennen sie das Transitivitätsargument.

Unter Klasseneigenschaften versteht man Eigenschaften, die für alle Zustände einer Äquivalenzklasse gelten, wenn sie für einen Zustand gilt. Haben alle Zustände einer Äquivalenzklasse eine bestimmte Klasseneigenschaft, so nennen wir auch die Äquivalenzklasse entsprechend. Wir zeigen, dass die folgenden Eigenschaften Klasseneigenschaften sind.

Satz 10.16 Rekurrenz, Transienz, positive Rekurrenz und Nullrekurrenz sind Klasseneigenschaften.

Beweis: Sei $i \in E$ rekurrent und $j \in E$ mit $i \leftrightarrow j$.

Es existieren $k, m \geq 0$ mit $p_{ij}^{(k)} > 0$ und $p_{ji}^{(m)} > 0$. Durch zweimalige Anwendung des Transitivitätsarguments folgt $p_{jj}^{(k+m+n)} \geq p_{jj}^{(m)} \cdot p_{ii}^{(n)} \cdot p_{ij}^{(k)}$ für alle $n \geq 0$ und mit Korollar 10.10 $\sum_{n=0}^{\infty} p_{jj}^{(k+m+n)} = \infty$. Damit ist nach Korollar 10.10 auch j rekurrent.

Da Transienz das Gegenteil von Rekurrenz ist, folgt, dass auch Transienz eine Klasseneigenschaft ist.

Mit einer ähnlichen Abschätzung zeigt man, dass Nullrekurrenz und damit auch positive Rekurrenz eine Klasseneigenschaft ist.

Startet eine Markov-Kette in einer rekurrenten Klasse, so bleibt sie in dieser mit Wahrscheinlichkeit 1. Startet sie dagegen in einer transienten Klasse, so kann sie in dieser bleiben oder in eine andere Klasse, rekurrent oder transient, übergehen. Was davon passiert, hängt i. A. vom Zufall ab.

Im Folgenden untersuchen wir speziell das Verhalten von Markov-Ketten, deren Zustandsraum nur aus einer Äquivalenzklasse besteht, für die also $i \to j$ für alle $i, j \in E$ gilt.

▸ **Definition 10.17** Eine Markov-Kette heißt *irreduzibel*, wenn ihr Zustandsraum nur aus einer Aquivalenzklasse besteht.

Beispiel

Wie man leicht sieht, sind die Irrfahrten, abgesehen von der ausgearteten eindimensionalen aperiodischen Irrfahrt mit $p = 1$ oder $p = 0$, und das Ehrenfest-Modell irreduzible Markov-Ketten.

Zur Behandlung von irreduziblen Markov-Ketten ist eine weitere Unterscheidung notwendig. Bei den Irrfahrten war eine Rückkehr nur zu geraden Zeiten möglich. Das gilt auch für das Ehrenfest-Modell. Allgemein spielt für das Grenzverhalten irreduzibler rekurrenter Markov-Ketten die Periode eine wichtige Rolle.

▸ **Definition 10.18** Als *Periode* eines Zustands $i \in E$ bezeichnet man den größten gemeinsamen Teiler $d(i)$ von $\left\{n \geq 1 : p_{ii}^{(n)} > 0\right\}$ und setzt $d(i) = \infty$, falls kein derartiges $n \geq 1$ existiert.

Beispiel

Die Irrfahrten, abgesehen von den erwähnten ausgearteten Fällen, und das Ehrenfest-Modell haben Periode 2.

Denn wie bereits erwähnt, ist bei diesen Beispielen eine Rückkehr nur zu geraden Zeiten möglich. Andererseits ist sie jeweils in genau 2 Schritten möglich.

▸ **Satz 10.19** Die Periode ist eine Klasseneigenschaft.

Beweis: Seien $i, j \in E$ mit $i \leftrightarrow j$. Es genügt, $i \neq j$ anzunehmen.

Seien $k, m > 0$ mit $p_{ij}^{(k)} > 0$ und $p_{ji}^{(m)} > 0$. Mit dem Transitivitätsargument folgt $p_{ii}^{(k+m)} > 0$. Nach Definition von $d(i)$ ist damit $(k+m)$ ein Vielfaches von $d(i)$. Insbesondere ist $d(i) < \infty$. Für $n \geq 1$ mit $p_{jj}^{(n)} > 0$ ist $p_{ii}^{(k+m+n)} \geq p_{ij}^{(k)} \cdot p_{jj}^{(n)} \cdot p_{ji}^{(m)} > 0$ und $(k+m+n)$ damit ebenfalls ein Vielfaches von $d(i)$. Dann ist auch n ein Vielfaches von $d(i)$. Da dies für alle $n \geq 1$ mit $p_{jj}^{(n)} > 0$ gilt, ist $d(i)$ ein gemeinsamer Teiler von $\left\{n \geq 1 : p_{jj}^{(n)} > 0\right\}$ und daher $d(i) \leq d(j)$. Durch Vertauschen der Rollen von i und j folgt auch $d(j) \leq d(i)$.

Irreduzible, rekurrente, aperiodische Markov-Ketten haben besonders gute Konvergenzeigenschaften. Man nennt sie auch ergodische Markov-Ketten. Die Konvergenz der Übergangswahrscheinlichkeiten ergodischer Markov-Ketten folgt aus der Erneuerungsgleichung (10.4). Wir formulieren diesen Schluss als allgemeinen Satz, den Erneuerungssatz. Dazu halten wir in (10.4) $i = j$ fest und setzen $u_n = p_{jj}^{(n)}$ und $f_m = f_{jj}^{(m)}$. Gleichung (10.4) lautet dann

$$u_n = \sum_{m=1}^{n} f_m \cdot u_{n-m} (n \geq 1) \quad \text{mit} \quad u_0 = 1. \tag{10.5}$$

Da i rekurrent ist, ist $(f_m)_{m\geq 1}$ ein Wahrscheinlichkeitsmaß auf $\mathbb{N}$. Zu gegebener Verteilung $(f_m)_{m\geq 1}$ ist $(u_n)_{n\geq 0}$ durch (10.5) rekursiv definiert.

▸ **Erneuerungssatz 10.20** Sei $(f_m)_{m\geq 1}$ ein Wahrscheinlichkeitsmaß auf $\mathbb{N}$ mit Erwartungswert $\mu \leq \infty$ und sei $(u_n)_{n\geq 0}$ durch (10.5) rekursiv definiert. Ist der größte gemeinsame Teiler von $\left\{n \geq 1 : p_{ii}^{(n)} > 0\right\}$ gleich 1, dann konvergiert $u_n \to \frac{1}{\mu}$ für $n \to \infty$ mit $\frac{1}{\mu} = 0$ für $\mu = \infty$.

Wir verzichten auf den rein analytischen, sehr technischen Beweis (s. U. Krengel [10], Satz 17.3) und begnügen uns mit einer heuristischen Begründung. Ist $(f_m)_{m\geq 1}$ z. B. die Verteilung der Lebensdauer einer Maschine, dann ist nach obiger Interpretation der Erneuerungsgleichung u_n die Wahrscheinlichkeit, dass zur Zeit n eine Erneuerung stattfindet. Für endliches μ ist die Lebensdauer von n Maschinen für große n ungefähr $n\mu$. Pro Zeiteinheit finden daher auf lange Sicht $\frac{1}{\mu}$ Erneuerungen statt. Für $\mu = \infty$ ist jeder beliebig große reelle Zahl eine untere Schranke, und der Erneuerungssatz folgt auch für diesen Fall.

Wir wenden den Erneuerungssatz jetzt auf Markov-Ketten an.

▸ **Korollar 10.21** Für eine irreduzible, rekurrente, aperiodische Markov-Kette konvergiert $p_{ij}^{(n)} \to \frac{1}{\mu_j}$ für alle $i, j \in E$ für $n \to \infty$ mit $\mu_j = E_j(T_j) \leq \infty$.

Anmerkungen:

1. Da der Grenzwert unabhängig von i ist, folgt die Konvergenz auch für beliebige Anfangsverteilungen.
2. Für ergodische nullrekurrente Markov-Ketten konvergiert damit wie für transiente Markov-Ketten $p_{ij}^{(n)} \to 0$ für $n \to \infty$ für alle $i, j \in E$.

Beweis: Für $i = j$ ist Korollar 10.21 der Erneuerungssatz.

Für $i \neq j$ benutzen wir (10.4) in der Form $p_{ij}^{(n)} = \sum_{m=1}^{n} f_{ij}^{(m)} \cdot p_{jj}^{(n-m)} = \sum_{m=1}^{\infty} f_{ij}^{(m)} \cdot p_{jj}^{(n-m)} \cdot 1_{\{m \leq n\}}$. Wir zeigen, dass wir den Grenzwert mit der Summe vertauschen dürfen. Dazu wenden wir den Satz von der majorisierten Konvergenz 4.26 auf das Zählmaß auf $\mathbb{N}$ und damit auf Reihen an. Mit $f_{ij}^{(m)} \cdot p_{jj}^{(n-m)} \cdot 1_{\{m \leq n\}} \leq f_{ij}^{(m)}$ erhalten wir die von n unabhängige Majorante $\sum_{m=1}^{\infty} f_{ij}^{(m)} \cdot p_{jj}^{(n-m)} \cdot 1_{\{m \leq n\}} \leq \sum_{m=1}^{\infty} f_{ij}^{(m)} \leq 1$. Aus der Konvergenz der Reihenglieder $f_{ij}^{(m)} \cdot p_{jj}^{(n-m)} \cdot 1_{\{m \leq n\}} \to f_{ij}^{(m)} \cdot \frac{1}{\mu_j}$ für $n \to \infty$ folgt, da nach Korollar 10.12 $f_{ij} = 1$ ist, dass $p_{ij}^{(n)} = \sum_{m=1}^{\infty} f_{ij}^{(m)} \cdot p_{jj}^{(n-m)} \cdot 1_{\{m \leq n\}} \to \sum_{m=1}^{\infty} f_{ij}^{(m)} \cdot \frac{1}{\mu_j} = f_{ij} \frac{1}{\mu_j} = \frac{1}{\mu_j}$ für $n \to \infty$ konvergiert.

Wir werden nun ein Kriterium für positive Rekurrenz herleiten, das uns zusätzlich eine Möglichkeit gibt, die mittleren Rückkehrzeiten μ_j $(j \in E)$ zu bestimmen. Dazu betrachten wir Markov-Ketten, für die nicht nur die Übergangswahrscheinlichkeiten, sondern auch ihre Verteilung im folgenden Sinne stationär sind.

▸ **Definition 10.22** Eine Markov-Kette $(X_n)_{n \geq 0}$ heißt *stationär*, wenn für alle $n, m \geq 0$ und $i_0, \ldots, i_n \in E$ $P(X_m = i_0, \ldots, X_{m+n} = i_n) = P(X_0 = i_0, \ldots, X_n = i_n)$ ist.

Für stationäre Markov-Ketten haben speziell X_0 und X_1 die gleiche Verteilung. Die Anfangsverteilung $\pi = (\pi_i)_{i \in E}$ ist damit in folgendem Sinne invariant bzgl. der Übergangswahrscheinlichkeiten.

▸ **Definition 10.23**

1. Ein Wahrscheinlichkeitsmaß $\pi = (\pi_i)_{i \in E}$ auf E heißt *invariant* bzgl. $\mathbb{P} = (p_{ij})_{i,j \in E}$, wenn $\pi\mathbb{P} = \pi$, d. h. $\sum_{i \in E} \pi_i \cdot p_{ij} = \pi_j$ für alle $j \in E$ ist.
2. Eine Markov-Kette $(X_n)_{n \geq 0}$ mit stationären Übergangswahrscheinlichkeiten $\mathbb{P} = (p_{ij})_{i,j \in E}$ besitzt die *invariante Verteilung* π, wenn π invariant bzgl. $\mathbb{P}$ ist.

Algebraisch bedeutet das, dass π ein linker Eigenvektor von $\mathbb{P}$ zum Eigenwert 1 ist.

Durch Induktion folgt, dass $\pi\mathbb{P}^n = \pi$ für alle $n \geq 1$ ist. Im Fall einer Markov-Kette $(X_n)_{n \geq 0}$ mit stationären Übergangswahrscheinlichkeiten und invarianter Anfangsverteilung π ist damit die Marginalverteilung aller X_n gleich π. Es gilt auch die folgende Umkehrung.

▸ **Satz 10.24** Eine Markov-Kette $(X_n)_{n \geq 0}$ mit stationären Übergangswahrscheinlichkeiten $\mathbb{P} = (P_{ij})_{i,j \in E}$ ist genau dann stationär, wenn die Verteilung von X_0 invariant bzgl. $\mathbb{P}$ ist.

Beweis: Dass die Verteilung einer stationären Markov-Kette invariant ist, haben wir uns schon überlegt.

Die Umkehrung folgt leicht aus der Invarianz der Verteilungen der X_n und der Stationarität der Übergangswahrscheinlichkeiten:

$$\begin{aligned}
&P(X_m = i_0, \ldots, X_{m+n} = i_n)\\
&= P(X_m = i_0) \cdot P(X_{m+1} = i_1 | X_m = i_0) \cdot \ldots \cdot P(X_{m+n} = i_n | X_{m+n-1} = i_{n-1})\\
&= P(X_0 = i_0) \cdot P(X_1 = i_1 | X_0 = i_0) \cdot \ldots \cdot P(X_n = i_n | X_{n-1} = i_{n-1})\\
&= P(X_0 = i_0, \ldots, X_n = i_n).
\end{aligned}$$

Der folgende Satz ist das angekündigte Kriterium für positive Rekurrenz.

▸ **Satz 10.25** Eine irreduzible Markov-Kette besitzt genau dann eine invariante Verteilung π, wenn sie positiv rekurrent ist. In diesem Fall ist $\pi_j = \frac{1}{\mu_j}$ für alle $j \in E$.

Beweis: Wir beweisen den Satz zunächst nur für aperiodische Markov-Ketten. Anschließend werden wir uns allgemein mit periodischen irreduziblen Markov-Ketten beschäftigen und in diesem Zusammenhang Satz 10.25 auch für periodische Markov-Ketten beweisen.

Wir führen den Beweis in 3 Schritten.

Behauptung 1: Im transienten und nullrekurrenten Fall existiert keine invariante Verteilung.

Beweis: Wir beweisen Behauptung 1 indirekt. Angenommen, es existiere eine invariante Verteilung π. Dann ist $\sum_{i\in E} \pi_i \cdot p_{ij}^{(n)} = \pi_j$ für alle $n \geq 1$. Da im transienten und nullrekurrenten Fall $p_{ij}^{(n)} \to 0$ für $n \to \infty$ für alle $i, j \in E$ konvergiert, folgt mit majorisierter Konvergenz $\pi_j = 0$ für alle $j \in E$, ein Widerspruch dazu, dass π eine Verteilung ist.

Behauptung 2: Ist π eine invariante Verteilung, dann ist $\pi_j = \frac{1}{\mu_j}$ für alle $j \in E$.

Beweis: Nach Behauptung 1 folgt aus der Existenz einer invarianten Verteilung, dass die Markov-Kette positiv rekurrent ist. Aus $\sum_{i\in E} \pi_i \cdot p_{ij}^{(n)} = \pi_j$ für alle $n \geq 1$ folgt mit majorisierter Konvergenz in diesem Fall $\pi_j = \sum_{i\in E} \pi_i \cdot p_{ij}^{(n)} \to \frac{1}{\mu_j}$ und damit $\pi_j = \frac{1}{\mu_j}$ für alle $j \in E$.

Behauptung 3: Für eine positiv rekurrente Markov-Kette ist $\left(\frac{1}{\mu_j}\right)_{j\in E}$ eine invariante Verteilung.

Beweis: Für eine endliche Teilmenge $F \subset E$ und einen beliebigen Zustand $i \in E$ ist $\sum_{j\in F} \frac{1}{\mu_j} = \lim_{n\to\infty} \sum_{j\in F} p_{ij}^{(n)} \leq 1$.

Mit $F \uparrow E$ folgt $\sum_{j\in E} \frac{1}{\mu_j} \leq 1$.

Sei wieder $F \subset E$ eine endliche Teilmenge. Für $i, k \in E$ ist

$$\sum_{j \in F} \frac{1}{\mu_j} p_{kj} = \lim_{n \to \infty} \sum_{j \in F} p_{ij}^{(n)} p_{jk} \leq \lim_{n \to \infty} \sum_{j \in E} p_{ij}^{(n)} p_{jk} = \lim_{n \to \infty} p_{ik}^{(n+1)} = \frac{1}{\mu_k}.$$

Mit $F \uparrow E$ folgt

$$\sum_{j \in E} \frac{1}{\mu_j} p_{jk} \leq \frac{1}{\mu_k} \quad \text{für alle} \quad k \in E. \tag{10.6}$$

In diesem Fall konnten wir nicht direkt die Reihe mit dem Grenzwert vertauschen und mussten deshalb den Umweg über endliche Teilsummen gehen.

Bilden wir von der Ungleichung (10.6) die Summe über $k \in E$, so folgt

$$\sum_{j \in E} \frac{1}{\mu_j} = \sum_{j \in E} \left(\frac{1}{\mu_j} \sum_{k \in E} p_{jk} \right) = \sum_{k \in E} \left(\sum_{k \in E} \frac{1}{\mu_j} p_{jk} \right) \leq \sum_{k \in E} \frac{1}{\mu_k}.$$

Da die beiden äußeren Terme übereinstimmen, muss in der Ungleichung die Gleichheit und daher in (10.6) für alle Summanden die Gleichheit gelten. Damit erhalten wir $\sum_{j \in E} \frac{1}{\mu_j} p_{jk} = \frac{1}{\mu_k}$ für alle $k \in E$, also die Invarianzbedingung.

Zu zeigen bleibt: $\sum_{j \in E} \frac{1}{\mu_j} = 1$.

Aus der Invarianz folgt mit $n \to \infty$, diesmal wieder mit majorisierter Konvergenz

$$\frac{1}{\mu_k} = \sum_{j \in E} \frac{1}{\mu_j} p_{jk}^{(n)} \to \sum_{j \in E} \frac{1}{\mu_j} \cdot \frac{1}{\mu_k} \quad \text{und damit} \quad \sum_{j \in E} \frac{1}{\mu_j} = 1.$$

Wir behandeln nun periodische irreduzible Markov-Ketten. Bei den Irrfahrten und dem Ehrenfest-Modell kann man den Zustandsraum in gerade und ungerade Zustände zerlegen, zwischen denen die Markov-Kette jeweils hin und her springt. Ein analoges Verhalten haben alle periodischen irreduziblen Markov-Ketten.

▸ **Satz 10.26** Zu einer irreduziblen Markov-Kette mit Periode $d \geq 2$ existiert eine Zerlegung des Zustandsraums E in paarweise disjunkte Teilmengen $C_0, \ldots, C_{d-1}$ mit der Eigenschaft, dass $p_{ij} > 0$ für $i \in C_r$ mit $0 \leq r \leq d-1$ nur für $j \in C_{r+1}$ ist, wobei $C_d = C_0$ gesetzt wird.

Beweis: Wir fixieren einen beliebigen Referenzpunkt $i_0 \in E$.

Für jedes $j \in E$ wollen wir feststellen, zu welchen Zeiten j von i_0 aus erreichbar ist. Seien dazu $n, m \geq 1$ mit $p_{i_0 j}^{(n)} > 0$ und $p_{i_0 j}^{(m)} > 0$. Da die Markov-Kette irreduzibel ist, ist $p_{j i_0}^{(k)} > 0$ für ein k.

Mit dem Transitivitätsargument folgt $p_{i_0 i_0}^{(n+k)} \geq p_{i_0 j}^{(n)} p_{j i_0}^{(k)} > 0$ und analog $p_{i_0 i_0}^{(m+k)} > 0$. Damit ist $n - m = (n + k) - (m + k)$ ein Vielfaches von d. Diese Eigenschaft bezeichnet man bekanntlich mit $n = m \bmod d$. Aus $p_{i_0 j}^{(n)} > 0$ und $p_{i_0 j}^{(m)} > 0$ folgt also $n = m \bmod d$.

Für $0 \leq r \leq d-1$ definieren wir die Mengen $C_r = \{j : p_{i_0 j}^{(n)} > 0$ nur für $n = r \mod d\}$. Aus dem vorher Bewiesenem folgt, dass sie eine Zerlegung des Zustandsraums E in paarweise disjunkte Teilmengen bilden.

Sei $i \in C_r$ und $j \in E$ mit $p_{ij} > 0$. Dann ist $p_{i_0 i}^{(n)} > 0$ nur für $n = r \mod d$. Für solche n ist $p_{i_0 j}^{(n+1)} \geq p_{i_0 i}^{(n)} p_{ij} > 0$. Daher ist $j \in C_{r+1}$.

Durch vollständige Induktion folgt, dass sich die Markov-Kette zyklisch zwischen diesen Periodizitätsklassen bewegt, d. h. für $i \in C_r$ ist $p_{ij}^{(m)} > 0$ nur für $j \in C_{r+m}$, wenn man für beliebiges $n \in \mathbb{Z}$ $C_n = C_r$ für $0 \leq r \leq d-1$ mit $n = r \mod d$ setzt.

Mit Hilfe von Satz 10.26 führen wir für periodische irreduzible Markov-Ketten das Verhalten der Übergangswahrscheinlichkeiten $p_{ij}^{(n)}$ für $n \to \infty$ auf den aperiodischen Fall zurück. Da allgemein für transiente und nullrekurrente Markov-Ketten $p_{ij}^{(n)} \to 0$ für $n \to \infty$ für alle $i, j \in E$ konvergiert, genügt es, positiv rekurrente Markov-Ketten zu betrachten.

Wir halten eine Klasse C_r mit $0 \leq r \leq d-1$ fest und definieren $X'_n = X_{nd}$, eingeschränkt auf C_r. Aus Satz 10.4 folgt, dass $(X'_n)_{n \geq 0}$ eine Markov-Kette auf C_r ist. Sie hat stationäre Übergangswahrscheinlichkeiten und ist irreduzibel und aperiodisch. Für die entsprechenden Rückkehrzeiten gilt $T_j = dT'_j$ und damit $\mu'_j = \frac{\mu_j}{d}$. Nach Korollar 10.21 konvergiert für $i, j \in C_r$ $p_{ij}^{(nd)} = p_{ij}^{\prime (n)} \to \frac{d}{\mu_j}$ für $n \to \infty$.

Sei allgemein $i \in C_r$ und $j \in C_{r+m}$ mit $m \geq 0$. Nach den Chapman-Kolmogorov Gleichungen konvergiert $p_{ij}^{(nd+m)} = \sum_{k \in E} p_{ik}^{(m)} \cdot p_{kj}^{(nd)} = \sum_{k \in C_{1+m}} p_{ik}^{(m)} \cdot p_{kj}^{(nd)} \to \frac{d}{\mu_j}$ für $n \to \infty$.

Damit haben wir bewiesen:

Satz 10.27 Unter den Voraussetzungen von Satz 10.26 konvergiert im rekurrenten Fall für $i \in C_r$ $(0 \leq r \leq d-1)$ und $j \in C_{r+m}$ mit $m \geq 0$ $p_{ij}^{(nd+m)} \to \frac{d}{\mu_j}$ für $n \to \infty$.

Mit Hilfe von Satz 10.27 beweisen wir Satz 10.25 jetzt auch für periodische irreduzible Markov-Ketten.

Wir zeigen die gleichen 3 Behauptungen.

Behauptung 1: Im transienten und nullrekurrenten Fall existiert keine invariante Verteilung. Behauptung 1 folgt wie im aperiodischen Fall aus $p_{ij}^{(n)} \to 0$ für $n \to \infty$ für alle $i, j \in E$.

Die Beweise von Behauptung 2 und 3 führen wir mit Satz 10.27 wie im aperiodischen Fall.

Behauptung 2: Ist π eine invariante Verteilung, dann ist $\pi_j = \frac{1}{\mu_j}$ für alle $j \in E$.

Beweis: Sei π eine invariante Verteilung. Dann gilt für $j \in E$, $n \geq 1$ und $0 \leq m \leq d-1$: $\pi_j = \sum_{k \in E} \pi_k \cdot p_{kj}^{(nd+m)}$. Für $j \in C_r$ $(0 \leq r \leq d-1)$ ist $p_{kj}^{(nd+m)} > 0$ nur für $k \in C_{r-m}$. Also ist $\pi_j = \sum_{k \in C_{r-m}} \pi_k \cdot p_{kj}^{(nd+m)}$. Für $n \to \infty$ folgt mit Satz 10.27 $\pi_j = \left(\sum_{k \in C_{r-m}} \pi_k\right) \cdot \frac{d}{\mu_j}$.

Durch Summation über $0 \le m \le d-1$ folgt $d\pi_j = \pi_j = \left(\sum_{k\in E} \pi_k\right) \cdot \frac{d}{\mu_j} = \frac{d}{\mu_j}$ und damit Behauptung 2.

Behauptung 3: Für eine positiv rekurrente Markov-Kette ist $\left(\frac{1}{\mu_j}\right)_{j\in E}$ eine invariante Verteilung.

Beweis: Wir betrachten wieder auf einer Klasse C_r mit $0 \le r \le d-1$ die Markov-Kette $(X'_n)_{n\ge 0}$.

Da sie aperiodisch und positiv rekurrent mit $\mu'_j = \frac{\mu_j}{d}$ ist, folgt nach Behauptung 3 für aperiodische Markov-Ketten, dass $\left(\frac{d}{\mu_j}\right)_{j\in C_r}$ eine invariante Verteilung von $(X'_n)_{n\ge 0}$ ist. Es folgt $\sum_{j\in C_r} \frac{1}{\mu_j} = \frac{1}{d}$ und, da es d Klassen gibt, $\sum_{j\in E} \frac{1}{\mu_j} = 1$ d. h. $\left(\frac{1}{\mu_j}\right)_{j\in E}$ ist ein Wahrscheinlichkeitsmaß auf E.

Wir zeigen jetzt die Invarianz von $\left(\frac{1}{\mu_j}\right)_{j\in E}$.

Sei $j \in C_r$ mit $0 \le r \le d-1$. Für $i \in E$ ist nach den Chapman-Kolmogorov Gleichungen

$$p_{ij}^{(nd+1)} = \sum_{k\in E} p_{ik}^{(nd)} \cdot p_{kj} .$$

Es ist $p_{kj} > 0$ nur für $k \in C_{r-1}$. In dem Fall ist $p_{ik}^{(nd)} > 0$ nur für $i \in C_{r-1}$, und mit $n \to \infty$ folgt mit Satz 10.27 wie beim Beweis des aperiodischen Falls $\frac{d}{\mu_j} = \sum_{k\in E} \frac{d}{\mu_k} p_{kj}$ und damit die Invarianz von $\left(\frac{1}{\mu_j}\right)_{j\in E}$.

Wir wenden Satz 10.27 auf die Irrfahrten und das Ehrenfest-Modell an.

Beispiele

1. Irrfahrten.
   Wie bereits gezeigt, sind die eindimensionalen asymmetrischen Irrfahrten und die symmetrischen Irrfahrten in Dimensionen $d \ge 3$ transient. Wir brauchen daher nur die symmetrischen Irrfahrten in Dimension 1 und 2 zu betrachten.
   Wir zeigen, dass die eindimensionale symmetrische Irrfahrt keine invariante Verteilung besitzt. Angenommen, es existiere eine invariante Verteilung π. Dann ist $\pi_j = \frac{1}{2}\pi_{j-1} + \frac{1}{2}\pi_{j+1}$ für alle $j \in \mathbb{Z}$. Das bedeutet, dass der Graph von π_j als Funktion von j auf einer Geraden liegt. Es existieren daher $a, b \in \mathbb{R}$ mit $\pi_j = a + b_j$ für alle $j \in \mathbb{Z}$. Es muss $b = 0$ sein, da sonst $\pi_j < 0$ für genügend große oder kleine j wäre. Eine Konstante $\pi_j = a$ ist aber für kein $a \in \mathbb{R}$ ein Wahrscheinlichkeitsmaß.
   Da die eindimensionale symmetrische Irrfahrt keine invariante Verteilung besitzt, ist sie nullrekurrent, d. h. die mittleren Rückkehrzeiten sind unendlich.
   Dies gilt erst recht für die zweidimensionale symmetrische Irrfahrt, da eine Rückkehrzeit auch Rückkehrzeit in den einzelnen Koordinaten ist.
2. Das Ehrenfest-Modell.
   Wir können für das Ehrenfest-Modell eine invariante Verteilung explizit angeben.

Behauptung: $\pi = (\pi_j)_{0\le j\le N}$ mit $\pi_j = \binom{N}{j}\frac{1}{2^N}(0 \le j \le N)$ ist eine invariante Verteilung.

Diese Verteilung ist die Binomialverteilung mit Parametern N und $\frac{1}{2}$. Dass sie invariant ist, ist plausibel. Denn man kann sie erhalten, indem man die einzelnen N Teilchen unabhängig auf die Bereiche I und II mit gleicher Wahrscheinlichkeit verteilt. Wählt man anschließend ein Teilchen zufällig aus, das den Bereich wechselt, so bleibt die Verteilung die gleiche. Diese Überlegung führt auch leicht zu einem exakten Beweis der Invarianz (Übung 10.4).

Wir gehen einen anderen Weg, da wir auf diese Weise reversible Markov-Ketten kennenlernen. Dazu zeigen wir zunächst, dass die Übergangs Wahrscheinlichkeiten des Ehrenfest-Modells und die Verteilung π die folgende Eigenschaft haben:

$$\text{Für} \quad 0 \le i, j \le N \quad \text{ist} \quad \pi_i p_{ij} = \pi_j p_{ji}\,. \tag{10.7}$$

Beweis: Für $|j-i| \ne 1$ ist $p_{ij} = 0$. Wir müssen daher nur die Fälle $j = i \pm 1$ behandeln.

Für $i < N$ sind

$$\pi_i p_{i,i+1}\binom{N}{i}\cdot\frac{1}{2^N}\cdot\frac{N-i}{N} = \frac{N!}{i!(N-i)!}\cdot\frac{1}{2^N}\cdot\frac{N-i}{N} = \frac{(N-1)!}{i!(N-1-i)!}\cdot\frac{1}{2^N}$$

und

$$\pi_{i+1}p_{i+1,i} = \binom{N}{i+1}\cdot\frac{1}{2^N}\cdot\frac{i+1}{N} = \frac{N!}{(i+1)!(N-1-i)!}\cdot\frac{1}{2^N}\cdot\frac{i+1}{N} = \frac{(N-1)!}{i!(N-1-i)!}\cdot\frac{1}{2^N}$$

gleich.

Die Beziehung $\pi_i p_{i,i-1} = \pi_{i-1}p_{i-1,i}$ für $i > 0$ folgt, indem man i durch $i-1$ ersetzt.

Wir betrachten allgemein eine Markov-Kette $(X_n)_{n\ge0}$ mit stationären Übergangswahrscheinlichkeiten und der Eigenschaft (10.7). Sie bedeutet, dass (X_0, X_1) die gleiche gemeinsame Verteilung hat wie (X_1, X_0). Wir zeigen, dass daraus die folgende allgemeine Reversibilität folgt.

▸ **Satz 10.28** Sei $(X_n)_{n\ge0}$ eine Markov-Kette mit stationären Übergangswahrscheinlichkeiten $\mathbb{P} = (p_{ij})_{i,j\in E}$ und π eine Verteilung mit der Eigenschaft (10.7). Dann ist π invariant bzgl. $\mathbb{P} = (p_{ij})_{i,j\in E}$. Hat die Markov-Kette $(X_n)_{n\ge0}$ die Anfangsverteilung π, dann ist sie reversibel, d. h. für alle $n \ge 1$ hat $(X_n, X_{n-1}, \dots, X_0)$ die gleiche gemeinsame Verteilung wie $(X_0, X_1, \dots, X_n)$.

Beweis: Summieren wir die Bedingung $\pi_i p_{ij} = \pi_j p_{ji}$ für alle $i, j \in E$ bei festem j über i, so folgt $\sum_{i\in E}\pi_i\cdot p_{ij} = \sum_{i\in E}\pi_j\cdot p_{ji} = \pi_j$, also die Invarianz.

Die Reversibilitätseigenschaft bedeutet, dass $P(X_0 = i_0, \dots, X_n = i_n) = P(X_0 = i_n, \dots, X_n = i_0)$ für alle $n \ge 1$ und $i_0, \dots, i_n \in E$ ist. Hat $(X_n)_{n\ge0}$ die Anfangsverteilung π, dann ist die Bedingung $\pi_i p_{ij} = \pi_j p_{ji}$ für alle $i, j \in E$ genau der Fall $n = 1$. Wir beweisen daraus den allgemeinen Fall durch Induktion.

Zu zeigen ist: $\pi_{i_0} \cdot p_{i_0 i_1} \cdot \ldots \cdot p_{i_{n-1} i_n} = \pi_{i_n} \cdot p_{i_n i_{n-1}} \cdot \ldots \cdot p_{i_1 i_0}$ für alle $i_0, \ldots, i_n \in E$ $(n \geq 1)$.

Es gelte diese Behauptung für ein $n \geq 1$. Für $i_0, \ldots, i_n, i_{n+1} \in E$ ist nach Induktionsannahme $\pi_{i_0} \cdot p_{i_0 i_1} \cdot \ldots \cdot p_{i_{n-1} i_n} \cdot p_{i_n i_{n+1}} = \pi_{i_n} \cdot p_{i_n i_{n-1}} \cdot \ldots \cdot p_{i_1 i_0} \cdot p_{i_n i_{n+1}}$. Mit $\pi_{i_n} \cdot p_{i_n i_{n+1}} = \pi_{i_{n+1}} \cdot p_{i_{n+1} i_n}$ folgt die Induktionsbehauptung $\pi_{i_0} \cdot p_{i_0 i_1} \cdot \ldots \cdot p_{i_{n-1} i_n} \cdot p_{i_n i_{n+1}} = \pi_{i_{n+1}} \cdot p_{i_{n+1} i_n} \cdot \ldots \cdot p_{i_1 i_0}$.

Kehren wir zum Ehrenfest-Modell zurück. Aus Satz 10.28 folgt, dass $\pi = (\pi_j)_{0 \leq j \leq N}$ mit $\pi_j = \binom{N}{j} \frac{1}{2^N} (0 \leq j \leq N)$ eine invariante Verteilung ist.

Das Ehrenfest-Modell ist daher positiv rekurrent mit den mittleren Rückkehrzeiten $\mu_j = \frac{2^N}{\binom{N}{j}} (0 \leq j \leq N)$.

Wir können damit die physikalische Bedeutung des Ehrenfest-Modells erörtern. Das Ehrenfest-Modell ist mit der Anfangsverteilung π nach Satz 10.28 mikroskopisch reversibel.

Für große N und j in der Nähe des Erwartungswerts $\frac{N}{2}$ ist μ_j nach dem lokalen Grenzwertsatz von de Moivre-Laplace von der Größenordnung $\frac{1}{\sqrt{N}}$ und μ_j daher von der Größenordnung $\sqrt{N}$.

Die Größenordnung $\sqrt{N}$ entspricht einer makroskopischen Zeitskala, in mikroskopischen Einheiten gemessen. Dagegen ist z. B. $\mu_0 = 2^N$ für die extremen Zustände $j = 0, N$. Obwohl das Ehrenfest-Modell rekurrent ist, also für jede Anfangsverteilung von einem beliebigen Zustand aus mit Wahrscheinlichkeit 1 in diesen zurückkehrt, geschieht eine Rückkehr außerhalb des Gleichgewichts erst nach einer extrem langen Zeit. Man vergleiche dazu $\sqrt{N}$ mit 2^N für N von der Größenordnung 10^{23}. Es ist daher makroskopisch praktisch irreversibel. Das Ehrenfest-Modell ist ein Beispiel für gute Modellbildung. Trotz einer sehr stark vereinfachten Dynamik besitzt es die entscheidenden Strukturen, um ein physikalisches Problem, den scheinbaren Widerspruch zwischen makroskopischer Irreversibilität und mikroskopischer Reversibilität, speziell den Wiederkehreinwand, der der Rekurrenz entspricht, aufklären zu können. Es hat 1907 zur Zeit der Diskussion dieses Problems wesentlich mit zu seinem Verständnis und damit auch zur Akzeptanz wahrscheinlichkeitstheoretischer Annahmen in der Physik beigetragen.

10.4 Übungen

10.1 Man löse das Ruinproblem für $p \neq q$.
Anleitung: Zur Lösung zeige man zunächst, dass aus $p_c = p \cdot p_{c+1} + q \cdot p_{c-1}$ $(0 < c < a + b)$ die Rekursionsformel $p_{c+1} - p_c = \frac{p}{q}(p_c - p_{c-1})$ folgt.

10.2 In einer Urne sind N Kugeln, die mit Zurücklegen gezogen werden. Für $n \geq 0$ sei X_n die Anzahl der verschiedenen Kugeln, die bei den ersten n Ziehungen gezogen werden, mit $X_0 = 0$. Man begründe, dass $(X_n)_{n \geq 0}$ eine Markov-Kette ist, mit Angabe der Übergangswahrscheinlichkeiten.

10.3 Man behandle das Ruinproblem noch einmal mit den Ergebnissen von Abschn. 10.3.

10.4 Man leite die invariante Verteilung des Ehrenfest-Modells durch unabhängige Verteilung der Teilchen auf die Bereiche I und II mit gleicher Wahrscheinlichkeit ab.

10.5 In einem weiteren Ehrenfest'schen Diffusionsmodell sind N weiße und N schwarze Teilchen auf einen Behälter mit den Teilen I und II verteilt, je N auf jeden Bereich. Von einem Zeitpunkt zum nächsten wechselt je ein Teilchen aus den Teilen I und II die Bereiche mit unabhängigen gleichverteilten Auswahlen. Für $n \geq 0$ sei X_n die Anzahl der weißen Kugeln im Bereich I zur Zeit n.

a) Man bestimme die Übergangswahrscheinlichkeiten der entsprechenden Markov-Kette.

b) Man bestimme eine invariante Verteilung sowie das Konvergenzverhalten der Übergangswahrscheinlichkeiten. Worin besteht ein prinzipieller Unterschied zum Ehrenfest-Modell von Beispiel 5?

c) Man diskutiere mikroskopische und makroskopische Reversibilität bzw. Irreversibilität.

Stochastische Prozesse: Grundlagen 11

Nachdem wir mit den Markov-Ketten eine wichtige Klasse von stochastischen Prozessen mit typischen Fragestellungen bzgl. der zeitlichen Entwicklung kennen gelernt haben, stellen wir zunächst noch einige Beispiele von Prozessen mit kontinuierlicher Zeit und Wertebereich vor. Dabei werden wir auf neue Probleme stoßen und feststellen, durch welche Verteilungen ihr stochastisches Verhalten charakterisiert werden kann. Danach beschäftigen wir uns mit der allgemeinen Theorie stochastischer Prozesse. Wir führen Grundbegriffe ein und konstruieren Prozesse mit gegebenen Verteilungen, unter geeigneten Voraussetzungen auch solche mit stetigen Pfaden.

11.1 Beispiele

Wie wir bereits in ähnlichen Situationen vorgegangen sind, werden wir die folgenden Modelle als Motivation zunächst im wesentlichen nur heuristisch begründen. Mit den Methoden, die wir in den folgenden Kapiteln entwickeln werden, kann man eine exakte Herleitung nachholen.

Der Poisson-Prozess

Der Poisson-Prozess modelliert zufällige Zeitpunkte wie z. B. beim radioaktiven Zerfall, Telefonanrufen in einer Zentrale, Schadenszeiten bei Versicherungen. Wir machen die folgenden Annahmen, die für diese Beispiele realistisch sind:

i) unabhängiges Verhalten in disjunkten Zeitintervallen
ii) stationäres Verhalten
iii) kein ausgeartetes Verhalten, d. h. f.s. keine Mehrfachbelegungen, nur endlich viele Zeitpunkte in beschränkten Intervallen und Existenz von Zeitpunkten mit strikt positiver Wahrscheinlichkeit.

M. Mürmann, *Wahrscheinlichkeitstheorie und Stochastische Prozesse*,
DOI 10.1007/978-3-642-38160-7_11, © Springer-Verlag Berlin Heidelberg 2014

Zwei zugehörige Verteilungen kann man elementar ableiten.

a) Für festes $t > 0$ bezeichne N_t die Anzahl der Zeitpunkte in $(0, t]$.
Aus den Annahmen i), ii), iii) folgt, dass N_t poissonverteilt mit Parameter λt mit einem $\lambda > 0$ ist. Wir skizzieren den Beweis. Man zerlegt zunächst das Einheitsintervall $(0, 1]$ in n disjunkte Teilintervalle der Länge $\frac{1}{n}$. Es bezeichne q_n die Wahrscheinlichkeit, dass in einem Intervall der Länge $\frac{1}{n}$ mindestens ein Zeitpunkt liegt. Wegen iii) hängt sie nur von der Länge und nicht von der Lage des Intervalls ab. Um q_n zu bestimmen, nutzt man aus, dass die Wahrscheinlichkeit $(1 - q_n)^n$, dass kein Teilintervall belegt ist, nicht von n abhängt. Wegen iii) ist $0 < (1 - q_n)^n < 1$.
Setzt man $(1 - q_n)^n = \mathrm{e}^{-\lambda}$ so ist $\lambda > 0$ und $q_n = \frac{\lambda}{n} + o\left(\frac{1}{n}\right)$. Mit der Konvergenz der Binomialverteilung gegen die Poisson-Verteilung und einfachen analytischen Schlüssen folgt die Poisson-Verteilung
$$P(N_t = k) = \mathrm{e}^{-\lambda} \frac{(\lambda t)^k}{k!} \quad (k \geq 0)\,.$$
Für eine ausführliche Durchführung s. z. B. U. Krengel [10].
b) Sei T der erste Zeitpunkt. Seine Verteilung ist die Exponentialverteilung mit der Dichte $f(t) = \lambda \mathrm{e}^{-\lambda t}$ $(t \geq 0)$ bzgl. des Lebesgue-Maßes, die wir im folgenden kurz als $\exp(\lambda)$-Verteilung bezeichnen. Zum Beweis zerlegt man analog zu a) jetzt das Intervall $(0, \infty)$ in die Teilintervalle $(\frac{k}{n}, \frac{k+1}{n}]$ $(k \geq 0)$. Mit den gleichen Wahrscheinlichkeiten q_n ist $P\left(\frac{k}{n} < T \leq \frac{k+1}{n}\right) = (1 - q_n)^k q_n$. Die Wahrscheinlichkeit $P(a < T \leq b)$ approximiert man durch Summen über die entsprechenden Werte von k und erhält mit $n \to \infty$ die $\exp(\lambda)$-Verteilung.
Die Verteilung von T lässt sich aber auch aus den Verteilungen aller N_t $(t > 0)$ ableiten. Denn es ist $T > t$ genau dann, wenn $N_t = 0$ ist. Die $\exp(\lambda)$-Verteilung folgt aus der Gleichheit beider Wahrscheinlichkeiten. Dies ist jedoch nur eine heuristische Begründung, da es sich um verschiedene Zufallsexperimente handelt. Im ersten Fall hält man t fest und zählt die Zeitpunkte in $(0, t]$, im andern Fall beobachtet man den ersten Zeitpunkt T.

Wir wollen jetzt ein Modell für alle Zeitpunkte in $[0, \infty)$ aufstellen. Es gibt zwei äquivalente Möglichkeiten, die wir parallel behandeln werden.

Die erste besteht aus der Angabe der Zeitpunkte $(S_n)_{n \geq 1}$, der Reihenfolge nach geordnet. Es wird sich als vorteilhaft erweisen, ihre Differenzen zu betrachten. Wir setzen also $T_1 = S_1$ und $T_n = S_n - S_{n-1}$ für $n \geq 2$. Dann ist $S_n = \sum_{k=1}^{n} T_k$.

Das andere Modell ist der Poisson-Prozess. Er besteht aus den Anzahlen N_t der Zeitpunkte in $(0, t]$ $(t > 0)$ mit $N_0 = 0$. Jetzt betrachten wir N_t nicht nur jeweils für eine feste Zeit t, sondern gleichzeitig für alle $t \geq 0$, d. h. $(N_t)_{t \geq 0}$. Das bedeutet insbesondere, dass wir uns nicht mehr nur für die Verteilungen der einzelnen Zufalls variablen N_t, sondern auch für ihr gemeinsames stochastisches Verhalten interessieren. Die einfachsten Verteilungen zu seiner Beschreibung sind die gemeinsamen Verteilungen von $(N_t)_{t\geq 0}$ zu jeweils endlich vielen Zeiten, d. h. von $(N_{t_1}, \ldots, N_{t_n})$ für $0 \leq t_1 < \ldots < t_n$ $(n \geq 1)$. Sie sind grundlegend, da die zugehörigen Ereignisse eine Algebra bilden, die $\sigma(N_t, t \geq 0)$ erzeugt (s. Lemma 11.8). Vorläufig nennen wir das System dieser Verteilungen kurz die Verteilung von $(N_t)_{t\geq 0}$. Diese Bezeichnung wählen wir auch für die folgenden Beispiele von stochastischen Prozessen.

Beide Modelle hängen miteinander zusammen. Geht man von den Zeitpunkten $(S_n)_{n\geq 1}$ aus, kann man den Prozess $(N_t)_{t\geq 0}$ durch $N_t = \max\{n\colon S_n \leq t\}$ definieren. Dann ist

$$\{N_t \geq n) = \{S_n \leq t) \quad \text{für} \quad n \geq 0, t \geq 0\,. \tag{11.1}$$

Mit endlichen Mengenoperationen von Ereignissen dieser Form erhält man eine eineindeutige Beziehung zwischen der von $(S_n)_{n\geq 1}$ und der von $(N_t)_{t\geq 0}$ erzeugten Algebra und damit ihrer Verteilungen. Man beachte, dass wir zwar $(N_t)_{t\geq 0}$ durch $(S_n)_{n\geq 1}$ explizit ausgedrückt haben, aber nicht umgekehrt $(S_n)_{n\geq 1}$ durch $(N_t)_{t\geq 0}$. Das ginge aus Messbarkeitsgründen nicht, da dazu überabzählbar viele $(N_t)_{t\geq 0}$ benötigt werden. Uns genügt hier die Beziehung (11.1), um von $(N_t)_{t\geq 0}$ ausgehend die Verteilung von $(S_n)_{n\geq 1}$ zu bestimmen (Satz 11.2). Nur darauf kommt es uns jetzt an.

Da $N_t - N_s$ für $0 \leq s < t$ die Anzahl der Zeitpunkte in $(s, t]$ ist, folgt aus den Annahmen i) und ii):

(P1) $(N_t)_{t\geq 0}$ hat unabhängige Zuwächse, d. h. für $0 \leq t_1 < \ldots < t_n$ $(n \geq 1)$ sind $N_{t_1}, N_{t_2} - N_{t_1}, \ldots, N_{t_n} - N_{t_{n-1}}$, unabhängig.

(P2) $(N_t)_{t\geq 0}$ hat stationäre Zuwächse, d. h. die Verteilung von $N_t - N_s$ hängt für $0 \leq s < t$ nur von $t - s$ ab.

Von den Annahmen i) und ii) werden nur diese Folgerungen zur Herleitung der Verteilung des Poisson-Prozesses benötigt. Was die Gültigkeit von Annahme iii) betrifft, so verlangen wir

(P3) Für $t > 0$ ist $0 < P(N_t = 0) < 1$, und es ist $P(N_t \geq 2) = o(t)$ für $t \downarrow 0$.

Die erste Bedingung verhindert unendlich viele Zeitpunkte mit positiver Wahrscheinlichkeit und keine Zeitpunkte f.s. Die zweite schließt Mehrfachbelegungen f.s. aus. Denn mit (P2) folgt für die Zerlegung von $(0, t]$ in Teilintervalle

$$P\left(N_{\frac{k}{n}t} - N_{\frac{k-1}{n}t} \geq 2 \text{ für ein } k \leq n\right) \leq n \cdot P\left(N_{\frac{t}{n}} \geq 2\right) \to 0 \quad \text{für} \quad n \to \infty\,.$$

Unter der zusätzlichen Annahme (P1) folgt leicht auch die Umkehrung.

Da (P1) und (P2) nur die Verteilung der Zuwächse betreffen, müssen wir noch den Anfangszustand festlegen. Der Auffassung von N_t als Anzahl der Zeitpunkte in $(0, t]$ entsprechend setzen wir für $t = 0$

(P0) $N_0 = 0\,.$

Mit den angedeuteten Methoden durch Zerlegung in kleine Teilintervalle kann man beweisen:

Satz 11.1 Für einen nichtnegativen ganzzahligen Prozess $(N_t)_{t\geq 0}$ sind die Bedingungen (P0), (P1), (P2), (P3) äquivalent zu (P0), (P1), (P2′) mit

(P2′) Es existiert ein $\lambda > 0$, so dass für $0 \leq s < t$ $N_t - N_s$ poissonverteilt mit Parameter $\lambda(t-s)$ ist.

Offensichtlich folgt (P0), (P1), (P2), (P3) aus (P0), (P1), (P2′). Wir verzichten auf den Beweis der Umkehrung (Übung 11.1).

Mit (P0), (P1), (P2′) kann man für $0 \leq t_1 < \ldots < t_n$ $(n \geq 1)$ die gemeinsame Verteilung von $N_{t_1}, N_{t_2} - N_{t_1}, \ldots, N_{t_n} - N_{t_n}$ und mit einer linearen Transformation daraus die gemeinsame Verteilung von $N_{t_1}, \ldots, N_{t_n}$ bestimmen.

Durch dieses System sind jedoch nur die Wahrscheinlichkeit von Ereignissen, die von höchstens abzählbar vielen Zeiten in messbarer Weise abhängen, eindeutig festgelegt (s. Bemerkung 11.22). Bei der speziellen Definition von $(N_t)_{t\geq 0}$ durch $(S_n)_{n\geq 1}$ sind die Pfade zwischen den Werten von $(S_n)_{n\geq 1}$ konstant. An diesen Stellen springen sie um +1 und sind dort und damit überall rechtsseitig stetig. Ein Prozess mit den Bedingungen von Satz 11.1 und diesem Verhalten der Pfade heißt ein Poisson-Prozess mit Parameter λ. Aus dem System der gemeinsamen Verteilungen allein kann man jedoch nicht auf dieses Pfadverhalten schließen, da man dazu die Wahrscheinlichkeit von Ereignissen braucht, die von überabzählbar vielen Zeiten abhängen. Aus demselben Grund konnten wir $(S_n)_{n\geq 1}$ nicht durch $(N_t)_{t\geq 0}$ ausdrücken. Wir werden uns mit diesem Problem später ausführlich in allgemeinem Rahmen beschäftigen.

Kehren wir zu dem konkreten Modell zurück. Aus der Verteilung des Poisson-Prozesses $(N_t)_{t\geq 0}$ folgt die Verteilung von $(S_n)_{n\geq 1}$, die sich einfacher durch die Verteilung der Differenzen $(T_n)_{n\geq 1}$ ausdrücken lässt.

Satz 11.2 Die Zufallsvariablen $(T_n)_{n\geq 1}$ sind unabhängig $\exp(\lambda)$-verteilt.

Beweis: Der Einfachheit halber bestimmen wir nur die Verteilung von T_1 und die gemeinsame Verteilung von T_1 und T_2. Man erkennt daraus leicht das allgemeine Prinzip des Vorgehens auch für $n \geq 3$.

Nach der Beziehung (11.1) ist $\{T_1 \leq t\} = \{S_1 \leq t) = \{N_t \geq 1\}$ für $t \geq 0$ und daher $P(T_1 \leq t) = P(N_t \geq 1) = 1 - P(N_t = 0) = 1 - \mathrm{e}^{-\lambda t}$. Es folgt, dass T_1 $\exp(\lambda)$-verteilt ist.

Für $0 \leq s_1 < t_1 \leq s_2 < t_2$ erhält man analog

$$\begin{aligned} P(s_1 < S_1 < t_1, s_2 \leq S_2 \leq t_2) &= P(N_{s_1} = 0, N_{t_1} - N_{s_1} = 1, N_{s_2} - N_{t_1} = 0, N_{t_2} - N_{s_2} \geq 1) \\ &= \mathrm{e}^{-\lambda s_1}\lambda(t_1 - s_1)\mathrm{e}^{-\lambda(t_1-s_1)}\mathrm{e}^{-\lambda(s_2-t_1)}\left(1 - \mathrm{e}^{-\lambda(t_2-s_2)}\right) = \lambda(t_1 - s_1)\left(\mathrm{e}^{-\lambda s_2} - \mathrm{e}^{-\lambda t_2}\right) \\ &= \int\limits_{\{s_1<y_1\leq t_1, s_2<y_2\leq t_2\}} \lambda^2 \mathrm{e}^{-\lambda y_2}\,\mathrm{d}y_1\,\mathrm{d}y_2\,. \end{aligned}$$

Für beschränkte Rechtecke $I \subset \{(y_1, y_2) : 0 \le y_1 \le y_2)$ ist daher

$$P((S_1, S_2) \in I) = \iint_I \lambda^2 \mathrm{e}^{-\lambda y_2} \,\mathrm{d}\, y_1 \,\mathrm{d}\, y_2 .$$

Damit hat die gemeinsame Verteilung von (S_1, S_2) die Dichte $\lambda^2 \mathrm{e}^{-\lambda y_2}$ auf $\{(y_1, y_2) : 0 \le y_1 \le y_2\}$ und 0 auf dem Komplement. Durch die lineare Transformation $x_1 = y_1$, $x_2 = y_2 - y_1$ erhält man als gemeinsame Verteilung von T_1 und T_2 die Verteilung auf $(\mathbb{R}^+)^2$ mit der Dichte $\lambda^2 \mathrm{e}^{-\lambda x_1} \mathrm{e}^{-\lambda x_2}$. T_1 und T_2 sind daher unabhängig $\exp(\lambda)$-verteilt.

Bei diesem Vorgehen haben wir die Verteilung von $(T_n)_{n \ge 1}$ und damit $(S_n)_{n \ge 1}$ aus der Verteilung des Poisson-Prozesses $(N_t)_{t \ge 0}$ abgeleitet. Man kann auch umgekehrt von unabhängigen $\exp(\lambda)$-verteilten $(T_n)_{n \ge 1}$ ausgehen und dazu den Prozess $(N_t)_{t \ge 0}$ definieren. Auf diese Weise erhält man auch einen Poisson-Prozess.

▸ **Satz 11.3** Seien $(T_n)_{n \ge 1}$ unabhängige $\exp(\lambda)$-verteilte Zufallsvariable. Dann ist der durch $N_t = \max\{n : S_n \le t)$ $(t \ge 0)$ definierte Prozess $(N_t)_{t \ge 0}$ ein Poisson-Prozess mit Parameter λ.

Beweis: Zum Beweis benutzen wir die umgekehrte Richtung von Satz 11.2.

Sei $(N'_t)_{t \ge 0}$ ein Poisson-Prozess mit Parameter λ und zugehörigen $(T'_n)_{n \ge 1}$. Nach Satz 11.2 sind $(T'_n)_{n \ge 1}$ unabhängig $\exp(\lambda)$-verteilt. Daher haben $(T_n)_{n \ge 1}$ und $(T'_n)_{n \ge 1}$ die gleiche Verteilung. Da die Beziehung (11.1) zwischen $(T_n)_{n \ge 1}$ und $(N_t)_{t \ge 0}$ eineindeutig ist, haben auch $(N_t)_{t \ge 0}$ und $(N'_t)_{t \ge 0}$ die gleiche Verteilung. $(N_t)_{t \ge 0}$ ist daher ebenfalls ein Poisson-Prozess mit Parameter λ.

Man hätte auch zuerst Satz 11.3 beweisen und daraus Satz 11.2 folgern können. Dieses Vorgehen ist jedoch komplizierter. Die Konstruktion des Poisson-Prozesses nach Satz 11.3 mit einer Folge von unabhängigen $\exp(\lambda)$-verteilten Zufallsvariablen ist dagegen einfacher. Sie ist auch die Richtung, die sich pfadweise definieren lässt und eine Realisierung mit den erwähnten Pfadeigenschaften liefert.

Abschließend formulieren wir die Markov-Eigenschaft des Poisson-Prozesses. Für Markov-Ketten bezieht sich die Markov-Eigenschaft (Definition 10.1) auf die bedingte Wahrscheinlichkeit bzgl. der gesamten Entwicklung bis zu festen Zeiten. Für kontinuierliche Zeitmengen kann sie aus den erwähnten Messbarkeitsgründen nicht in dieser Form ausgedrückt werden. Da die Verteilung von $(N_t)_{t \ge 0}$ durch die gemeinsame Verteilung für alle endlich vielen Zeiten festgelegt ist, liegt es nahe, bzgl. entsprechender Ereignisse zu bedingen.

▸ **Satz 11.4** Ein Poisson-Prozess $(N_t)_{t \ge 0}$ erfüllt die Markov-Eigenschaft, d. h. für $0 \le t_1 < \ldots < t_n < t_{n+1}$ und $0 \le i_1 \le \ldots \le i_n \le i_{n+1}$ ist

$$P(N_{t_n+1} = i_{n+1} | N_{t_1} = i_1, \ldots, N_{t_n} = i_n) = P(N_{t_{n+1}} = i_{n+1} | N_{t_n} = i_n) .$$

Die Behauptung lässt sich leicht zeigen und wird als Übung empfohlen.

Für Markov-Ketten folgt eine entsprechende Eigenschaft mit speziellen Zeiten aus Satz 10.4.

Markov'sche Sprungprozesse

Wir betrachten nun allgemein Prozesse $(X_t)_{t>o}$ mit der Markov-Eigenschaft von Satz 11.4. Sie sind eine Familie $(X_t)_{t\geq 0}$ von Zufallsvariablen mit einem höchstens ab zählbaren Zustandsraum E mit der Markov-Eigenschaft:

Für $0 \leq t_1 < \ldots < t_n < t_{n+1}$ und $i_1, \ldots, i_{n+1} \in E$ mit $P(X_{t_1} = i_1, \ldots, X_{t_n} = i_n) > 0$ ist

$$P(X_{t_{n+1}} = i_{n+1} | X_{t_1} = i_1, \ldots, X_{t_n} = i_n) = P(X_{t_{n+1}} = i_{n+1} | X_{t_n} = i_n)\,.$$

Für den Poisson-Prozess ist die Bedingung $P(X_{t_1} = i_1, \ldots, X_{t_n} = i_n) > 0$ für $0 \leq i_1 \leq \ldots \leq i_n$ erfüllt. Wir bezeichnen die Übergangswahrscheinlichkeiten mit $p_{s,t}(i,j) = P(X_t = j | X_s = i)$ für $0 \leq s \leq t$ und $i, j \in E$.

Aus der Anfangsverteilung $\pi = (\pi_i)_{i\in E}$ und den Übergangswahrscheinlichkeiten erhält man wie im Fall von Markov-Ketten mit dem Multiplikationssatz 5.3 die gemeinsame Verteilung von $(X_t)_{t\geq 0}$ zu je endlich vielen Zeiten durch

$$\begin{aligned}&\text{Für} \quad 0 \leq t_1 < \ldots < t_n \quad \text{und} \quad i_1, \ldots, i_n \in E \quad \text{ist}\\ &P(X_{t_1} = i_1, \ldots, X_{t_n} = i_n) = \sum_{i\in E} \pi_i p_{0,t_1}(i, i_1) \cdot p_{t_1,t_2}(i_1, i_2) \cdot \ldots \cdot p_{t_{n-1},t_n}(i_{n-1}, i_n)\,. \end{aligned} \tag{11.2}$$

Der Einfachheit halber nehmen wir im folgenden an, dass $(X_t)_{t\geq 0}$ stationäre Übergangswahrscheinlichkeiten hat und setzen $p_t(i,j) = P(X_{s+t} = j | X_s = i)$ für $t, s \geq 0$ und $i, j \in E$. Wie für Markov-Ketten folgen die Chapman-Kolmogorov Gleichungen

$$p_{t+s}(i,j) = \sum_{k\in E} p_t(i,k) \cdot p_s(k,j) \quad \text{für} \quad t, s \geq 0 \quad \text{und} \quad i, j \in E \tag{11.3}$$

aus der Markov-Eigenschaft:

$$\begin{aligned} p_{t+s}(i,j) = P\big(X_{t+s} = j | X_0 = i\big) &= \sum_{k\in E} P(X_t = k,\ X_{t+s} = j | X_0 = i)\\ &= \sum_{k\in E} P(X_t = k | X_0 = i) \cdot P(X_{t+s} = j | X_0 = i,\ X_t = k)\\ &= \sum_{k\in E} P(X_t = k | X_0 = i) \cdot P(X_{t+s} = j | X_t = k) = \sum_{k\in E} p_t(i,k) \cdot p_s(k,j)\,. \end{aligned}$$

Die Mehr-Schritt-Übergangswahrscheinlichkeiten von Markov-Ketten haben wir in (10.2) rekursiv mit Hilfe der Chapman-Kolmogorov Gleichungen bestimmt. Das ist bei Markov-Prozessen mit kontinuierlicher Zeit nicht mehr möglich. Bei ihnen gehen wir stattdessen unter geeigneten Bedingungen vom infinitesimalen Verhalten des Prozesses in kleinen Zeitintervallen aus.

Dazu nehmen wir an, dass für $\Delta t \to 0$ die Wahrscheinlichkeit eines Sprungs in der Zeit Δt von i nach j mit $i \neq j$ in erster Näherung proportional zu Δt ist, machen also den Ansatz

$$p_{\Delta t}(i,j) = q(i,j)\Delta t + o(\Delta t) \quad \text{für} \quad \Delta t \to 0 \quad (i \neq j)$$

mit den Übergangsraten $q(i,j)$.

Aus $\sum_{j\in E} p_{\Delta t}(i,j) = 1$ folgt unter geeigneten Summierbarkeitsbedingungen des Ansatzes

$$p_{\Delta t}(i,i) = 1 - \sum_{j\neq i} p_{\Delta t}(i,j) = 1 - \left(\sum_{j\neq i} q(i,j)\right)\Delta t + o(\Delta t) = 1 - q(i)\Delta t + o(\Delta t)$$

mit der Sprungrate $q(i) = \sum_{j\neq i} q(i,j)$.

Bevor wir uns überlegen, wie man aus diesem infinitesimalen Verhalten die Übergangswahrscheinlichkeiten selbst erhält, geben wir einige konkrete Beispiele an.

Beispiele

In allen Beispielen ist $E = \mathbb{Z}^+$, da die Zustände jeweils Anzahlen z. B. von Individuen oder Zeitpunkten bedeuten.

Poisson-Prozess

Die Wahrscheinlichkeit eines Übergangs von i nach $i+1$ in einem Zeitintervall der Länge Δt ist $p_{\Delta t}(i, i+1) = \lambda\Delta t e^{-\lambda\Delta t} = \lambda\Delta t + o(\Delta t)$, die Wahrscheinlichkeiten aller anderen Übergänge sind von kleinerer Größenordnung. Es ist also

$$\begin{aligned} q(i,i+1) &= \lambda \quad \text{für} \quad i \geq 0 \\ q(i,j) &= 0 \quad \text{sonst} \end{aligned}$$

und damit

$$q(i) = \lambda \quad \text{für} \quad i \geq 0\,.$$

Dabei haben wir die Übergangswahrscheinlichkeiten des Poisson-Prozesses als bekannt vorausgesetzt. Man kann auch umgekehrt von diesen Übergangsraten ausgehen und erhält einen alternativen Zugang zum Poisson-Prozess.

In den meisten Anwendungen geht man auf diese Weise vor und legt die Übergangsraten den Modellannahmen entsprechend fest, um aus ihnen die Übergangswahrscheinlichkeiten zu herzuleiten.

In den folgenden Beispielen bestimmen wir in diesem Sinne die Übergangsraten.

Warteschlangen

Für $t \geq 0$ sei X_t sei die Anzahl der Kunden in einer Warteschlange (z. B. Mensa, Supermarktkasse, Zugriff auf einen Server) zur Zeit t. In einem Zeitintervall der Länge Δt

komme ein neuer Kunde hinzu mit Wahrscheinlichkeit $\lambda\Delta t + o(\Delta t)$, und der gerade bediente Kunde verlasse die Warteschlange mit Wahrscheinlichkeit $\beta\Delta t + o(\Delta t)$, also jeweils mit konstanter Rate. Die Wahrscheinlichkeit von Ankunft und Bedienung von insgesamt mindestens zwei Kunden sei von kleinerer Größenordnung.

Diesen Annahmen entsprechen die Übergangsraten

$$\begin{aligned} q(i,i+1) &= \lambda \quad \text{für} \quad i \geq 0 \\ q(i,i-1) &= \beta \quad \text{für} \quad i \geq 1 \\ q(i,j) &= 0 \quad \text{sonst} \end{aligned}$$

mit den Sprungraten

$$\begin{aligned} q(i) &= \lambda + \beta \quad \text{für} \quad i \geq 1 \\ q(0) &= \lambda\,. \end{aligned}$$

Geburts- und Todesprozesse

Bei ihnen ist X_t die Anzahl der Individuen einer Population zur Zeit t ($t \geq 0$). Aus $X_t = i$ wird $X_{t+\Delta t} = i+1$ mit einer Geburtsrate b_i und für $i \geq 1$ wird $X_{t+\Delta t} = i-1$ mit einer Sterberate d_i. Es ist also

$$\begin{aligned} q(i,i+1) &= b_i \quad \text{für} \quad i \geq 0 \\ q(i,i-1) &= d_i \quad \text{für} \quad i \geq 1 \\ q(i,j) &= 0 \quad \text{sonst.} \end{aligned}$$

Konkrete Werte sind z. B. $b_i = bi + \mu$ und $d_i = di$ mit einer von der Größe der Population unabhängigen Einwanderungsrate μ und individueller Geburts- bzw. Sterberate b und d.

Wir wollen jetzt zeigen, wie man aus den infinitesimalen Übergangsraten die Übergangswahrscheinlichkeiten bestimmen kann. Dazu leiten wir mit Hilfe der Chapman-Kolmogorov Gleichungen für $p_t(i,j)$ ($t \geq 0$; $i,j \geq 0$) ein System von Differentialgleichungen ab.

Aus (11.3) folgt

$$p_{t+\Delta t}(i,j) = \sum_{k\in E} p_{\Delta t}(i,k)\cdot p_t(k,j) = p_{\Delta t}(i,i)\cdot p_t(i,j) + \sum_{k\neq i} p_{\Delta t}(i,k)\cdot p_t(k,j)\,.$$

Ist auch die Summe über $k \neq i$ der Terme der Größenordnung $o(\Delta t)$ von $p_{\Delta t}(i,k)$ von der Größenordnung $o(\Delta t)$, so ist

$$\begin{aligned} p_{t+\Delta t}(i,j) &= p_t(i,j)\cdot(1-q(i)\Delta t) + \left(\sum_{k\neq i} q(i,k)\cdot p_t(k,j)\right)\Delta t + o(\Delta t) \\ \frac{p_{t+\Delta t}(i,j) - p_t(i,j)}{\Delta t} &= -q(i)\cdot p_t(i,j) + \sum_{k\neq i} q(i,k)\cdot p_t(k,j) + o(1)\,. \end{aligned}$$

Mit $\Delta t \downarrow 0$ folgt, dass $p_t(i,j)$ $(t \geq 0)$ rechtsseitig differenzierbar in t ist und die Differentialgleichung

$$\frac{\mathrm{d}}{\mathrm{d}t} p_t(i,j) = -q(i) \cdot p_t(i,j) + \left(\sum_{k \neq i} q(i,k) \cdot p_t(k,j) \right) \quad (t \geq 0)$$

mit der Anfangsbedingung $p_0(i,j) = \delta_{i,j}$ erfüllt.

Für jedes $j \geq 0$ erhalten wir so für $p_t(i,j)$ $(t \geq 0,\, i \geq 0)$ ein System von gewöhnlichen Differentialgleichungen mit Anfangsbedingung. Da sie aus den Chapman-Kolmogorov Gleichungen für die Zerlegung des Zeitintervalls $[0, t + \Delta t]$ in $[0, \Delta t]$ und $[\Delta t, t + \Delta t]$ folgen, heißen sie Rückwärtsgleichungen.

Analog kann man aus den Chapman-Kolmogorov Gleichungen $p_{t+\Delta t}(i,j) = \sum_{k \in E} p_t(i,k) \cdot p_{\Delta t}(k,j)$ für $i \geq 0$ die Vorwärtsgleichungen

$$\frac{\mathrm{d}}{\mathrm{d}t} p_t(i,j) = -p_t(i,j) \cdot q(j) + \left(\sum_{k \neq j} p_t(i,k) \cdot q(k,j) \right) (t \geq 0\,, j \geq 0)$$

ableiten. Die Summierbarkeitsannahmen sind in diesem Fall nicht so natürlich, da sie den Zustand, von dem aus man kommt, betreffen.

In Kap. 16 werden wir die Beziehung zwischen Rückwärts- und Vorwärtsgleichungen allgemeiner behandeln und genauer analysieren.

Als Beispiel bestimmen wir mit diesem Verfahren, dem Zugang über die Übergangsraten entsprechend, auf andere Art die Übergangswahrscheinlichkeiten des Poisson-Prozesses. Da die Übergangsraten $q(i,j)$ nur von $j - i$ abhängen, nehmen wir das auch für $p_t(i,j)$ an und machen den Ansatz $p_t(i,j) = p_t(j-i)$. Die Rückwärtsgleichungen lauten dann

$$\frac{\mathrm{d}}{\mathrm{d}t} p_t(0) = -\lambda p_t(0) (t \geq 0) \quad \text{mit} \quad p_0(0) = 1$$

$$\frac{\mathrm{d}}{\mathrm{d}t} p_t(k) = -\lambda p_t(k) + \lambda p_t(k-1) (t \geq 0) \quad \text{mit} \quad p_0(k) = 0 \quad \text{für} \quad k \geq 1\,.$$

Die eindeutige Lösung für $k = 0$ ist $p_t(0) = \mathrm{e}^{-\lambda t}$ $(t \geq 0)$. Für $k \geq 0$ erhält man rekursiv als eindeutige Lösung $p_t(k) = \mathrm{e}^{-\lambda t} \frac{(\lambda t)^k}{k!}$ $(t \geq 0)$.

Wir haben bei diesen einführenden Beispielen stochastische Prozesse aus Modellannahmen heuristisch begründet. Abgesehen davon, dass wir einige Summierbarkeitsannahmen gemacht haben und stillschweigend die rechtsseitige Differenzierbarkeit durch die Differenzierbarkeit ersetzt haben, sind wir bei der Herleitung der Rückwärtsgleichungen von der Existenz von Übergangswahrscheinlichkeiten mit den entsprechenden Übergangsraten ausgegangen.

Häufig leitet man in der angewandten Mathematik für ein Phänomen der Realität aus entsprechenden Annahmen mit mehr oder weniger exakten Argumenten ein mathematisches Modell ab, das gewisse Forderungen erfüllen soll. Im Grunde genommen kann man auf diese heuristische Begründung auch ganz verzichten. Wir halten sie dennoch für wichtig, da sie zum Verständnis des Modells und häufig auch neuer mathematischer Begriffe, die im Zusammenhang mit ihm eingeführt werden, beiträgt. Auch kann in Fällen, in denen eine exakte Herleitung ohne allzu großen Aufwand möglich ist, eine solche durchaus von Interesse sein, wie z. B. bei der Konvergenz der skalierten Irrfahrt gegen die Brown'sche Bewegung (siehe folgendes Beispiel 3). Entscheidend ist jedoch, dass die Definition des Modells und seine Behandlung mathematisch exakt durchgeführt werden.

In unserem Fall muss insbesondere bewiesen werden, dass man Übergangswahrscheinlichkeiten mit den gegebenen Übergangsraten erhält. Tatsächlich kann man auch beweisen, dass im Fall der eindeutigen Existenz von Lösungen der Rückwärtsgleichungen die Lösungen Übergangswahrscheinlichkeiten mit den gegebenen Übergangsraten sind. Darauf kommt es im Grunde genommen an. Die eindeutige Existenz gilt jedoch nicht immer. Die Übergangsraten können z. B. so beschaffen sein, dass Explosion stattfindet, d. h. dass es eine unbeschränkte Anzahl von Sprüngen in einem beschränkten Zeitintervall gibt. Dann sind die Lösungen keine Wahrscheinlichkeiten mehr, sondern Maße mit einer Gesamtmasse < 1.

Ohne Beweis beschreiben wir schließlich noch, wie sich ein solcher Prozess im Fall der eindeutigen Existenz von Lösungen verhält. Befindet er sich zu einer festen Zeit in einem Zustand i, so bleibt er in diesem eine $\exp(q(i))$-verteilte Zeit T_i und geht dann in einen Zustand $X = j (j \neq i)$ mit der Wahrscheinlichkeit $\frac{q(i,j)}{q(i)}$ über. Dabei sind T_i und X unabhängig. Von diesem Zustand aus geht es wegen der starken Markov-Eigenschaft, die auch für diese Markov-Prozesse gilt, unabhängig von der Vergangenheit genauso von neuem weiter.

Brown'sche Bewegung

Die Brown'sche Bewegung ist der wichtigste stochastische Prozess mit vielen bedeutenden Anwendungen, z. B. in der statistischen Physik und Finanzmathematik. Außerdem lassen sich von ihm andere Prozesse ableiten, z. B. durch eine Transformation oder als stochastisches Integral.

Sie ist nach dem Botaniker Robert Brown benannt, der um 1830 die irreguläre Bewegung kleiner Teilchen in Flüssigkeit beobachtete. Da es sich um Blütenpollen handelte, nahm er zunächst an, dass eine lebendige Kraft ihre Ursache sei, stellte dann aber fest, dass das Phänomen auch bei anorganischer Materie auftritt.

In der Folge gab es verschiedene Erklärungsversuche, z. B. durch elektrische Kräfte. Mit der Zeit setzte sich jedoch die kinetische Theorie durch, die auf der Theorie des atomaren Aufbaus der Materie basiert und nach der die Bewegung durch Stöße mit den Flüssigkeitsatomen verursacht wird.

Den endgültigen Durchbruch schaffte Albert Einstein im Jahre 1905, der für die Dichte $\rho(t,x)$ $(t > 0, x \in \mathbb{R}^3)$ der Verteilung der Teilchen die Diffusionsgleichung $\frac{\partial \rho}{\partial t} = \frac{D}{2} \Delta \rho$ mit dem Laplace-Operator $\Delta = \sum_{k=1}^{3} \frac{\partial^2}{\partial x_k^2}$ ableitete und die Diffusionskonstante $D > 0$ durch mikroskopische Größen ausdrückte. Da diese Ergebnisse mit den Experimenten übereinstimmten, trugen sie wesentlich mit zur Akzeptanz der Theorie des atomaren Aufbaus der Materie bei.

Bereits 1900 hatte Louis Bachelier die Brown'sche Bewegung als Modell für die Entwicklung von Aktienkursen aufgestellt. Auch in der modernen stochastischen Finanzmathematik dient eine Transformation der Brown'schen Bewegung, die geometrische Brown'sche Bewegung, als Modell für Aktienkurse (s. Beispiel 2 von Abschn. 17.2).

Norbert Wiener lieferte eine exakte Definition der Brown'schen Bewegung als stochastischen Prozess. Man nennt sie deshalb auch Wiener-Prozess.

Wir wollen die Brown'sche Bewegung als ein Modell für die kinetische Bewegung eines molekularen Teilchens herleiten.

Der Einfachheit halber betrachten wir die Bewegung in einer Dimension. Wir gehen aus von dem sehr stark vereinfachten Modell der symmetrischen Irrfahrt $(X_n)_{n\geq 0}$ auf $\mathbb{Z}$ aus Kap. 10, Beispiel 2. In diesem Modell ist sowohl die Zeit zwischen zwei Stößen als auch der Betrag der Ortsveränderung gleich 1. Das entspricht einer mikroskopischen Skala in Zeit und Raum. In makroskopischen Größenordnungen finden sehr viele Stöße mit jeweils sehr kleiner Wirkung statt. Wir führen daher makroskopische Skalen in Zeit und Raum ein, indem wir $\tau > 0$ als mittlere Zeit zwischen zwei Stößen und $\delta > 0$ als mittlere Ortsveränderung durch einen Stoß, jeweils in makroskopischen Einheiten, einführen. Den skalierten Prozess $\left(X_t^{\delta,\tau}\right)_{t\geq 0}$ definieren wir zu den Zeiten $n\tau$ $(n \geq 0)$ durch $X_{n\tau}^{\delta,t} = \delta X_n$ und zwischen diesen Zeiten durch lineare Interpolation

$$X_t^{\delta,\tau} = \delta\left[X_{[\frac{t}{\tau}]} + \left(\frac{t}{\tau} - \left[\frac{t}{\tau}\right]\right)\cdot\left(X_{[\frac{t}{\tau}]+1} - X_{[\frac{t}{\tau}]}\right)\right] \quad (t \geq 0)\,.$$

δ und τ sind extrem klein. Wir idealisieren diese Eigenschaft, indem wir den Grenzwert $\delta, \tau \to 0$ bilden. Um festzulegen, wie sich beide Größen im Grenzübergang zueinander verhalten sollen, stellen wir uns auf den pragmatischen Standpunkt, dass sich dabei ein nicht ausgeartetes Verhalten ergeben soll. Zu diesem Zweck betrachten wir Erwartungswert und Varianz. Aus der Darstellung der Irrfahrt als $X_n = \sum_{k=1}^n Y_k$ mit unabhängigen $(Y_n)_{n\geq 1}$ mit Verteilung $P(Y_n = \pm 1) = \frac{1}{2}$ folgt

$$EX_t^{\delta,\tau} = 0 \quad \text{für} \quad t \geq 0 \quad \text{und}$$

$$V\left(X_t^{\delta,\tau}\right) = \delta^2 V(X_n) = \delta^2 n = \frac{\delta^2}{\tau} t \quad \text{für} \quad t = n\tau > 0\,.$$

Bis auf einen Term, der im Grenzübergang gegen 0 geht, ist $V\left(X_t^{\delta,\tau}\right) = \frac{\delta^2}{\tau} t$ auch für beliebige $t > 0$. Um einen nicht ausgearteten Grenzwert zu erhalten, nehmen wir daher außer $\delta, \tau \to 0$ zusätzlich an, dass $\frac{\delta^2}{\tau} \to D > 0$ konvergiert.

Für diesen Grenzübergang zeigen wir nun für ein festes $t > 0$ die Konvergenz von $X_t^{\delta,\tau}$ in Verteilung. Mit $n = \left[\frac{t}{\tau}\right]$ und $\eta = \frac{t}{\tau} - \left[\frac{t}{\tau}\right]$ $(0 \leq \eta < 1)$ können wir $X_t^{\delta,\tau}$ darstellen als

$$X_t^{\delta,\tau} = \delta(X_n + \eta Y_{n+1}) = \delta\sqrt{n}\left(\frac{1}{\sqrt{n}}\sum_{k=1}^{n} Y_k + \eta\frac{Y_{n+1}}{\sqrt{n}}\right).$$

Nach dem zentralen Grenzwertsatz konvergiert $\frac{1}{\sqrt{n}}\sum_{k=1}^{n} Y_k$ gegen $\mathcal{N}(0,1)$ in Verteilung. $\eta\frac{Y_{n+1}}{\sqrt{n}}$ konvergiert gegen 0 gleichmäßig. Es folgt leicht, dass $\frac{1}{\sqrt{n}}\sum_{k=1}^{n} Y_k + \eta\frac{Y_{n+1}}{\sqrt{n}}$ gegen $\mathcal{N}(0,1)$ in Verteilung konvergiert (Übung 11.3). Aus der Konvergenz $\delta\sqrt{n} = \frac{\delta}{\sqrt{\tau}}\sqrt{n\tau} \to \sqrt{Dt}$ folgt die Konvergenz von $X_t^{\delta,\tau}$ gegen $\mathcal{N}(0, Dt)$ in Verteilung.

Wie bei den bisher behandelten stochastischen Prozessen bestimmen wir auch die gemeinsamen Verteilungen zu endlich vielen Zeiten. Für $0 < s < t$ haben wir die entsprechende Darstellung

$$\left(X_s^{\delta,\tau}, X_t^{\delta,\tau}\right) = \delta\left(\sum_{k=1}^{n} Y_k + \eta_1 Y_{n+1}, \sum_{k=1}^{n+m} Y_k + \eta_2 Y_{n+m+1}\right)$$

mit $n = \left[\frac{s}{\tau}\right], n + m = \left[\frac{t}{\tau}\right]$ und $0 \leq \eta_1, \eta_2 < 1$. Zur Bestimmung der Grenzverteilung betrachten wir die Zuwächse, d. h.

$$\left(X_s^{\delta,\tau}, X_t^{\delta,\tau} - X_s^{\delta,\tau}\right) = \delta\left(\sum_{k=1}^{n} Y_k + \eta_1 Y_{n+1}, \sum_{k=n+1}^{n+m} Y_k + \eta_2 Y_{n+m+1} - \eta_1 Y_{n+1}\right).$$

Analog zu $X_t^{\delta,\tau}$ konvergieren $X_s^{\delta,\tau}$ gegen $\mathcal{N}(0, Ds)$ und $X_t^{\delta,\tau} - X_s^{\delta,\tau}$ gegen $\mathcal{N}(0, D(t-s))$ in Verteilung. Dabei werden $X_s^{\delta,\tau}$ und $X_t^{\delta,\tau} - X_s^{\delta,\tau}$ im Grenzübergang unabhängig, da die entsprechenden Summanden unabhängig sind mit Ausnahme des gemeinsamen Anteils δY_{n+1}, der gegen 0 geht. Exakt kann man leicht zeigen, dass $(X_s^{\delta,\tau}, X_t^{\delta,\tau} - X_s^{\delta,\tau})$ gegen $\mathcal{N}(0, Ds) \otimes \mathcal{N}(0, D(t-s))$ in Verteilung konvergiert (Übung 11.3).

Genauso beweist man für $0 < t_1 < \ldots < t_n$ die Konvergenz von $(X_{t_1}^{\delta,\tau}, X_{t_2}^{\delta,\tau} - X_{t1}^{\delta,\tau}, \ldots, X_{t_n}^{\delta,\tau} - X_{t_{n-1}}^{\delta,\tau})$ in Verteilung gegen die gemeinsame Verteilung von unabhängigen Zufallsvariablen mit Verteilungen $\mathcal{N}(0, D(t_1 - t_{i-1}))$ $(1 \leq i \leq n)$ mit $t_0 = 0$.

Ein Prozess mit diesen Grenzverteilungen heißt eine Brown'sche Bewegung mit Diffusionskonstante D, im standardisierten Fall $D = 1$ kurz Brown'sche Bewegung, wobei man zusätzlich verlangt, dass seine Pfade f.s. stetig sind.

▸ **Definition 11.5** Ein stochastischer Prozess $(X_t)_{t\geq 0}$ heißt eine *Brown'sche Bewegung*, wenn gilt:

1. $X_0 = 0$ f.s.
2. $(X_t)_{t\geq 0}$ hat unabhängige Zuwächse, d. h. für $0 < t_1 < \ldots < t_n$ $(n \geq 1)$ sind $X_{t_1}, X_{t_2} - X_{t_1}, \ldots, X_{t_n} - X_{t_{n-1}}$ unabhängig.

3. Für $0 \leq s < t$ ist $X_t - X_s$ $\mathcal{N}(0, t-s)$-verteilt.
4. Die Pfade von $(X_t)_{t\geq 0}$ sind f.s. stetig.

Aus 1, 2 und 3 lässt sich leicht wieder die gemeinsame Verteilung von $X_{t_1}, X_{t_2}, \ldots, X_{t_n}$ für $0 \leq t_1 < \ldots < t_n$ $(n \geq 1)$ bestimmen (s. auch Übung 11.4). Die Existenz eines Prozesses mit dieser Verteilung bleibt jedoch, selbst ohne Stetigkeit der Pfade, vorerst noch offen. Das gilt auch für die früheren Beispiele.

Auch für die Brown'sche Bewegung können wir eine Rückwärtsgleichung ableiten, in diesem Fall nur formal, da uns für eine exakte Behandlung die Mittel noch nicht zur Verfügung stehen. Wir beginnen mit der symmetrischen Irrfahrt.

Für $p_n(k) = P(X_n = k) = P(X_{n+m} = i + k | X_m = i)$ folgt analog zum Fall kontinuierlicher Zeit

$$p_{n+1}(k) = P(X_1 = 1, X_{n+1} = k) + P(X_1 = -1, X_{n+1} = k) = \frac{1}{2}p_n(k-1) + \frac{1}{2}p_n(k+1)$$

und daraus

$$p_{n+1}(k) - p_n(k) = \frac{1}{2}(p_n(k-1) - p_n(k)) + \frac{1}{2}(p_n(k+1) - p_n(k)) \quad (n \geq 0, k \in \mathbb{Z}).$$

Dem diskreten Fall entsprechend erhalten wir jetzt Differenzengleichungen. Auf der linken Seite steht die Differenz bzgl. der Zeit, auf der rechten bzgl. des Ortes.

Für den skalierten Prozess $\left(X_t^{\delta,\tau}\right)_{t\geq 0}$ zur Zeit $n\tau$ bezeichnen wir $p_n(k)$ mit $p_{n\tau}^{\delta,\tau}(k\delta)$. Wir untersuchen wieder den Grenzübergang $\delta, \tau \to 0$ mit $\frac{\delta^2}{\tau} \to D$. Da die möglichen Werte des Prozesses jeweils den Abstand δ haben, machen wir den approximativen Ansatz $p_{n\tau}^{\delta,\tau}(k\delta) \approx \delta\rho_t(x)$ für $t \approx n\tau$, $x \approx k\delta$ mit einer Dichte $\rho_t(x)$. Die Differenzengleichungen gehen dabei über in

$$\rho_{t+\tau}(x) - \rho_t(x) = \frac{1}{2}\left(\rho_t(x-\delta) - \rho_t(x)\right) + \frac{1}{2}\left(\rho_t(x+\delta) - \rho_t(x)\right) \quad \text{für} \quad t > 0, x \in \mathbb{R}.$$

Wir dividieren durch τ und bilden den Grenzwert. Unter geeigneten Glattheitsannahmen konvergiert die linke Seite gegen $\frac{\partial \rho_t(x)}{\partial t}$. Für die rechte Seite führen wir eine Taylor-Entwicklung durch. Da die Koeffizienten erster Ordnung sich aufheben, ergibt sie

$$\frac{1}{2}\frac{\partial^2 \rho_t(x)}{\partial x^2} \cdot \frac{\delta^2}{\tau} + o(1) \to \frac{D}{2}\frac{\partial^2 \rho_t(x)}{\partial x^2}.$$

Damit erhalten wir die bereits von Einstein abgeleitete Diffusions- bzw. Wärmeleitungsgleichung

$$\frac{\partial \rho_t(x)}{\partial t} = \frac{D}{2}\frac{\partial^2 \rho_t(x)}{\partial x^2} \quad (t > 0, x \in R)$$

für die Dichte ρ_t der Verteilung von X_t für $t > 0$.

Für $X_0 = x_0$ hat X_0 keine Verteilung mit einer Dichte. Als Anfangsbedingung fordern wir die schwache Konvergenz der Verteilung mit der Dichte ρ_t gegen δ_{x_0} für $t \downarrow 0$. Die Lösung ist die Dichte $\rho_t(x) = \frac{1}{\sqrt{2\pi Dt}} \exp\left(-\frac{(x-x_0)^2}{2Dt}\right)$ $(t > 0, x \in R)$ von $\mathcal{N}(x_0, Dt)$, der Verteilung der Brown'schen Bewegung mit Diffusionskonstante D und Anfangsbedingung $X_0 = x_0$ f.s.

Schließlich führen wir noch die Brown'sche Bewegung mit Drift ein, der z. B. durch ein äußeres Feld erzeugt wird. Wir gehen dazu von der asymmetrischen Irrfahrt mit $P(Y_n = 1) = p$ und $p(Y_n = -1) = q = 1 - p$ für $n \geq 1$ als mikroskopischem Modell aus. Mit der gleichen Skalierung und unter den gleichen Konvergenzannahmen betr. die Skalierungsgrößen δ und τ wie bei symmetrischen Irrfahrt suchen wir Bedingungen an p für einen endlichen Grenzwert. Da $EX_n = n(p-q)$ und $V(X_n) = 4pqn$ für alle n ist, ist $E\left(X_t^{\delta,\tau}\right) = E\left(\delta X_n\right) = n\delta(p-q) = t \cdot \frac{\delta}{\tau}(p-q)$ für $t = n\tau$ mit gleichem Grenzverhalten für alle t. Die Konvergenz des Erwartungswerts führt daher zu der Bedingung, dass $\frac{\delta}{\tau}(p-q) = \frac{\delta^2}{\tau}\frac{p-q}{\delta}$ gegen ein $\mu \in \mathbb{R}$ konvergiert. Aus der Konvergenz $\frac{\delta^2}{\tau} \to D$ folgt, dass $p - q \to 0$ und damit $p, q \to \frac{1}{2}$ und $4pq \to 1$ konvergiert. Wir erhalten daher den gleichen Grenzwert für die Varianz wie bei der symmetrischen Irrfahrt. Das gleiche Vorgehen wie in dem Fall fühlt dazu, dass wir im Grenzübergang wieder einen Prozess mit unabhängigen stationären Zuwächsen erhalten, wobei $X_t - X_s$ für $0 \leq s < t$ diesmal $\mathcal{N}(\mu(t-s), D(t-s))$-verteilt ist. Dieser Prozess heißt Brown'sche Bewegung mit Drift μ und Diffusionskonstante D. Den normierten Fall $\mu = 0$ und $D = 1$ bezeichnen wir weiterhin kurz mit Brown'scher Bewegung, zur Unterscheidung manchmal auch mit Standard-Brown'scher Bewegung. Die Brown'sche Bewegung $(Y_t)_{t\geq 0}$ mit Drift μ und Diffusionskonstante D lässt sich mit der Standard-Brown'schen Bewegung $(X_t)_{t\geq 0}$ als $Y_t = \mu t + \sqrt{D}X_t$ $(t \geq 0)$ darstellen. Auch für ihn können wir eine Rückwärtsgleichung ableiten. Die Differenzengleichungen lauten für die asymmetrische Irrfahrt

$$p_{n+1}(k) - p_n(k) = p(p_n(k-1) - p_n(k)) + q(p_n(k+1) - p_n(k)) \quad (n \geq 0, k \in \mathbb{Z})$$

aus denen man im Grenzübergang die Gleichung

$$\frac{\partial \rho_t(x)}{\partial t} = -\mu \frac{\partial \rho_t(x)}{\partial x} + \frac{D}{2}\frac{\partial^2 \rho_t(x)}{\partial x^2} \quad (t > 0, x \in R)$$

erhält. Die Lösung mit der Anfangsbedingung $X_0 = x_0$ ist die Dichte von $\mathcal{N}(x_0 + \mu t, Dt)$ $(t \geq 0)$.

Man kann noch allgemeinere Diffusionsprozesse definieren, bei denen Drift und Diffusionskonstante von x und t abhängen. In kleinen Zeitintervallen verhalten sich diese Prozesse wie die Brown'sche Bewegung mit entsprechendem lokalen Drift und Diffusionskonstante. Die Rückwärts- und Vorwärtsgleichungen liefern eine Beziehung zwischen diesen Prozessen und partiellen Differentialgleichungen, die für beide Seiten von Bedeutung ist. Wir werden uns in Kap. 16 genauer damit beschäftigen.

Als wichtiges Beispiel eines von einer Brown'schen Bewegung abgeleiteten Prozesses führen wir kurz das folgende Funktional von ihr an. Wir gehen dabei von dem CRR-Modell

(Beispiel 4 von Markov-Ketten) aus und betrachten dessen Logarithmus. Aus dem Produkt wird eine Summe von unabhängigen Zufallsvariablen. Wie bei der Irrfahrt kann man mit einer geeigneten Skalierung der Zeit und den Verteilungsparametern den Logarithmus des CRR-Modells durch eine Brown'sche Bewegung mit Drift und Diffusionskonstante approximieren. Als Grenzwert des CRR-Modells erhält man die Exponentialfunktion einer Brown'schen Bewegung mit geeignetem Drift und Diffusionskonstante, die sogenannte geometrische Brown'sche Bewegung, die wir als Beispiel 4.2 in Kap. 16 behandeln werden. Wie bereits erwähnt, ist sie ein wichtiges Modell für die Entwicklung von Aktienkursen. Für die Konvergenz des CRR-Modells gegen die geometrische Brown'sche Bewegung s. R.J. Elliott, P.E. Kopp [4], Section 2.7.

11.2 Grundbegriffe

Nach diesen einführenden Beispielen stellen wir die allgemeine Form von stochastischen Prozessen auf. Dazu gehört zunächst eine nicht-leere Indexmenge $\mathcal{T}$ als Menge aller Zeiten. Die wichtigsten Beispiele sind diskrete Mengen $\mathcal{T} \subset \mathbb{Z}$, z. B. $\mathcal{T} = \mathbb{Z}^+$, $\mathcal{T} = \mathbb{Z}$, und als kontinuierliche Mengen Intervalle $\mathcal{T} \subset \mathbb{R}$, z. B. $\mathcal{T} = [0, \infty)$, $\mathcal{T} = \mathbb{R}$, $\mathcal{T} = [a, b]$. Ein stochastischer Prozess ordnet jeder Zeit $t \in \mathcal{T}$ eine Zufallsvariable auf einem gemeinsamen Wahrscheinlichkeitsraum mit Werten in einem messbaren Raum $(E, \mathcal{B})$ zu. Er ist damit als eine Familie $(X_t)_{t\in\mathcal{T}}$ von Zufallsvariablen darstellbar. Es gibt aber auch Situationen, bei denen Elementen einer beliebigen Indexmenge, die nicht notwendig die Bedeutung von Zeiten haben, Zufalls variable zugeordnet sind. Beispiele sind zufällige Felder im Raum mit $\mathcal{T} \subset \mathbb{Z}^d$ oder $\mathcal{T} \subset \mathbb{R}^d$ und Punktprozesse mit einer zufälligen Anzahl von Punkten von Mengen B eines Mengensystems $\mathcal{M}$, für die $\mathcal{T} = \mathcal{M}$ ist. Wir nehmen daher beliebige nicht-leere Indexmengen $\mathcal{T}$ an.

▸ **Definition 11.6** Ein *stochastischer Prozess* ist eine nicht-leere Familie $(X_t)_{t\in\mathcal{T}}$ von Zufallsvariablen auf einem Wahrscheinlichkeitsraum $(\Omega, \mathcal{A}, P)$ mit Werten in einem messbaren Raum $(E, \mathcal{B})$. $\mathcal{T}$ heißt die *Zeitmenge* und $(E, \mathcal{B})$ der *Zustandsraum* von $(X_t)_{t\in\mathcal{T}}$.

Wie in den einführenden Beispielen begründet, sind die Verteilungen, die das stochastische Verhalten eines stochastischen Prozesses $(X_t)_{t\in\mathcal{T}}$ beschreiben, die gemeinsamen Verteilungen $P_{t_1,\ldots,t_n}$ von $X_{t_1}, \ldots, X_{t_n}$ für paarweise verschiedene $t_1, \ldots, t_n \in \mathcal{T}$ $(n \geq 1)$. Sie sind gegeben durch $P_{t_1,\ldots,t_n}(B) = P((X_{t_1}, \ldots, X_{t_n}) \in B)$ für $B \in \mathcal{B}^{\otimes n}$.

▸ **Definition 11.7** Sei $(X_t)_{t\in\mathcal{T}}$ ein stochastischer Prozess. Das System aller Verteilungen $P_{t_1,\ldots,t_n}$ mit paarweise verschiedenen $t_1, \ldots, t_n \in \mathcal{T}$ $(n \geq 1)$ heißt das System der *endlich-dimensionalen Verteilungen* von $(X_t)_{t\in\mathcal{T}}$.

Da X_t $\mathcal{A}$-$\mathcal{B}$-messbar für alle $t \in \mathcal{T}'$ ist, ist $\sigma(X_t, t \in \mathcal{T}') \subset \mathcal{A}$. Die Verteilung auf dieser von dem Prozess $(X_t)_{t\in\mathcal{T}}$ erzeugten σ-Algebra ist die Grundlage der Untersuchung des Prozesses $(X_t)_{t\in\mathcal{T}}$.

Die σ-Algebra $\mathcal{A}$ kann auch Ereignisse enthalten, die nichts mit dem Prozess zu tun haben. Die Bedeutung der endlich-dimensionalen Verteilungen wird durch das folgende Lemma klar.

▸ **Lemma 11.8** Das System der endlich-dimensionalen Verteilungen eines stochastischen Prozesses $(X_t)_{t\in\mathcal{T}}$ legt P auf $\sigma(X_t, t \in \mathcal{T})$ eindeutig fest.

Beweis: Durch das System der endlich-dimensionalen Verteilungen ist P eindeutig festgelegt auf dem System

$$\mathcal{X} = \left\{(X_{t_1}, \ldots, X_{t_n})^{-1}(B) : t_1, \ldots, t_n \in \mathcal{T} \text{ paarweise verschieden, } B \in \mathcal{B}^{\otimes n}, n \geq 1\right\} .$$

$\mathcal{X}$ erzeugt $\sigma(X_t, t \in \mathcal{T})$, da $\mathcal{X} \subset \sigma(X_t, t \in \mathcal{T})$ ist und $\sigma(X_t, t \in \mathcal{T})$ von den Mengen der Form $(X_t)^{-1}(B) \in \mathcal{X}$ mit $t \in \mathcal{T}$ und $B \in \mathcal{B}$ erzeugt wird. Wie man sich leicht überlegt (s. auch Beweis von Proposition 11.9), ist $\mathcal{X}$ eine Algebra. Da damit $\mathcal{X}$ insbesondere $\cap$-stabil ist und Ω enthält, folgt Lemma 11.8 aus dem Eindeutigkeitssatz.

Wir wollen zu einem gegebenen System von endlich-dimensionalen Verteilungen einen zugehörigen stochastischen Prozess konstruieren. Als Vorbereitung stellen wir einen gegebenen stochastischen Prozess auf der Menge aller Pfade dar. Die Konstruktion eines Prozesses werden wir dann auf diesem Raum realisieren.

Sei also $(X_t)_{t\in\mathcal{T}}$ ein stochastischer Prozess auf $(\Omega, \mathcal{A}, P)$ mit Zustandsraum $(E, \mathcal{B})$. Jeder Realisierung $\omega \in \Omega$ entsprechen die Werte $(X_t(\omega))_{t\in\mathcal{T}}$. Für die Auffassung als zeitliche Entwicklung ist die äquivalente Darstellung von $X_t(\omega)$ als Funktion von t anschaulicher. Wir bezeichnen sie mit $X.(\omega)\colon \mathcal{T} \to E$. $X.(\omega)$ heißt der zu ω gehörende Pfad.

$X.(\omega)$ gehört zur Menge aller Pfade, die mit $\mathcal{E}^{\mathcal{T}} = \{(x_t)_{t\in\mathcal{T}} : x_t \in E(t \in \mathcal{T})\}$ bezeichnet wird. Ihre Elemente $(x_t)_{t\in\mathcal{T}}$ stellen wir wieder als Abbildungen von $\mathcal{T}$ nach E dar.

Für einen stochastischen Prozess $(X_t)_{t\in\mathcal{T}}$ ist $X.(\omega) \in E^{\mathcal{T}}$ für alle $\omega \in \Omega$. Wir können daher jedem $\omega \in \Omega$ den Pfad $X.(\omega)$ zuordnen und erhalten so eine Abbildung $X\colon \Omega \to E^{\mathcal{T}}$. Auf diese Weise haben wir die Familie $(X_t)_{t\in\mathcal{T}}$ von Zufallsvariablen in E durch eine Zufallsvariable X mit Werten in der Menge $E^{\mathcal{T}}$ aller Pfade dargestellt.

Für die Verteilung eines Prozesses auf $E^{\mathcal{T}}$ benötigen wir eine σ-Algebra auf $E^{\mathcal{T}}$. Sie soll die Teilmengen enthalten, deren Wahrscheinlichkeit durch die endlich-dimensionalen Verteilungen gegeben sind, die also in messbarer Weise nur von endlich vielen Zeiten abhängen. Zu ihrer Darstellung definieren wir für $t \in \mathcal{T}$ die Projektionen

$$\pi_t\colon E^{\mathcal{T}} \to E \quad \text{durch} \quad \pi_t\left((x_s)_{s\in T}\right) = x_t$$

und für paarweise verschiedene $t_1, \ldots, t_n \in \mathcal{T}$ $(n \geq 1)$ die Projektionen

$$\pi_{t_1,\ldots,t_n}\colon E^{\mathcal{T}} \to E^n \quad \text{durch} \quad \pi_{t_1,\ldots,t_n}\left((x_s)_{s\in\mathcal{T}}\right) = (x_{t_1}, \ldots, x_{t_n}) .$$

Wir versehen $E^{\mathcal{T}}$ mit der von den Projektionen π_t ($t \in \mathcal{T}$) erzeugten σ-Algebra $\mathcal{B}^{\mathcal{T}} = \sigma(\pi_t, t \in \mathcal{T})$. Nach Definition der Produkt-σ-Algebra sind auch die Projektionen $\pi_{t_1,\dots,t_n}$ $\mathcal{B}^{\mathcal{T}}$-$\mathcal{B}^{\otimes n}$-messbar.

Die Teilmengen von $E^{\mathcal{T}}$, die in messbarer Weise nur von endlich vielen Zeiten abhängen, sind gegeben durch das Mengensystem

$$\mathcal{Z} = \left\{\pi^{-1}_{t_1,\dots,t_n}(B) : t_1, \dots, t_n \in \mathcal{T} \text{ paarweise verschieden}, B \in \mathcal{B}^{\otimes n}, n \geq 1\right\} .$$

$\mathcal{Z}$ heißt das System der *Zylindermengen*. Da $\pi_{t_1,\dots,t_n}$ $\mathcal{B}^{\mathcal{T}}$-$\mathcal{B}^{\otimes n}$-messbar ist, ist $\mathcal{Z} \subset \mathcal{B}^{\mathcal{T}}$.

▸ **Proposition 11.9** $\mathcal{Z}$ ist eine Algebra, die $\mathcal{B}^{\mathcal{T}}$ erzeugt.

Beweis: Die Eigenschaften i) und ii) einer Algebra sind klar.

iii) Seien $A_1 = \pi^{-1}_{t_1,\dots,t_n}(B_1)$ und $A_2 = \pi^{-1}_{s_1,\dots,s_m}(B_2)$ mit jeweils paarweise verschiedenen $t_1, \dots, t_n \in \mathcal{T}$ und $s_1, \dots, s_m \in \mathcal{T}$ und $B_1 \in \mathcal{B}^{\otimes n}$, $B_2 \in \mathcal{B}^{\otimes m}$.
Sei $\{t_1, \dots, t_n\} \cup \{s_1, \dots, s_m\} = \{r_1, \dots, r_k\}$ mit paarweise verschiedenen $r_1, \dots, r_k \in \mathcal{T}$. Durch Hinzufügen zusätzlicher Indices und mit Permutationen lassen sich A_1 und A_2 in der Form $A_1 = \pi^{-1}_{r_1,\dots,r_k}(C_1)$ und $A_2 = \pi^{-1}_{r_1,\dots,r_k}(C_2)$ mit $C_1, C_2 \in \mathcal{B}^{\otimes k}$ darstellen. Es folgt $A_1 \cup A_2 = \pi^{-1}_{r_1,\dots,r_k}(C_1 \cup C_2) \in \mathcal{Z}$.
Damit ist $\mathcal{Z}$ eine Algebra.
Da das Mengensystem $\mathcal{X}$ als $\mathcal{X} = X^{-1}(\mathcal{Z})$ darstellbar ist, ist auch $\mathcal{X}$ eine Algebra.
Mit $\mathcal{Z} \subset \mathcal{B}^{\mathcal{T}}$ ist $\sigma(\mathcal{Z}) \subset \mathcal{B}^{\mathcal{T}}$. Da andererseits $\mathcal{Z}$ das Erzeugendensystem $\left\{\pi_t^{-1}(B) : t \in \mathcal{T}, B \in \mathcal{B}\right\}$ von $\mathcal{B}^{\mathcal{T}}$ enthält, ist auch $\mathcal{B}^{\mathcal{T}} \subset \sigma(\mathcal{Z})$.
Kehren wir zu dem stochastischen Prozess $(X_t)_{t\in\mathcal{T}}$ zurück, den wir als eine Zufallsvariable $X : \Omega \to E^{\mathcal{T}}$ dargestellt haben.
Für $t \in \mathcal{T}$ ist $X_t = \pi_t(X)$ und $X_t^{-1}(B) = \{X_t \in B\} = \{\pi_t(X) \in B\} = \left\{X \in \pi_t^{-1}(B)\right\} = X^{-1}\left(\pi_t^{-1}(B)\right)$ für $B \subset E$, und für paarweise verschiedene $t_1, \dots, t_n \in \mathcal{T}$ ($n \geq 1$) ist $(X_{t_1}, \dots, X_{t_n}) = \pi_{t1,\dots,t_n}(X)$ und $(X_{t_1}, \dots, X_{t_n})^{-1}(B) = \{(X_{t_1}, \dots, X_{t_n}) \in B\} = X^{-1}((\pi_{t_1}, \dots, \pi_{t_n})^{-1}(B))$ für $B \in E^n$.
Da $\mathcal{B}^{\mathcal{T}}$ von dem System $\left\{\pi_t^{-1}(B) : t \in \mathcal{T}, B \in \mathcal{B}\right\}$ erzeugt wird, ist eine Abbildung $X : \Omega \to E^{\mathcal{T}}$ genau dann $\mathcal{A}$-$\mathcal{B}^{\mathcal{T}}$-messbar, wenn $X^{-1}\left(\pi_t^{-1}(B)\right) = X_t^{-1}(B) \in \mathcal{A}$ für alle $t \in \mathcal{T}$, $B \in \mathcal{B}$, d. h. X_t $\mathcal{A}$-$\mathcal{B}$-messbar für alle $t \in \mathcal{T}$ ist. Für einen stochastischen Prozess ist die Abbildung $X : \Omega \to E^{\mathcal{T}}$ daher $\mathcal{A}$-$\mathcal{B}^{\mathcal{T}}$-messbar. Damit ist das Bildmaß P_X auf $\left(\mathcal{E}^{\mathcal{T}}, \mathcal{B}^{\mathcal{T}}\right)$ definiert. P_X ist die Verteilung von $(X_t)_{t\in\mathcal{T}}$ auf dem Pfadraum. $\left(\mathcal{E}^{\mathcal{T}}, \mathcal{B}^{\mathcal{T}}, P_X\right)$ heißt die *kanonische Darstellung* des stochastischen Prozesses $(X_t)_{t\in\mathcal{T}}$.

11.3 Konstruktion von stochastischen Prozessen

Wir wollen nun zu einem gegebenen System von Wahrscheinlichkeitsmaßen $P_{t_1,\dots,t_n}$ auf $\mathcal{B}^{\otimes n}$ für paarweise verschiedene $t_1, \dots, t_n \in \mathcal{T}$ ($n \geq 1$) einen stochastischen Prozess mit diesem System der endlich-dimensionalen Verteilungen konstruieren. Ein solches System kann nicht beliebig sein, denn die folgenden Verträglichkeitsbedingungen sind offensichtlich notwendig.

▸ **Lemma 11.10** Sei $\{P_{t_1,\ldots,t_n} : t_1,\ldots,t_n \in \mathcal{T} \text{ paarweise verschieden}, n \geq 1\}$ das System der endlich-dimensionalen Verteilungen eines stochastischen Prozesses. Dann gelten die Verträglichkeitsbedingungen:

(V1) Für eine Permutation γ von $\{1,\ldots,n\}$ $(n \geq 1)$ sei $|p_\gamma: \mathbb{R}^n \to \mathbb{R}^n$ durch $|p_\gamma(x_1,\ldots, x_n) = (x_{\gamma(1)},\ldots,x_{\gamma(n)})$ definiert. Dann ist für paarweise verschiedene $t_1,\ldots,t_n \in \mathcal{T}$ und eine Permutation γ von $\{1,\ldots,n\}$ $(n \geq 1)$ $P_{t_{\gamma(1)},\ldots,t_{\gamma(n)}} = p_\gamma(P_{t_1,\ldots,t_n})$.

(V2) Für paarweise verschiedene $t_1,\ldots,t_{n+1} \in \mathcal{T}$ und $B \in \mathcal{B}^{\otimes n}$ $(n \geq 1)$ ist $P_{t_1,\ldots,t_n+1}(B \times E) = P_{t_1,\ldots,t_n}(B)$.

Diese Eigenschaften sind klar, da es sich jeweils um die Wahrscheinlichkeit des gleichen Ereignisses handelt, das nur auf verschiedene Weisen dargestellt ist.

Anmerkung: Da die Bedingung (V1) bereits durch ihre Gültigkeit auf den Produktmengen folgt, ist (V1) äquivalent zu der leichter zu verifizierenden Bedingung:

Für paarweise verschiedene $t_1,\ldots,t_n \in \mathcal{T}$ $(n \geq 1)$, eine Permutation γ von $\{1,\ldots,n\}$ und $B_i \in \mathcal{B}$ für $1 \leq i \leq n$ ist $P_{t_{\gamma(1)},\ldots,t_{\gamma(n)}}(B_{\gamma(1)} \times \ldots \times B_{\gamma(n)}) = P_{t_1,\ldots,t_n}(B_1 \times \ldots \times B_n)$.

Für den Zustandsraum $(E,\mathcal{B}) = (\mathbb{R}^d, \mathcal{B}(\mathbb{R}^d))$ konstruieren wir unter diesen Verträglichkeitsbedingungen einen stochastischen Prozess mit gegebenen endlich-dimensionalen Verteilungen. Wir werden später ohne Beweis erwähnen, auf welche allgemeineren Zustandsräume sich die Konstruktion übertragen lässt.

Wir gehen bei der Konstruktion vor, wie wir es in Kap. 2 bei der Behandlung des unendlichen Münzwurfs schon angekündigt haben. Dazu benötigen wir die folgende Regularität von lokal endlichen Maßen auf $\mathcal{B}(\mathbb{R}^d)$.

▸ **Satz 11.11** Für ein Maß μ auf $\mathcal{B}(\mathbb{R}^d)$, das auf den beschränkten Mengen endlich ist, gilt:

1. Zu $B \in \mathcal{B}(\mathbb{R}^d)$ und $\varepsilon > 0$ existiert eine abgeschlossene Menge A und eine offene Menge O mit $A \subset B \subset O$, so dass $\mu(O \setminus A) \leq \varepsilon$ ist.
2. Zu $B \in \mathcal{B}(\mathbb{R}^d)$ mit $\mu(B) < \infty$ und $\varepsilon > 0$ existiert eine kompakte Menge $K \subset B$, so dass $\mu(B \setminus K) \leq \varepsilon$ ist.

Beweis:

1. Wir zeigen separat, dass zu jedem $B \in \mathcal{B}(\mathbb{R}^d)$ und $\varepsilon > 0$ eine offene Menge O mit $B \subset O$ und $\mu(O \setminus B) \leq \varepsilon$ und eine abgeschlossene Menge $A \subset B$ mit $\mu(B \setminus A) \leq \varepsilon$ existiert. Diese Eigenschaften heißen äußere bzw. innere Regularität von μ.
   Wir beweisen die äußere Regularität von μ durch Zurückführung auf Spezialfälle.

1. Sei $B = (a_1, b_1] \times \ldots \times (a_d, b_d] \in \mathcal{J}^d$ ein beschränktes Intervall.
Für $n \geq 1$ sei $O_n = \left(a_1, b_1 + \frac{1}{n}\right) \times \ldots \times \left(a_d, b_d + \frac{1}{n}\right)$. Es konvergiert $O_n \downarrow B$ für $n \to \infty$. Nach Voraussetzung ist $\mu(O_n) < \infty$ für alle $n \geq 1$ und daher konvergiert $\mu(O_n \setminus B) \downarrow 0$ für $n \to \infty$.
Damit ist $\mu(O_n \setminus B) \leq \varepsilon$ für n genügend groß und ein solches $O_n = O$ erfüllt die Behauptung.
2. Sei $B \in \mathcal{B}(\mathbb{R}^d)$ beschränkt.
Wir führen diesen Fall auf den ersten mit dem äußeren Maß zurück. Es ist
$$\mu(B) = \mu^*(B) = \inf\left\{\sum_{k=1}^{\infty} \mu(I_k) : I_k \in \mathcal{J}_d (k \geq 1) \quad \text{mit} \quad B \subset \bigcup_{k=1}^{\infty} I_k\right\}.$$
Da $\mu^*(B) < \infty$ ist, existieren zu $\varepsilon > 0$ Intervalle $I_k \in \mathcal{J}_d (k \geq 1)$ mit $B \subset \cup_{k=1}^{\infty} I_k$, so dass $\sum_{k=1}^{\infty} \mu(I_k) - \mu(B) \leq \frac{\varepsilon}{2}$ ist. Es folgt
$$\mu\left(\left(\bigcup_{k=1}^{\infty} I_k\right) \setminus B\right) = \mu\left(\bigcup_{k=1}^{\infty} I_k\right) - \mu(B) \leq \sum_{k=1}^{\infty} \mu(I_k) - \mu(B) \leq \frac{\varepsilon}{2}.$$
Da B beschränkt ist, können wir ohne Einschränkung annehmen, dass auch alle I_k $(k \geq 1)$ beschränkt sind. Nach Fall 1 existiert zu jedem I_k $(k \geq 1)$ eine offene Menge O_k mit $I_k \subset O_k$ und $\mu(O_k \setminus I_k) \leq \frac{\varepsilon}{2^{k+1}}$. Die Menge $O = \cup_{k=1}^{\infty} O_k$ ist offen. Es ist $B \subset O$ und
$$O \setminus \left(\bigcup_{m=1}^{\infty} I_m\right) = \left(\bigcup_{k=1}^{\infty} O_k\right) \setminus \left(\bigcup_{m=1}^{\infty} I_m\right) \subset \bigcup_{k=1}^{\infty} (O_k \setminus I_k).$$
Es folgt
$$\mu\left(O \setminus \left(\bigcup_{m=1}^{\infty} I_m\right)\right) \leq \sum_{k=1}^{\infty} \mu(O_k \setminus I_k) \leq \frac{\varepsilon}{2}$$
und
$$\mu(O \setminus B) = \mu\left(O \setminus \left(\bigcup_{m=1}^{\infty} I_m\right)\right) + \mu\left(\left(\bigcup_{m=1}^{\infty} I_m\right) \setminus B\right) \leq \varepsilon.$$
3. Sei $B \in \mathcal{B}(\mathbb{R}^d)$ schließlich beliebig.
B lässt sich als $B = \cup_{n=1}^{\infty} B_n$ mit beschränkten Mengen $B_n \in \mathcal{B}(\mathbb{R}^d)$ für $n \geq 1$ darstellen. Nach Fall 2 existieren zu $\varepsilon > 0$ und $n \geq 1$ offene Mengen O_n mit $B_n \subset O_n$, so dass $\mu(O_n \setminus B_n) \leq \frac{\varepsilon}{2^n}$ ist.
Daraus folgt für $O = \cup_{n=1}^{\infty} O_n$ analog zu der Abschätzung im Fall 2, dass $\mu(O \setminus B) \leq \varepsilon$ ist.
Die innere Regularität folgt aus der äußeren Regularität durch Bildung des Komplements. Zu B^c und $\varepsilon > 0$ existiert eine offene Menge O' mit $B^c \subset O'$ und $\mu(O' \setminus B^c) \leq \varepsilon$. Die abgeschlossene Menge $A = (O')^c \subset B$ erfüllt $\mu(B \setminus A) \leq \varepsilon$ wegen $B \setminus A = B \cap A^c = B \cap O' = O' \setminus B^c$.

2. Zu B mit $\mu(B) < \infty$ und $\varepsilon > 0$ existiert eine beschränkte Menge $B_0 \subset B$ mit $\mu(B \setminus B_0) \le \frac{\varepsilon}{2}$, z. B. $B_0 = B \cap \{x\colon |x| \le n\}$ mit genügend großem n. Wegen der inneren Regularität existiert eine abgeschlossene Menge $K \subset B_0$ mit $\mu(B_0 \setminus K) \le \frac{\varepsilon}{2}$. Da K abgeschlossen und beschränkt ist, ist K kompakt, und es ist $\mu(B \setminus K) = \mu(B \setminus B_0) + \mu(B_0 \setminus K) \le \varepsilon$.

▸ **Satz von Kolmogorov 11.12** Sei $\mathcal{T}$ eine beliebige nicht-leere Indexmenge und $\{P_{t_1,\dots,t_n}$ Wahrscheinlichkeitsmaß auf $\mathcal{B}(\mathbb{R}^{nd})$: $t_1, \dots, t_n \in \mathcal{T}$ paarweise verschieden, $n \ge 1\}$ ein System, das die Verträglichkeitsbedingungen (V1) und (V2) erfüllt. Dann existiert ein stochastischer Prozess $(X_t)_{t\in\mathcal{T}}$ mit diesem System der endlich-dimensionalen Verteilungen.

Beweis: Wir konstruieren den Prozess auf dem Raum $\left((\mathbb{R}^d)^{\mathcal{T}}, \mathcal{B}(\mathbb{R}^d)^{\mathcal{T}}\right)$ aller Pfade.

Wir definieren P zunächst auf der Algebra $\mathcal{Z}$ der Zylindermengen von $(\mathbb{R}^d)^{\mathcal{T}}$, indem wir einer Menge $A = \pi^{-1}_{t_1,\dots,t_n}(B) \in \mathcal{Z}$ mit paarweise verschiedenen $t_1, \dots, t_n \in \mathcal{T}$ und $B \in \mathcal{B}(\mathbb{R}^{nd})$ die Wahrscheinlichkeit $P(\pi^{-1}_{t_1,\dots,t_n}(B)) = P_{t_1,\dots,t_n}(B)$ zuordnen.

Wir beweisen Satz 11.12 mit den Schritten:

1. P ist auf $\mathcal{Z}$ eindeutig definiert und ein Inhalt mit $P(\Omega) = 1$.
2. P ist σ-additiv.
   Damit lässt sich P eindeutig zu einem Wahrscheinlichkeitsmaß auf $\mathcal{B}(\mathbb{R}^d)^{\mathcal{T}}$ fortsetzen.
3. Mit dieser Fortsetzung erfüllt $(X_t)_{t\in\mathcal{T}}$ mit $X_t = \pi_t$ für $t \in \mathcal{T}$ die Eigenschaft von Satz 11.12.

Beweis von 1: Seien $A_1 = \pi^{-1}_{t_1,\dots,t_n}(B_1)$ und $A_2 = \pi^{-1}_{s_1,\dots,s_m}(B_2)$ mit jeweils paarweise verschiedenen $t_1, \dots, t_n \in \mathcal{T}$ und $s_1, \dots, s_m \in \mathcal{T}$ und $B_1 \in \mathcal{B}(\mathbb{R}^{nd})$, $B_2 \in \mathcal{B}(\mathbb{R}^{md})$. Wie im Beweis von Proposition 11.9 lassen sich A_1 und A_2 mit zusätzlichen Indices und Permutationen in der Form $A_1 = \pi^{-1}_{r_1,\dots,r_k}(C_1)$ und $A_2 = \pi^{-1}_{r_1,\dots,r_k}(C_2)$ mit paarweise verschiedenen $r_1, \dots, r_k \in \mathcal{T}$ und $C_1, C_2 \in \mathcal{B}(\mathbb{R}^{kd})$ darstellen.

Diesen Umformungen entsprechen die Verträglichkeitsbedingungen (V1) und (V2). Aus ihnen folgt $P_{t_1,\dots,t_n}(B_1) = P_{r_1,\dots,r_k}(C_1)$ und $P_{s_1,\dots,s_m}(B_2) = P_{r_1,\dots,r_k}(C_2)$.

Sei jetzt $A_1 = A_2$. Da die Projektionen surjektiv sind, folgt $C_1 = C_2$ aus Lemma 1.4 und damit die Eindeutigkeit der Definition von P.

Im Fall $A_1 \cap A_2 = \emptyset$ folgt analog $C_1 \cap C_2 = \emptyset$ und mit $A_1 \cup A_2 = \pi^{-1}_{r_1,\dots,r_k}(C_1 \cup C_2)$ die Additivität von P:

$$P(A_1 \cup A_2) = P_{r_1,\dots,r_k}(C_1 \cup C_2) = P_{r_1,\dots,r_k}(C_1) + P_{r_1,\dots,r_k}(C_2) = P(A_1) + P(A_2).$$

Die Eigenschaften $P \ge 0$, $P(\emptyset) = 0$ und $P(\Omega) = 1$ sind klar.

Beweis von 2: Wir beweisen die nach Satz 2.18 äquivalente Bedingung:

$$A_n \in \mathcal{Z}\,(n \ge 1) \quad \text{mit} \quad A_n \downarrow \emptyset \quad \text{für} \quad n \to \infty \Rightarrow P(A_n) \downarrow 0 \quad \text{für} \quad n \to \infty$$

in der ebenfalls äquivalenten Form

$$A_n \in \mathcal{Z}\,(n \geq 1) \quad \text{mit} \quad A_n \downarrow A \quad \text{und} \quad P(A_n) \not\to 0 \quad \text{für} \quad n \to \infty \Rightarrow A \neq \emptyset .$$

Aus der Annahme folgt die Existenz eines $\delta > 0$ mit $P(A_n) \geq \delta$ für alle $n \geq 1$.

Für $n \geq 1$ ist $A_n \in \mathcal{Z}$ darstellbar als $A_n = \pi^{-1}_{t_{n1},\ldots,t_{nk_n}}(B_n)$ mit $B_n \in \mathcal{B}(\mathbb{R}^{k_n d})$.

Mit zusätzlichen Indices und Permutationen können wir erreichen, dass die Zeitmengen $\mathcal{T}_n = \{t_{n_1,\ldots,nk_n}\}$ in n wachsen und in der Form $\{t_1,\ldots,t_{k_n}\}$ mit $k_n \leq k_{n+1}$ darstellbar sind.

Zum Beweis, dass $A = \cap_{n=1}^{\infty} A_n \neq \emptyset$ ist, approximieren wir mit Hilfe der Regularität die Mengen B_n $(n \geq 1)$ durch kompakte Mengen so, dass wir sie noch absteigend machen können.

Für $n \geq 1$ sei dazu $K_n \subset B_n$ kompakt mit $P_{t_1,\ldots,t_{k(n)}}(B_n \setminus K_n) \leq \frac{\delta}{2^{n+1}}$. Die Menge $C_n = \pi^{-1}_{t_1,\ldots,t_{k(n)}}(K_n)$ ist eine Teilmenge von A_n mit $P(A_n \setminus C_n) = P_{t_1,\ldots,t_{k(n)}}(B_n \setminus K_n) \leq \frac{\delta}{2^{n+1}}$.

Aus den Mengen C_n $(n \geq 1)$ bilden wir die absteigenden Mengen $D_n = \cap_{i=1}^{n} C_i$ $(n \geq 1)$.

Da auch die Mengen A_n $(n \geq 1)$ absteigend sind, ist

$$A_n \setminus D_n = A_n \setminus \left(\bigcap_{i=1}^{n} C_i \right) = \bigcup_{i=1}^{n} (A_n \setminus C_i) \subset \bigcup_{i=1}^{n} (A_i \setminus C_i)$$

mit

$$P(A_n \setminus D_n) \leq \sum_{i=1}^{n} P(A_i \setminus C_i) \leq \frac{\delta}{2} .$$

Aus $P(A_n \setminus D_n) = P(A_n) - P(D_n)$ und $P(A_n) \geq \delta$ folgt $P(D_n) \geq \frac{\delta}{2}$, insbesondere $D_n \neq 0$.

Wir zeigen, dass $\cap_{n=1}^{\infty} D_n \neq \emptyset$ ist, indem wir ein Element $\omega \in \cap_{n=1}^{\infty} D_n$ konstruieren.

Wie beim unendlichen Münzwurf bereits erwähnt, gehen wir beim Beweis ähnlich wie in dem Fall vor, jetzt aber mit konvergenten Teilfolgen.

Für $n \geq 1$ ist D_n darstellbar als $D_n = \cap_{i=1}^{n} C_i = \pi^{-1}_{t_1,\ldots,t_{k(n)}}(E_n)$ mit einer abgeschlossenen Menge $E_n \subset \mathbb{R}^{k(n)d}$. Da $E_n \subset K_n$ ist, ist E_n auch beschränkt und damit kompakt.

Da $D_n \neq \emptyset$ für $n \geq 1$ ist, wählen wir für jedes $n \geq 1$ ein Element $\omega^n \in D_n$, d. h. mit $\left(\omega^n_{t_1}, \ldots \omega^n_{t_{k(n)}}\right) \in E_n$.

Sei $n \geq 1$ fest. Für $m \geq n$ ist $\omega^m \in D_m \subset D_n$, also $\left(\omega^m_{t_1}, \ldots \omega^m_{t_{k(n)}}\right) \in E_n$. Da E_n kompakt ist, existiert eine konvergente Teilfolge $\left(\omega^{m_j}_{t_1}, \ldots \omega^{m_j}_{t_{k(n)}}\right) \to (\omega_{t_1}, \ldots \omega_{t_{k(n)}}) \in E_n$ für $j \to \infty$. Mit Hilfe des Diagonalverfahrens erhält man eine Teilfolge, die für alle $n \geq 1$ konvergiert. Für $t \in \cup_{n=1}^{\infty} \mathcal{T}_n$ hängt der Grenzwerte ω_t nicht von n ab. Wählen wir schließlich für jedes $t \notin \cup_{n=1}^{\infty} \mathcal{T}_n$, ein beliebiges Element $\omega_t \in \mathbb{R}^d$, so ist $\omega = (\omega_t)_{t \in \mathcal{T}} \in \cap_{n=1}^{\infty} D_n$.

Mit $\cap_{n=1}^{\infty} D_n \neq \emptyset$ ist auch $A \neq \emptyset$.

Beweis von 3: Auf $\left((\mathbb{R}^d)^{\mathcal{T}}, \mathcal{B}\left(\mathbb{R}^d\right)^{\mathcal{T}}, P \right)$ definieren wir $X_t = \pi_t$ für $t \in \mathcal{T}$.

Für paarweise verschiedene $t_1, \ldots, t_n \in \mathcal{T}$ und $B \in \mathcal{B}(\mathbb{R}^{nd})$ $(n \geq 1)$ ist

$$P_{X_{t_1},\ldots,X_{t_n}}(B) = P_{\pi_{t_1},\ldots,\pi_{t_n}}(B) = P\pi_{t_1,\ldots,t_n}(B) = P\left(\pi^{-1}_{t_1,\ldots,t_n}(B)\right) .$$

Nach Definition von P ist $P(\pi^{-1}_{t_1,\ldots,t_n}(B)) = P_{t_1,\ldots,t_n}(B)$ und damit $P_{X_{t_1},\ldots,X_{t_n}}(B) = P_{t_1,\ldots,t_n}(B)$, was zu zeigen war.

Beim Beweis von Satz 11.12 haben wir als Eigenschaft von $(\mathbb{R}^d, \mathcal{B}(\mathbb{R}^d))$ nur die Regularität von Wahrscheinlichkeitsmaßen auf ihm benötigt. Er lässt sich daher auf Räume übertragen, auf denen jedes Wahrscheinlichkeitsmaß regulär ist. Das gilt für alle polnischen Räume (s. Satz von Prohorov in Kap. 7).

Spezialfälle:

1. Unabhängige Zufallsvariable.
   Sei $\mathcal{T}$ eine nicht-leere Menge und $(E, \mathcal{B})$ ein zunächst beliebiger messbarer Raum. Jedem $t \in \mathcal{T}$ sei ein Wahrscheinlichkeitsmaß P_t auf $\mathcal{B}$ zugeordnet. Wir wollen unabhängige Zufallsvariable $(X_t)_{t\in\mathcal{T}}$ mit den Verteilungen $(P_t)_{t\in\mathcal{T}}$ konstruieren. Dazu sei $P_{t_1,\ldots,t_n} = P_{t_1} \times \ldots \times P_{t_n}$ für paarweise verschiedene $t_1, \ldots, t_n \in \mathcal{T}$. Das System $\{P_{t_1,\ldots,t_n}$: $t_1, \ldots, t_n \in \mathcal{T}$ paarweise verschieden, $n \geq 1\}$ erfüllt trivialerweise die Verträglichkeitsbedingungen (V1) und (V2). Nach Satz 5.18 sind Zufallsvariable $(X_t)_{t\in\mathcal{T}}$ mit diesen endlich-dimensionalen Verteilungen unabhängig mit den Verteilungen $(P_t)_{t\in\mathcal{T}}$. Für den Zustandsraum $(\mathbb{R}^d, \mathcal{B}(\mathbb{R}^d))$ folgt:

▸ **Korollar 11.13** Sei $(P_t)_{t\in\mathcal{T}}$ eine nicht-leere Familie von Wahrscheinlichkeitsmaßen auf $\mathcal{B}(\mathbb{R}^d)$. Dann existieren unabhängige Zufallsvariable $(X_t)_{t\in\mathcal{T}}$ mit den Verteilungen $(P_t)_{t\in\mathcal{T}}$.

Spezialfälle:

2. Auf $\mathcal{T} \neq \emptyset$ sei eine totale Ordnung gegeben, die wir mit „$<$" bezeichnen.

Außer den Teilmengen von $\mathbb{R}$ und $\mathbb{Z}$ sind weitere wichtige Beispiele Systeme von Teilmengen von $\mathbb{R}$ mit der Ordnung der Inklusion. Vorerst nehmen wir wieder einen beliebigen Zustandsraum $(E, \mathcal{B})$ an. Für das System der endlich-dimensionalen Verteilungen eines gegebenen Prozesses genügt es, $P_{t_1,\ldots,t_n}$ für $t_1 < \ldots < t_n$ zu kennen. Denn für beliebige paarweise verschiedene $t_1, \ldots, t_n$ existiert genau eine Permutation γ von $\{1, 2, \ldots, n\}$ mit $\gamma(1) < \ldots < \gamma(n)$, und nach (V1) für γ ist $p_{t_1,\ldots,t_n} = P_\gamma(P_{t\gamma(1),\ldots,t\gamma(n)})$.

Geht man umgekehrt von einem System von Wahrscheinlichkeitsmaßen $P_{t_1,\ldots,t_n}$ auf $\mathcal{B}^{\otimes n}$ nur für $t_1 < \ldots < t_n$ $(n \geq 1)$ aus und definiert $P_{t_1,\ldots,t_n}$ für alle paarweise verschiedenen $t_1, \ldots, t_n$ auf diese Weise, so folgt Verträglichkeitsbedingung (V1) aus den Gruppeneigenschaften von Permutationen.

Für Bedingung (V2) ist zu beachten, dass die zusätzliche Zeit t an einer beliebigen Stelle bzgl. der Ordnung stehen kann. Nach der Anmerkung zu Lemma 11.10 bedeutet sie daher

(V2′) $P_{t_1,\ldots,t_{i-1},t,t_i,\ldots,t_n}(B_1 \times \ldots \times B_{i-1} \times E \times B_i \times \ldots \times B_n) = P_{t_1,\ldots,t_n}(B_1 \times \ldots \times B_n)$ für $t_1 < \ldots < t_{i-1} < t < t_i < \ldots < t_n$ $(1 \leq i \leq n+1)$ und $B_i, \ldots, B_n \in \mathcal{B}$.

Beispiel

Markov-Prozesse mit gegebenen Übergangswahrscheinlichkeiten

Die endlich-dimensionalen Verteilungen eines Markov'schen Sprungprozesses $(X_t)_{t\geq 0}$ mit Anfangsverteilung $\pi = (\pi_i)_{i\in E}$ und Übergangswahrscheinlichkeiten $(P_{s,t})_{0\leq s<t}$ mit $P_{s,t} = (p_{s,t}(i,j))_{i,j\in E}$ sind mit (11.2) durch

$$P((X_0, X_{t_1}, \ldots, X_{t_n}) \in B) = \sum_{(i_0,\ldots,i_n)\in B} \pi_{i_0} p_{0,t_1}(i_0, i_1) \cdot p_{t_1,t_2}(i_1, i_2) \cdot \ldots \cdot p_{t_{n-1},t_n}(i_{n-1}, i_n)$$

für $0 < t_1 < \ldots < t_n$ und $B \subset E^{n+1}$ gegeben. Der Einfachheit halber haben wir die Zeit 0 immer dazugenommen. Aus ihnen erhält man die endlich-dimensionalen Verteilungen für Zeiten, die 0 nicht enthalten, durch Summation über alle Werte zur Zeit 0. Dass dieses System (V2′) erfüllt, lässt sich leicht mit Hilfe der Chapman-Kolmogorov Gleichungen zeigen und wird als Übung empfohlen. Wir werden den Beweis anschließend (Satz 11.18) für allgemeinere Markov-Prozesse führen.

Wir wollen jetzt Markov-Prozesse mit gegebenen Übergangswahrscheinlichkeiten mit einem beliebigen Zustandsraum $(E, \mathcal{B})$ einführen. Als Übergangswahrscheinlichkeiten benötigen wir die bedingten Wahrscheinlichkeiten $P(X_t \in B|X_s = x)$ für $0 \leq s < t$, $x \in E$, $B \in \mathcal{B}$. Sie sind jedoch i. A. nicht durch Definition 10.2 gegeben, da wie z. B. bei der Brown'schen Bewegung $P(X_s = x) = 0$ für alle $x \in E$ sein kann. Wir werden uns mit dem Problem einer geeigneten Definition systematisch in Kap. 13 beschäftigen.

Jetzt wollen wir eine für unsere Zwecke passende Definition zunächst heuristisch begründen. Wir erinnern an die Überlegungen zu heuristischen Ableitungen von mathematischen Modellen im Zusammenhang mit den Rückwärtsgleichungen, die wir bzgl. der Bedeutung von Definitionen wie folgt ergänzen. Jede mathematische Definition hat zwei verschiedene Arten der Anwendung. Zum einen kann man an einem gegebenen mathematischen Objekt die Gültigkeit einer Definition, z. B. eine Eigenschaft, nachprüfen oder den Wert einer Größe bestimmen. In anderen Fällen, vor allem in der angewandten Mathematik, möchte man ein Modell mit vorgegebenen Eigenschaften bzw. Werten konstruieren. Nehmen wir als Beispiel, unserem Fall entsprechend, bedingte Wahrscheinlichkeiten. Man kann sie in einem Wahrscheinlichkeitsraum bestimmen oder ein Modell mit gewissen gegebenen bedingten Wahrscheinlichkeiten konstruieren, wie wir es jetzt beabsichtigen. Das Vorgehen kann zusätzlich zu einer notwendigen Erweiterung der Definition führen. Das gilt auch in unserem Fall. Denn wir können aus den genannten Gründen diese bedingten Wahrscheinlichkeiten noch nicht exakt definieren. Deshalb gehen wir pragmatisch vor und nehmen an, dass uns aus Modellannahmen Kandidaten für die Übergangswahrscheinlichkeiten gegeben sind. Nach obigen Überlegungen kommt es darauf an, wozu wir diese bedingten Wahrscheinlichkeiten benötigen, nämlich um stochastische Prozesse mit ihnen als Übergangswahrscheinlichkeiten zu konstruieren. Dazu müssen wir ihre endlich-dimensionalen Verteilungen angeben. Bei Markov-Ketten und Markov'schen Sprungprozessen haben wir sie aus den Übergangswahrscheinlichkeiten mit einer Anfangsverteilung bestimmt, im letzteren Fall durch (11.2). Wir wollen uns jetzt auch in der allgemeinen Situation überlegen, wie man in sinnvoller Weise die endlich-dimensionalen Verteilungen aus den Übergangswahrscheinlichkeiten und einer Anfangsverteilung definieren kann. Das Ergebnis wird uns später wiederum als Motivation dienen, bedingte Wahrscheinlichkeiten für solche Situationen zu verallgemeinern.

Wir betrachten zunächst zwei Zufallsvariablen X und Y in $(E, \mathcal{B})$, deren gemeinsame Verteilung wir durch eine gegebene Verteilung von X und Kandidaten $p(x, B)$ für die bedingten Wahrscheinlichkeiten $P(Y \in B|X = x)$ für $x \in E$, $B \in \mathcal{B}$ ausdrücken wollen. Zur heuristischen Begründung der Definition einer entsprechenden gemeinsamen Verteilung betrachten wir speziell den Zustandsraum $(\mathbb{R}, \mathcal{B}(\mathbb{R}))$ und ersetzen $P(Y \in B|X = x)$ durch $P(Y \in B|X \in [x, x + \Delta x))$.

Wir nehmen an, dass für $x \in \mathbb{R}$, $B \in \mathcal{B}(\mathbb{R})$ der Grenzwert $\lim_{\Delta x \to 0} P\big(Y \in B|X \in [x, x + \Delta x)\big)$, den wir, unserer Absicht entsprechend, mit $p(x, B)$ bezeichnen, existiert.

Zerlegen wir ein Intervall $A = [a, b)$ in disjunkte Teilintervalle $A = \cup_{k=1}^{n} [x_{k-1}, x_k)$, so ist

$$P(X \in A, Y \in B) = \sum_{k=1}^{n} P(X \in [x_{k-1}, x_k)) \cdot P(Y \in B|X \in [x_{k-1}, x_k)) .$$

Unter geeigneten Annahmen an die Konvergenz von $P(Y \in B|X \in [x, x + \Delta x)) \to p(x, B)$ für $\Delta x \to 0$ und die Glattheit der Grenzfunktion $p(x, B)$ folgt mit einer Folge von Zerlegungen, deren Feinheit gegen 0 geht

$$P(X \in A, Y \in B) = \int_A p(x, B) \, \mathrm{d} P_X(x) . \tag{11.4}$$

Wir haben (11.4) formal unter geeigneten Annahmen hergeleitet. Auch in diesem Fall wird es nur auf diese Formel ankommen, und wir fassen $p(x, B)$ als bedingte Wahrscheinlichkeit $P(Y \in B|X = x)$ vorläufig durch die Gültigkeit von (11.4) für alle Intervalle $A = [a, b)$ und damit für alle $A \in \mathcal{B}(\mathbb{R})$ auf. Man beachte, dass dadurch $p(x, B)$ in Abhängigkeit von x nur als Funktion definiert ist und einzelne Werte i. A. keinen Sinn haben. (11.4) ist auch unter allgemeineren Bedingungen und für beliebige Zustandsräume $(E, \mathcal{B})$ sinnvoll. Dass auch dann durch die Gültigkeit von (11.4) für alle $A \in \mathcal{B}$ eine geeignete Definition von bedingter Wahrscheinlichkeit $P(Y \in B|X = x)$ $(x \in E)$ gegeben ist, werden wir uns nach dem Beweis von Satz 11.16 überlegen.

Wir müssen zeigen, dass auf diese Weise eine gemeinsame Verteilung eindeutig definiert ist. $p(x, B)$ muss dazu die folgenden Bedingungen erfüllen.

▸ **Definition 11.14** Seien $(E_i, \mathcal{B}_i)$ $(i = 1, 2)$ messbare Räume. Ein *Markov-Kern* p von $(E_1, \mathcal{B}_1)$ nach $(E_2, \mathcal{B}_2)$ ist eine Funktion p: $E_1 \times \mathcal{B}_2 \to \mathbb{R}$ mit den Eigenschaften

1. Für jedes $x \in E_1$ ist $p(x, B)$ in Abhängigkeit von B ein Wahrscheinlichkeitsmaß auf $(E_2, \mathcal{B}_2)$.
2. Für jedes $B \in \mathcal{B}_2$ ist $p(x, B)$ in Abhängigkeit von x $\mathcal{B}_1$-messbar.

▸ **Satz 11.15** Seien $(E_i, \mathcal{B}_i)$ $(i = 1, 2)$ messbare Räume und p ein Markov-Kern von $(E_1, \mathcal{B}_1)$ nach $(E_2, \mathcal{B}_2)$. Für jede nichtnegative $\mathcal{B}_2$-messbare Funktion f auf E_2 ist die durch $pf(x) = \int f(y)p(x, \mathrm{d}y)$ $(x \in E_1)$ definierte Funktion pf $\mathcal{B}_1$-messbar.

Anmerkung: Wir haben in Satz 11.15 angenommen, dass f nicht-negativ ist, damit das Integral für alle x definiert ist. Der Satz ist auch allgemeiner gültig, vorausgesetzt die Integrale existieren, z. B. für beschränkte Funktionen.

Beweis: Für $f = 1_B$ mit $B \in \mathcal{B}_2$ ist $pf(x) = p(x, B)$ und die $\mathcal{B}_1$-Messbarkeit ist Eigenschaft 2 von Markov-Kernen. Der allgemeine Fall, auch entspr. der Anmerkung, folgt wie üblich mit Linearität und monotoner Konvergenz.

▸ **Satz 11.16** Seien $(E_i, \mathcal{B}_i)$ $(i = 1, 2)$ messbare Räume. Sei Q ein Wahrscheinlichkeitsmaß auf $(E_1, \mathcal{B}_1)$ und p ein Markov-Kern von $(E_1, \mathcal{B}_1)$ nach $(E_2, \mathcal{B}_2)$. Dann existiert genau ein Wahrscheinlichkeitsmaß P auf $(E_1 \times E_2, \mathcal{B}_1 \otimes \mathcal{B}_2)$ mit

$$P(A \times B) = \int_A p(x, B)\, \mathrm{d}Q(x) \quad \text{für alle} \quad A \in \mathcal{B}_1, B \in \mathcal{B}_2 .$$

Beweis: Der Beweis verläuft ähnlich wie die Existenz von Produktmaßen (Satz 5.14) mit dem Unterschied, dass wir jetzt Maße integrieren, die von x abhängen (s. auch Übung 5.5). Wir können uns beim Beweis daher kurz fassen.

Für alle $C \in \mathcal{B}_1 \otimes \mathcal{B}_2$ ist nach Satz 5.11 der Schnitt $C_x \in \mathcal{B}_2$ für alle $x \in E_1$.

Ferner ist $p(x, C_x)$ für alle $C \in \mathcal{B}_1 \otimes \mathcal{B}_2$ als Funktion von x $\mathcal{B}_1$-messbar.

Denn sei $\mathcal{D}$ das System aller Teilmengen $C \in \mathcal{B}_1 \otimes \mathcal{B}_2$, für die $p(x, C_x)$ als Funktion von x $\mathcal{B}_1$-messbar ist. Ähnlich wie beim Beweis von Satz 5.14 zeigt man, dass $\mathcal{D}$ ein Dynkin-System ist, welches das $\cap$-stabile Erzeugendensystem $\mathcal{B}_1 \times \mathcal{B}_2$ von $\mathcal{B}_1 \otimes \mathcal{B}_2$ enthält. Es folgt $\mathcal{D} = \mathcal{B}_1 \otimes \mathcal{B}_2$.

Damit ist $P(C) = \int p(x, C_x)\, \mathrm{d}Q(x)$ für alle $C \in \mathcal{B}_1 \otimes \mathcal{B}_2$ definiert.

Wie im Fall von Satz 5.14 folgt auch, dass P die Eigenschaften des Satzes erfüllt.

Die Eindeutigkeit ist klar, da P auf dem $\cap$-stabilen Erzeugendensystem $\mathcal{B}_1 \times \mathcal{B}_2$ von $\mathcal{B}_1 \otimes \mathcal{B}_2$, das $E_1 \times E_2$ enthält, festgelegt ist.

Die Darstellung der gemeinsamen Verteilung als Integral bzgl. P_X über die entsprechenden Maße der Schnitte im Beweis von Satz 11.16 legt auch für beliebige Zustandsräume nahe, dass man durch (11.4) $p(x, B)$ als bedingte Wahrscheinlichkeit $P(Y \in B | X = x)$ auffassen kann.

Nach diesen Vorbereitungen sind wir nun in der Lage, Markov-Prozesse zu gegebenen Übergangswahrscheinlichkeiten, die durch eine Familie $(p_{s,t})_{0 \le s < t}$ von Markov-Kernen von $(E, \mathcal{B})$ nach $(E, \mathcal{B})$ gegeben sind, mit einer Anfangsverteilung zu definieren. Der Einfachheit halber beschränken wir uns auf stationäre Übergangswahrscheinlichkeiten, d. h. für die $p_{s,s+t}$ für $s \ge 0$, $t > 0$ unabhängig von s ist. Wir bezeichnen $p_{s,s+t}$ mit p_t. Im

Fall von Markov'schen Sprungprozessen folgen für die Übergangswahrscheinlichkeiten die Chapman-Kolmogorov Gleichungen (11.3) aus der Markov-Eigenschaft. Wie bereits erwähnt, kann man umgekehrt mit den Chapman-Kolmogorov Gleichungen leicht die Verträglichkeitsbedingung (V2′) zeigen und damit von ihnen ausgehen. Auf diese Weise gehen wir jetzt vor, um die endlich-dimensionalen Verteilungen anzugeben, da uns für die Definition der Markov-Eigenschaft für allgemeine Markov-Prozesse noch die Mittel fehlen. Die Chapman-Kolmogorov Gleichungen lauten in diesem Fall

$$p_{s+t}(x,B) = \int p_t(y,B)\, p_s(x,\mathrm{d}\,y) \quad \text{für} \quad s,t>0 \quad \text{und} \quad x\in E, B\in\mathcal{B}\,. \tag{11.5}$$

Definition 11.17 Ein System $(p_t)_{t>0}$ von Markov-Kernen von $(E,\mathcal{B})$ nach $(E,\mathcal{B})$ heißt ein System von *stationären Übergangswahrscheinlichkeiten*, wenn es die Chapman-Kolmogorov Gleichungen (11.5) erfüllt.

Mit der Interpretation von Markov-Kernen als bedingten Wahrscheinlichkeiten definieren wir in Analogie zu Markov'schen Sprungprozessen die endlich-dimensionalen Verteilungen zu einer Anfangsverteilung π auf $(E,\mathcal{B})$ und einem System von stationären Übergangswahrscheinlichkeiten $(p_t)_{t>0}$ von $(E,\mathcal{B})$ nach $(E,\mathcal{B})$ auf den Produktmengen durch

$$\begin{aligned} &P_{t_0,\dots,t_n}(B_0\times\ldots\times B_n)\\ &\quad=\int_{B_0}\pi(\mathrm{d}\,x_0)\int_{B_1}p_{t_1-t_0}(x_0,\mathrm{d}\,x_1)\int_{B_2}p_{t_2-t_1}(x_1,\mathrm{d}\,x_2)\ldots p_{t_n-t_{n-1}}(x_{n-1},B_n)\\ &\text{für}\quad 0=t_0<t_1<\ldots<t_n \quad\text{und}\quad B_0,\ldots,B_n\in\mathcal{B}\,. \end{aligned} \tag{11.6}$$

Dabei haben wir für das Integral die Operatorschreibweise benutzt, die allgemein das Integral $\int f(x)\,\mathrm{d}\,\mu(x)$ als $\int \mathrm{d}\,\mu(x)\, f(x)$ bezeichnet. In der üblichen Form werden die iterierten Integrale mit ineinandergeschachtelten Klammern zu unübersichtlich.

Die Zeit 0 haben wir wieder dazugenommen. Man erhält die gemeinsamen Verteilungen ohne die Zeit 0 mit $B_0 = E$. Durch iterierte Anwendung von Satz 11.16 ist für $0 = t_0 < t_1 < \ldots < t_n$ durch (11.6) eindeutig ein Wahrscheinlichkeitsmaß $P_{t_0,\dots,t_n}$ auf $\left(E^{n+1}, \mathcal{B}^{\otimes(n+1)}\right)$ definiert.

Satz 11.18 Das durch (11.6) definierte System $\{P_{t_0,\dots,t_n}: 0 = t_0 < t_1 < \ldots < t_n, n \geq 1\}$ erfüllt die Verträglichkeitsbedingung (V2′).

Beweis: Wir beweisen (V2′) nur für $n = 2$. Für $n \geq 3$ geht der Beweis im Prinzip genauso, es kommen lediglich zusätzliche Integrale hinzu.

Sei also $0 < t_1 < t_2$. Der Fall $t = 0$ entspricht, wie oben bemerkt, der Integration über E und erfüllt damit (V2′). Es bleiben die Möglichkeiten:

1. $0 < t_1 < t < t_2$

$$\begin{aligned}&P_{t_0,t_1,t,t_2}(B_0 \times B_1 \times E \times B_2)\\&= \int_{B_0} \pi(\mathrm{d}x_0) \int_{B_1} p_{t_1-t_0}(x_0, \mathrm{d}\,x_1) \int_E p_{t-t_1}(x_1, \mathrm{d}\,x) p_{t_2-t}(x, B_2)\\&= \int_{B_0} \pi(\mathrm{d}x_0) \int_{B_1} p_{t_1-t_0}(x_0, \mathrm{d}x_1) p_{t_2-t_1}(x_1, B_2) = P_{t_0,t_1,t_2}(B_0 \times B_1 \times B_2)\,.\end{aligned}$$

   Dabei haben wir die Chapman-Kolmogorov Gleichungen benutzt.
2. $0 < t < t_1 < t_2$.
   Dieser Fall folgt aus den Chapman-Kolmogorov Gleichungen durch Integration bzgl. des durch
   $$\int_E p_{t-t_0}(x_0, \mathrm{d}x)\; p_{t_1-t}(x, B) = p_{t_1-t_0}(x_0, B)$$
   für $B \in \mathcal{B}$ gegebenen Maßes.
3. $0 < t_1 < t_2 < t$

$$\begin{aligned}&P_{t_0,t_1,t_2,t}(B_0 \times B_1 \times B_2 \times E)\\&= \int_{B_0} \pi(\mathrm{d}x_0) \int_{B_1} p_{t_1-t_0}(x_0, \mathrm{d}x_1) \int_{B_2} p_{t_2-t_1}(x_1, \mathrm{d}x) p_{t-t_2}(x, E)\\&= \int_{B_0} \pi(\mathrm{d}x_0) \int_{B_1} p_{t_1-t_0}(x_0\, \mathrm{d}x_1) p_{t_2-t_1}(x_1, B_2) = P_{t_0,t_1,t_2}(B_0 \times B_1 \times B_2)\,.\end{aligned}$$

   Diesmal wurde $p_{t-t_2}(x, E) = 1$ benutzt.

Aus dem Satz von Kolmogorov folgt für den Zustandsraum $(E, \mathcal{B}) = (\mathbb{R}^d, B(\mathbb{R}^d))$:

▸ **Korollar 11.19** Sei π ein Wahrscheinlichkeitsmaß und $(p_t)_{t>0}$ ein System von stationären Übergangswahrscheinlichkeiten auf $(\mathbb{R}^d, \mathcal{B}(\mathbb{R}^d))$. Dann existiert ein stochastischer Prozess mit den durch (11.6) gegebenen endlichdimensionalen Verteilungen. Ein solcher Prozess heißt Markov-Prozess mit Anfangsverteilung π und stationären Übergangswahrscheinlichkeiten $(p_t)_{t>0}$.

Mit dem Satz von Kolmogorov für polnische Zustandsräume folgt auch Korollar 11.19 für diese Räume.

Wir werden später zeigen, dass diese Prozesse die noch zu definierende Markov-Eigenschaft im allgemeinen Fall besitzen.

Spezialfall: Prozesse mit unabhängigen stationären Zuwächsen Mit dem Poisson-Prozess und der Brown'schen Bewegung haben wir stochastische Prozesse mit unabhängigen stationären Zuwächsen bereits kennengelernt.

Sei $(X_t)_{t\geq 0}$ ein Prozess mit unabhängigen stationären Zuwächsen in $\mathbb{R}^d$ und μ_t die Verteilung von $X_{s+t} - X_s$ für $t > 0$. Für $s, t > 0$ lässt sich $X_{s+t} - X_0 = (X_s - X_0) + (X_{s+t} - X_s)$ als Summe von unabhängigen Zufallsvariablen darstellen. Es folgt die Faltungseigenschaft $\mu_{s+t} = \mu_s * \mu_t$ für $s, t > 0$.

Ein System mit dieser Faltungseigenschaft nennt man eine Faltungshalbgruppe.

▸ **Definition 11.20** Eine Familie $(\mu_t)_{t>0}$ von Wahrscheinlichkeitsmaßen auf $(\mathbb{R}^d, \mathcal{B}(\mathbb{R}^d))$ heißt eine *Faltungshalbgruppe*, wenn $\mu_{s+t} = \mu_s * \mu_t$ für $s, t > 0$ ist.

Den Verteilungen $(\mu_t)_{t>0}$ der Zuwächse entsprechen die Übergangswahrscheinlichkeiten $p_t(x, B) = \mu_t(B - x)$ mit $B - x = \{y - x : x \in B\}$ für $x \in \mathbb{R}^d$, $B \in \mathcal{B}(\mathbb{R}^d)$. Sie erfüllen die Chapman-Kolmogorov Gleichungen. Denn es gilt:

$$\begin{aligned} p_{s+t}(x, B) = \mu_{s+t}(B - x) = (\mu_s * \mu_t)(B - x) &= \int \mu_t(B - y)\mu_s(\mathrm{d}\,y - x) \\ &= \int p_t(y, B)\, p_s(x, \mathrm{d}\,y)\,. \end{aligned}$$

Daher sind stochastische Prozesse mit unabhängigen stationären Zuwächsen Markov-Prozesse mit stationären Übergangswahrscheinlichkeiten.

Mit einer geeigneten Änderung der Reihenfolge der Glieder dieser Gleichungskette folgt umgekehrt die Faltungseigenschaft aus den Chapman-Kolmogorov Gleichungen.

▸ **Korollar 11.21** Zu einem Wahrscheinlichkeitsmaß π und einer Faltungshalbgruppe $(\mu_t)_{t>0}$ von Wahrscheinlichkeitsmaßen auf $(\mathbb{R}^d, \mathcal{B}(\mathbb{R}^d))$ existiert ein Markov-Prozess mit Anfangsverteilung π und unabhängigen stationären Zuwächsen mit den Verteilungen $(\mu_t)_{t>0}$.

Wir betrachten unter diesem Aspekt noch einmal den Poisson-Prozess und die Brownsche Bewegung.

Beispiele

1. Poisson-Prozess.
   Für den Poisson-Prozess mit Parameter $\lambda > 0$ ist μ_t die Poisson-Verteilung mit Parameter λt für $t \geq 0$. Aus der bekannten Faltungseigenschaft der Poisson-Verteilung folgt, dass $(\mu_t)_{t>0}$ eine Faltungshalbgruppe ist.
2. Brown'sche Bewegung.
   Für die Brown'sche Bewegung mit Drift μ und Diffusionskonstante D ist $\mu_t = \mathcal{N}(\mu t, Dt)$ $(t \geq 0)$. Aus der Faltungseigenschaft der Normalverteilung folgt auch für dieses Beispiel, dass $(\mu_t)_{t>0}$ eine Faltungshalbgruppe ist.

Unzulänglichkeiten der Kolmogorov'schen Konstruktion Grundlage der Konstruktion von stochastischen Prozessen ist die Kolmogorov'sche Konstruktion von Satz 11.12. Sie hat jedoch die folgenden Unzulänglichkeiten. Für eine überabzählbare Zeitmenge $\mathcal{T}$, z. B. den wichtigen Fall von Intervallen, und einen beliebigen Zustandsraum $(E, \mathcal{B})$ ist die Menge $E^{\mathcal{T}}$ aller Pfade zu groß. Die σ-Algebra $\mathcal{B}^{\mathcal{T}}$ dagegen ist zu klein, da deren Ereignisse nur von den Werten des Prozesses an höchstens abzählbar vielen Zeiten abhängt, wie die folgende Bemerkung zeigt.

▸ **Bemerkung 11.22** Für einen stochastischen Prozess $(X_t)_{t\in\mathcal{T}}$ und ein Ereignis A ist $A \in \sigma(X_t,\ t \in \mathcal{T})$ genau dann, wenn eine höchstens abzählbare Teilmenge $D \subset \mathcal{T}$ mit $A \in \sigma(X_t, t \in D)$ existiert.

Man beachte, dass Bemerkung 11.22 für alle stochastischen Prozesse gilt. Im Fall der Realisierung von stochastischen Prozessen als Projektionen auf dem Pfadraum, also insbesondere der Kolmogorov'schen Konstruktion, ist $\sigma(X_t,\ t \in \mathcal{T}) = \mathcal{B}^{\mathcal{T}}$.

Beweis: Zu zeigen ist

$$\sigma(X_t,\ t \in \mathcal{T}) = \bigcup_{D\subset\mathcal{T}} \sigma(X_t,\ t \in D) \tag{11.7}$$

wobei die Vereinigung über alle höchstens abzählbaren Teilmengen $D \subset \mathcal{T}$ gebildet wird. Es muss nur die Inklusion „$\subset$" bewiesen werden, da die umgekehrte Inklusion trivial ist. Die rechte Seite von (11.7) enthält das Erzeugendensystem $\cup_{t\in\mathcal{T}} \sigma(X_t)$ der linken Seite. Daher genügt es zu zeigen, dass die rechte Seite eine σ-Algebra ist.

Wir müssen nur Eigenschaft iii) einer σ-Algebra beweisen, da die Eigenschaften i) und ii) klar sind.

Seien also $A_n \in \sigma(X_t, t \in D_n)$ $(n \geq 1)$. Dann ist auch $D = \cup_{n=1}^{\infty} D_n$ höchstens abzählbar, und aus

$$A_n \in \sigma(X_t,\ t \in D) \quad \text{für} \quad n \geq 1 \quad \text{folgt} \quad \bigcup_{n=1}^{\infty} A_n \in \sigma(X_t,\ t \in D)\,.$$

Beispiel

Sei $\mathcal{T} = I \subset \mathbb{R}$ ein nicht-ausgeartetes Intervall und $E = \mathbb{R}$. Für die Kolmogorov'sche Konstruktion ist die Menge $\{\omega\colon X_t(\omega) \text{ stetig in } t\} \notin \sigma(X_t,\ t \in I)$ und $\sup_{t\in I} X_t$ nicht $\sigma(X_t, t \in I)$-messbar. Denn es ist klar und leicht nachzuweisen, dass die entsprechenden Mengen nicht nur von den Werten des Prozesses an einer höchstens abzählbaren Menge abhängen. Hinzu kommt, dass selbst in dem Fall, dass solche Mengen in einer σ-Algebra $\mathcal{A}$ enthalten sind, ihre Wahrscheinlichkeiten nicht durch die endlich-dimensionalen Verteilungen eindeutig bestimmt sind, wie das folgende Beispiel zeigt:

Beispiel

Sei $\Omega = [0,1]$ und P das Lebesgue-Maß auf Ω. Für $\mathcal{T} = [0,1]$ definieren wir die Prozesse $(X_t)_{t\in[0,1]}$ und $(Y_t)_{t\in[0,1]}$ durch

$$X_t \equiv 0 \quad \text{für alle} \quad t \quad \text{und} \quad Y_t(\omega) = 0 \quad \text{für} \quad \omega \neq t \quad \text{und} \quad Y_t(\omega) = 1 \quad \text{für} \quad \omega = t\,.$$

Für alle $t \in [0,1]$ ist $P(X_t \neq Y_t) = P(\{t\}) = 0$. Es folgt, dass $(X_t)_{t\in[0,1]}$ und $(Y_t)_{t\in[0,1]}$ die gleichen endlich-dimensionalen Verteilungen haben. Dennoch ist $(X_t)_{t\in[0,1]}$ f.s. stetig, aber $(Y_t)_{t\in[0,1]}$ f.s. nicht stetig

$$\sup_{t\in I} X_t = 0 \quad \text{f.s., aber} \quad \sup_{t\in I} Y_t = 1 \text{ f.s.}$$

Trotz ihrer Unzulänglichkeit ist die Kolmogorov'sche Konstruktion grundlegend. Denn sie dient i. A. als Ausgangspunkt, um stochastische Prozesse mit den gleichen endlich-dimensionalen Verteilungen mit zusätzlichen Eigenschaften zu konstruieren, z. B. mit stetigen oder rechtsseitig stetigen Pfaden. Allgemein sind solche Prozesse von großer Bedeutung, wie wir später sehen werden. In unserer Situation haben sie den Vorteil, dass ihre Pfade durch ihre Werte an den Zeiten einer abzählbar dichten Teilmenge eindeutig bestimmt sind und daher z. B. $\sup_{t\in I} X_t$ $\sigma(X_t, t \in I)$-messbar ist.

11.4 Prozesse mit stetigen Pfaden

In diesem Abschnitt werden wir stochastische Prozesse mit stetigen Pfaden konstruieren. Dazu nehmen wir an, dass $\mathcal{T} = I \subset \mathbb{R}$ ein nicht-ausgeartetes Intervall und $(X_t)_{t\in I}$ ein stochastischer Prozess mit Zustandsraum $(\mathbb{R}^d, \mathcal{B}(\mathbb{R}^d))$ ist, den man z. B. mit der Kolmogorov'schen Konstruktion erhalten hat. Wir wollen unter geeigneten Voraussetzungen durch geschickte Modifikation aus $(X_t)_{t\in I}$ einen Prozess mit den gleichen endlich-dimensionalen Verteilungen machen, der stetige Pfade hat. Dazu benötigen wir zunächst eine schwächere Stetigkeit.

▸ **Definition 11.23** Ein stochastischer Prozess $(X_t)_{t\in I}$ in $\mathbb{R}^d$ heißt *stochastisch stetig*, wenn für alle $t \in I$ $X_s \to X_t$ für $s \to t$ stochastisch konvergiert.

Das bedeutet: Für $t \in I$ und $\varepsilon > 0$ konvergiert $P(|X_s - X_t| \geq \varepsilon) \to 0$ für $s \to t$.

Da $P(|X_s - X_t| \geq \varepsilon)$ nur von der gemeinsamen Verteilung von X_s und X_t abhängt, hängt die stochastische Stetigkeit im Gegensatz zur fast sicheren Stetigkeit nur von den endlich-dimensionalen Verteilungen ab.

Die stochastische Stetigkeit ist nach Korollar 3.19 notwendig für die f.s. Stetigkeit der Pfade. Dass sie nicht hinreichend ist, zeigt das erste Beispiel.

Beispiele

1. Poisson-Prozess.
   Sei $(N_t)_{t\geq 0}$ ein Poisson-Prozess mit Parameter $\lambda > 0$.
   Es genügt, $0 < \varepsilon \leq 1$ anzunehmen. Für $t \geq 0$ konvergiert

$$P(|N_s - N_t| \geq \varepsilon) = P(|N_s - N_t| \geq 1) = 1 - e^{-\lambda|t-s|} \to 0 \quad \text{für} \quad s \to t.$$

Ein Poisson-Prozess ist daher stochastisch stetig. Er ist jedoch nicht mit stetigen Pfaden realisierbar, wie man sich leicht überlegt.

2. Brown'sche Bewegung.
   Sei $(X_t)_{t\geq 0}$ eine Brown'sche Bewegung. Für $t \geq 0$ und $\varepsilon > 0$ konvergiert

$$P(|N_s - N_t| \geq \varepsilon) = P\left(\frac{|X_s - X_t|}{\sqrt{|t-s|}} \geq \frac{\varepsilon}{\sqrt{|t-s|}}\right) \to 0 \quad \text{für} \quad s \to t .$$

   Denn $\frac{X_s - X_t}{\sqrt{|t-s|}}$ ist $\mathcal{N}(0,1)$-verteilt ist und für $\varepsilon > 0$ geht $\frac{\varepsilon}{\sqrt{|t-s|}} \to \infty$ für $s \to t$.
   Daher ist auch eine Brown'sche Bewegung stochastisch stetig. Wir werden sehen, dass sie auch mit stetigen Pfaden realisierbar ist.

Zur Konstruktion eines stochastischen Prozesses mit stetigen Pfaden gehen wir von den Werten eines gegebenen Prozesses an einer abzählbar dichten Zeitmenge aus. Ist der Prozess, eingeschränkt auf diese Zeitmenge, lokal f.s. gleichmäßig stetig – eine Eigenschaft, die nur von den endlich-dimensionalen Verteilungen abhängt –, so ändern wir ihn durch stetige Fortsetzung ab. Wir zeigen, dass für jede Zeit der modifizierte Prozess mit dem ursprünglichen f.s. übereinstimmt und beide Prozesse daher die gleichen endlich-dimensionalen Verteilungen haben. Für die Gültigkeit dieser Stetigkeitseigenschaft benötigen wir geeignete Voraussetzungen. Wir behandeln zunächst das beschriebene Vorgehen allgemein.

▸ **Satz 11.24** Sei $(X_t)_{t\in I}$ ein stochastisch stetiger Prozess in $\mathbb{R}^d$. Es existiere eine abzählbar dichte Teilmenge $D \subset I$, so dass für alle beschränkten Teilintervalle $J \subset I$ die Pfade X_t $(t \in I)$ f.s. gleichmäßig stetig auf $J \cap D$ sind. Dann existiert ein stochastischer Prozess $(X'_t)_{t\in I}$ mit $X'_t = X_t$ f.s. für alle $t \in I$ mit stetigen Pfaden. Insbesondere haben $(X_t)_{t\in I}$ und $(X'_t)_{t\in I}$ die gleichen endlich-dimensionalen Verteilungen.

Beweis: Sei zunächst I beschränkt. Wir betrachten die Menge

$$\begin{aligned} A &= \{\omega : X_t(\omega)(t \in D) \text{ gleichmäßig stetig auf } D\} \\ &= \{\omega : \sup\{|X_t(\omega) - X_s(\omega)| : t, s \in D, |t-s| \leq h\} \to 0 \quad \text{für} \quad h \downarrow 0\} \end{aligned}$$

und zeigen zunächst, dass $A \in \sigma(X_t, t \in D) \subset \sigma(X_t, t \in I)$ ist.

Für jedes $h > 0$ ist der Stetigkeitsmodul $U_h^D = \sup\{|X_t - X_s|: t, s \in D, |t-s| \leq h\}$ auf D $\sigma(X_t, t \in D)$-messbar. Da U_h^D monoton wachsend in h ist, existiert der $\sigma(X_t, t \in D)$-messbare Grenzwert $\lim_{h\downarrow 0} U_h^D$. Aus $A = \{\lim_{h\downarrow 0} U_h^D = 0\}$ folgt $A \in \sigma(X_t, t \in D)$.

Nach Voraussetzung ist $P(A) = 1$.

Wir definieren den modifizierten Prozess $(X'_t)_{t\in I}$ auf A durch

$$X'_t(\omega) = \lim_{s\to t,\, s\in D} X_s(\omega) \quad \text{für} \quad \omega \in A,\ t \in I .$$

Der Grenzwert existiert nach dem Cauchy-Kriterium.

Für $\omega \notin A$ setzen wir z. B. $X'_t(\omega) = 0$ für alle $t \in I$.

$(X'_t)_{t\in I}$ hat stetige Pfade.

Es bleibt zu zeigen, dass $X'_t = X_t$ f.s. für alle $t \in I$ ist.

Sei $t \in I$ und $(s_n)_{n\geq 1}$ eine Folge in D mit $s_n \to t$. Für $\omega \in A$ konvergiert $X_{s_n}(\omega) \to X'_t(\omega)$. Daher konvergiert $X_{s_n} \to X'_t$ f.s. und deshalb auch stochastisch. Aus der stochastischen Stetigkeit von $(X_t)_{t\in I}$ folgt die stochastische Konvergenz $X_{s_n} \to X_t$. Da der stochastische Grenzwert f.s. eindeutig ist, ist $X'_t = X_t$ f.s.

Aus $P((X'_{t_1}, \ldots, X'_{t_n}) \neq (X_{t_1}, \ldots, X_{t_n})) = P\left(\cup_{i=1}^n \left\{X'_{t_i} \neq X_{t_i}\right\}\right) = 0$ folgt die Übereinstimmung der endlich-dimensionalen Verteilungen.

Für ein unbeschränktes Intervall I wählen wir eine Folge $(I_N)_{N\geq I}$ von beschränkten Intervallen mit $I_N \uparrow I$. Aus der Gültigkeit von Satz 11.24 für alle I_N ($N \geq 1$) folgt sie auch für I.

Wir wenden Satz 11.24 nun speziell auf Markov-Prozesse an.

▸ **Satz 11.25** Sei $(p_t)_{t>0}$ ein System von stationären Übergangswahrscheinlichkeiten auf $(\mathbb{R}^d, \mathcal{B}(\mathbb{R}^d))$ mit der Eigenschaft, dass für jedes $\varepsilon > 0$ $p_t(x, \{y : |y-x| \geq \varepsilon\}) = o(t)$ für $t \downarrow 0$ gleichmäßig in $x \in \mathbb{R}^d$ ist. Dann existiert zu jedem Wahrscheinlichkeitsmaß π auf $(\mathbb{R}^d, \mathcal{B}(\mathbb{R}^d))$ ein Markov-Prozess mit Anfangsverteilung π und stationären Übergangswahrscheinlichkeiten $(p_t)_{t>0}$ mit stetigen Pfaden.

Dass die Voraussetzung $p_t(x, \{y : |y-x| \geq \varepsilon\}) = O(t)$ nicht ausreicht, zeigt das Beispiel des Poisson-Prozesses.

Beweis: Wir weisen die Voraussetzungen von Satz 11.25 nach.

Sei also $(X_t)_{t\geq 0}$ ein Markov-Prozess mit den stationären Übergangswahrscheinlichkeiten $(p_t)_{t>0}$ und einer gegebenen Anfangsverteilung.

Aus der Voraussetzung folgt die stochastische Stetigkeit.

Sei $J \subset I$ ein beschränktes Teilintervall. Ohne Einschränkung können wir $J = [0,1]$ annehmen und brauchen D nur auf J zu betrachten. Sei $D = \cup_{n=1}^\infty D_n$ mit $D_n = \left\{\frac{k}{2^n} : 0 \leq k \leq 2^n\right\}$ $(n \geq 1)$. D ist eine abzählbar dichte Teilmenge von $[0,1]$.

Wir setzen $U_n = U^D_{1/2^n} = \sup\{|X_t - X_s| : t, s \in D, |t-s| \leq 1/2^n\}$ $(n \geq 1)$. $(U_n)_{n\geq 1}$ ist monoton fallend.

Zu zeigen ist, dass $U_n \downarrow 0$ für $n \to \infty$ f.s. konvergiert.

Da U_n monoton fallend ist, ist $P\left(\sup_{m\geq n} U_m > \varepsilon\right) = P(U_n > \varepsilon)$ für $n \geq 1$, $\varepsilon > 0$. Wir müssen daher beweisen, dass für jedes $\varepsilon > 0$ $P(U_n > \varepsilon) \to 0$ für $n \to \infty$ konvergiert.

Für $n \geq 1$, $0 \leq k < 2^n$ sei $I_{nk} = \left[\frac{k}{2^n}, \frac{k+1}{2^n}\right]$ und $Y_{nk} = \sup_{t\in I_{nk}\cap D} |X_t - X_{k/2^n}|$.

Als erstes zeigen wir

1. $U_n \leq 3 \sup_k Y_{nk}$ $(n \geq 1, 0 \leq k < 2^n)$.

Beweis von 1: Sei $n \geq 1$ und $t, s \in D$ mit $|t - s| \leq \frac{1}{2^n}$. Ohne Einschränkung sei $s < t$.

1. Fall: s und t liegen in verschiedenen Teilintervallen I_{nk}. Da $|t - s| \leq \frac{1}{2^n}$ ist, müssen es benachbarte Teilintervalle sein. Es existiert daher ein j mit $\frac{j}{2^n} \leq s < \frac{j+1}{2^n} \leq t < \frac{j+2}{2^n}$, und es folgt

$$|X_t - X_s| \leq |X_t - X_{(j+1)/2^n}| + |X_{(j+1)/2^n} - X_{j/2^n}| + |X_{j/2^n} - X_s| \leq 3 \sup_k Y_{nk} .$$

2. Fall: s und t liegen im gleichen Teilintervall. In diesem Fall folgt analog

$$|X_t - X_s| \leq 2 \sup_k Y_{nk} .$$

Zum Beweis von Satz 11.25 zeigen wir daher, dass für jedes $\varepsilon > 0$ $P\left(\sup_k Y_{nk} > \varepsilon\right) \to 0$ für $n \to \infty$ konvergiert, und dazu

2. Für jedes $\varepsilon > 0$ ist $P(Y_{nk} > \varepsilon) = o\left(\frac{1}{2^n}\right)$ für $n \to \infty$ gleichmäßig in k.

Denn mit 2 folgt dann

$$P\left(\sup_k Y_{nk} > \varepsilon\right) = P\left(\bigcup_{k=0}^{2^n-1} \{Y_{nk} > \varepsilon\}\right) \leq \sum_{k=1}^{2^n-1} P(Y_{nk} > \varepsilon) \leq 2^n o\left(\frac{1}{2^n}\right) \to 0 \quad \text{für} \quad n \to \infty .$$

Beweis von 2: Sei $n \geq 1$, $0 \leq k < 2^n$ und $\varepsilon > 0$ fest, und sei $B = \{Y_{nk} > \varepsilon\}$. Wir approximieren die Menge B, indem wir in der Definition von Y_{nk} D durch D_m für $m \geq n$ ersetzen. Für $m \geq n$ sei also $B_m = \left\{\sup_{t \in I_{nk} \cap D_m} |X_t - X_{k/2^n}| > \varepsilon\right\}$. Für $m \to \infty$ konvergiert $B_m \uparrow B$.

Die Indexmenge $I_{nk} \cap D_m$ besteht aus den Elementen $\frac{k}{2^n} + \frac{j}{2^m} (0 \leq j \leq 2^{m+n})$.

Sei $\eta_\varepsilon(t) = \sup_{0 \leq s \leq t} \sup_x \; p_s(x, \{y : |y - x| \geq \varepsilon\})$. Nach Voraussetzung konvergiert $\frac{\eta_\varepsilon(t)}{t} \to 0$ für $t \downarrow 0$.

Es ist

$$\begin{aligned} P(B_m) \leq\, & P\left(\sup_{t \in I_{nk} \cap D_m} |X_t - X_{k/2^n}| > \varepsilon,\ |X_{(k+1)/2^n} - X_{k/2^n}| \leq \frac{\varepsilon}{2}\right) \\ & + P\left(|X_{(k+1)/2^n} - X_{k/2^n}| > \frac{\varepsilon}{2}\right) . \end{aligned}$$

Wir schätzen den zweiten Summanden in der folgenden allgemeinen Form ab durch

$$\begin{aligned} P(|X_{t+s} - X_t| > c) &= \int \pi(\mathrm{d}x_0) \int p_s(x_0, (\mathrm{d}x_1)) \int p_t(x_1, \{x_2 : |x_2 - x_1| > c\}) \\ &\leq \int \pi(\mathrm{d}x_0) \int p_s(x_0, (\mathrm{d}x_1)) \eta_c(t) = \eta_c(t) . \end{aligned}$$

Der zweite Summand ist damit $\leq \eta_{\varepsilon/2}\left(\frac{1}{2^n}\right)$.

Den ersten Summanden zerlegen wir nach dem ersten j, für das $|X_{k/2^n+j/2^m} - X_{k/2^n}| > \varepsilon$ ist. Mit einer einfachen Abschätzung erhalten wir

$$\sum_{j=1}^{2^{m-n}} P\Big(|X_{k/2^n+i/2^m} - X_{k/2^n}| \le \varepsilon \quad \text{für} \quad i < j,$$
$$|X_{k/2^n+j/2^m} - X_{k/2^n}| > \varepsilon,\ |X_{(k+1)/2^n} - X_{k/2^n}| \le \frac{\varepsilon}{2}\Big)$$
$$\le \sum_{j=1}^{2^{m-n}} P\Big(|X_{k/2^n+i/2^m} - X_{k/2^n}| \le \varepsilon \quad \text{für} \quad i < j,$$
$$|X_{k/2^n+j/2^m} - X_{k/2^n}| > \varepsilon,\ |X_{(k+1)/2^n} - X_{k/2^n+j/2^m}| > \frac{\varepsilon}{2}\Big).$$

Wir stellen die einzelnen Summanden nach Definition (11.6) der endlich-dimensionalen Verteilungen als iterierte Integrale dar. Den letzten Integranden schätzen wir ab durch

$$P\left(|X_{(k+1)/2^n} - X_{k/2^n+j/2^m}| > \frac{\varepsilon}{2} \Big| X_{k/2^n+j/2^m} \right) \le \eta_{\varepsilon/2}\left(\frac{1}{2^n}\right).$$

Mit den restlichen Integrationen erhalten wir die Abschätzung der einzelnen Summanden durch

$$P(|X_{k/2^n+i/2^m} - X_{k/2^n}| \le \varepsilon \quad \text{für} \quad i < j,\ |X_{k/2^n+j/2^m} - X_{k/2^n}| > \varepsilon)\ (1 \le j \le 2^{m-n})$$

und damit des ersten Summanden durch

$$\eta_{\varepsilon/2}\left(\frac{1}{2^n}\right) \sum_{j=1}^{2^{m-n}} P(|X_{k/2^n+i/2^m} - X_{k/2^n}| \le \varepsilon \quad \text{für} \quad i < j,$$
$$|X_{k/2^n+j/2^m} - X_{k/2^n}| > \varepsilon) \le \eta_{\varepsilon/2}\left(\frac{1}{2^n}\right).$$

Damit haben wir schließlich $P(B_m) \le 2\eta_{\varepsilon/2}\left(\frac{1}{2^n}\right)$ für alle $m \ge n$ bewiesen und aus $P(B) = \lim_{m\to\infty} P(B_m) \le 2\eta_{\varepsilon/2}\left(\frac{1}{2^n}\right) = o\left(\frac{1}{2^n}\right)$ folgt 2.

Beispiel

Brown'sche Bewegung Für eine Standard-Brown'sche Bewegung ist $\frac{p_t(x,\ \{y:|y-x|\ge\varepsilon\})}{t} = \frac{1}{t}\sqrt{\frac{2}{\pi}} \int_{\varepsilon\sqrt{t}}^{\infty} e^{-y^2/2}\, d y$.

Für $\varepsilon > 0$ ist $\varepsilon/\sqrt{t} \ge 1$ für genügend kleines t. Für $y \ge \varepsilon/\sqrt{t} \ge 1$ schätzen wir den Integranden durch die Majorante $e^{-y^2/2} \le e^{-y/2}$ ab, deren Integral man explizit angeben kann, und erhalten

$$\frac{p_t(x,\ \{y: |y-x| \ge \varepsilon\})}{t} \le \frac{2}{t}\sqrt{\frac{2}{\pi}} e^{-\varepsilon/2\sqrt{t}} \to 0 \quad \text{für} \quad t \downarrow 0.$$

Eine Brown'sche Bewegung kann daher mit stetigen Pfaden realisiert werden. Auch eine Brown'sche Bewegung mit Drift und Diffusionskonstante ist als lineare Transformation der Standard-Brown'schen Bewegung ebenfalls mit stetigen Pfaden realisierbar.

11.5 Übungen

11.1 Man beweise Satz 11.1.

11.2 Der Yule-Prozess ist ein reiner Geburtsprozess (z. B. für Zellwachstum) mit den Übergangsraten $q(i, i+1) = bi$ für $i \geq 0$ mit einem $b > 0$ und $q(i, j) = 0$ sonst. Man bestimme seine Übergangswahrscheinlichkeiten.
Anleitung: Man bestimme mit stochastischen Überlegungen zunächst die Übergangswahrscheinlichkeiten $p_t(1, j)$ $(t \geq 0, j \geq 0)$ und dann den allgemeinen Fall. Anschließend weise man die Rückwärts- oder Vorwärtsgleichungen nach.

11.3 Man führe für die skalierte symmetrische Irrfahrt $\left(X_t^{\delta,\tau}\right)_{t\geq 0}$ den skizzierten Beweis der Konvergenz in Verteilung für $\delta, \tau \to 0$ mit $\frac{\delta^2}{\tau} \to D$ von $X_t^{\delta,\tau}$ gegen $\mathcal{N}(0, Dt)$ für $t > 0$ und von $(X_s^{\delta,\tau}, X_t^{\delta,\tau} - X_s^{\delta,\tau})$ gegen $\mathcal{N}(0, Ds) \otimes \mathcal{N}(0, D(t-s))$ für $0 < s < t$ exakt durch.

11.4 Man charakterisiere die Eigenschaften 1, 2, 3 der Definition 11.5 der Brown'schen Bewegung durch ihre endlich-dimensionalen Verteilungen (mehrdimensionale Normalverteilungen).

11.5 Sei $(B_t)_{t\geq 0}$ eine Brown'sche Bewegung. Dann sind auch die folgenden Prozesse $\left(B_t^i\right)_{t\geq 0}$ $(i = 1, 2, 3)$ Brown'sche Bewegungen:
a) Skalierung: $B_t^1 = \sqrt{c}B_{t/c}$ $(t \geq 0)$ mit einem $c > 0$
b) Zeitverschiebung: $B_t^2 = B_{T+t} - B_T$ mit einem $T > 0$
c) Zeitumkehr: $B_t^3 = t\, B_{1/t}$ für $t > 0$ und $B_0^3 = 0$.

11.6 Sei $(E, \mathcal{B}, \lambda)$ ein Maßraum und $\mathcal{T}$ die Menge aller Mengen $A \in \mathcal{B}$ mit $\lambda(A) < \infty$.
a) Man konstruiere einen Prozess $(\mathcal{N}_A)_{A\in\mathcal{T}}$ mit den Eigenschaften:
   i) Für $A \in \mathcal{T}$ ist N_A poissonverteilt mit Parameter $\lambda(A)$.
   ii) Für paarweise disjunkte $A_1, \ldots, A_n \in \mathcal{T}$ $(n \geq 1)$ sind $N_{A_1}, \ldots, N_{A_n}$ unabhängig.
   iii) Für disjunkte $A, B \in \mathcal{T}$ ist $N_{A\cup B} = N_A + N_B$ f.s.
   Ein solcher Prozess heißt Poisson'scher Punktprozess mit Intensitätsmaß λ.
   Anleitung: Man bestimme für $A_1, A_2 \in \mathcal{T}$ die gemeinsame Verteilung von N_{A_1} und N_{A_2} durch eine geeignete Zerlegung von A_1 und A_2 und skizziere den allgemeinen Fall.
b) Für ein σ-endliches Maß λ gebe man eine alternative Realisierung an, indem man in E zufällig Punkte geeignet verteilt und N_A die Anzahl der Punkte in A ist.

Anleitung: Für ein endliches Maß λ gebe man zunächst die Verteilung der Anzahl N_E aller Punkte und dann die Verteilung der Lage der Punkte, gegeben $N_E = n$, für jedes $n \geq 0$ an.

c) Man stelle eine Beziehung zwischen dem Poisson-Prozess und einem geeigneten Poisson'schen Punktprozess her.

d) Sei λ das Lebesgue-Maß auf $\mathcal{B}(\mathbb{R})$. Man zeige für den Poisson'schen Punktprozess mit Intensitätsmaß λ, dass die Länge des zufälligen Intervalls, das den Punkt 0 enthält, $\sigma(N_A : A \in \mathcal{B}(\mathbb{R})$ mit $\lambda(A) < \infty)$-messbar ist. Man bestimme seine Verteilung und die Verteilung der benachbarten Intervalle und erkläre den Unterschied („Wartezeitparadoxon").

11.7 Sei $(N_t)_{t \geq 0}$ die Kolmogorov'sche Konstruktion eines Prozesses mit den endlichdimensionalen Verteilungen des Poisson-Prozesses. Sei $D = \left\{\frac{k}{2^n} : k \geq 0,\ n \geq 1\right\}$ und A die Menge aller ω, deren Pfade $(N_t(\omega))_{t \in D}$ auf D die Eigenschaften haben:

i) $N_0(\omega) = 0$

ii) $N_t(\omega)$ ist monoton wachsend in $t \in D$

iii) $N_t(\omega) \in \mathbb{Z}^+$ für alle $t \in D$.

a) Man zeige, dass $A \in \sigma(N_t, t \geq 0)$ und $P(A) = 1$ ist.
Für $\omega \in A$ definiere man $\overline{N_t}(\omega) = \inf\{N_s(\omega) : t < s \in D\}$ für alle $t \geq 0$, für $\omega \notin A$ setze man $\overline{N_t} = 0$ für alle $t \geq 0$.

b) Man zeige: $\left(\overline{N_t}\right)_{t \geq 0}$ ist ein Poisson-Prozess mit monoton wachsenden, rechtsseitig stetigen Pfaden in $\mathbb{Z}^+$. Die Unstetigkeiten sind f.s. Sprünge der Höhe 1.

11.8 Für $i = 1, 2$ sei X_i eine Zufallsvariable in einem messbaren Raum $(E_i, \mathcal{B}_i)$.
Man zeige: Ein Markov-Kern p von $(E_1, \mathcal{B}_1)$ nach $(E_2, \mathcal{B}_2)$ stellt entspr. (11.4) genau dann eine bedingte Verteilung von X_2, gegeben X_1, dar, wenn $Ef(X_1, X_2) = \int(\int f(x_1, x_2) p(x_1, \mathrm{d}x_2))\, \mathrm{d}P_{X_1}(x_1)$ für alle $\mathcal{B}_1 \otimes \mathcal{B}_2$-messbaren nicht-negativen Funktionen f auf $E_1 \times E_2$ ist.
In den folgenden Aufgaben stelle man die bedingten Verteilungen als Markov-Kerne dar.

11.9 Seien X, Y reellwertige Zufallsvariablen, deren gemeinsame Verteilung die Dichte f bzgl. des Lebesgue-Maßes in $\mathbb{R}^2$ hat.

a) Man bestimme die bedingte Verteilung von Y, gegeben $X = x (x \in \mathbb{R})$.

b) Man behandle speziell Normalverteilungen in $\mathbb{R}^2$.

11.10 a) Seien X, Y unabhängige reellwertige Zufallsvariable mit Verteilungen mit der Dichte f bzw. g bzgl. des Lebesgue-Maßes. Man bestimme die bedingte Verteilung von X, gegeben $X + Y = z$ $(z \in \mathbb{R})$.

b) Man behandle speziell den Fall von Zufallsvariablen, die mit gleichem Parameter exponentialverteilt sind, und standardnormalverteilten Zufallsvariablen.

12 Die Radon-Nikodym Ableitung

Da die Definition von stochastischen Prozessen sehr allgemein ist, lassen sich über die Existenz hinaus keine wesentlichen weiteren Aussagen für alle Prozesse beweisen. Die Behandlung von stochastischen Prozessen besteht daher nach den grundlegenden Existenzsätzen hauptsächlich aus der Theorie einzelner Klassen von Prozessen, die durch spezielle Eigenschaften der zeitlichen Entwicklung definiert sind. Sie betreffen die bedingte Verteilung der Prozesse in der Zukunft, gegeben ihren Verlauf bis zur Gegenwart, und damit die Abhängigkeit zwischen ihren Werten zu verschiedenen Zeiten. Für Prozesse solcher Klassen kann man jeweils für sie typische Verhalten herleiten. Wir haben eine solche Klasse und entsprechendes Vorgehen am Beispiel von Markov-Ketten bereits kennengelernt.

Um uns weiter mit stochastischen Prozessen zu beschäftigen, benötigen wir daher die Darstellung stochastischer Abhängigkeit. Wir haben schon gesehen, dass der elementare Begriff der bedingten Wahrscheinlichkeit (Definition 5.2) dazu nicht ausreicht. Wir werden im nächsten Kapitel bedingte Wahrscheinlichkeit im Sinne von (11.4) exakt definieren und noch erweitern. Als Vorbereitung behandeln wir in diesem Kapitel ein Thema aus der Maßtheorie, das dafür von grundlegender Bedeutung ist. Bisher haben wir Maße jeweils nur einzeln betrachtet. Um aber z. B. das stochastische Verhalten von Zufallsvariablen zueinander zu analysieren, müssen wir die Beziehung zwischen verschiedenen Maßen untersuchen. In diesem Zusammenhang wird sich speziell das Problem als besonders wichtig erweisen, unter welchen Bedingungen sich ein Maß als Maß mit einer Dichte bzgl. eines gegebenen Grundmaßes darstellen lässt. Der Satz von Radon-Nikodym ist ein wichtiges Kriterium dafür.

Dieses Thema gehört auch zu den Grundlagen der reellen Analysis. Denn es verallgemeinert die von dem Hauptsatz der Analysis her bekannte Beziehung zwischen Differentiation und Integration. Dabei wird sich die Integration als fundamentalere Operation als die Differentiation herausstellen. Denn man kann einen allgemeinen Ableitungsbegriff über das Integral definieren, ähnlich wie man ihn in der Theorie partieller Differentialgleichungen kennt. In Kap. 14 werden wir das Konzept mit Hilfe der Martingaltheorie weiter vertiefen. In dem Kapitel werden wir auch die Theorie stochastischer Prozesse fortsetzen.

M. Mürmann, *Wahrscheinlichkeitstheorie und Stochastische Prozesse*,

DOI 10.1007/978-3-642-38160-7_12,

12.1 Einführende Beispiele

Wir beginnen mit bekannten Beispielen, die die erwähnte Beziehung zwischen Differentiation und Integration begründen und ihrem Verständnis dienen sollen.

Maße mit Dichten

Bei einer elementaren Einführung in die Wahrscheinlichkeitstheorie ist es üblich, nach den diskreten Verteilungen als einfachste weitere Beispiele Wahrscheinlichkeiten auf $\mathbb{R}$ mit einer Dichte zu betrachten. Man begründet sie mit der Annahme, dass die Wahrscheinlichkeit kleiner Intervalle $(x, x+\Delta x]$ lokal näherungsweise proportional zur Intervalllänge Δx, also von der Form $P((x, x+\Delta x]) = f(x)\Delta x + o(\Delta x)$ für $\Delta x \to 0$ ist. Aus diesem infinitesimalen Verhalten kann man als Grenzwert von Riemann-Summen die Wahrscheinlichkeit von Intervallen $(a, b]$ als Integral $P((a, b]) = \int_a^b f(x)\,\mathrm{d}x$ ableiten. Für ein exaktes Vorgehen muss f genügend glatt und die Terme der Größenordnung $o(\Delta x)$ gleichmäßig klein in x sein. Es kommt dann jedoch nicht mehr auf das infinitesimale Verhalten an, sondern nur auf die auf diese Weise abgeleiteten Wahrscheinlichkeiten, die auch unter allgemeineren Bedingungen vorkommen. Der infinitesimale Ansatz zu ihrer Herleitung führt so mit heuristischen Argumenten über das Integral zu einer größeren Klasse von Wahrscheinlichkeiten und schließlich zu Maßen mit einer Dichte bzgl. eines beliebigen Maßes.

Bedingte Wahrscheinlichkeiten

Im Zusammenhang mit Markov-Prozessen mit stationären Übergangswahrscheinlichkeiten haben wir versucht, Ausdrücken der Form $P(Y \in B|X = x)$ $(x \in \mathbf{R})$, für die Definition 5.2 i. A. nicht anwendbar ist, einen Sinn zu geben. Dazu haben wir zunächst für alle $x \in \mathbb{R}$ die Existenz des Grenzwerts von $P(Y \in B|X \in (x, x + \Delta x]) = \frac{P(Y \in B, X \in (x, x+\Delta x])}{P(X \in (x, x+\Delta x])}$ für $\Delta x \to 0$, der eine Art verallgemeinerter Differentialquotient darstellt und den wir mit $p(x, B)$ bezeichnet haben, angenommen. Ähnlich wie in Beispiel 1 haben wir für $p(x, B)$ $(x \in \mathbb{R})$ die Gleichungen $P(X \in A, Y \in B) = \int_A p(x, B)\,\mathrm{d}\,P_X(x)$ für alle $A \in \mathcal{B}(\mathbb{R})$ abgeleitet. Diese Gleichungen begründeten die Interpretation von $p(x, B)$ $(x \in \mathbb{R})$ als bedingte Wahrscheinlichkeit $P(Y \in B|X = x)(x \in R)$. Zur exakten Durchführung müsste man wieder geeignete Konvergenz- und Glattheitsbedingungen voraussetzen. Es kam aber auch hier nur auf diese Gleichungen an, durch die auch für einen beliebigen Zustandsraum E und unter allgemeineren Bedingungen $p(x, B)$ $(x \in E)$ als bedingte Wahrscheinlichkeit $P(Y \in B|X = x)$ $(x \in E)$ sinnvoll definiert ist. Der Grenzwert, von dem wir als Motivation ausgegangen sind und der als allgemeine Form eines Differentialquotienten, also einer Ableitung, aufgefasst werden kann, hat uns zu einer allgemeiner anwendbaren Integralformel geführt.

Beide Beispiele haben die folgende gemeinsame Struktur. Gegeben sind zwei Maße μ und ν auf $\mathcal{B}(\mathbb{R})$, von denen wir ursprünglich angenommen haben, dass $\lim_{\Delta x \to 0} \frac{\nu((x,x+\Delta x])}{\mu((x,x+\Delta x])}$

$= f(x)$ für alle $x \in \mathbb{R}$ existiert. Unter geeigneten Annahmen folgt daraus $\nu((a,b]) = \int_a^b f(x)\,\mathrm{d}\mu(x)$ für alle $a, b \in \mathbb{R}$ mit $a < b$ und allgemein $\nu(A) = \int_A f(x)\,\mathrm{d}\mu(x)$ für alle $A \in \mathcal{B}(\mathbb{R})$. Das bedeutet, dass ν das Maß mit der Dichte f bzgl. μ ist.

In Beispiel 1 ist μ das Lebesgue-Maß und $\nu = P$, in Beispiel 2 ist $\mu = P_X$ und ν das durch $\nu(A) = P(X \in A, Y \in B)$ für $A \in \mathcal{B}(\mathbb{R})$ mit einer festen Menge $B \in \mathcal{B}(\mathbb{R})$ definierte Maß.

Die angenommenen Bedingungen brauchen jedoch nicht zu gelten, es muss nicht einmal der Differentialquotient $\lim_{\Delta x \to 0} \frac{\nu((x,x+\Delta x])}{\mu((x,x+\Delta x])}$ für alle $x \in \mathbb{R}$ existieren, damit ν als Maß mit einer Dichte f bzgl. μ darstellbar ist.

Da es sich somit um eine Verallgemeinerung der Differentiation handelt, bezeichnet man allgemein die Dichte f als Ableitung $\frac{\mathrm{d}\nu}{\mathrm{d}\mu}$. Sie ist durch ihre Integrale definiert und macht damit insbesondere nicht für einzelne Werte Sinn, sondern nur als Funktion.

Die Frage der Differentierbarkeit für diesen allgemeinen Ableitungsbegriff bedeutet, unter welchen Bedingungen zu einem gegebenen Grundmaß μ auf einem Maßraum $(\Omega, \mathcal{A})$ ein Maß ν auf $(\Omega, \mathcal{A})$ sich als Maß mit einer Dichte bzgl. μ darstellen lässt. Sie wird sich als sehr wichtig vor allem in der Wahrscheinlichkeitstheorie herausstellen. Das entscheidende Kriterium liefert der Satz von Radon-Nikodym.

Hauptsatz der Analysis

Die bekannteste Beziehung zwischen Differentiation und Integration ist der Hauptsatz der Analysis. Für uns ist die Version am geeignetsten, die besagt, dass für eine stetig differenzierbare Funktion F auf einem Intervall $I \subset \mathbb{R}$ die Gleichung

$$F(b) - F(a) = \int_a^b f(x)\,\mathrm{d}x \quad \text{für alle} \quad a, b \in I \quad \text{mit} \quad a < b \tag{12.1}$$

mit $f = F'$ gilt. Man überlege sich, dass man durch (12.1) die Ableitung von F als Funktion definieren kann. Die Frage liegt nahe, für welche Funktionen F die Differenzen durch (12.1) mit einer geeigneten Funktion f darstellbar sind bzw. für welche Paare (F, f) von Funktionen (12.1) gilt. Man mache sich an einem Beispiel klar, dass es dazu nicht notwendig ist, dass F differenzierbar ist.

Man kann auch Beispiel 1 darauf zurückführen, indem man F als Verteilungsfunktion von P nimmt. Für eine stetig differenzierbare Verteilungsfunktion F auf I existiert für alle $x \in I$ der Grenzwert von $\frac{P((x,x+\Delta x])}{\Delta x} = \frac{F(x+\Delta x)-F(x)}{\Delta x}$ für $\Delta x \to 0$ und ist gleich $F'(x)$. Aus dem Hauptsatz der Analysis folgt (12.1) mit $f = F'$. Allgemein bedeutet (12.1) in diesem Fall, dass das Wahrscheinlichkeitsmaß mit Verteilungsfunktion F die Dichte f bzgl. des Lebesgue-Maßes hat. Umgekehrt kann man (12.1) für geeignete Funktionen F in der Form von Beispiel 1 darstellen, indem man μ als Lebesgue-Maß und ν als das nach Satz 2.41 durch $\nu((a,b]) = F(b) - F(a)$ für alle $a, b \in I$ mit $a < b$ definierte Maß nimmt. Damit $\nu((a,b]) \geq 0$ für alle $a, b \in I$ mit $a < b$ ist, muss F monoton wachsend sein. Nicht zuletzt um in diesem Fall auch Funktionen F, die nicht monoton wachsend sind, zulassen zu können, werden wir zunächst den Begriff des Maßes auf Mengenfunktionen, die auch negative Werte annehmen können, verallgemeinern.

Dass die so begründete Auffassung von Dichten als verallgemeinerte Ableitungen sinnvoll ist, wird im folgenden durch weitere Beziehungen bestätigt werden. Man bezeichnet diese Ableitung als Radon-Nikodym Ableitung (s. Satz 12.23).

12.2 Signierte Maße

Der Definition eines Maßes liegen z. B. die Vorstellungen von Wahrscheinlichkeit, Länge, Flächeninhalt mit jeweils nichtnegativen Weiten zugrunde. In verschiedenen Situationen ist es sinnvoll, auch Mengenfunktionen mit negativen Werten zu betrachten. Neben dem schon erwähnten theoretischen Beispiel des Hauptsatzes der Analysis ist die Verteilung elektrischer Ladung ein konkretes Beispiel, das uns häufig zur Veranschaulichung dienen wird. Selbst wenn man es nur mit Maßen zu tun hat, können solche Mengenfunktionen nützlich sein, um z. B. zum Vergleich von Maßen ihre Differenz zu betrachten. Vor allem werden wir sie beim Beweis des Satzes von Radon-Nikodym gebrauchen. Auch benötigt man sie in der Funktionalanalysis zur Darstellung von Funktionalen als Integrale.

Von den übrigen Eigenschaften von Maßen nehmen wir an, dass sie weiterhin gelten sollen.

Damit für die σ-Additivität die rechte Seite von $\mu\left(\cup_{n=1}^{\infty} A_n\right) = \sum_{n=1}^{\infty} \mu(A_n)$ für paarweise disjunkte Mengen $A_n \in \mathcal{A}$ $(n \geq 1)$ definiert ist, darf μ nicht beide Werte $-\infty$ und $+\infty$ annehmen. Denn man kann sich leicht überlegen, dass es sonst auch disjunkte Mengen mit diesen Werten gibt.

▸ **Definition 12.1** Sei $(\Omega, \mathcal{A})$ ein messbarer Raum. Eine Mengenfunktion $\mu\colon \mathcal{A} \to \bar{\mathbb{R}}$, die höchstens einen der Werte $-\infty$ oder $+\infty$ annimmt, heißt ein *signiertes Maß*, wenn $\mu(\emptyset) = 0$ und μ σ-additiv ist.

Die grundlegenden Eigenschaften von signierten Maßen sind die folgenden:

▸ **Satz 12.2** Ein signiertes Maß μ auf $(\Omega, \mathcal{A})$ hat die Eigenschaften:

1. μ ist additiv.
2. Für $A, B \in \mathcal{A}$ mit $A \subset B$ und $\mu(B) \in \mathbb{R}$ ist $\mu(A) \in \mathbb{R}$ und $\mu(B \setminus A) = \mu(B) - \mu(A)$.
3. Für paarweise disjunkte Mengen $A_n \in \mathcal{A}$ $(n \geq 1)$ ist $\sum_{n=1}^{\infty} \mu(A_n)^+ < \infty$ oder $\sum_{n=1}^{\infty} \mu(A_n)^- < \infty$.

Dagegen ist ein signiertes Maß i. A. weder monoton noch (σ)-subadditiv.

Beweis: 1 und 2 folgen wie für Maße.

3. Wir nehmen an, dass $\mu(A) < \infty$ für alle $A \in \mathcal{A}$ ist. Seien $A_n \in \mathcal{A}$ $(n \geq 1)$ paarweise disjunkt.
   Für $A = \cup_{n:\, \mu(A_n)\geq 0} A_n$ ist $\sum_{n=1}^{\infty} \mu(A_n)^+ = \sum_{n:\, \mu(A_n)\geq 0} \mu(A_n) = \mu(A) < \infty$.
   Analog folgt im Fall $\mu(A) > -\infty$ für alle $A \in \mathcal{A}$, dass $\sum_{n=1}^{\infty} \mu(A_n)^- < \infty$ ist.

▸ **Definition 12.3** Ein signiertes Maß μ auf $(\Omega, \mathcal{A})$ heißt

1. *endlich*, wenn $\mu(\Omega) \in \mathbb{R}$ ist.
2. *σ-endlich*, wenn paarweise disjunkte Mengen $B_n \in \mathcal{A}$ $(n \geq 1)$ existieren mit $\Omega = \cup_{n=1}^{\infty} B_n$ und $\mu(B_n) \in \mathbb{R}$ für alle $n \geq 1$.

Anmerkungen:

1. Nach Satz 12.2.2 ist ein signiertes Maß μ genau dann endlich, wenn $\mu(A) \in \mathbb{R}$ für alle $A \in \mathcal{A}$ ist.
2. Wie im Fall von Maßen ist die σ-Endlichkeit eines signierten Maßes μ äquivalent zur Existenz von Mengen $A_n \in \mathcal{A}$ $(n \geq 1)$ mit $A_n \uparrow \Omega$ für $n \to \infty$ und $\mu(A_n) \in \mathbb{R}$ für alle $n \geq 1$.

Beispiel

Seien μ_1 und μ_2 Maße auf $(\Omega, \mathcal{A})$, von denen mindestens eins endlich ist. Dann ist $\mu = \mu_1 - \mu_2$ ein signiertes Maß.

Wir werden zeigen, dass jedes signierte Maß auf diese Weise darstellbar ist. Eine solche Darstellung ist nicht eindeutig, denn für eine Darstellung $\mu = \mu_1 - \mu_2$ ist mit einem beliebigen endlichen Maß ν auch $\mu = (\mu_1 + \nu) - (\mu_2 + \nu)$. Das legt nahe, eine Darstellung mit möglichst kleinen Maßen μ_1 und μ_2 zu suchen. Dazu zeigen wir, dass man Ω in zwei disjunkte Teilmengen zerlegen kann, auf denen μ nur positive bzw. nur negative Werte annimmt. Denkt man an die Verteilung elektrischer Ladung, so entsprechen diese Teilmengen dem Sitz der positiven bzw. negativen Ladung.

▸ **Definition 12.4** Sei μ ein signiertes Maß auf $(\Omega, \mathcal{A})$. Eine Menge $A \in \mathcal{A}$ heißt *positiv* bzw. *negativ bzgl.* μ, wenn $\mu(B) \geq 0$ bzw. $\mu(B) \leq 0$ für alle $B \in \mathcal{A}$ mit $B \subset A$ ist.

▸ **Satz 12.5** Sei μ ein signiertes Maß auf $(\Omega, \mathcal{A})$. Dann existieren Mengen $\Omega^+, \Omega^- \in \mathcal{A}$ mit $\Omega = \Omega^+ \cup \Omega^-$ und $\Omega^+ \cap \Omega^- = \emptyset$, so dass Ω^+ positiv und Ω^- negativ bzgl. μ ist. Das Paar (Ω^+, Ω^-) heißt eine *Hahn-Zerlegung von Ω bzgl. μ*.

Beweis: Wir können wieder annehmen, dass $\mu(A) > -\infty$ für alle $A \in \mathcal{A}$ ist. Wir konstruieren eine Hahn-Zerlegung, indem wir zeigen:

1. Unter allen negativen Mengen bzgl. μ existiert eine mit kleinstem Wert von μ.
2. Das Komplement einer solchen Menge ist positiv.

Beweis von 1: Es bezeichne $\mathcal{N}$ das System aller negativen Mengen. Wir beweisen zunächst die folgenden Eigenschaften von $\mathcal{N}$:

i) $\mathcal{N} \neq 0$
ii) $N, M \in \mathcal{A}$ mit $M \subset N$ und $N \in \mathcal{N} \Rightarrow M \in \mathcal{N}$
iii) $N_n \in \mathcal{N}\,(n \geq 1) \Rightarrow \cup_{n=1}^{\infty} N_n \in \mathcal{N}$.

i) gilt, da $\varnothing \in \mathcal{N}$ ist, und ii) ist klar.

Beweis von iii): Seien zunächst $N_n \in \mathcal{N}\,(n \geq 1)$ paarweise disjunkt.

Für $B \in \mathcal{A}$ mit $B \subset \cup_{n=1}^{\infty} N_n$ ist $B = \cup_{n=1}^{\infty}(N_n \cap B)$. Aus $N_n \in \mathcal{N}$ folgt $\mu(N_n \cap B) \leq 0$ für jedes $n \geq 1$ und $\mu(B) = \sum_{n=1}^{\infty} \mu(N_n \cap B) \leq 0$. Damit ist $\cup_{n=1}^{\infty} N_n \in \mathcal{N}$.

Den Fall beliebiger Mengen $N_n \in \mathcal{N}\,(n \geq 1)$ führt man leicht auf diesen mit Eigenschaft ii) und $N_n' = N_n \setminus \left(\cup_{k=1}^{n-1} N_k\right) \in N(n \geq 1)$ zurück.

Sei nun $\mu_- = \inf\{\mu(N) : N \in \mathcal{N}\}$ mit $-\infty \leq \mu_- \leq 0$.

Es existiert eine Folge $(N_n)_{n\geq 1}$ in $\mathcal{N}$ mit $\mu(N_n) \to \mu_-$ für $n \to \infty$. Sei $N = \cup_{n=1}^{\infty} N_n$. Nach Eigenschaft iii) ist $N \in \mathcal{N}$. Wir zeigen, dass $\mu(N) = \mu_-$ ist.

Da $N \in \mathcal{N}$ ist, ist $\mu(N) \geq \mu_-$.

Für jedes $n \geq 1$ ist $N_n \subset N$ und daher $N = N_n \cup (N \setminus N_n)$. Da $\mu(N \setminus N_n) \leq 0$ ist, ist $\mu(N) = \mu(N_n) + \mu(N \setminus N_n) \leq \mu(N_n)$ für alle $n \geq 1$. Mit $n \to \infty$ folgt $\mu(N) \leq \mu_-$. Damit ist $\mu(N) = \mu_- > -\infty$.

Beweis von 2: Sei $N \in \mathcal{N}$ mit $\mu(N) = \mu_-$.

Wir beweisen die folgende Behauptung, die wir wiederholt anwenden werden:

$$\text{Zu } A \in \mathcal{A} \text{ mit } A \subset N^c \text{ und } \mu(A) < 0 \text{ existiert ein } B \in \mathcal{A} \text{ mit } B \subset A \text{ und } \mu(B) > 0. \tag{12.2}$$

Beweis von (12.2)**:** Angenommen, (12.2) sei falsch. Dann existiert eine Menge $A \in \mathcal{A}$ mit $A \subset N^c$ und $\mu(A) < 0$, so dass $\mu(B) \leq 0$ für alle $B \in \mathcal{A}$ mit $B \subset A$ ist. Damit ist $A \in \mathcal{N}$ und nach Eigenschaft iii) $A \cup N \in \mathcal{N}$. Da $A \cap N = \varnothing$ ist, ist $\mu(A \cup N) = \mu(A) + \mu(N) < \mu(N) = \mu_-$, und wir erhalten einen Widerspruch zur Minimalität von μ_-.

Auch den Beweis von 2 führen wir indirekt. Sei also N^c nicht positiv. Dann existiert eine Menge $A \in \mathcal{A}$ mit $A \subset N^c$ und $\mu(A) < 0$.

Die Idee, einen Widerspruch herzuleiten, besteht darin, ausgehend von A mit Hilfe von (12.2) sukzessive Mengen mit möglichst großem positivem signiertem Maß wegzunehmen, bis eine negative Menge übrig bleibt, die im Widerspruch zu (12.2) steht.

Sei $n_1 = \{n \geq 1$: es existiert $A' \in \mathcal{A}$ mit $A' \subset A$ und $\mu(A') \geq \frac{1}{n}\}$. Solche Mengen existieren für genügend großes n nach (12.2). Sei $A_1 \in \mathcal{A}$ mit $A_1 \subset A$ und $\mu(A_1) \geq \frac{1}{n_1}$. Für $A \setminus A_1$ ist $\mu(A \setminus A_1) = \mu(A) - \mu(A_1) \leq \mu(A) - \frac{1}{n_1} < -\frac{1}{n_1} < 0$. Wir wenden (12.2) jetzt auf $A \setminus A_1$ an und erhalten analog $n_2 = \min\{n \geq 1$: es existiert $A' \in \mathcal{A}$ mit $A' \subset (A \setminus A_1)$ und $\mu(A') \geq \frac{1}{n}\}$ und $A_2 \in \mathcal{A}$ mit $A_2 \subset (A \setminus A_1)$ und $\mu(A_2) \geq \frac{1}{n_2}$. Es ist $\mu(A \setminus (A_1 \cup A_2)) = \mu((A \setminus A_1) \setminus A_2) = \mu(A \setminus A_1) - \mu(A_2) < 0$.

Rekursiv erhalten wir auf diese Weise für $k \geq 1$ Mengen $A_k \in \mathcal{A}$ mit $A_k \subset \left(A \setminus \left(\cup_{i=1}^{k-1} A_i\right)\right)$ und $\mu(A_k) \geq \frac{1}{n_k}$ mit minimalem n_k. Die Mengen A_k $(k \geq 1)$ sind paarweise disjunkt mit $\cup_{k=1}^{\infty} A_k \subset A$.

Da $\mu(A) \in \mathbb{R}$ ist, ist nach Satz 12.2.2 auch $\mu\left(\cup_{k=1}^{\infty} A_k\right) \in \mathbf{R}$ mit

$$\infty > \mu\left(\bigcup_{k=1}^{\infty} A_k\right) = \sum_{k=1}^{\infty} \mu(A_k) \geq \sum_{k=1}^{\infty} \frac{1}{n_k} > 0\,.$$

Daher ist $\sum_{k=1}^{\infty} \frac{1}{n_k} < \infty$, und es geht $n_k \to \infty$ für $k \to \infty$.

Wir zeigen nun, dass die Menge $\widetilde{A} = A \setminus \left(\cup_{k=1}^{\infty} A_k\right) \subset A \subset N^C$ (12.2) nicht erfüllt.

Es ist $\mu(\widetilde{A}) = \mu(A) - \mu\left(\cup_{k=1}^{\infty} A_k\right) < \mu(A) < 0$.

Sei $B \in \mathcal{A}$ mit $B \subset \widetilde{A}$. Für jedes $k \geq 1$ ist $B \subset \left(A \setminus \left(\cup_{i=1}^{k-1} A_i\right)\right)$ und daher $\mu(B) \leq \frac{1}{n_k - 1}$ wegen der Minimalität von n_k. Mit $k \to \infty$ folgt $\mu(B) \leq 0$. Damit erfüllt $\widetilde{A}$ (12.2) nicht.

Die Hahn-Zerlegung ist i. A. nicht eindeutig. Denn man kann Mengen, auf denen μ identisch verschwindet, d. h. deren messbare Teilmengen alle das signierte Maß 0 haben, beliebig auf den positiven oder negativen Teil verteilen. Für signierte Maße μ nennen wir solche Mengen μ-Nullmengen.

▸ **Definition 12.6** Sei μ ein signiertes Maß auf $(\Omega, \mathcal{A})$. Eine Menge $A \in \mathcal{A}$ heißt eine *μ-Nullmenge*, wenn $\mu(B) = 0$ ist für alle $B \in \mathcal{A}$ mit $B \subset A$.

Für Maße stimmt die Definition offensichtlich mit der bisherigen überein. Ebenso klar ist, dass eine Menge genau dann eine μ -Nullmenge ist, wenn sie positiv und negativ bzgl. μ ist.

▸ **Satz 12.7** Sei μ ein signiertes Maß auf $(\Omega, \mathcal{A})$ und (Ω_i^+, Ω_i^-) $(i = 1, 2)$ zwei Hahn-Zerlegungen von Ω bzgl. μ. Dann ist $\Omega_1^+ \Delta \Omega_2^+ = \Omega_1^- \Delta \Omega_2^-$ eine μ-Nullmenge. Für jedes $A \in \mathcal{A}$ ist $\mu\left(A \cap \Omega_1^{\pm}\right) = \mu\left(A \cap \Omega_1^{\pm}\right)$.

Anmerkung: Es gilt auch die Umkehrung (s. Übung 12.1).

Beweis: Es ist $\Omega_1^+ \Delta \Omega_2^+ = (\Omega_1^+ \setminus \Omega_2^+) \cup (\Omega_2^+ \setminus \Omega_1^+) = (\Omega_1^+ \cap \Omega_2^-) \cup (\Omega_2^+ \cap \Omega_1^-) = \Omega_1^- \Delta \Omega_2^-$.

Für $A \in \mathcal{A}$ mit $A \subset \Omega_1^+ \Delta \Omega_2^+$ ist $A = [A \cap (\Omega_1^+ \cap \Omega_2^-)] \cup [A \cap (\Omega_2^+ \cap \Omega_1^-)]$.

Aus $A \cap (\Omega_1^+ \cap \Omega_2^-) \subset \Omega_1^+$ folgt $\mu\left(A \cap (\Omega_1^+ \cap \Omega_2^-)\right) \geq 0$, und aus $A \cap (\Omega_1^+ \cap \Omega_2^-) \subset \Omega_2^-$ folgt $\mu\left(A \cap (\Omega_1^+ \cap \Omega_2^-)\right) \leq 0$. Daher ist $\mu\left(A \cap (\Omega_1^+ \cap \Omega_2^-)\right) = 0$. Analog folgt $\mu\big(A \cap (\Omega_2^+ \cap \Omega_1^-)\big) = 0$ und damit $\mu(A) = 0$.

Für eine beliebige Menge $A \in \mathcal{A}$ zerlegen wir $A \cap \Omega_1^+$ in $A \cap \Omega_1^+ = (A \cap \Omega_1^+ \cap \Omega_2^+) \cup (A \cap \Omega_1^+ \cap \Omega_2^-)$. Da $(A \cap \Omega_1^+ \cap \Omega_2^-) \subset (\Omega_1^+ \Delta \Omega_2^+)$ ist, ist $\mu\left(A \subset \Omega_1^+ \cap \Omega_2^-\right) = 0$. Aus Symmetriegründen folgt $\mu\left(A \cap \Omega_1^+\right) = \mu\left(A \cap \Omega_1^+ \cap \Omega_2^+\right) = \mu\left(A \cap \Omega_2^+\right)$ und analog $\mu\left(A \cap \Omega_1^-\right) = \mu\left(A \cap \Omega_2^-\right)$.

Satz 12.8 rechtfertigt die folgende Definition:

Definition 12.8 Sei μ ein signiertes Maß auf $(\Omega, \mathcal{A})$. Die *positive bzw. negative Variation* μ^+ bzw. μ^- von μ ist definiert durch $\mu^+(A) = \mu(A \cap \Omega^+)$ bzw. $\mu^-(A) = -\mu(A \cap \Omega^-)$ für $A \in \mathcal{A}$ wobei (Ω^+, Ω^-) eine Hahn-Zerlegung von Ω bzgl. μ ist. Die *totale Variation* $|\mu|$ von μ ist $|\mu| = \mu^+ + \mu^-$.

Man beachte, dass auch die negative Variation positiv ist. Stellt man sich ein signiertes Maß als Verteilung elektrischer Ladung vor, dann sind die positive bzw. negative Variation die Verteilung der positiven bzw. negativen Ladung, jeweils positiv gezählt. Die totale Variation ist die Verteilung der Gesamtladung, wobei auch die negative Ladung positiv gezählt wird.

Zur ordnungstheoretischen Bedeutung der Bezeichnungen μ^+, μ^- und $|\mu|$ siehe Übung 12.3.

Klar ist der folgende Satz.

Satz 12.9 Die positive, negative und totale Variation eines signierten Maßes μ sind Maße, und es ist $\mu = \mu^+ - \mu^-$. Ist μ endlich bzw. σ-endlich, dann sind auch μ^+, μ^- und $|\mu|$ endlich bzw. σ-endlich.

Satz 12.9 liefert die gesuchte Darstellung eines signierten Maßes als Differenz von Maßen.

Definition 12.10 Die Darstellung $\mu = \mu^+ - \mu^-$ eines signierten Maßes μ heißt *Jordan-Zerlegung* von μ.

Da die Hahn-Zerlegung und die Jordan-Zerlegung eng miteinander zusammenhängen, wird die Jordan-Zerlegung auch Hahn-Jordan-Zerlegung genannt. Sie lässt sich noch auf andere Art darstellen.

Proposition 12.11 Sei μ ein signiertes Maß auf $(\Omega, \mathcal{A})$.

1. Für eine Menge $A \in \mathcal{A}$ ist $\mu^+(A) = \sup\{\mu(B) : B \in \mathcal{A}, B \subset A\}$ und $\mu^-(A) = \sup\{-\mu(B) : B \in \mathcal{A}, B \subset A\}$.
2. Seien μ_1 und μ_2 Maße auf $(\Omega, \mathcal{A})$ mit $\mu = \mu_1 - \mu_2$. Dann ist $\mu^+ \leq \mu_1$ und $\mu^- \leq \mu_2$.

Wir lassen den einfachen Beweis als Übung 12.2.

Proposition 12.12 Sei μ ein signiertes Maß auf $(\Omega, \mathcal{A})$. Für eine Menge $A \in \mathcal{A}$ sind äquivalent:

1. A ist eine μ-Nullmenge.
2. A ist eine μ^+- und μ^--Nullmenge.
3. A ist eine $|\mu|$-Nullmenge.

Beweis: 1 ⇒ 2: Da $A \cap \Omega^{\pm} \subset A$ sind, sind $0 = \mu(A \cap \Omega^{\pm}) = \pm\mu^{\pm}(A)$.

2 ⇒ 1: Da μ^+ und μ^- Maße sind, folgt aus $\mu^{\pm}(A) = 0$, dass für alle Mengen $B \in \mathcal{A}$ mit $B \subset A$ $\mu^{\pm}(B) = 0$ und damit $\mu(B) = \mu^+(B) - \mu^-(B) = 0$ ist.

Die Äquivalenz von 2 und 3 folgt aus $|\mu| = \mu^+ + \mu^-$ und $0 \leq \mu^{\pm} \leq |\mu|$.

Integration bzgl. eines signierten Maßes Die Integration bzgl. eines signierten Maßes ist offensichtlich nur sinnvoll für endliche Werte des Integrals. Man definiert sie über die Jordan-Zerlegung $\mu = \mu^+ - \mu^-$.

▸ **Definition 12.13** Sei μ ein signiertes Maß auf $\{\Omega, \mathcal{A}\}$. Eine $\mathcal{A}$-messbare Funktion $X\colon \Omega \to \overline{\mathbb{R}}$ heißt *μ-integrierbar*, wenn X μ^+- und μ^--integrierbar ist. In diesem Fall ist das *Integral von X bzgl. μ* definiert durch $\int X \, d\mu = \int X \, d\mu^+ - \int X \, d\mu^-$.

Wie die Äquivalenz von 2 und 3 in Proposition 12.12 zeigt man:

▸ **Satz 12.14** Eine Funktion X ist genau dann μ-integrierbar, wenn X $|\mu|$-integrierbar ist.

Der Nachweis der Integrierbarkeit lässt sich damit auf die Integrierbarkeit bzgl. eines Maßes zurückführen.

Aus der Darstellung des Integrals bzgl. eines signierten Maßes als Differenz von Integralen bzgl. von Maßen folgen direkt dieselben Eigenschaften wie für das Integral bzgl. eines Maßes, mit Ausnahme der Monotonie und entsprechenden Ungleichungen, wie z. B. das Lemma von Fatou. Es gilt jedoch auch die folgende Ungleichung:

▸ **Satz 12.15** Für eine integrierbare Funktion X bzgl. eines signierten Maßes μ ist

$$\left| \int X \, d\mu \right| \leq \int |X| \, d|\mu| .$$

Beweis: Es ist

$$\begin{aligned} \left|\int X \, d\mu\right| &= \left|\int X \, d\mu^+ - \int X \, d\mu^-\right| \leq \left|\int X \, d\mu^+\right| + \left|\int X \, d\mu^-\right| \leq \int |X| \, d\mu^+ + \int |X| \, d\mu^- \\ &= \int |X| \, d|\mu| . \end{aligned}$$

12.3 Der Satz von Radon-Nikodym

Wir werden jetzt zeigen, wie schon am Anfang des Kapitels angekündigt, unter welchen Bedingungen sich ein Maß als Maß mit einer Dichte bzgl. eines gegebenen Grundmaßes darstellen lässt. Wir behandeln das Problem von vorn herein für signierte Maße mit einer

Dichte. Bei ihrer Einführung zeigen wir, dass die verschiedenen Variationen auch Maße mit einer Dichte sind, die wir explizit angeben. Der Einfachheit halber nehmen wir an, dass das Grundmaß weiterhin ein Maß ist. Der Fall eines signierten Grundmaßes lässt sich leicht darauf zurückführen.

▸ **Satz 12.16** Sei $(\Omega, \mathcal{A}, \mu)$ ein Maßraum und f eine im weiteren Sinne μ-integrierbare Funktion. Dann ist $\nu(A) = \int_A f \, \mathrm{d}\mu$ für alle $A \in \mathcal{A}$ eindeutig definiert, ν ist ein signiertes Maß auf $(\Omega, \mathcal{A})$. Es heißt das *signierte Maß mit der Dichte f bzgl. μ* und wird mit $\nu = f\mu$ bezeichnet.

Die Maße $\nu^{\pm}$ haben die Dichten $f^{\pm}$ und $|\nu|$ hat die Dichte $|f|$ bzgl. μ.

Man benutzt auch die formale Schreibweise $\mathrm{d}\nu = f \, \mathrm{d}\mu$.

Beweis: Wir nehmen ohne Einschränkung $\int f^+ \, \mathrm{d}\mu < \infty$ an.

Für $A \in \mathcal{A}$ ist $0 \le \int_A f^+ \, \mathrm{d}\mu \le \int f^+ \, \mathrm{d}\mu < \infty$. Damit ist $\int_A f \, \mathrm{d}\mu = \int_A f^+ \, \mathrm{d}\mu - \int_A f^- \, \mathrm{d}\mu$ eindeutig definiert.

Seien $\widetilde{\nu}^{\pm}$ die Maße mit den Dichten $f^{\pm}$. Da $\nu = \widetilde{\nu}^{+} - \widetilde{\nu}^{-}$ und $\widetilde{\nu}^{+}$ endlich ist, ist ν ein signiertes Maß.

Es bleibt zu zeigen, dass $\nu^{\pm} = \widetilde{\nu}^{\pm}$ ist.

Offensichtlich bilden die Mengen $\Omega^+ = \{f \ge 0\}$ und $\Omega^- = \{f < 0\}$ eine Hahn-Zerlegung bzgl. ν.

Damit ist für $A \in \mathcal{A}$

$$\nu^{\pm}(A) = \pm\nu\left(A \cap \Omega^{\pm}\right) = \pm\left(\int\limits_{A\cap\omega^{\pm}} f \, \mathrm{d}\mu\right) = \int\limits_A (\pm f) 1_{\Omega^{\pm}} \, \mathrm{d}\mu = \int\limits_A f^{\pm} \, \mathrm{d}\mu = \widetilde{\nu}^{\pm}(A)$$

und $|\nu| = \nu^+ + \nu^- = f^+\mu + f^-\mu = |f|\mu$.

Für die Integration bzgl. eines signierten Maßes mit einer Dichte gilt wie für Maße:

▸ **Satz 12.17** Sei ν das signierte Maß mit der Dichte f bzgl. eines Maßes μ. Eine Funktion X ist genau dann ν-integrierbar, wenn Xf μ-integrierbar ist. In diesem Fall ist $\int X \, \mathrm{d}\nu = \int (Xf) \, \mathrm{d}\mu$.

Formal kann man Satz 12.17 als Assoziativität $X(f \, \mathrm{d}\mu) = (Xf) \, \mathrm{d}\mu$ auffassen.

Beweis: Der Fall $f \ge 0$ ist der eines Maßes ν und entspricht Satz 4.31. Mit Satz 12.16 wenden wir ihn für signierte Maße auf $f^{\pm}$ und $|f|$ an.

Aus Satz 12.14 folgen die Äquivalenzen:

$$X \; \nu\text{-integrierbar} \;\Leftrightarrow\; X \; |\nu|\text{-integrierbar} \;\Leftrightarrow\; X|f| \; \mu\text{-integrierbar} \;\Leftrightarrow\; Xf \; \mu\text{-integrierbar}\,.$$

In diesem Fall ist $\int X \, \mathrm{d}\nu = \int X \, \mathrm{d}\nu^+ - \int X \, \mathrm{d}\nu^- = \int (Xf^+) \, \mathrm{d}\mu - \int (Xf^-) \, \mathrm{d}\mu = \int (Xf) \, \mathrm{d}\mu$.

Analog zu Maßen gibt es Beziehungen zwischen den Werten der Dichte und Eigenschaften des signierten Maßes. Das betrifft auch die Frage, inwieweit eine Dichte eindeutig ist. Zunächst gilt

▸ **Proposition 12.18** Für das signierte Maß ν mit der Dichte f bzgl. eines Maßes μ gilt:

1. ν ist genau dann endlich, wenn f μ-integrierbar ist.
2. ν ist genau dann ein Maß, wenn $f \geq 0$ μ-f.ü. ist.

Beweis:
1. ν ist genau dann endlich, wenn $|\nu|$ endlich, also $|\nu|(\Omega) = \int |f| \, \mathrm{d}\mu < \infty$ ist.
2. folgt aus Folgerung 4.21.2.

▸ **Satz 12.19** Für $i = 1, 2$ sei die Funktion f_i im weiteren Sinne μ-integrierbar und $\nu_i = f_i \mu$. Dann gilt:

1. $f_1 = f_2$ μ-f.ü. $\Rightarrow \nu_1 = \nu_2$
2. $\nu_1 = \nu_2$ σ-endlich $\Rightarrow f_1 = f_2$ μ-f.ü.

Beweis: 1. ist klar.

2. Im Fall, dass $\nu_1 = \nu_2$ endlich und daher f_1 und f_2 μ-integrierbar sind, folgt die Behauptung wieder aus Folgerung 4.21.2.

Im σ-endlichen Fall zerlegen wir $\Omega = \cup_{n=1}^{\infty} B_n$ in paarweise disjunkte Mengen $B_n \in \mathcal{A}$ $(n \geq 1)$ mit $\nu_1(B_n) = \nu_2(B_n) \in \mathbb{R}$ für $n \geq 1$.

Für $n \geq 1$ und $i = 1, 2$ seien $\nu_{in}(A) - \nu_i(A \cap B_n) = \int_{A \cap B_n} f_i \, \mathrm{d}\mu = \int_A f_i 1_{B_n} \, \mathrm{d}\mu$ für $A \in \mathcal{A}$. ν_{1n} und ν_{2n} sind endliche signierte Maße. Aus $\nu_{1n} = \nu_{2n}$ folgt $f_1 1_{B_n} = f_2 1_{B_n} = \mu$-f-ü. für $n \geq 1$ und

$$f_1 = \sum_{n=1}^{\infty} f_1 1_{B_n} = \sum_{n=1}^{\infty} f_2 1_{B_n} = f_2 \quad \mu - \text{f.ü.}$$

Gegenbeispiel

Wir zeigen an einem Beispiel, dass Satz 12.19.2 ohne σ-Endlichkeit falsch ist. Sei Ω eine überabzählbare Menge. $\mathcal{A}$ bestehe aus allen höchstens abzählbaren Mengen und deren Komplementen. μ sei auf $\mathcal{A}$ definiert durch $\mu(A) = 0$, wenn A höchstens abzählbar ist, und $\mu(A) = \infty$, wenn A^C höchstens abzählbar ist. Man überlege sich, dass $\mathcal{A}$ eine σ-Algebra und μ ein Maß auf $\mathcal{A}$ ist. Es ist $\mu = f\mu = g\mu$ mit $f \equiv 1$ und $g \equiv 2$.

Absolut stetige signierte Maße Wir leiten jetzt das Kriterium für die Existenz einer Dichte her. Für ein signiertes Maß ν mit einer Dichte f bzgl. eines Maßes μ gilt offensichtlich, dass $\nu(A) = \int_A f \, \mathrm{d}\mu = 0$ für alle Mengen $A \in \mathcal{A}$ mit $|\mu|(A) = 0$ ist. Jede μ-Nullmenge ist damit auch eine ν-Nullmenge. Wir zeigen, dass diese notwendige Eigenschaft für die Existenz einer Dichte für σ-endliche signierte Maße auch hinreichend ist. Man nennt sie absolute Stetigkeit.

Definition 12.20 Seien μ, ν signierte Maße auf $(\Omega, \mathcal{A})$. ν heißt *absolut stetig bzgl.* μ, wenn $\nu(A) = 0$ für alle $A \in \mathcal{A}$ mit $|\mu|(A) = 0$ ist.

Man bezeichnet die absolute Stetigkeit von ν bzgl. μ mit $\nu \ll \mu$.

Satz 12.21 Für signierte Maße μ, ν auf $(\Omega, \mathcal{A})$ sind äquivalent:

1. $\nu \ll \mu$
2. $|\nu| \ll |\mu|$
3. $\nu^{\pm} \ll \mu$.

Beweis: Wir wenden mehrfach Proposition 12.12 an.

1 ⇒ 2: Sei $A \in \mathcal{A}$ mit $|\mu|(A) = 0$. Da $|\mu|$ ein Maß ist, ist $|\mu|(B) = 0$ für alle $B \in \mathcal{A}$ mit $B \subset A$. Aus 1 folgt $\nu(B) = 0$ für alle $B \in \mathcal{A}$ mit $B \subset A$. Damit ist A eine ν-Nullmenge und $|\nu|(A) = 0$.

2 ⇒ 1: Für $A \in \mathcal{A}$ mit $|\mu|(A) = 0$ folgt nach 2 $|\nu|(A) = 0$ und daraus $\nu(A) = 0$.

2 ⇔ 3: Da die absolute Stetigkeit in Bezug auf μ nur von $|\mu|$ abhängt, folgt die Äquivalenz aus der entsprechenden Äquivalenz von Proposition 12.12 für ν.

Für ein endliches signiertes Maß ν bedeutet die absolute Stetigkeit tatsächlich Stetigkeit in dem Sinne, dass $|\nu|(A) \to 0$ für $|\mu|(A) \to 0$ konvergiert, wie wir jetzt zeigen werden. Der Begriff stammt jedoch aus der Analysis reeller Funktionen. Wir werden später darauf eingehen.

Satz 12.22 Sei μ ein signiertes Maß und ν ein endliches signiertes Maß auf $(\Omega, \mathcal{A})$ mit $\nu \ll \mu$. Dann existiert zu jedem $\varepsilon > 0$ ein $\delta > 0$, so dass $|\nu|(A) \le \varepsilon$ für alle $A \in \mathcal{A}$ mit $|\mu|(A) \le \delta$ ist.

Beweis: Da die absolute Stetigkeit nach der äquivalenten Eigenschaft 2 von Satz 12.21 und die Behauptung von Satz 12.22 in Bezug auf ν und μ nur von $|\nu|$ bzw. $|\mu|$ abhängen, können wir ohne Einschränkung annehmen, dass ν und μ Maße sind.

Angenommen, die Behauptung sei falsch. Dann existiert ein $\varepsilon_0 > 0$ und zu jedem $n \ge 1$ eine Menge $A_n \in \mathcal{A}$ mit $\mu(A_n) \le \frac{1}{2^n}$ und $\nu(A_n) > \varepsilon_0$. Sei $A = \limsup_{n\to\infty} A_n = \bigcap_{n=1}^{\infty} \bigcup_{m=n}^{\infty} A_m$. Für $n \ge 1$ ist $\mu(A) \le \mu\left(\bigcup_{m=n}^{\infty} A_m\right) \le \sum_{m=n}^{\infty} \mu(A_m) \le \frac{1}{2^{n-1}}$. Daher ist $\mu(A) = 0$ und damit $\nu(A) = 0$, da $\nu \ll \mu$ ist.

Andererseits ist $\nu\left(\cup_{m=n}^{\infty} A_m\right) \geq \nu(A_n) > \varepsilon_0$ für $n \geq 1$. Da ν endlich ist, folgt $\nu(A) = \lim_{n\to\infty} \nu\left(\cup_{m=n}^{\infty} A_m\right) \geq \varepsilon_0$, und wir erhalten einen Widerspruch.

Wir können jetzt das angekündigte Kriterium beweisen.

▸ **Satz von Radon-Nikodym 12.23** Sei $(\Omega, \mathcal{A}, \mu)$ ein Maßraum mit einem σ-endlichen Maß μ und ν ein σ-endliches signiertes Maß auf $(\Omega, \mathcal{A})$. Es existiert genau dann eine $\mathcal{A}$-messbare Dichte f mit $\nu = f\mu$, wenn ν absolut stetig bzgl. μ ist.

In diesem Fall ist die Funktion f μ-f.ü. eindeutig bestimmt. Sie heißt die *Radon-Nikodym Ableitung von ν bzgl. μ* und wird mit $f = \frac{d\nu}{d\mu}$ bezeichnet.

Die Radon-Nikodym Ableitung $\frac{d\nu}{d\mu}$ ist durch $\nu(A) = \int_A \frac{d\nu}{d\mu}\, d\mu$ für $A \in \mathcal{A}$ charakterisiert. Da auch $\nu(A) = \int_A d\nu$ ist, drückt man diese Beziehung formal auch durch $d\nu = \frac{d\nu}{d\mu}\, d\mu$ aus (s. Anmerkung zu Satz 12.16).

Beweis: Wie bereits erwähnt, ist es klar, dass $\nu << \mu$ für $\nu = f\mu$ ist, und die μ-f.ü. Eindeutigkeit von f haben wir mit Satz 12.19.2 bereits bewiesen.

Zu zeigen bleibt daher die Existenz einer Dichte unter der Voraussetzung, dass $\nu \ll \mu$ ist. Wir zeigen sie zuerst für den Fall, dass μ und ν endliche Maße sind, und führen den allgemeinen Fall dann auf diesen schrittweise zurück.

1. Fall: μ, ν endliche Maße Die Idee der Konstruktion einer Dichte f besteht darin, in dem Maß ν möglichst viel Dichte f bzgl. μ unterzubringen. Wir definieren daher das System von Funktionen

$$\mathcal{F} = \left\{ f : f\ \mathcal{A}\text{-messbar},\ f \geq 0,\ \int\limits_A f\, d\mu \leq \nu(A) \text{ für alle } A \in \mathcal{A} \right\}.$$

Da $f \equiv 0 \in \mathcal{F}$ ist, ist $\mathcal{F} \neq \varnothing$.

Ferner gilt:

$$f_n \in \mathcal{F}\ (n \geq 1) \Rightarrow \sup_{n\geq 1} f_n \in \mathcal{F}. \tag{12.3}$$

Beweis von (12.3)**:** Wir beginnen mit dem Supremum von zwei Funktionen $f, g \in \mathcal{F}$. $\sup(f, g)$ ist $\mathcal{A}$-messbar und ≥ 0.

Wir zerlegen das Integral über eine Menge $A \in \mathcal{A}$ nach der Annahme des Supremums. Es ist

$$\begin{aligned}\int\limits_A \sup(f,g)\, d\mu &= \int\limits_{A\cap\{f\geq g\}} \sup(f,g)\, d\mu + \int\limits_{A\cap\{f<g\}} \sup(f,g)\, d\mu \\ &= \int\limits_{A\cap\{f\geq g\}} f\, d\mu + \int\limits_{A\cap\{f<g\}} g\, d\mu \leq \nu(A\cap\{f\geq g\}) + \nu(A\cap\{f<g\}) = \nu(A).\end{aligned}$$

Daher ist $\sup(f, g) \in \mathcal{F}$.

Für $f_n \in \mathcal{F}$ $(n \geq 1)$ folgt mit vollständiger Induktion $g_n = \sup(f_1, \ldots, f_n) \in \mathcal{F}$ für $n \geq 1$. Es konvergiert $g_n \uparrow g = \sup_{n\geq 1} f_n$ für $n \to \infty$. g ist $\mathcal{A}$-messbar und ≥ 0. Für $A \in \mathcal{A}$ konvergiert $\nu(A) \geq \int_A g_n \, \mathrm{d}\mu \uparrow \int_A g \, \mathrm{d}\mu$, und es folgt, dass $g \in \mathcal{F}$ ist.

Sei $\alpha = \sup\{\int f \, \mathrm{d}\mu : f \in \mathcal{F}\}$. Mit $A = \Omega$ in der Definition von $\mathcal{F}$ folgt $0 \leq \alpha \leq \nu(\Omega) < \infty$. Die Existenz der Dichte von ν zeigen wir mit den Behauptungen

1. Das Supremum wird angenommen, d. h. es existiert eine Funktion $f \in \mathcal{F}$ mit $\int f \, \mathrm{d}\mu = \alpha$.
2. Für eine Funktion $f \in \mathcal{F}$ mit $\int f \, \mathrm{d}\mu = \alpha$ ist $\nu = f\mu$.

Das Vorgehen erinnert in gewissem Sinne an die Konstruktion der Hahn-Zerlegung.

Beweis von 1: Seien $f_n \in \mathcal{F}$ $(n \geq 1)$ mit $\int f \, \mathrm{d}\mu \to \alpha$ für $n \to \infty$ und $f = \sup_{n\geq 1} f_n$. Nach (12.3) ist $f \in \mathcal{F}$ und damit $\int f \, \mathrm{d}\mu \leq \alpha$. Für $n \geq 1$ ist $f_n \leq f$ und damit $\int f_n \, \mathrm{d}\mu \leq \int f \, \mathrm{d}\mu$. Mit $n \to \infty$ folgt $\alpha \leq \int f \, \mathrm{d}\mu$.

Beweis von 2: Sei $f \in \mathcal{F}$ mit $\int f \, \mathrm{d}\mu = \alpha$.

Sei $\nu_0 = \nu - f\mu$. Es ist $\nu_0 << \mu$. Da $f \in \mathcal{F}$ ist, ist ν_0 ein Maß. Wir müssen zeigen, dass $\nu_0 \equiv 0$, d. h. $\nu_0(\Omega) = 0$ ist. Wir führen den Beweis indirekt und benötigen dazu das folgende Lemma.

▸ **Lemma 12.24** Seien μ, ν endliche Maße mit $\nu \ll \mu$ und $\nu(\Omega) > 0$. Dann existiert eine Menge $A \in \mathcal{A}$ mit $\mu(A) > 0$ und ein $\varepsilon > 0$, so dass A positiv bzgl. $\nu - \varepsilon\mu$ ist.

Da $\nu > \varepsilon\mu$ auf A ist, bedeutet Lemma 12.24 eine Ungleichung in der entgegengesetzten Richtung zur absoluten Stetigkeit.

Beweis: Für $n \geq 1$ sei (Ω_n^+, Ω_n^-) eine Hahn-Zerlegung von $\nu - \frac{1}{n}\mu$. Sei $\Omega_0^+ = \cup_{n=1}^\infty \Omega_n^+$ und $\Omega_0^- = (\Omega_0^+)^c = \cap_{n=1}^\infty \Omega_n^-$. Da $\Omega_0^- \subset \Omega_n^-$ für alle $n \geq 1$ ist, ist $0 \leq \nu(\Omega_0^-) \leq \frac{1}{n}\mu(\Omega_0^-)$ für alle $n \geq 1$ und daher $\nu(\Omega_0^-) = 0$. Aus $\nu(\Omega) > 0$ folgt $\nu(\Omega_0^+) > 0$ und, da $\nu \ll \mu$ ist, $\mu(\Omega_0^+) > 0$. Damit ist $\mu(\Omega_n^+) > 0$ für ein $n \geq 1$. Für ein solches n erfüllt $A = \Omega_n^+$ und $\varepsilon = \frac{1}{n}$ die Behauptung von Lemma 12.24.

Der Beweis von Lemma 12.24 zeigt, dass man selbst zum Beweis des Satzes von Radon-Nikodym nur für Maße die Hahn-Zerlegung und damit signierte Maße benötigt.

Kommen wir zum Beweis des Satzes von Radon-Nikodym zurück und nehmen $\nu_0(\Omega) > 0$ an.

Nach Lemma 12.24 existiert eine Menge $A \in \mathcal{A}$ mit $\mu(A) > 0$ und ein $\varepsilon > 0$, so dass $\varepsilon\mu(B) \leq \nu_0(B) = \nu(B) - \int_B f \, \mathrm{d}\mu \, \mathrm{d}\mu$ für alle $B \in \mathcal{A}$ mit $B \subset A$ ist.

Wir setzen $g = f + \varepsilon 1_A$. g ist $\mathcal{A}$-messbar und ≥ 0.

Für $C \in \mathcal{A}$ ist $\int_C g \, \mathrm{d}\mu = \int_C f \, \mathrm{d}\mu + \varepsilon\mu(A \cap C) = \int_{C\setminus A} f \, \mathrm{d}\mu + \int_{C\cap A} f \, \mathrm{d}\mu + \varepsilon\mu(A \cap C)$.

Da $f \in \mathcal{F}$ ist, ist $\int_{C \setminus A} f \, d\mu \leq (C \setminus A)$. Ferner ist $\int_{C \cap A} f \, d\mu + \varepsilon\mu(A \cap C) \leq \nu(A \cap C)$. Es folgt $\int_C g \, d\mu \leq \nu(C \setminus A) + \nu(A \cap C) = \nu(C)$. Damit ist $g \in \mathcal{F}$ und $\int g \, d\mu \leq \alpha$. Mit $\int g \, d\mu = \int f \, d\mu + \varepsilon\mu(A) > \alpha$ erhalten wir einen Widerspruch zur Maximalität von α.

Für diesen Fall werden wir in Kap. 14 mit Methoden der Martingaltheorie einen rein wahrscheinlichkeitstheoretischen Beweis führen.

Die weiteren Fälle führen wir jetzt auf diesen unabhängig vom bisherigen Beweis zurück.

2. Fall: μ, ν σ-endliche Maße Mit Hilfe von Durchschnitten erhält man für μ und ν eine gemeinsame Zerlegung $\Omega = \cup_{n=1}^{\infty} B_n$ in paarweise disjunkte Mengen $B_n \in \mathcal{A}$ $(n \geq 1)$ mit $\mu(B_n) < \infty$ und $\nu(B_n) < \infty$ für alle $n \geq 1$.

Für $n \geq 1$ definieren wir die endlichen Maße μ_n und ν_n durch $\mu_n(A) = \mu(A \cap B_n)$ und $\nu_n(A) = \nu(A \cap B_n)$ für $A \in \mathcal{A}$. Da $\nu_n \ll \mu_n$ ist, existiert eine Dichte f_n mit $\nu_n = f_n \mu_n$.

Aus $\nu(A \cap B_n) = \int_A f_n \, d\mu_n = \int_A f_n 1_{B_n} \, d\mu$ für $n \geq 1$ folgt $\nu(A) = \sum_{n=1}^{\infty} \nu(A \cap B_n) = \int_A \left(\sum_{n=1}^{\infty} f_n 1_{B_n}\right) d\mu$.

Daher ist $\nu = f\mu$ mit $f = \sum_{n=1}^{\infty} f_n 1_{B_n}$.

3. Fall: ν σ-endliches signiertes Maß Da nach Satz 12.21 $\nu^{\pm} \ll \mu$ sind, folgt dieser Fall aus dem 2. Fall mit der Jordan-Zerlegung.

Gegenbeispiel

Ohne σ-Endlichkeit haben wir bereits ein Gegenbeispiel für die Nicht-Eindeutigkeit angegeben. Jetzt folgt eins für die Nicht-Existenz.

Sei $(\Omega, \mathcal{A}) = (\mathbb{R}, \mathcal{B}(\mathbb{R}))$, μ das Zählmaß und λ das Lebesgue-Maß auf $(\Omega, \mathcal{A})$.

Da $\emptyset$ die einzige μ-Nullmenge ist, ist $\lambda \ll \mu$. Nehmen wir an, es existiere eine Funktion f mit $\lambda = f\mu$. Für jedes $x \in \mathbb{R}$ ist $0 = \lambda(\{x\}) = \int_{\{x\}} f \, d\mu = f(x)\mu(\{x\}) = f(x)$. Daher ist $f \equiv 0$ und $f\mu \equiv 0 \neq \lambda$.

Satz 12.17 entspricht in der Form $\int X \, d\nu = \int X \frac{d\nu}{d\mu} \, d\mu$ der Substitutionsregel. Der folgende Satz entspricht der Kettenregel.

Satz 12.25 Sei $\lambda \ll \nu$ und $\nu \ll \mu$. Dann ist $\lambda \ll \mu$. Sind μ und ν Maße und existieren die Dichten $\frac{d\lambda}{d\nu}$ und $\frac{d\nu}{d\mu}$ dann existiert $\frac{d\lambda}{d\mu} = \frac{d\lambda}{d\nu} \cdot \frac{d\nu}{d\mu}$.

Beweis: Der Beweis der 1. Behauptung ist klar.

Zum Beweis der Kettenregel zeigen wir, dass $\frac{d\lambda}{d\nu} \cdot \frac{d\nu}{d\mu}$ die Definition von $\frac{d\lambda}{d\mu}$ erfüllt. Für $A \in \mathcal{A}$ ist

$$\lambda(A) = \int_A \frac{d\lambda}{d\nu} \, d\nu = \int 1_A \frac{d\lambda}{d\nu} \, d\nu = \int 1_A \frac{d\lambda}{d\nu} \cdot \frac{d\nu}{d\mu} \, d\mu = \int_A \frac{d\lambda}{d\nu} \cdot \frac{d\nu}{d\mu} \, d\mu .$$

Bei der dritten Gleichung haben wir Satz 12.17 benutzt.

Anwendungen:

1. Bedingte Wahrscheinlichkeit.
   Für eine Zufallsvariable X in einem beliebigen Zustandsraum $(E, \mathcal{B})$ und eine Zufallsvariable Y haben wir die bedingte Wahrscheinlichkeit $p(x, B) = P(Y \in B|X = x)$ $(x \in E)$ nach (11.4) vorläufig durch die Gleichungen $P(X \in A, Y \in B) = \int_A p(x, B)\, \mathrm{d}P_X(x)$ für alle $A \in \mathcal{B}$ definiert.
   Im nächsten Kapitel werden wir diesen Ansatz weiter begründen. Jetzt wollen wir uns überlegen, inwieweit diese bedingte Wahrscheinlichkeit durch diese Gleichungen definiert ist. Dabei können wir das Ereignis $\{Y \in B\}$ durch ein beliebiges Ereignis $C \in \mathcal{A}$ ersetzen. Die bedingte Wahrscheinlichkeit $p_C(x) = P(C|X = x)(x \in E)$ erfüllt dann die entsprechende Bedingung
   $$P(\{X \in A\} \cap C) = \int_A p_C(x)\, \mathrm{d}p_X \quad \text{für alle} \quad A \in \mathcal{B}. \tag{12.4}$$
   Zum Nachweis der Existenz und Eindeutigkeit wenden wir den Satz von Radon-Nikodym an auf $\mu = P_X$ und das durch $\nu(A) = P(\{X \in A\} \cap C)$ für $A \in \mathcal{B}$ definierte Maß ν. μ und ν sind endliche Maße auf $(E, \mathcal{B})$ mit $\nu \ll \mu$. Daher existiert eine Dichte f mit $\nu = f\mu$, also mit $P(\{X \in A\} \cap C) = \int_A f(x)\, \mathrm{d}P_X(x)$ für alle $A \in \mathcal{B}$. Damit erfüllt f die definierende Bedingung (12.4) für p_C. Mit Satz 12.19.2 folgt, dass p_C durch (12.4) P_X-f.s. eindeutig bestimmt ist.
   Wie dieses Beispiel hat der Satz von Radon-Nikodym in der Wahrscheinlichkeitstheorie viele weitere Anwendungen. Einige davon werden wir im nächsten Kapitel kennen lernen.
2. Funktionen von beschränkter Variation und absolut stetige Funktionen.
   Wir wollen jetzt die im einführenden Beispiel 3 angeführte Beziehung, die der Verallgemeinerung von Satz 2.41 entspricht, zwischen lokal endlichen signierten Maßen auf $\mathcal{B}(\mathbb{R})$ und den dazu gehörenden Funktionen untersuchen. Wir beschränken uns dabei auf signierte Maße auf kompakten Intervallen. Der allgemeine Fall lässt sich durch Überdeckung mit kompakten Intervallen leicht auf diesen zurückführen (s. Definition 17.1).

Wir betrachten also Funktionen $F: [a, b] \to \mathbb{R}$ $(a < b)$ und endliche signierte Maße μ auf $(a, b]$, die durch
$$\mu((x, y]) = F(y) - F(x) \quad \text{für} \quad a \le x \le y \le b \tag{12.5}$$
in Beziehung stehen, und untersuchen ihren Zusammenhang mit ihren Eigenschaften. Wir beginnen mit der Charakterisierung solcher Funktionen. Außer der rechtsseitigen Stetigkeit handelt es sich um folgende Eigenschaft.

Sei $F: [a, b] \to \mathbb{R}$ eine zunächst beliebige Funktion. Jeder Zerlegung $\mathcal{Z}$: $a = x_0 < x_1 < \ldots < x_n = b$ von $[a, b]$ ordnen wir $V_{\mathcal{Z}}(F) = \sum_{i=1}^{n} |F(x_i) - F(x_{i-1})|$ zu und definieren:

▸ **Definition 12.26** Die *Variation* einer Funktion $F: [a, b] \to \mathbb{R}$ auf $[a, b]$ ist definiert durch $V_a^b(F) = \sup\{V_{\mathcal{Z}}(F): \mathcal{Z} \text{ Zerlegung von } [a, b]\}$. F ist *von beschränkter Variation auf* $[a, b]$, wenn $V_a^b(F) < \infty$ ist.

$BV([a, b])$ bezeichne die Menge aller Funktionen von beschränkter Variation auf $[a, b]$.

Bevor wir uns mit dem Zusammenhang zwischen signierten Maßen und Funktionen von beschränkter Variation beschäftigen, behandeln wir Funktionen von beschränkter Variation allgemein.

Beispiele

1. Jede monotone Funktion $F: [a, b] \to \mathbb{R}$ ist von beschränkter Variation. Denn für eine monoton wachsende Funktion F ist für jede Zerlegung $\mathcal{Z}: a = x_0 < x_1 < \ldots < x_n = b$ von $[a, b]$

$$V_{\mathcal{Z}}(F) = \sum_{i=1}^{n} |F(x_i) - F(x_{i-1})| = \sum_{i=1}^{n} (F(x_i) - F(x_{i-1})) = F(b) - F(a).$$

   Analog ist für monoton fallende Funktionen $V_{\mathcal{Z}}(F) = F(a) - F(b)$ für jede Zerlegung $\mathcal{Z}$.
2. Lipschitz-stetige Funktionen (trivial).

▸ **Satz 12.27** Jede Funktion von beschränkter Variation auf $[a, b]$ ist beschränkt. $BV([a, b])$ ist eine Funktionenalgebra.

Beweis: Sei $F: [a, b] \to \mathbb{R}$ von beschränkter Variation. Für $a \le x \le b$ ist $|F(x)| \le |F(a)| + |F(x) - F(a)| \le |F(a)| + V_a^b(F)$. F ist daher beschränkt.

Dass $BV([a, b])$ ein Vektorraum ist, ist klar.

Für $F, G \in BV([a, b])$ und $\mathcal{Z}: a = x_0 < x_1 < \ldots < x_n = b$ stellen wir die Differenzen von FG dar als

$$F(x_i)G(x_i) - F(x_{i-1})G(x_{i-1}) = (F(x_i) - F(x_{i-1}))G(x_i) + F(x_{i-1})(G(x_i) - G(x_{i-1})).$$

Mit der Supremumsnorm $\|F\| = \sup\{|F(x)|: a \le x \le b\}$ folgt $V_{\mathcal{Z}}(FG) \le \|G\| V_{\mathcal{Z}}(F) + \|F\| V_{\mathcal{Z}}(G) \le \|G\| V_b^a(F) + \|F\| V_b^a(G)$. Damit ist $FG \in BV([a, b])$.

▸ **Satz 12.28** Eine Funktion $F: [a, b] \to \mathbb{R}$ ist genau dann von beschränkter Variation, wenn sie Differenz von monoton wachsenden Funktionen ist.

Beweis: Dass jede Differenz von monoton wachsenden Funktionen von beschränkter Variation ist, folgt aus Beispiel 1 mit Satz 12.27.

Sei umgekehrt $F: [a,b] \to \mathbb{R}$ von beschränkter Variation. Wir definieren die Funktionen $F^{\pm}$ durch

$$F^{\pm}(x) = \sup\left\{\sum_{i=1}^{n}(F(x_i) - F(x_{i-1}))^{\pm} \colon\ a = x_0 < x_1 < \ldots < x_n = x\right\} \quad \text{für} \quad a \le x \le b\,. \tag{12.6}$$

Man beachte, dass $F^{\pm}(x)$ punktweise i. A. nicht mit $(F(x))^{\pm}$ übereinstimmt. Zur Begründung der Bezeichnung $F^{\pm}$ s. u. die Anmerkung zu Satz 12.30.

Da F von beschränkter Variation ist, sind die Funktionen $F^{\pm} < \infty$. Sie sind monoton wachsend. Für eine Zerlegung Z: $a = x_0 < x_1 < \ldots < x_n = x$ ist

$$\sum_{i=1}^{n}(F(x_i) - F(x_{i-1}))^{+} - \sum_{i=1}^{n}(F(x_i) - F(x_{i-1}))^{-} = \sum_{i=1}^{n}(F(x_i) - F(x_{i-1})) = F(x) - F(a)\,.$$

Da die Summen $\sum_{i=1}^{n}(F(x_i) - F(x_{i-1}))^{\pm}$ bei einer Verfeinerung der Zerlegung höchstens größer werden, existiert eine gemeinsame Folge von Zerlegungen, für die sie gegen $F^{\pm}(x)$ konvergieren.

Es folgt $F(x) = F(a) + F^{+}(x) - F^{-}(x)$, und wir erhalten die gewünschte Darstellung von F als Differenz von monoton wachsenden Funktionen.

Wir kommen nun zu dem erwähnten Zusammenhang zwischen signierten Maßen und Funktionen von beschränkter Variation.

▸ **Satz 12.29** Sei μ ein endliches signiertes Maß auf $(a,b]$ und $F: [a,b] \to \mathbb{R}$ eine Funktion mit der Eigenschaft (12.5). Dann ist F rechtsseitig stetig und von beschränkter Variation.

Beweis: Die rechtsseitige Stetigkeit folgt wie für Maße oder mit der Jordan-Zerlegung. Für jede Zerlegung $\mathcal{Z}$: $a = x_0 < x_1 < \ldots < x_n = b$ ist

$$V_{\mathcal{Z}}(F) = \sum_{i=1}^{n}|F(x_i) - F(x_{i-1})| = \sum_{i=1}^{n}|\mu((x_{i-1}, x_i])| \le \sum_{i=1}^{n}|\mu|((x_{i-1}, x_i]) = |\mu|(\Omega) < \infty$$

und daher $V_a^b(F) < \infty$.

▸ **Satz 12.30** Sei $F: [a,b] \to \mathbb{R}$ rechtsseitig stetig und von beschränkter Variation. Dann existiert genau ein endliches signiertes Maß μ auf $(a,b]$ mit der Eigenschaft (12.5). Zu jedem endlichen signiertes Maß μ auf $(a,b]$ existiert eine entsprechende Funktion F. Sie ist bis auf eine additive Konstante eindeutig bestimmt.

Anmerkung: Im Sinne von Satz 12.30 gehören zu den Maßen $\mu^{\pm}$ die durch (12.6) definierten Funktionen $F^{\pm}$ (s. Übung 12.5).

Beweis: Die Eindeutigkeit des signierten Maßes folgt wie für Maße. Die Existenz führen wir auf den Fall von Maßen (Satz 2.41) zurück. Dazu benutzen wir die Darstellung von F als Differenz von monoton wachsenden Funktionen. Wir müssen beweisen, dass sie als Differenz von monoton wachsenden, rechtsseitig stetigen Funktionen möglich ist.

Dazu kann man zeigen, dass die durch (12.6) definierten Funktionen $F^{\pm}$ rechtsseitig stetig sind (s. Übung 12.5). Einfacher ist es, von einer beliebigen Darstellung $F = G - H$ auszugehen und auf (a, b) die Funktionen G und H durch ihre rechtsseitigen Grenzwerte, die wegen der Monotonie existieren, zu ersetzen. Diese Funktionen sind rechtsseitig stetig, und da F rechtsseitig stetig ist, ist F auch Differenz dieser Funktionen.

Zu diesen monoton wachsenden, rechtsseitig stetigen Funktionen existiert nach Satz 2.41 jeweils ein entsprechendes endliches Maß, und wir erhalten das gesuchte signierte Maß als deren Differenz.

Für ein endliches signiertes Maß μ auf $(a, b]$ erfüllt z. B. die durch $F(x) = \mu((a, x])$ für $a \leq x \leq b$ definierte Funktion (12.5).

Die Eindeutigkeit von F bis auf eine additive Konstante ist klar.

In der Situation von Satz 12.30 bezeichnet man das Integral $\int X \, d\mu$ auch als Stieltjes-Integral $\int X \, dF$.

In der stochastischen Analysis spielt das pfadweise Stieltjes-Integral von stochastischen Prozessen, deren Pfade lokal von beschränkter Variation sind, eine wichtige Rolle (s. Abschn. 17.1).

Wir wollen jetzt die Funktionen F mit (12.5) charakterisieren, deren zugehöriges signiertes Maß μ absolut stetig mit Dichte f bzgl. des Lebesgue-Maßes ist. Da in diesem Fall $\mu((x, y]) = \int_x^y f(t) \, dt = F(y) - F(x)$ für $a \leq x < y \leq b$ ist, bedeutet das Problem genau die in Beispiel 3 (s. (12.1)) diskutierte Verallgemeinerung des Hauptsatzes der Analysis. Wir zeigen, dass es sich um die folgende Eigenschaft handelt.

▸ **Definition 12.31** Eine Funktion $F: [a, b] \to \mathbb{R}$ heißt *absolut stetig*, wenn es zu jedem $\varepsilon > 0$ ein $\delta > 0$ gibt, so dass $\sum_{i=1}^{n} |F(b_i) - F(a_i)| \leq \varepsilon$ für alle paarweise disjunkten Intervalle $(a_i, b_i] \subset (a, b]$ $(1 \leq i \leq n)$ mit $\sum_{i=1}^{n} (b_i - a_i) \leq \delta$ ist.

▸ **Bemerkung 12.32** Jede absolut stetige Funktion ist gleichmäßig stetig und von beschränkter Variation.

Beweis: Die gleichmäßige Stetigkeit entspricht einem Intervall, d. h. dem Fall $n = 1$.

Zu $\varepsilon = 1$ zerlegen wir mit dem entsprechenden $\delta > 0$ das Intervall $[a, b]$ in N disjunkte Teilintervalle der Länge $\leq \delta$. Auf den Teilintervallen ist die Variation ≤ 1 und damit $\leq N$ auf $[a, b]$.

▸ **Satz 12.33** Sei μ ein endliches signiertes Maß auf $(a, b]$ und $F: [a, b] \to \mathbb{R}$ eine Funktion mit der Eigenschaft (12.5). μ ist genau dann absolut stetig bzgl. des Lebesgue-Maßes auf $(a, b]$, wenn F absolut stetig ist.

Beweis:

1. Sei λ das Lebesgue-Maß auf $(a,b]$ und μ absolut stetig bzgl. λ. Da μ endlich ist, existiert nach Satz 12.22 zu jedem $\varepsilon > 0$ ein $\delta > 0$ mit $|\mu|(A) \le \varepsilon$ für alle $A \in \mathcal{B}((a,b])$ mit $\lambda(A) \le \delta$.
   Seien $(a_i, b_i] \subset (a,b]$ $(1 \le i \le n)$ paarweise disjunkte Intervalle mit $\sum_{i=1}^n (b_i - a_i) \le \delta$. Dann ist $\lambda\left(\cup_{i=1}^n (a_i, b_i)\right) \le \delta$ und damit $\sum_{i=1}^n |F(b_i) - F(a_i)| = \sum_{i=1}^n |\mu(a_i, b_i]| \le \sum_{i=1}^n |\mu|(a_i, b_i] = |\mu|(A) \le \varepsilon$.
2. Sei umgekehrt F absolut stetig. Wir nehmen zunächst an, dass F monoton wachsend und μ damit ein Maß ist.
   In die Definition der absoluten Stetigkeit von Funktionen mit (12.5) geht nur das Maß μ von endlichen, paarweise disjunkten Vereinigungen von Intervallen ein. Um daraus entsprechende Ungleichungen über das Maß beliebiger Borel-Mengen herzuleiten, benutzen wir das äußere Maß.

Sei $A \in \mathcal{B}((a,b])$ mit $\lambda(A) = 0$. Zu $\varepsilon > 0$ sei $\delta > 0$, so dass $\sum_{i=1}^n |F(b_i) - F(a_i)| \le \varepsilon$ für alle paarweise disjunkten Intervalle $(a_i, b_i] \subset (a,b]$ $(1 \le i \le n)$ mit $\sum_{i=1}^n (b_i - a_i) \le \delta$ ist. Da $\lambda(A) = \lambda^*(A)$ ist, existieren Intervalle $I_n = (a_n, b_n]$ $(n \ge 1)$, die wir ohne Einschränkung als paarweise disjunkt annehmen können, mit $A \subset \cup_{n=1}^\infty I_n$ und $\sum_{n=1}^\infty \lambda(I_n) \le \delta$. Für jedes $n \ge 1$ ist $\sum_{i=1}^n \lambda(I_i) = \sum_{i=1}^n (b_i - a_i) \le \delta$ und daher $\mu\left(\cup_{i=1}^n I_i\right) = \sum_{i=1}^n (F(b_i) - F(a_i)) \le \varepsilon$. Mit $n \to \infty$ folgt $\mu(A) \le \mu\left(\cup_{n=1}^\infty I_n\right) \le \varepsilon$. Damit ist $\mu(A) \le \varepsilon$ für alle $\varepsilon > 0$, und es folgt $\mu(A) = 0$.

Den allgemeinen Fall führen wir auf den Fall von monoton wachsenden Funktionen zurück, indem wir zeigen, dass für eine absolut stetige Funktion F auch die durch (12.6) definierten Funktionen $F^\pm$ absolut stetig sind.

Zu $\varepsilon > 0$ sei $\delta > 0$ mit $\sum_{i=1}^n |F(b_i) - F(a_i)| \le \varepsilon$ für alle paarweise disjunkten Intervalle $(a_i, b_i] \subset (a,b] (1 \le i \le n)$ mit $\sum_{i=1}^n (b_i - a_i) \le \delta$. Zerlegen wir die Intervalle $(a_i, b_i]$ weiter in paarweise disjunkte Teilintervalle, so gilt auch für sie die entsprechende Ungleichung. Mit dem Supremum über diese Teilintervalle folgt $\sum_{i=1}^n V_{a_i}^{b_i}(F) \le \varepsilon$ und damit $\sum_{i=1}^n |F^\pm(b_i) - F^\pm(a_i)| \le \sum_{i=1}^n V_{a_i}^{b_i}(F) \le \varepsilon$.

Ohne Beweis erwähnen wir noch, dass jede Funktion von beschränkter Variation f.ü. bzgl. des Lebesgue-Maßes differenzierbar ist und dass für absolut stetige Funktionen F die f.ü. definierte Ableitung $f = F'$ die Dichte bzgl. des Lebesgue-Maßes ist. Für beliebige monoton wachsende Funktionen F gelten die Ungleichungen $F(y) - F(x) \ge \int_x^y F'(t)\,\mathrm{d}t$ für $a \le x < y \le b$.

12.4 Singulare signierte Maße

Vom Verhalten von signierten Maßen zueinander haben wir bisher nur ihre absolute Stetigkeit behandelt. Um ihre allgemeine Beziehung zu untersuchen, betrachten wir zunächst den Fall, dass die Maße auf disjunkten Mengen konzentriert sind. Er ist im gewissen Sinne konträr zur absoluten Stetigkeit (s. Satz 12.35.2). Die Lebesgue-Zerlegung (Satz 12.36) zeigt, dass sich diese Verhaltensweisen ergänzen.

▸ **Definition 12.34** Signierte Maße μ und ν auf $(\Omega, \mathcal{A})$ heißen *singulär zueinander*, wenn eine Zerlegung $\Omega = A \cup B$ von Ω in disjunkte Mengen $A, B \in \mathcal{A}$ existiert, so dass A eine ν-Nullmenge und B eine μ-Nullmenge ist.

Die Singularität von μ und ν bezeichnet man mit $\mu \perp \nu$.

Beispiele

1. Sei μ das Lebesgue-Maß λ auf $\mathcal{B}(\mathbb{R})$ oder ein bzgl. λ absolut stetiges signiertes Maß, z. B. eine Wahrscheinlichkeitsverteilung mit einer Dichte bzgl. λ.
   a) ν sei ein diskretes signiertes Maß, d. h. auf einer höchstens abzählbaren Menge D konzentriert, z. B. eine diskrete Wahrscheinlichkeitsverteilung. Dann ist $\lambda \perp \nu$. Eine entsprechende Zerlegung ist $\Omega = D^C \cup D$.
   Wie in diesem Beispiel ist auch in den folgenden zwei Beispielen die Zerlegung klar. Wir können sie daher weglassen.
   b) h sei das Hausdorff-Maß der Dimension $\frac{\log 2}{\log 3}$ auf der Cantor-Menge C (s. Übung 2.11 g) und ν durch $\nu(A) = h(A \cap C)$ für $A \in \mathcal{B}(\mathbb{R})$ definiert. Dann ist $\lambda \perp \nu$.
2. Sei $\mu = \lambda$ das Lebesgue-Maß auf $\mathcal{B}(\mathbb{R}^d)$ $(d \geq 2)$ und ν das Oberflächenmaß auf einer nieder-dimensionalen Mannigfaltigkeit M. Dann ist $\lambda \perp \nu$.
3. Unabhängige Bernoulli-Experimente.
   Sei $\Omega = \{0,1\}^{\mathbb{N}}$ mit den Elementen $\omega = (\omega_n)_{n \geq 1}$ und der entsprechenden Produkt-σ-Algebra. Für $0 \leq p \leq 1$ sei P_p die Verteilung unabhängiger Bernoulli-Experimente mit $P_p(\omega_n = 1) = p$, $P_p(\omega_n = 0) = 1 - p$ für $n \geq 1$. Für $p_1 \neq p_2$ ist $P_{p_1} \perp P_{p_2}$. Denn nach dem starken Gesetz der großen Zahlen ist $P_p\left(\frac{S_n}{n} \to p\right) = 1$ für $0 \leq p \leq 1$. Eine Zerlegung ist daher z. B. $\Omega = A \cup A^C$ mit $A = \left\{\frac{S_n}{n} \to p_2\right\}$.
   Wir erhalten damit eine kontinuierliche Familie $(P_p)_{0 \leq p \leq 1}$ von Wahrscheinlichkeitsmaßen, von denen je zwei singulär zueinander sind. $P_{1/2}$ ist die Verteilung unabhängiger idealer Münzwürfe.

Diese Wahrscheinlichkeitsmaße lassen sich mit der durch $T\left((\omega_n)_{n \geq 1}\right) = \sum_{n=1}^{\infty} \frac{\omega_n}{2^n}$ definierten Abbildung $T\colon \Omega \to [0,1]$ auf Wahrscheinlichkeitsmaße auf $\mathcal{B}([0,1])$ abbilden (s. Kap. 1). Wir bezeichnen das Bildmaß unter der Verteilung P_p mit Q_p $(0 \leq p \leq 1)$. $Q_{1/2}$ ist das Lebesgue-Maß auf $\mathcal{B}([0,1])$ (s. Satz 1.7). Die paarweise Singularität der Wahrscheinlichkeitsmaße $(P_p)_{0 \leq p \leq 1}$ überträgt sich auf $(Q_p)_{0 \leq p \leq 1}$.

Wie bei der absoluten Stetigkeit kann man die Singularität eines signierten Maßes μ und des Lebesgue-Maßes auf $(a, b]$ durch eine Eigenschaft einer Funktion F auf $[a, b]$ mit (12.5) charakterisieren. Entsprechende Funktionen werden singulär genannt. Wir wollen hier nicht näher auf sie eingehen. Man kann zeigen, dass singulare Funktionen F f.ü. bzgl. des Lebesgue-Maßes differenzierbar mit $F' = 0$ f.ü. sind.

Singulare Funktionen sind z. B. die Verteilungsfunktionen F_p von Q_p für $p \neq 1/2$. Für $0 < p < 1$ sind sie stetig und streng monoton wachsend. Dennoch ist $F_p' = 0$ f.ü. bzgl. des Lebesgue-Maßes.

Elementare Eigenschaften singulärer Maße sind:

Satz 12.35

1. Seien $\mu \perp \nu_1, \nu_2$, und es existiere $\nu_1 + \nu_2$. Dann ist $\mu \perp \nu_1 + \nu_2$.
2. Sei $\nu \ll \mu$ und $\mu \perp \nu$. Dann ist $\nu \equiv 0$.

Beweis:

1. Für $i = 1, 2$ sei $\Omega = A_i \cup B_i$ mit einer ν_i-Nullmenge A_i und μ-Nullmenge B_i. Dann ist $A = A_1 \cap A_2$ eine ν_1- und ν_2-Nullmenge und daher eine $(\nu_1 + \nu_2)$-Nullmenge. Die Menge $B = A^C = B_1 \cup B_2$ ist eine μ-Nullmenge.
2. Sei $\Omega = A \cup B$ mit einer μ-Nullmenge B und ν-Nullmenge A. Da $\nu \ll \mu$ ist, ist auch B und damit Ω eine ν-Nullmenge, also $\nu \equiv 0$.

Eigenschaft 2 besagt, dass absolute Stetigkeit und Singularität konträr zueinander sind, da sie sich bis auf das Nullmaß ausschließen. Der folgende Satz zeigt, dass sie sich andererseits für σ-endliche signierte Maße ergänzen.

Satz (Lebesgue-Zerlegung) 12.36 Seien μ und σ-endliche signierte Maße auf $(\Omega, \mathcal{A})$.

Dann existieren eindeutig bestimmte signierte Maße ν_a und ν_s auf $(\Omega, \mathcal{A})$ mit $\nu = \nu_a + \nu_s$, so dass $\nu_a \ll \mu$ und $\nu_s \perp \mu$ ist. ν_a und ν_s sind σ-endlich.

ν_a heißt der *absolut stetige* und ν_s der *singulare Teil von* ν *bzgl.* μ.

Beweis: Existenz:

1. Fall: μ und ν endliche Maße.

Da $\nu \ll \nu + \mu$ ist, existiert nach dem Satz von Radon-Nikodym eine Dichte $f \geq 0$ mit $\nu = f(\nu + \mu)$, d. h. $\nu(A) = \int_A f \, d\mu + \int_A f \, d\nu$ für $A \in \mathcal{A}$.

Aus $0 \leq \nu(A) \leq \nu(A) + \mu(A)$ folgt $\int_A 1 \, d\nu = \nu(A) = \int_A f \, d\nu + \int_A f \, d\mu \geq \int_A f \, d\nu$ für alle $A \in \mathcal{A}$ und mit Folgerung 4.20.2 $f \leq 1$ ν-f.ü.

Sei $A = \{f = 1\}$ und $B = \{f < 1\}$.

Der Beweis läuft im Prinzip darauf hinaus, dass $\mu = 0$ auf A und $\nu \ll \mu$ auf B ist. Heuristisch kann man das so erklären, dass auf A $d\nu = d\nu + d\mu$ und damit $d\mu = 0$ und auf $B (1 - f) \, d\nu = f \, d\mu$ und damit $d\nu = \frac{f}{1-f} \, d\mu$ ist.

Die erste Aussage lässt sich auch leicht exakt beweisen. Denn aus

$$\nu(A) = \int_A 1 \, d\mu + \int_A 1 \, d\nu = \mu(A) + \nu(A) \text{ folgt } \mu(A) = 0 .$$

Wir definieren die Maße ν_a und ν_s durch $\nu_a(C) = \nu(C \cap B)$ und $\nu_s(C) = \nu(C \cap A)$ für $C \in \mathcal{A}$.

Aus $\mu(A) = 0$ und $\nu_s(A^C) = 0$ folgt $\nu_s \perp \mu$.

Da $0 \le f \le 1$ ν-f.ü. ist, ist $(A \cup B)^C$ eine ν-Nullmenge und daher $\nu = \nu_a + \nu_s$.

Zu zeigen bleibt, dass $\nu_a \ll \mu$ ist.

Sei $C \in \mathcal{A}$ mit $\mu(C) = 0$. Dann ist $\nu_a(C) = \nu(C \cap B) = \int_{C \cap B} f \, d\nu + \int_{C \cap B} f \, d\mu = \int_{C \cap B} f \, d\nu$. Da auch $\nu(C \cap B) = \int_{C \cap B} 1 \, d\nu$ ist, folgt $\int_{C \cap B} (1 - f) \, d\nu = 0$ mit $1 - f > 0$ auf $C \cap B$ und damit $\nu_a(C) = \nu(C \cap B) = 0$.

2. Fall: μ endliches Maß, ν endliches signiertes Maß.

Wir zerlegen $\nu = \nu^+ - \nu^-$. Auf ν^+ und ν^- wenden wir den 1. Fall an und fassen jeweils die absolut stetigen und singulären Teile zusammen. Wir erhalten $\nu = (\nu_a^+ + \nu_s^+) - (\nu_a^- + \nu_s^-) = \nu_a + \nu_s$ mit $\nu_a = \nu_a^+ - \nu_a^- \ll \mu$ und $\nu_s = \nu_s^+ - \nu_s^- \perp \mu$.

3. Fall: μ σ-endliches Maß, ν σ-endliches signiertes Maß.

Es existiert wieder eine Zerlegung $\Omega = \cup_{m=1}^{\infty} B_n$ in paarweise disjunkte Mengen $B_n \in \mathcal{A}$ $(n \ge 1)$ mit $\mu(B_n), \nu(B_n) \in \mathbb{R}$ für $n \ge 1$. Auf die Einschränkungen von μ und ν auf B_n $(n \ge 1)$ wenden wir den 2. Fall an und setzen die Maße wie üblich als Summe zusammen.

4. Fall: μ, ν σ-endliche signierte Maße.

Wir ersetzen μ durch $|\mu|$. Da die absolute Stetigkeit und Singularität in Bezug auf μ nur von $|\mu|$ abhängt, folgt dieser Fall direkt aus dem vorigen.

Eindeutigkeit: Für ein endliches signiertes Maß ν sei $\nu = \nu_a + \nu_s = \nu_a' + \nu_s'$. Dann ist $\nu_a - \nu_a' = \nu_s' - \nu_s \ll \mu$ und $\perp \mu$, und aus Satz 12.35 folgt, dass $\nu_a - \nu_a' = \nu_s' - \nu_s \equiv 0$ ist. Der σ-endliche Fall folgt wieder mit einer Zerlegung von Ω in Mengen mit endlichem signiertem Maß ν.

12.5 Übungen

12.1 Sei μ ein signiertes Maß auf $(\Omega, \mathcal{A})$ und (Ω_1^+, Ω_1^-) eine Hahn-Zerlegung von Ω bzgl. μ.
Eine Zerlegung (Ω_2^+, Ω_2^-) von Ω in disjunkte Mengen aus $\mathcal{A}$ ist genau dann ebenfalls eine Hahn-Zerlegung von Ω bzgl. μ, wenn $\Omega_1^+ \Delta \Omega_2^+ = \Omega_1^- \Delta \Omega_2^-$ eine μ-Nullmenge ist.
Eine Richtung wurde in Satz 12.7 bewiesen. Man beweise die andere.

12.2* Man beweise Proposition 12.11.

12.3* Sei $(\Omega, \mathcal{A})$ ein messbarer Raum und $\mathcal{M}(\Omega, \mathcal{A})$ die Menge aller endlichen signierten Maße auf $(\Omega, \mathcal{A})$. Wir versehen $\mathcal{M}(\Omega, \mathcal{A})$ mit der punktweisen Addition, skalaren Multiplikation und Ordnung reellwertiger Funktionen. Es ist z. B. $\mu \le \nu$ für $\mu, \nu \in \mathcal{M}(\Omega, \mathcal{A})$, wenn $\mu(A) \le \nu(A)$ für alle $A \in \mathcal{A}$ ist.
Man beweise:

a) $\mathcal{M}(\Omega, \mathcal{A})$ ist mit dieser Ordnung ein Vektorverband, d. h. ein Vektorraum mit einer Ordnung, die mit der Vektorraumstruktur verträglich ist und für die zu $\mu, \nu \in \mathcal{M}(\Omega, \mathcal{A})$ genau eine kleinste Majorante von μ und ν, das Supremum $\sup(\mu, \nu)$ von μ und ν, und genau eine größte Minorante von μ und ν, das Infimum $\inf(\mu, \nu)$ von μ und ν, existiert.
Man zeige, dass es dazu genügt, dass $\sup(\mu, 0)$ für jedes $\mu \in \mathcal{M}(\Omega, \mathcal{A})$ existiert, wobei 0 das Nullmaß, das Nullelement von $\mathcal{M}(\Omega, \mathcal{A})$, ist.
Für jedes $\mu \in \mathcal{M}(\Omega, \mathcal{A})$ sind $\mu^+ = \sup(\mu, 0)$, $\mu^- = \sup(-\mu, 0)$ und $|\mu| = \sup(\mu, -\mu)$.

b) Für $\mu, \nu \in \mathcal{M}(\Omega, \mathcal{A})$ und $A \in \mathcal{A}$ ist

$$\sup(\mu, \nu)(A) = \sup\{\mu(B) + \nu(A \setminus B) : B \in \mathcal{A} \text{ mit } B \subset A\}$$
$$\inf(\mu, \nu)(A) = \inf\{\mu(B) + \nu(A \setminus B) : B \in \mathcal{A} \text{ mit } B \subset A\}.$$

Das Supremum und Infimum wird jeweils von einer Menge B angenommen.

c) Maße $\mu, \nu \in \mathcal{M}^+(\Omega, \mathcal{A})$ sind genau dann singulär zueinander, wenn $\inf(\mu, \nu) = 0$ ist.

12.4 Für $\mu \in \mathcal{M}(\Omega, \mathcal{A})$ sei $\|\mu\| = |\mu|(\Omega)$.
Man beweise:

a) $\|.\|$ ist eine Norm auf $\mathcal{M}(\Omega, \mathcal{A})$, in der $\mathcal{M}(\Omega, \mathcal{A})$ vollständig, also ein Banach-Raum ist. Sie heißt die Variationsnorm.

b) Man bestimme $\|\mu\|$ für diskrete endliche signierte Maße μ.

c) Man gebe $\|\mu\|$ für endliche signierte Maße μ mit einer Dichte bzgl. eines beliebigen σ-endlichen Maßes als Integral an.

d) Für ein endliches signiertes Maß μ auf $(\Omega, \mathcal{A})$ ist $\|\mu\| = \sup\{|\int X \, d\mu| : X \ \mathcal{A}\text{-messbar}, |X| \leq 1\} = \sup\{\int X \, d\mu : X \ \mathcal{A}\text{-messbar}, |X| \leq 1\}$.
Für Wahrscheinlichkeitsmaße P, Q auf $(\Omega, \mathcal{A})$ ist

$$\|P - Q\| = 2\sup\{|P(A - Q(A)| : A \in A\} = 2\sup\{P(A - Q(A) : A \in A\}.$$

e) Für endliche signierte Maße $(\mu_n)_{n\geq 1}$ und μ auf $(\Omega, \mathcal{A})$ sind äquivalent:
   1. $\|\mu_n - \mu\| \to 0$ für $n \to \infty$.
   2. $\mu_n(A) \to \mu(A)$ für $n \to \infty$ gleichmäßig für alle Mengen $A \in \mathcal{A}$.
   3. $\int X \, d\mu_n \to \int X \, d\mu$ für $n \to \infty$ gleichmäßig für alle $\mathcal{A}$-messbaren Funktionen X mit $|X| \leq 1$.

f) Es bezeichne $\mathcal{M}^+(\Omega, \mathcal{A})$ die Menge aller endlichen Maße und $\mathcal{M}_1^+(\Omega, \mathcal{A})$ die Menge aller Wahrscheinlichkeitsmaße auf $(\Omega, \mathcal{A})$. $\mathcal{M}^+(\Omega, \mathcal{A})$ und $\mathcal{M}_1^+(\Omega, \mathcal{A})$ sind in der Variationsnorm abgeschlossene Teilräume von $\mathcal{M}(\Omega, \mathcal{A})$.

g) Sei Ω ein metrischer Raum und $\mathcal{A} = \mathcal{B}(\Omega)$. Aus $\|\mu_n - \mu\| \to 0$ für $n \to \infty$ folgt $\mu_n \to \mu$ schwach für $n \to \infty$.

Man zeige mit einem Gegenbeispiel, dass die Umkehrung falsch ist.

12.5 Man beweise: Sei μ ein endliches signiertes Maß auf $(a, b]$ und F: $[a, b] \to \mathbb{R}$ eine Funktion mit (12.5). Dann sind die Funktionen F^+, F^- und $V_a^x(F)$ $(a \leq x \leq b)$ rechtsseitig stetig. Ihnen entsprechen nach (12.5) die Maße μ^+, μ^- und $|\mu|$.

Bedingte Wahrscheinlichkeit und Erwartung 13

Im Zusammenhang mit Übergangswahrscheinlichkeiten von Markov-Prozessen haben wir gesehen, dass die bedingte Wahrscheinlichkeit nach Definition 5.2 z. B. zur Darstellung der Abhängigkeit von Zufallsvariablen nicht ausreicht. Wir werden aus diesem Grunde in diesem Kapitel den Begriff der bedingten Wahrscheinlichkeit erweitern, indem wir bedingte Wahrscheinlichkeit und Erwartung als Zufallsvariable bzgl. einer σ-Algebra, welche die Bedingung darstellt, einführen. Sie werden sich am geeignetsten zur Darstellung von Abhängigkeit herausstellen und sind daher besonders wichtig für die Entwicklung von stochastischen Prozessen. Die mathematischen Definitionen selbst sind verhältnismäßig klar, ihre Bedeutungen jedoch nicht unmittelbar einsichtig. Auch erfordert der Umgang mit ihnen einige Erfahrung.

13.1 Bedingte Wahrscheinlichkeit bzgl. einer σ-Algebra

Wir bereiten die Definition daher wieder mit einführenden Beispielen vor. Dazu gehen wir von den bekannten Formen der bedingten Wahrscheinlichkeit aus.

1. Nach Definition 5.2 ist in einem Wahrscheinlichkeitsraum $(\Omega, \mathcal{A}, P)$ für $A, B \in \mathcal{A}$ mit $P(B) > 0$ die bedingte Wahrscheinlichkeit $P(A|B)$ als Quotient $P(A|B) = \frac{P(A \cap B)}{P(B)}$ definiert.
   Formen wir diese Definition als Produkt $P(A \cap B) = P(B) \cdot P(A|B)$ um, so gilt sie mit einem beliebigen Wert von $P(A|B)$ auch für $P(B) = 0$ (s. (5.1) mit Anmerkung). Wir werden später hinter diesem Übergang vom Quotienten zum Produkt ein allgemeines Prinzip feststellen.
2. Für eine Menge $A \in \mathcal{A}$ und eine Zufallsvariable X in $(E, \mathcal{B})$ hatten wir $p_A(x) = P(A|X = x)(x \in E)$ durch die Bedingung $P(A \cap \{x \in C\}) = \int_C p_A(x)\, \mathrm{d}P_X(x)$ für alle $C \in \mathcal{B}$ definiert. Wir haben jetzt die Rollen von A und C in (12.4) vertauscht, um sie im

DOI 10.1007/978-3-642-38160-7_13, © Springer-Verlag Berlin Heidelberg 2014

Folgenden der üblichen Bezeichnungsweise anzupassen. Wie bereits erwähnt, hat diese Definition von $P(A|X = x)$ $(x \in E)$ nur Sinn als Funktion und nicht für einzelne Werte.

Wir suchen eine umfassende Definition, die z. B. auch bedingte Wahrscheinlichkeiten der Art $P(A|X_s, s \le t)$, die wir z. B. zur Definition der Markov Eigenschaft benötigen, mit einschließt. Zu ihrer Herleitung beginnen wir mit einem neuen Zugang zu Beispiel 1. Während man bei der Definition von $P(A|B)$ davon ausgeht, dass bekannt ist, dass das Ereignis B eingetreten ist, nehmen wir jetzt an, dass ein Beobachter des Zufallsexperiments weiß, ob das Ereignis B eingetreten ist oder nicht. Er wird in diesem Fall dem Ereignis A die bedingte Wahrscheinlichkeit $P(A|B)$ zuordnen, wenn B eingetreten ist, und $P(A|B^C)$, wenn B nicht eingetreten ist. Dazu sei auch $P(B^C) > 0$ bzw. im Fall $P(B^C) = 0$ $P(A|B^C)$ beliebig gewählt. Auf diese Weise erhalten wir eine Zufallsvariable Y, die durch

$$Y(\omega) = P(A|B) \quad \text{für} \quad \omega \in B, Y(\omega) = P(A|B^C) \quad \text{für} \quad \omega \in B^c$$

definiert ist und die wir kurz als $Y = P(A|B)1_B + P(A|B^c)1_{B^C}$ darstellen können. Y ist eine Zufallsvariable, deren Wert dem Beobachter bekannt ist und die die Wahrscheinlichkeit von A an seine Information anpasst. Wir können sie als bedingte Wahrscheinlichkeit von A, gegeben diese Information, auffassen.

Ein konkretes Beispiel tritt im Ruinproblem, dem einführenden Beispiel von Kap. 10, auf. Die entsprechende Information entspricht dem Ausgang des ersten Spiels.

Die Zerlegung von Ω in zwei Ereignisse B und B^C lässt sich leicht verallgemeinern zu einer Zerlegung $(B_n)_{n\ge1}$ von Ω in höchstens abzählbar viele paarweise disjunkte Ereignisse $B_n \in \mathcal{A}$ $(n \ge 1)$. Ein Beobachter, der weiß, welches der Ereignisse B_n $(n \ge 1)$ eingetreten ist, ordnet dem Ereignis $A \in \mathcal{A}$ die durch $Y(\omega) = P(A|B_n)$ für $\omega \in B_n$ $(n \ge 1)$ definierte bedingte Wahrscheinlichkeit mit einem beliebigen Wert für $P(A|B_n)$ für alle n mit $P(B_n) = 0$ zu. Sie ist darstellbar als $Y = \sum_{n\ge1} P(A|B_n) 1_{B_n}$.

Wir können eine Beziehung zu Beispiel 2 herstellen. Dazu betrachten wir eine Zerlegung, die durch eine Zufallsvariable X mit diskreter Verteilung erzeugt wird. Mit den Werten $(x_n)_{n\ge1}$ von X seien in diesem Fall die Ereignisse $B_n = \{X = x_n\}$ $(n \ge 1)$. Mit $Y = \sum_{n\ge1} P(A|X = x_n) 1_{\{X=x_n\}}$ folgt aus den Gleichungen $P(A \cap \{X = x_n\}) = P(X = x_n) \cdot P(A|X = x_n)$ für $n \ge 1$ durch Summation

$$P(A \cap \{X \in C\}) = \sum_{x_n \in C} P(X = x_n) \cdot P(A|X = x_n) = \int_{\{X \in C\}} Y \, \mathrm{d}P$$

für alle Teilmengen C des Wertebereichs von X. Diese Gleichungen entsprechen denen von Beispiel 2 mit dem Unterschied, dass jetzt das Integral bzgl. P gebildet wird. Es lässt sich mit dem Transformationssatz 4.30 auch als Integral bzgl. P_X darstellen.

Wir stellen stattdessen umgekehrt die Gleichungen von Beispiel 2 als Integral bzgl. P dar, weil diese Form allgemeiner ist. Für $B = X^{-1}(C)$ erhalten wir mit dem Transformationssatz

$$P(A \cap B) = \int_C p_A(x) \, \mathrm{d}P_X(x) = \int_B p_A(X) \, \mathrm{d}P = \int_B Y \, \mathrm{d}P$$

mit $Y = p_A(X)$. Wir bezeichnen $p_A(X)$ im Folgenden mit $P(A|X)$, wobei zu beachten ist, dass $P(A|X)$ durch Einsetzen der Zufallsvariablen X in die Funktion p_A definiert ist. Es hat keinen Sinn, X formal in $P(A|X = x)$ $(x \in E)$ einzusetzen.

Wir betrachten dazu ein Beispiel.

Beispiel

Sei $(N_t)_{t\geq 0}$ der Poisson-Prozess zum Parameter λ. Für $0 < s < t$ ist

$$P(N_t = j|N_s = i) = \mathrm{e}^{-\lambda(t-s)} \frac{(\lambda(t-s))^{j-i}}{(j-i)!} \quad \text{für } j \geq i \text{ und } 0 \text{ sonst, und damit ist}$$

$$P(N_t = j|N_s) = \mathrm{e}^{-\lambda(t-s)} \frac{(\lambda(t-s))^{j-N_s}}{(j-N_s)!} \quad \text{für } j \geq N_s \text{ und } 0 \text{ sonst.}$$

Kehren wir zum Fall einer beliebigen Zerlegung $(B_n)_{n\geq 1}$ von Ω zurück, für den wir analoge Gleichungen ableiten können. Den Teilmengen des diskreten Wertebereichs entsprechen dabei die Vereinigungen $B = \cup_k B_{n_k}$ mit einer beliebigen Auswahl von Mengen B_n. Es ist

$$P(A \cap B) = \sum_k P(B_{n_k}) \cdot P(A|B_{n_k}) = \int_B Y \,\mathrm{d}P \tag{13.1}$$

für alle Mengen B, die in dieser Form darstellbar sind. Sie bilden die σ-Algebra $\sigma(B_n, n \geq 1)$ und sind genau die Ereignisse, von denen ein Beobachter mit der Kenntnis, welches Ereignis B_n $(n \geq 1)$ eingetreten ist, weiß, ob sie eingetreten sind oder nicht. Die Zufallsvariable Y ist auf allen Ereignissen B_n $(n \geq 1)$ konstant und daher $\sigma(B_n, n \geq 1)$-messbar. Das bedeutet, dass der Wert von Y ebenfalls dem Beobachter bekannt ist.

Im diskreten Fall von Beispiel 2 waren die Mengen B von der Form $B = X^{-1}(C)$ mit $C \in \mathcal{B}$, aus denen die von X erzeugte σ-Algebra $\sigma(X)$ besteht. Von ihnen weiß ein Beobachter, der den Wert von X kennt, ob sie eingetreten sind oder nicht. $Y = p_A(X)$ ist $\sigma(X)$-messbar, der Wert daher ebenfalls dem Beobachter bekannt.

Auch die Kenntnis des Wertes einer beliebigen Zufallsvariablen X in $(E, \mathcal{C})$ werden wir durch die Mengen $X^{-1}(C)$ mit $C \in \mathcal{C}$, also durch $\sigma(X)$, darstellen. Entsprechendes gilt für eine Familie von Zufallsvariablen. Für einen stochastischen Prozess bedeutet z. B. $\sigma(X_s, s \leq t)$ in diesem Sinne die Kenntnis der Werte X_s des Prozesses für alle Zeiten $s \leq t$, d. h. von dem Verlauf des Prozesses bis zur Zeit t.

Bei diesen Beispielen handelt es sich um die bedingte Wahrscheinlichkeit eines Ereignisses bei einer Teilinformation über den Ausgang eines Zufallsexperiments von der Art, dass man von gewissen Ereignissen weiß, ob sie eingetreten sind oder nicht. In den behandelten Beispielen bildeten diese Ereignisse jeweils eine σ-Algebra. Allgemein sind σ-Algebren die geeigneten Mengensysteme zur Darstellung derartiger Informationen. Weiß man z. B. von einem Ereignis, ob es eingetreten ist oder nicht, dann weiß man das auch von dem komplementären Ereignis. Entsprechendes gilt für Vereinigungen und Durchschnitte. Es sind die gleichen Gründe, aus denen σ-Algebren nicht nur in mathematischer Hinsicht die geeigneten Definitionsbereiche für Wahrscheinlichkeitsmaße sind.

Unsere Beispiele und Überlegungen führen uns zu folgendem Ergebnis.

Von der bedingten Wahrscheinlichkeit $P(A|\mathcal{B})$ eines Ereignisses A bzgl. einer σ-Algebra $\mathcal{B}$ verlangen wir als erstes, dass sie bei der $\mathcal{B}$ entsprechenden Information bekannt, also $\mathcal{B}$-messbar ist. Ferner führten die behandelten Beispiele dazu, dass die Anpassung der Wahrscheinlichkeit von A an die durch $\mathcal{B}$ gegebene Information durch die Gleichungen $P(A \cap B) = \int_B P(A|\mathcal{B})\, \mathrm{d}P$ für alle $B \in \mathcal{B}$ charakterisiert wird.

▸ **Definition 13.1** Sei $(\Omega, \mathcal{A}, P)$ ein Wahrscheinlichkeitsraum, $\mathcal{B} \subset \mathcal{A}$ eine Unter-σ-Algebra und $A \in \mathcal{A}$. Eine *bedingte Wahrscheinlichkeit von A, gegeben $\mathcal{B}$*, ist eine Zufallsvariable Y mit den Eigenschaften:

1. Y ist $\mathcal{B}$-messbar.
2. Für alle $B \in \mathcal{B}$ ist $P(A \cap B) = \int_B Y\, \mathrm{d}P$.

Die Zufallsvariable Y wird mit $P(A|\mathcal{B})$ bezeichnet. Im Fall $\mathcal{B} = \sigma(X_i, i \in I)$ wird $P(A|\mathcal{B})$ mit $P(A|X_i, i \in I)$ bezeichnet.

Natürlich steht bei dem Begriff der bedingten Wahrscheinlichkeit die oben begründete stochastische Bedeutung im Vordergrund. Man beachte aber auch die aus analytischer Sicht bestehende Beziehung zur Radon-Nikodym Ableitung mit dem Begriff einer verallgemeinerten Ableitung durch eine Integralbedingung. Das wird auch dadurch deutlich, dass Beispiel 2 das einführende Beispiel 2 zur Radon-Nikodym Ableitung aufgreift. Auch hat uns die Verallgemeinerung von Beispiel 1 zu einer ähnlichen Integralformel wie bei der Radon-Nikodym Ableitung geführt. Während der Ausgangspunkt zur Begründung der Integralformel in dem Fall wie auch bei Beispiel 2 in Kap. 11 spezielle Fälle mit einem differentiellen Zugang waren, sind es jetzt diskrete Zerlegungen gewesen. Man kann den entsprechenden Übergang von der bedingten Wahrscheinlichkeit $P(A|B)$ als Quotient zur Summe von Produkten der Form (5.1) und damit zu (13.1) als eine diskrete Version des Übergangs von der Differentiation zur Integration auffassen. Diese entspricht der Integration bzgl. diskreter Maße. Die Analogie zur Radon-Nikodym Ableitung wird auch bein Beweis der Existenz bedingter Wahrscheinlichkeiten mit Hilfe des Satzes von Radon-Nikodym deutlich werden.

Bedingte Wahrscheinlichkeiten, gegeben eine σ-Algebra, sind nicht eindeutig. Einzelne Realisierungen einer bedingten Wahrscheinlichkeit nennt man Versionen. Wir beweisen zunächst ihre Existenz und zeigen, inwieweit sich Versionen unterscheiden können.

▸ **Satz 13.2** Sei $(\Omega, \mathcal{A}, P)$ ein Wahrscheinlichkeitsraum, $B \subset \mathcal{A}$ eine Unter-σ-Algebra und $A \in \mathcal{A}$. Dann existiert eine bedingte Wahrscheinlichkeit $P(A|\mathcal{B})$. Zwei Versionen stimmen $P_{\mathcal{B}}$-f.s. überein, wobei $P_{\mathcal{B}}$ die Restriktion von P auf $\mathcal{B}$ bezeichnet.

Anmerkung: Da wir f.s. übereinstimmende Zufallsvariable als Äquivalenzklassen auffassen bzw. identifizieren, in diesem Fall bzgl. $P_{\mathcal{B}}$, können wir von der bedingten Wahrscheinlichkeit von A, gegeben $\mathcal{B}$ sprechen. In diesem Sinne ist sie auch eindeutig.

Beweis: Wir wenden den Satz von Radon-Nikodym an auf den Maßraum $(\Omega, \mathcal{B})$ mit den endlichen Maßen $\mu = P_{\mathcal{B}}$ und ν, das durch $\nu(B) = P(A \cap B)$ für $B \in \mathcal{B}$ definiert ist. Trivialerweise ist $\nu \ll \mu$. Daher existiert eine Zufallsvariable Y auf $(\Omega, \mathcal{B})$, so dass $\nu = Y\mu$ ist. Y ist $\mathcal{B}$-messbar und erfüllt

$$P(A \cap B) = \nu(B) = \int_B Y \, \mathrm{d}\mu = \int_B Y \, \mathrm{d}P \quad \text{für alle} \quad B \in \mathcal{B}.$$

Die Gleichheit der Integrale gilt, da $\mu = P_{\mathcal{B}}$ und P auf $\mathcal{B}$ übereinstimmen, $B \in \mathcal{B}$ und Y $\mathcal{B}$-messbar ist. Y ist damit eine Version von $P(A|\mathcal{B})$.

Die Eindeutigkeitsaussage folgt ebenfalls aus dem Satz von Radon-Nikodym.

Beispiele

Die folgenden einfachen Beispiele sollen in erster Linie mit dem Umgang mit bedingten Wahrscheinlichkeiten vertraut machen.

Zur Abhängigkeit der Eigenschaften 1 und 2 von $\mathcal{B}$ gilt: wenn $\mathcal{B}$ kleiner wird, wird Eigenschaft 1 stärker, Eigenschaft 2 schwächer. Wir betrachten dazu zwei ausgeartete Beispiele.

1. Für $A \in \mathcal{B}$ ist $P(A|\mathcal{B}) = 1_A$ $P_{\mathcal{B}}$-f.s.
   1_A erfüllt Eigenschaft 2 immer, für $A \in \mathcal{B}$ auch Eigenschaft 1.
2. Sei A unabhängig von $\mathcal{B}$, d. h. A und B sind unabhängig für alle $B \in \mathcal{B}$. Dann ist $P(A|\mathcal{B}) = P(A)$ $P_{\mathcal{B}}$-f.s.
   Die konstante Funktion $P(A)$ erfüllt Eigenschaft 1 immer, für Ereignisse A, die von $\mathcal{B}$ unabhängig sind, auch Eigenschaft 2. Denn für $B \in \mathcal{B}$ ist $P(A \cap B) = P(A) \cdot P(B) = \int_B P(A) \, \mathrm{d}P$.
3. Spieltheoretische Interpretation der bedingten Wahrscheinlichkeit.
   Bei einem Glücksspiel sei 1 der ausgezahlte Gewinn bei Eintreten von A und 0 sonst, also 1_A.
   Bei Einsatz C ist der Gewinn $1_A - C$ mit Erwartungswert $E(1_A - C) = P(A) - C$. Das Spiel ist fair, wenn $E(1_A - C) = 0$, der Einsatz also $C = P(A)$ ist.
   Bei einer durch eine Unter-σ-Algebra $\mathcal{B} \subset \mathcal{A}$ gegebenen Teilinformation, z. B. bei Kenntnis der Ausgänge früherer Spiele, kann der Einsatz Y $\mathcal{B}$-messbar festgelegt werden. Der Spieler hat dafür die Möglichkeit, diese Information auszunutzen und eine Strategie der Art zu wählen, dass er für ein ihm geeignet scheinendes Ereignis $B \in \mathcal{B}$ das Spiel bei Eintreten von B annimmt und sonst nicht. Bei dieser Strategie ist der Gewinn $1_B(1_A - Y)$ mit dem Erwartungswert $\int_B (1_A - Y) \, \mathrm{d}P = P(A \cap B) - \int_B Y \, \mathrm{d}P$. Er ist genau dann für alle derartigen Strategien gleich 0, wenn der Einsatz $Y = P(A|\mathcal{B})$ ist. In diesem Sinn ist $P(A|\mathcal{B})$ ein fairer Einsatz.

Wir kommen nun zu Eigenschaften der bedingten Wahrscheinlichkeit.

Dazu sei im folgenden ein fester Wahrscheinlichkeitsraum $(\Omega, \mathcal{A}, P)$ mit einer Unter-σ-Algebra $\mathcal{B} \subset \mathcal{A}$ gegeben.

Oft hat man eine Zufallsvariable als Kandidat für eine gesuchte bedingte Wahrscheinlichkeit.

Zur exakten Bestätigung ist es wichtig zu wissen, unter welchen Bedingungen es genügt, Eigenschaft 2 für B aus einem Erzeugendensystem von $\mathcal{B}$ nachzuweisen.

Die $\mathcal{B}$-Messbarkeit gilt nach Satz 3.2 für jedes Erzeugendensystem.

Da die linke und die rechte Seite der Gleichung von Eigenschaft 2 in Abhängigkeit von B endliche Maße auf $(\Omega, \mathcal{B})$ sind, folgt aus dem Eindeutigkeitssatz:

Satz 13.3 Sei C ein $\cap$-stabiles Erzeugendensystem von $\mathcal{B}$, das Mengen Ω_n $(n \geq 1)$ mit $\Omega_n \uparrow \Omega$ für $n \to \infty$ enthält. Eine $\mathcal{B}$-messbare Zufallsvariable Y ist genau dann eine bedingte Wahrscheinlichkeit eines Ereignisses $A \in \mathcal{A}$ gegeben $\mathcal{B}$, wenn $P(A \cap B) = \int_B Y \, \mathrm{d}P$ für alle $B \in \mathcal{C}$ ist.

Wir wenden Satz 13.3 zuerst auf Markov-Prozesse an. Bisher konnten wir die Markov-Eigenschaft und damit allgemeine Markov-Prozesse nicht definieren, weil uns die dazu benötigten bedingten Wahrscheinlichkeiten noch fehlten. Da sie uns nun zur Verfügung stehen, holen wir das jetzt nach.

Definition 13.4 Ein stochastischer Prozess $(X_t)_{t \geq 0}$ mit Zustandsraum $(E, \mathcal{B})$ heißt ein *Markov-Prozess*, wenn für alle $0 \leq t < u$ und $A \in \mathcal{B}$ gilt:

$$p(X_u \in A | X_s, s \leq t) = P(X_u \in A | X_t) \text{ f.s.} \tag{13.2a}$$

Es ist zweckmäßig, die Gleichheit dieser bedingten Wahrscheinlichkeiten so aufzufassen, dass die rechte Seite die definierenden Eigenschaften der linken Seite erfüllt. Da die Messbarkeitsbedingung erfüllt ist, bedeutet (13.2a) daher

$$P(B \cap \{X_u \in A\}) = \int_B P(X_u \in A | X_t) \, \mathrm{d}P \quad \text{für alle} \quad \sigma(X_s, s \leq t) \,. \tag{13.2b}$$

$\sigma(X_s, s \leq t)$ wird erzeugt von dem System der Zylindermengen

$$\mathcal{Z} = \bigcup_{0 \leq t_1 < \ldots < t_n \leq t} \sigma(X_{t_1}, X_{t_2}, \ldots, X_{t_n}) \,.$$

Da $\mathcal{Z}$ eine Algebra ist, erfüllt $\mathcal{Z}$ die Voraussetzungen von Satz 13.3.

$(X_t)_{t \geq 0}$ ist daher genau dann ein Markov-Prozess, wenn $P(B \cap \{X_u \in A\}) = \int_B P\big(X_u \in A | X_t\big) \, \mathrm{d}P$ für alle $B \in \sigma(X_{t_1}, X_{t_2} \ldots, X_{t_n})$ mit $0 \leq t_1 < \ldots < t_n \leq t < u$ und $A \in \mathcal{B}$ ist.

Zur Vereinfachung der Notation können wir annehmen, dass $t_n = t$ ist, da wir sonst t hinzufügen können.

Für festes $0 \leq t_1 < \ldots < t_n < u$ und $A \in \mathcal{B}$ gilt analog, dass $P(X_u \in A | X_{t_1}, \ldots, X_{t_n}) = P(X_u \in A | X_{t_n})$ f.s. genau dann ist, wenn $P(B \cap \{X_{u \in A}\}) = \int_B P(X_u \in A | X_t) \, \mathrm{d}P$ f.s. für alle $B \in \sigma(X_{t_1}, X_{t_2}, \ldots, X_{t_n})$ ist, und es folgt:

▸ **Satz 13.5** Ein stochastischer Prozess $(X_t)_{t\geq 0}$ mit Zustandsraum $(E, \mathcal{B})$ ist genau dann ein Markov-Prozess, wenn für alle $0 \leq t_1 < \ldots < t_n < u$ und $A \in \mathcal{B}$ $P(X_u \in A|X_{t_1}, \ldots, X_{t_n}) = P(X_u \in A|X_{t_n})$ f.s. ist.

Dieses Kriterium hat den Vorteil, dass es zeigt, dass die Markov-Eigenschaft nur von den endlichdimensionalen Verteilungen des Prozesses abhängt, und mit Hilfe von diesen nachgeprüft werden kann.

Beispiel

Wir zeigen, dass die in Kap. 11 definierten Markov-Prozesse zu gegebener Anfangsverteilung π und stationären Übergangswahrscheinlichkeiten $(p_t)_{t>0}$ auch nach Definition 13.4 Markov-Prozesse sind mit $P(X_u \in A|X_t) = p_{u-t}(X_t, A)$ für $0 \leq t < u$, $A \in \mathcal{B}$.

Beweis: Sei $0 < t_1 < \ldots < t_n < u$, $A \in \mathcal{B}$ und $B = \{X_0 \in A_0, X_{t_1} \in A_1, \ldots, X_{t_n} \in A_n\}$ mit $A_i \in \mathcal{B}$ für $0 \leq i \leq n$. Nach Definition der endlichdimensionalen Verteilungen ist

$$\begin{aligned} P(B \cap \{X_u \in A\}) &= P(X_0 \in A_0, X_{t_1} \in A_1, \ldots, X_{t_n} \in A_n, X_u \in A) \\ &= \int_{A_0} \pi(\mathrm{d}x_0) \int_{A_1} p_{t_1}(x_0, \mathrm{d}x_1) \ldots \int_{A_n} p_{t_n - t_{n-1}}(x_{n-1}, \mathrm{d}x_n) p_{u-t_n}(x_n, A) \\ &= \int_B p_{u-t_n}(X_{t_n}, A)\, \mathrm{d}P . \end{aligned}$$

Daher ist $P(X_u \in A|X_{t_1}, \ldots, X_{t_n}) = p_{u-t_n}(X_{t_n}, A)$ f.s. Da $p_{u-t_n}(X_{t_n}, A)$ $\sigma(X_{t_n})$-messbar ist, ist auch $P(X_u \in A|X_{t_n}) = p_{u-t_n}(X_{t_n}, A)$ f.s.

Bisher war das Ereignis $A \in \mathcal{A}$ fest. Wir betrachten jetzt $P(A|\mathcal{B})$ in Abhängigkeit von A und zeigen, dass die Eigenschaften eines Wahrscheinlichkeitsmaßes gelten, jedoch als Zufallsvariable $P_{\mathcal{B}}$-f.s.

▸ **Satz 13.6**

1. Für jedes Ereignis $A \in \mathcal{A}$ ist $0 \leq P(A|\mathcal{B}) \leq 1 P_{\mathcal{B}}$-f.s.
   Es ist $P(\Omega|\mathcal{B}) = 1$, $P(\emptyset|\mathcal{B}) = 0$ $P_{\mathcal{B}}$-f.s.
2. Für paarweise disjunkte Ereignisse $A_n \in \mathcal{A}$ $(n \geq 1)$ ist $P(\cup_{n=1}^{\infty} A_n|\mathcal{B}) = \sum_{n=1}^{\infty} P(A_n|\mathcal{B})$ $P_{\mathcal{B}}$-f.s.

Beweis:

1. Für alle $B \in \mathcal{B}$ ist $\int_B P(A|\mathcal{B})\,\mathrm{d}P = P(A \cap B) \geq 0$. Daraus folgt $P(A|\mathcal{B}) \geq 0$ $P_{\mathcal{B}}$-f.s.
   Analog folgt aus $\int_B (1 - P(A|\mathcal{B})\ \mathrm{d}P) = P(B) - P(A \cap B) \geq 0$ für alle $B \in \mathcal{B}$, dass $P(A|\mathcal{B}) \leq 1$ $P_{\mathcal{B}}$-f.s. ist.
   Die Fälle $A = \Omega$ und $A = \emptyset$ sind in Beispiel 1 enthalten.

2. Wir zeigen, dass $\sum_{n=1}^{\infty} P(A_n|\mathcal{B})$ die definierenden Eigenschaften von $P(\cup_{n=1}^{\infty} A_n|\mathcal{B})$ erfüllt.
   Die $\mathcal{B}$-Messbarkeit ist klar.
   Für $B \in \mathcal{B}$ ist

$$P\left(\left(\bigcup_{n=1}^{\infty} A_n\right) \cap B\right) = \sum_{n=1}^{\infty} P(A_n \cap B) = \sum_{n=1}^{\infty} \int_B P(A_n|\mathcal{B})\, \mathrm{d}P = \int_B \sum_{n=1}^{\infty} P(A_n|\mathcal{B})\, \mathrm{d}P$$

   und damit gilt auch Eigenschaft 2.

Wie für Wahrscheinlichkeitsmaße folgen aus diesen Eigenschaften:

▸ **Folgerungen 13.7**

1. $A_1 \subset A_2 \Rightarrow P(A_1|\mathcal{B}) \leq P(A_2|\mathcal{B})$ $P_{\mathcal{B}}$-f.s.
2. $A_n \uparrow A$ für $n \to \infty \Rightarrow P(A_n|\mathcal{B}) \uparrow P(A|\mathcal{B})$ $P_{\mathcal{B}}$-f.s. für $n \to \infty$
3. $A_n \downarrow A$ für $n \to \infty \Rightarrow P(A_n|\mathcal{B}) \downarrow P(A|\mathcal{B})$ $P_{\mathcal{B}}$-f.s. für $n \to \infty$.

Wir erwähnen jetzt schon kurz ein wichtiges Problem, das wir später genauer behandeln werden. Nach Satz 13.6 erfüllt $P(A|\mathcal{B})$ in Abhängigkeit von A die Eigenschaften eines Wahrscheinlichkeitsmaßes jeweils $P_{\mathcal{B}}$-f.s. Die Ausnahmemengen hängen dabei von der jeweiligen Aussage ab. Im Einzelfall kann man Versionen so wählen, dass die entsprechende Eigenschaft für alle $\omega \in \Omega$ gilt. Speziell kann $0 \leq P(A|\mathcal{B}) \leq 1$ für jedes $A \in \mathcal{A}$ und $P(\Omega|\mathcal{B}) = 1$ und $P(\emptyset|\mathcal{B}) = 0$ gewählt werden. Aber für die σ-Additivität gibt es i. A. überabzählbar viele Möglichkeiten von abzählbaren disjunkten Vereinigungen. Es stellt sich die Frage, unter welchen Bedingungen man durch eine geschickte Wahl der Versionen von $P(A|\mathcal{B})$ für alle $A \in \mathcal{A}$ oder aus einer geeigneten Unter-σ-Algebra von $\mathcal{A}$ erreichen kann, dass $P(A|\mathcal{B})(\omega)$ für jedes $\omega \in \Omega$ in Abhängigkeit von A ein Wahrscheinlichkeitsmaß ist.

13.2 Bedingte Erwartung bzgl. einer σ-Algebra

Wie die bedingte Wahrscheinlichkeit eines Ereignisses bzgl. einer σ-Algebra die Anpassung der Wahrscheinlichkeit des Ereignisses an die durch die σ-Algebra gegebene Information darstellt, so kann auch der Erwartungswert einer Zufallsvariablen an eine solche Information angepasst werden. Da es sich ebenfalls um eine Zufallsvariable und nicht um einen einzelnen Wert handelt, nennt man ihn bedingte Erwartung.

Wir motivieren die Definition mit zwei Zugängen. Beim ersten gehen wir ähnlich wie bei der bedingten Wahrscheinlichkeit vor und können uns daher kurz fassen, beim zweiten gehen wir von dieser aus. Wir setzen dabei die Existenz des Erwartungswerts der Zufalls variablen voraus.

1. Wir definieren zunächst den bedingten Erwartungswert bzgl. eines Ereignisses. Sei $B \in \mathcal{A}$ mit $P(B) > 0$. Die bedingte Verteilung einer Zufallsvariablen X, gegeben B, ist definiert durch

$$P_{X|B}(C) = P(X \in C|B) = \frac{P(\{X \in C\} \cap B)}{P(B)} \quad \text{für } C \in \mathcal{B}(\mathbb{R}).$$

Zu dieser bedingten Verteilung gehört der bedingte Erwartungswert

$$E(X|B) = \int x \, \mathrm{d}P_{X|B}(x) = \frac{1}{P(B)} \int_B X \, \mathrm{d}P.$$

Analog zur bedingten Wahrscheinlichkeit kann er auch durch die Bedingung $E(X|B) \cdot P(B) = \int_B X \, \mathrm{d}P$ charakterisiert werden, die im Fall $P(B) = 0$ wieder mit einem beliebigen Wert von $E(X|\mathcal{B})$ gilt.
Damit können wir den Fall betrachten, dass ein Beobachter weiß, ob B eingetreten ist oder nicht.
Wir behandeln gleich eine Zerlegung $(B_n)_{n\geq 1}$ von Ω in paarweise disjunkte Ereignisse $B_n \in \mathcal{A}$ $(n \geq 1)$. Für $\mathcal{B} = \sigma(B_n, n \geq 1)$ definieren wir $E(X|\mathcal{B})(\omega) = E(X|B_n)$ für $\omega \in B_n$ $(n \geq 1)$ mit einem beliebigem Wert für n mit $P(B_n) = 0$. $E(X|\mathcal{B})$ ist konstant auf allen Ereignissen B_n $(n \geq 1)$, also $\mathcal{B}$-messbar. Aus $E(X|B_n) \cdot P(B_n) = \int_{B_n} X \, \mathrm{d}P$ für alle $n \geq 1$ folgt durch Summation

$$\int_B E(X|\mathcal{B}) \, \mathrm{d}P \int_B X \, \mathrm{d}P$$

für alle $B \in \mathcal{B}$.
Wie bei der bedingten Wahrscheinlichkeit kann man als Spezialfall auch die bedingte Erwartung von X, gegeben eine Zufallsvariable mit diskreter Verteilung, behandeln. Wir lassen die Durchführung als Übung.
2. Bei dieser Herleitung definieren wir die bedingte Erwartung für eine Unter-σ-Algebra $\mathcal{B} \subset \mathcal{A}$ mit den gleichen Schritten wie den Erwartungswert, jetzt jedoch bzgl. der bedingten Wahrscheinlichkeit als Zufallsvariable. Dabei benutzen wir die bewiesenen Maßeigenschaften der bedingten Wahrscheinlichkeit.

1. Für $X = 1_A$ sei $E(1_A|\mathcal{B}) = P(A|\mathcal{B})$.
Für die weitere Fortsetzung müssen wir die definierenden Eigenschaften von $P(A|\mathcal{B})$ durch 1_A ausdrücken. Die $\mathcal{B}$-Messbarkeit ist davon nicht betroffen. Eigenschaft 2 stellen wir dar als

$$\int_B E(1_A|\mathcal{B}) \, \mathrm{d}P = \int_B P(A|\mathcal{B}) \, \mathrm{d}P = P(A \cap B) = \int_B 1_A \, \mathrm{d}P.$$

2. Für $X = \sum_{i=1}^n x_i 1_{A_i} \in \mathcal{E}^+(\mathcal{A})$ definieren wir $E(X|\mathcal{B}) = \sum_{i=1}^n x_i P(A_i|\mathcal{B})$.
$E(X|\mathcal{B})$ ist $\mathcal{B}$-messbar und erfüllt $\int_B E(X|\mathcal{B}) \, \mathrm{d}P = \int_B (X \, \mathrm{d}P)$ für alle $B \in \mathcal{B}$.

3. Für eine Zufallsvariable $X \geq 0$ wählen wir eine Folge $(X_n)_{n\geq 1}$ in $\mathcal{E}^+(\mathcal{A})$ mit $X_n \uparrow X$ für $n \to \infty$. Wie beim Integral kann man mit den Eigenschaften der bedingten Wahrscheinlichkeit die Existenz des Grenzwerts von $E(X_n|\mathcal{B})$ für $n \to \infty$ unabhängig von der Wahl der Folge zeigen, den wir als $E(X|\mathcal{B})$ definieren. Wir brauchen das bei diesem heuristischen Vorgehen nicht exakt durchzuführen. Später werden wir zeigen, dass die bedingte Erwartung tatsächlich die Eigenschaften des Integrals besitzt. Im gleichen Sinne folgt mit monotoner Konvergenz, dass neben der $\mathcal{B}$-Messbarkeit $E(X|\mathcal{B})$ auch wieder die Bedingung $\int_B E(X|\mathcal{B}) \, dP = \int_B X \, dP$ für alle $B \in \mathcal{B}$ erfüllt.
4. Dieselben Bedingungen folgen für eine Zufallsvariable X, deren Erwartungswert existiert, mit der Zerlegung $X = X^+ - X^-$ durch Linearität.

Beide Zugänge führen damit zu der Definition:

▸ **Definition 13.8** Sei X eine Zufallsvariable auf $(\Omega, \mathcal{A}, P)$, deren Erwartungswert im weiteren Sinne existiert, und $\mathcal{B} \subset \mathcal{A}$ eine Unter-σ-Algebra. Eine *bedingte Erwartung von X, gegeben* $\mathcal{B}$, ist eine Zufallsvariable Y mit den Eigenschaften:

1. Y ist $\mathcal{B}$-messbar.
2. Für alle $B \in \mathcal{B}$ ist $\int_B Y \, dP = \int_B X \, dP$.

Die Zufallsvariable Y wird mit $E(X|\mathcal{B})$ bezeichnet. Im Fall $\mathcal{B} = \sigma(X_i, i \in I)$ wird $E(X|\mathcal{B})$ mit $E(X|X_i, i \in I)$ bezeichnet.

Aus Eigenschaft 2 folgt mit $B = \Omega$ für Zufallsvariable X mit endlichem Erwartungswert, dass auch $E(X|\mathcal{B})$ endlichen Erwartungswert hat.

▸ **Satz 13.9** Sei X eine Zufallsvariable auf $(\Omega, \mathcal{A}, P)$, deren Erwartungswert im weiteren Sinne existiert, und $\mathcal{B} \subset \mathcal{A}$ eine Unter-σ-Algebra. Dann existiert eine bedingte Erwartung $E(X|\mathcal{B})$. Sie ist $P_{\mathcal{B}}$-f.s. eindeutig bestimmt.

Beweis: Wir beweisen Satz 13.9 zunächst nur für Zufallsvariable mit endlichem Erwartungswert. Den allgemeinen Fall werden wir später mit Hilfe von geeigneten Eigenschaften der bedingten Erwartung auf diesen durch Approximation zurückführen.

Sei X also eine Zufallsvariable mit endlichem Erwartungswert. Wir wenden den Satz von Radon-Nikodym an auf $(\Omega, \mathcal{B})$ mit dem Maß $\mu = P_{\mathcal{B}}$ und dem endlichen signierten Maß ν, das durch $\nu(B) = \int_B X \, dP$ für $B \in \mathcal{B}$ definiert ist. Man beachte, dass ν bereits als Maß mit einer Dichte gegeben ist, die jedoch i. A. nicht $\mathcal{B}$-messbar ist.

Da $\nu \ll \mu$ ist, existiert eine Zufallsvariable Y auf $(\Omega, \mathcal{B})$, die damit $\mathcal{B}$-messbar ist, mit $\nu = Y\mu$, d. h. mit $\int_B X \, dP = \nu(B) = \int_B Y \, dP$ für alle $B \in \mathcal{B}$.

Die Eindeutigkeitsaussage folgt ebenfalls wieder aus dem Satz von Radon-Nikodym.

Beispiele

Mit dem Beispiel einer Indikatorfunktion haben wir die zweite Motivation begonnen. Die dort angegebenen Formeln zeigen, dass auch für die exakte Definition 13.8 gilt:

1. Für $A \in \mathcal{A}$ ist $E(1_A|\mathcal{B}) = P(A|\mathcal{B})$ $P_{\mathcal{B}}$-f.s.
   Die Bemerkung zur Abhängigkeit der Eigenschaften 1 und 2 von bedingten Wahrscheinlichkeiten von größeren bzw. kleineren Unter-σ-Algebren $\mathcal{B}$ gelten auch für bedingte Erwartungen, und wir erhalten analog die folgenden 2 Beispiele.
2. Für $\mathcal{B}$-messbare Zufallsvariablen X ist $E(X|\mathcal{B}) = X$ $P_{\mathcal{B}}$-f.s.
3. Sind $\sigma(X)$ und $\mathcal{B}$ unabhängig, dann ist $E(X|\mathcal{B}) = EX$ $P_{\mathcal{B}}$-f.s.
   In diesem Fall folgt Eigenschaft 2 aus der Multiplikativität des Erwartungswerts von unabhängigen Zufallsvariablen.
4. Sei $\mathcal{B} = \sigma(Z)$ mit einer $\mathbb{R}^d$-wertigen Zufallsvariablen Z. Nach Satz 3.14 ist eine Zufallsvariable Y genau dann $\sigma(Z)$-messbar, wenn sie in der Form $Y = \varphi(Z)$ mit einer messbaren Funktion φ darstellbar ist. Jedes $B \in \sigma(Z)$ ist von der Form $B = Z^{-1}(C)$ mit $C \in \mathcal{B}(\mathbb{R}^d)$. Eigenschaft 2 kann man daher in diesem Fall unter Verwendung des Transformationssatzes umformen zu
   $$\int_{\{Z\in C\}} X \,\mathrm{d}P = \int_{\{Z\in C\}} \phi(Z) \,\mathrm{d}P = \int_C \varphi \,\mathrm{d}P_Z \quad \text{für alle} \quad C \in \mathcal{B}(\mathbb{R}^d).$$
   Die Funktion φ ist damit charakterisiert durch die Eigenschaft
   $$\int_C \varphi(z) \,\mathrm{d}P_Z(z) = \int_{\{Z\in C\}} X \,\mathrm{d}P \quad \text{für alle} \quad C \in \mathcal{B}(\mathbb{R}^d).$$
   Es ist naheliegend, sie mit $\varphi(z) = E(X|Z = z)(z \in \mathbb{R}^d)$ zu bezeichnen. Dasselbe heuristische Vorgehen wie bei der bedingten Wahrscheinlichkeit hätte uns auch zu dieser Formel geführt.
   Dieses Beispiel ist von besonderer Bedeutung für stochastische Prozesse, wobei $Z = (X_{t_1}, \dots, X_{t_d})$ die Werte des Prozesses zu endlich vielen Zeiten $0 \le t_1 < \dots < t_d$ darstellt.
5. Spieltheoretische Interpretation der bedingten Erwartung.
   Bei einem Glücksspiel sei X der ausgezahlte Gewinn. Bei Einsatz C ist der Gewinn $X - C$ mit Erwartungswert $E(X - C) = EX - C$. Der Einsatz ist fair, wenn $EX - C = 0$, der Einsatz also $C = EX$ ist.
   Bei einer durch eine Unter-σ-Algebra $\mathcal{B} \subset \mathcal{A}$ gegebenen Teilinformation und $\mathcal{B}$-messbaren Einsatz Y ist bei der Strategie, das Spiel nur bei Eintreten eines Ereignisses $B \in \mathcal{B}$ anzunehmen, der Gewinn $(X - Y)1_B$ mit dem Erwartungswert $\int_B (X - Y) \,\mathrm{d}P = \int_B X \,\mathrm{d}P - \int_B Y \,\mathrm{d}P$. Er ist genau dann für alle derartigen Strategien gleich 0, wenn der Einsatz $Y = E(X|\mathcal{B})$ ist.

Wir wollen jetzt Eigenschaften von bedingten Erwartungen beweisen.
Analog zur bedingten Wahrscheinlichkeit gilt für ein Erzeugendensystem:

▸ **Satz 13.10** Sei X eine Zufallsvariable auf $(\Omega, \mathcal{A}, P)$, deren Erwartungswert im weiteren Sinne existiert, und $\mathcal{C}$ ein $\cap$-stabiles Erzeugendensystem von $\mathcal{B}$, das Mengen $\Omega_n \in \mathcal{C}$ $(n \geq 1)$ mit $\Omega_n \uparrow \Omega$ für $n \to \infty$ enthält, für die $\int_{\Omega_n} X \, \mathrm{d}P$ endlich für $n \geq 1$ ist. Eine $\mathcal{B}$-messbare Zufallsvariable Y ist genau dann eine bedingte Erwartung von X, gegeben B, wenn $\int_B Y \, \mathrm{d}P = \int_B X \, \mathrm{d}P$ für alle $B \in \mathcal{C}$ ist.

Beweis: Nach Voraussetzung sind $\int_B Y \, \mathrm{d}P$ und $\int_B X \, \mathrm{d}P$ in Abhängigkeit von B signierte Maße auf $\mathcal{B}$, die auf $\mathcal{C}$ σ-endlich sind. Satz 13.10 folgt daher aus dem Eindeutigkeitssatz, der auch für signierte Maße gilt.

Wie die bedingte Wahrscheinlichkeit die Eigenschaften eines Wahrscheinlichkeitsmaßes $P_{\mathcal{B}}$ -f.s. hat, so hat die bedingte Erwartung die Eigenschaften des Erwartungswerts $P_{\mathcal{B}}$ -f.s.

▸ **Satz 13.11** Unter der Voraussetzung der Existenz der entsprechenden Erwartungswerte, auch im weiteren Sinne, gilt:

1. Linearität: $E(X+Y|\mathcal{B}) = E(X|\mathcal{B}) + E(Y|\mathcal{B})$ $P_{\mathcal{B}}$-f.s.
   $E(aX|\mathcal{B}) = aE(X|\mathcal{B})$ $P_{\mathcal{B}}$-f.s. für $a \in \mathbb{R}$.
2. Monotonie: $X \leq Y$ f.s. $\Rightarrow E(X|\mathcal{B}) < E(Y|\mathcal{B})$ $P_{\mathcal{B}}$-f.s.
   Folgerung: $X = Y$ f.s. $\Rightarrow E(X|\mathcal{B}) = E(Y|\mathcal{B})$ $P_{\mathcal{B}}$-f.s.
3. $|E(X|\mathcal{B})| \leq E(|X||\mathcal{B})$ $P_{\mathcal{B}}$-f.s.
4. Monotone Konvergenz: Aus der monotonen Konvergenz $0 \leq X_n \uparrow X$ f.s. für $n \to \infty$ folgt die Konvergenz $E(X_n|\mathcal{B}) \uparrow E(X|\mathcal{B})$ $P_{\mathcal{B}}$-f.s. für $n \to \infty$.
5. Majorisierte Konvergenz: Es konvergiere $X_n \to X$ f.s. für $n \to \infty$. Es existiere eine Zufallsvariable $Y \geq 0$ mit $EY < \infty$, so dass $|X_n| \leq Y$ f.s. für alle $n \geq 1$ ist. Dann konvergieren $E(X_n|\mathcal{B}) \to E(X|\mathcal{B})$ und $E(|X_n - X||\mathcal{B}) \to 0$ $P_{\mathcal{B}}$-f.s. für $n \to \infty$.

Anmerkung: Die Folgerung der Monotonie ist trivial, aber wichtig. Denn sie bedeutet, dass bzgl. der Äquivalenzklassen von f.s. übereinstimmenden Zufallsvariablen die bedingte Erwartung nicht von der Wahl eines Repräsentanten abhängt.

Beweis:

1. Zum Beweis der ersten Gleichung zeigen wir, dass $E(X|\mathcal{B}) + E(Y|\mathcal{B})$ die definierenden Eigenschaften von $E(X+Y|\mathcal{B})$ erfüllt. Die $\mathcal{B}$-Messbarkeit ist klar. Für $B \in \mathcal{B}$ ist

$$\int_B (E(X|\mathcal{B}) + E(Y|\mathcal{B})) \, \mathrm{d}P = \int_B E(X|\mathcal{B}) \, \mathrm{d}P + \int_B E(Y|\mathcal{B}) \, \mathrm{d}P$$
$$= \int_B X \, \mathrm{d}P + \int_B Y \, \mathrm{d}P = \int_B (X+Y) \, \mathrm{d}P.$$

Der Beweis der zweiten Gleichung geht analog.

2. Aus $X \leq Y$ f.s. folgt $\int_B E(X|\mathcal{B})\, \mathrm{d}P = \int_B X\, \mathrm{d}P \leq \int_B Y\, \mathrm{d}P \leq \int_B E(Y|\mathcal{B})\, \mathrm{d}P$ für alle $B \in \mathcal{B}$. Mit Folgerung 4.21, angewandt auf die σ-Algebra $\mathcal{B}$, folgt $E(X|\mathcal{B}) \leq E(Y|\mathcal{B})$ $P_{\mathcal{B}}$-f.s.
3. folgt aus der Monotonie mit $\pm X \leq |X|$.
4. Aus $0 \leq X_n \leq X_{n+1}$ f.s. folgt mit 2, dass $0 \leq E(X_n|\mathcal{B}) \leq E(X_{n+1}|\mathcal{B})$ $P_{\mathcal{B}}$-f.s. ist.
   Sei $Y = \sup_{n\geq 1} E(X_n|\mathcal{B})$. Y ist $\mathcal{B}$-messbar, und es konvergiert $E(X_n|\mathcal{B}) \uparrow Y$ $P_{\mathcal{B}}$-f.s. für $n \to \infty$.
   Für $B \in \mathcal{B}$ und $n \geq 1$ ist $\int_B E(X_n|\mathcal{B})\, \mathrm{d}P = \int_B X_n\, \mathrm{d}P$.
   Für $n \to \infty$ folgt mit monotoner Konvergenz $\int_B Y\, \mathrm{d}P = \int_B X\, \mathrm{d}P$ und damit $Y = E(X|\mathcal{B})$.

Bevor wir 5 beweisen, wenden wir monotone Konvergenz an, um die Existenz der bedingten Erwartung auch für Zufallsvariable mit einem Erwartungswert im weiteren Sinne zu beweisen. Wir können ohne Einschränkung $EX > -\infty$ und wegen der Linearität $X \geq 0$ annehmen. Sei $X_n = \inf(X, n)$ für $n \geq 1$. Da jede Zufallsvariable X_n beschränkt ist und damit einen endlichen Erwartungswert hat, existiert $E(X_n|\mathcal{B})$ für $n \geq 1$ nach Satz 13.9 für Zufallsvariable mit endlichem Erwartungswert. Aus $0 \leq X_n \uparrow X$ für $n \to \infty$ folgt die Existenz von $E(X|\mathcal{B})$, da im Beweis der monotonen Konvergenz nur die Existenz der bedingten Erwartungen $E(X_n|\mathcal{B})$ für $n \geq 1$ benötigt wurde. Ebenso folgt die $P_{\mathcal{B}}$-f.s. Eindeutigkeit, da $E(X|\mathcal{B}) = \sup_{n\geq 1} E(X_n|\mathcal{B})$ $P_{\mathcal{B}}$-f.s. ist.

5. Sei $Z_n = \sup_{m\geq n} |X_n - X|$ für $n \geq 1$. Nach Voraussetzung konvergiert $Z_n \downarrow 0$ $P_{\mathcal{B}}$-f.s. für $n \to \infty$.
   Aus 3 folgt $|E(X_n|\mathcal{B}) - E(X|\mathcal{B})| \leq E(|X_n - X||\mathcal{B}) \leq E(Z_n|\mathcal{B})$ $P_{\mathcal{B}}$-f.s. für $n \geq 1$. Es genügt daher zu zeigen, dass $E(Z_n|\mathcal{B}) \downarrow 0$ $P_{\mathcal{B}}$-f.s. für $n \to \infty$ konvergiert. Wegen der Monotonie konvergiert $E(Z_n|\mathcal{B}) \downarrow Z$ für $n \to \infty$ gegen eine $\mathcal{B}$-messbare Zufallsvariable $Z \geq 0$ $P_{\mathcal{B}}$ -f.s. Zum Beweis, dass $Z = 0$ $P_{\mathcal{B}}$-f.s. ist, genügt es zu zeigen, dass $EZ = 0$ ist.
   Für $n \geq 1$ ist $0 \leq Z \leq E(Z_n|\mathcal{B})$ $P_{\mathcal{B}}$-f.s. und daher $0 \leq EZ \leq \int E(Z_n|\mathcal{B})\, \mathrm{d}P = \int Z_n\, \mathrm{d}P$.
   Da $|Z_n| \leq 2Y$ $P_{\mathcal{B}}$-f.s. für alle $n \geq 1$ ist, folgt mit majorisierter Konvergenz $\int Z_n\, \mathrm{d}P \to 0$ für $n \to \infty$ und damit $EZ = 0$.

Die folgenden Eigenschaften gelten mit $P(A|\mathcal{B}) = E(1_A|\mathcal{B})$ für $A \in \mathcal{A}$ auch für bedingte Wahrscheinlichkeiten. Die nächste betrifft die Bildung iterierter bedingter Erwartungen.

▸ **Satz 13.12** Seien $\mathcal{B}_1 \subset \mathcal{B}_2 \subset \mathcal{A}$ Unter-σ-Algebren und X eine Zufallsvariable mit Erwartungswert im weiteren Sinne. Dann ist $E\left((E(X|\mathcal{B}_2))\,|\mathcal{B}_1\right) = E\left(X|\mathcal{B}_1\right)$ $P_{\mathcal{B}}$-f.s.

Beweis: Wir zeigen, dass $E\left((E(X|\mathcal{B}_2))\,|\mathcal{B}_1\right)$ die definierenden Eigenschaften von $E\left(X|\mathcal{B}_1\right)$ erfüllt. Die $\mathcal{B}_1$-Messbarkeit ist klar. Nach Voraussetzung ist jedes Ereignis $B \in \mathcal{B}_1$ auch in $\mathcal{B}_2$ enthalten, und mit zweimaliger Anwendung von Eigenschaft 2 der bedingten

Erwartung folgt für $B \in \mathcal{B}_1$

$$\int_B E((E(X|\mathcal{B}_2))|\mathcal{B}_1)\,\mathrm{d}P = \int_B E(X|\mathcal{B}_2)\,\mathrm{d}P = \int_B X\,\mathrm{d}P.$$

Wählen wir für eine Unter-σ-Algebra $\mathcal{B} \subset \mathcal{A}$ speziell $\mathcal{B}_1 = \{\Omega, \emptyset\}$ und $\mathcal{B}_2 = \mathcal{B}$, so folgt:

▸ **Korollar 13.13** Sei $\mathcal{B} \subset \mathcal{A}$ eine Unter-σ-Algebra und X eine Zufallsvariable, deren Erwartungswert im weiteren Sinne existiert. Dann ist $E(E(X|\mathcal{B})) = EX$ $P_{\mathcal{B}}$-f.s.

Es erweist sich häufig als geschickt, den Erwartungswert einer Zufallsvariablen auf diese Weise erst über eine geeignete bedingte Erwartung zu bestimmen.

Als Nächstes zeigen wir, dass man einen $\mathcal{B}$-messbaren Faktor herausziehen kann. Der einfacheren Formulierung halber beschränken wir uns auf Zufallsvariable mit endlichem Erwartungswert. Der Beweis zeigt, dass die Aussage auch allgemeiner, z. B. für nichtnegative Zufallsvariable, gültig ist.

▸ **Satz 13.14** Seien X, Y Zufallsvariable mit der Eigenschaft, dass X und XY endlichen Erwartungswert haben und Y $\mathcal{B}$-messbar ist. Dann ist $E(XY|\mathcal{B}) = YE(X|\mathcal{B})$ $P_{\mathcal{B}}$-f.s.

Beweis:

1. Für $Y = 1_{B_0}$ mit $B_0 \in \mathcal{B}$ zeigen wir, dass $1_{B_0}E(X|\mathcal{B})$ die definierenden Eigenschaften von $E(X1_{B_0}|\mathcal{B})$ erfüllt. Die $\mathcal{B}$-Messbarkeit ist wieder klar, und Eigenschaft 2 folgt aus

$$\int_B 1_{B_0}E(X|\mathcal{B})\,\mathrm{d}P = \int_{B\cap B_0} E(X|\mathcal{B})\,\mathrm{d}P = \int_{B\cap B_0} X\,\mathrm{d}P = \int_B X1_{B_0}\,\mathrm{d}P \text{ für } B \in \mathcal{B}.$$

2. Für $Y = \sum_{i=1}^n x_i 1_{B_i} \in \mathcal{E}^+(\mathcal{B})$ folgt $E(XY|\mathcal{B}) = YE(X|\mathcal{B})$ $P_{\mathcal{B}}$-f.s. aus der Linearität.
3. Für $Y \geq 0$ seien $Y_n \in \mathcal{E}^+(\mathcal{B})$ $(n \geq 1)$ mit $0 \leq Y_n \uparrow Y$ für $n \to \infty$. Ist auch $X \geq 0$, dann folgt $E(XY|\mathcal{B}) = YE(X|\mathcal{B})$ $P_{\mathcal{B}}$-f.s. mit monotoner Konvergenz, und für ein beliebiges X mit der Zerlegung $X = X^+ - X^-$ aus der Linearität.
4. Ebenso folgt der Fall von beliebigem Y mit der Zerlegung $Y = Y^+ - Y^-$.

Eine nützliche Ungleichung ist die

▸ **Jensen'sche Ungleichung 13.15** Sei X eine Zufallsvariable mit Werten in einem Intervall $I \subset \mathbb{R}$ und $\varphi: I \to \mathbb{R}$ eine konvexe Funktion, so dass X und $\varphi(X)$ endlichen Erwartungswert haben. Dann ist $\varphi(E(X|\mathcal{B})) \leq E(\varphi(X)|\mathcal{B})$ $P_{\mathcal{B}}$-f.s.

Anmerkung: Der Spezialfall $\mathcal{B} = \{\Omega, \emptyset\}$ liefert die Jensen'sche Ungleichung $\varphi(EX) \leq E(\varphi(X))$ für den Erwartungswert.

Beweis: Wir benutzen die aus der Analysis bekannte Eigenschaft einer konvexen Funktion auf einem Intervall I, dass sie das Supremum der darunter liegenden Geradenfunktionen ist:

$$\varphi(x) = \sup\{ax + b : a, b \in \mathbb{R} \text{ mit } ay + b \le \varphi(y) \text{ für alle } y \in I\} \text{ für } x \in I.$$

Seien $a, b \in \mathbb{R}$ mit $ay + b \le \varphi(y)$ für alle $y \in I$. Aus $aX + b \le \varphi(X)$ folgt

$$aE(X|\mathcal{B}) + b = E(aX + b|\mathcal{B}) \le E(\varphi(X)|\mathcal{B}) \; P_{\mathcal{B}}\text{-f.s.}$$

Mit dem Supremum über alle derartigen $a, b \in \mathbb{R}$ folgt $\varphi(E(X|\mathcal{B})) \le E(\varphi(X)|\mathcal{B})$ $P_{\mathcal{B}}$-f.s.

Beispiele

1. $\varphi(x) = e^x$ $(x \in \mathbb{R})$.
   Die Jensen'sche Ungleichung liefert $\exp(E(X|\mathcal{B})) \le E(\exp(X)|\mathcal{B})$ $P_{\mathcal{B}}$-f.s.
   Durch Anwendung des Logarithmus folgt $E(X|\mathcal{B}) \le \log(E(\exp(X)|\mathcal{B}))$ $P_{\mathcal{B}}$-f.s.
2. $\varphi(x) = |x|^p$ $(x \in \mathbb{R})$, $p \ge 1$.
   Wir zeigen: Für $X \in L^p$ ist auch $E(X|\mathcal{B}) \in L^p$ mit $\|E(X|B)\|_p \le \|X\|_p$.

Beweis: Sei $X \in L^p$ mit $p \ge 1$. Nach Proposition 4.38 ist $X \in L^1$. Die Voraussetzungen der Jensen'schen Ungleichung für $\varphi(x) = |x|^p$ $(x \in \mathbb{R})$ sind daher erfüllt, und es folgt $|E(X|\mathcal{B})|^p \le E(|X|^p|\mathcal{B})$.

Aus Korollar 13.13 folgt $E(|E(X|\mathcal{B})|^p) \le E(E(|X|^p|\mathcal{B})) = E|X|^p$ und damit $\|E(X|\mathcal{B})\|_p \le \|X\|_p$.

Auch hier ist der Fall $p = 2$ von besonderer Bedeutung. L^2 ist ein Hilbertraum mit dem Skalarprodukt $\langle X, Y\rangle = E(XY)$ für $X, Y \in L^2$. Die Hilbertraumtheorie liefert eine zusätzliche analytische Charakterisierung der bedingten Erwartung für Zufallsvariable mit endlicher Varianz.

Wir stellen die aus der Hilbertraumtheorie benötigten Ergebnisse ohne Beweis zusammen (s. z. B. J. Weidmann [14]).

Sei H ein Hilbertraum mit Skalarprodukt $\langle .,. \rangle$ und Norm $\|.\|$. Zwei Elemente $x, y \in H$ heißen orthogonal, wenn $\langle x, y\rangle = 0$ ist. Man bezeichnet diese Eigenschaft mit $x \perp y$.

1. Sei $K \subset H$ eine nicht-leere abgeschlossene konvexe Teilmenge. Dann existiert zu jedem $x \in H$ genau ein $y \in K$ mit minimalem Abstand zu x, d. h. mit $\|x - y\| = \min\{\|x - z\|: z \in K\}$.
   Speziell für einen abgeschlossenen linearen Teilraum $K = V$ gilt:
2. Sei $V \subset H$ ein abgeschlossener linearer Teilraum, $x \in H$ und $y \in V$ mit minimalem Abstand zu x. Dann ist $x - y \in V^\perp$ mit $V^\perp = \{u \in H: u \perp v \text{ für alle } v \in V\}$.

Man überlegt sich leicht, dass auch $V^\perp$ ein abgeschlossener linearer Teilraum ist.
Jedes $x \in H$ lässt sich eindeutig darstellen in der Form $x = y + z$ mit $y \in V$ und $z \in V^\perp$.
Die Abbildung, die jedem $x \in H$ dieses $y \in V$ zuordnet, definiert die Projektion P_V auf V. Sie ist linear, stetig und erfüllt $\|P_V(x)\| \le \|x\|$ für alle $x \in H$.
Die Projektion $P_V(x)$ ist sowohl durch den minimalen Abstand als auch durch die Eigenschaft, dass $x - P_V(x) \in V^\perp$ ist, charakterisiert.
Als Anwendung dieser Ergebnisse aus der Hilbertraumtheorie zeigen wir:

▸ **Satz 13.16** Für eine Unter-σ-Algebra $\mathcal{B} \subset \mathcal{A}$ ist $L^2(\Omega, \mathcal{B}, P_{\mathcal{B}})$ ein abgeschlossener linearer Teilraum von $L^2(\Omega, \mathcal{A}, P)$. Für $X \in L^2(\Omega, \mathcal{A}, P)$ ist $E(X|\mathcal{B})$ die Projektion von X auf $L^2(\Omega, \mathcal{B}, P_{\mathcal{B}})$.

Beweis: Dass $L^2(\Omega, \mathcal{B}, P_{\mathcal{B}})$ ein linearer Teilraum ist, haben wir mit Satz 4.33 bewiesen. Wir zeigen, dass er abgeschlossen ist. Sei $(X_n)_{n\ge1}$ eine Folge in $L^2(\Omega, \mathcal{B}, P_{\mathcal{B}})$ und $X \in L^2(\Omega, \mathcal{A}, P)$ mit $\|X_n - X\|_2 \to 0$ für $n \to \infty$. Nach Korollar 4.37 existiert eine Teilfolge $(X_{n_k})_{k\ge1}$ mit $X_{n_k} \to X$ f.s. für $k \to \infty$. Da alle X_{n_k} $(k \ge 1)$ $\mathcal{B}$-messbar sind, ist auch X $\mathcal{B}$-messbar.

Zum Beweis, dass $E(X|\mathcal{B})$ für $X \in L^2(\Omega, \mathcal{A}, P)$ die Projektion von X auf $L^2(\Omega, \mathcal{B}, P_{\mathcal{B}})$ ist, zeigen wir, dass $E(X|\mathcal{B})$ in $L^2(\Omega, \mathcal{B}, P_{\mathcal{B}})$ minimalen Abstand zu X hat.

Sei $Y = E(X|\mathcal{B})$. Für ein beliebiges $Z \in L^2(\Omega, \mathcal{B}, P_{\mathcal{B}})$ ist

$$\begin{aligned} E[(X-Z)^2] &= E[((X-Y)+(Y-Z))^2] \\ &= E[(X-Y)^2] + E[(Y-Z)^2] + 2E[(X-Y)(Y-Z)]. \end{aligned}$$

Da $Y - Z$ $\mathcal{B}$-messbar ist, ist nach Satz 13.14 $Y(Y-Z) = E(X|\mathcal{B})(Y-Z) = E(X(Y-Z)|\mathcal{B})$. Mit Korollar 13.13 folgt $E(Y(Y-Z)) = E(E(X(Y-Z)|\mathcal{B})) = E(X(Y-Z))$. Damit ist $E[(X-Y)(Y-Z)] = 0$ und $E[(X-Z)^2] = E[(X-Y)^2] + E[(Y-Z)^2] \ge E[(X-Y)^2]$ für alle $Z \in L^2(\Omega, \mathcal{B}, P_{\mathcal{B}})$.

Die alternative Charakterisierung $X - E(X|\mathcal{B}) \perp (\Omega, \mathcal{B}, P_{\mathcal{B}})$ bedeutet, dass $E((X - E(X|\mathcal{B}))Z) = 0$ bzw. $E(XZ) = E(E(X|\mathcal{B})Z)$ für alle $Z \in L^2(\Omega, \mathcal{B}, P_{\mathcal{B}})$ ist. Speziell für $Z = 1_B$ mit $B \in \mathcal{B}$ ist das Eigenschaft 2 der bedingten Erwartung. Umgekehrt hätte man auch, davon ausgehend, mit den üblichen Integrationsschritten $E(XZ) = E(E(X|\mathcal{B})Z)$ für alle $Z \in L^2(\Omega, \mathcal{B}, P_{\mathcal{B}})$ und auf diese Weise ebenfalls Satz 13.16 beweisen können (s. auch Übung 13.4).

Satz 13.16 liefert auch einen anderen Existenzbeweis der bedingten Erwartung für Zufallsvariable mit endlicher Varianz. Der allgemeine Fall folgt daraus mit der gleichen Approximation wie oben.

Dass $E(X|\mathcal{B})$ unter allen Funktionen aus $L^2(\Omega, \mathcal{B}, P_{\mathcal{B}})$ zu X minimalen Abstand hat, bedeutet statistisch, dass $E(X|\mathcal{B})$ im L^2-Abstand der beste $\mathcal{B}$-messbare Schätzer von X ist.

13.3 Reguläre bedingte Verteilungen

Wir wollen jetzt das bereits angesprochene Problem behandeln, das dadurch entsteht, dass die bedingte Wahrscheinlichkeit $P(A|\mathcal{B})$ in Abhängigkeit von A die Eigenschaften eines Wahrscheinlichkeitsmaßes nur $P_{\mathcal{B}}$-f.s. hat. Es ist i. A. nicht möglich, Versionen von $P(A|\mathcal{B})$ für jedes $A \in \mathcal{A}$ zu finden, so dass $P(A|\mathcal{B})(\omega)$ für jedes $\omega \in \Omega$ ein Wahrscheinlichkeitsmaß auf $\mathcal{A}$ ist. In speziellen Fällen kann man aber auf einer geeigneten Unter-σ-Algebra von $\mathcal{A}$ durch geschickte Wahl Versionen von $P(A|\mathcal{B})$ finden, so dass $P(A|\mathcal{B})(\omega)$ für jedes $\omega \in \Omega$ ein Wahrscheinlichkeitsmaß auf dieser Unter-σ-Algebra ist. Wir behandeln den wichtigen Fall, dass die Unter-σ-Algebra von einer Zufallsvariablen erzeugt wird. In diesem Fall nennt man die entsprechenden Wahrscheinlichkeiten reguläre bedingte Verteilungen. Wir definieren reguläre bedingte Verteilungen zunächst allgemein und zeigen ihre Existenz für reellwertige Zufallsvariablen.

▸ **Definition 13.17** Sei $\mathcal{B} \subset \mathcal{A}$ eine Unter-σ-Algebra und X eine Zufallsvariable mit Werten in einem messbaren Raum $(E, \mathcal{C})$. Eine Funktion $Q: \Omega \times \mathcal{C} \to \mathbb{R}$ heißt eine *reguläre bedingte Verteilung von X, gegeben* $\mathcal{B}$, wenn gilt:

1. Für jedes $\omega \in \Omega$ ist $Q(\omega, C)$ in Abhängigkeit von C ein Wahrscheinlichkeitsmaß auf $(E, \mathcal{C})$.
2. Für jedes $C \in \mathcal{C}$ ist $Q(\omega, C)$ in Abhängigkeit von ω eine Version von $P(X \in C|\mathcal{B})$.

▸ **Satz 13.18** Sei $\mathcal{B} \subset \mathcal{A}$ eine Unter-σ-Algebra und X eine reellwertige Zufallsvariable. Dann existiert eine reguläre bedingte Verteilung von X, gegeben $\mathcal{B}$.

Beweis: Die Idee des Beweises besteht darin, von beliebigen Versionen von $P(X \le x|\mathcal{B})$ für $x \in \mathbb{Q}$ auszugehen und diese auf einer gemeinsamen Nullmenge so abzuändern, dass man sie für jedes $\omega \in \Omega$ zu einer Verteilungsfunktion auf $\mathbb{R}$ fortsetzen kann, die eine reguläre bedingte Verteilung liefert.

Für jedes $x \in \mathbb{Q}$ sei daher $\bar{F}(x)$ eine Version von $P(X \le x|\mathcal{B})$. Für $x, y \in \mathbb{Q}$ gilt:

1. $x \le y \Rightarrow \bar{F}(x) \le \bar{F}(y)$ $P_{\mathcal{B}}$-f.s.
2. $\bar{F}\left(x + \frac{1}{n}\right) \to \bar{F}(x)$ $P_{\mathcal{B}}$-f.s. für $n \to \infty$
3. $\bar{F}(-n) \to 0,\ \bar{F}(n) \to 1$ $P_{\mathcal{B}}$-f.s. für $n \to \infty$.

Sei N die Vereinigung aller Ausnahmemengen. Da es sich um abzählbar viele Bedingungen handelt, ist $N \in \mathcal{B}$ mit $P(N) = 0$. Für $\omega \notin N$ gelten demnach die Eigenschaften 1, 2, 3, und es folgt, dass $\bar{F}(x)(\omega) \to 0$ für $x \to -\infty$ und $\bar{F}(x)(\omega) \to 1$ für $x \to \infty$ auf $\mathbb{Q}$ konvergiert.

Wir definieren $F(x)(\omega)$ für alle $x \in \mathbb{R}$ und $\omega \in \Omega$ durch

$$F(x)(\omega) = \inf\{\bar{F}(y)(\omega) : y \in \mathbb{Q} \text{ mit } y > x\} \quad \text{für } \omega \notin N$$
$$F(x)(\omega) = F(x) \quad \text{für } \omega \in N$$

mit der Verteilungsfunktion F eines beliebigen Wahrscheinlichkeitsmaßes auf $\mathcal{B}(\mathbb{R})$.

F hat die Eigenschaften:

1. Für $\omega \notin N$ und $x \in \mathbb{Q}$ ist $F(x)(\omega) = \bar{F}(x)(\omega)$.
   Beweis: Sei $\omega \notin N$ und $x \in \mathbb{Q}$. Für $y \in \mathbb{Q}$ mit $y > x$ ist $\bar{F}(y)(\omega) \geq \bar{F}(x)(\omega)$. Aus der Definition von $F(x)(\omega)$ folgt $F(x)(\omega) \geq \bar{F}(x)(\omega)$. Speziell für $y = x + \frac{1}{n}$ konvergiert $\bar{F}\left(x + \frac{1}{n}\right)(\omega) \to \bar{F}(x)(\omega)$ für $n \to \infty$, und daher ist $F(x)(\omega) \leq \bar{F}(x)(\omega)$.
2. Für jedes $\omega \in \Omega$ ist $F(x)(\omega)$ in Abhängigkeit von x die Verteilungsfunktion eines Wahrscheinlichkeitsmaßes auf $\mathbb{R}$.
   Beweis: Für $\omega \in N$ gilt die Behauptung nach Definition.
   Für $\omega \notin N$ müssen wir nur die rechtsseitige Stetigkeit zeigen, da die Monotonie und die entsprechenden Grenzwerte bei $\pm\infty$ trivialerweise erfüllt sind.
   Sei $x \in \mathbb{R}$. Zu $\varepsilon > 0$ existiert nach der Definition von $F(x)(\omega)$ ein $z \in \mathbb{Q}$ mit $z > x$, so dass $F(z)(\omega) = \bar{F}(z)(\omega) \leq F(x)(\omega) + \varepsilon$ ist. Für $y \in \mathbb{R}$ mit $z > y > x$ gilt wegen der Monotonie $F(x)(\omega) \leq F(y)(\omega) \leq F(x)(\omega) + \varepsilon$. Damit folgt die rechtsseitige Stetigkeit an der Stelle x.
   Aus 2 folgt, dass für alle $\omega \in \Omega$ ein Wahrscheinlichkeitsmaßes $Q(\omega, .)$ mit Verteilungsfunktion $F(.)(\omega)$ existiert. Es bleibt zu zeigen:
3. Q ist eine reguläre bedingte Verteilung von X, gegeben $\mathcal{B}$.
   Beweis: Nach Konstruktion ist $Q(\omega, C)$ in Abhängigkeit von C ein Wahrscheinlichkeitsmaß für jedes $\omega \in \Omega$. Zum Nachweis der Eigenschaft 2 sei $\mathcal{D}$ die Menge aller $C \in \mathcal{B}(\mathbb{R})$, für die $Q(\omega, C)$ in Abhängigkeit von C eine Version von $P(X \in C|\mathcal{B})$ für alle $\omega \in \Omega$ ist.
   Wir zeigen, dass $\mathcal{D}$ ein Dynkin-System ist.
   i) Aus $Q(\omega, \mathbb{R}) = 1$ für alle $\omega \in \mathbb{Q}$ folgt $\mathbb{R} \in \mathcal{D}$.
   iii) Seien $C_n \in \mathcal{D}$ $(n \geq 1)$ paarweise disjunkt. Da die bedingte Wahrscheinlichkeit die Eigenschaften eines Wahrscheinlichkeitsmaßes $P_{\mathcal{B}}$-f.s. erfüllt, gilt $P_{\mathcal{B}}$-f.s.
   $$Q\left(., \bigcup_{n=1}^{\infty} C_n\right) = \sum_{n=1}^{\infty} Q(., C_n) = \sum_{n=1}^{\infty} P(X \in C_n|\mathcal{B}) = P\left(X \in \bigcup_{n=1}^{\infty} C_n|\mathcal{B}\right)$$
   und damit ist $\cup_{n=1}^{\infty} C_n \in \mathcal{D}$.
   ii) Analog zeigt man, dass für $C, D \in \mathcal{D}$ mit $C \subset D$ auch $D \setminus C \in \mathcal{D}$ ist.
   Nach 1 ist $F(x) = \bar{F}(x)$ f.s. für $x \in \mathbb{Q}$. Daher enthält $\mathcal{D}$ das $\cap$-stabile System $\{(-\infty, x] : x \in \mathbb{Q}\}$, und es folgt $\mathcal{D} = \sigma((-\infty, x] : x \in \mathbb{Q}) = \mathcal{B}(\mathbb{R})$.

Der Beweis des Satzes lässt sich leicht mit entsprechenden Verteilungsfunktionen auf $\mathbb{R}^d$-wertige Zufallsvariable übertragen. Der Satz gilt auch für Zufallsvariable mit Werten in einem polnischen Raum.

Allgemein kann man bedingte Erwartungen mit gegebenen regulären bedingten Verteilungen als Erwartungswerte bestimmen.

▸ **Satz 13.19** Sei $\mathcal{B} \subset \mathcal{A}$ eine Unter-σ-Algebra, X eine Zufallsvariable mit Werten in $(E, \mathcal{C})$ und Q eine reguläre bedingte Verteilung von X, gegeben $\mathcal{B}$. Ist $\varphi: E \to \mathbb{R}$ eine

$\mathcal{C}$-messbare Funktion, so dass $\varphi(X)$ einen Erwartungswert im weiteren Sinne hat, dann ist $\int \varphi(x)\, Q(\omega, \mathrm{d}x)$ in Abhängigkeit von ω eine Version von $E(\varphi(X)|\mathcal{B})$.

Spezialfall: Für eine reellwertige Zufallsvariable X mit Erwartungswert im weiteren Sinne ist $\int x\, Q(\omega, \mathrm{d}x)$ in Abhängigkeit von ω eine Version von $E(X|\mathcal{B})$.

Beweis: Für $\varphi = 1_C$ mit $C \in \mathcal{C}$ ist $\int 1_C(x)\, Q(\omega, \mathrm{d}x) = Q(\omega, C)$ und die Behauptung folgt aus der Definition der regulären bedingten Verteilung.

Der allgemeine Fall folgt mit den üblichen Schritten aus der Linearität und monotonen Konvergenz von $\int \varphi(x)\, Q(\omega, \mathrm{d}x)$ und von $E(\varphi(X)|\mathcal{B})$ in Abhängigkeit von φ.

Wie im Fall von Markov-Prozessen treten bei stochastischen Prozessen reguläre bedingte Verteilungen häufig als Übergangswahrscheinlichkeiten auf, für die auch die σ-Algebra $\mathcal{B}$ von einer Zufallsvariablen erzeugt wird. Wir betrachten speziell eine $\mathbb{R}^m$-wertige Zufallsvariable Y. Die Zufallsvariable X kann dagegen einen beliebigen Zustandsraum $(E, \mathcal{C})$ haben.

Analog zu Beispiel 4 zur bedingten Erwartung ist für jedes $C \in \mathcal{C}$ die bedingte Wahrscheinlichkeit $P(X \in C|Y)$ in der Form $p(Y, C)$ mit einer messbaren Funktion $p(., C)$ auf $\mathbb{R}^m$ darstellbar. Eine reguläre bedingte Verteilung von X, gegeben Y, ist damit eine Funktion $p\colon \mathbb{R}^m \times \mathcal{C} \to \mathbb{R}$ mit den Eigenschaften:

1. für $y \in \mathbb{R}^m$ ist $p(y, C)$ in Abhängigkeit von C ein Wahrscheinlichkeitsmaß auf $(E, \mathcal{C})$.
2. für $C \in \mathcal{C}$ ist $p(y, C)$ in Abhängigkeit von y messbar.
3. für $C \in \mathcal{C}$ ist $p(Y, C)$ eine Version von $P(X \in C|Y)$.

Die Eigenschaften 1 und 2 bedeuten, dass p ein Markov-Kern ist (s. Definition 11.14). Nach Eigenschaft 3 stellt er die bedingte Verteilung von X, gegeben Y, dar.

Die Existenz haben wir nur für $\mathbb{R}^d$-wertige Zufallsvariablen X gezeigt. In konkreten Beispielen sind aber auch für Zufallsvariable X und Y mit einem beliebigen Zustandsraum die entsprechenden regulären bedingten Verteilungen oft in dieser Form gegeben.

13.4 Übungen

13.1 Seien $(X_n)_{n\geq 1}$ unabhängige, identisch verteilte Zufallsvariable, deren Erwartungswert existiert und $S_n = \sum_{i=1}^n X_i (n \geq 1)$. Man zeige: Für $n \geq 1$ ist $E(X_1|S_m, m \geq n) = E(X_1|S_n) = \frac{S_n}{n}$.

Anleitung: Man nutze Symmetrie aus.

13.2 Man beweise: Sei X eine Zufallsvariable auf $(\Omega, \mathcal{A}, P)$, deren Erwartungswert existiert, und $\mathcal{B} \subset \mathcal{A}$ eine Unter-σ-Algebra mit der Eigenschaft, dass $P(B) = 0$ oder 1 für alle $B \in \mathcal{B}$ ist. Dann ist $E(X|\mathcal{B}) = EX$ f.s.

13.3* Sei P ein Wahrscheinlichkeitsmaß und Q ein Wahrscheinlichkeitsmaß mit einer Dichte f bzgl. P. Man drücke die bedingte Erwartung bzgl. Q durch die bedingte Erwartung bzgl. P aus.

13.4* Man beweise: Sei X eine Zufallsvariable auf $(\Omega, \mathcal{A}, P)$ mit endlichem Erwartungswert und $\mathcal{B} \subset \mathcal{A}$ eine Unter-σ-Algebra. Eine $\mathcal{B}$-messbare Zufallsvariable Y ist genau dann eine bedingte Erwartung von X, gegeben $\mathcal{B}$, wenn $E(XZ) = E(YZ)$ für alle $\mathcal{B}$-messbaren Zufallsvariablen Z mit $E|XZ| < \infty$ ist.
Was folgt daraus im Fall $X \in L^2(P)$?

13.5* Man beweise: Seien X, Y Zufallsvariable auf $(\Omega, \mathcal{A}, P)$, deren Erwartungswerte im weiteren Sinne existieren, und $\mathcal{B} \subset \mathcal{A}$ eine Unter-σ-Algebra. Stimmen X und Y auf einer Menge $B \in \mathcal{B}$ überein, dann stimmen auch $E(X|\mathcal{B})$ und $E(Y|\mathcal{B})$ auf B überein.

13.6* Man beweise: Seien X, Y Zufallsvariable auf $(\Omega, \mathcal{A}, P)$ mit endlichem Erwartungswert, für die auch XY endlichen Erwartungswert hat, und $\mathcal{B} \subset \mathcal{A}$ eine Unter-σ-Algebra. Dann ist $E(XE(Y|\mathcal{B})) = E(E(X|\mathcal{B})Y)$.
Im Fall von Zufallsvariablen in dem Hilbert-Raum $L^2(\Omega, \mathcal{A}, P)$ bedeutet das, dass die bedingte Erwartung bzgl. einer Unter-σ-Algebra ein selbstadjungierter Operator ist.

Martingale

14

Wie am Anfang von Kap. 12 erwähnt, besteht die Theorie stochastischer Prozesse nach ihren Existenzsätzen mit Konstruktionen hauptsächlich aus der Untersuchung verschiedener Klassen von stochastischen Prozessen, die durch spezielle Eigenschaften der bedingten Verteilung der Entwicklung des Prozesses in der Zukunft, gegeben sein bisheriger Verlauf, charakterisiert sind. Bedingungen dieser Art haben wir schon bei Markov-Prozessen kennengelernt. Mit einigen dieser Klassen werden wir uns in den folgenden Kapiteln beschäftigen. Wir beginnen mit Martingalen, die mit Verallgemeinerungen (Sub-, Super- und Semimartingalen) die wichtigste Klasse stochastischer Prozesse bilden. Der Begriff des Martingals entspricht der Idee eines fairen Glücksspiels. Martingale haben starke Eigenschaften, vor allem der Konvergenz und Realisierbarkeit mit regulären Pfaden. Es gibt nicht nur eine Fülle von konkreten Beispielen mit Anwendungen, sondern Martingalmethoden sind auch ein wichtiges theoretisches Hilfsmittel sowohl in der Stochastik als auch in der Analysis. Beispielsweise werden wir mit ihnen andere Beweise des starken Gesetzes der großen Zahlen und des Satzes von Radon-Nikodym führen, die außerdem einen neuen Zugang liefern und ihr Verständnis vertiefen. Auch lassen sich aus Martingalen neue Prozesse, z. B. mit dem stochastischen Integral (s. Kap. 17), bilden.

Wir behandeln zunächst Martingale sowie Sub- und Supermartingale mit diskreter Zeit, für die wir die grundlegenden Sätze beweisen. Diese werden wir dann auf Martingale mit reellwertiger Zeit und noch allgemeineren Zeitmengen übertragen.

14.1 Martingale mit diskreter Zeit: Grundlagen

Wir motivieren die Definition des Martingals mit der Vorstellung eines fairen Glücksspiels. Sei X_n für $n \geq 0$ das Kapital eines Spielers nach n Spielen. Dann ist $Y_{n+1} = X_{n+1} - X_n$ der Gewinn im $(n+1)$-ten Spiel. Die Endlichkeit der Erwartungswerte vorausgesetzt, bedeutet fair zunächst, dass für $n > 0$ der Erwartungswert des Gewinns $E(Y_{n+1}) = 0$ und damit $E(X_{n+1}) = E(X_n)$ ist. Das allein reicht jedoch nicht aus, da sowohl der Spieler Informa-

M. Mürmann, *Wahrscheinlichkeitstheorie und Stochastische Prozesse*,
DOI 10.1007/978-3-642-38160-7_14,

tionen aus den bisherigen Spielen ausnutzen als auch der Einsatz entsprechend festgelegt werden kann. Nach der spieltheoretischen Interpretation der bedingten Erwartung muss deshalb auch die bedingte Erwartung $E(Y_{n+1}|X_0, \ldots, X_n) = 0$ für $n \geq 0$ sein. Aus den Eigenschaften der bedingten Erwartung folgt, dass diese Bedingung äquivalent zu $E(X_{n+1}|X_0, \ldots, X_n) = X_n$ für $n \geq 0$ ist.

Die σ-Algebra $\sigma(X_0, \ldots, X_n)$, bzgl. der die bedingte Erwartung gebildet wird, entspricht der Kenntnis des Anfangskapitals und der Gewinne bis zum n.ten Spiel. Die Information kann aber auch größer sein. Zum Beispiel ist der Ausgang von Spielen, bei denen der Spieler ausgesetzt hat, oder beim Roulette die Zahl bei Kenntnis des Gewinns auf „rot" nicht durch $X_0, \ldots, X_n$ bestimmt, also nicht $\sigma(X_0, \ldots, X_n)$-messbar. Wir nehmen daher an, dass für jedes $n \geq 0$ die Information zur Zeit n, also nach n Spielen, durch eine allgemeine Unter-σ-Algebra $\mathcal{A}_n$ von $\mathcal{A}$ gegeben ist. Dabei setzen wir voraus, dass die Folge $(\mathcal{A}_n)_{n\geq 0}$ aufsteigend, d. h. $\mathcal{A}_n \subset \mathcal{A}_{n+1}$ für alle n ist, also keine Information im Laufe der Zeit verloren geht, und dass X_n $\mathcal{A}_n$-messbar ist, der Wert von X_n zur Zeit n also bekannt ist. Ein faires Glücksspiels ist dann durch $E(X_{n+1}|\mathcal{A}_n) = X_n$ für $n \geq 0$ charakterisiert. Nach unseren Überlegungen zur spieltheoretischen Interpretation der bedingten Erwartung bringt für faire Glücksspiele jede Strategie der Art, nur bei Eintreten eines Ereignisses $\mathbb{B} \in \mathcal{A}_n$ zu spielen, weder Vor- noch Nachteile. Wir werden später sehen, dass dies unter gewissen realistischen Voraussetzungen auch für andere Strategien gilt, z. B. die Höhe des Einsatzes $\mathcal{A}_n$-messbar zu wählen.

Ein für den Spieler nachteiliges Glücksspiel ist entsprechend durch $E(X_{n+1}|\mathcal{A}_n) \leq X_n$ für alle n und ein vorteilhaftes Glücksspiel durch $E(X_{n+1}|\mathcal{A}_n) \geq X_n$ für alle n charakterisiert.

Wir führen zunächst die Begriffe ein, die entsprechende Folgen $(\mathcal{A}_n)_{n\geq 0}$ von σ-Algebren und zugehörige Prozesse betreffen. Als Zeitmenge nehmen wir den häufigsten Fall $\mathbb{Z}^+$ an. Er steht stellvertretend auch für $\{n \in \mathbb{Z}: n \geq n_0\}$ mit einem beliebigen Anfangszeitpunkt n_0 und noch allgemeinere Teilmengen von $\mathbb{Z}$, z. B. endliche Mengen oder Mengen negativer Zahlen.

Definition 14.1

1. Sei $(\Omega, \mathcal{A})$ ein messbarer Raum. Eine *Filtrierung* $(A_n)_{n\geq 0}$ in $(\Omega, \mathcal{A})$ ist eine Folge aufsteigender Unter-σ-Algebren von $\mathcal{A}$.
2. Ein stochastischer Prozess $(X_n)_{n\geq 0}$ heißt *adaptiert* an eine Filtrierung $(\mathcal{A}_n)_{n\geq 0}$, wenn X_n $\mathcal{A}_n$-messbar für alle $n \geq 0$ ist. In diesem Fall heißt $(X_n, \mathcal{A}_n)_{n\geq 0}$ ein *adaptierter stochastischer Prozess.*

Hat man nur die Folge der σ-Algebren $(\mathcal{A}_n)_{n\geq 0}$ ohne eine zugrunde liegende σ-Algebra $\mathcal{A}$, so kann man $\mathcal{A} = \sigma|\mathcal{A}_n, n \geq 0)$ nehmen.

Beispiel
Jeder stochastische Prozess $(X_n)_{n\geq 0}$ ist adaptiert an die Filtrierung $(\sigma(X_0, \ldots, X_n))_{n\geq 0}$. Sie ist die kleinste Filtrierung, an die $(X_n)_{n\geq 0}$ adaptiert ist, wie die folgende Bemerkung zeigt.

▸ **Bemerkung 14.2** Für einen adaptierten stochastischen Prozess $(X_n, \mathcal{A}_n)_{n\geq 0}$ ist $\sigma(X_0, \ldots, X_n) \subset \mathcal{A}_n$ für alle $n \geq 0$.

Beweis: Für $0 \leq k \leq n$ ist X_k $\mathcal{A}_k$-messbar, wegen der Monotonie der Filtrierung damit auch $\mathcal{A}_n$-messbar. Daher sind $X_0, \ldots, X_n$ $\mathcal{A}_n$-messbar, und es folgt $\sigma(X_0, \ldots, X_n) \subset \mathcal{A}_n$.

▸ **Definition 14.3** Ein adaptierter stochastischer Prozess $(X_n, \mathcal{A}_n)_{n\geq 0}$ heißt ein

1. *Martingal*, wenn gilt:
   i) $E|X_n| < \infty$ für alle $n \geq 0$
   ii) $E(X_{n+1}|\mathcal{A}_n) = X_n$ f.s. für alle $n \geq 0$
2. *Submartingal*, wenn gilt:
   i) $EX_n^+ < \infty$ für alle $n \geq 0$
   ii) $E(X_{n+1}|\mathcal{A}_n) \geq X_n$ f.s. für alle $n \geq 0$
3. *Supermartingal*, wenn gilt:
   i) $EX_n^- < \infty$ für alle $n \geq 0$
   ii) $E(X_{n+1}|\mathcal{A}_n) \leq X_n$ f.s. für alle $n \geq 0$.

Ein stochastischer Prozess $(X_n)_{n\geq 0}$ heißt ein Martingal bzw. Sub- oder Supermartingal, wenn $(X_n, \mathcal{A}_n)_{n\geq 0}$ mit $\mathcal{A}_n = \sigma(X_0, \ldots, X_n)$ für $n \geq 0$ ein Martingal bzw. Sub- oder Supermartingal ist.

Ein Submartingal wächst und ein Supermartingal fällt im Mittel. Man würde es vom Namen her eher umgekehrt erwarten. Die Bezeichnung hängt mit sub- bzw. superharmonischen Funktionen zusammen.

Klar ist, dass ein adaptierter stochastischer Prozess genau dann ein Martingal ist, wenn er ein Submartingal und ein Supermartingal ist, und dass $(X_n, \mathcal{A}_n)_{n\geq 0}$ genau dann ein Supermartingal ist, wenn $(-X_n, \mathcal{A}_n)_{n\geq 0}$ ein Submartingal ist. Für manche Eigenschaften genügt es daher, sie nur für Submartingale zu formulieren und zu beweisen. Wir beginnen mit Bedingungen, die zu ii) äquivalent sind.

▸ **Satz 14.4** Sei $(X_n, \mathcal{A}_n)_{n\geq 0}$ ein adaptierter stochastischer Prozess mit $EX_n^+ < \infty$ für alle $n \geq 0$. Dann sind äquivalent:

1. $(X_n, \mathcal{A}_n)_{n\geq 0}$ ist ein Submartingal.
2. Für $m \geq n \geq 0$ ist $E(X_m|\mathcal{A}_n) \geq X_n$ f.s.
3. Für $m \geq n \geq 0$ und $A \in \mathcal{A}_n$ ist $\int_A X_m \,\mathrm{d}P \geq \int_A X_n \,\mathrm{d}P$.

Anmerkung: Eigenschaft 3 bietet die Möglichkeit, Submartingale und damit auch Supermartingale und Martingale ohne bedingte Erwartungen zu definieren.

Korollar 14.5

1. Für ein Submartingal $(X_n, \mathcal{A}_n)_{n\geq 0}$ ist $EX_m \geq EX_n$ für $m \geq n \geq 0$.
2. Ist $(X_n, \mathcal{A}_n)_{n\geq 0}$ ein Submartingal, dann ist auch $(X_n)_{n\geq 0}$ ein Submartingal.

Beweis von Satz 14.4:

$2 \Rightarrow 1$: folgt als Spezialfall $m = n + 1$.

$1 \Rightarrow 2$: Wir beweisen die Ungleichung für festes n durch Induktion nach $m \geq n$. Für $m = n$ ist sie trivial und für $m = n + 1$ Eigenschaft ii) eines Submartingals.

Sie gelte für ein $m \geq n$. Da $\mathcal{A}_n \subset \mathcal{A}_m$ ist, ist nach Satz 13.12

$$E(X_{m+1}|A_n) = E(E(X_{m+1}|A_m)|A_n) \text{ f.s.}$$

Aus der Submartingalungleichung $E(X_{m+1}|\mathcal{A}_m) \geq X_m$ und der Induktionsannahme folgt

$$E(X_{m+1}|A_n) \geq E(X_m|A_n) \geq X_n \text{ f.s.}$$

$2 \Leftrightarrow 3$: Sei $m \geq n \geq 0$. Da $E(X_m|\mathcal{A}_n)$ und X_n $\mathcal{A}_n$-messbar sind, ist nach Folgerung 4.21.2 $E(X_m|\mathcal{A}_n) \geq X_n$ f.s. genau dann, wenn $\int_A E(X_m|\mathcal{A}_n)\,\mathrm{d}P \geq \int_A X_n\,\mathrm{d}P$ für alle $A \in \mathcal{A}_n$ ist. Aus $\int_A E(X_m|\mathcal{A}_n)\,\mathrm{d}P = \int_A X_m\,\mathrm{d}P$ für alle $A \in \mathcal{A}_n$ folgt die behauptete Äquivalenz.

Beweis von Korollar 14.5: Wir benutzen jeweils die äquivalente Eigenschaft 3 von Satz 14.4.

1. folgt mit $A = \Omega$.
2. folgt aus der Inklusion $\sigma(X_0, \ldots, X_n) \subset \mathcal{A}_n$.

Genauso folgt, dass ein Submartingal bzgl. einer Filtrierung auch ein Submartingal bzgl. einer kleineren Filtrierung ist.

Beispiele

1. Summen von unabhängigen Zufallsvariablen.
   Seien $(Y_n)_{n\geq 1}$ unabhängige Zufallsvariable, und sei $X_n = \sum_{k=1}^{n} Y_k$ für $n \geq 1$ und $X_0 = 0$. Ist $EY_n = 0$ für alle $n \geq 1$, dann ist $(X_n)_{n\geq 0}$ ein Martingal.
   Denn für $n \geq 1$ ist $\sigma(X_0, \ldots, X_n) = \sigma(Y_1, \ldots, Y_n)$ und aus $X_{n+1} = X_n + Y_{n+1}$ für $n \geq 0$ folgt

$$E(X_{n+1}|X_0, \ldots, X_n) = X_n + E(Y_{n+1}|Y_1, \ldots, Y_n) = X_n + EY_n = X_n\,.$$

Analog ist $(X_n)_{n\geq 0}$ im Fall von unabhängigen Zufallsvariablen $(Y_n)_{n\geq 1}$ mit endlichen Erwartungswerten $EY_n \geq 0$ ein Submartingal.

2. Verzweigungsprozesse.
Wir betrachten Beispiel 3 von Markov-Ketten, die Anzahl der Nachkommen $(Z_n)_{n\geq 0}$ einer Population. Wir setzen jetzt voraus, dass die Anzahlen $(Y_{nk})_{n\geq 0, k\geq 1}$ der Nachkommen der Individuen einen endlichen Erwartungswert $EY_{nk} = \mu > 0$ haben.
Es ist $E(Z_{n+1}|Z_0, \ldots, Z_n) = E(Z_{n+1}|Z_n) = \mu Z_n$.
Die erste Gleichung folgt aus der Markov-Eigenschaft und die zweite aus $E(Z_{n+1}|Z_n = i) = \mu i$ für $i \geq 0$. Damit ist $\left(\frac{Z_n}{\mu^n}\right)_{n\geq 0}$ ein Martingal.
3. Sei X eine Zufallsvariable mit endlichem Erwartungswert und $(\mathcal{A}_n)_{n\geq 0}$ eine beliebige Filtrierung. Für $n \geq 0$ sei $X_n = E(X|\mathcal{A}_n)$. Dann ist $(X_n, \mathcal{A}_n)_{n\geq 0}$ ein Martingal.
Dass $E|X_n| < \infty$ für $n \geq 0$ ist, ist klar, und für $n \geq 0$ ist

$$E(X_{n+1}|\mathcal{A}_n) = E(E(X|\mathcal{A}_{n+1})|\mathcal{A}_n) = E(X|\mathcal{A}_n) = X_n \ f.s.$$

4. Sei $(\mathcal{A}_n)_{n\geq 0}$ eine beliebige Filtrierung in einem Wahrscheinlichkeitsraum $(\Omega, \mathcal{A}, P)$ und ν ein endliches Maß auf $(\Omega, \mathcal{A})$ mit der Eigenschaft, dass $\nu|_{\mathcal{A}_n} \ll P|_{\mathcal{A}_n}$ für alle $n \geq 0$ ist. Das gilt insbesondere, wenn $\nu \ll P$ ist. Wir werden später sehen (s. Satz 14.32 mit Anwendung), dass das nicht notwendig ist. Nach dem Satz von Radon-Nikodym existiert für jedes $n \geq 0$ eine $\mathcal{A}_n$-messbare Dichte X_n mit $\nu(A) = \int_A X_n \, dP$ für alle $A \in \mathcal{A}_n$. Wir zeigen, dass $(X_n, \mathcal{A}_n)_{n\geq 0}$ ein Martingal ist.
Für $A = \Omega$ ist $0 \leq EX_n = \nu(\Omega) < \infty$ für alle $n \geq 0$, da ν endlich ist.
Für $A \in \mathcal{A}_n \subset \mathcal{A}_{n+1}$ ist $\nu(A) = \int_A X_n \, dP = \int_A X_{n+1} \, dP$ und daher $E(X_{n+1}|\mathcal{A}_n) = X_n$ f.s.
Als Spezialfall betrachten wir σ-Algebren $\mathcal{A}_n$, die von höchstens abzählbaren Zerlegungen erzeugt werden, also von der Form $\mathcal{A}_n = \sigma(B_{nk}, k \geq 1)$ mit paarweise disjunkten Mengen $B_{nk} \in \mathcal{A}(k \geq 1)$ sind. Dass $\mathcal{A}_n \subset \mathcal{A}_{n+1}$ ist, bedeutet, dass jede Menge B_{nk} als Vereinigung $B_{nk} = \cup_{j\in I_{nk}} B_{n+1,j}$ darstellbar ist.
Ein Beispiel sind die Zerlegungen $B_{nk} = (\frac{k}{2^n}, \frac{k+1}{2^n}]$ $(k \in \mathbb{Z})$ von $\mathbb{R}$ für $n \geq 0$.
In diesem Spezialfall lässt sich X_n ohne Benutzung des Satzes von Radon-Nikodym direkt angeben. Denn es ist $X_n(\omega) = \frac{\nu(B_{nk})}{P(B_{nk})}$ für $\omega \in B_{nk}$ mit einem beliebigen Wert im Fall $P(B_{nk}) = 0$.
Die Martingaleigenschaft entspricht der Beziehung $\nu(B_{nk}) = \sum_{j\in I_{nk}} \frac{\nu(B_{n+1,j})}{P(B_{n+1,j})} \cdot P(B_{n+1,j})$.
Ohne die Voraussetzung $\nu|_{\mathcal{A}_n} \ll P|_{\mathcal{A}_n}$ für alle n ist $(X_n, \mathcal{A}_n)_{n\geq 0}$ ein Supermartingal, wenn man speziell $\frac{\nu(B_{nk})}{P(B_{nk})} = 0$ im Fall $P(B_{nk}) = 0$ setzt. Denn dann ist $\nu(B_{nk}) = \sum_{j\in I_{nk}} \nu(B_{n+1,j}) \geq \sum_{j\in I_{nk}} \frac{\nu(B_{n+1,j})}{P(B_{n+1,j})} \cdot P(B_{n+1,j})$, weil auf der rechten Seite die Terme mit $P(B_{n+1,j}) = 0$ fehlen.
5. Likelihood-Quotienten.
Seien $(Y_n)_{n\geq 1}$ unabhängige, identisch verteilte Zufallsvariablen und f_0 und f_1 Dichten von Wahrscheinlichkeitsmaßen bzgl. eines Maßes μ. Wir wollen später $f_0\mu$ gegen

$f_1\mu$ als Verteilung der Zufallsvariablen $(Y_n)_{n\geq 1}$ testen. Wir nehmen zunächst $f_0 > 0$ an.

$$\text{Für } n \geq 1 \text{ sei } X_n = \frac{f_1(Y_1) \cdot \ldots \cdot f_1(Y_n)}{f_0(Y_1) \cdot \ldots \cdot f_0(Y_n)} \quad \text{und} \quad X_0 = 1 .$$

X_n ist $\sigma(Y_1, \ldots, Y_n)$-messbar mit $\sigma(Y_1, \ldots, Y_n) = \{\Omega, \varnothing\}$ für $n = 0$.
Für eine zunächst beliebige Verteilung der Zufallsvariablen $(Y_n)_{n\geq 1}$ ist für $n \geq 0$

$$\begin{aligned} E(X_{n+1}|Y_1, \ldots, Y_n) &= E\left(X_n \cdot \frac{f_1(Y_{n+1})}{f_0(Y_{n+1})} | Y_1, \ldots, Y_n\right) = X_n \cdot E\left(\frac{f_1(Y_{n+1})}{f_0(Y_{n+1})} | Y_1, \ldots, Y_n\right) \\ &= X_n \cdot E\left(\frac{f_1(Y_{n+1})}{f_0(Y_{n+1})}\right) . \end{aligned}$$

Unter der Verteilung $f_0\mu$ gilt die Annahme $f_0 > 0$ f.s. und für $n \geq 0$ ist

$$E\left(\frac{f_1(Y_{n+1})}{f_0(Y_{n+1})}\right) = \int \frac{f_1(y)}{f_0(y)} \cdot f_0(y)\, \mathrm{d}\mu(y) = \int f_1(y)\, \mathrm{d}\mu(y) = 1 .$$

$(X_n, \sigma(Y_1, \ldots, Y_n))_{n\geq 0}$ ist daher ein Martingal unter der Verteilung $f_0\mu$ der Zufallsvariablen $(Y_n)_{n\geq 1}$.

Wir wollen nun einige elementare Eigenschaften von Submartingalen beweisen.

Satz 14.6

1. Ist $(X_n, \mathcal{A}_n)_{n\geq 0}$ ein Submartingal, dann ist $(aX_n, \mathcal{A}_n)_{n\geq 0}$ ein Submartingal für $a \geq 0$ und ein Supermartingal für $a \leq 0$.
2. Sind $(X_n, \mathcal{A}_n)_{n\geq 0}$ und $(Y_n, \mathcal{A}_n)_{n\geq 0}$ Submartingale, dann sind auch $(X_n + Y_n, \mathcal{A}_n)_{n\geq 0}$ und $(\sup(X_n, Y_n), \mathcal{A}_n)_{n\geq 0}$ Submartingale.

3a) Sei $(X_n, \mathcal{A}_n)_{n\geq 0}$ ein Martingal und φ eine konvexe Funktion mit $E|\varphi(X_n)| < \infty$ für alle n. Dann ist $(\varphi(X_n), \mathcal{A}_n)_{n\geq 0}$ ein Submartingal.

b) Sei $(X_n, \mathcal{A}_n)_{n\geq 0}$ ein Submartingal und φ eine konvexe, monoton wachsende Funktion mit $E|X_n| < \infty$ und $E|\varphi(X_n)| < \infty$ für alle n. Dann ist $(\varphi(X_n), \mathcal{A}_n)_{n\geq 0}$ ein Submartingal.

Beweis: 1., 2. Alle Eigenschaften sind trivial bis auf die Submartingalungleichung für das Supremum. Auch diese ist nicht schwer zu beweisen.

Da $\sup(X_m, Y_m) \geq X_m$ und $\sup(X_m, Y_m) \geq Y_m$ ist, folgt für $m \geq n$

$$E(\sup(X_m, Y_m)|\mathcal{A}_n) \geq E(X_m|\mathcal{A}_n) \geq X_n, E(\sup(X_m, Y_m)|\mathcal{A}_n) \geq E(Y_m|\mathcal{A}_n) \geq Y_n$$

und damit

$$E(\sup(X_m, Y_m)|\mathcal{A}_n) \geq \sup(X_n, Y_n) .$$

3. Wir benutzen die Jensen'sche Ungleichung 13.15.
   Für $m \geq n$ ist in beiden Fällen $E(\varphi(X_m)|\mathcal{A}_n) \geq \varphi(E(X_m|A_n))$.
   Unter den Voraussetzungen a) ist $\varphi(E(X_m|A_n)) = \varphi(X_n)$.
   Unter den Voraussetzungen b) ist $\varphi(E(X_m|A_n)) \geq \varphi(X_n)$.

Beispiele

Für ein Martingal $(X_n, \mathcal{A}_n)_{n\geq 0}$ ist unter den entsprechenden Integrierbarkeitsbedingungen $(|X_n - a|^p, \mathcal{A}_n)_{n\geq 0}$ ein Submartingal für $a \in \mathbb{R}$, $p \geq 1$ und für ein Submartingal $(X_n, \mathcal{A}_n)_{n\geq 0}$ ist $((X_n - a)^+, \mathcal{A}_n)_{n\geq 0}$ für $a \in \mathbb{R}$ und $(\exp(X_n), \mathcal{A}_n)_{n\geq 0}$ ein Submartingal.

Transformation von Submartingalen Im einführenden Beispiel des Glücksspiels sei $X_{n+1} - X_n$ der Gewinn im $(n+1)$-ten Spiel bei Einsatz 1. Wir können den Einsatz Y_{n+1} im $(n+1)$-ten Spiel unter Ausnutzung der nach dem n-ten Spiel vorhandenen Information wählen. Er muss demnach $\mathcal{A}_n$-messbar sein. Ein solcher Prozess heißt vorhersehbar.

▸ **Definition 14.7** Ein stochastischer Prozess $(Y_n)_{n\geq 1}$ heißt *vorhersehbar* bzgl. einer Filtrierung $(\mathcal{A}_n)_{n\geq 0}$ wenn Y_{n+1} $\mathcal{A}_n$-messbar für alle $n \geq 0$ ist.

Sei Z_n der Gesamtgewinn nach n Spielen mit oben beschriebener Strategie. Es ist $Z_0 = 0$ und $Z_{n+1} = Z_n + Y_{n+1}(X_{n+1} - X_n)$ für $n \geq 0$. Der dadurch definierte Prozess ist die diskrete Version des stochastischen Integrals (s. Kap. 17) und wird mit $Y \cdot X$ bezeichnet.

▸ **Definition 14.8** Für reellwertige stochastische Prozesse $X = (X_n)_{n\geq 0}$ und $Y = (Y_n)_{n\geq 1}$ ist der stochastische Prozess $Y \cdot X$ definiert durch $(Y \cdot X)_0 = 0$ und $(Y \cdot X)_n = \sum_{k=1}^{n} Y_k (X_k - X_{k-1})$ für $n \geq 1$.

Wir zeigen, dass bei diesen Strategien die Martingal- bzw. Submartingaleigenschaft erhalten bleibt. Also bleiben z. B. ungünstige Glücksspiele unter allen derartigen Strategien ungünstig. Damit die Erwartungswerte existieren, setzen wir der Einfachheit halber voraus, dass $(Y_n)_{n\geq 1}$ beschränkt ist. Bei entsprechender Existenz lässt sich die Behauptung analog beweisen.

▸ **Satz 14.9** Sei $(Y_n)_{n\geq 1}$ vorhersehbar bzgl. einer Filtrierung $(\mathcal{A}_n)_{n\geq 0}$ und beschränkt.

1. Ist $(X_n, \mathcal{A}_n)_{n\geq 0}$ ein Martingal, dann ist auch $((Y \cdot X)_n, \mathcal{A}_n)_{n\geq 0}$ ein Martingal.
2. Ist $(X_n, \mathcal{A}_n)_{n\geq 0}$ ein Submartingal und $Y_n \geq 0$ f.s. für alle n, dann ist auch $((Y \cdot X)_n, \mathcal{A}_n)_{n\geq 0}$ ein Submartingal.

Beweis: In beiden Fällen ist für $n \geq 0$

$$E(Z_{n+1}|\mathcal{A}_n) = Z_n + E(Y_{n+1}(X_{n+1} - X_n)|\mathcal{A}_n) = Z_n + Y_{n+1}E(X_{n+1} - X_n|\mathcal{A}_n).$$

Im 1. Fall ist $Y_{n+1}E(X_{n+1} - X_n|\mathcal{A}_n) = 0$ und im 2. Fall $Y_{n+1}E(X_{n+1} - X_n|\mathcal{A}_n) \geq 0$.

14.2 Optional Sampling

Grundlage für die weitere Theorie von (Sub-, Super-) Martingalen ist das Optional Sampling Theorem. Optional Sampling betrifft die Werte eines stochastischen Prozesses zu zufälligen Zeiten. Bei einem Glücksspiel kann man z. B. bei einer geeigneten zufälligen Zeit aufhören zu spielen. Damit das möglich ist, muss diese Zeit beobachtbar sein, d. h. ihr Wert muss bei ihrem Eintreten bekannt sein. Wegen der Möglichkeit, einen stochastischen Prozess zu solchen Zeiten zu stoppen, nennt man sie Stoppzeiten. Wichtige Beispiele sind Zeiten, zu denen ein stochastischer Prozess zum ersten Mal in eine gegebene Menge von Zuständen eintritt. Das Optional Sampling Theorem besagt z. B. für Submartingale, dass unter gewissen Beschränktheitsbedingungen die Submartingalungleichung auch für Stoppzeiten gilt. Es bedeutet für Glücksspiele, dass ein ungünstiges Glücksspiel (Supermartingal) unter Strategien, zu einer geeigneten Zeit aufzuhören zu spielen, ungünstig bleibt. Durch die Wahl geeigneter Stoppzeiten hat das Optional Sampling Theorem viele weitreichende Anwendungen.

Zunächst führen wir solche zufälligen beobachtbaren Zeiten ein. Wir lassen auch den Wert ∞ zu für den Fall, dass die Zeit nie eintritt, wenn z. B. im Fall von ersten Eintrittszeiten der Prozess nie einen Zustand aus der entsprechenden Menge annimmt. Wir wollen jedoch kennzeichnen, wenn die Zeit fast sicher endlich ist.

▸ **Definition 14.10** Sei $(\mathcal{A}_n)_{n\geq 0}$ eine Filtrierung in einem messbaren Raum $(\Omega, \mathcal{A})$.

1. Eine Abbildung $\tau\colon \Omega \to \mathbb{Z}^+ \cup \{\infty\}$ heißt eine *Markov-Zeit* bzgl. $(A_n)_{n\geq 0}$, wenn $\{\tau = n\} \in \mathcal{A}_n$ für alle $n \geq 0$ ist.
2. Eine Markov-Zeit τ bzgl. $(\mathcal{A}_n)_{n\geq 0}$ auf einem Wahrscheinlichkeitsraum $(\Omega, \mathcal{A}, P)$ heißt eine *Stoppzeit* bzgl. $(A_n)_{n\geq 0}$, wenn $\tau < \infty$ f.s. ist.

Die Bezeichnung ist nicht einheitlich. Manchmal hebt man nicht hervor, wann eine Markov-Zeit f.s. endlich ist, und nennt sie schon Stoppzeit. Tatsächlich kommen Markov-Zeiten, die keine Stoppzeiten sind, nur selten vor.

Beispiele

1. Trivialerweise sind konstante Zeiten Stoppzeiten.
2. Ist τ eine Markov-Zeit bzgl. $(\mathcal{A}_n)_{n\geq 0}$ und $m \geq 0$, dann ist auch $\tau + m$ eine Markov-Zeit bzgl. $(\mathcal{A}_n)_{n\geq 0}$. Denn für $n \geq m$ ist $\{\tau + m = n\} = \{\tau = n - m\} \in \mathcal{A}_{n-m} \subset \mathcal{A}_n$ und für $n < m$ ist $\{\tau + m = n\} = \emptyset \in \mathcal{A}_n$.
3. Erste Eintrittszeiten.
   Sei $(X_n, \mathcal{A}_n)_{n\geq 0}$ ein adaptierter stochastischer Prozess mit Zustandsraum $(E, \mathcal{B})$. Zu $A \in \mathcal{B}$ sei τ_A definiert durch $\tau_A(\omega) = \inf\{n \geq 0\colon X_n(\omega) \in A\}$ mit $\tau_A(\omega) = \infty$, falls $X_n(\omega) \notin A$ für alle $n \geq 0$ ist. τ_A ist eine Markov-Zeit bzgl. $(\mathcal{A}_n)_{n\geq 0}$. Denn für $n \geq 0$ ist
   $$\{\tau_A = n\} = \{X_0 \notin A, \ldots, X_{n-1} \notin A, X_n \in A\} \in \sigma(X_0, \ldots, X_n) \in \mathcal{A}_n\,.$$

Genauso zeigt man induktiv, dass die Rückkehrzeiten, die wir im Zusammenhang mit Markov-Ketten betrachtet haben, Markov-Zeiten sind.

Zufällige Zeiten, die keine Markov-Zeiten sind, sind z. B. Zeiten, zu denen ein reellwertiger Prozess ein (lokales) Maximum bzw. Minimum annimmt, und letzte Aufenthaltszeiten in einer Menge von Zuständen.

▸ **Satz 14.11**

1. Eine Abbildung $\tau\colon \Omega \to \mathbb{Z}^+ \cup \{\infty\}$ ist genau dann eine Markov-Zeit bzgl. einer Filtrierung $(\mathcal{A}_n)_{n\geq 0}$, wenn $\{\tau \leq n\} \in \mathcal{A}_n$ für alle $n \geq 0$ ist.
2. Jede Markov-Zeit τ bzgl. $(\mathcal{A}_n)_{n\geq 0}$ ist $\mathcal{A}$-messbar.
3. Seien τ_k $(k \geq 1)$ Markov-Zeiten bzgl. $(\mathcal{A}_n)_{n\geq 0}$. Dann sind auch $\sup_k \tau_k$, $\inf_k \tau_k$, $\limsup_{k\to\infty} \tau_k$ und $\liminf_{k\to\infty} \tau_k$ Markov-Zeiten bzgl. $(\mathcal{A}_n)_{n\geq 0}$.

Beweis:

1. $\Rightarrow$: Für $n \geq 0$ ist $\{\tau \leq n\} = \cup_{k=1}^n \{\tau = k\} \in \mathcal{A}_n$, da $\{\tau = k\} \in \mathcal{A}_k \subset \mathcal{A}_n$ für $k \leq n$ ist.

   $\Leftarrow$: folgt ähnlich aus $\{\tau = n\} = \{\tau \leq n\} \setminus \{\tau \leq n-1\}$ für $n \geq 0$.
2. folgt aus $\{\tau \leq n\} \in \mathcal{A}_n \subset \mathcal{A}$ für $n \geq 0$.
3. Für $n \geq 0$ sind

$$\left\{\sup_k \tau_k \leq n\right\} = \bigcap_k \{\tau_k \leq n\}, \left\{\inf_k \tau_k \leq n\right\} = \bigcup_k \{\tau_k \leq n\}$$

$$\limsup_{k\to\infty} \tau_k = \inf_j \sup_{k\geq j} \tau_k, \liminf_{k\to\infty} \tau_k = \sup_j \inf_{k\geq j} \tau_k .$$

Eine Filtrierung $(\mathcal{A}_n)_{n\geq 0}$ stellt eine zeitliche Folge von σ-Algebren dar, von deren Ereignissen man zur jeweiligen Zeit weiß, ob sie eingetreten sind oder nicht. Wir führen jetzt auch zu einer Markov-Zeit τ die Menge $\mathcal{A}_\tau$ der Ereignisse ein, deren Eintreten zur Zeit τ im gleichen Sinne bekannt ist. Wir zeigen, dass sie auch eine σ-Algebra ist, und beweisen neben speziellen Eigenschaften, dass $\mathcal{A}_\tau$ die gleichen Eigenschaften wie die σ-Algebren $\mathcal{A}_n$ $(n \geq 0)$ der Filtrierung hat.

▸ **Bezeichnung 14.12** Sei τ eine Markov-Zeit bzgl. einer Filtrierung $(\mathcal{A}_n)_{n\geq 0}$. Das Mengensystem $\mathcal{A}_\tau$ besteht aus allen Ereignissen $A \in \mathcal{A}$ mit $A \cap \{\tau = n\} \in \mathcal{A}_n$ für alle $n \geq 0$.

▸ **Satz 14.13** Seien τ, σ und τ_k $(k \geq 1)$ Markov-Zeiten bzgl. einer Filtrierung $(\mathcal{A}_n)_{n\geq 0}$.

1. Für $A \in \mathcal{A}$ ist $A \in \mathcal{A}_\tau$ genau dann, wenn $A \cap \{\tau \leq n\} \in \mathcal{A}_n$ für alle $n \geq 0$ ist.
2. $\mathcal{A}_\tau$ ist eine σ-Algebra, und τ ist $\mathcal{A}_\tau$-messbar.

3. Für σ, τ mit $\sigma \le \tau$ ist $\mathcal{A}_\sigma \subset \mathcal{A}_\tau$.
4. Für $\tau = \inf_k \tau_k$ ist $\mathcal{A}_\tau = \cap_k \mathcal{A}_{\tau_k}$.
5. $\{\sigma < \tau\}, \{\sigma \le \tau\}, \{\sigma = \tau\} \in \mathcal{A}_\sigma \cap \mathcal{A}_\tau = \mathcal{A}_{\inf(\sigma,\tau)}$.

Beweis: 1. folgt wie Eigenschaft 1 von Markov-Zeiten (Satz 14.11).

2. Da τ eine Markov-Zeit bzgl. $(\mathcal{A}_n)_{n\ge0}$ ist, ist $\Omega \in \mathcal{A}_\tau$.
   Sei $A \in \mathcal{A}_\tau$. Dann ist $A^c \cap \{\tau = n\} = \{\tau = n\} \setminus (A \cap \{\tau = n\}) \in \mathcal{A}_n$ für alle $n \ge 0$ und damit $A^c \in \mathcal{A}_\tau$.
   Ähnlich zeigt man, dass $\mathcal{A}_\tau$ abgeschlossen unter der Bildung abzählbarer Vereinigungen ist. Zum Beweis der $\mathcal{A}_\tau$-Messbarkeit von τ zeigen wir, dass $\{\tau \le m\} \in \mathcal{A}_\tau$ für alle $m \ge 0$ ist. Für $m \ge 0$ und alle $n \ge 0$ ist $\{\tau \le m\} \cap \{\tau \le n\} = \{\tau \le \min(m,n)\}\ \mathcal{A}_{\min(m,n)} \subset \mathcal{A}_n$.
3. Aus $\sigma \le \tau$ folgt $\{\tau \le n\} \subset \{\sigma \le n\}$ für alle $n \ge 0$. Für $A \in \mathcal{A}_\sigma$ ist daher $A \cap \{\tau \le n\} = (A \cap \{\sigma \le n\}) \cap \{\tau \le n\} \in \mathcal{A}_n$ für alle $n \ge 0$.
4. Da $\tau \le \tau_k$ für alle $k \ge 1$ ist, folgt $\mathcal{A}_\tau \subset \cap_k \mathcal{A}_{\tau_k}$ aus 3.
   Sei umgekehrt $A \in \mathcal{A}_{\tau_k}$ für alle $k \ge 1$. Dann ist $A \cap (\tau \le n\} = A \cap (\cup_k \{\tau_k \le n\}) = \cup_k (A \cap (\tau_k \le n\}) \in \mathcal{A}_n$ für alle $n \ge 0$.
5. Für $n \ge 0$ ist $\{\sigma < \tau\} \cap \{\tau = n\} = \{\tau = n\} \cap \{\sigma \le n-1\} \in \mathcal{A}_n$ und damit $\{\sigma < \tau\} \in \mathcal{A}_\tau$.
   Analog folgt aus $\{\sigma < \tau\} \cap \{\sigma = n\} = \{\sigma = n\} \cap \{\tau \ge n+1\} = \{\sigma = n\} \cap \{\tau \le n\}^c \in \mathcal{A}_n$ für $n \ge 0$, dass $\{\sigma < \tau\} \in \mathcal{A}_\sigma$ ist. Nach 4 ist $\mathcal{A}_\sigma \cap \mathcal{A}_\tau = \mathcal{A}_{\inf(\sigma,\tau)}$.
   Die übrigen Fälle lassen sich leicht auf diese zurückführen. Durch Vertauschen der Rollen von τ und σ folgt $\{\sigma \le \tau\} = \{\tau < \sigma\}^c \in \mathcal{A}_{\inf(\sigma,\tau)}$ und $\{\sigma = \tau\} = \{\sigma \le \tau\} \cap \{\tau \le \sigma\} \in \mathcal{A}_{\inf(\sigma,\tau)}$.

Ist $(X_n, \mathcal{A}_n)_{n\ge0}$ ein adaptierter stochastischer Prozess und τ eine Markov-Zeit bzgl. $(\mathcal{A}_n)_{n\ge0}$, dann ist der Wert X_τ des Prozesses zur Zeit τ auf $\{\tau < \infty\}$ definiert durch $X_\tau(\omega) = X_{\tau(\omega)}(\omega)$. Für eine Stoppzeit τ ist X_τ damit f.s. definiert. Für $\overline{\mathbb{R}}$-wertige Prozesse definiert man $X_\tau(\omega)$ gelegentlich für Markov-Zeiten τ durch $X_\tau(\omega) = 0$ für ω mit $\tau(\omega) = \infty$. Diese gewissermaßen willkürliche Festsetzung ist manchmal sinnvoll, z. B. wenn man den Erwartungswert EX_τ betrachtet, der in diesem Fall für die Ausgänge, bei denen τ nicht eintritt, keinen Beitrag liefert.

▸ **Satz 14.14** Sei $(X_n, \mathcal{A}_n)_{n\ge0}$ ein adaptierter stochastischer Prozess und τ eine Markov-Zeit bzgl. $(\mathcal{A}_n)_{n\ge0}$. Dann ist X_τ $\mathcal{A}_\tau$-messbar auf $\{\tau < \infty\}$.

Beweis: Sei $(E, \mathcal{B})$ der Zustandsraum des Prozesses und $B \in \mathcal{B}$. Für $n \ge 0$ ist $(\{X_\tau \in B\} \cap \{\tau < \infty\}) \cap \{\tau = n\} = \{X_n \in B\} \cap \{\tau = n\} \in \mathcal{A}_n$ und damit $\{X_\tau \in B\} \cap \{\tau < \infty\} \in \mathcal{A}_\tau$.

Im Zusammenhang mit dem wiederholten Rückkehrverhalten von Markov-Ketten (Satz 10.11) haben wir die starke Markov-Eigenschaft, d. h. die Markov-Eigenschaft für Stoppzeiten, erwähnt. Bevor wir das Optional Sampling Theorem beweisen, fügen wir den Beweis der starken Markov-Eigenschaft für Markov-Ketten mit stationären Übergangswahrscheinlichkeiten ein. Wir beweisen sie der Einfachheit halber in der folgenden speziellen Form.

▸ **Satz 14.15** Sei $(X_n)_{n\geq 0}$ eine Markov-Kette mit Zustandsraum E und stationären Übergangswahrscheinlichkeiten $(p_{ij})_{i,j\in E}$. Sei $\mathcal{A}_n = \sigma(X_0,\dots,X_n)$ für $n \geq 0$ und τ eine Markov-Zeit bzgl. der Filtrierung $(\mathcal{A}_n)_{n\geq 0}$. Dann ist für $A \in \mathcal{A}_\tau$ und $i, j \in E$ mit $P(A\cap\{X_\tau = i\}) > 0$
$P(X_{\tau+1} = j|A \cap \{X_\tau = i\}) = P(X_{\tau+1} = j|X_\tau = i) = p_{ij}$.

Anmerkungen:

1. Das Ereignis $(X_\tau = i\}$ impliziert $\{\tau < \infty\}$.
2. Analog zum Beweis von Satz 10.4 lässt sich die Behauptung in Bezug auf die bedingte Verteilung der Markov-Kette nach der Stoppzeit auf Ereignisse aus $\sigma(X_{\tau+n}, n \geq 1)$ verallgemeinern.

Beweis: Es ist $P(X_{\tau+1} = j|A \cap \{X_\tau = i\}) = \frac{P(A\cap\{X_\tau=i,X_{\tau+1}=j\})}{P(A\cap\{X_\tau=i\})}$.

Wir führen die starke Markov-Eigenschaft mit Satz 10.4 auf die Markov-Eigenschaft für feste Zeiten zurück, indem wir den Zähler nach den Werten von τ zerlegen.

$$P(A \cap \{X_\tau = i, X_{\tau+1} = j\}) = \sum_{n=0}^{\infty} P(A \cap \{\tau = n, X_\tau = i, X_{\tau+1} = j\})$$
$$= \sum_{n=0}^{\infty} P(A \cap \{\tau = n, X_n = i, X_{n+1} = j\})$$
$$= \sum_{n=0}^{\infty} P(A \cap \{\tau = n, X_n = i\}) \cdot P(X_{n+1} = j|A \cap (\{\tau = n, X_n = i\})\,.$$

Für $n \geq 0$ ist $A \cap \{\tau = n\} \in \mathcal{A}_n$. Da die Zufallsvariablen X_n $(n \geq 0)$ eine diskrete Verteilung haben, ist das Ereignis $A \cap (\tau = n, X_n = i\}$ in der Form $\{(X_0,\dots,X_{n-1}) \in \mathcal{A}_n, X_n = i\}$ mit einer Menge $A_n \subset E^n$ darstellbar. Mit Satz 10.4 folgt

$$P(A \cap \{X_\tau = i, X_{\tau+1} = j\}) = \sum_{n=0}^{\infty} P(A \cap \{\tau = n, X_n = i\}) \cdot p_{ij} = P(A \cap \{X_\tau = i\}) \cdot p_{ij}$$

und damit $P(X_{\tau+1} = j|A \cap \{X_\tau = i\}) = p_{ij}$. Speziell für $A = \Omega$ ist auch $P(X_{\tau+1} = j|X_\tau = i) = p_{ij}$.

Wir kommen nun zu dem angekündigten Optional Sampling Theorem.

▸ **Optional Sampling Theorem 14.16** Sei $(X_n, \mathcal{A}_n)_{n\geq 0}$ ein Submartingal und τ_1, τ_2 Stoppzeiten bzgl. $(\mathcal{A}_n)_{n\geq 0}$ mit $\tau_1 \leq \tau_2$ und der Eigenschaft, dass entweder τ_2 fs. beschränkt ist oder $E|X_{\tau_2}| < \infty$ und $\liminf_{n\to\infty} \int_{\{\tau_2>n\}} |X_n| \, \mathrm{d}P = 0$ ist. Dann ist $E(X_{\tau_2}|A_{\tau_1}) \geq X_{\tau_1}$ f.s.

Beweis: Wie im Fall von festen Zeiten (Satz 14.4) zeigt man, dass die Submartingalungleichung äquivalent zu der Bedingung $\int_A X_{\tau_2} \, \mathrm{d}P \geq \int_A X_{\tau_1} \, \mathrm{d}P$ für alle $A \in A_{\tau_1}$ ist. Beim Beweis dieser Ungleichung wird sich die Existenz der Integrale mitergeben.

Ein Ereignis $A \in A_{\tau_1}$ lässt sich als disjunkte Vereinigung

$$A = \bigcup_{n=0}^{\infty} (A \cap \{\tau_1 = n\}) \cup (A \cap \{\tau_1 = \infty\})$$

darstellen. Da $A \cap \{\tau_1 = \infty\}$ eine Nullmenge ist, genügt es zu zeigen:

$$\int_{A\cap\{\tau_1=n\}} X_{\tau_2}\, \mathrm{d}P \geq \int_{A\cap\{\tau_1=n\}} X_{\tau_1}\, \mathrm{d}P = \int_{A\cap\{\tau_1=n\}} X_n\, \mathrm{d}P \quad \text{für} \quad A \in A_{\tau_1} \quad \text{und} \quad n \geq 0\,.$$

Sei also $A \in A_{\tau_1}$ und $n \geq 0$. Für das Ereignis $B = A \cap \{\tau_1 = n\}$ gilt, dass $B \in \mathcal{A}_n$ und $B = B \cap \{\tau_2 \geq n\}$ ist. Wir zeigen allgemein:

$$\int_{B\cap\{\tau_2\geq n\}} X_{\tau_2}\, \mathrm{d}P \geq \int_{B\cap\{\tau_2\geq n\}} X_n\, \mathrm{d}P \quad \text{für} \quad n \geq 0 \quad \text{und} \quad B \in A_n\,. \tag{14.1}$$

Zum Beweis zerlegen wir die rechte Seite in

$$\int_{B\cap\{\tau_2\geq n\}} X_n\, \mathrm{d}P = \int_{B\cap\{\tau_2=n\}} X_n\, \mathrm{d}P + \int_{B\cap\{\tau_2\geq n+1\}} X_n\, \mathrm{d}P = \int_{B\cap\{\tau_2=n\}} X_{\tau_2}\mathrm{d}P + \int_{B\cap\{\tau_2\geq n+1\}} X_n\, \mathrm{d}P\,.$$

Da $B \cap \{\tau_2 \geq n+1\} = B \cap \{\tau_2 \leq n\}^c \in \mathcal{A}_n$ ist, folgt aus der Submartingalungleichung

$$\int_{B\cap\{\tau_2\geq n+1\}} X_n\, \mathrm{d}P \leq \int_{B\cap\{\tau_2\geq n+1\}} X_{n+1}\, \mathrm{d}P$$

und damit

$$\begin{aligned}\int_{B\cap\{\tau_2\geq n\}} X_n\, \mathrm{d}P &\leq \int_{B\cap\{\tau_2=n\}} X_{\tau_2}\, \mathrm{d}P + \int_{B\cap\{\tau_2\geq n+1\}} X_{n+1}\, \mathrm{d}P \\ &= \int_{B\cap\{n\leq\tau_2\leq n+1\}} X_{\tau_2}\, \mathrm{d}P + \int_{B\cap\{\tau_2>n+1\}} X_{n+1}\, \mathrm{d}P\,.\end{aligned}$$

Aus $B \in \mathcal{A}_n$ folgt $B \in \mathcal{A}_m$ für $m \geq n$ und durch Induktion

$$\int_{B\cap\{\tau_2\geq n\}} X_n\, \mathrm{d}P \leq \int_{B\cap\{n\leq\tau_2\leq m\}} X_{\tau_2}\, \mathrm{d}P + \int_{B\cap\{\tau_2>m\}} X_m\, \mathrm{d}P \quad \text{für} \quad m \geq n\,.$$

Ist τ_2 f.s. beschränkt, dann bricht das Verfahren ab, und es folgt (14.1).

Unter den Voraussetzungen $E|X_{\tau_2}| < \infty$ und $\liminf_{n\to\infty} \int_{\{\tau_2>n\}} |X_n|\, \mathrm{d}P = 0$ sei $(m_k)_{k\geq1}$ eine Teilfolge mit $\int_{\{\tau_2>m_k\}} |X_{m_k}|\, \mathrm{d}P \to 0$ für $k \to \infty$. Dann konvergiert $\int_{B\cap\{\tau_2>m_k\}} X_{m_k}\, \mathrm{d}P \to 0$ für $k \to \infty$. Da $\tau_2 < \infty$ f.s. und $E|X_{\tau_2}| < \infty$ ist, konvergiert $\int_{B\cap\{n\leq\tau_2\leq m_k\}} X_{\tau_2}\, \mathrm{d}P \to \int_{B\cap\{\tau_2\geq n\}} X_{\tau_2}\, \mathrm{d}P$, und (14.1) folgt auch für diesen Fall.

Die Bedingungen der zweiten Voraussetzungen scheinen künstlich und nur auf den Beweis zugeschnitten zu sein. Wir werden jedoch bald mit gleichmäßig integrierbaren Submartingalen eine sehr wichtige Anwendung kennenlernen (Satz 14.19).

▸ **Korollar 14.17** Sei $(X_n, \mathcal{A}_n)_{n\geq 0}$ ein Submartingal und τ eine Stoppzeit bzgl. $(\mathcal{A}_n)_{n\geq 0}$ mit $\tau \leq N < \infty$ f.s. Dann ist $EX_0 \leq EX_\tau \leq EX_N$.

▸ **Korollar 14.18** Sei $(X_n, \mathcal{A}_n)_{n\geq 0}$ ein Submartingal und $(\tau_k)_{k\geq 1}$ eine monoton wachsende Folge von Stoppzeiten bzgl. $(\mathcal{A}_n)_{n\geq 0}$, die die Voraussetzungen des Optional Sampling Theorems erfüllen. Dann ist $(X_{\tau_k}, \mathcal{A}_{\tau_k})_{k\geq 1}$ ein Submartingal.

Beide Korollare sind triviale Folgerungen.

Beispiel zu Korollar 2

Der gestoppte Prozess Sei $(X_n, \mathcal{A}_n)_{n\geq 0}$ ein Submartingal und τ eine beliebige Markov-Zeit. Die Folge $(\tau_k)_{k\geq 0}$ sei definiert durch $\tau_k = \inf(\tau, k)$ für $k \geq 0$. Der Prozess $(X_{\tau_k}, \mathcal{A}_{\tau_k})_{k\geq 0}$ ist der zur Zeit τ gestoppte Prozess. Die Stoppzeiten τ_k $(k \geq 0)$ sind beschränkt und erfüllen damit die Voraussetzungen des Optional Sampling Theorems. Der gestoppte Prozess ist daher ebenfalls ein Submartingal.

Gegenbeispiele

Wir wollen an 2 Beispielen zeigen, dass das Optional Sampling Theorem ohne zusätzliche Voraussetzungen falsch ist.

1. Sei $(X_n)_{n\geq 0}$ die symmetrische Irrfahrt auf $\mathbb{Z}$ mit Anfangswert $X_0 = 0$. Nach Beispiel 1 ist $(X_n)_{n\geq 0}$ ein Martingal. Sei $\tau_1 = 0$ und $\tau_2 = \inf\{n \geq 1 : X_n = 1\}$. Da $(X_n)_{n\geq 0}$ irreduzibel und rekurrent ist, ist $\tau_2 < \infty$ f.s. Aber es ist $X_{\tau_1} = 0$ und $X_{\tau_2} = 1$.
2. Martingalsystem.
   So nennt man beim Glücksspiel die Strategie, den Einsatz bis zum ersten Gewinn jeweils zu verdoppeln, und dann aufzuhören zu spielen. Wir betrachten den Fall, dass der Gewinn gleich dem Einsatz ist, den wir gleich 1 setzen. Sei p die Wahrscheinlichkeit von Gewinn und $q = 1 - p$. X_n sei der Gesamtgewinn nach n Spielen mit dieser Strategie mit $X_0 = 0$. Im fairen Fall $p = \frac{1}{2}$ ist $(X_n)_{n\geq 0}$ als Transformation eines Martingals ebenfalls ein Martingal, im ungünstigen Fall $p < \frac{1}{2}$ ist $(X_n)_{n\geq 0}$ ein Supermartingal. Beim ersten Gewinn ist $X_n = 1$. Sei wieder $\tau_1 = 0$ und $\tau_2 = \inf\{n \geq 1 : X_n = 1\}$. Für $p > 0$ ist $\tau_2 < \infty$ f.s. und $X_{\tau_1} = 0$ und $X_{\tau_2} = 1$.

Wir wollen an diesem Beispiel den Unterschied zwischen einer unbeschränkten und einer entsprechenden beliebig großen, aber beschränkten Stoppzeit betrachten. Sei also die Anzahl der Spiele durch ein N beschränkt, was der Realität entspricht, da N beliebig groß sein kann, und sei $\tau_2 = \inf(n \geq 1 : X_n = 1\}$, wenn ein $n \leq N$ mit $X_n = 1$ existiert, und $\tau_2 = N$ sonst. Da τ_2 beschränkt ist, ist das Optional Sampling Theorem anwendbar. Speziell ist $X_{\tau_2} = 1$, wenn ein $n \leq N$ mit $X_n = 1$ existiert und $X_{\tau_2} = -(2^N - 1)$ sonst. Dann ist $EX_{\tau_2} = (1 - q^N) - q^N(2^N - 1) = 1 - (2q)^N$. Im fairen Fall $q = \frac{1}{2}$ ist $EX_{\tau_2} = 0$ und im ungünstigen Fall $q > \frac{1}{2}$ ist $EX_{\tau_2} < 0$.

Mit wachsendem N wird die Wahrscheinlichkeit zu verlieren immer kleiner und geht gegen 0 für $N \to \infty$. Das wird jedoch durch den extrem großen Verlust, wenn man verliert, übertroffen, so dass für jedes N die Supermartingaleigenschaft erhalten bleibt, nicht aber im Grenzwert.

Eine wichtige Klasse von Submartingalen, für die die Voraussetzungen des Optional Sampling Theorems für alle Stoppzeiten gelten, sind die gleichmäßig integrierbaren Submartingale. Wir haben im 4. Kapitel bei der Einführung der gleichmäßigen Integrierbarkeit (Definition 4.27) bereits auf ihre große Bedeutung in der Martingaltheorie hingewiesen.

▸ **Satz 14.19** Für gleichmäßig integrierbare Submartingale sind die Voraussetzungen des Optional Sampling Theorems für alle Stoppzeiten erfüllt.

Beweis: Sei τ eine beliebige Stoppzeit. Wir weisen die zweiten Voraussetzungen des Optional Sampling Theorems für $\tau_2 = \tau$ nach.

Da $P(\tau > n) \to 0$ für $n \to \infty$ konvergiert, folgt aus der zweiten Eigenschaft des Kriteriums für gleichmäßige Integrierbarkeit (Satz 4.28), dass $\int_{\{\tau > n\}} |X_n| \,\mathrm{d}P \to 0$ für $n \to \infty$ konvergiert.

Für $k \geq 0$ sei $\tau_k = \inf\{\tau, k\}$. Aus $0 \leq \tau_k \leq k$ folgt $EX_0 \leq EX_{\tau_k} \leq EX_k$. Nach Satz 14.6 ist $(X_n^+)_{n\geq 0}$ ein Submartingal. Daher ist $EX_{\tau_k}^+ \leq EX_k^+$, und mit $|X_{\tau_k}| = 2X_{\tau_k}^+ - X_{\tau_k}$ folgt $E|X_{\tau_k}| \leq 2X_k^+ - EX_0 \leq 2E|X_k| - EX_0 \leq 3\sup\{E|X_n| : n \geq 0\} < \infty$. Für $k \to \infty$ konvergiert $X_{\tau_k} \to X_\tau$ f.s., und mit dem Lemma von Fatou folgt $E|X_\tau| \leq 3\sup\{E|X_n|: n \geq 0) < \infty$.

Die Anwendungen des Optional Sampling Theorems bestehen in der Wahl von geeigneten Stoppzeiten. In den meisten Fällen geht man von der Filtrierung, die von dem Submartingal erzeugt wird, aus (s. Korollar 14.5.2).

Als erstes beweisen wir auf diese Weise Abschätzungen für Überschreitungswahrscheinlichkeiten.

▸ **Satz 14.20** Sei $(X_n)_{n\geq 0}$ ein Submartingal. Dann gilt für $N \geq 0$, $\lambda > 0$:

1. $\lambda P\left(\sup_{0\leq n\leq N} X_n \geq \lambda\right) \leq \int_{\{\sup_{0\leq n\leq N} X_n \geq \lambda\}} X_N \,\mathrm{d}P \leq EX_N^+.$
2. $\lambda P\left(\inf_{0\leq n\leq N} X_n \leq -\lambda\right) \leq -EX_0 + \int_{\{\inf_{0\leq n\leq N} X_n > -\lambda\}} X_N \,\mathrm{d}P \leq -EX_0 + EX_N^+.$

Anmerkung: Man beachte, dass die jeweils äußere Abschätzung nur von der Verteilung von X_N und damit insbesondere nicht von der Zeit N abhängt. Das gleiche Phänomen wird auch in anderen Situationen, z. B. bei der Doob'schen Maximal-Ungleichung und der Upcrossing-Ungleichung, auftreten. Das wird vor allem beim Übergang zu reellwertigen Zeiten wichtig sein.

Beweis:

1. Sei $\tau = \inf(n \le N : X_n \ge \lambda)$, wenn $\sup_{0\le n\le N} X_n \ge \lambda$, ist, und $\tau = N$ sonst. τ ist eine Stoppzeit mit $0 \le \tau \le N$. Aus Korollar 14.17 folgt

$$EX_N \ge EX_\tau = \int\limits_{\left\{\sup\limits_{0\le n\le N} X_n \ge \lambda\right\}} X_\tau \,\mathrm{d}P + \int\limits_{\left\{\sup\limits_{0\le n\le N} X_n < \lambda\right\}} X_\tau \,\mathrm{d}P$$
$$\ge \lambda P\left(\sup_{0\le n\le N} X_n \ge \lambda\right) + \int\limits_{\left\{\sup\limits_{0\le n\le N} X_n < \lambda\right\}} X_N \,\mathrm{d}P$$

und daraus

$$\lambda P\left(\sup_{0\le n\le N} X_n \ge \lambda\right) \le EX_N - \int\limits_{\left\{\sup\limits_{0\le n\le N} X_n < \lambda\right\}} X_N \,\mathrm{d}P = \int\limits_{\left\{\sup\limits_{0\le n\le N} X_n \ge \lambda\right\}} X_N \,\mathrm{d}P \le EX_N^+ .$$

2. Analog sei $\tau = \inf\{n \le N : X_n \le -\lambda\}$, wenn $\inf_{0\le n\le N} X_n \le -\lambda$ ist, und $\tau = N$ sonst. In diesem Fall folgt die zu beweisende Ungleichung aus

$$EX_0 \le EX_\tau = \int\limits_{\left\{\inf\limits_{0\le n\le N} X_n \le -\lambda\right\}} X_\tau \,\mathrm{d}P + \int\limits_{\left\{\inf\limits_{0\le n\le N} X_n > -\lambda\right\}} X_\tau \,\mathrm{d}P$$
$$\le -\lambda P\left(\inf_{0\le n\le N} X_n \le -\lambda\right) + \int\limits_{\left\{\inf\limits_{0\le n\le N} X_n > -\lambda\right\}} X_N \,\mathrm{d}P \le -\lambda P\left(\inf_{0\le n\le N} X_n \le -\lambda\right) + EX_N^+ .$$

Folgerungen:

1. Ist $(X_n)_{n\ge 0}$ ein Martingal, dann ist $(|X_n|)_{n\ge 0}$ ein Submartingal, und für $\lambda > 0$ folgt $P\left(\sup_{0\le n\le N} |X_n| \ge \lambda\right) \le \frac{E|X_N|}{\lambda}$.
2. Ist $(X_n)_{n\ge 0}$ ein Martingal mit $E(X_n^2) < \infty$ für alle $n \ge 0$, dann ist $(X_n^2)_{n\ge 0}$ ein Submartingal, und für $\lambda > 0$ ist $P\left(\sup_{0\le n\le N} |X_n| \ge \lambda\right) = P\left(\sup_{0\le n\le N} X_n^2 \ge \lambda^2\right) \le E\left(\frac{X_n^2}{\lambda^2}\right)$.

Der Spezialfall von Summen von unabhängigen Zufallsvariablen ist die Kolmogorov'sche Ungleichung 6.2. Im folgenden werden wir noch häufig bereits bewiesene Aussagen mit Methoden der Martingaltheorie oft wesentlich einfacher beweisen können.

Mit Satz 14.20 beweisen wir die Doob'sche Maximal-Ungleichung.

▸ **Satz (Doob'sche Maximal-Ungleichung) 14.21** Sei $(X_n)_{n\ge 0}$ ein Martingal oder ein nichtnegatives Submartingal und $p, q > 1$ mit $\frac{1}{p} + \frac{1}{q} = 1$. Dann ist

$$\left\| \sup_{0\le k\le n} |X_k| \right\|_p \le q \left\| X_n \right\|_p \quad \text{für} \quad n \ge 0 .$$

Wir benötigen dazu das folgende Lemma:

Lemma 14.22 Für eine Zufallsvariable $X \geq 0$ und $p \geq 1$ ist $E(X^p) = p\int_0^\infty P(X \geq t)t^{p-1}\,\mathrm{d}t$.

Anmerkung: Lemma 14.22 gilt auch für den Wert ∞.

Beweis von Lemma 14.22: Es ist

$$E(X^p) = E\left(\int_0^X pt^{p-1}\,\mathrm{d}t\right) = E\left(\int_0^\infty p1_{\{X\geq t\}}t^{p-1}\,\mathrm{d}t\right)$$
$$= p\int_0^\infty E(1_{\{X\geq t\}})t^{p-1}\,\mathrm{d}t = p\int_0^\infty P(X \geq t)t^{p-1}\,\mathrm{d}t.$$

Bei der dritten Gleichung haben wir den Satz von Fubini für nichtnegative Funktionen benutzt.

Beweis von Satz 14.21: Für ein Martingal $(X_n)_{n\geq 0}$ ist $(|X_n|)_{n\geq 0}$ ein nichtnegatives Submartingal. Es genügt daher, den Fall eines nichtnegatives Submartingals $(X_n)_{n\geq 0}$ zu behandeln. Zur Abkürzung setzen wir $X_n^* = \sup_{0\leq k\leq n} X_k$.

Sei $n \geq 1$ und $X_n \in L^p$. Sonst ist die Behauptung trivial.

Aus $0 \leq X_k \leq E(X_n|\mathcal{A}_k)$ für $0 \leq k \leq n$ folgt mit Beispiel 2 zur Jensen'schen Ungleichung, dass $\|X_k\|_p < \infty$ für $0 \leq k \leq n$ und daher $\|X_n^*\|_p < \infty$ ist.

Mit Satz 14.20.1 folgt $\lambda P(X_n^* \geq \lambda) \leq E(X_n 1_{\{X_n^* \geq \lambda\}})$ und mit Lemma 14.22

$$\|X_n^*\|_p^p = E(X_n^{*\,p}) = p\int_0^\infty P(X_n^* \geq t)t^{p-1}\,\mathrm{d}t \leq p\int_0^\infty E(X_n 1_{\{X_n^*\geq t\}})t^{p-2}\,\mathrm{d}t$$
$$= pE\left(X_n \int_0^{X_n^*} t^{p-2}\,\mathrm{d}t\right) = \frac{p}{p-1}E(X_n(X_n^*)^{p-1}) \leq q\,\|X_n\|_p\,\left\|(X_n^*)^{p-1}\right\|_q.$$

Dabei haben wir den Satz von Fubini und die Hölder'sche Ungleichung benutzt. Mit $\left\|(X_n^*)^{p-1}\right\|_q = (E(X_n^*)^p)^{1/q} = \|X_n^*\|_p^{p-1}$ folgt $\|X_n^*\|_p^p \leq q\,\|X_n\|_p\,\|X_n^*\|_p^{p-1}$ und daraus die Doob'sche Maximal-Ungleichung für $\|X_n^*\|_p > 0$. Der Fall $\|X_n^*\|_p = 0$ ist trivial.

14.3 Konvergenzsätze

Die Konvergenzsätze gehören zu den wichtigsten Anwendungen des Optional Sampling Theorems und sind eine der größten Stärken der Martingaltheorie. Sie haben vielseitige

Anwendungen sowohl für konkrete Beispiele als auch als Grundlage von Beweisen auch von bekannten Sätzen, die häufig einfacher sind und zusätzliche Einsichten vermitteln.

Zum Beweis der f.s. Konvergenz schätzen wir die Oszillationen eines Submartingals ab, die durch die Anzahl der Überquerungen von Intervallen beschrieben wird. Die entsprechende Upcrossing-Ungleichung werden wir noch öfter benutzen, um starke Oszillationen auszuschließen.

▸ **Definition 14.23** Seien $a, b \in \mathbb{R}$ mit $a < b$. Für $x_0, \ldots, x_N \in \overline{\mathbb{R}}$ ist die Anzahl $u_N^{\uparrow}(x_0, \ldots, x_N; a, b)$ der *aufsteigenden Überquerungen („upcrossings")* von $x_0, \ldots, x_N$ des Intervalls $[a, b]$ das Maximum aller $k \geq 1$, für das $0 \leq \gamma_1 \leq \gamma_2 \leq \ldots \leq \gamma_{2k-1} < \gamma_{2k} \leq N$ existieren mit $x_{\gamma_{2m-1}} \leq a, x_{\gamma_{2m}} \geq b$ für $1 \leq m \leq k$, mit $u_N^{\uparrow}(x_0, \ldots, x_N; a, b) = 0$, falls kein derartiges k existiert.

▸ **Satz (Upcrossing-Ungleichung) 14.24** Sei $(X_n)_{n\geq 0}$ ein Submartingal und $a, b \in \mathbb{R}$ mit $a < b$. Es bezeichne $U_N^{\uparrow}(a, b)(\omega) = u_N^{\uparrow}(X_0(\omega), \ldots, X_N(\omega); a, b)$. Dann ist $U_N^{\uparrow}(a, b)$ messbar, und es gilt

$$EU_N^{\uparrow}(a, b) \leq \frac{E[(X_N - a)^+] - E[(X_0 - a)^+]}{b - a} \leq \frac{E[(X_N - a)^+]}{b - a}.$$

Beweis: Die Messbarkeit folgt aus der Äquivalenz von $U_N^{\uparrow}(a, b) \geq k$ zur Existenz von $0 \leq \gamma_1 \leq \gamma_2 \leq \ldots \leq \gamma_{2k-1} < \gamma_{2k} \leq N$ mit $X_{\gamma_{2m-1}} \leq a, X_{\gamma_{2m}} \geq b$ für $1 \leq m \leq k$.

Wir beweisen die Ungleichung zunächst für den Spezialfall, dass $X_n \geq 0$ für alle $n \geq 0$ und $a = 0$ ist. In diesem Fall ist $E(|X_n|) = EX_n < \infty$ für alle $n \geq 0$.

Wir definieren zufällige Zeiten τ_j $(0 \leq j \leq N + 1)$ rekursiv durch

$$\begin{aligned}
\tau_0 &= 0 \\
\tau_1 &= \inf\{n : \tau_0 \leq n \leq N, X_n = 0\}, \quad \text{falls ein derartiges } n \text{ existiert, und } \tau_1 = N \text{ sonst} \\
\tau_2 &= \inf\{n : \tau_1 \leq n \leq N, X_n \geq b\}, \quad \text{falls ein derartiges } n \text{ existiert, und } \tau_2 = N \text{ sonst}
\end{aligned}$$

und für $m \geq 1$

$$\begin{aligned}
\tau_{2m+1} &= \inf\{n : \tau_{2m} \leq n \leq N, X_n = 0\} \quad && \text{falls ein derartiges } n \text{ existiert,} \\
& && \text{und } \tau_{2m+1} = N \text{ sonst} \\
\tau_{2m+2} &= \inf\{n : \tau_{2m+1} \leq n \leq N, X_n \geq b\} \quad && \text{falls ein derartiges } n \text{ existiert,} \\
& && \text{und } \tau_{2m+2} = N \text{ sonst.}
\end{aligned}$$

τ_j $(0 \leq j \leq N + 1)$ sind Stoppzeiten mit $0 = \tau_0 \leq \tau_1 \leq \ldots \leq \tau_{N+1} = N$. Nach Korollar 14.18 ist $(X_{\tau_j})_{0\leq j\leq N+1}$ ein Submartingal. Insbesondere ist $E(X_{\tau_{2k+1}} - X_{\tau_{2k}}) \geq 0$ für alle k.

Für alle k ist $X_{\tau_{2k}} - X_{\tau_{2k-1}} \geq 0$. Denn im Fall $X_{\tau_{2k-1}} > 0$ ist $\tau_{2k-1} = N$ und daher auch $\tau_{2k} = N$. Im Fall $X_{\tau_{2k-1}} = 0$ dagegen ist $X_{\tau_{2k}} - X_{\tau_{2k-1}} = X_{\tau_{2k}} \geq 0$.

Aus $U_N^{\uparrow}(0,b) \geq k$ folgt $X_{\tau_{2k}} - X_{\tau_{2k-1}} \geq b$.

Für ein ungerades N folgt $(X_{\tau_2} - X_{\tau_1}) + (X_{\tau_4} - X_{\tau_3}) + \ldots + (X_{\tau_{N+1}} - X_{\tau_N}) \geq bU_N^{\uparrow}(0,b)$ und damit

$$\begin{aligned} E\left(bU_N^{\uparrow}(0,b)\right) &\leq E[-X_{\tau_0} - (X_{\tau_1} - X_{\tau_0}) - (X_{\tau_3} - X_{\tau_2}) - \ldots - (X_{\tau_N} - X_{\tau_{N-1}}) + X_{\tau_{N+1}}] \\ &\leq E[-X_{\tau_0} + X_{\tau_{N+1}}]. \end{aligned}$$

Für ein gerades N folgt analog $(X_{\tau_2} - X_{\tau_1}) + (X_{\tau_4} - X_{\tau_3}) + \ldots + (X_{\tau_N} - X_{\tau_{N-1}}) \geq bU_N^{\uparrow}(0,b)$ und

$$\begin{aligned} E\left(bU_N^{\uparrow}(0,b)\right) &\leq E[-X_{\tau_0} - (X_{\tau_1} - X_{\tau_0}) - (X_{\tau_3} - X_{\tau_2}) - \ldots - (X_{\tau_{N-1}} - X_{\tau_{N-2}}) + X_{\tau_N}] \\ &\leq E[-X_{\tau_0} + X_{\tau_N}]. \end{aligned}$$

Da $EX_{\tau_N} \leq EX_{\tau_{N+1}}$ ist, folgt $E\left(bU_N^{\uparrow}(0,b)\right) \leq E[-X_{\tau_0} + X_{\tau_{N+1}}] = E(X_N - X_0)$ für alle N. Dies ist die erste zu beweisende Ungleichung für diesen Spezialfall. Die zweite ist eine triviale Folgerung.

Den allgemeinen Fall führen wir auf den Spezialfall zurück, indem wir ihn auf $((X_n - a)^+)_{n\geq 0}$ anwenden. Denn $((X_n - a)^+)_{n\geq 0}$ ist ein nichtnegatives Submartingal, und es ist $U_N^{\uparrow}(X_0, \ldots, X_N; a, b) = U_N^{\uparrow}((X_0 - a)^+, \ldots, (X_N - a)^+; 0, b-a)$.

Analog zu aufsteigenden Überquerungen kann man auch absteigende Überquerungen $u_N^{\downarrow}$ („downcrossings") definieren. Für sie beweist man analog $EU_N^{\downarrow}(a,b) \leq \frac{E[(X_N - b)^+]}{b-a}$.

Für die meisten Anwendungen genügt jedoch eine von beiden.

Mit Hilfe der Upcrossing-Ungleichung beweisen wir den 1. Konvergenzsatz über fast sichere Konvergenz.

1. Konvergenzsatz 14.25 Sei $(X_n)_{n\geq 0}$ ein Submartingal mit $\sup_{n\geq 0} EX_n^+ < \infty$. Dann existiert eine Zufallsvariable X_∞ in $\mathbb{R} \cup \{-\infty\}$ mit $EX_\infty^+ < \infty$, so dass $X_n \to X_\infty$ für $n \to \infty$ f.s. konvergiert. Ist $E|X_n| < \infty$ für ein $n \geq 0$, dann ist auch $E|X_\infty| < \infty$.

Beweis: Für $a, b \in \mathbb{R}$ mit $a < b$ ist $EU_N^{\uparrow}(a,b) \leq \frac{E[(X_N - a)^+]}{b-a} \leq \frac{E(X_N^+) + a^-}{b-a}$ $(N \geq 0)$ nach Voraussetzung beschränkt. Da $U_N^{\uparrow}(a,b) \geq 0$ monoton wachsend in N ist, folgt mit monotoner Konvergenz $E\left(\lim_{N\to\infty} U_N^{\uparrow}(a,b)\right) < \infty$. Insbesondere ist $\lim_{N\to\infty} U_N^{\uparrow}(a,b) < \infty$ f.s.

Aus $\liminf_{n\to\infty} EX_n < a < b < \limsup_{n\to\infty} EX_n$ folgt $U_N^{\uparrow}(a,b) \to \infty$ für $n \to \infty$. Daher ist

$$P\left(\liminf_{n\to\infty} X_n < a < b < \limsup_{n\to\infty} X_n\right) = 0 \quad \text{für} \quad a, b \in \mathbb{R} \quad \text{mit} \quad a < b$$

und damit

$$P\left(\liminf_{n\to\infty} X_n < \limsup_{n\to\infty} X_n\right) = P\left(\bigcup_{\substack{a,b\in Q \\ a<b}} \left\{\liminf_{n\to\infty} X_n < a < b < \limsup_{n\to\infty} X_n\right\}\right) = 0.$$

Also existiert der Grenzwert $\lim_{n\to\infty} X_n = X_\infty$ in $\overline{\mathbb{R}}$ f.s. Aus dem Lemma von Fatou folgt

$$EX_\infty^+ = E\left(\lim_{n\to\infty} X_n^+\right) \le \liminf_{n\to\infty} EX_n^+ < \infty\,.$$

Insbesondere ist $X_\infty < \infty$ f.s.

Sei $E|X_{n_0}| < \infty$. Da EX_n monoton wachsend ist, folgt ebenfalls mit dem Lemma von Fatou

$$E|X_\infty| \le \liminf_{n\to\infty} E|X_n| \le \sup_{n\ge n_0} E|X_n| = \sup_{n\ge n_0}(2EX_n^+ - EX_n) \le 2\sup_{n\ge n_0} EX_n^+ - EX_{n_0} < \infty\,.$$

Für ein nichtnegatives Supermartingal $(X_n)_{n\ge0}$ ist $(-X_n)_{n\ge0}$ ein Submartingal mit $(-X_n)^+ = 0$, und es folgt:

Korollar 14.26 Für ein nichtnegatives Supermartingal $(X_n)_{n\ge0}$ existiert $\lim_{n\to\infty} X_n = X_\infty$ f.s.

Korollar 14.27 Für ein nichtnegatives Martingal $(X_n)_{n\ge0}$ existiert $\lim_{n\to\infty} X_n = X_\infty$ f.s. mit $E|X_\infty| < \infty$.

Die fast sichere Konvergenz ist für die meisten Anwendungen zu schwach. Da die Submartingalungleichung Integrale betrifft (s. Satz 14.4.3), ist die L^1-Konvergenz angemessener. Nach Satz 4.29 ist sie unter der Voraussetzung der f.s. Konvergenz äquivalent zur gleichmäßigen Integrierbarkeit.

Wir zeigen für gleichmäßig integrierbare Submartingale $(X_n, \mathcal{A}_n)_{n\ge0}$ darüber hinaus, dass der um die Zeit ∞ erweiterte Prozess $(X_n, \mathcal{A}_n)_{0\le n\le\infty}$ mit $\mathcal{A}_\infty = \sigma(\cup_{n\ge0}\mathcal{A}_n)$ ein Submartingal ist. Das bedeutet außer dem bereits bewiesenen $EX_\infty^+ < \infty$, dass X_∞ $\mathcal{A}_\infty$-messbar und $E(X_\infty|\mathcal{A}_n) \ge X_n$ f.s. für alle $n \ge 0$ ist. Speziell für ein Martingal ist $E(X_\infty|\mathcal{A}_\infty) = X_n$ für $n \ge 0$, d. h. es ist von der Form von Beispiel 3.

Unter den Voraussetzungen des 1. Konvergenzsatzes ist ohne gleichmäßige Integrierbarkeit der Prozess $(X_n, \mathcal{A}_n)_{0\le n\le\infty}$ i. A. kein Submartingal. Das Glücksspiel $(X_n, \mathcal{A}_n)_{0\le n\le\infty}$ mit dem Martingalsystem (Gegenbeispiel 2 zum Optional Sampling Theorem) ist z. B. im fairen Fall ein Martingal mit $\sup_{n\ge0} E|X_n| < \infty$, aber es ist $X_0 = 0$ und $X_\infty = 1$ f.s. Das Verhalten im Grenzübergang haben wir für dieses Beispiel bereits diskutiert.

2. Konvergenzsatz 14.28 Sei $(X_n, \mathcal{A}_n)_{n\ge0}$ ein gleichmäßig integrierbares Submartingal. Dann existiert eine Zufallsvariable X_∞ mit $E|X_\infty| < \infty$, so dass $X_n \to X_\infty$ f.s. und in L^1 für $n \to \infty$ konvergiert. Ferner ist $(X_n, \mathcal{A}_n)_{0\le n\le\infty}$ mit $\mathcal{A}_\infty = \sigma(\cup_{n\ge0}\mathcal{A}_n)$ ein Submartingal.

Beweis: Da $EX_n^+ \le E|X_n|$ $(n \ge 0)$ wegen der gleichmäßigen Integrierbarkeit beschränkt ist, sind die Voraussetzungen des 1. Konvergenzsatzes erfüllt. Es folgt, dass $X_n \to X_\infty$ mit $E|X_\infty| < \infty$ f.s. für $n \to \infty$ konvergiert. Mit der gleichmäßigen Integrierbarkeit folgt auch die Konvergenz in L^1. Für alle $n \geq 0$ ist X_n $\mathcal{A}_n$-messbar, also auch $\mathcal{A}_\infty$-messbar. Damit ist auch X_∞ $\mathcal{A}_\infty$-messbar. Sei $n \geq 0$. Für $m \geq n$ ist $\int_A X_n \, dP \leq \int_A X_m \, dP$ für alle $A \in \mathcal{A}_n$. Aus der L^1-Konvergenz folgt $\int_A X_m \, dP \to \int_A X_\infty \, dP$ für $m \to \infty$. Daher ist $\int_A X_n \, dP \leq \int_A X_\infty \, dP$ für alle $A \in \mathcal{A}_n$, also

$$E(X_\infty|\mathcal{A}_n) \geq X_n \text{ f.s.}$$

▸ **Satz 14.29** Ein adaptierter stochastischer Prozess $(X_n, \mathcal{A}_n)_{n\geq 0}$ ist genau dann ein gleichmäßig integrierbares Martingal, wenn eine Zufallsvariable X mit $E|X| < \infty$ existiert, so dass $X_n = E(X|A_n)$ f.s. für alle $n \geq 0$ ist.

Beweis: Für ein gleichmäßig integrierbares Martingal $(X_n, \mathcal{A}_n)_{n\geq 0}$ ist nach dem 2. Konvergenzsatz 14.28 auch $(X_n, \mathcal{A}_n)_{0\leq n\leq\infty}$ ein Martingal. $X = X_\infty$ erfüllt daher die Behauptung. Sei umgekehrt $X_n = E(X|\mathcal{A}_n)$ f.s. für alle $n \geq 0$ mit einer Zufallsvariablen X mit $E|X| < \infty$. Dass $(X_n, \mathcal{A}_n)_{n\geq 0}$ ein Martingal ist, haben wir in Beispiel 3 gezeigt. Wir müssen noch beweisen, dass $\{X_n, n \geq 0\}$ gleichmäßig integrierbar ist. Es gilt sogar allgemein:

▸ **Lemma 14.30** Sei X eine Zufallsvariable mit $E|X| < \infty$. Dann ist das System der bedingten Erwartungen $E(X|\mathcal{B})$ bzgl. aller Unter-σ-Algebren $\mathcal{B}$ von $\mathcal{A}$ gleichmäßig integrierbar.

Beweis: Für eine Unter-σ-Algebra $\mathcal{B}$ von $\mathcal{A}$ und $c > 0$ ist $\{|E(X|\mathcal{B})| > c\} \in \mathcal{B}$ und daher

$$\int\limits_{\{|E(X|\mathcal{B})|>c\}} |E(X|\mathcal{B})| \, dP \leq \int\limits_{\{|E(X|\mathcal{B})|>c\}} E(|X|\,|\mathcal{B}) \, dP = \int\limits_{\{|E(X|\mathcal{B})|>c\}} |X| \, dP .$$

Da $E|X| < \infty$ und damit $\{X\}$ gleichmäßig integrierbar ist, genügt es nach Eigenschaft 2 des Kriteriums für gleichmäßige Integrierbarkeit 4.28 zu zeigen, dass $P(|E(X|\mathcal{B})| > c \to 0$ für $c \to \infty$ gleichmäßig für alle Unter-σ-Algebren $\mathcal{B}$ von $\mathcal{A}$ konvergiert. Dies folgt ähnlich aus

$$cP(|E(X|B)| > c) \leq \int\limits_{\{|E(X|\mathcal{B})|>c\}} E(|X|\,|\mathcal{B}) \, dP \leq \int\limits_{\{|E(X|\mathcal{B})|>c\}} |X| \, dP \leq E|X| .$$

Die ersten Anwendungen der Konvergenzsätze sind ein neuer Satz über bedingte Erwartungen und ein neuer Beweis eines bekannten Satzes, des Kolmogorov'schen 0-1-Gesetzes 5.33.

▸ **1. Satz von Paul Lévy 14.31** Sei $(\mathcal{A}_n)_{n\geq 0}$ eine aufsteigende Folge von σ-Algebren, $\mathcal{A}_\infty = \sigma(\cup_{n\geq 0} \mathcal{A}_n)$ und X eine Zufallsvariable mit $E|X| < \infty$. Dann konvergiert $E(X|\mathcal{A}_n) \to E(X|\mathcal{A}_\infty)$ f.s. und in L^1 für $n \to \infty$.

Beweis: Sei $X_n = E(X|\mathcal{A}_n)$ für $n \geq 0$. Nach Satz 14.29 ist $(X_n, \mathcal{A}_n)_{n\geq 0}$ ein gleichmäßig integrierbares Martingal, und es konvergiert $X_n \to X_\infty$ f.s. und in L^1 für $n \to \infty$. Wir zeigen, dass $X_\infty = E(X|\mathcal{A}_\infty)$ f.s. ist, X_∞ also die definierenden Eigenschaften von $E(X|\mathcal{A}_\infty)$ hat. Wie bereits bewiesen, ist X_∞ $\mathcal{A}_\infty$-messbar und $E(X_\infty|\mathcal{A}_n) = X_n$ für $n \geq 0$. Es folgt $\int_A X \,\mathrm{d}P = \int_A X_n \,\mathrm{d}P = \int_A X_\infty \,\mathrm{d}P$ für $n \geq 0$ und $A \in \mathcal{A}_n$. Daher ist $\int_A X \,\mathrm{d}P = \int_A X_\infty \,\mathrm{d}P$ für $A \in \cup_{n=0}^\infty \mathcal{A}_n$. Da $\cup_{n=0}^\infty \mathcal{A}_n$ ein $\cap$-stabiles Erzeugendensystem von $\mathcal{A}_\infty$ ist, das Ω enthält, folgt $X_\infty = E(X|\mathcal{A}_\infty)$ f.s. aus Satz 13.10.

Beweis des Kolmogorov'schen 0-1-Gesetzes 5.33: Sei $\mathcal{A}_n = \sigma(\cup_{m=0}^n \mathcal{B}_m)$ für $n \geq 0$. A und $\mathcal{A}_n$ sind unabhängig für alle n. Daher ist $E(1_A|\mathcal{A}_n) = P(A|\mathcal{A}_n) = P(A)$. Nach dem Satz von Paul Lévy konvergiert $P(A) = E(1_A|\mathcal{A}_n) \to E(1_A|\mathcal{A}_\infty)$ f.s. und in L^1 für $n \to \infty$ mit $\mathcal{A}_\infty = \sigma(\cup_{n\geq 0} \mathcal{A}_n) = \sigma(\cup_{n\geq 0} \mathcal{B}_n)$. Daher ist $E(1_A|\mathcal{A}_\infty) = P(A)$. Da $A \in \mathcal{A}_\infty$ ist, ist $E(1_A|A_\infty) = 1_A$ f.s. Es folgt $P(A) = 1_A$ f.s. und damit die Behauptung.

Die weiteren Anwendungen betreffen spezielle Beispiele.

1. Likelihood-Quotienten.
   Wir betrachten Beispiel 5 aus Abschn. 14.1. Für $i = 0, 1$ setzen wir $\mu_i = f_i \mu$ und bezeichnen die gemeinsame Verteilung von $(Y_n)_{n\geq 1}$ unter der Verteilung μ_i der Zufallsvariablen Y_n mit P_i und den Erwartungswert mit E_i. Wir setzen $P_0 \neq P_1$ voraus und wollen P_0 gegen P_1 testen. Unter P_0 ist $(X_n, \mathcal{A}_n)_{n\geq 0}$ ein Martingal und daher $(X_n^{1/2}, \mathcal{A}_n)_{n\geq 0}$ ein Supermartingal.
   Da $\{X_n^{1/2}, n \geq 0\}$ in $L^2(P_0)$ beschränkt ist, ist $\{X_n^{1/2}, n \geq 0\}$ nach Beispiel 3 zu Definition 4.28 gleichmäßig integrierbar unter P_0. Aus dem 2. Konvergenzsatz folgt, dass $X_n^{1/2}$ für $n \to \infty$ gegen eine Zufallsvariable, die wir als $X_\infty^{1/2}$ darstellen können, P_0-f.s. und in $L^1(P_0)$ konvergiert. Es ist

$$E_0\left[\left(\frac{f_1(Y_n)}{f_0(Y_n)}\right)^{1/2}\right] = \int \left(\frac{f_1(y)}{f_0(y)}\right)^{1/2} \cdot f_0(y)\,\mathrm{d}\mu(y)$$
$$= \int (f_0 f_1)^{1/2}\,\mathrm{d}\mu < \left(\int f_0\,\mathrm{d}\mu\right)\cdot\left(\int f_1\,\mathrm{d}\mu\right) = 1,$$

   da $P_0 \neq P_1$ ist. Wir setzen $\eta = \int (f_0 f_1)^{1/2}\,\mathrm{d}\mu < 1$. Dann ist $E_0 X_n^{1/2} \leq \eta^n$. Aus $E_0 X_n^{1/2} \leq \eta^n \to 0$ für $n \to \infty$ folgt $E_0 X_\infty^{1/2} = 0$ und $X_\infty^{1/2} = 0$ P_0-f.s. Damit konvergiert $X_n \to 0$ P_0-f.s. für $n \to \infty$.
   Vertauschen wir die Rollen von P_0 und P_1, so entspricht dem, dass X_n durch X_n^{-1} ersetzt wird.
   Es folgt, dass $X_n^{-1} \to 0$ für $n \to \infty$ konvergiert, und daher geht $X_n \to \infty$ P_1-f.s.
   Das legt einen Test der Art nahe, sich für P_0 zu entscheiden, wenn X_n für große n klein ist, und für P_1, wenn X_n für große n groß ist.
   Wir untersuchen genauer den folgenden Test.

Wald'scher Sequentialtest Ein Sequentialtest ist ein Test, dessen Stichprobenumfang nicht von vorn herein festgelegt ist, sondern vom Verlauf der Beobachtungen abhängt. Man entscheidet sich, sobald die Beobachtungen eine der Möglichkeiten nahe legen.
Seien $0 < A < 1 < B$ zunächst gegeben. Wir werden A und B später geeignet wählen. Wir definieren die Markov-Zeit $\tau = \inf\{n \geq 1: X_n < A \text{ oder } X_n > B\}$. Da $X_n \to 0$ P_0-f.s. und $X_n \to \infty$ P_1-f.s. für $n \to \infty$ konvergiert, ist τ eine Stoppzeit unter P_0 und P_1.
Im Fall $X_\tau < A$ entscheidet man sich für P_0 und im Fall $X_\tau > B$ für P_1. Die Irrtumswahrscheinlichkeiten sind gegeben durch $\alpha = P_0(X_\tau > B)$ und $\beta = P_1(X_\tau < A)$. Wir wollen α und β durch die gegebenen Werte von A und B abschätzen, um dann umgekehrt A und B zu gegebenen Werten von α und β zu bestimmen.
Dazu zerlegen wir $\alpha = P_0(X_\tau > B)$ nach den Werten von τ und erhalten

$$P_0(X_\tau > B) = \sum_{n=1}^{\infty} P_0(\tau = n, X_n > B).$$

Da $\mu_0 = \frac{f_0}{f_1}\mu_1$ ist, hat P_0 auf $\mathcal{A}_n$ die Dichte X_n^{-1} bzgl. P_1. Es folgt

$$\begin{aligned}\sum_{n=1}^{\infty} P_0(\tau = n, X_n > B) &= \sum_{n=1}^{\infty} \int\limits_{\{\tau=n, X_n > B\}} X_n^{-1}\, \mathrm{d}P_1 \\ &= \int\limits_{\{X_\tau > B\}} X_\tau^{-1}\, \mathrm{d}P_1 \leq B^{-1} P_1(X_\tau > B) = B^{-1}(1-\beta)\end{aligned}$$

also $\alpha \leq B^{-1}(1-\beta)$.
Die Ungleichung kommt nur von dem Überschuss von X_τ über die Grenze B.
Analog folgt $\beta \leq A(1-\alpha)$.
Vernachlässigt man den Überschuss von X_τ über die Grenzen A und B, so gilt näherungsweise Gleichheit. Löst man sie nach α und β auf, so erhält man $\alpha \approx \frac{1-A}{B-A}, \beta \approx \frac{A(B-1)}{B-A}$. Zu gegebenen Werten von α und β kann man A und B bestimmen, die diese Beziehung erfüllen.

2. Die Radon-Nikodym Ableitung
Wie in Kap. 11 behandeln wir auch verwandte Probleme. Wir schließen an Beispiel 4 aus Abschn. 14.1 an und setzen insbesondere $\nu|_{\mathcal{A}_n} \ll P|_{\mathcal{A}_n}$ mit Dichte X_n für alle $n \geq 0$ voraus. Zusätzlich nehmen wir an, dass die σ-Algebren $\mathcal{A}_n (n \geq 0) \mathcal{A}$ erzeugen und beweisen:

▸ **Satz 14.32** Sei $(\mathcal{A}_n)_{n\geq 0}$ eine aufsteigende Folge von σ-Algebren mit $\mathcal{A} = \sigma(\cup_{n\geq 0} \mathcal{A}_n)$. Dann existiert $\lim_{n\to\infty} X_n = X$ P-f.s. mit $EX < \infty$. Speziell gilt:

1. Im Fall $\nu \ll P$ ist $X = \frac{\mathrm{d}\nu}{\mathrm{d}P}$ P-f.s.
2. Im Fall $\nu \perp P$ ist $X = 0$ P-f.s.

Anmerkung: Zerlegt man ein beliebiges endliches Maß ν mit der Lebesgue-Zerlegung in den absolut stetigen Teil ν_a und den singulären Teil ν_s bzgl. P, so folgt durch Anwendung von 1 bzw. 2 auf ν_a bzw. ν_s, dass $X = \frac{d\nu_a}{dP}$ ist.

Beweis: Da $X_n \geq 0$ für $n \geq 0$ ist, ist $E|X_n| = EX_n = \int X_n \, dP = \nu(\Omega) < \infty$. Die Voraussetzungen des 1. Konvergenzsatzes sind damit erfüllt, und es konvergiert X_n P-f.s. für $n \to \infty$ gegen eine Zufallsvariable X mit $EX < \infty$.

1. Wir zeigen, dass im Fall $\nu \ll P$ die Folge $\{X_n, n \geq 0\}$ gleichmäßig P-integrierbar ist. Nach Definition von X_n ist $\int_{\{X_n \geq c\}} X_n \, dP = \nu(X_n \geq c)$.
Nach Satz 12.22 existiert zu $\varepsilon > 0$ ein $\delta > 0$, so dass $\nu(A) \leq \varepsilon$ für alle $A \in \mathcal{A}$ mit $P(A) \leq \delta$ ist.
Sei $c = \frac{\nu(\Omega)}{\delta}$. Für $n \geq 0$ ist $P(X_n \geq c) \leq \frac{EX_n}{c} = \frac{\nu(\Omega)}{c} = \delta$ und damit $\int_{\{X_n \geq c\}} X_n \, dP = \nu(X_n \geq c) \leq \varepsilon$.
Daher ist $(X_n, n \geq 0\}$ gleichmäßig P-integrierbar, und nach dem 2. Konvergenzsatz ist $(X_n, \mathcal{A}_n)_{0 \leq n \leq \infty}$ ein Martingal. Da $X_\infty = X$ und $\mathcal{A}_\infty = \mathcal{A}$ ist, folgt $\nu(A) = \int_A X_n \, dP = \int_A X \, dP$ für $n \geq 0$. Damit ist $\nu(A) = \int_A X \, dP$ für alle $A \in \cup_{n=0}^{\infty} \mathcal{A}_n$ und damit auch für $A \in \mathcal{A}$.
2. Nach Voraussetzung existiert eine Menge $N \in \mathcal{A}$ mit $\nu(N) = 0$ und $P(N^c) = 0$.
Für $A \in \mathcal{A}$ ist nach dem Lemma von Fatou $\int_A X \, dP = \int_A \lim_{n\to\infty} X_n \, dP \leq \liminf_{n\to\infty} \int_A X \, dP$.
Für $A \in \mathcal{A}_n$ für ein $n \geq 0$ ist $\nu(A) = \int_A X_m \, dP$ für $m \geq n$. Es folgt $\int_A X \, dP \leq \nu(A)$ für $A \in \cup_{n=0}^{\infty} \mathcal{A}_n$ und damit für $A \in \mathcal{A}$. Speziell für $A = N$ ist $\int X \, dP = \int_N X \, dP + \int_{N^c} X \, dP = \int_N X \, dP \leq \nu(N) = 0$, und es folgt $X = 0$ P-f.s.

Anwendung: Im Fall $\nu \ll P$ folgt damit aus der Existenz der Dichten X_n für alle n die Existenz der Dichte X. Wir geben dazu ein Beispiel.

Sei $\Omega = (0,1]$ und P das Lebesgue-Maß auf $(0,1]$. Seien ferner $\mathcal{A}_n = \sigma\big((\frac{k}{2^n}, \frac{k+1}{2^n}]; 0 \leq k \leq 2^n\big)$ $(n \geq 0)$. $(\mathcal{A}_n)_{n\geq 0}$ ist aufsteigend mit $\sigma(\cup_{n\geq 0} \mathcal{A}_n) = \mathcal{B}((0,1])$.

Für ein beliebiges endliches Maß ν auf $\mathcal{B}((0,1])$ ist $\nu|_{\mathcal{A}_n} \ll P|_{\mathcal{A}_n}$ für alle $n \geq 0$. Denn $\emptyset$ ist die einzige P-Nullmenge in jeder σ-Algebra $\mathcal{A}_n$. Die Dichten X_n lassen sich, wie in Beispiel 4 angegeben, explizit angeben.

Daher existiert im Fall $\nu \ll P$ eine Dichte $X = \frac{d\nu}{dP}$.

Dieses Beispiel lässt sich auf Wahrscheinlichkeitsmaße auf abzählbar erzeugten σ-Algebren übertragen. Den allgemeinen Fall werden wir mit Martingalen mit allgemeiner Zeitmenge behandeln.

Martingale mit negativer Zeit Wir werden diese Konvergenzsätze für diskrete Zeitmengen auch auf Submartingale mit reellwertigen Zeiten anwenden auf wachsende Folgen $t_n \uparrow t < \infty$ oder $t_n \uparrow \infty$ von Zeiten. Für entsprechende fallende Folgen von Zeiten benötigt man Submartingale mit negativen Zeiten. Auch in anderen Situationen braucht man Konvergenz für fallende Zeiten, wie wir am Beispiel eines neuen Beweises des starken Gesetzes der großen Zahlen sehen werden.

Analog zu nichtnegativen Zeiten ist ein Submartingal mit negativen Zeiten ein adaptierter stochastischer Prozess $(X_n, \mathcal{A}_n)_{n \le 0}$ mit $EX_n^+ < \infty$ für alle $n \le 0$ und $E(X_m|\mathcal{A}_n) \ge X_n$ f.s. für $n \le m \le 0$, wobei $(\mathcal{A}_n)_{n \le 0}$ aufsteigend in n ist (s. Anmerkung vor Definition 14.1). Analog sind Supermartingale und Martingale $(X_n, \mathcal{A}_n)_{n \le 0}$ definiert.

▸ **3. Konvergenzsatz 14.33** Sei $(X_n, \mathcal{A}_n)_{n \le 0}$ ein Submartingal. Dann existiert eine Zufallsvariable $X_{-\infty}$ in $\mathbb{R} \cup \{-\infty\}$ mit $EX_{-\infty}^+ < \infty$, so dass $X_n \to X_{-\infty}$ f.s. für $n \to -\infty$ konvergiert.

$(X_n, \mathcal{A}_n)_{-\infty \le n \le 0}$ mit $\mathcal{A}_{-\infty} = \bigcap_{n \le 0} \mathcal{A}_n$ ist ein Submartingal. $(X_n)_{-\infty \le n \le 0}$ ist genau dann gleichmäßig integrierbar, wenn $\inf_{n \le 0} EX_n > -\infty$ ist. In diesem Fall konvergiert $X_n \to X_{-\infty}$ auch in L^1.

Anmerkung: Da in diesem Fall die maximale Zeit 0 existiert, benötigt man für die fast sichere Konvergenz und den Abschluss bei $-\infty$ keine zusätzliche Voraussetzung.

Beweis: Die fast sichere Konvergenz beweist man wieder mit der upcrossing-Ungleichung, in diesem Fall für $u_N^{\uparrow}(X_N, \ldots, X_0; a, b)$ für $N \le 0$. Sie liefert $Eu_N^{\uparrow}(X_N, \ldots, X_0; a, b) \le \frac{E[(X_0-a)^+]}{b-a}$.

Hieraus folgt die fast sichere Konvergenz wie im 1. Konvergenzsatz. Da $E(X_n)^+ \le E(X_0)^+$ für $n \le 0$ ist, ist nach dem Lemma von Fatou $EX_{-\infty}^+ = E(\lim_{n\to-\infty} X_n^+) \le \liminf_{n\to-\infty} EX_n^+ \le EX_0^+ < \infty$.

Für jedes $n \le 0$ hängt der Grenzwert $X_{-\infty} = \lim_{n\to-\infty} X_n$ nur von den Zufallsvariablen X_m mit $m \le n$ ab. Damit ist $X_{-\infty}$ $\mathcal{A}_n$-messbar für alle $n \le 0$, also $\mathcal{A}_{-\infty}$-messbar.

Für $a \in \mathbb{R}$ sei $X_n^a = \sup(X_n, a)$ $(n \le 0)$. $(X_n^a, \mathcal{A}_n)_{n \le 0}$ ist ein Submartingal.

Sei $A \in \mathcal{A}_{-\infty}$ und $n \le 0$. Für $m \le n$ ist $\int_A X_m^a \,\mathrm{d}P \le \int_A X_n^a \,\mathrm{d}P$.

Da $X_n^a \ge a$ ist, können wir das Lemma von Fatou in der Form 4.25.1 anwenden. Für alle $n \le 0$ folgt $\int_A X_{-\infty}^a \,\mathrm{d}P = \int_A \lim_{m\to-\infty} X_m^a \,\mathrm{d}P \le \liminf_{m\to-\infty} \int_A X_m^a \,\mathrm{d}P \le \int_A X_n^a \,\mathrm{d}P$.

Schließlich lassen wir $a \to -\infty$ gehen. Für jedes $n \le 0$ fällt $X_n^a \downarrow X_n$ monoton mit der Majorante $X_n^a \le X_n^+$ für $a \le 0$ mit $EX_n^+ < \infty$. Daher konvergiert $\int_A X_n^a \,\mathrm{d}P \to \int_A X_n \,\mathrm{d}P$ und analog $\int_A X_{-\infty}^a \,\mathrm{d}P \to \int_A X_{-\infty} \,\mathrm{d}P$ für $a \to -\infty$. Es folgt $\int_A X_{-\infty} \,\mathrm{d}P \le \int_A X_n \,\mathrm{d}P$ für $A \in \mathcal{A}_{-\infty}$ und $n \le 0$ und damit $E(X_n|\mathcal{A}_{-\infty}) \ge X_{-\infty}$ f.s.

Die Bedingung $\inf_{n \le 0} EX_n > -\infty$ ist offensichtlich notwendig für die gleichmäßige Integrierbarkeit.

Wir nehmen nun an, dass sie erfüllt sei. Insbesondere hat jede Zufallsvariable X_n $(n \le 0)$ einen endlichen Erwartungswert.

Da EX_n monoton wachsend ist, existiert zu $\varepsilon > 0$ ein $n_0 \le 0$ mit $EX_n \ge EX_{n_0} - \frac{\varepsilon}{2}$ für $n \le n_0$. Für $n \le n_0$ und $c > 0$ folgt mit der Submartingalungleichung

$$\int\limits_{\{|X_n| \ge c\}} |X_n| \,\mathrm{d}P = \int\limits_{\{X_n \ge c\}} X_n \,\mathrm{d}P - \int\limits_{\{X_n \le -c\}} X_n \,\mathrm{d}P = \int\limits_{\{X_n \ge c\}} X_n \,\mathrm{d}P - EX_n + \int\limits_{\{X_n > -c\}} X_n \,\mathrm{d}P$$

$$\le -EX_{n_0} + \frac{\varepsilon}{2} + \int_{\{X_n \ge c\}} X_{n_0} \,\mathrm{d}P + \int_{\{X_n > -c\}} X_{n_0} \,\mathrm{d}P = \frac{\varepsilon}{2} + \int_{\{X_n \ge c\}} X_{n_0} \,\mathrm{d}P - \int_{\{X_n \le -c\}} X_{n_0} \,\mathrm{d}P$$

$$\le \frac{\varepsilon}{2} + \int_{\{|X_n| \ge c\}} |X_{n_0}| \,\mathrm{d}P\,.$$

Wir zeigen, dass $\int_{\{|X_n|\ge c\}} |X_{n_0}|\,\mathrm{d}P \to 0$ für $c \to \infty$ gleichmäßig in $n \le n_0$ konvergiert.

Für $n \le 0$ ist $E|X_n| = E(2X_n^+ - X_n) \le 2EX_0^+ - EX_n$ nach Voraussetzung beschränkt. Es folgt, dass $P(|X_n| \ge c) \le \frac{E|X_n|}{c} \to 0$ für $c \to \infty$ gleichmäßig in n konvergiert. Da X_{n_0} integrierbar ist, folgt aus Eigenschaft 2 des Kriteriums 4.28 für gleichmäßige Integrierbarkeit, dass $\int_{\{|X_n|\ge c\}} |X_{n_0}|\,\mathrm{d}P \to 0$ für $c \to \infty$ gleichmäßig in $n \le n_0$ konvergiert. Daher existiert ein $c_0 > 0$ mit $\int_{\{|X_n|\ge c_0\}} |X_{n_0}|\,\mathrm{d}P \le \frac{\varepsilon}{2}$ und damit $\int_{\{|X_n|\ge c_0\}} |X_n|\,\mathrm{d}P \le \varepsilon$ für $n \le n_0$. Da die endliche Menge $\{X_{n_0+1}, \ldots, X_0\}$ gleichmäßig integrierbar ist, existiert ein $c \ge c_0$ mit $\int_{\{|X_n|\ge c\}} |X_n|\,\mathrm{d}P \le \varepsilon$ für alle $n \le 0$.

Aus der gleichmäßigen Integrierbarkeit folgt die L^1-Konvergenz.

Häufig treten Submartingale mit negativer Zeit über ihre zeitlich gespiegelte Form auf. Man erhält sie, indem man $n \le 0$ durch $-n \ge 0$ ersetzt. Für einen beliebigen adaptierten Prozess $(X_n, \mathcal{A}_n)_{n\le 0}$ sei $\mathcal{B}_n = \mathcal{A}_{-n}$ und $Y_n = X_{-n}$ für $n \ge 0$. Die Folge der σ-Algebren $(\mathcal{B}_n)_{n\ge 0}$ ist absteigend in n, und Y_n ist $\mathcal{B}_n$-messbar für alle $n \ge 0$. Ein adaptierter Prozess $(X_n, \mathcal{A}_n)_{n\le 0}$ ist genau dann ein Submartingal, wenn $EY_n^+ < \infty$ für $n \ge 0$ und $E(Y_m|\mathcal{B}_n) \ge Y_n$ f.s. für $0 \le m \le n$ ist. Ein stochastischer Prozess $(Y_n, \mathcal{B}_n)_{n\ge 0}$ mit diesen Eigenschaften heißt ein inverses Submartingal oder Rückwärts-Submartingal. Analog sind inverse Supermartingale und Martingale definiert.

Beispiele

1. Sei $(\mathcal{B}_n)_{n\ge 0}$ eine absteigende Folge von σ-Algebren und X eine Zufallsvariable mit $E|X| < \infty$. Für $n \le 0$ sei $\mathcal{A}_n = \mathcal{B}_{-n}$ und $X_n = E(X|\mathcal{A}_n)$. Wie für nichtnegative Zeiten zeigt man, dass $(X_n, \mathcal{A}_n)_{n\le 0}$ ein gleichmäßig integrierbares Martingal ist. In diesem Fall ist jedes Martingal von dieser Form und daher gleichmäßig integrierbar, da die maximale Zeit 0 existiert und aus der Martingalgleichung folgt, dass $X_n = E(X_0|\mathcal{A}_n)$ für $n \le 0$ ist.
2. Seien $(Y_n)_{n\ge 1}$ unabhängige, identisch verteilte Zufallsvariable mit endlichem Erwartungswert.
   Für $n \ge 1$ sei $S_n = \sum_{i=1}^n Y_i$ und $\mathcal{B}_n = \sigma(S_m, m \ge n)$. Aus Symmetriegründen ist $E(Y_1|\mathcal{B}_n) = E(Y_i|\mathcal{B}_n)$ f.s. für $1 \le i \le n$, und es folgt $n \cdot E(Y_1|\mathcal{B}_n) = \sum_{i=1}^n E(Y_i|\mathcal{B}_n) = E(S_n|\mathcal{B}_n) = S_n$.
   Daher ist $\frac{S_n}{n} = E(Y_1|\mathcal{B}_n)$.
   Setzen wir $\mathcal{A}_n = \mathcal{B}_{-n}$ und $X_{-n} = \frac{S_n}{n}$ für $n \ge 1$, so ist $(X_n, \mathcal{A}_n)_{n\le -1}$ von der Form von Beispiel 1 und daher ein gleichmäßig integrierbares Martingal.

Als Anwendungen des 3. Konvergenzsatzes beweisen wir den 2. Satz von Paul Lévy, die absteigende Variante des 1. Satzes, und das starke Gesetz der großen Zahlen 6.1 mit einem neuen Beweis, wobei wir außer der fast sicheren auch die Konvergenz in L^1 beweisen werden.

▸ **2. Satz von Paul Lévy 14.34** Sei $(\mathcal{B}_n)_{n\geq 0}$ eine absteigende Folge von σ-Algebren mit $\mathcal{B}_n \downarrow \mathcal{B}$ für $n \to \infty$ und X eine Zufallsvariable mit $E|X| < \infty$. Dann konvergiert $E(X|\mathcal{B}_n) \to E(X|\mathcal{B})$ f.s. und in L^1 für $n \to \infty$.

Beweis: Für $n \leq 0$ sei $X_n = E(X|\mathcal{B}_{-n})$. Nach Beispiel 1 ist $(X_n, \mathcal{B}_{-n})_{n\leq 0}$ ein gleichmäßig integrierbares Martingal. Daher konvergiert $X_n \to X_{-\infty}$ für $n \to \infty$ f.s. und in L^1. Wir zeigen, dass $X_{-\infty}$ die definierenden Eigenschaften von $E(X|\mathcal{B})$ erfüllt.

Da $\mathcal{B} = \mathcal{B}_{-\infty}$ ist, haben wir die $\mathcal{B}$-Messbarkeit bereits bewiesen.

Sei $A \in \mathcal{B}$. Dann ist $A \in \mathcal{B}_{-n}$ für alle $n \leq 0$, und aus der Definition von X_n folgt $\int_A X_n \,\mathrm{d}P = \int_A X \,\mathrm{d}P$.

Da auch $(X_n, \mathcal{B}_{-n})_{-\infty\leq n\leq 0}$ ein Martingal ist, ist $\int_A X_n \,\mathrm{d}P = \int_A X_{-\infty} \,\mathrm{d}P$.

Daher ist $\int_A X \,\mathrm{d}P = \int_A X_{-\infty} \,\mathrm{d}P$ für alle $A \in \mathcal{B}$.

Anwendung: Starkes Gesetz der großen Zahlen 6.1.

Beweis: Wir schließen an das obige Beispiel 2 an.

Sei $EY_n = \mu$. Da $(X_n, \mathcal{A}_n)_{n\leq -1}$ ein gleichmäßig integrierbares Martingal ist, konvergiert $X_n \to X_{-\infty}$ f.s. und in L^1 für $n \to \infty$. Aus $EX_n = \mu$ für $n \leq -1$ folgt $EX_{-\infty} = \mu$.

Wir zeigen, dass $X_{-\infty}$ $\cap_{n\geq 1} \sigma(Y_k, k \geq n)$-messbar ist.

Sei $n \geq 1$ fest. Für $m \geq n-1$ ist $\frac{S_m}{m} = \frac{S_{n-1}}{m} + \frac{S_m - S_{n-1}}{m}$. Für $m \to \infty$ konvergiert $\frac{S_{n-1}}{m} \to 0$ und daher $\frac{S_m - S_{n-1}}{m} \to X_{-\infty}$ f.s. und in L^1. Da $\frac{S_m - S_{n-1}}{m}$ $\sigma(Y_k, k \geq n)$-messbar ist, ist $X_{-\infty}$ $\sigma(Y_k, k \geq n)$-messbar. Nach dem 0-1-Gesetz folgt, dass $X_{-\infty}$ f.s. konstant ist. Da $EX_{-\infty} = \mu$ ist, ist $X_{-\infty} = \mu$ f.s. Damit konvergiert $\frac{S_n}{n} \to \mu$ f.s. und in L^1 für $n \to -\infty$.

14.4 Martingale mit allgemeiner Zeitmenge

Die meisten Beispiele von Martingalen bzw. Sub- oder Supermartingalen mit allgemeiner Zeitmenge sind stochastische Prozesse $(X_t, \mathcal{A}_t)_{t\in I}$ mit einem Intervall $I \subset \mathbb{R}$ als Zeitmenge. Es sind aber auch (Sub-, Super-) Martingale mit allgemeineren Indexmengen $\mathcal{T}$ von Bedeutung. Zur Definition der Martingaleigenschaft benötigt man eine Ordnung $\leq$ auf $\mathcal{T}$. Sie muss nicht notwendig total sein.

Die Begriffe der Filtrierung und Adaptiertheit von stochastischen Prozessen lassen sich auf Prozesse mit einer geordneten Indexmenge übertragen.

▸ **Definition 14.35** Sei $(\Omega, \mathcal{A})$ ein messbarer Raum und $(\mathcal{T}, \leq)$ eine geordnete Menge.

1. Eine *Filtrierung* $(\mathcal{A}_t)_{t\in\mathcal{T}}$ in $(\Omega, \mathcal{A})$ ist eine monoton wachsende Familie von Unter-σ-Algebren von $\mathcal{A}$ d. h. für $s, t \in \mathcal{T}$ mit $s \leq t$ ist $\mathcal{A}_s \subset \mathcal{A}_t$.
2. Ein stochastischer Prozess $(X_t)_{t\in\mathcal{T}}$ heißt *adaptiert* an eine Filtrierung $(\mathcal{A}_t)_{t\in\mathcal{T}}$, wenn X_t $\mathcal{A}_t$-messbar für alle $t \in \mathcal{T}$ ist. In diesem Fall heißt $(X_t, \mathcal{A}_t)_{t\in\mathcal{T}}$ ein *adaptierter stochastischer Prozess.*

Wie für diskrete Zeiten ist ein stochastischer Prozess $(X_t)_{t\in\mathcal{T}}$ adaptiert an die durch den Prozess erzeugte Filtrierung $(\sigma(X_s, s \leq t))_{t\in\mathcal{T}}$, und diese ist die kleinste Filtrierung, an die $(X_t)_{t\in\mathcal{T}}$ adaptiert ist.

Zur Definition eines Submartingals mit einer beliebigen geordneten Zeitmenge können wir nicht mehr wie im diskreten Fall die Zeit um 1 vergrößern, sondern müssen die im diskreten Fall nach Satz 14.4 äquivalente Eigenschaft für zwei beliebige vergleichbare Zeiten verlangen. Der Einfachheit halber definieren wir Supermartingale und Martingale jetzt über Submartingale.

▸ **Definition 14.36** Sei $(\mathcal{T}, \leq)$ eine geordnete Menge. Ein adaptierter stochastischer Prozess $(X_t, \mathcal{A}_t)_{t\in\mathcal{T}}$ heißt

1. ein *Submartingal* wenn gilt:
   i) $EX_t^+ < \infty$ für alle $t \in \mathcal{T}$
   ii) $E(X_t|\mathcal{A}_s) \geq X_s$ f.s. für alle $s, t \in \mathcal{T}$ mit $s \leq t$
2. ein *Supermartingal*, wenn $(-X_t, \mathcal{A}_t)_{t\in\mathcal{T}}$ ein Submartingal ist.
3. ein *Martingal*, wenn $(X_t, \mathcal{A}_t)_{t\in\mathcal{T}}$ ein Submartingal und ein Supermartingal ist.

$(X_t)_{t\in\mathcal{T}}$ heißt ein (Sub-, Super-)Martingal, wenn $(X_t, \mathcal{A}_t)_{t\in\mathcal{T}}$ mit $\mathcal{A}_t = \sigma(X_s, s \leq t)$ ein (Sub-, Super-) Martingal ist.

Beispiele

1. Sei $(X_t)_{t\geq 0}$ die Brown'sche Bewegung und $\mathcal{A}_t = \sigma(X_s, s \leq t)$ für $t \geq 0$. Wir zeigen, dass $(X_t, \mathcal{A}_t)_{t\geq 0}$ und $(X_t^2 - t, \mathcal{A}_t)_{t\geq 0}$ Martingale sind.
   Da die Zufallsvariablen X_t normalverteilt sind, ist in beiden Fällen die Integrierbarkeit klar.
   Für $0 \leq s \leq t$ ist $E(X_t|\mathcal{A}_s) = E(X_s|\mathcal{A}_s) + E(X_t - X_s|(\mathcal{A}_s)$.
   Da X_s $\mathcal{A}_s$-messbar und $X_t - X_s$ unabhängig von $\mathcal{A}_s$ ist, ist $E(X_t|\mathcal{A}_s) = X_s + E(X_t - X_s) = X_s$.
   Im zweiten Fall stellen wir $E(X_t^2|\mathcal{A}_s)$ für $0 \leq s \leq t$ ähnlich mit Hilfe der Zuwächse dar als

$$\begin{aligned} E(X_t^2|\mathcal{A}_s) &= E((X_s + X_t - X_s)^2|\mathcal{A}_s) \\ &= E(X_s^2|\mathcal{A}_s) + 2E(X_s(X_t - X_s)|\mathcal{A}_s) + E((X_t - X_s)^2|\mathcal{A}_s)\,. \end{aligned}$$

Wir bestimmen die einzelnen Terme. Es sind

$$\begin{aligned}
E(X_s^2|\mathcal{A}_s) &= X_s^2 \\
2E(X_s(X_t - X_s)|\mathcal{A}_s) &= 2X_s E((X_t - X_s)|\mathcal{A}_s) = 0 \\
E((X_t - X_s)^2|\mathcal{A}_s) &= E((X_t - X_s)^2) = t - s\,.
\end{aligned}$$

Damit ist $E(X_t^2|\mathcal{A}_s) = X_s^2 + t - s$ und es folgt, dass $(X_t^2 - t, \mathcal{A}_t)_{t\geq 0}$ ein Martingal ist.

2. Sei $(N_t)_{t\geq 0}$ ein Poisson-Prozess mit Parameter $\lambda > 0$ und $\mathcal{A}_t = \sigma(N_s - \lambda s, s \leq t) = \sigma(N_s, s \leq t)$ für $t \geq 0$. Die Integrierbarkeit ist wieder klar. Wie die Brown'sche Bewegung ist der Poisson-Prozess ein Prozess mit unabhängigen Zuwächsen, und für $0 \leq s \leq t$ folgt

$$E(N_t|\mathcal{A}_s) = E(N_s|\mathcal{A}_s) + E(N_t - N_s|\mathcal{A}_s) = N_s + E(N_t - N_s) = N_s + \lambda(t - s)\,.$$

$(N_t - \lambda t)_{t\geq 0}$ ist daher ein Martingal.

Wir übertragen nun die Eigenschaften von Submartingalen mit diskreter Zeit auf den allgemeinen Fall. Die elementaren Eigenschaften aus 14.1 betreffen jeweils nur zwei Zeiten und folgen daher genauso.

Bzgl. der Konvergenzsätze beginnen wir mit der L^1-Konvergenz, da sie metrisierbar ist und daher, wie wir sehen werden, auf die Konvergenz von Folgen zurückgeführt werden kann. Die fast sichere Konvergenz gilt dagegen nur entlang von Folgen. Für die eigentliche fast sichere Konvergenz benötigt man reguläre Pfade. Wir kommen später darauf zurück (s. Satz 14.50).

Die L^1-Konvergenz werden wir nicht nur für die Fälle von Intervallen $\mathcal{T} = \mathbb{I} \subset \mathbb{R}$ und $t \to \infty$ oder $t \uparrow t_0$ ($t \in \mathbb{R}$) beweisen. Denn wir werden sie auch für allgemeinere Ordnungen benötigen. Wir brauchen dazu den Begriff der Konvergenz von Netzen aus der Analysis, der die Konvergenz von Folgen verallgemeinert. Wir behandeln soweit notwendig kurz ihre Theorie.

Ein Netz ist eine Abbildung von einer geordneten Menge in einen metrischen Raum. Wie bei der Konvergenz von Folgen bedeutet die Konvergenz von Netzen anschaulich, dass das Netz an genügend großen Stellen beliebig nahe an dem Grenzwert ist. Dabei bedeutet „genügend groß" wie bei Folgen größer als eine geeignete Stelle. Um z. B. zum Beweis der Eindeutigkeit des Grenzwerts das Netz an zwei Stellen vergleichen zu können, benötigt man ein Element, das größer als beide ist. Die Ordnung muss daher die folgende Eigenschaft haben.

▸ **Definition 14.37** Eine Ordnung $\leq$ auf $\mathcal{T}$ heißt *gerichtet*, wenn zu jeden $s, t \in \mathcal{T}$ ein $u \in \mathcal{T}$ mit $s \leq u$ und $t \leq u$ existiert.

Speziell ist jede totale Ordnung gerichtet, z. B. die Ordnung auf Teilmengen von reellen Zahlen. Die folgenden Beispiele sind nicht totale, gerichtete Ordnungen.

Beispiele

1. Sei $\mathcal{T} \subset \mathcal{P}(M)$ eine Algebra in einer beliebigen nichtleeren Menge M mit der Ordnung $\subset$. Sie ist gerichtet. Denn zu $A, B \subset M$ ist $A \subset C$ und $B \subset C$ z. B. für $C = A \cup B$.
2. Die folgende Ordnung werden wir beim Beweis des Satzes von Radon-Nikodym mit Martingalmethoden benutzen.
   Sei $(\Omega, \mathcal{A})$ ein Maßraum. $\mathcal{T}$ bestehe aus allen Zerlegungen $\mathcal{Z} = \{A_1, \ldots, A_n\}$ von Ω in paarweise disjunkte Mengen $A_1, \ldots, A_n \in \mathcal{A}$. Auf $\mathcal{T}$ definieren wir die Ordnung $\mathcal{Z} \leq \mathcal{Z}'$, wenn Z' eine Verfeinerung von $\mathcal{Z}$ ist.
   Dass $\leq$ eine Ordnung ist, ist leicht zu zeigen. Sie ist gerichtet. Denn zu Zerlegungen $\mathcal{Z}, \mathcal{Z}' \in \mathcal{T}$ erfüllt die gemeinsame Verfeinerung $\mathcal{Z}''$, die aus allen Durchschnitten von Mengen aus $\mathcal{Z}$ und $\mathcal{Z}'$ besteht, die Eigenschaften $\mathcal{Z} \leq \mathcal{Z}''$ und $\mathcal{Z}' \leq Z''$. Einer Zerlegung $\mathcal{Z} = \{A_1, \ldots, A_n\} \in \mathcal{T}$ ordnen wir die σ-Algebra $\mathcal{A}_{\mathcal{Z}} = \sigma(A_1, \ldots, A_n)$ zu. Es ist $\mathcal{Z} \leq \mathcal{Z}'$ genau dann, wenn $\mathcal{A}_{\mathcal{Z}} \subset \mathcal{A}_{\mathcal{Z}'}$ ist.

Nach dieser Vorbereitung kommen wir zur Konvergenz von Netzen.

▸ **Definition 14.38** Sei (E, ρ) ein metrischer Raum und $(\mathcal{T}, \leq)$ eine geordnete Menge mit einer gerichteten Ordnung.

1. Ein *Netz* x in E ist eine Abbildung $x\colon \mathcal{T} \to E$.
2. Ein Netz x in E *konvergiert* gegen $\xi \in E$, wenn es zu jedem $\varepsilon > 0$ ein $t_0 \in \mathcal{T}$ gibt, so dass $\rho(x(t), \xi) \leq \varepsilon$ für alle $t \in \mathcal{T}$ mit $t \geq t_0$, d. h. $t_0 \leq t$, ist. ξ heißt der *Grenzwert* von x.

Wie für Folgen bezeichnet man die Konvergenz von x gegen ξ, mit $x \to \xi$. Die Bezeichnung „der Grenzwert" ist gerechtfertigt durch den folgenden Satz.

▸ **Satz 14.39** Der Grenzwert eines konvergenten Netzes ist eindeutig.

Beweis: Das Netz x konvergiere gegen ξ_1 und ξ_2. Zu $\varepsilon > 0$ existieren $t_1, t_2 \in \mathcal{T}$ mit $\rho(x(t), \xi_i) \leq \varepsilon$ für $t \geq t_i$ $(i = 1, 2)$. Da die Ordnung gerichtet ist, existiert ein $t \in \mathcal{T}$ mit $t \geq t_1$ und $t \geq t_2$. Für dieses t ist $\rho(\xi_1, \xi_2) \leq \rho(\xi_1, x(t)) + \rho(x(t), \xi_2) \leq 2\varepsilon$.

Damit ist $\rho(\xi_1, \xi_2) \leq 2\varepsilon$ für alle $\varepsilon > 0$, also $\rho(\xi_1, \xi_2) = 0$ und daher $\xi_1 = \xi_2$.

Dieser Beweis ist ein typisches Beispiel für die Notwendigkeit, dass die Ordnung gerichtet ist. Zum Vergleich eines Netzes an zwei Stellen „verknüpft" man diese mit dem Wert an einer Stelle, die größer als beide ist.

Auch der Begriff der Cauchy-Folge lässt sich auf Netze übertragen. Vollständigkeit ist über Folgen definiert. Es zeigt sich jedoch, dass auch jedes Cauchy-Netz in einem vollständigen Raum (E, ρ) konvergiert.

▸ **Definition 14.40** Ein Netz $x\colon \mathcal{T} \to E$ in E heißt ein *Cauchy-Netz*, wenn es zu jedem $\varepsilon > 0$ ein $t_0 \in \mathcal{T}$ gibt, so dass $\rho(x(s), x(t)) \leq \varepsilon$ für $s, t \geq t_0$ ist.

Wie für Folgen beweist man leicht:

▸ **Satz 14.41** Jedes konvergente Netz ist ein Cauchy-Netz.

Wir beweisen jetzt die obige Behauptung.

▸ **Satz 14.42** Sei (E,ρ) vollständig. Dann konvergiert jedes Cauchy-Netz in E.

Beweis: Zu jedem $n \geq 1$ existiert ein $t_n \in \mathcal{T}$ mit $\rho(x(s),x(t)) \leq \frac{1}{n}$ für $s,t \geq t_n$. Da die Ordnung gerichtet ist, können wir durch evtl. Vergrößerung erreichen, dass $t_{n+1} \geq t_n$ für alle $n \geq 1$ ist. Dann ist $(x(t_n))_{n\geq1}$ eine Cauchy-Folge, und es existiert ein $\xi \in E$ mit $x(t_n) \to \xi$ für $n \to \infty$. Wir zeigen, dass $x \to \xi$ konvergiert. Angenommen, x konvergiere nicht gegen ξ. Dann existiert ein $\varepsilon_0 > 0$ mit der Eigenschaft, dass es zu jedem $t_0 \in \mathcal{T}$ ein $t \geq t_0$ mit $\rho(x(t),\xi) > \varepsilon_0$ gibt. Daher existiert für jedes $n \geq 1$ zu t_n ein $s_n \in \mathcal{T}$ mit $s_n \geq t_n$ und $\rho(x(s_n),\xi) > \varepsilon_0$. Es folgt

$$0 < \varepsilon_0 < \rho(x(s_n),\xi) \leq \rho(x(s_n),x(t_n)) + \rho(x(t_n),\xi) \leq \frac{1}{n} + \rho(x(t_n),\xi).$$

Da die rechte Seite für $n \to \infty$ gegen 0 konvergiert, ergibt sich ein Widerspruch.

In gewissen Fällen kann man die Konvergenz von Netzen auf die Konvergenz von Folgen zurückführen.

▸ **Lemma 14.43** Sei (E,ρ) vollständig und $x\colon \mathcal{T} \to E$ ein Netz mit der Eigenschaft, dass für jede wachsende Folge $(t_n)_{n\geq1}$ in $\mathcal{T}$ die Folge $(x(t_n))_{n\geq1}$ für $n \to \infty$ konvergiert. Dann konvergiert x.

Anmerkung: Dieses Kriterium ist hinreichend, aber selbst im Fall einer totalen Ordnung nicht notwendig. Man mache sich das an einem Beispiel klar.

Beweis: Wir nehmen an, dass x nicht konvergiert. Dann ist x kein Cauchy-Netz. Es existiert daher ein $\varepsilon_0 > 0$ mit der Eigenschaft, dass es zu jedem $t_0 \in \mathcal{T}$ Elemente $s,t \in \mathcal{T}$ mit $s,t \geq t_0$ und $\rho(x(s),x(t)) > \varepsilon_0$ gibt. Da dann $\rho(x(s),x(t_0)) > \frac{\varepsilon_0}{2}$ oder $\rho(x(t),x(t_0)) > \frac{\varepsilon_0}{2}$ ist, existiert zu jedem $t_0 \in \mathcal{T}$ ein $t \in \mathcal{T}$ mit $\rho(x(t),x(t_0)) > \frac{\varepsilon_0}{2}$. Rekursiv können wir so eine Folge $(t_n)_{n\geq1}$ in $\mathcal{T}$ mit $t_{n+1} \geq t_n$ und $\rho(x(t_{n+1}),x(t_n)) > \frac{\varepsilon_0}{2}$ für $n \geq 1$ konstruieren. Da die Folge $(x(t_n))_{n\geq1}$ keine Cauchy-Folge ist, ist sie nicht konvergent, und wir erhalten einen Widerspruch zur Voraussetzung.

Wir wenden Lemma 14.43 auf die L^1-Konvergenz von gleichmäßig integrierbaren Submartingalen an. Wie im Fall diskreter Zeit können wir diese nach oben abschließen. Dazu ergänzen wir $(\mathcal{T},\leq)$ durch einen Punkt $\infty \notin \mathcal{T}$, indem wir $\overline{\mathcal{T}} = \mathcal{T} \cup \{\infty\}$ setzen, und erweitern die Ordnung auf $\overline{\mathcal{T}}$ durch die Bedingung $t \leq \infty$ für alle $t \in \mathcal{T}$.

▸ **Satz 14.44** Sei $(\mathcal{T}, \leq)$ eine geordnete Menge mit einer gerichteten Ordnung und $(X_t, \mathcal{A}_t)_{t\in\mathcal{T}}$ ein gleichmäßig integrierbares Submartingal. Dann konvergiert $(X_t)_{t\in\mathcal{T}}$ in L^1 gegen eine Zufallsvariable X_∞. $(X_t, \mathcal{A}_t)_{t\in\overline{\mathcal{T}}}$ mit $\overline{\mathcal{T}} = \mathcal{T} \cup \{\infty\}$ und $\mathcal{A}_\infty = (\cup_{t\in T} \mathcal{A}_t)$ ist ein Submartingal.

Beweis: Die Konvergenz folgt mit Lemma 14.43 aus der Konvergenz von Folgen nach dem 2. Konvergenzsatz.

Zum Beweis, dass $(X_t, \mathcal{A}_t)_{t\in\overline{\mathcal{T}}}$ ein Submartingal ist, sei zunächst $(t_n)_{n\geq 1}$ eine monoton wachsende Folge in $\mathcal{T}$, für die $X_{t_n} \to X_\infty$ f.s. für $n \to \infty$ konvergiert. Wir erhalten sie z. B. mit Korollar 4.42 als Teilfolge einer monoton wachsenden Folge $(t_n)_{n\geq 1}$ mit $\|X_{t_n} - X_\infty\|_1 \leq \frac{1}{n}$, die in L^1 konvergiert. Es folgt die $\mathcal{A}_\infty$-Messbarkeit von X_∞.

Sei nun $t \in \mathcal{T}$ fest. Da die Ordnung gerichtet ist, existiert eine monoton wachsende Folge $(t_n)_{n\geq 1}$ in $\mathcal{T}$ mit $t_n \geq t$ für alle $n \geq 1$ und $X_{t_n} \to X_\infty$ in L^1 für $n \to \infty$. Aus dem Fall diskreter Zeit folgt $E(X_\infty | \mathcal{A}_t) \geq X_t$ f.s.

Anwendung: Neuer Beweis des Satzes von Radon-Nikodym Sei $(\Omega, \mathcal{A}, P)$ ein Wahrscheinlichkeitsraum und ν ein endliches Maß auf $(\Omega, \mathcal{A})$.

$\mathcal{T}$ bestehe aus allen Zerlegungen $\mathcal{Z} = \{A_1, \ldots, A_n\}$ von Ω in paarweise disjunkte Mengen $A_i \in \mathcal{A}$ $(1 \leq i \leq n)$ mit $\mathcal{A}_\mathcal{Z} = \sigma(A_1, \ldots, A_n)$ (s. Beispiel 2 von Ordnungen). Einer Zerlegung $\mathcal{Z} = (A_1, \ldots, A_n)$ ordnen wir die Zufallsvariable $X_\mathcal{Z}(\omega) = \frac{\nu(A_i)}{P(A_i)}$ für $\omega \in A_i$ mit $P(A_i) > 0$ und $X_\mathcal{Z}(\omega) = 0$ für $\omega \in A_i$ mit $P(A_i) = 0$ zu. $(X_\mathcal{Z}, \mathcal{A}_\mathcal{Z})_{\mathcal{Z}\in\mathcal{T}}$ ist ein adaptierter Prozess.

Wenn $\nu|_{\mathcal{A}_\mathcal{Z}} \ll P|_{\mathcal{A}_\mathcal{Z}}$ ist, ist $X_\mathcal{Z}$ eine Dichte $\frac{\mathrm{d}\,\nu|_{\mathcal{A}_\mathcal{Z}}}{\mathrm{d}\,P|_{\mathcal{A}_\mathcal{Z}}}$.

Im Fall $\nu \ll P$ ist wie für Folgen $(X_\mathcal{Z}, \mathcal{A}_\mathcal{Z})_{\mathcal{Z}\in\mathcal{T}}$ ein Martingal und $\{X_\mathcal{Z} : \mathcal{Z} \in \mathcal{T}\}$ gleichmäßig P-integrierbar. Der Beweis lässt sich direkt übertragen.

Es folgt, dass $(X_\mathcal{Z}, \mathcal{A}_\mathcal{Z})_{\mathcal{Z}\in\overline{\mathcal{T}}}$ ein Martingal ist. Dabei ist $\mathcal{A}_\infty = \sigma(\cup_{\mathcal{Z}\in\mathcal{T}} \mathcal{A}_\mathcal{Z}) = \mathcal{A}$. Es ist sogar $\cup_{\mathcal{Z}\in\mathcal{T}} \mathcal{A}_\mathcal{Z} = \mathcal{A}$. Denn für alle $\mathcal{Z} \in \mathcal{T}$ ist $\mathcal{A}_\mathcal{Z} \subset \mathcal{A}$, und zu jeder Menge $A \in \mathcal{A}$ existiert die Zerlegung $\mathcal{Z} = \{A, A^c\}$ mit $A \in \mathcal{A}_\mathcal{Z}$. Aus der Martingalgleichung folgt $E(X_\infty | \mathcal{A}_\mathcal{Z}) = X_\mathcal{Z}$ für alle $\mathcal{Z} \in \mathcal{T}$, d. h. es ist $\nu(A) = \int_A X_\mathcal{Z}\,\mathrm{d}P = \int_A X_\infty\,\mathrm{d}P$ für $A \in \mathcal{A}_\mathcal{Z}$. Damit ist $\nu(A) = \int_A X_\infty\,\mathrm{d}P$ für alle $A \in \mathcal{A}$, also $X_\infty = \frac{\mathrm{d}\nu}{\mathrm{d}P}$.

Der Fall eines beliebigen endlichen Maßes μ lässt sich, abgesehen vom trivialen Fall $\mu \equiv 0$, durch Normierung auf den Fall eines Wahrscheinlichkeitsmaßes zurückführen. Daraus folgt der allgemeine Fall wie beim bisherigen Beweis des Satzes von Radon-Nikodym.

Regularität von Pfaden Für die Übertragung weiterer Eigenschaften, z. B. des Optional Sampling Theorems und der fast sicheren Konvergenz, benötigen wir die auch sonst wichtige Möglichkeit, unter geeigneten Voraussetzungen einen Prozess mit regulären Pfaden zu realisieren. Dazu sei $\mathcal{T} = I \subset \mathbb{R}$ ein Intervall. Das Beispiel des Poisson-Prozesses zeigt, dass die Forderung stetiger Pfade in vielen Fällen zu stark ist. Als Unstetigkeitsstellen wollen wir auch Sprungstellen zulassen. An Sprungstellen verlangen wir, dass der Prozess rechtsseitig stetig ist. Wir werden später die Vorteile dieser zunächst willkürlich scheinenden Festlegung kennen lernen. Die Menge dieser Pfade bezeichnen wir mit

$$D(I) = \{x : I \to \mathbb{R}: \text{ für alle } t \in I \text{ existieren } x(t+) \text{ und } x(t-) \text{ mit } x(t+) = x(t)\} .$$

An Randpunkten von I betrifft die Existenz natürlich nur einen entsprechenden Grenzwert. Die Eigenschaft der Pfade aus $D(I)$ bezeichnet man mit càdlàg (aus dem französischen „continu à droit avec limite à gauche").

Wir beweisen zunächst die wichtigsten Eigenschaften von Funktionen aus $D(I)$. Für sie benötigt man nur die Existenz von $x(t\pm)$ für alle $t \in I$ und nicht die rechtsseitige Stetigkeit.

▸ **Proposition 14.45** Sei $I \subset \mathbb{R}$ ein kompaktes Intervall. Jede Funktion $x: I \to \mathbb{R}$, für die $x(t\pm)$ für alle $t \in I$ existieren, hat die Eigenschaften:

1. x ist beschränkt.
2. Zu jedem $\varepsilon > 0$ existieren nur endlich viele $t \in I$ mit $|x(t+) - x(t-)| \geq \varepsilon$.
3. Es existieren höchstens abzählbar viele Unstetigkeitsstellen.

Eigenschaft 3 gilt für beliebige Intervalle $I \subset \mathbb{R}$.

Beweis:

1. Wir nehmen an, x sei nicht beschränkt. Dann existiert zu jedem $n \geq 1$ ein $t_n \in I$ mit $|x(t_n)| \geq n$. Wegen der Kompaktheit von I existiert eine konvergente Teilfolge $t_{n_k} \to t \in I$ für $k \to \infty$. Da $x(t) \in \mathbb{R}$ ist, sind höchstens endlich viele $t_{n_k} = t$. Daher sind unendlich viele $t_{n_k} > t$ oder $< t$. Aus ihnen lässt sich eine monotone Unterteilfolge $t_{n_{k_j}} \downarrow t$ oder $t_{n_{k_j}} \uparrow t$ für $j \to \infty$ bilden. In beiden Fällen konvergiert $x\left(t_{n_{k_j}}\right)$ für $j \to \infty$, und wir erhalten einen Widerspruch.
2. Diese Aussage beweisen wir ähnlich indirekt. Es existiere ein $\varepsilon_0 > 0$ mit unendlich vielen verschiedenen t mit $|x(t+) - x(t-)| \geq \varepsilon_0$. Wie im Beweis von 1 folgt die Existenz einer Teilfolge, die wir jetzt einfach als Folge mit t_n $(n \geq 1)$ bezeichnen, mit $t_n \downarrow t$ oder $t_n \uparrow t$ für $n \to \infty$ mit $|x(t_n+) - x(t_n-)| \geq \varepsilon_0$ für alle $n \geq 1$. Wir leiten daraus einen Widerspruch zur Existenz von $x(t+)$ bzw. $x(t-)$ her. Wir nehmen ohne Einschränkung den Fall $t_n \downarrow t$ für $n \to \infty$ an. Es existiert ein $\delta > 0$ mit $|x(s) - x(t+)| \leq \frac{\varepsilon_0}{3}$ für $t < s < t + \delta$. Für genügend großes n ist $|x(t_n-) - x(t+)| \leq \frac{\varepsilon_0}{3}$ und $|x(t_n+) + x(t+)| \leq \frac{\varepsilon_0}{3}$. Mit $|x(t_n+) - x(t_n-)| \leq \frac{2\varepsilon_0}{3}$ erhalten wir einen Widerspruch.
3. folgt aus 2 durch Vereinigung aller Unstetigkeitsstellen zu $\varepsilon_m = \frac{1}{m}$ $(m \geq 1)$.

Genauso folgt 3 für beliebige Intervalle als abzählbare Vereinigung von kompakten Intervallen.

Zur Realisierung von Prozessen unterscheidet man zwei Arten, inwieweit sie bzw. ihre Verteilungen übereinstimmen.

Definition 14.46

1. Ein stochastischer Prozess $(X'_t)_{t\in\mathcal{T}}$ heißt eine *Version* von $(X_t)_{t\in\mathcal{T}}$, wenn die endlichdimensionalen Verteilungen von $(X_t)_{t\in\mathcal{T}}$ und $(X'_t)_{t\in\mathcal{T}}$ übereinstimmen.
2. Ein stochastischer Prozess $(X'_t)_{t\in\mathcal{T}}$ heißt eine *Modifikation* von $(X_t)_{t\in\mathcal{T}}$, wenn $X'_t = X_t$ f.s. für alle $t \in \mathcal{T}$ ist.

Jede Modifikation ist eine Version (s. z. B. den Beweis von Satz 11.24). Im Fall einer Version können die Prozesse auf verschiedenen Wahrscheinlichkeitsräumen definiert sein. Im Fall einer Modifikation hängt die Ausnahmemenge i. A. von t ab. In Kap. 17 werden wir mit Ununterscheidbarkeit von stochastischen Prozessen eine noch stärkere Übereinstimmung, bei der die Ausnahmemenge nicht von t abhängt, kennen lernen (s. Definition 17.29).

Wir beweisen nun die Realisierbarkeit von Submartingalen mit càdlàg Pfaden unter geeigneten Voraussetzungen.

Satz 14.47 Sei $I \subset \mathbb{R}$ ein Intervall und $(X_t)_{t\in I}$ ein stochastisch rechtsseitig stetiges Submartingal mit $E|X_t| < \infty$ für alle $t \in I$. Dann existiert eine Modifikation von $(X_t)_{t\in I}$ mit Pfaden in $D(I)$.

Die stochastisch rechtsseitige Stetigkeit ist offensichtlich auch notwendig für die Existenz einer Modifikation mit Pfaden in $D(I)$.

Wir zerlegen den Beweis in zwei Teile, die wir als separate Behauptungen formulieren.

Proposition 14.48 Ein Submartingal $(X_t)_{t\in I}$ mit $E|X_t| < \infty$ für alle $t \in I$ hat für jede abzählbar dichte Teilmenge $J \subset I$ auf J f.s. nur Sprungstellen als Unstetigkeitsstellen, d. h. außerhalb einer gemeinsamen Nullmenge existieren $\lim_{\substack{s\uparrow t\\ s\in J}} X_s$ und $\lim_{\substack{s\downarrow t\\ s\in J}} X_s$ für alle $t \in I$.

Lemma 14.49 Sei $(X_t)_{t\in I}$ ein stochastisch rechtsseitig stetiger Prozess. Es existiere eine abzählbar dichte Teilmenge $J \subset I$, die ggf. die Randpunkte von I enthält, so dass $(X_t)_{t\in J}$ auf J f.s. nur Sprungstellen als Unstetigkeitsstellen hat. Dann existiert eine Modifikation von $(X_t)_{t\in I}$ mit Pfaden in $D(I)$.

Beweis von Proposition 14.48: Da wir erneut zu starke Schwankungen ausschließen müssen, verwenden wir wieder die upcrossing-Ungleichung.

Sei zunächst $I = [\alpha, \beta]$ ein kompaktes Intervall. Wir können ohne Einschränkung $\beta \in J$ annehmen und wählen endliche Teilmengen $J_n \subset J$ $(n \geq 1)$ mit $\beta \in J_n$ für alle n und $J_n \uparrow J$ für $n \to \infty$.

Für $a, b \in \mathbb{R}$ mit $a < b$ ist $Eu^{\uparrow}_{|J_n|}(X_t, t \in J_n; a, b) \leq \frac{E[(X_\beta - a)^+]}{b-a} < \infty$.

Mit monotoner Konvergenz folgt $E\left[\lim_{n\to\infty} u^{\uparrow}_{|J_n|}(X_t, t \in J_n; a, b)\right] < \infty$.

Insbesondere ist $\lim_{n\to\infty} u^{\uparrow}_{|J_n|}(X_t, t \in J_n; a, b) < \infty$ f.s. für alle $a, b \in \mathbb{R}$ mit $a < b$ und damit

$$P\left(\bigcup_{\substack{a,b\in\mathbb{Q}\\ a<b}} \left\{ \lim_{n\to\infty} u^{\uparrow}_{|J_n|}(X_t, t \in J_n; a, b) = \infty \right\} \right) = 0\,.$$

Ist $\liminf_{\substack{s\uparrow t\\ s\in J}} X_s(\omega) < \limsup_{\substack{s\uparrow t\\ s\in J}} X_s(\omega)$ oder $\liminf_{\substack{s\downarrow t\\ s\in J}} X_s(\omega) < \limsup_{\substack{s\downarrow t\\ s\in J}} X_s(\omega)$ für ein $t \in I$, so ist $\omega \in \bigcup_{\substack{a,b\in\mathbb{Q}\\ a<b}} \left\{\lim_{n\to\infty} u^{\uparrow}_{|J_n|}(X_t, t \in J_n; a, b) = \infty\right\}$. Damit folgt die fast sichere Existenz der Grenzwerte.

Dass sie reellwertig sind, folgt aus der Ungleichung $P\left(\sup_{t\in J_n} |X_t| \geq \lambda\right) \leq \frac{-EX_\alpha + 2EX_\beta^+}{\lambda} < \infty$ (Satz 14.20), indem man zuerst den Grenzübergang $n \to \infty$ und dann $\lambda \to \infty$ bildet.

Für ein beliebiges Intervall I folgt die Behauptung mit einer aufsteigenden Folge von kompakten Intervallen $I_n \uparrow I$ für $n \to \infty$.

Beweis von Lemma 14.49: Sei N die Ausnahmemenge mit $P(N) = 0$. Wir definieren den Prozess $(X'_t)_{t\in\mathcal{T}}$ durch

$$X'_t(\omega) = \lim_{\substack{s\downarrow t\\ s\in J}} X_s(\omega) \quad \text{für} \quad \omega \notin N, t \in I \quad \text{und} \quad X'_t(\omega) = 0 \quad \text{für} \quad \omega \in N, t \in I$$

und zeigen:

1. Für alle ω ist $X'_t(\omega)$ als Funktion von t Element von $D(I)$.
2. Für alle $t \in I$ ist $X'_t = X_t$ f.s.

Beweis von 1: Für $\omega \in N$ ist die Behauptung klar. Sei daher $\omega \notin N$.

a) Sei $t \in I$. Zu $\varepsilon > 0$ existiert nach der Definition von $X'_t(\omega)$ ein $\delta > 0$ mit $|X_u(\omega) - X'_t(\omega)| \leq \varepsilon$ für alle $u \in J$ mit $t \leq u \leq t + \delta$. Dann ist auch $|X'_s(\omega) - X'_t(\omega)| \leq \varepsilon$ für alle $s \in I$ mit $t \leq s \leq t + \delta$. Damit konvergiert $X'_s(\omega) \to X'_t(\omega)$ für $s \downarrow t$.
b) Sei $t \in I$ und $X_{t-}(\omega) = \lim_{\substack{s\uparrow t\\ s\in J}} X_s(\omega)$. Zu $\varepsilon > 0$ existiert ein $\delta > 0$ mit $|X_u(\omega) - X_{t-}(\omega)| \leq \varepsilon$ für alle $u \in J$ mit $t - \delta \leq u < t$. Dann ist $|X'_s(\omega) - X_{t-}(\omega)| \leq \varepsilon$ für alle $s \in I$ mit $t - \delta \leq s < t$, also existiert $\lim_{s\uparrow t} X'_s(\omega)$.

Beweis von 2: Sei $t \in I$ und $(s_n)_{n\geq 1}$ eine Folge in J mit $s_n \downarrow t$ für $n \to \infty$. Nach Voraussetzung konvergiert $X_{s_n} \to X_t$ stochastisch für $n \to \infty$. Nach Konstruktion konvergiert $X_{s_n} \to X'_t$ f.s. und damit auch stochastisch für $n \to \infty$, und es folgt $X'_t = X_t$ f.s.

Für Submartingale mit rechtsseitig stetigen Pfaden – nur das wird benötigt – gilt ein Konvergenzsatz für fast sichere Konvergenz. Wir beweisen ihn für den wichtigsten Fall $I = [0, \infty)$ und $t \to \infty$ stellvertretend auch für andere Fälle, z. B. Konvergenz gegen eine endliche Zeit, die sich genauso beweisen lassen.

▸ **Satz 14.50** Sei $(X_t)_{t\geq 0}$ ein Submartingal mit rechtsseitig stetigen Pfaden und $\sup_{t\geq 0} EX_t^+ < \infty$. Dann existiert eine Zufallsvariable X_∞ in $\mathbb{R} \cup \{-\infty\}$ mit $EX_\infty^+ < \infty$, so dass $X_t \to X_\infty$ f.s. konvergiert für $t \to \infty$. Ist $E|X_t| < \infty$ für ein $t \geq 0$, dann ist auch $E|X_\infty| < \infty$.

Der Beweis benutzt wieder die upcrossing-Ungleichung auf endlichen Mengen $J_n \uparrow J$ für $n \to \infty$ mit einer abzählbar dichten Teilmenge $J \subset [0, \infty)$. Wegen der rechtsseitigen Stetigkeit der Pfade unterscheiden sich die Werte des Prozesses zu beliebigen Zeiten von denen zu den Zeiten in J beliebig wenig. Da die genaue Durchführung im wesentlichen wie die bisherigen Anwendungen der upcrossing-Ungleichung ist, lassen wir sie als Übung 14.15.

Ähnlich folgt durch Anwendung der Doob'schen Maximal-Ungleichung 14.21 für endliche Mengen die folgende Doob'sche Maximal-Ungleichung.

▸ **Satz (Doob'sche Maximal-Ungleichung) 14.51** Sei $(X_t)_{t\geq 0}$ ein Martingal oder ein nichtnegatives Submartingal mit rechtsseitig stetigen Pfaden und $X_t \in L^p$ für ein $p > 1$ und $t > 0$. Dann ist auch $\sup_{0\leq s\leq t} |X_s| \in L^p$ und $\left\|\sup_{0\leq s\leq t} |X_s|\right\|_p \leq q \, \|X_t\|_p$ für q mit $\frac{1}{p} + \frac{1}{q} = 1$.

Das Optional Sampling für kontinuierliche Zeiten werden wir im nächsten Kapitel, in dem wir uns u. a. mit kontinuierlichen Stoppzeiten beschäftigen, beweisen.

14.5 Die quadratische Variation der Brown'schen Bewegung

Wir wollen abschließend als weitere Anwendung der Martingaltheorie das Pfadverhalten der Brown'schen Bewegung $B = (B_t)_{t\geq 0}$ genauer studieren, indem wir ihre quadratische Variation bestimmen. Sie ist auch für eine größere Klasse von stochastischen Prozessen, den sogenannten Semimartingalen, eine wichtige Größe (s. Kap. 18).

Wir haben bereits im 10. Kapitel bewiesen, dass die Brown'sche Bewegung mit stetigen Pfaden realisierbar ist. Dennoch hat sie starke Oszillationen. Denn für $0 \leq s < t$ ist $B_t - B_s$ $\mathcal{N}(0, t-s)$-verteilt, also von der Größenordnung $\sqrt{t-s}$. Das weist auf große Fluktuationen in kleinen Skalen hin und legt die Vermutung nahe, dass die Brown'sche Bewegung auf keinem Intervall von beschränkter Variation ist. Wir werden diese Vermutung als Korollar bestätigen. Dagegen ist $(B_t - B_s)^2$ für $0 \leq s < t$ von der Größenordnung $t - s$. Das führt zu der folgenden quadratischen Variante der Variation.

Sei $0 \leq a < b < \infty$. Einer Zerlegung $\mathcal{Z} : a = t_0 < t_1 < \ldots < t_m = b$ von $[a, b]$ ordnen wir $V_{\mathcal{Z}}^2(B; [a, b]) = \sum_{i=1}^m \left(B_{t_i} - B_{t_{i-1}}\right)^2$ zu. Man beachte, dass $V_{\mathcal{Z}}^2$ im Gegensatz zu $V_{\mathcal{Z}}$ in Abhängigkeit von $\mathcal{Z}$ nicht monoton bzgl. der Ordnung der Verfeinerung ist.

Mit $\delta(\mathcal{Z}) = \max\{t_i - t_{i-1}: 1 \leq i \leq m\}$ gilt:

▸ **Satz 14.52** Sei $0 \leq a < b$. Für eine Folge von Zerlegungen $(\mathcal{Z}_n)_{n\geq 1}$ von $[a, b]$ mit $\delta(\mathcal{Z}_n) \to 0$ für $n \to \infty$ konvergiert $V_{\mathcal{Z}}^2(B; [a, b]) \to b - a$ in L^2 für $n \to \infty$. Ist zusätzlich $\mathcal{Z}_{n+1}$ eine Verfeinerung von $\mathcal{Z}_n$ für alle $n \geq 1$, dann konvergiert $V_{\mathcal{Z}_n}^2(B; [a, b]) \to b - a$

auch f.s. für $n \to \infty$. Diesen Grenzwert nennt man die *quadratische Variation* von B auf $[a,b]$.

Beweis:

1. Für eine Zerlegung $\mathcal{Z}$: $a = t_0 < t_1 < \ldots < t_m = b$ von $[a,b]$ ist

$$V_{\mathcal{Z}}^2(B;[a,b]) - (b-a) = \sum_{i=1}^{m} \left[(B_{t_i} - B_{t_{i-1}})^2 - (t_i - t_{i-1}) \right]$$
$$= \sum_{i=1}^{m} (t_i - t_{i-1}) \left[\left(\frac{B_{t_i} - B_{t_{i-1}}}{\sqrt{t_i - t_{i-1}}} \right)^2 - 1 \right].$$

Die Zufallsvariablen $Y_i = \left(\frac{B_{t_i} - B_{t_{i-1}}}{\sqrt{t_i - t_{i-1}}} \right)^2 - 1$ $(1 \le i \le m)$ sind unabhängig identisch verteilt mit $EY_i = 0$ und Varianz 2, wie man sich leicht überlegt. Es folgt

$$E\left[\left(V_{\mathcal{Z}}^2(B;[a,b]) - (b-a) \right)^2 \right] = E\left[\left(\sum_{i=1}^{m} (t_i - t_{i-1}) Y_i \right)^2 \right]$$
$$= \sum_{i=1}^{m} 2(t_i - t_{i-1})^2 \le 2\delta(Z) \sum_{i=1}^{m} (t_i - t_{i-1}) = 2(b-a)\delta(\mathcal{Z}).$$

Aus $\delta(\mathcal{Z}_n) \to 0$ für $n \to \infty$ folgt die Konvergenz $V_{\mathcal{Z}}^2(B;[a,b]) \to b-a$ in L^2.

2. Ist sogar $\sum_{n=1}^{\infty} \delta(\mathcal{Z}_n) < \infty$, so folgt auch die f.s. Konvergenz ohne zusätzliche Voraussetzung aus dem 1. Borel-Cantelli Lemma (Übung 14.16).
Unter der Voraussetzung, dass $\mathcal{Z}_{n+1}$ eine Verfeinerung von $\mathcal{Z}_n$ für alle $n \ge 1$ ist, beweisen wie sie mit dem 3. Konvergenzsatz.
Dazu sei $X_n = V_{\mathcal{Z}}^2(B;[a,b])$ und $\mathcal{B}_n = \sigma(X_m, m \ge n)$ für $n \ge 1$. Die σ-Algebren $(\mathcal{B}_n)_{n \ge 1}$ sind monoton fallend, und für jedes n ist X_n $\mathcal{B}_n$-messbar. Es gilt:

Behauptung: $(X_n, \mathcal{B}_n)_{n \ge 1}$ ist ein inverses Martingal.

Beweis: Da die Endlichkeit der Erwartungswerte klar ist, ist zu zeigen, dass $E(X_n | \mathcal{B}_{n+1}) = X_{n+1}$ für alle $n \ge 1$ ist.

Sei $n \ge 1$. Es genügt, den Fall zu behandeln, dass $\mathcal{Z}_{n+1}$ im Vergleich zu $\mathcal{Z}_n$ einen zusätzlichen Zerlegungspunkt s hat mit $t_{i-1} < s < t_i$, wobei $t_{i-1} < t_i$ Zerlegungspunkte von $\mathcal{Z}_n$ sind. Der allgemeine Fall folgt daraus durch Iteration.

Die Martingaleigenschaft folgt aus Symmetrieeigenschaften der Brown'schen Bewegung. Es ist

$$X_n - X_{n+1} = (B_{t_i} - B_{t_{i-1}})^2 - \left[(B_s - B_{t_{i-1}})^2 + (B_{t_i} - B_s)^2 \right] = 2(B_{t_i} - B_s) \cdot (B_s - B_{t_{i-1}}). \quad (14.2)$$

Wir führen die auf $[s, \infty)$ reflektierte Brown'sche Bewegung $B' = (B'_t)_{t \ge 0}$ ein, die durch $B'_t = B_t$ für $0 \le t \le s$ und $B'_t = B_s - (B_t - B_s)$ für $t \ge s$ definiert ist. B' ist ebenfalls eine

Brown'sche Bewegung. Beim Beweis, dass die endlich-dimensionalen Verteilungen von B und B' übereinstimmen, können wir wegen der 2. Verträglichkeitsbedingung annehmen, dass sie die Werte der Prozesse zur Zeit s enthalten. In dem Fall ist klar, dass die Einzel Verteilungen der Zuwächse und ihre Unabhängigkeit erhalten bleiben, wenn man B durch B' ersetzt. Denn sie stimmen bis zur Zeit s überein und werden ab der Zeit s mit (-1) multipliziert.

Für $m \geq n+1$ enthält $V^2_{\mathcal{Z}_m}(B;[a,b])$ den Zerlegungspunkt s. Daher ist $V^2_{\mathcal{Z}_m}(B;[a,b]) = V^2_{\mathcal{Z}_m}(B';[a,b])$ für $m \geq n+1$, und beim Übergang von B zu B' bleibt $\mathcal{B}_{n+1}$ und damit auch die bedingte Verteilung bzgl. $\mathcal{B}_{n+1}$ unverändert. Dagegen geht $X_n - X_{n+1}$ nach (14.2) in $-(X_n - X_{n+1})$ über, und aus der Gleichheit der bedingten Verteilung folgt $E(X_n - X_{n+1}|\mathcal{B}_{n+1}) = -E(X_n - X_{n+1}|\mathcal{B}_{n+1}) = 0$, also $E(X_n|\mathcal{B}_{n+1}) = X_{n+1}$.

Aus der Behauptung folgt mit dem 3. Konvergenzsatz die f.s. Konvergenz von $V^2_{\mathcal{Z}_m}(B;[a,b])$ für $n \to \infty$. Da $V^2_{\mathcal{Z}_n}(B;[a,b]) \to b-a$ für $n \to \infty$ in L^2 konvergiert, ist $b-a$ auch der fast sichere Grenzwert.

▸ **Korollar 14.53** Die Brown'sche Bewegung ist f.s. auf keinem Intervall von beschränkter Variation.

Beweis: Für $0 \leq a < b < \infty$ und eine Zerlegung $\mathcal{Z}$: $a = x_0 < x_1 < \ldots < x_m = b$ von $[a,b]$ ist

$$\sum_{i=1}^{m} (B_{t_i} - B_{t_{i-1}})^2 \leq \left(\sup_{1 \leq i \leq m} |B_{t_i} - B_{t_{i-1}}| \right) \sum_{i=1}^{m} |B_{t_i} - B_{t_{i-1}}| .$$

Sei $(\mathcal{Z}_n)_{n\geq 1}$ eine Folge von Zerlegungen von $[a,b]$ mit $\delta(Z_n) \to 0$ für $n \to \infty$, für die $\mathcal{Z}_{n+1}$ eine Verfeinerung von $\mathcal{Z}_n$ für alle $n \geq 1$ ist. Wegen der Stetigkeit der Brown'schen Bewegung konvergiert $\sup_{t_i \in Z_n} |B_{t_i} - B_{t_{i-1}}| \to 0$ f.s. für $n \to \infty$. Aus der f.s. Konvergenz $V^2_{\mathcal{Z}_n}(B;[a,b]) \to b - a > 0$ folgt, dass $\sum_{t_i \in \mathcal{Z}_n} |B_{t_i} - B_{t_{i-1}}| \to \infty$ f.s. geht.

Damit ist $(B_t)_{t\geq 0}$ von unbeschränkter Variation auf jedem Intervall $[a,b]$ f.s. Mit dem Durchschnitt über alle Intervalle $[a,b]$ mit $0 \leq a < b$ und $a, b \in \mathbb{Q}$ folgt Korollar 14.53.

14.6 Übungen

14.1 Seien $(X_n)_{n\geq 1}$ Zufallsvariable mit endlichem Erwartungswert für alle $n \geq 1$, und sei $S_n = \sum_{i=1}^n X_i$ für $n \geq 1$ und $S_0 = 0$. Unter welchen Bedingungen ist $(S_n)_{n\geq 0}$ ein Martingal? Ist in diesem Fall zusätzlich $E(X_n^2) < \infty$ für alle $n \geq 1$, dann ist $E(X_n X_m) = 0$ für $n \neq m$ und $(S_n^2)_{n\geq 0}$ ist ein Submartingal mit $E(S_n)^2 = \sum_{i=1}^n E(X_i^2)$ für $n \geq 0$.

14.2 Sei $(X_n, \mathcal{A}_n)_{n\geq 0}$ ein Submartingal mit endlichem Erwartungswert für alle $n \geq 0$. Dann existiert genau ein Martingal $(M_n, \mathcal{A}_n)_{n\geq 0}$ und ein vorhersehbarer, monoton wachsender Prozess $(Y_n, \mathcal{A}_n)\ n \geq 0$ mit $Y_0 = 0$, so dass $X_n = M_n + Y_n$ für alle $n \geq 0$ ist.

Anleitung: Man nehme $(Y_n)_{n\geq 0}$ mit $Y_n = Y_{n-1} + E(X_n - X_{n-1}|\mathcal{A}_{n-1})$ für $n \geq 1$.

14.3 Sei $(Y_n)_{n\geq 0}$ eine Markov-Kette mit Zustandsraum E und stationärer Übergangsmatrix $\mathbb{P} = (p_{ij})_{i,j\in E}$. Sei $a = (a(i))_{i\in E}$ ein Eigenvektor von $\mathbb{P}$ zum Eigenwert λ, d. h. es ist $\sum_{j\in E} p_{ij}a(j) = \lambda a(i)$ für alle $i \in E$. Man bestimme Konstanten c_n $(n \geq 0)$, so dass $(c_n a(Y_n))_{n\geq 0}$ ein Martingal ist.

14.4 Seien $(X_n)_{n\geq 1}$ unabhängige reellwertige Zufallsvariable, und sei $S_n = \sum_{i=1}^n X_i$ für $n \geq 0$ mit $S_0 = 0$. Zu $\lambda \in \mathbb{R}$ bestimme man Konstanten $c_n(\lambda)$ $(n \geq 0)$, so dass $(c_n(\lambda)\mathrm{e}^{\mathrm{i}\lambda S_n}, \mathcal{A}_n)_{n\geq 0}$ mit $\mathcal{A}_n = \sigma(X_1, \dots, X_n)$ ein komplexwertiges Martingal, d. h. die definierenden Bedingungen i) und ii) sind formal die gleichen wie im Reellen bzw. Real- und Imaginärteil sind Martingale. Geht das für jedes λ?

14.5 Man beweise das Rückkehrverhalten von Markov-Ketten (Satz 10.11) mit der starken Markov-Eigenschaft.

14.6 Ein interessantes Konvergenzverhalten zeigt das CRR-Marktmodell $(X_n)_{n\geq 0}$ (Beispiel 4 von Kap. 10).

a) Unter welchen Bedingungen ist $(X_n)_{n\geq 0}$ ein Martingal bzw. Sub- oder Supermartingal?

Im Folgenden sei $b > 1$ und speziell $a = b^{-1}$. Der Einfachheit halber sei die Währung so normiert, dass $X_0 = 1$ ist. Die Markov-Kette $(X_n)_{n\geq 0}$ ist in diesem Fall darstellbar in der Form $X_n = b^{Z_n}$ $(n \geq 0)$ mit einer Irrfahrt $(Z_n)_{n\geq 0}$. Man zeige:

b) Es existiert eine „kritische" Wahrscheinlichkeit p_c mit $0 < p_c < \frac{1}{2}$, so dass $(X_n)_{n\geq 0}$ ein Submartingal für $p > p_c$, ein Martingal für $p = p_c$ und ein Supermartingal für $p < p_c$ ist. Man bestimme p_c.

c) Für $p_c < p < \frac{1}{2}$ ist $(X_n)_{n\geq 0}$ ein positives Submartingal mit $E(X_n) \to \infty$, aber $X_n \to 0$ f.s. für $n \to \infty$.

d) Im symmetrischen Fall $p = \frac{1}{2}$ ist $(X_n)_{n\geq 0}$ ebenfalls ein positives Submartingal mit $E(X_n) \to \infty$ für $n \to \infty$. Wie verhalten sich in diesem Fall die Pfade von $(X_n)_{n\geq 0}$ für $n \to \infty$?

e) Man untersuche auch die Fälle $p = p_c$, $p < p_c$ und $p > \frac{1}{2}$ bzgl. dieser Eigenschaften.

14.7 Sei $(Z_n)_{n\geq 0}$ ein Verzweigungsprozess der Anzahl der Nachkommen einer Population (Beispiel 2 von Abschn. 14.1). Man zeige:

a) Für $\mu < 1$ stirbt der Prozess $(Z_n)_{n\geq 0}$ f.s. aus, d. h. es existiert f.s. ein $n \geq 1$, so dass $Z_m = 0$ für $m \geq n$ ist.

b) Abgesehen von dem ausgearteten deterministischen Fall $Y_{nk} = 1$ f.s. stirbt auch für $\mu = 1$ der Prozess f.s. aus.

c) Für den Fall endlicher Varianz $V(Y_{nk}) = \sigma^2$ ist $E(Z_{n+1}^2 | Z_n) = \mu^2 Z_n^2 + \sigma^2 Z_n$ und $E(Z_n)^2 = \mu^{2n} + \sigma^2 \sum_{i=n-1}^{2n-2} \mu^i$ für $n \geq 0$. Für $\sigma^2 > 0$ ist das Martingal $(X_n)_{n\geq 0}$ genau dann in L^2 beschränkt, wenn $\mu > 1$ ist.

d) Für $\mu > 1$ wächst der Prozess $(Z_n)_{n\geq 0}$ exponentiell mit strikt positiver Wahrscheinlichkeit.

Hinweis: Man behandle zunächst den Fall endlicher Varianz.

14.8 Das Polya'sche Urnenmodell.

In einer Urne befinden sich zu Beginn w weiße und s schwarze Kugeln. Es werden Kugeln zufällig gezogen. Nach jeder Ziehung wird die gezogene Kugel und c weitere Kugeln der gleichen Farbe in die Urne gelegt. Für $n \geq 1$ sei X_n die relative Anzahl der weißen Kugeln in der Urne nach n Ziehungen.

a) Man zeige, dass $(X_n)_{n\geq 0}$ ein Martingal ist.
b) Welche Konvergenzeigenschaften hat das Martingal?
c) Für $w = s = c = 1$ bestimme man die Grenzverteilung.

14.9 Sei f auf $(0,1]$ integrierbar bzgl. des Lebesgue-Maßes. Für $n \geq 1$ sei

$$f_n(x) = 2^n \int_{k2^{-n}}^{(k+1)2^{-n}} f(y)\,\mathrm{d}y$$

für

$$\frac{k}{2^n} < x \leq \frac{k+1}{2^n} \quad (0 \leq k \leq 2^n).$$

Dann konvergiert $f_n \to f$ f.s. und in L^1 für $n \to \infty$.

14.10 Sei $(X_n, \mathcal{A}_n)_{n\geq 0}$ ein in L^2 beschränktes Martingal. Man beweise ohne Benutzung der Konvergenzsätze, dass X_n f.s. und in L^2 für $n \to \infty$ konvergiert.
Anleitung: Zum Beweis der L^2-Konvergenz benutze man Übung 14.1. Die f.s. Konvergenz beweise man mit einer geeigneten Ungleichung.

14.11 Seien $(X_n)_{n\geq 1}$ unabhängige, identisch verteilte Zufallsvariable mit endlichem Erwartungswert und $(\mathcal{A}_n)_{n\geq 1}$ die von $(X_n)_{n\geq 1}$ erzeugte Filtrierung. Für $n \geq 1$ sei $S_n = \sum_{i=1}^n X_i$.

a) Man beweise für Stoppzeiten τ mit endlichem Erwartungswert die Wald'sche Gleichung $E(S_\tau) = E(X_1) \cdot E\tau$ und im Fall von $(X_n)_{n\geq 1}$ mit $E(X_1) = 0$ und endlicher Varianz die Gleichung $V(S_\tau) = V(X_1) \cdot E\tau$.
Anleitung: Man beweise und benutze die Darstellung $S_\tau = \sum_{n=1}^\infty X_n 1_{\{\tau \geq n\}}$.
Sei nun speziell $P(X_n = 1) = p$ und $P(X_n = -1) = q = 1 - p$ für $n \geq 1$, $(S_n)_{n\geq 1}$ also die eindimensionale Irrfahrt.
b) Für $a, b \geq 1$ sei $\tau = \inf\{n \geq 1 : S_n = -a \text{ oder } S_n = b\}$. Man bestimme $P(S_\tau = -a)$ und $P(S_\tau = b)$ sowie $E\tau$.
Hinweis: Für $p \neq q$ benutze man auch den Prozess $\left(\eta^{S_n}\right)_{n\geq 0}$ mit einer geeigneten Konstanten η.
c) Sei $p = q = \frac{1}{2}$ und $\tau = \inf(n \geq 1 : S_n = 1\}$. Man zeige: τ ist eine Stoppzeit mit $E\tau = \infty$.

14.12 Sei $(B_t)_{t\geq 0}$ eine Brown'sche Bewegung.

a) Man zeige: Für $\lambda \in \mathbb{R}$ ist $\left(\exp\left(\lambda B_t - \frac{1}{2}\lambda^2 t\right)\right)_{t\geq 0}$ ein Martingal.
b) In welchem Sinne und wogegen konvergiert dieses Martingal für $t \to \infty$? Ist es gleichmäßig integrierbar?

14.13 Seien $(X_n)_{n\geq 1}$ unabhängige, identisch verteilte Zufallsvariable mit Verteilungsfunktion F und empirischen Verteilungsfunktionen F_n $(n \geq 1)$ (s. Übung 6.2).

Man zeige: Für jedes $n \geq 1$ ist $\left(\frac{F_n(t)-F(t)}{1-F(t)}\right)_{\{t:F(t)<1\}}$ ein Martingal.

14.14 Wogegen und in welchem Sinne konvergieren die Martingale von Übung 14.12 und 14.13 für $t \to \infty$ bzw. $t \to \sup\{s : F(s) < 1\}$?

14.15 Man beweise Satz 14.50.

14.16 Man beweise:

Sei $B = (B_t)_{t\geq 0}$ eine Brown'sche Bewegung. Für $0 \leq a < b$ und eine Folge $(\mathcal{Z}_n)_{n\geq 1}$ von Zerlegungen von $[a, b]$ mit $\sum_{n=1}^{\infty} \delta(\mathcal{Z}_n) < \infty$ konvergiert $V^2_{\mathcal{Z}_n}(B; [a, b]) \to b-a$ f.s. für $n \to \infty$.

Messbare Prozesse 15

Um z. B. das Optional Sampling Theorem und die starke Markov-Eigenschaft für kontinuierliche Zeitmengen zu behandeln, müssen wir uns mit der Messbarkeit von stochastischen Prozessen und mit entsprechenden Stoppzeiten beschäftigen.

In Kap. 11 haben wir festgestellt, dass die endlich-dimensionalen Verteilungen eines Prozesses zwar die Wahrscheinlichkeit auf der von ihm erzeugten σ-Algebra eindeutig festlegen, dass diese σ-Algebra aber für überabzählbare Zeitmengen i. A. zu klein ist, um Ereignisse zu enthalten, die das Verhalten der Pfade ausreichend beschreiben. Dies gilt jedoch z. B. unter geeigneten Messbarkeitseigenschaften des Prozesses, die insbesondere für Prozesse mit rechtsseitig stetigen Pfaden erfüllt sind. Wir wollen uns in diesem Kapitel allgemein mit der Messbarkeit von stochastischen Prozessen beschäftigen. Als Zeitmenge nehmen wir konkret wieder den wichtigsten Fall $\mathbb{R}^+ = [0, \infty)$ an, stellvertretend für beliebige Intervalle $I \subset \mathbb{R}$, die man genauso behandeln kann.

Im Zusammenhang mit der kanonischen Darstellung von stochastischen Prozessen $(X_t)_{t\geq 0}$ haben wir darauf hingewiesen, dass die Zufallsvariablen X_t die Abbildungen sind, die ω bei festem t auf $X_t(\omega)$ abbilden, während $X_t(\omega)$ als Funktion von t bei festem ω die Pfade definieren. Jetzt betrachten wir $X_t(\omega)$ gleichzeitig in Abhängigkeit beider Variablen ω und t.

▸ **Definition 15.1** Ein stochastischer Prozess $(X_t)_{t\geq 0}$ auf $(\Omega, \mathcal{A}, P)$ mit Zustandsraum $(E, \mathcal{B})$ heißt *messbar*, wenn die durch $X(\omega, t) = X_t(\omega)$ definierte Abbildung $X: \Omega \times \mathbb{R}^+ \to E$ $\mathcal{A} \otimes \mathcal{B}(\mathbb{R}^+)$-$\mathcal{B}$-messbar ist.

Der wichtigste Fall sind Prozesse mit regulären Pfaden, wobei die rechtsseitige Stetigkeit genügt. Dazu sei E ein metrischer Raum und $\mathcal{B}$ die σ-Algebra der Borel-Mengen.

▸ **Satz 15.2** Ein stochastischer Prozess $(X_t)_{t\geq 0}$ in einem metrischen Raum mit rechtsseitig stetigen Pfaden ist messbar.

M. Mürmann, *Wahrscheinlichkeitstheorie und Stochastische Prozesse*,
DOI 10.1007/978-3-642-38160-7_15,

Beweis: Wir approximieren $(X_t)_{t\geq 0}$ durch die Prozesse $(X_t^{(n)})_{t\geq 0}$ $(n \geq 1)$, die durch $X_t^{(n)}(\omega) = X_{\frac{k+1}{2^n}}(\omega)$ mit $\frac{k}{2^n} \leq t < \frac{k+1}{2^n}$ für $k \geq 0$ definiert sind.

Die Prozesse $(X_t^{(n)})_{t\geq 0}$ sind messbar. Denn für $B \in \mathcal{B}$ ist

$$\left\{(\omega,t) : X_t^{(n)}(\omega) \in B\right\} = \bigcup_k \left(\left\{\omega : X_{\frac{k+1}{2^n}}(\omega) \in B\right\} \times \left[\frac{k}{2^n}, \frac{k+1}{2^n}\right)\right) \in \mathcal{A} \otimes \mathcal{B}(R^+).$$

Wegen der rechtsseitigen Stetigkeit der Pfade konvergiert $X_t^{(n)}(\omega) \to X_t(\omega)$ für $n \to \infty$ für alle $(\omega, t) \in \Omega \times \mathbb{R}^+$. Es folgt, dass $(X_t)_{t\geq 0}$ messbar ist.

Umgekehrt definiert jede $\mathcal{A} \otimes \mathcal{B}(\mathbb{R}^+)$-$\mathcal{B}$-messbare Abbildung $X\colon \Omega \times \mathbb{R}^+ \to E$ einen messbaren stochastischen Prozess, da nach Satz 5.17 die t-Schnitte X_t von X für $t \geq 0$ $\mathcal{A}$-messbar sind. Für die ω-Schnitte gilt entsprechend für jeden messbaren Prozess:

▸ **Proposition 15.3** Für einen messbaren Prozess $(X_t)_{t\geq 0}$ ist für alle $\omega \in \Omega$ der Pfad $X_t(\omega)$ in Abhängigkeit von t messbar.

Als Nächstes wollen wir uns mit Stoppzeiten beschäftigen. Dazu sei eine Filtrierung $(\mathcal{A}_t)_{t\geq 0}$ in $(\Omega, \mathcal{A})$ gegeben. Die dem diskreten Fall entsprechende Definition $\{\tau = t\} \in \mathcal{A}_t$ für alle $t \geq 0$ ist in diesem Fall nicht ausreichend, da z. B. alle Mengen $\{\tau = t\}$ Nullmengen sein können. Stattdessen verlangen wir die der Messbarkeit von τ entsprechende und im diskreten Fall äquivalente Bedingung $\{\tau \leq t\} \in \mathcal{A}_t$ für alle $t \geq 0$ (s. Satz 14.11.1).

▸ **Definition 15.4** Sei $(\mathcal{A}_t)_{t\geq 0}$ eine Filtrierung in einem messbaren Raum $(\Omega, \mathcal{A})$.

1. Eine Abbildung $\tau\colon \Omega \to \mathbb{R}^+ \cup \{\infty\}$ heißt eine *Markov-Zeit* bzgl. $(\mathcal{A}_t)_{t\geq 0}$, wenn $\{\tau \leq t\} \in \mathcal{A}_t$ für alle $t \geq 0$ ist.
2. Eine Markov-Zeit τ bzgl. $(\mathcal{A}_t)_{t\geq 0}$ auf einem Wahrscheinlichkeitsraum $(\Omega, \mathcal{A}, P)$ heißt eine *Stoppzeit* bzgl. $(\mathcal{A}_t)_{t\geq 0}$, wenn $\tau < \infty$ f.s. ist.

Da die Intervalle $[0, t]$ $(t \geq 0)$ die σ-Algebra $\mathcal{B}(\mathbb{R}^+ \cup \{\infty\})$ erzeugen, ist jede Markov-Zeit messbar.

Analog zum diskreten Fall definieren wir die σ-Algebra $\mathcal{A}_\tau$ und beweisen die entsprechenden Eigenschaften.

▸ **Definition 15.5** Sei τ eine Markov-Zeit bzgl. einer Filtrierung $(\mathcal{A}_t)_{t\geq 0}$. Das Mengensystem $\mathcal{A}_\tau$ besteht aus allen Ereignissen $A \in \mathcal{A}$ mit $A \cap \{\tau \leq t\} \in \mathcal{A}_t$ für alle $t \geq 0$.

▸ **Satz 15.6** Seien τ, σ Markov-Zeiten bzgl. einer Filtrierung $(\mathcal{A}_t)_{t\geq 0}$.

1. $\mathcal{A}_\tau$ ist eine σ-Algebra, und τ ist $\mathcal{A}_\tau$-messbar.
2. Für $t \geq 0$ ist $\{\tau < t\}, \{\tau = t\} \in \mathcal{A}_t$.

3. Für σ, τ mit $\sigma \le \tau$ ist $\mathcal{A}_\sigma \subset \mathcal{A}_\tau$.
4. $\inf(\sigma, \tau)$ ist eine Markov-Zeit, und es ist $\mathcal{A}_{\inf(\sigma,\tau)} = \mathcal{A}_\sigma \cap \mathcal{A}_\tau$.
5. Für $A \in \mathcal{A}_\sigma$ ist $A \cap \{\sigma \le \tau\} \in \mathcal{A}_{\inf(\sigma,\tau)}$.
6. Für eine Folge τ_n $(n \ge 1)$ von Markov-Zeiten ist $\sup_n \tau_n$ ist eine Markov-Zeit.

Anmerkungen: zu 2: Man beachte, dass umgekehrt aus $\{\tau < t\} \in \mathcal{A}_t$ für alle $t \ge 0$ nicht folgt, dass τ eine Markov-Zeit ist. Wir werden den Unterschied später genauer analysieren.

zu 3: Das Infimum von abzählbar vielen Markov-Zeiten ist i. A. keine Markov-Zeit. Es wird sich herausstellen, dass das mit der Anmerkung zu 2 zusammenhängt.

Beweis: Man beweist 1 und 3 wie für diskrete Markov-Zeiten.

2. folgt aus $\{\tau < t\} = \cup_{n=1}^\infty \{\tau \le t - \frac{1}{n}\} \in \mathcal{A}_t$ und $\{\tau = t\} = \{\tau \le t\} \setminus \{\tau < t\}$.
4. Für $t \ge 0$ ist $\{\inf(\sigma, \tau) \le t\} = \{\sigma \le t\} \cup \{\tau \le t\} \in \mathcal{A}_t$.
   Aus 3 folgt $\mathcal{A}_{\inf(\sigma,\tau)} \subset \mathcal{A}_\sigma \cap \mathcal{A}_\tau$, die umgekehrte Inklusion aus
   $$A \cap \{\inf(\tau, \sigma) \le t\} = (A \cap \{\tau \le t\}) \cup (A \cap \{\sigma \le t\}) \in \mathcal{A}_t \quad \text{für} \quad A \in \mathcal{A}_\sigma, \cap \mathcal{A}_\tau, t \ge 0\,.$$
5. Nach 4 ist $\{\sigma \le \tau\} = \{\sigma = \inf(\sigma, \tau)\} \in \mathcal{A}_\sigma$.
   Für $A \in \mathcal{A}_\sigma$ ist damit $A \cap \{\sigma \le \tau\} \in \mathcal{A}_\sigma$, und für $t \ge 0$ ist $(A \cap \{\sigma \le \tau\}) \cap \{\tau \le t\} = (A \cap \{\sigma \le \tau\} \cap \{\sigma \le t\}) \cap \{\tau \le t\} \in \mathcal{A}_t$, also $A \in \mathcal{A}_\tau$. Damit ist $A \cap \{\sigma \le \tau\} \in \mathcal{A}_\sigma \cap \mathcal{A}_\tau = \mathcal{A}_{\inf(\sigma,\tau)}$.
6. Für $t \ge 0$ ist $\left\{\sup_n \tau_n \le t\right\} = \cap_n \{\tau_n \le t\}$.

Ein wichtiges Beweisverfahren für Eigenschaften von Stoppzeiten besteht in der Möglichkeit, Stoppzeiten durch solche mit diskreter Verteilung von rechts zu approximieren.

▶ **Satz 15.7** Zu jeder Markov-Zeit τ existiert eine Folge $(\tau_n)_{n \ge 1}$ von Markov-Zeiten mit diskreter Verteilung, so dass $\tau_n \downarrow \tau$ für $n \to \infty$ konvergiert.

Beweis: Sei τ eine Markov-Zeit. Wir setzen $\tau_n(\omega) = \frac{k+1}{2^n}$ für k mit $\frac{k}{2^n} \le \tau(\omega) < \frac{k+1}{2^n}$ und $\tau_n(\omega) = \infty$ wenn $\tau(\omega) = \infty$ ist.

Wir müssen nur zeigen, dass die zufälligen Zeiten τ_n $(n \ge 1)$ Markov-Zeiten sind, da die übrigen Eigenschaften klar sind.

Zu $n \ge 1$ und $t \ge 0$ sei k mit $\frac{k}{2^n} \le t < \frac{k+1}{2^n}$. Es ist $\tau \ge \frac{k}{2^n}$ genau dann, wenn $\tau_n \ge \frac{k+1}{2^n}$ ist. Daher ist $\{\tau_n > t\} = \left\{\tau_n \ge \frac{k+1}{2^n}\right\} = \left\{\tau \ge \frac{k}{2^n}\right\} = \left\{\tau < \frac{k}{2^n}\right\}^c$ und damit $\{\tau_n \le t\} = \left\{\tau < \frac{k}{2^n}\right\} \in \mathcal{A}_{\frac{k}{2^n}} \subset \mathcal{A}_t$.

Eine entsprechende Approximation von links ist i. A. nicht möglich.

Ist $(X_t, \mathcal{A}_t)_{t \ge 0}$ ein adaptierter Prozess, so sind i. A. $\limsup_{s \downarrow t} X_s$ und $\liminf_{s \downarrow t} X_s$ nicht $\mathcal{A}_t$-messbar. Sie sind jedoch $\mathcal{A}_s$-messbar für alle $s > t$. Das legt die Einführung der σ-Algebren $A_{t+} = \cap_{s>t} A_s$ für $t \ge 0$ nahe, $\limsup_{s \downarrow t} X_s$ und $\liminf_{s \downarrow t} X_s$ sind $\mathcal{A}_{t+}$-messbar, aber i. A. nicht $\mathcal{A}_t$-messbar.

Als besonders wichtig werden sich Filtrierungen erweisen, für die $\mathcal{A}_{t+} = \mathcal{A}_t$ für alle $t \geq 0$ ist.

▸ **Definition 15.8** Eine Filtrierung $(\mathcal{A}_t)_{t\geq 0}$ heißt *rechtsseitig stetig*, wenn $\mathcal{A}_{t+} = \mathcal{A}_t$ für alle $t \geq 0$ ist.

▸ **Bemerkung 15.9**

1. Für $0 \leq s < t$ ist $\mathcal{A}_s \subset \mathcal{A}_{s+} \subset \mathcal{A}_t$.
2. Für eine beliebige Filtrierung $(\mathcal{A}_t)_{t\geq 0}$ ist $(\mathcal{A}_{t+})_{t\geq 0}$ rechtsseitig stetig.

Beweis: 1 ist trivial.

2. Wir setzen $\mathcal{A}'_t = \mathcal{A}_{t+}$ für $t \geq 0$. Es ist $\mathcal{A}'_{t+} = \cap_{s>t} \mathcal{A}'_s = \cap_{s>t} \cap_{r>s} \mathcal{A}_r = \cap_{r>t} \mathcal{A}_r = \mathcal{A}_{t+} = \mathcal{A}'_t$. Es folgt, dass $(\mathcal{A}_{t+})_{t\geq 0}$ die kleinste rechtsseitig stetige Filtrierung ist, die $(\mathcal{A}_t)_{t\geq 0}$ enthält. Da $(\mathcal{A}_{t+})_{t\geq 0}$ die Filtrierung $(\mathcal{A}_t)_{t\geq 0}$ enthält, bleiben Messbarkeitseigenschaften von Abbildungen auf Ω erhalten, wenn man die Filtrierung $(\mathcal{A}_t)_{t\geq 0}$ durch $(\mathcal{A}_{t+})_{t\geq 0}$ ersetzt. Insbesondere ist für jeden adaptierten Prozess $(X_t, \mathcal{A}_t)_{t\geq 0}$ auch $(X_t, \mathcal{A}_{t+})_{t\geq 0}$ ein adaptierter Prozess.

▸ **Proposition 15.10** τ ist genau dann eine Markov-Zeit bzgl. $(\mathcal{A}_{t+})_{t\geq 0}$, wenn $\{\tau < t\} \in \mathcal{A}_t$ für alle $t > 0$ ist.

▸ **Korollar 15.11** Sei $(\mathcal{A}_t)_{t\geq 0}$ eine rechtsseitig stetige Filtrierung. Dann ist τ genau dann eine Markov-Zeit bzgl. $(\mathcal{A}_t)_{t\geq 0}$, wenn $\{\tau < t\} \in \mathcal{A}_t$ für alle $t > 0$ ist. In diesem Fall gilt für eine Menge $A \in \mathcal{A}$ dass $A \in \mathcal{A}_\tau$ genau dann ist, wenn $A \cap \{\tau < t\} \in \mathcal{A}_t$ für alle $t > 0$ ist.

Beweis von Proposition 15.10: $\Rightarrow$: Für $t > 0$ ist $\{\tau < t\} = \cup_{n=1}^{\infty} \{\tau_n \leq t - \frac{1}{n}\}$. Nach Voraussetzung ist $\{\tau \leq t - \frac{1}{n}\} \in A_{(t-\frac{1}{n})+} \subset \mathcal{A}_t$ für alle $n \geq 1$, und es folgt $\{\tau < t\} \in \mathcal{A}_t$.

$\Leftarrow$: Für $t > 0$ und $m \geq 1$ ist $\{\tau \leq t\} = \cap_{n=m}^{\infty} \{\tau \leq t + \frac{1}{n}\} \in A_{t+\frac{1}{m}}$. Zu jedem $s > t$ existiert ein $m \geq 1$ mit $s \geq t + \frac{1}{m}$. Es folgt, dass $\{\tau \leq t\} \in \mathcal{A}_s$ für alle $s > t$ und damit $\{\tau < t\} \in \mathcal{A}_{t+}$ ist.

Die erste Aussage von Korollar 15.11 ist eine triviale Folgerung von Proposition 15.10. Die zweite zeigt man, indem man im Beweis von Proposition 15.10 den Durchschnitt mit A bildet.

▸ **Satz 15.12** Sei $(\mathcal{A}_t)_{t\geq 0}$ eine rechtsseitig stetige Filtrierung und $(\tau_n)_{n\geq 1}$ eine Folge von Markov-Zeiten bzgl. $(\mathcal{A}_t)_{t\geq 0}$. Dann sind $\inf_n \tau_n$, $\limsup_{n\to\infty} \tau_n$ und $\liminf_{n\to\infty} \tau_n$ Markov-Zeiten bzgl. $(\tilde{\mathcal{A}}_t)_{t\geq 0}$. Für $\tau = \inf_n \tau_n$ ist $\mathcal{A}_\tau = \cap_n \mathcal{A}_{\tau_n}$.

Beweis: Für eine beliebige Filtrierung $(\mathcal{A}_t)_{t\geq 0}$ ist $\{\inf_n \tau_n < t\} = \cup_{n=1}^\infty \{\tau_n < t\} \in \mathcal{A}_t$. Nach Korollar 15.11 ist $\inf_n \tau_n$ damit für rechtsseitig stetige Filtrierungen $(\mathcal{A}_t)_{t\geq 0}$ eine Markov-Zeit bzgl. $(\mathcal{A}_t)_{t\geq 0}$. Da $\sup_n \tau_n$ eine Markov-Zeit bzgl. jeder Filtrierung ist, sind für rechtsseitig stetige Filtrierungen $\limsup_{n\to\infty} \tau_n$ und $\liminf_{n\to\infty} \tau_n$ Markov-Zeiten bzgl. $(\mathcal{A}_t)_{t\geq 0}$.

Aus $\tau \leq \tau_n$ für alle $n \geq 1$ folgt $\mathcal{A}_\tau \subset \cap_n \mathcal{A}_{\tau_n}$.

Sei umgekehrt $A \in \mathcal{A}_{\tau_n}$ für alle $n \geq 1$. Dann ist $A \cap \{\tau < t\} = \cup_{n=1}^\infty (A \cap \{\tau_n < t\}) \in \mathcal{A}_t$ für alle $t \geq 0$, und nach Korollar 15.11 ist damit $A \in \mathcal{A}_\tau$.

Wie wir damit sehen, haben rechtsseitig stetige Filtrierungen besonders schöne Eigenschaften, und jede Filtrierung lässt sich leicht zu einer rechtsseitig stetigen Filtrierung erweitern. Da man die rechtsseitige Stetigkeit mit der folgenden Vollständigkeitsbedingung vor allem in der stochastischen Analysis ständig benötigt, nennt man sie die üblichen Bedingungen.

▸ **Definition 15.13** Sei $(\Omega, \mathcal{A}, P)$ ein vollständiger Wahrscheinlichkeitsraum und $(A_t)_{t\geq 0}$ eine Filtrierung in $\mathcal{A}$. Das System $(\Omega, \mathcal{A}, (\mathcal{A}_t)_{t\geq 0}, P)$ erfüllt *die üblichen Bedingungen*, wenn gilt:

1. $\mathcal{A}_0$ enthält alle P-Nullmengen.
2. $(\mathcal{A}_t)_{t\geq 0}$ ist rechtsseitig stetig.

Man beachte, dass Eigenschaft 1 stärker als die Vollständigkeit von P auf $\mathcal{A}_0$ ist. Es folgt, dass jede σ-Algebra $\mathcal{A}_t$ alle P-Nullmengen enthält.

Jede Filtrierung $(\mathcal{A}_t)_{t\geq 0}$ lässt sich zu einer Filtrierung mit den üblichen Bedingungen erweitern, indem man zuerst jede σ-Algebra $\mathcal{A}_t$ um alle P-Nullmengen vervollständigt und die Filtrierung dann zu einer rechtsseitig stetigen erweitert. Offensichtlich ist dies die kleinste Erweiterung zu einer Filtrierung mit den üblichen Bedingungen.

Beispiele von Markov-Zeiten:

Im Gegensatz zu diskreten Zeiten sind nicht alle ersten Eintrittszeiten $\tau_A = \inf\{t \geq 0 : X_t \in A\}$ für messbare Mengen A eines adaptierten Prozesses $(X_t, \mathcal{A}_t)_{t\geq 0}$ Markov-Zeiten. Wir behandeln zwei wichtige Fälle, für die das gilt. Dazu sei E ein metrischer Raum und $\mathcal{B}$ die σ-Algebra der Borel-Mengen.

1. Sei $(X_t, \mathcal{A}_t)_{t\geq 0}$ ein adaptierter Prozess mit rechtsseitig stetigen Pfaden und $A \subset E$ abgeschlossen. Dann ist τ_A eine Markov-Zeit bzgl. $(\mathcal{A}_t)_{t\geq 0}$.
   Beweis: Da A^c offen ist und $(X_t)_{t\geq 0}$ rechtsseitig stetige Pfade hat, ist $\tau_A(\omega) > t$ für $t \geq 0$ genau dann, wenn $X_s(\omega) \notin A$ für $s \leq t$ ist. Dazu genügt es, dass $X_s(\omega) \notin A$ für alle rationalen $s < t$ und für $s = t$ ist. Daher ist $\{\tau_A > t\} = \left(\bigcap_{\substack{s\in\mathbb{Q}\\ s<t}} \{X_s \notin A\}\right) \cap \{X_t \notin A\} \in \mathcal{A}_t$ und $\{\tau_A \leq t\} = \{\tau_A > t\}^c \in \mathcal{A}_t$.

2. Sei $(X_t, \mathcal{A}_t)_{t\geq 0}$ ein adaptierter Prozess mit rechtsseitig stetigen Pfaden und rechtsseitig stetiger Filtrierung und $A \subset E$ offen. Dann ist τ_A eine Markov-Zeit.
   Beweis: Das folgt ähnlich wie im ersten Beispiel aus $\{\tau_A < t\} = \bigcup_{\substack{s\in\mathbb{Q}\\ s<t}} \{X_s \in A\} \in \mathcal{A}_t$ für $t \geq 0$.

Betrachten wir nun die Werte von messbaren Prozessen an Stoppzeiten. Der Wert X_τ eines messbaren Prozesses $(X_t)_{t\geq 0}$ an einer beliebigen zufälligen messbaren Zeit $\tau\colon \Omega \to \mathbb{R}^+$ ist als Zusammensetzung der messbaren Abbildungen $(\omega, \tau(\omega))$ in Abhängigkeit von ω und X messbar. Für Markov-Zeiten ist X_τ auf $\{\tau < \infty\}$ messbar, für Stoppzeiten daher f.s. definiert und messbar. Für die $\mathcal{A}_\tau$-Messbarkeit von X_τ benötigen wir eine Verschärfung der Messbarkeit für adaptierte Prozesse in dem Sinne, dass für jede Zeit $t \geq 0$ der Prozess bis zur Zeit t messbar bzgl. der σ-Algebra $\mathcal{A}_t$ der Filtrierung ist.

▸ **Definition 15.14** Ein stochastischer Prozess $(X_t)_{t\geq 0}$ mit Zustandsraum $(E, \mathcal{B})$ heißt *progressiv messbar* bzgl. einer Filtrierung $(\mathcal{A}_t)_{t\geq 0}$, wenn für jedes $t > 0$ die auf $\Omega \times [0,t]$ eingeschränkte Abbildung X von Definition 15.1 $\mathcal{A}_t \otimes \mathcal{B}([0,t])$-$\mathcal{B}$-messbar ist. In diesem Fall heißt $(X_t, \mathcal{A}_t)_{t\geq 0}$ ein *progressiv messbarer Prozess.*

Man sieht leicht:

▸ **Bemerkung 15.15** Ein progressiv messbarer Prozess ist adaptiert und messbar.

Umgekehrt zeigt man wie für Messbarkeit:

▸ **Satz 15.16** Ein adaptierter stochastischer Prozess $(X_t, \mathcal{A}_t)_{t\geq 0}$ in einem metrischen Raum mit rechtsseitig stetigen Pfaden ist progressiv messbar.

▸ **Satz 15.17** Sei $(X_t, \mathcal{A}_t)_{t\geq 0}$ ein progressiv messbarer Prozess und τ eine Markov-Zeit bzgl. $(\mathcal{A}_t)_{t\geq 0}$. Dann ist X_τ $\mathcal{A}_\tau$-messbar auf $\{\tau < \infty\}$.

Beweis: Wir müssen zeigen, dass $\{X_\tau \in B\} \cap \{\tau \leq t\} \in \mathcal{A}_t$ für $B \in \mathcal{B}$ und $t \geq 0$ ist.

Sei also $B \in \mathcal{B}$ und $t \geq 0$. Wir setzen $\sigma = \inf(\tau, t)$. σ ist eine Stoppzeit mit $\sigma \leq t$. Wir zerlegen

$$\begin{aligned}\{X_\tau \in B\} \cap \{\tau \leq t\} &= (\{X_\tau \in B\} \cap (\tau < t\}) \cup (\{X_\tau \in B\} \cap \{\tau = t\}) \\ &= (\{X_\sigma \in B\} \cap \{\tau < t\}) \cup (\{X_t \in B\} \cap \{\tau = t\})\,.\end{aligned}$$

Da $\{\tau < t\}, \{\tau = t\}, \{X_t \in B\} \in \mathcal{A}_t$ sind, bleibt zu zeigen, dass X_σ $\mathcal{A}_t$-messbar ist. Das folgt wie die Messbarkeit von X_τ, indem wir X auf $[0,t]$ bzgl. der σ-Algebra $\mathcal{A}_t \otimes \mathcal{B}([0,t])$ einschränken.

Sätze über Stoppzeiten lassen sich unter geeigneten Voraussetzungen durch die Wahl einer approximierenden Folge nach Satz 15.7 auf die entsprechenden Sätze für diskrete

Verteilungen zurückführen. Wir beweisen jetzt auf diese Weise das Optional Sampling Theorem. Da wir für alle approximierenden Stoppzeiten das Optional Sampling Theorem benötigen, beschränken wir uns auf gleichmäßig integrierbare Submartingale und auf beschränkte Stoppzeiten.

Optional Sampling Theorem 15.18

1. Sei $(X_t, \mathcal{A}_t)_{t\geq 0}$ ein gleichmäßig integrierbares Submartingal mit rechtsseitig stetigen Pfaden. Dann ist $E|X_\tau| < \infty$ für jede Stoppzeit τ und für Stoppzeiten $\sigma \leq \tau$ ist $E(X_\tau|\mathcal{A}_\sigma) \geq X_\sigma$ f.s.
2. Sei $(X_t, \mathcal{A}_t)_{t\geq 0}$ ein Submartingal mit $EX_0 > -\infty$ und rechtsseitig stetigen Pfaden. Dann gilt die Behauptung 1 für alle beschränkten Stoppzeiten $\sigma < \tau$.

Beweis:

1. Beim Beweis der Ungleichung wird sich auch die Endlichkeit des Erwartungswerts ergeben.
   Seien also σ und τ Stoppzeiten mit $\sigma \leq \tau$. Nach Satz 15.7 existieren Folgen von Stoppzeiten $(\sigma_n)_{n\geq 1}$ und $(\tau_n)_{n\geq 1}$ mit diskreter Verteilung, so dass $\sigma_n \downarrow \sigma$ und $\tau_n \downarrow \tau$ für $n \to \infty$ konvergieren. Wir können ohne Einschränkung annehmen, dass $\sigma_n \leq \tau_n$ für alle $n \geq 1$. Das gilt z. B. für die gleichzeitige Konstruktion von $(\sigma_n)_{n\geq 1}$ und $(\tau_n)_{n\geq 1}$ nach dem Beweis von Satz 15.7. Aus dem Optional Sampling Theorem für diskrete Zeiten folgt $E(X_{\tau_n}|\mathcal{A}_{\sigma_n}) \geq X_{\sigma_n}$ für $n \geq 1$ mit der Endlichkeit der Erwartungswerte. Wir zeigen, dass diese Ungleichung im Grenzwert erhalten bleibt.
   Aus der rechtsseitigen Stetigkeit der Pfade folgt die punktweise Konvergenz $X_{\sigma_n} \to X_\sigma$ und $X_{\tau_n} \to X_\tau$ für $n \to \infty$.
   Da die Folge $(\sigma_n)_{n\geq 1}$ monoton fallend ist, folgt aus dem Optional Sampling Theorem für diskrete Zeiten, dass $(X_{\sigma_n}, \mathcal{A}_{\sigma_n})_{n\geq 0}$ ein inverses Submartingal ist. Da $EX_{\sigma_n} \geq EX_0$ für alle $n \geq 1$ ist, folgt aus dem 3. Konvergenzsatz, dass $E|X_\sigma| < \infty$ ist und $X_{\sigma_n} \to X_\sigma$ für $n \to \infty$ in L^1 konvergiert. Genauso folgt die Konvergenz $X_{\tau_n} \to X_\tau$ für $n \to \infty$ in L^1.
   Für alle $A \in \mathcal{A}_\sigma$ und $n \geq 1$ ist $A \in \mathcal{A}_{\sigma_n}$ und $\int_A X_{\tau_n}\, \mathrm{d}P \geq \int_A X_{\sigma_n}\, \mathrm{d}P$. Aus der L^1-Konvergenz folgt $\int_A X_\tau\, \mathrm{d}P \geq \int_A X_\sigma\, \mathrm{d}P$ für alle $A \in \mathcal{A}_\sigma$ und damit $E(X_\tau|\mathcal{A}_\sigma) \geq X_\sigma$.
   Bei diesem Beweis wird der Vorteil der rechtsseitigen Stetigkeit der Pfade deutlich.
2. Der Beweis von 1 lässt sich direkt auf diesen Fall übertragen.

Anmerkung: Analog zu Korollar 14.18 folgt unter den Voraussetzungen von Satz 15.18, dass ein Submartingal an den Zeiten einer entsprechenden Familie von wachsenden Stoppzeiten auch ein Submartingal ist.

Als Anwendung zeigen wir, dass ein zu einer Markov-Zeit τ gestopptes Martingal ein Martingal bleibt.

Allgemein bezeichnen wir einen zu einer Markov-Zeit τ gestoppten Prozess $X = (X_t)_{t\geq 0}$ mit $X^\tau = (X_{\inf(t,\tau)})_{t\geq 0}$.

▸ **Korollar 15.19** Sei $(X_t, \mathcal{A}_t)_{t\geq 0}$ ein Martingal mit rechtsseitig stetigen Pfaden und τ eine Markov-Zeit. Dann ist auch $(X_t^\tau, \mathcal{A}_t)_{t\geq 0}$ ein Martingal mit rechtsseitig stetigen Pfaden.

Beweis: Der gestoppte Prozess hat offensichtlich rechtsseitig stetige Pfade.

Da die Zeiten $\inf(t, \tau)$ beschränkte Stoppzeiten sind, ist nach dem Optional Sampling Theorem 15.18.2 der zur Zeit τ gestoppte Prozess $(X_t^\tau, A_{\inf(t,\tau)})_{t\geq 0}$ ein Martingal. Wir zeigen, dass dann auch $(X_t^\tau, A_t)_{t\geq 0}$ ein Martingal ist.

Wir formulieren diese Behauptung als Lemma. Wir werden sie z. B. im Beweis von Satz 18.20 brauchen.

▸ **Lemma 15.20** Sei $(X_t, \mathcal{A}_t)_{t\geq 0}$ ein adaptierter stochastischer Prozess mit rechtsseitig stetigen Pfaden und τ eine Markov-Zeit. Dann ist $(X_t^\tau, \mathcal{A}_t)_{t\geq 0}$ genau dann ein Martingal, wenn $(X_t^\tau, \mathcal{A}_{\inf(t,\tau)})_{t\geq 0}$ ein Martingal ist.

Beweis: Wenn $(X_t^\tau, A_t)_{t\geq 0}$ ein Martingal ist, dann ist auch $(X_t^\tau, \mathcal{A}_{\inf(t,\tau)})_{t\geq 0}$ ein Martingal, da $(\mathcal{A}_{\inf(t,\tau)})_{t\geq 0}$ eine Unterfiltrierung von $(\mathcal{A}_t)_{t\geq 0}$ ist.

Sei nun $(X_t^\tau, \mathcal{A}_{\inf(t,\tau)})_{t\geq 0}$ ein Martingal. Für $0 \leq s < t$ ist $E(X_t^\tau | \mathcal{A}_{\inf(t,\tau)}) = X_t^\tau$. Um zu beweisen, dass $(X_t^\tau, \mathcal{A}_t)_{t\geq 0}$ ein Martingal ist, zeigen wir, dass $E(X_t^\tau | \mathcal{A}_{\inf(s,\tau)}) = E(X_t^\tau | \mathcal{A}_s)$ für $0 \leq s < t$ ist.

Nach Satz 13.12 ist $E(X_t^\tau | \mathcal{A}_{\inf(s,\tau)}) = E(E(X_t^\tau | \mathcal{A}_s) | \mathcal{A}_{\inf(s,\tau)})$.

Wir zeigen, dass $E(X_t^\tau | \mathcal{A}_s) \mathcal{A}_\tau$-messbar ist. Da $X_t^\tau 1_{\{\tau<s\}}$ $\mathcal{A}_s$-messbar ist, ist

$$E(X_t^\tau | \mathcal{A}_s) = E(X_t^\tau 1_{\{\tau<s\}} + X_t^\tau 1_{\{\tau\geq s\}} | \mathcal{A}_s) = X_t^\tau 1_{\{\tau<s\}} + 1_{\{\tau\geq s\}} E(X_t^\tau | \mathcal{A}_s).$$

Nach Satz 15.6.5, übertragen auf messbare Funktionen, ist $1_{\{\tau\geq s\}} E(X_t^\tau | \mathcal{A}_s) \mathcal{A}_\tau$-messbar, und es folgt die $\mathcal{A}_\tau$-Messbarkeit von $E(X_t^\tau | \mathcal{A}_s)$.

Damit ist $E(X_t^\tau | \mathcal{A}_s) | A_{\inf(s,\tau)} = \mathcal{A}_s \cap \mathcal{A}_\tau$-messbar, und es folgt $E(X_t^\tau | \mathcal{A}_{\inf(s,\tau)}) = E(X_t^\tau | \mathcal{A}_s)$.

Markov-Prozesse

16

Als wir im 11. Kapitel begonnen haben, uns mit stochastischen Prozessen zu beschäftigen, haben wir bereits Markov-Prozesse zu gegebenen Übergangswahrscheinlichkeiten und Anfangsverteilung durch ihre endlich-dimensionalen Verteilungen eingeführt. Mit Hilfe der bedingten Erwartung konnten wir Markov-Prozesse dann allgemein definieren. Wir wollen sie jetzt genauer untersuchen. Vor allem werden wir Markov-Prozesse behandeln, deren infinitesimales Verhalten wie im Fall von Markov'schen Sprungprozessen z. B. durch Modellannahmen vorgegeben ist. Dabei spielen ebenfalls Vorwärts- und Rückwärtsgleichungen, die in diesem Fall partielle Differentialgleichungen sind, eine wichtige Rolle. Anschließend beweisen wir unter geeigneten Voraussetzungen die Realisierbarkeit von Markov-Prozessen mit regulären Pfaden und die starke Markov Eigenschaft.

16.1 Grundlagen

Wir verallgemeinern zunächst die Definition 13.4 von Markov-Prozessen auf adaptierte Prozesse.

▸ **Definition 16.1** Ein adaptierter stochastischer Prozess $(X_t, \mathcal{A}_t)_{t\geq 0}$ mit Zustandsraum $(E, \mathcal{B})$ heißt ein *Markov-Prozess*, wenn für alle $0 \leq t < u$ und $A \in \mathcal{B}$ gilt:

$$P(X_u \in A|\mathcal{A}_t) = P(X_u \in A|X_t) \text{ f.s.}$$

Analog zu (13.2b) bedeutet die Gleichheit der bedingten Wahrscheinlichkeiten

$$P(B \cap \{X_u \in A\}) = \int_B P(X_u \in A|X_t)\, \mathrm{d}P \quad \text{für alle } B \in \mathcal{A}_t\,.$$

M. Mürmann, *Wahrscheinlichkeitstheorie und Stochastische Prozesse*,
DOI 10.1007/978-3-642-38160-7_16, © Springer-Verlag Berlin Heidelberg 2014

Gelegentlich weisen wir die Markov-Eigenschaft auch nach, indem wir zeigen, dass $P(X_u \in A|\mathcal{A}_t)$ $\sigma(X_t)$-messbar ist, $P(X_u \in A|\mathcal{A}_t)$ also umgekehrt die definierenden Eigenschaften von $P(X_u \in A|X_t)$ erfüllt.

Im Falle der von dem Prozess $(X_t)_{t\geq 0}$ erzeugten Filtrierung $\mathcal{A}_t = \sigma(X_s, s \leq t)$ $(t \geq 0)$ bezeichnen wir analog zu Definition (13.2a) weiterhin kurz $(X_t)_{t\geq 0}$ als Markov-Prozess. Daneben ist auch die rechtsseitig stetige Variante $\mathcal{A}_t = \sigma(X_s, s \leq t)_+$ $(t \geq 0)$ von Bedeutung.

Aus der Markov-Eigenschaft folgen leicht die folgenden Verallgemeinerungen.

▸ **Satz 16.2** Sei $(X_t, \mathcal{A}_t)_{t\geq 0}$ ein Markov-Prozess mit Zustandsraum $(E, \mathcal{B})$. Dann gilt:

1. Für $0 \leq t < u$ und $f\colon E \to \mathbb{R}$ messbar mit $E|f(X_u)| < \infty$ ist $E(f(X_u)|A_t) = E(f(X_u)|X_t)$ f.s.
2. Für $t \geq 0$ und $B \in \sigma(X_u, u \geq t)$ ist $P(B|\mathcal{A}_t) = P(B|X_t)$ f.s.

Beweis:
1. Für $f = 1_A$ mit $A \in \mathcal{B}$ ist die Behauptung die Markov Eigenschaft. Der allgemeine Fall folgt daraus mit den üblichen Schritten in Beweisen von Integrationsaussagen.
2. Es genügt, die Behauptung für Mengen B von der Form $\{X_{u_1} \in A_1, \ldots, X_{u_n} \in A_n\}$ mit $t \leq u_1 < \ldots < u_n$ und $A_i \in \mathcal{B}$ für $1 \leq i \leq n$ zu beweisen, da das System aller Mengen dieser Form ein $\cap$-stabiles Erzeugendensystem von $\sigma(X_u, u \geq t)$ ist, das Ω enthält. Der Fall $n = 1$ ist die Markov Eigenschaft. Der allgemeine Fall folgt leicht mit vollständiger Induktion. Er ist eine gute Übung für den Umgang mit den Regeln der bedingten Erwartung (Übung 16.1).

Beispiel

Markov-Prozesse mit gegebenen Übergangswahrscheinlichkeiten Markov-Prozesse mit gegebenen Übergangswahrscheinlichkeiten und Anfangsverteilung haben wir bereits als Beispiel zu Satz 13.5 definiert. Für adaptierte Markov Prozesse bedeuten die durch ein System $(p_{t,u})_{0\leq t<u}$ von Markov-Kernen gegebenen Übergangswahrscheinlichkeiten, dass $P(X_u \in A|\mathcal{A}_t) = p_{t,u}(X_t, A)$ f.s. für $0 \leq t < u$, $A \in \mathcal{B}$ ist. Das System $(p_{t,u})_{0\leq t<u}$ erfüllt die Chapman-Kolmogorov Gleichungen. Für stationäre Übergangswahrscheinlichkeiten hängt $p_{s,s+t}$ für $s, t \geq 0$ nur von t ab und wird mit p_t bezeichnet.

16.2 Markov-Prozesse und Halbgruppen

Wir wollen jetzt die stationären Übergangswahrscheinlichkeiten von Markov-Prozessen bestimmen, deren infinitesimales Verhalten gegeben ist. Die wichtigste Methode dazu ist die funktionalanalytische Theorie der Halbgruppen, die wir nun, soweit wir sie für unsere Zwecke benötigen, am entsprechenden Beispiel entwickeln werden.

Sei $(X_t, \mathcal{A}_t)_{t\geq 0}$ ein Markov-Prozess mit zunächst beliebigem Zustandsraum $(E, \mathcal{B})$ und stationären Übergangswahrscheinlichkeiten $(p_t)_{t>0}$. Später werden wir uns auf spezielle Zustandsräume einschränken müssen.

Wir stellen die Übergangswahrscheinlichkeiten $(p_t)_{t>0}$ durch lineare Operatoren auf dem folgenden Banach-Raum dar.

▸ **Definition 16.3** Sei $(E, \mathcal{B})$ ein messbarer Raum, $B(\mathcal{B})$ bezeichne die Menge aller $\mathcal{B}$-messbaren, beschränkten Funktionen $f\colon E \to \mathbb{R}$ mit der Supremumsnorm $\|f\| = \sup\{|f(x)| : x \in E\}$.

Man zeigt leicht (Übung):

▸ **Bemerkung 16.4** $(B(\mathcal{B}), \|.\|)$ ist ein Banach-Raum.

Auf $B(\mathcal{B})$ definieren wir die linearen Operatoren T_t $(t \geq 0)$ durch

$$(T_t f)(x) = \int f(y) p_t(x, \mathrm{d}\, y)(x \in E) \text{ für } t > 0, T_0 f = f \text{ für } f \in B(\mathcal{B}). \tag{16.1}$$

Es ist $T_t f(X_s) = E(f(X_{t+s})|X_s) = E(f(X_{t+s})|\mathcal{A}_s)$ für $s, t \geq 0$. Durch $T_t f(X_s) = E(f(X_{t+s})|X_s)$ für $s, t \geq 0$ ist $T_t f$ charakterisiert. Denn speziell für $s = 0$ mit einem beliebigen konstanten Anfangswert $X_0 = x$ ist $T_t f(x) = E_x(f(X_t))$, wobei E_x den Erwartungswert in Abhängigkeit vom Anfangswert x bezeichnet.

▸ **Satz 16.5** Die Operatoren T_t $(t \geq 0)$ haben die Eigenschaften

1. Für $f \in B(\mathcal{B})$ ist $T_t f \in B(\mathcal{B})$, $\|T_t f\| < \|f\|$ für $t \geq 0$.
2. $T_{t+s} = T_t T_s$ für $t, s > 0$.

Das Produkt der Operatoren bedeutet dabei ihre Hintereinanderschaltung. Behauptung 2 ist die Halbgruppeneigenschaft. Aus ihr folgt, dass die Operatoren T_t $(t \geq 0)$ kommutieren, d. h. dass $T_t T_s = T_t T_s$ für $t, s \geq 0$ ist.

Beweis:

1. Der Fall $t = 0$ ist trivial.
   Für $t > 0$ und $f = 1_A$ mit $A \in \mathcal{B}$ ist $(T_t 1_A)(x) = p_t(x, A)$ $(x \in E)$ und $T_t 1_A$ daher $\mathcal{B}$-messbar und beschränkt. Mit den bekannten Schritten folgt die $\mathcal{B}$-Messbarkeit von $T_t f$ für alle $f \in B(\mathcal{B})$.
   Für $x \in E$ ist $|(T_t f)(x)| = |\int f(y) p_t(x, \mathrm{d}\, y)| \leq \int \|f\| p_t(x, \mathrm{d}\, y) = \|f\|$.
   Daher ist $T_t f$ beschränkt mit Norm $\|T_t f\| \leq \|f\|$.
2. Die Halbgruppeneigenschaft folgt aus den Chapman-Kolmogorov Gleichungen:

$$\begin{aligned}(T_{t+s} f)(x) &= \int f(y) p_{t+s}(x, \mathrm{d}\, y) = \int f(y) \int p_t(x, \mathrm{d}\, z) p_s(z, \mathrm{d}\, y) \\ &= \int (T_s f)(z) p_t(x, \mathrm{d}\, z) = (T_t(T_s f))(x).\end{aligned}$$

Sie lässt sich auch mit der Darstellung $T_{t+s}f(X_r) = E(f(X_{t+s+r})|X_r)$ $(t, s, r \geq 0)$ mit Hilfe der Markov-Eigenschaft beweisen. Wir empfehlen die einfache Durchführung als Übung.

Für die weitere Theorie benötigen wir zusätzlich die stetige Abhängigkeit von t. Es zeigt sich, dass dazu die rechtsseitige Stetigkeit an der Stelle $t = 0$ genügt. Wir definieren daher den folgenden Teilraum.

▸ **Definition 16.6** $B_0(\mathcal{B})$ bezeichne den Teilraum aller Funktionen $f \in B(\mathcal{B})$, für die $T_h f \to f$ für $h \downarrow 0$ konvergiert.

▸ **Satz 16.7**

1. $B_0(\mathcal{B})$ ist ein abgeschlossener Teilraum von $B(\mathcal{B})$ und damit ebenfalls ein Banach-Raum.
2. Für $t \geq 0$ ist $T_t(B_0(\mathcal{B})) \subset B_0(\mathcal{B})$.
3. Für $f \in B_0(\mathcal{B})$ ist $T_t f$ in Abhängigkeit von t stetig.

Beweis:

1. Dass $B_0(\mathcal{B})$ ein Vektorraum ist, ist klar.
   Seien $f_n \in B_0(\mathcal{B})$ $(n \geq 1)$ und $f \in B(\mathcal{B})$ mit $f_n \to f$ für $n \to \infty$.
   Für $h > 0$ ist mit einem beliebigen $n \geq 1$

   $$T_h f - f = T_h(f - f_n) + (T_h f_n - f_n) + (f_n - f)\,.$$

   Mit Satz 16.5 folgt

   $$\|T_h f - f\| \leq \|f - f_n\| + \|T_h f_n - f_n\| + \|f - f_n\|\,.$$

   Zu $\varepsilon > 0$ sei $n_0 \geq 1$ mit $\|f - f_n\| \leq \frac{\varepsilon}{3}$ für $n \geq n_0$. Wir nehmen ein beliebiges $n \geq n_0$. Zu diesem n existiert ein $\delta > 0$ mit $\|T_h f_n - f_n\| \leq \frac{\varepsilon}{3}$ für $0 < h \leq \delta$. Es folgt $\|T_h f - f\| \leq \varepsilon$ für $0 < h \leq \delta$.
2. folgt aus $\|T_h(T_t f) - T_t f\| = \|T_t(T_h f - f)\| \leq \|T_h f - f\|$ für $t, h \geq 0$.
3. Zur Abschätzung von $\|T_t f - T_s f\|$ können wir ohne Einschränkung $t \geq s \geq 0$ annehmen. Die Stetigkeit folgt aus der rechtsseitigen Stetigkeit an der Stelle $t = 0$ mit

   $$\|T_t f - T_s f\| = \|T_s T_{t-s} f - T_s f\| = \|T_s(T_{t-s} f - f)\| \leq \|T_{t-s} f - f\|\,.$$

Für einen beliebigen Banach-Raum $(B, \|.\|)$ heißt eine Familie $(T_t)_{t\geq 0}$ von linearen Operatoren $T_t\colon B \to B$ $(t \geq 0)$ eine Kontraktionshalbgruppe, wenn sie die Bedingungen

$$\|T_t f\| \leq \|f\| \quad \text{für} \quad t \geq 0, f \in B$$
$$T_{t+s} = T_t T_s \quad \text{für} \quad t, s \geq 0$$

erfüllt, und eine stetige Kontraktionshalbgruppe, wenn zusätzlich für alle $f \in B$

$$T_h f \to f \quad \text{für} \quad h \downarrow 0$$

konvergiert.

Wie wir gezeigt haben, bilden die durch (16.1) definierten Operatoren $(T_t)_{t\geq 0}$ eine Kontraktionshalbgruppe und ihre Restriktion auf $B_0(\mathcal{B})$ eine stetige Kontraktionshalbgruppe. Da wir beim Beweis von Satz 16.7.3 nur die Eigenschaften einer stetigen Kontraktionshalbgruppe benutzt haben, gilt die Behauptung für beliebige stetige Kontraktionshalbgruppen. Wir beschränken uns im folgenden jedoch auf die durch (16.1) definierte Halbgruppe auf $B_0(\mathcal{B})$. Mit Kenntnissen aus der Funktionalanalysis kann man die folgenden Ergebnisse leicht auf beliebige stetige Kontraktionshalbgruppen übertragen. Gelegentlich werden wir die allgemeine Theorie erwähnen.

Die Halbgruppeneigenschaft erinnert an die Fuktionalgleichung $f(t+s) = f(t) \cdot f(s)$ reellwertiger Funktionen, in diesem Fall für $t, s \geq 0$. Alle stetigen Lösungen dieser Gleichung sind Exponentialfunktionen $f(t) = \mathrm{e}^{ct}$ $(t \geq 0)$ mit $c = f'(0)$. Auch dazu genügt die rechtsseitige Stetigkeit an der Stelle $t = 0$.

Wir lassen uns von dieser Analogie leiten. In speziellen Fällen ist tatsächlich $(T_t)_{t\geq 0}$ in der Form $T_t = \mathrm{e}^{tA}$ $(t \geq 0)$ als Exponentialreihe mit einem Operator A darstellbar (s. Korollar 16.19). Das ist jedoch die Ausnahme. Selbst die Ableitung von $T_t f$ nach t existiert i. A. nicht für alle $f \in B_0(\mathcal{B})$. Dennoch lässt sich $(T_t)_{t\geq 0}$ stets aus dem infinitesimalen Verhalten ableiten, wie wir jetzt zeigen werden. Dazu untersuchen wir die Ableitung von $T_t f$ nach t für die Funktionen $f \in B_0(\mathcal{B})$, für welche die Ableitung existiert. Analog zur Stetigkeit genügt die rechtsseitige Differenzierbarkeit an der Stelle $t = 0$.

▸ **Definition 16.8** Der Operator $Af = \lim_{h\downarrow 0} \frac{T_h f - f}{h}$ mit dem Definitionsbereich $\mathcal{D}(A)$ der Menge aller Funktionen $f \in B_0(\mathcal{B})$, für die dieser Grenzwert in $B_0(\mathcal{B})$ existiert, heißt *der infinitesimale Generator* der Halbgruppe $(T_t)_{t\geq 0}$.

Es ist klar, dass $\mathcal{D}(A)$ ein linearer Teilraum von $B_0(\mathcal{B})$ und A ein linearer Operator auf $\mathcal{D}(A)$ ist. Es gelten die weiteren Eigenschaften:

▸ **Satz 16.9**

1. $\mathcal{D}(A)$ ist dicht in $B_0(\mathcal{B})$.
2. Für $t \geq 0$ ist $T_t(\mathcal{D}(A)) \subset \mathcal{D}(A)$.
3. Für $f \in \mathcal{D}(A)$ ist $T_t f$ in Abhängigkeit von t differenzierbar mit der Ableitung

$$\frac{\mathrm{d}}{\mathrm{d}t}(T_t f) = T_t(Af) = A(T_t f)\ (t \geq 0)\,.$$

Aus 3 folgt, dass die Operatoren $(T_t)_{t\geq 0}$ mit A kommutieren.

Beweis:

1. Zur Approximation von $f \in B_0(\mathcal{B})$ durch Elemente aus $\mathcal{D}(A)$ definieren wir für $t > 0$ das Banach-Raum-wertige Riemann-Integral $f_t = \int_0^t T_s f \,\mathrm{d}s$ als Grenzwert in $B_0(\mathcal{B})$ von Riemann-Summen oder punktweise durch $f_t(x) = \int_0^t (T_s f)(x)\,\mathrm{d}s$ für $x \in E$. Denn das Riemann-Integral in $B_0(\mathcal{B})$ entspricht der gleichmäßigen Konvergenz der Definition des punktweisen Integrals.
   Wir zeigen, dass $f_t \in \mathcal{D}(A)$ für $t > 0$ ist. Da die Operatoren $(T_t)_{t\geq 0}$ linear und stetig bzgl. gleichmäßiger Konvergenz sind, vertauschen sie mit dem Integral. Für $h > 0$ ist daher

$$T_h f_t = \int_0^t T_h T_s f \,\mathrm{d}s = \int_0^t T_{h+s} f \,\mathrm{d}s = \int_h^{h+t} T_s f \,\mathrm{d}s$$

$$\frac{1}{h}(T_h f_t - f_t) = \frac{1}{h}\left(\int_0^{h+t} T_s f \,\mathrm{d}s - \int_0^t T_s f \,\mathrm{d}s\right) = \frac{1}{h}\int_t^{h+t} T_s f \,\mathrm{d}s - \frac{1}{h}\int_0^h T_s f \,\mathrm{d}s\,.$$

   Aus der Stetigkeit der Halbgruppe folgt die Konvergenz $\frac{1}{h}(T_h f_t - f_t) \to T_t f - f$ für $h \downarrow 0$. Damit ist $f_t \in \mathcal{D}(A)$ und $\frac{1}{t} f_t \in \mathcal{D}(A)$. Analog folgt die Konvergenz $\frac{1}{t} f_t = \frac{1}{t}\int_0^t T_s f \,\mathrm{d}s \to f$ für $t \downarrow 0$ und damit die gesuchte Approximation.

2., 3. Wir beweisen 2 und 3 zusammen.
   Sei $f \in \mathcal{D}(A)$. Für $t \geq 0$ folgt aus der Konvergenz

$$\frac{T_{t+h} f - T_t f}{h} = \frac{T_t T_h f - T_t f}{h} = T_t\left(\frac{T_h f - f}{h}\right) \to T_t(Af) \quad \text{für} \quad h \downarrow 0 \tag{16.2}$$

   die rechtsseitige Differenzierbarkeit von $T_t f$ mit der rechtsseitigen Ableitung $T_t(Af)$. Da andererseits

$$\frac{T_{t+h} f - T_t f}{h} = \frac{T_h(T_t f) - T_t f}{h}$$

   ist, liefert die Existenz des Grenzwerts (16.2) auch, dass $T_t f \in \mathcal{D}(A)$ mit $A(T_t f) = T_t(Af)$ ist. Die linksseitige Differenzierbarkeit mit der gleichen Ableitung $T_t(Af)$ für $t > 0$ folgt aus der Abschätzung für $t > t - h > 0$:

$$\left\|\frac{T_{t-h} f - T_t f}{-h} - T_t(Af)\right\| = \left\|T_{t-h}\left(\frac{T_h f - f}{h} - T_h(Af)\right)\right\| \leq \left\|\frac{T_h f - f}{h} - T_h(Af)\right\|$$
$$\leq \left\|\frac{T_h f - f}{h} - Af\right\| + \|Af - T_h(Af)\| \to 0 \quad \text{für} \quad h \downarrow 0\,.$$

Resolvente Ein wichtiges analytisches Hilfsmittel zur Untersuchung der Beziehung zwischen einer Halbgruppe und ihrem infinitesimalen Generator ist die Resolvente. Sie entspricht der Laplace-Transformation reellwertiger Funktionen.

▸ **Definition 16.10** Die *Resolvente* einer stetigen Kontraktionshalbgruppe $(T_t)_{t\geq 0}$ auf $B_0(\mathcal{B})$ ist die Familie der Operatoren $(R_\lambda)_{\lambda>0}$ auf $B_0(\mathcal{B})$, die durch $R_\lambda f = \int_0^\infty \mathrm{e}^{-\lambda t}(T_t f)\,\mathrm{d}\,t$ für $f \in B_0(\mathcal{B})$ und $\lambda > 0$ definiert ist.

Zur Rechtfertigung von Definition 16.10 zeigen wir:

▸ **Bemerkung 16.11** Für $f \in B_0(\mathcal{B})$ und $\lambda > 0$ existiert $R_\lambda f$ in $B_0(\mathcal{B})$ mit $\|R_\lambda f\| \leq \frac{\|f\|}{\lambda}$. R_λ ist ein linearer Operator auf $B_0(\mathcal{B})$.

Beweis: Das uneigentliche Integral existiert als uneigentliches Riemann-Integral in $B_0(\mathcal{B})$ bzw. gleichmäßig punktweise, da $T_t f$ in Abhängigkeit von t stetig mit $|\mathrm{e}^{-\lambda t}(T_t f)(x)| \leq \mathrm{e}^{-\lambda t}\|f\|$ für alle $x \in E$ ist. Daraus folgt auch die Ungleichung $\left|\int_0^\infty \mathrm{e}^{-\lambda t}(T_t f)(x)\,\mathrm{d}\,t\right| \leq \int_0^\infty \mathrm{e}^{-\lambda t}\|f\|\,\mathrm{d}\,t = \frac{\|f\|}{\lambda}$. Die Linearität von R_λ ist klar, und die Stetigkeit folgt aus $\|R_\lambda f\| \leq \frac{\|f\|}{\lambda}$.

▸ **Korollar 16.12** Für $f \in B_0(\mathcal{B})$ konvergiert $\lambda R_\lambda f \to f$ für $\lambda \to \infty$.

Beweis: Für $f \in B_0(\mathcal{B})$ und $\lambda > 0$ folgt mit Substitution

$$\lambda R_\lambda f = \lambda \int_0^\infty \mathrm{e}^{-\lambda t}(T_t f)\,\mathrm{d}\,t = \int_0^\infty \mathrm{e}^{-t}(T_{t/\lambda} f)\,\mathrm{d}\,t$$

und damit

$$\|\lambda R_\lambda f - f\| = \left\| \int_0^\infty \mathrm{e}^{-t}(T_{t/\lambda} f - f)\,\mathrm{d}\,t \right\| \leq \int_0^\infty \mathrm{e}^{-t}\left\|T_{t/\lambda} f - f\right\|\mathrm{d}\,t\,.$$

Für $\lambda \to \infty$ konvergiert $\|T_{t/\lambda} f - f\| \to 0$ für alle $t \geq 0$. Da $\|T_{t/\lambda} f - f\| \leq \|T_{t/\lambda} f\| + \|f\| < 2\|f\|$ ist, folgt mit majorisierter Konvergenz $\int_0^\infty \mathrm{e}^{-t}\left\|T_{t/\lambda} f - f\right\|\mathrm{d}\,t \to 0$ für $\lambda \to \infty$.

Wir lassen uns weiter von der Analogie $T_t = \mathrm{e}^{tA}$ $(t \geq 0)$ leiten. Setzen wir formal diesen Ausdruck in das Integral ein und integrieren ihn wie reelle Funktionen, so erhalten wir

$$R_\lambda = \int_0^\infty \mathrm{e}^{-\lambda t}\mathrm{e}^{tA}\,\mathrm{d}\,t = \int_0^\infty \mathrm{e}^{t(A-\lambda Id)}\,\mathrm{d}\,t = \mathrm{e}^{t(A-\lambda Id)}(A-\lambda Id)^{-1}\Big|_0^\infty = -(A-\lambda Id)^{-1} = (\lambda Id - A)^{-1}.$$

Obwohl, wie schon erwähnt, $(T_t)_{t\geq 0}$ i. A. nicht von dieser Form ist und auch die Integration nicht exakt war, gilt tatsächlich:

▸ **Satz 16.13** Für $\lambda > 0$ ist der Operator $\lambda Id - A\colon \mathcal{D}(A) \to B_0(\mathcal{B})$ bijektiv mit dem inversen Operator $(\lambda Id - A)^{-1} = R_\lambda$.

Beweis:

1. $\lambda Id - A$ ist surjektiv mit rechtsseitiger Inverse R_λ.
   Da das Integral $\int_0^\infty e^{-\lambda t}(T_t f)\,dt$ außerhalb eines genügend großen beschränkten Intervalls $[0, T]$ bzgl. der gleichmäßigen Norm beliebig klein ist, folgt mit einer einfachen Abschätzung, dass wie beim eigentlichen Integral die Operatoren $(T_t)_{t\geq 0}$ mit dem Integral vertauschen. Die Operatoren $(R_\lambda)_{\lambda>0}$ kommutieren daher mit den Operatoren $(T_t)_{t\geq 0}$. Für die durch (16.1) definierte Halbgruppe $(T_t)_{t\geq 0}$ folgt das auch aus dem Satz von Fubini. Für $f \in B_0(\mathcal{B})$ und $h > 0$ folgt

$$T_h(R_\lambda f) = \int_0^\infty e^{-\lambda t}(T_h T_t f)\,dt = \int_0^\infty e^{-\lambda t}(T_{t+h} f)\,dt = \int_h^\infty e^{-\lambda(t-h)}(T_t f)\,dt$$
$$= e^{\lambda h}\int_h^\infty e^{-\lambda t}(T_t f)\,dt = e^{\lambda h}\left(R_\lambda f - \int_0^h e^{-\lambda t}(T_t f)\,dt\right)$$

   und es konvergiert

$$\frac{1}{h}(T_h(R_\lambda f) - R_\lambda f) = \frac{e^{\lambda h}-1}{h}\cdot R_\lambda f - \frac{e^{\lambda h}}{h}\int_0^h (T_t f)\,dt \to \lambda R_\lambda f - f \text{ für } h \downarrow 0\,.$$

   Es folgt, dass $R_\lambda f \in \mathcal{D}(A)$ mit $A(R_\lambda f) = \lambda R_\lambda f - f$, also $(\lambda Id - A)(R_\lambda f) = f$ ist, und damit 1.
2. $\lambda Id - A$ ist injektiv mit linksseitiger Inverse R_λ.
   Wir zeigen zunächst, dass A mit $(R_\lambda)_{\lambda>0}$ kommutiert.
   Sei $g \in \mathcal{D}(A)$. Da A mit $(T_t)_{t\geq 0}$ kommutiert, ist $R_\lambda(Ag) = \int_0^\infty e^{-\lambda t}T_t(Ag)\,dt = \int_0^\infty e^{-\lambda t}A(T_t g)\,dt$.
   Wie im Beweis von Satz 16.9 gezeigt, konvergiert $\frac{T_{t+h}g - T_t g}{h} \to A(T_t g)$ für $h \downarrow 0$.
   Wir dürfen den Grenzwert mit dem Integral vertauschen. Denn die Ungleichung $\left\|\frac{T_{t+h}g-T_t g}{h}\right\| \leq \left\|\frac{T_h g - g}{h}\right\|$ mit einer von t unabhängigen Schranke, die für $h \downarrow 0$ konvergiert und daher beschränkt ist, liefert eine integrierbare Majorante.
   Damit ist $R_\lambda(Ag) = \int_0^\infty e^{-\lambda t}A(T_t g)\,dt = A\left(\int_0^\infty e^{-\lambda t}(T_t g)\,dt\right) = A(R_\lambda g)$, also $R_\lambda(Ag) = A(R_\lambda g)$.
   Aus $R_\lambda(\lambda Id - A)(g) = (\lambda Id - A)(R_\lambda g) = g$ folgt, dass R_λ auch linksseitige Inverse von $\lambda Id - A$ ist, sowie die Injektivität. Denn aus $(\lambda Id - A)g = f$ folgt $g = R_\lambda f$.

Nach Satz 16.13 legt der infinitesimale Generator die Resolvente eindeutig fest. Dass durch diese die Halbgruppe eindeutig bestimmt ist, zeigen wir jetzt mit der Eindeutigkeit der Laplace-Transformation.

▸ **Satz 16.14** Eine messbare Funktion $u\colon \mathbb{R}^+ \to \mathbb{R}$, für die Konstanten $C, m \geq 0$ existieren, so dass $|u(t)| \leq Ce^{mt}$ für alle $t \geq 0$ ist, ist durch ihre Laplace-Transformation

$\varphi(\lambda) = \int_0^\infty e^{-\lambda t} u(t)\,dt$ für $\lambda > a$ mit einem beliebigen $a > m$ f.ü. bzgl. des Lebesgue-Maßes eindeutig bestimmt.

Wir führen den Beweis mit stochastischen Hilfsmitteln mit dem folgenden Lemma.

▸ **Lemma 16.15** Sei $t > 0$. Für $n \to \infty$ konvergiert $\sum_{k \le nT} e^{-nt} \frac{(nt)^k}{k!}$ gegen 0 für $T < t$ und gegen 1 für $T > t$.

Beweis: Für $n \ge 1$ sei S_n die Summe von n unabhängigen, mit Parameter t poissonverteilten Zufallsvariablen. Nach dem starken Gesetz der großen Zahlen konvergiert $\frac{S_n}{n} \to t$ f.s. und nach Satz 7.11 daher auch in Verteilung für $n \to \infty$. Da S_n mit Parameter nt poissonverteilt ist, folgt mit $P\left(\frac{S_n}{n} \le T\right) = \sum_{k \le nT} e^{-nt} \frac{(nt)^k}{k!}$ die Behauptung.

Beweis von Satz 16.14: Wir beweisen den Satz zunächst für Funktionen u, die bzgl. des Lebesgue-Maßes auf $\mathbb{R}^+$ integrierbar sind.

Die Laplace-Transformation ist unendlich oft differenzierbar mit den Ableitungen

$$\varphi^{(k)}(\lambda) = \int_0^\infty e^{-\lambda t} (-t)^k u(t)\,dt (\lambda > 0) \quad \text{für} \quad k \ge 0 .$$

Denn man darf die Ableitungen mit dem Integral vertauschen, wie man leicht mit majorisierter Konvergenz verifiziert (vgl. die entsprechenden Abschätzungen bei charakteristischen Funktionen im Beweis von Satz 8.14). Es folgt

$$\sum_{k \le nT} \frac{(-n)^k}{k!} \varphi^{(k)}(\lambda) = \int_0^\infty \sum_{k \le nT} \frac{(-n)^k}{k!} (-t)^k e^{-nt} u(t)\,dt = \int_0^\infty \sum_{k \le nT} \frac{(nt)^k}{k!} e^{-nt} u(t)\,dt .$$

Aus Lemma 16.15 folgt mit der Majorante $\sum_{k \le n\lambda} e^{-nt} \frac{(nt)^k}{k!} \le 1$ die Konvergenz

$$\int_0^\infty \sum_{k \le nT} \frac{(nt)^k}{k!} e^{-nt} u(t)\,dt \to \int_0^T u(t)\,dt \quad \text{für} \quad n \to \infty .$$

Damit sind die Integrale $\int_0^T u(t)\,dt$ für $T > 0$ eindeutig durch die Laplace-Transformation von u bestimmt. Wir haben sogar eine Umkehrformel abgeleitet. Nach dem Eindeutigkeitssatz folgt, dass u f.ü. bzgl. des Lebesgue-Maßes eindeutig bestimmt ist.

Für eine Funktion u mit $|u(t)| \le Ce^{mt}$ für $t \ge 0$ mit $C, m \ge 0$ und $a > m$ wenden wir den integrierbaren Fall an auf die Funktion $e^{-at} u(t)$ $(t \ge 0)$. Ihre Laplace-Transformation ist $\int_0^\infty e^{-\lambda t} e^{-at} u(t)\,dt = \varphi(\lambda + a)$ $(\lambda > 0)$ und damit durch die Laplace-Transformation von u für $\lambda > a$ gegeben. Daher ist $e^{-at} u(t)$ $(t \ge 0)$ und damit auch u f.ü. eindeutig durch die Laplace-Transformation von u für $\lambda > a$ bestimmt.

Der Beweis lässt sich leicht auf die Laplace-Transformation $\int_0^\infty e^{-\lambda t}\, d\,\mu(t)$ von signierten Maßen μ mit entsprechenden Wachstumsbeschränkungen übertragen.

Wenden wir Satz 16.14 für $x \in E$ auf das Integral $\int_0^\infty e^{-\lambda t}(T_t f)(x)\, d\,t$ an, so folgt:

▸ **Korollar 16.16** Eine stetige Kontraktionshalbgruppe ist durch ihre Resolvente eindeutig bestimmt.

Und mit Satz 16.13 schließlich

▸ **Satz 16.17** Eine stetige Kontraktionshalbgruppe ist durch ihren infinitesimalen Generator eindeutig bestimmt.

Konkret kann man die Halbgruppe $(T_t)_{t\geq 0}$ nach Satz 16.9.3 aus dem infinitesimalen Generator als Lösung der Gleichung $\frac{d}{d\,t}(T_t f) = A(T_t f)$ $(t \geq 0)$ für $f \in \mathcal{D}(A)$ bestimmen, die man stetig fortsetzt. Dazu müssen wir zeigen, dass die Lösung eindeutig ist.

▸ **Satz 16.18** Sei $(T_t)_{t\geq 0}$ eine stetige Kontraktionshalbgruppe mit infinitesimalem Generator A. Für $f \in \mathcal{D}(A)$ ist die Funktion $u(t) = T_t f$ $(t \geq 0)$ die eindeutige Lösung der Differentialgleichung $\frac{d\,u}{d\,t} = Au$ $(t \geq 0)$ mit den Eigenschaften

1. u ist stetig differenzierbar für $t > 0$.
2. Es existieren Konstanten $C, m \geq 0$ mit $\|u(t)\| < Ce^{mt}$ für alle $t \geq 0$.
3. $u(t) \to f$ für $t \downarrow 0$.

Beweis: Nach Satz 16.9.3 erfüllt $u(t) = T_t f$ $(t \geq 0)$ die Differentialgleichung $\frac{d\,u}{d\,t} = Au$ $(t \geq 0)$ und hat die Eigenschaften 1, 2 und 3. Es ist sogar $\|u(t)\| \leq \|f\|$ für alle $t \geq 0$.

Zum Beweis der Eindeutigkeit seien u_1 und u_2 Lösungen mit 1, 2 und 3 mit Konstanten $C_i, m_i \geq 0$ $(i = 1, 2)$. Wir setzen $v(t) = u_2(t) - u_1(t)$ $(t \geq 0)$. v erfüllt ebenfalls die Differentialgleichung $\frac{d\,v}{d\,t} = Av$ $(t \geq 0)$ sowie 1 und 2 mit $C = \max(C_1, C_2)$ und $m = \max(m_1, m_2)$. An Stelle von 3 konvergiert $v(t) \to 0$ für $t \downarrow 0$.

Wir zeigen, dass $v(t) = 0$ für alle $t \geq 0$ ist.

Dazu betrachten wir die Funktion $w(t) = e^{-\lambda t} v(t)$ $(t \geq 0)$ mit einem $\lambda > m$. w erfüllt die Differentialgleichung

$$\frac{d\,w(t)}{d\,t} = -\lambda w(t) + e^{-\lambda t} Av(t) = -\lambda w(t) + Aw(t) = -R_\lambda^{-1}(w(t))\ (t \geq 0)\,.$$

Also ist $w(t) = -R_\lambda\left(\frac{d\,w(t)}{d\,t}\right)$ und $\int_0^s w(t)\,d\,t = -\int_0^s R_\lambda\left(\frac{d\,w(t)}{d\,t}\right) d\,t = -R_\lambda\left(\int_0^s \frac{d\,w(t)}{d\,t}\, d\,t\right) = -R_\lambda(w(s))$. Da die Resolvente als Integral definiert ist, konnten wir das Integral mit der Resolvente nach dem Satz von Fubini vertauschen.

Für $s \to \infty$ konvergiert einerseits $\int_0^s w(t)\,d\,t \to \int_0^\infty w(t)\,d\,t = \int_0^\infty e^{-\lambda t} v(t)\,d\,t$, andererseits $-R_\lambda(w(s)) \to 0$, da $\|R_\lambda(w(s))\| \leq \frac{\|w(s)\|}{\lambda} = \frac{e^{-\lambda s}\|v(s)\|}{\lambda} \leq \frac{C}{\lambda} e^{-(\lambda - m)s}$ ist.

Damit ist $\int_0^\infty e^{-\lambda t} v(t)\,dt = 0$ für alle $\lambda > m$, und mit der Stetigkeit von v folgt aus Satz 16.14, dass $v(t) = 0$ für alle $t \geq 0$ ist.

Man könnte vermuten, dass man mit Satz 16.18 einfacher die Eindeutigkeil der Halbgruppe durch den infinitesimalen Generator erhält. Der Beweis zeigt jedoch, dass man dazu die Resolvente mit Satz 16.13 und die Eindeutigkeit der Laplace-Transformation benötigt.

Wir behandeln jetzt den Spezialfall eines beschränkten infinitesimalen Generators. Dieser Fall ist jedoch nur für diskrete Zustandsräume von Bedeutung und sonst eher die Ausnahme. Ein linearer Operator A heißt beschränkt, wenn eine Konstante $C \geq 0$ existiert, so dass $\|Af\| \leq C\|f\|$ für alle $f \in \mathcal{D}(A)$ ist. Die kleinste derartige Konstante C heißt die Operatornorm von A und wird mit $\|A\|$ bezeichnet. Offensichtlich ist jeder beschränkte Operator stetig. Aus der Beschränktheit von A folgt die Existenz der Reihe $e^{tA} = \sum_{n=0}^\infty \frac{1}{n!}(tA)^n$ als Grenzwert von Partialsummen.

Aus der Eindeutigkeit von Satz 16.18 folgt:

▸ **Korollar 16.19** Ist der infinitesimale Generator A von $(T_t)_{t\geq 0}$ beschränkt, dann ist $\mathcal{D}(A) = B_0(\mathcal{B})$ und $T_t = e^{tA}$ für $t \geq 0$.

Beweis: Da $\mathcal{D}(A)$ dicht in $B_0(\mathcal{B})$ ist, folgt aus der Beschränktheit von A, dass sich A stetig auf $B_0(\mathcal{B})$ fortsetzen lässt. Wir bezeichnen diese Fortsetzung mit $\overline{A}$. Für $f \in B_0(\mathcal{B})$ ist $u(t) = e^{t\overline{A}}(f)$ $(t \geq 0)$ definiert. Wie man leicht sieht, erfüllt u die Differentialgleichung $\frac{du}{dt} = Au$ $(t \geq 0)$ mit den Bedingungen 1, 2 und 3. Aus der Eindeutigkeit folgt, dass $u(t) = e^{t\overline{A}}(f) = T_t f$ für $f \in \mathcal{D}(A)$, $t \geq 0$ ist. Wegen der Stetigkeit der Fortsetzung ist $T_t f = e^{t\overline{A}}(f)$ auch für $f \in B_0(\mathcal{B})$, $t \geq 0$. Mit dieser Darstellung von $(T_t)_{t\geq 0}$ folgt schließlich, dass $\mathcal{D}(A) = B_0(\mathcal{B})$ und damit $\overline{A} = A$ ist.

Als Beispiele behandeln wir solche mit diskreten Verteilungen und stellen für sie das in Kap. 11 entwickelte Verfahren in der allgemeinen Theorie dar.

Beispiele

1. Endlicher Zustandsraum.

   Sei $E = \{1, \ldots, N\}$. Die stationären Übergangswahrscheinlichkeiten lassen sich als Matrizen $P_t = (P_t(i,j))_{1\leq i,j\leq N}$ $(t \geq 0)$ darstellen. Für eine beliebige Funktion $f : E \to \mathbb{R}$ ist

$$(T_t f)(i) = \sum_{j=1}^N p_t(i,j) f(j) \quad (t \geq 0)\,.$$

   Wie im 11. Kapitel nehmen wir über das infinitesimale Verhalten an:

$$p_h(i,j) = q(i,j)h + o(h) \quad \text{für} \quad h \downarrow 0 (i \neq j) \quad \text{mit den Übergangsraten} \quad q(i,j)\,.$$

Daraus folgt

$$p_h(i,i) = 1 - q(i)h + o(h) \text{ für } h \downarrow 0 \text{ mit } q(i) = \sum_{j \neq i} q(i,j).$$

Für jede Funktion $f\colon E \to \mathbb{R}$ konvergiert

$$\frac{1}{h}[(T_h f)(i) - f(i)] = \frac{p_h(i,i)-1}{h} f(i) + \sum_{j \neq i} \frac{p_h(i,j)f(j)}{h}$$
$$\to -q(i)f(i) + \sum_{j \neq i} q(i,j)f(j) \quad \text{für} \quad h \downarrow 0.$$

$\mathcal{D}(\mathcal{A})$ besteht daher aus allen Funktionen $f\colon E \to \mathbb{R}$, und A ist der beschränkte Operator, der durch die Matrix $A = (a(i,j))_{1 \leq i,j \leq N}$ mit $a(i,i) = -q(i)$ und $a(i,j) = q(i,j)$ für $i \neq j$ gegeben ist. Für alle Funktionen $f\colon E \to \mathbb{R}$ ist $T_t f = e^{tA} f$.
Für einen abzählbaren Zustandsraum müssen geeignete Gleichmäßigkeitsannahmen an die σ-Terme gemacht werden. Sonst sind, wie schon in Kap. 11 erwähnt, z. B. Explosionen möglich. Wir beschränken uns auf ein konkretes Beispiel.

2. Poisson-Prozess mit Parameter λ.
   Es ist $E = \mathbb{Z}^+$. Für eine beschränkte Funktion $f\colon E \to \mathbb{R}$ ist

$$(T_t f)(i) = \sum_{n=0}^{\infty} e^{-\lambda t} \frac{(\lambda t)^n}{n!} f(i+n) = e^{-\lambda t}\left[f(i) + \lambda t f(i+1) + o(t^2)\right] \quad \text{für} \quad t \downarrow 0$$

und es konvergiert

$$\frac{1}{h}[(T_h f)(i) - f(i)] = \frac{e^{-\lambda h} - 1}{h} f(i) + e^{-\lambda h}\lambda f(i+1) + o(h) \to -\lambda f(i) + \lambda f(i+1)$$
$$\text{für} \quad h \downarrow 0$$

gleichmäßig in $i \geq 0$. $\mathcal{D}(A)$ besteht daher aus allen beschränkten Funktionen $f\colon \mathbb{Z}^+ \to \mathbb{R}$ und A ist der durch $Af(i) = -\lambda f(i) + \lambda f(i+1)$ $(i \geq 0)$ gegebene beschränkte Operator.
Für alle beschränkten Funktionen $f\colon \mathbb{Z}^+ \to \mathbb{R}$ ist $T_t f = e^{tA} f$.

Vorwärts- und Rückwärtsgleichung Die Herleitung der Gleichung $\frac{d}{dt}(T_t f) = A(T_t f)$ $(t \geq 0)$ aus $T_{t+h} = T_h T_t$ für $t \geq 0$, $h > 0$ entspricht der Zerlegung des Intervalls $[0, t+h] = [0,h] \cup [h, t+h]$ (bzgl. der Reihenfolge s. den Beweis von Satz 16.5.2). Sie ist daher die Rückwärtsgleichung (vgl. den diskreten Fall in Kap. 11). Bzgl. der Darstellung $(T_t f)(x) = \int f(y) p_t(x, dy)$ ist sie eine Gleichung in der Variablen x bei festem y. Stochastisch natürlicher ist die Betrachtung von $p_t(x, dy)$ als Funktion von y bei festem x. Ihr entspricht $T_{t+h} = T_t T_h$ $(t \geq 0, h \geq 0)$, aus der wir die Vorwärtsgleichung $\frac{d}{dt}(T_t f) = T_t(Af)$ $(t \geq 0)$ hergeleitet haben. Sie ist jedoch keine Gleichung von $T_t f$ $(t \geq 0)$. Auch ist $p_t(x, dy)$ in Abhängigkeit von y keine punktweise definierte Funktion, sondern ein Wahrscheinlichkeitsmaß.

Um auch die Vorwärtsgleichung als Differentialgleichung darzustellen, gehen wir zu den adjungierten Operatoren über. Wir führen sie über ihre stochastische Bedeutung ein.

Ist ein Wahrscheinlichkeitsmaß μ auf $(E, \mathcal{B})$ die Verteilung von X_s für ein $s \geq 0$ eines Markov-Prozesses mit stationären Übergangswahrscheinlichkeiten $(p_t)_{t\geq 0}$, dann ist die Verteilung von X_{s+t} für $t > 0$ durch $P(X_t \in A) = \int p_t(x, A)\,\mathrm{d}\,\mu(x)$ für $A \in \mathcal{B}$ gegeben.

Allgemein definieren wir für jedes endliche, signierte Maß μ auf $(E, \mathcal{B})$:

$$(U_t\mu)(A) = \int p_t(x, A)\,\mathrm{d}\,\mu(x) \quad \text{für} \quad t > 0, A \in \mathcal{B} \quad \text{und} \quad U_0\mu = \mu\,.$$

$U_t\mu$ $(t \geq 0)$ sind ebenfalls endliche, signierte Maße auf $(E, \mathcal{B})$.

Wir bezeichnen die Menge aller endlichen, signierten Maße auf $(E, \mathcal{B})$ mit $B(\mathcal{B})^*$, versehen mit der Norm $\|\mu\| = |\mu|(E)$ der Totalvariation. Für $t \geq 0$ ist U_t ein linearer Operator auf $B(\mathcal{B})^*$ mit $\|U_t\mu\| \leq \|\mu\|$ für $t \geq 0$ und $\mu \in B(\mathcal{B})^*$. Die Operatoren $(U_t)_{t\geq 0}$ sind daher ebenfalls Kontraktionen. Die Halbgruppeneigenschaft $U_{t+s} = U_t U_s$ für $t, s \geq 0$ folgt wieder aus den Chapman-Kolmogorov Gleichungen. Auf die Stetigkeit auf einem geeigneten Teilraum wollen wir jetzt nicht eingehen.

Definieren wir $\langle \mu, f\rangle = \int f(x)\,\mathrm{d}\mu(x)$ für $f \in B(\mathcal{B})$ und $\mu \in B(\mathcal{B})^*$, so erhalten wir eine Bilinearform auf $B(\mathcal{B}) \times B(\mathcal{B})^*$, die wegen der Ungleichung $|\langle \mu, f\rangle| \leq \|\mu\| \cdot \|f\|$ für $f \in B(\mathcal{B})$ und $\mu \in B(\mathcal{B})^*$ in beiden Variablen stetig ist. Sie liefert damit eine Dualität zwischen $B(\mathcal{B})$ und $B(\mathcal{B})^*$. Wir haben sie mit der Bezeichnung $B(\mathcal{B})^*$ schon angedeutet.

Für $t \geq 0$, $f \in B(\mathcal{B})$ und $\mu \in B(\mathcal{B})^*$ ist

$$\begin{aligned}\langle U_t\mu, f\rangle &= \int f(y)\,\mathrm{d}(U_t\mu)(y) = \iint f(y) p_t(x, \mathrm{d}\,y)\,\mathrm{d}\,\mu(x) \\ &= \int (T_t f)(x)\,\mathrm{d}\,\mu(x) = \langle \mu, T_t f\rangle\,.\end{aligned}$$

Für $t \geq 0$ ist U_t daher der adjungierte Operator von T_t.

Der infinitesimale Generator A^* von $(U_t)_{t\geq 0}$ ist durch $A^*\mu = \lim_{h\downarrow 0} \frac{U_h\mu - \mu}{h}$ auf der Menge $\mathcal{D}(A^*)$ aller $\mu \in B(\mathcal{B})^*$, für die der Grenzwert existiert, definiert, $\mu \in \mathcal{D}(A^*)$ erfüllt die Stetigkeitsbedingung $U_h\mu \to \mu$ für $h \downarrow 0$.

Für $f \in B(\mathcal{B})$, $\mu \in B(\mathcal{B})^*$ und $h > 0$ ist $\left\langle \frac{U_h\mu - \mu}{h}, f\right\rangle = \left\langle \mu, \frac{T_h f - f}{h}\right\rangle$.

Speziell für $f \in \mathcal{D}(A)$ und $\mu \in \mathcal{D}(A^*)$ folgt mit $h \downarrow 0$, dass $\langle A^*\mu, f\rangle = \langle \mu, Af\rangle$ ist. A^* ist damit, wie in der Bezeichnung ebenfalls schon angedeutet, der adjungierte Operator von A.

Die Herleitung der Vorwärtsgleichung geht aus von der Zerlegung $[0, t + h] = [0, t] \cup [t, t + h]$ für $t \geq 0$, $h > 0$. Ihr entspricht die Beziehung $\langle U_h U_t\mu, f\rangle = \langle \mu, T_t T_h f\rangle$.

Aus $\frac{U_{t+h}\mu - U_t\mu}{h} = \frac{U_h(U_t\mu) - U_t\mu}{h}$ folgt mit $h \downarrow 0$ die Vorwärtsgleichung $\frac{\mathrm{d}}{\mathrm{d}\,t}(U_t\mu) = A^*(U_t\mu)$ $(t \geq 0)$.

Sie ist eine Gleichung in $U_t\mu$ $(t \geq 0)$ und die adjungierte Gleichung zur Gleichung

$$\frac{\mathrm{d}}{\mathrm{d}\,t}(T_t f) = T_t(Af) \quad (t \geq 0)\,.$$

16.3 Feller'sche Halbgruppen und Prozesse

Wir haben uns mit der Theorie der Halbgruppen beschäftigt, um aus dem infinitesimalen Verhalten der stationären Übergangswahrscheinlichkeiten $(p_t)_{t\geq 0}$, das wir durch den infinitesimalen Generator der entsprechenden Halbgruppe $(T_t)_{t\geq 0}$ auf $B_0(\mathcal{B})$ dargestellt haben, die Übergangswahrscheinlichkeiten $(p_t)_{t\geq 0}$ zu bestimmen. Dazu haben wir allgemein die Beziehung zwischen einer Halbgruppe und ihrem infinitesimalen Generator untersucht, insbesondere Eindeutigkeit und die Herleitung der Halbgruppe mit Hilfe der Vorwärts- und Rückwärtsgleichungen gezeigt. In dem uns interessierenden Fall der durch (16.1) definierten Halbgruppe $(T_t)_{t\geq 0}$ auf $B_0(\mathcal{B})$ legt diese jedoch i. A. nicht die Übergangswahrscheinlichkeiten $(p_t)_{t\geq 0}$ eindeutig fest, da der Raum $B_0(\mathcal{B})$ zu diesem Zweck zu klein sein kann. Wir benötigen zusätzliche Eigenschaften von $(p_t)_{t\geq 0}$ bzw. $(T_t)_{t\geq 0}$, die diese Eindeutigkeit garantieren. Es zeigt sich, dass sich solche leichter für stetige Funktionen angeben lassen. Man beachte, dass damit die Stetigkeit in E gemeint ist, während es sich bei der Stetigkeit, die $B_0(\mathcal{B})$ definiert, um Stetigkeit in der Zeit handelt. Dazu nehmen wir an, dass E ein lokalkompakter separabler metrischer Raum und B die σ-Algebra der Borel-Mengen von E ist. Wer sich mit diesen topologischen Räumen nicht auskennt, kann das auch für Anwendungen wichtigste Beispiel $E = \mathbb{R}^d$ annehmen. Wir bezeichnen mit $C(E)$ die Menge aller stetigen beschränkten Funktionen $f\colon E \to \mathbb{R}$ mit der Supremumsnorm und mit $C_0(E)$ den Teilraum aller Funktionen $f \in C(E)$, die im Unendlichen verschwinden, d. h. für die zu jedem $\varepsilon > 0$ eine kompakte Menge $K \subset E$ existiert, so dass $|f(x)| \leq \varepsilon$ für alle $x \notin K$ ist. $C(E)$ und $C_0(E)$ sind abgeschlossene Teilräume von $B(\mathcal{B})$. Man sieht leicht, dass Funktionen aus $C_0(E)$ gleichmäßig stetig sind.

▸ **Definition 16.20** Eine stetige Kontraktionshalbgruppe $(T_t)_{t\geq 0}$ auf $C_0(E)$ heißt eine *Feller'sche Halbgruppe.*

Nach wie vor behandeln wir nur den Fall, dass $(T_t)_{t\geq 0}$ durch (16.1) mit stationären Übergangswahrscheinlichkeiten $(p_t)_{t\geq 0}$ definiert ist, wobei wir $(T_t)_{t\geq 0}$ jetzt auf $C_0(E)$ einschränken. Die Übergangswahrscheinlichkeiten $(p_t)_{t\geq 0}$ sind durch $(T_t)_{t\geq 0}$ auf $C_0(E)$ eindeutig bestimmt. Denn Indikatorfunktionen von kompakten Mengen können durch Funktionen aus $C_0(E)$ approximiert werden (s. z. B. Beweis des Portmanteau-Theorems 7.7), und aus den topologischen Eigenschaften von E folgt, dass ein Maß durch seine Werte von allen kompakten Mengen eindeutig bestimmt ist.

Damit $(T_t)_{t\geq 0}$ eine Feller'sche Halbgruppe ist, muss als erstes $T_t f \in C_0(E)$ für $f \in C_0(E)$, $t \geq 0$ sein. $T_t f$ ist stetig für $f \in C_0(E)$, wenn $p_t(x,.)$ schwach stetig in Abhängigkeit von x ist. Damit $T_t f$ im Unendlichen verschwindet, muss $p_t(.,K)$ für kompakte Mengen $K \subset E$ im Unendlichen verschwinden. Die Halbgruppen- und Kontraktionseigenschaften sind erfüllt, da sie auf der größeren Menge $B(\mathcal{B})$ gelten.

Bevor wir uns mit der entscheidenden Stetigkeitsbedingung $T_h f \to f$ für $h \downarrow 0$ beschäftigen, gehen wir kurz auf den funktionalanalytischen Hintergrund ein.

Ist $T: C_0(E) \to C_0(E)$ eine beliebige Kontraktion und positiv, d. h. ist $Tf \geq 0$ für $f \geq 0$, dann existiert nach dem Riesz'schen Darstellungssatz zu jedem $x \in E$ ein Maß $p(x,.)$ auf $(E,\mathcal{B})$ mit Gesamtmasse $p(x,E) \leq 1$, so dass $(Tf)(x) = \int f(y)p(x,\mathrm{d}y)$ ist. Da $p(x,E) \leq 1$ ist, heißt eine Funktion p auf $E \times \mathcal{B}$ mit diesen Eigenschaften ein Sub-Markov Kern.

Eine Feller'sche Halbgruppe $(T_t)_{t\geq 0}$ liefert daher eine Familie $(p_t)_{t\geq 0}$ von Sub-Markov Kernen. Der Halbgruppeneigenschaft entsprechen die Chapman-Kolmogorov Gleichungen.

Da wir diese Kenntnisse aus der Funktionalanalysis nicht voraussetzen wollen, nehmen wir wieder an, dass die Operatoren $(T_t)_{t\geq 0}$ direkt durch Markov-Kerne $(p_t)_{t\geq 0}$ gegeben sind.

Kommen wir nun zur Stetigkeit. Mit Mitteln der Funktionalanalysis kann man zeigen, dass für $f \in C_0(E)$ die Stetigkeitsbedingung $T_h f \to f$ für $h \downarrow 0$, die bzgl. der Supremumsnorm gelten muss, schon aus der punktweisen Stetigkeit $T_h f(x) \to f(x)$ für $h \downarrow 0$ für alle $x \in E$ folgt. Da wir auch das nicht voraussetzen wollen, begnügen wir uns damit, sie unter stärkeren Annahmen, die aber für die wichtigsten Beispiele erfüllt sind, zu zeigen.

Es bezeichne ρ die Metrik von E und $U_\varepsilon(x)$ für $x \in E$, $\varepsilon > 0$ die offene ε-Kugel um x. $(p_t)_{t\geq 0}$ ist stochastisch stetig an der Stelle x, wenn für alle $\varepsilon > 0$ $p_h(x, U_\varepsilon(x)^c) \to 0$ für $h \downarrow 0$ konvergiert. Wir benötigen die entsprechende gleichmäßige Konvergenz.

▸ **Definition 16.21** Ein System von stationären Übergangswahrscheinlichkeiten $(p_t)_{t\geq 0}$ heißt *gleichmäßig stochastisch stetig*, wenn für alle $\varepsilon > 0 p_h(x, U_\varepsilon(x)^c) \to 0$ für $h \downarrow 0$ gleichmäßig in $x \in E$ konvergiert.

▸ **Satz 16.22** Sei $(p_t)_{t\geq 0}$ ein gleichmäßig stochastisch stetiges System von stationären Übergangswahrscheinlichkeiten. Dann konvergiert für alle $f \in C_0(E) \|T_h f - f\| \to 0$ für $h \downarrow 0$.

Beweis: Sei $f \in C_0(E)$. Für $\eta > 0$ und $x \in E$ ist

$$\begin{aligned} |(T_h f)(x) - f(x)| &\leq \int\limits_{U_\eta(x)} |f(y) - f(x)|\, p_h(x, \mathrm{d}y) + \int\limits_{U_\eta(x)^c} |f(y) - f(x)|\, p_h(x, \mathrm{d}y) \\ &\leq \sup\left\{|f(y) - f(x)| : y \in U_\eta(x)\right\} + 2\,\|f\|\, p_h(x, U_\eta(x)^c)\,. \end{aligned}$$

Da $f \in C_0(E)$ gleichmäßig stetig ist, existiert zu $\varepsilon > 0$ ein $\eta > 0$, so dass $|f(y) - f(x)| \leq \frac{\varepsilon}{2}$ für alle $x, y \in E$ mit $\rho(x,y) \leq \eta$ ist. Zu diesem $\eta > 0$ existiert nach Voraussetzung ein $\delta > 0$ mit $p_h(x, U_\eta(x)^c) \leq \frac{\varepsilon}{4\|f\|}$ für $0 < h \leq \delta$ und $x \in E$, wobei wir den trivialen Fall $f \equiv 0$ außer acht gelassen haben. Damit ist $\|T_h f - f\| \leq \varepsilon$ für $0 < h \leq \delta$, und es folgt die Behauptung.

Die gleichmäßige stochastische Stetigkeit impliziert damit die Stetigkeit der Halbgruppe. Durch Wahl geeigneter Testfunktionen $f \in C_0(E)$ kann man leicht zeigen, dass sie äquivalent dazu ist.

Für einen kompakten metrischen Zustandsraum E ist $C_0(E) = C(E)$. Damit folgt wie im Fall der Stetigkeit die gleichmäßige stochastische Stetigkeit aus der stochastischen Stetigkeit. Der Fall eines lokalkompakten separablen metrischen Raumes lässt sich mit der Ein-Punkt-Kompaktifizierung, die wir auch später noch brauchen werden, auf diesen zurückführen. Dazu erweitert man E um einen Punkt $\Delta \notin E$ zu $\overline{E} = E \cup \{\Delta\}$. Als offene Umgebungen von Δ nimmt man die Komplemente kompakter Teilmengen von E. $\overline{E}$ ist offensichtlich kompakt. Damit die offenen Mengen von $\overline{E}$ die Punkte trennen, $\overline{E}$ also ein Hausdorffraum ist, muss E lokalkompakt sein. Man beachte jedoch, dass sich die Metrik nicht direkt fortsetzen lässt.

Funktionen aus $C_0(E)$ entsprechen bei dieser Kompaktifizierung Funktionen aus $C(\overline{E})$ mit $f(\Delta) = 0$. Eine beliebige Funktion $f \in C(\overline{E})$ kann man durch $f = f(\Delta) + (f - f(\Delta))$ in eine konstante Funktion und eine Funktion, die einer Funktion aus $C_0(E)$ entspricht, zerlegen. Eine Feller'sche Halbgruppe $(T_t)_{t\geq 0}$ auf $C_0(E)$ lässt sich damit auf $C(\overline{E})$ durch $\overline{T_t} f = f(\Delta) + T_t(f - f(\Delta))$ für $f \in C(\overline{E})$, $t \geq 0$ fortsetzen. Dass sich die Eigenschaften einer Feller'schen Halbgruppe auf $(\overline{T_t})_{t\geq 0}$ übertragen, ist leicht zu zeigen. Auf diese Weise erreicht man zusätzlich, dass eine Halbgruppe, die von Sub-Markov Kernen $(p_t)_{t\geq 0}$ erzeugt wird, zu einer Halbgruppe, die von Markov Kernen erzeugt wird, fortgesetzt wird. Sub-Markov Kerne treten als Übergangswahrscheinlichkeiten von Markov-Prozessen mit endlicher Lebensdauer auf. $1 - p_t(x, E)$ ist die Wahrscheinlichkeit, dass der Prozess bei Start in x zur Zeit t nicht mehr existiert. Der Fortsetzung der Feller'schen Halbgruppe entspricht dem Übergang des Prozesses nach seiner Existenz in den Zustand Δ, in dem er dann bleibt. Man nennt den Zustand Δ deshalb auch „Friedhof".

Wir können jetzt Beispiele mit kontinuierlichem Zustandsraum behandeln.

Beispiele

3. Brown'sche Bewegung.
   Wir behandeln von vorn herein die allgemeine Brown'sche Bewegung $(X_t)_{t\geq 0}$ in $\mathbb{R}$ mit Drift $b \in \mathbb{R}$ und Diffusionskonstante $a > 0$. Aus der Normalverteilung folgen leicht die notwendigen Eigenschaften, dass $T_t f \in C_0(\mathbb{R})$ für $f \in C_0(\mathbb{R})$ ist, sowie die gleichmäßige stochastische Stetigkeit von $(p_t)_{t\geq 0}$ (Übung 16.2).
   Wir bestimmen nun den infinitesimalen Generator. Es bezeichne $C_b^2(\mathbb{R})$ die Menge aller Funktionen aus $C(\mathbb{R})$, die $2\times$ stetig differenzierbar mit beschränkten Ableitungen bis zur 2. Ordnung sind. Wir zeigen, dass $C_b^2(\mathbb{R}) \subset \mathcal{D}(A)$ ist, und leiten dabei auch den infinitesimalen Generator auf $C_b^2(\mathbb{R})$ her.
   Für $f \in C_b^2(\mathbb{R})$ liefert die Taylor-Entwicklung zu $x \in \mathbb{R}$

$$f(y) = f(x) + (y - x) f'(x) + \frac{(y - x)^2}{2} f''(x) + o((y - x)^2)\,.$$

   Da $f \in C_b^2(\mathbb{R})$ ist, ist der o-Term gleichmäßig in x.
   Sei $X_0 = x$. Wir setzen $y = X_h$ in die Taylor-Entwicklung ein und bilden den Erwar-

tungswert. Aus $E_x(X_h - x) = bh$ und $E_x[(X_h - x)^2] = V_x(X_h - x) + [E_x(X_h - x)]^2 = ah + b^2h^2$ folgt

$$(T_h f)(x) = E_x f(X_h) = f(x) + bf'(x)h + \frac{a}{2}f''(x)h + o(h).$$

Damit ist $f \in \mathcal{D}(A)$ mit $(Af)(x) = bf'(x) + \frac{a}{2}f''(x)$ $(x \in \mathbb{R})$.
Man kann beweisen, dass $\mathcal{D}(A) = C_b^2(\mathbb{R})$ ist, indem man zeigt, dass für $g \in C(\mathbb{R})$ und $\lambda > 0$ die Gleichung $\lambda f - Af = g$ genau eine Lösung $f \in C_b^2(\mathbb{R})$ hat.
Die Vorwärts- und Rückwärtsgleichung geben wir bei dem allgemeineren nächsten Beispiel an.

4. Diffusionsprozesse.
Diffusionsprozesse sind Prozesse mit Drift und Diffusionskonstanten, die vom Zustand x abhängen. Sie verhalten sich lokal wie eine Brown'sche Bewegung mit entsprechendem Drift und Diffusionskonstanten. Dementsprechend machen wir die folgenden Annahmen.
Für $x \in \mathbb{R}$ und $\varepsilon > 0$ konvergieren für $h \downarrow 0$
   1. $\frac{1}{h}p_h(x, U_\varepsilon(x)^c) \to 0$
   2. $\frac{1}{h}\int_{x-\varepsilon}^{x+\varepsilon}(y-x)p_h(x, \mathrm{d}y) \to b(x)$
   3. $\frac{1}{h}\int_{x-\varepsilon}^{x+\varepsilon}(y-x)^2 p_h(x, \mathrm{d}y) \to a(x)$.

Wegen 1 hängen die Grenzwerte in 2 und 3 nicht von ε ab.
Unter geeigneten Bedingungen, auf die wir hier nicht näher eingehen wollen, folgt wie in Beispiel 3 mit der Taylor-Entwicklung, dass $C_b^2(R) \subset \mathcal{D}(A)$ ist mit

$$(Af)(x) = b(x)f'(x) + \frac{a(x)}{2}f''(x)(x \in \mathbb{R}) \quad \text{für} \quad f \in C_b^2(\mathbb{R}).$$

Mit dem Ansatz $p_t(x, \mathrm{d}y) = u_t(x, y)\,\mathrm{d}y$ für $t > 0$ erhalten wir die Rückwärtsgleichung

$$\frac{\partial u}{\partial t} = b(x)\frac{\partial u}{\partial t} + \frac{a(x)}{2}\frac{\partial^2 u}{\partial x^2} \quad (t \geq 0)$$

und die Vorwärtsgleichung

$$\frac{\partial u}{\partial t} = -\frac{\partial}{\partial y}(b(y)u) + \frac{1}{2}\frac{\partial^2}{\partial y^2}(a(y)u) \quad (t \geq 0)$$

jeweils in schwacher Form.
Die Beziehung zwischen stochastischen Prozessen und partiellen Differentialgleichungen, die wir an diesem Beispiel kennengelernt haben, hat sich für beide Disziplinen und in beiden Richtungen als sehr fruchtbar erwiesen.

Spezielle Fälle von Diffusionsprozessen sind:

4.1 Ornstein-Uhlenbeck Prozess.
Dieses Beispiel aus der Physik modelliert eine mittlere rücktreibende Kraft mit konstanter Diffusionskonstante. Dem entspricht $b(x) = -\rho x$ mit $\rho > 0$ und $a(x) = \sigma^2 > 0$.

4.2 Geometrische Brown'sche Bewegung.
Wir gehen bei diesem Beispiel umgekehrt vor, indem wir zuerst den Prozess definieren und dann dessen lokales Verhalten ableiten.
Sei $(B_t)_{t\geq 0}$ eine Standard-Brown'sche Bewegung. Der durch $X_t = x_0 \exp\left(\left(\mu - \frac{1}{2}\sigma^2\right) t + \sigma B_t\right)$ $(t \geq 0)$ mit konstantem Anfangswert $x_0 > 0$ und Parametern $\mu \in \mathbb{R}$ und $\sigma^2 > 0$ definierte Prozess $(X_t)_{t\geq 0}$ heißt geometrische Brown'sche Bewegung. Da X_t und B_t für $t \geq 0$ in eineindeutiger Beziehung stehen, ist auch $(X_t)_{t\geq 0}$ ein Markov-Prozess. Er hat den Zustandsraum $(0, \infty)$. Für $t \geq s \geq 0$ ist $X_t = X_s \exp\left(\left(\mu - \frac{1}{2}\sigma^2\right)(t-1) + \sigma(B_t - B_s)\right)$. Daher hat $(X_t)_{t\geq 0}$ stationäre Übergangswahrscheinlichkeiten. Sie erfüllen die Bedingungen von Diffusionsprozessen mit $b(x) = \mu x$ und $a(x) = \sigma^2 x^2$ für $x > 0$ (s. Übung 16.3).
Die explizite Darstellung zeigt, dass für $X_0 > 0$ auch $X_t > 0$ für $t \geq 0$ ist. Das kann man an dem infinitesimalen Generator nicht direkt erkennen.
Die geometrische Brown'sche Bewegung spielt in der stochastischen Finanzmathematik eine wichtige Rolle als Modell für Aktienkurse (s. Beispiel 2 von Abschn. 17.2). Der mittlere Zuwachs und die Standardabweichung, die in der Finanzmathematik Volatilität genannt wird, sind proportional zum augenblicklichen Kurs. Wir werden uns mit dieser Anwendung genauer in Kap. 18 beschäftigen.
Wir hatten bereits in Kap. 11 erwähnt, dass man die geometrische Brown'sche Bewegung auch als Grenzwert des CRR-Marktmodells (Beispiel 5 von Kap. 10) erhalten kann.

5. Brown'sche Bewegung mit Reflexion und Absorption
Sei $(B_t)_{t\geq 0}$ eine Standard-Brown'sche Bewegung.

5.1 Der Prozess $(|B_t|)_{t\geq 0}$ ist die Brown'sche Bewegung mit Reflexion an der Stelle 0. Ihr Zustandsraum ist $\mathbb{R}^+$, und sie hat die stationären Übergangswahrscheinlichkeiten

$$p_t(x, A) = \frac{1}{\sqrt{2\pi t}} \left(\int\limits_A \mathrm{e}^{-(y-x)^2/2t} \, \mathrm{d}y + \int\limits_A \mathrm{e}^{-(y-x)^2/2t} \, \mathrm{d}y \right)$$

für $x \geq 0$, $t > 0$, $A \in B(\mathbb{R}^+)$.
$C_b^2(\mathbb{R}^+)$ ist analog zu $C_b^2(\mathbb{R})$ definiert mit der Existenz der entsprechenden rechtsseitigen Ableitungen an der Stelle 0. Wir betrachten zunächst die dem infinitesimalen Generator entsprechende punktweise Ableitung, die wir der Einfachheit halber vorerst mit $Af(x)$ $(x \in \mathbb{R}^+)$ bezeichnen, auch wenn Af selbst nicht existiert. Für $f \in C_b^2(\mathbb{R}^+)$ ist wie für die Brown'sche Bewegung $(Af)(x) = \frac{1}{2}f''(x)$ für $x > 0$. Für

$x = 0$ dagegen ist für $h > 0$

$$\frac{(T_h f)(0) - f(0)}{h} = \frac{1}{h}\sqrt{\frac{2}{\pi h}} \int_0^\infty e^{-y^2/2h} [f(y) - f(x)] \, dy$$
$$= \frac{f'(0)}{2}\sqrt{\frac{2}{\pi h}} \int_0^\infty y e^{-y^2/2h} \, dy + \frac{1}{2} f''(0) + o(1)$$

und der Grenzwert für $h \downarrow 0$ existiert nur, wenn $f'(0) = 0$ ist. In diesem Fall ist $(Af)(0) = \frac{1}{2}f''(0)$. Man kann leicht zeigen, dass für eine Funktion $f \in C_b^2(\mathbb{R})$ mit $f'(0) = 0$ die Ableitung gleichmäßig existiert, also $f \in \mathcal{D}(A)$ mit $Af = \frac{1}{2}f''$ ist.

5.2 Die Brown'sche Bewegung mit Absorption an der Stelle 0 ist die bei $\tau = \inf\{t \geq 0\colon B_t = 0\}$ gestoppte Brown'sche Bewegung mit beliebiger Anfangsverteilung in $\mathbb{R}^+$. Ihr Zustandsraum ist ebenfalls $\mathbb{R}^+$. Für $f \in C_b^2(\mathbb{R}^+)$ und $x > 0$ ist wieder $(Af)(x) = \frac{1}{2}f''(x)$. Für $x = 0$ ist $(T_h f)(0) = f(0)$ für alle $h > 0$ und daher $(Af)(0) = 0$. Die Stetigkeit von Af erfordert $f''(0) = 0$. In diesem Fall ist $\{f \in C_b^2(\mathbb{R}^+)\colon f''(0) = 0\} \subset \mathcal{D}(A)$ mit $Af = \frac{1}{2}f''$ für $f \in C_b^2(\mathbb{R}^+)$ mit $f''(0) = 0$.

Die Vorwärts- und Rückwärtsgleichungen sind in diesen Fällen Anfangs-Randwertprobleme von partiellen Differentialgleichungen.

Wir deuten kurz Diffusionsprozesse in $\mathbb{R}^d$ an. Sie lassen sich wie die eindimensionalen Prozesse ableiten und behandeln.

Für den Prozess $(B_t)_{t\geq 0}$ auf $\mathbb{R}^d$, dessen Koordinaten unabhängige Standard-Brown'sche Bewegungen sind, ist $C_b^2(\mathbb{R}^d) \subset \mathcal{D}(A)$ und $Af = \frac{1}{2}\Delta f$ für $f \in C_b^2(\mathbb{R}^d)$. Dabei ist Δ der Laplace-Operator $\Delta f = \sum_{i=1}^d \frac{\partial f^2}{\partial x_i^2}$. Mit einer linearen Transformation und einem Driftvektor erhält man Prozesse mit infinitesimalem Generator von der Form $(Af)(x) = \sum_{i,j=1}^d \frac{a_{ij}}{2} \frac{\partial f^2(x)}{\partial x_i \partial x_j} + \sum_{i=1}^d b_i \frac{\partial f(x)}{\partial x_i}$ $(x \in \mathbb{R}^d)$ für $f \in C_b^2(\mathbb{R}^d)$. Dabei ist $(b_i)_{1\leq i\leq d}$ ein Vektor und $(a_{ij})_{1\leq i,j\leq d}$ eine symmetrische, positiv semidefinite Matrix (s. mehrdimensionale Normalverteilungen in Kap. 9). Mit zustandsabhängigen Koeffizienten erhält man Diffusionsprozesse mit $(Af)(x) = \sum_{i,j=1}^d \frac{a_{ij}(x)}{2} \frac{\partial^2 f(x)}{\partial x_i \partial x_j} + \sum_{i=1}^d b_i(x) \frac{\partial f(x)}{\partial x_i}$ $(x \in \mathbb{R}^d)$ für $f \in C_b^2(\mathbb{R}^d)$.

Wir haben Feller'sche Halbgruppen eingeführt, weil stationäre Übergangswahrscheinlichkeiten, die eine Feller'sche Halbgruppe erzeugen, durch ihr infinitesimales Verhalten eindeutig bestimmt sind. Wir zeigen jetzt, dass Markov-Prozesse mit solchen Übergangswahrscheinlichkeiten auch schöne Eigenschaften haben. Sie können mit càdlàg Pfaden realisiert werden und haben die starke Markov-Eigenschaft.

▸ **Definition 16.23** Ein Markov-Prozess mit stationären Übergangswahrscheinlichkeiten, die eine Feller'sche Halbgruppe erzeugen, heißt ein *Feller-Prozess.*

▸ **Satz 16.24** Zu einem Feller-Prozess $(X_t, \mathcal{A}_t)_{t\geq 0}$ mit Zustandsraum $(E, \mathcal{B})$ existiert eine Modifikation von $(X_t)_{t\geq 0}$ mit Pfaden in $D(\mathbb{R}^+, E)$.

Dabei besteht $D(\mathbb{R}^+, E)$ analog zu $D(\mathbb{R}^+)$ aus allen càdlàg Pfaden $x\colon \mathbb{R}^+ \to E$.

Der Beweis basiert auf folgendem Lemma.

▸ **Lemma 16.25** Sei $(X_t, \mathcal{A}_t)_{t\geq 0}$ ein Feller-Prozess mit Zustandsraum (E, B). Für $f \in C(E)$ mit $f \geq 0$ und $\lambda > 0$ ist der Prozess $(\mathrm{e}^{-\lambda t}(R_\lambda f)(X_t), \mathcal{A}_t)_{t\geq 0}$ ein beschränktes, nicht-negatives Supermartingal.

Beweis: Sei $Y_t = \mathrm{e}^{-\lambda t}(R_\lambda f)(X_t)$ für $t \geq 0$. Dass der Prozess $(Y_t, \mathcal{A}_t)_{t\geq 0}$ adaptiert, beschränkt und nicht-negativ ist, ist klar. Es muss daher nur die Supermartingalungleichung bewiesen werden. Für $t \geq s \geq 0$ ist

$$\begin{aligned}
E(Y_t|\mathcal{A}_s) &= \mathrm{e}^{-\lambda t}E((R_\lambda f)(X_t)|\mathcal{A}_s) = \mathrm{e}^{-\lambda t}E((R_\lambda f)(X_t)|X_s) = \mathrm{e}^{-\lambda t}(T_{t-s}(R_\lambda f))(X_s)\\
&= \mathrm{e}^{-\lambda t}(R_\lambda(T_{t-s}f))(X_s) = \mathrm{e}^{-\lambda t}\int_0^\infty \mathrm{e}^{-\lambda u}\,T_u(T_{t-s}f)(X_s)\,\mathrm{d}u\\
&= \mathrm{e}^{-\lambda s}\int_0^\infty \mathrm{e}^{-\lambda(t-s+u)}\,(T_{t-s+u}f)(X_s)\,\mathrm{d}u = \mathrm{e}^{-\lambda s}\int_{t-s}^\infty \mathrm{e}^{-\lambda u}\,(T_u f)(X_s)\,\mathrm{d}u\\
&\leq \mathrm{e}^{-\lambda s}\int_0^\infty \mathrm{e}^{-\lambda u}\,(T_u f)(X_s)\,\mathrm{d}u = \mathrm{e}^{-\lambda s}(R_\lambda f)(X_s) = Y_s\,.
\end{aligned}$$

Beweis von Satz 16.24: Mit der Kompaktifizierung können wir ohne Einschränkung annehmen, dass E kompakt ist.

Aus Lemma 16.25 folgt mit Proposition 14.48, dass außerhalb einer gemeinsamen Nullmenge für alle $t \geq 0$ die Grenzwerte $\lim_{\substack{s\uparrow t\\ s\in\mathbb{Q}^+}} Y_s$ und $\lim_{\substack{s\downarrow t\\ s\in\mathbb{Q}^+}} Y_s$ existieren. Diese Grenzwerte existieren dann auch für den Prozess $\lambda \mathrm{e}^{-\lambda t}\lambda Y_t = \lambda(R_\lambda f)(X_t)$ $(t \geq 0)$, und mit der gleichmäßigen Konvergenz $\lambda(R_\lambda f) \to f$ für $\lambda \to \infty$ (Korollar 16.12) folgt ihre Existenz für $f(X_t)$ $(t \geq 0)$.

Das gilt für jede Funktion $f \in C(E)$ mit $f \geq 0$ und mit der Darstellung $f = f^+ - f^-$ auch für jede Funktion $f \in C(E)$. Man beachte jedoch, dass die Ausnahmemenge von f abhängt.

Wir schließen jetzt daraus auf die Existenz dieser Grenzwerte für X_t $(t \geq 0)$.

Dazu zeigen wir zunächst:

1. Es existiert eine abzählbare Menge $\{f_n, n \geq 1\}$ in $C(E)$, die die Punkte trennt, d. h. zu $x, y \in E$ mit $x \neq y$ existiert ein $n \geq 1$ mit $f_n(x) \neq f_n(y)$.

Beweis von 1: Da E kompakt ist, existiert eine abzählbar dichte Teilmenge $\{x_k, k \geq 1\}$ in E. Man wähle z. B. die Mittelpunkte von jeweils endlichen Überdeckungen von E mit offenen Kugeln vom Radius $\frac{1}{N}$ für alle $N \geq 1$. Für $k, j \geq 1$ definieren wir die Funktionen

$$f_{kj}(x) = [1 - j\cdot\rho(x, x_k)]^+ (x \in E)\,.$$

$\{f_{kj}, k, j \geq 1\}$ ist eine abzählbare Teilmenge von $C(E)$, die die Punkte trennt.

Denn sei $x, y \in E$ mit $x \neq y$. Zu $\eta = \rho(x,y) > 0$ sei $j \geq 1$ mit $\frac{1}{j} \leq \frac{\eta}{2}$. Es existiert ein x_k mit $x \in U_{1/j}(x_k)$. Dagegen ist $y \notin U_{1/j}(x_k)$, folglich $f_{kj}(x) \neq 0$, $f_{kj}(y) = 0$.

Wir zeigen als Nächstes für eine derartige Menge $\{f_n, n \geq 1\}$:

2. Eine Folge $(x_m)_{m\geq 1}$ in E konvergiert für $m \to \infty$ genau dann, wenn für alle $n \geq 1$ die Folge $(f_n(x_m))_{m\geq 1}$ für $m \to \infty$ konvergiert.

Beweis von 2: Die Konvergenz der Folgen $(f_n(x_m))_{m\geq 1}$ für $n \geq 1$ folgt aus der Konvergenz von $(x_m)_{m\geq 1}$ mit der Stetigkeit der Funktionen f_n $(n \geq 1)$.

Es konvergiere nun jede Folge $(f_n(x_m))_{m\geq 1}$ $(n \geq 1)$. Da E kompakt ist, existiert eine konvergente Teilfolge $x_{m_k} \to x$ für $k \to \infty$. Wir nehmen an, dass x_m nicht gegen x konvergiert. Dann existiert eine Teilfolge $x_{m'_k}$, die für $k \to \infty$ gegen ein $y \neq x$ konvergiert. Sei $n \geq 1$ mit $f_n(x) \neq f_n(y)$. Für dieses n konvergiert $f_n(x_{m_k}) \to f_n(x)$ und $f_n(x_{m'_k}) \to f_n(y) \neq f_n(y)$, und wir erhalten einen Widerspruch zur Konvergenz der Folge $(f_n(x_m))_{m\geq 1}$.

Mit der Anwendung von 2 auf die Grenzwerte $\lim_{\substack{s\uparrow t\\ s\in\mathbb{Q}^+}} f_n(X_s)$ und $\lim_{\substack{s\downarrow t\\ s\in\mathbb{Q}^+}} f_n(X_s)$, die außerhalb einer gemeinsamen Nullmenge für alle $n \geq 1$ und $t \geq 0$ existieren, folgt die Existenz der Grenzwerte $\lim_{\substack{s\uparrow t\\ s\in\mathbb{Q}^+}} X_s$ und $\lim_{\substack{s\downarrow t\\ s\in\mathbb{Q}^+}} X_s$ für alle $t \geq 0$ außerhalb der Ausnahmemenge. Für $t \geq 0$ setzen wir $X'_t = \lim_{\substack{s\downarrow t\\ s\in\mathbb{Q}^+}} X_s$ mit einem beliebigen konstanten Wert aus E auf der Ausnahmemenge.

Der Prozess $(X'_t)_{t\geq 0}$ ist eine Modifikation von $(X_t)_{t\geq 0}$ mit Pfaden in $D(\mathbb{R}^+, E)$. Das folgt wie im Beweis von Lemma 14.49. Der dort behandelte Fall $E = \mathbb{R}$ lässt sich leicht auf den allgemeinen Fall übertragen.

Für die starke Markov-Eigenschaft eines Feller-Prozesses benötigen wir nur die rechtsseitige Stetigkeit.

▸ **Satz 16.26** Ein Feller-Prozess $(X_t, \mathcal{A}_t)_{t\geq 0}$ mit rechtsseitig stetigen Pfaden hat die starke Markov-Eigenschaft, d. h. für eine Stoppzeit τ bzgl. $(\mathcal{A}_t)_{t\geq 0}$ ist

$$P(X_{\tau+t} \in A|\mathcal{A}_\tau) = P(X_{\tau+t} \in A|X_\tau) \text{ f.s. für } t > 0, A \in \mathcal{B}\,.$$

Anmerkung: Analog folgt auch wieder die Satz 16.2.2 entsprechende Verallgemeinerung

$$P(B|\mathcal{A}_\tau) = P(B|X_\tau) \text{ f.s. für } B \in \sigma(X_{\tau+t}, t \geq 0)\,.$$

Beweis: Wie im Fall der Markov-Eigenschaft (s. Satz 16.2.1) folgt aus der starken Markov-Eigenschaft, dass $E(f(X_{\tau+t})|\mathcal{A}_\tau) = E(f(X_{\tau+t})|X_\tau)$ f.s. für alle beschränkten, messbaren Funktionen $f\colon E \to \mathbb{R}$ ist. Da andererseits nach den Überlegungen nach Definition 16.20 eine Verteilung durch die Integrale aller Funktionen $f \in C_0(E)$ eindeutig bestimmt ist, ist die starke Markov-Eigenschaft äquivalent zu:

$$E(f(X_{\tau+t})|\mathcal{A}_\tau) = E(f(X_{\tau+t})|X_\tau) \text{ für alle } f \in C_0(E)\,.$$

Wir zeigen dazu, dass $E(f(X_{\tau+t})|\mathcal{A}_\tau) = (T_t f)(X_t)$ für eine Stoppzeit τ und $f \in C_0(E)$ ist. Da wir dann $E(f(X_{\tau+t})|\mathcal{A}_\tau)$ als messbare Funktion von X_τ dargestellt haben, ist $E(f(X_{\tau+t})|\mathcal{A}_\tau)$ $\sigma(X_\tau)$-messbar und $E(f(X_{\tau+t})|\mathcal{A}_\tau) = E(f(X_{\tau+t})|X_\tau)$.

Auf diese Weise haben wir nicht nur die starke Markov-Eigenschaft bewiesen, sondern auch die entspr. bedingten Wahrscheinlichkeiten mit Hilfe von T_t dargestellt. Das bedeutet, dass die Übergangswahrscheinlichkeiten für Stoppzeiten dieselben sind wie für konstante Zeiten.

Die noch zu beweisende Beziehung $E(f(X_{\tau+t})|\mathcal{A}_\tau) = (T_t f)(X_\tau)$ für $f \in C_0(E)$ folgt für alle Stoppzeiten τ mit diskreter Verteilung wie im Fall von Markov-Ketten (Satz 14.15) aus der Markov-Eigenschaft durch Zerlegung nach den Werten von τ.

Für eine beliebige Stoppzeit τ sei $(x_n)_{n\geq 1}$ nach Satz 15.7 eine Folge von Stoppzeiten mit diskreter Verteilung, so dass $\tau_n \downarrow \tau$ für $n \to \infty$ konvergiert.

Sei $f \in C_0(E)$. Für $n \geq 1$ ist $E(f(X_{\tau_n+t})|\mathcal{A}_{\tau_n}) = (T_t f)(X_{\tau_n})$. Für $B \in \mathcal{A}_t$ ist $B \in \mathcal{A}_{\tau_n}$ für alle $n \geq 1$ und daher $\int_B f(X_{\tau_n+t})\,\mathrm{d}P = \int_B (T_t f)(X_{\tau_n})\,\mathrm{d}P$. Wegen der rechtsseitigen Stetigkeit der Pfade konvergiert $f(X_{\tau_n+t}) \to f(X_{\tau+t})$ und $(T_t f)(X_{\tau_n}) \to (T_t f)(X_\tau)$ f.s. für $n \to \infty$. Da $|f(X_{\tau_n+t})| \leq \|f\|$ und $|(T_t f)(X_{\tau_n})| \leq \|f\|$ ist, folgt mit majorisierter Konvergenz $\int_B f(X_{\tau+t})\,\mathrm{d}P = \int_B (T_t f)(X_\tau)\,\mathrm{d}P$ für alle $B \in \mathcal{A}_\tau$. Damit ist $E(f(X_{\tau+t})|\mathcal{A}_\tau) = (T_t f)(X_\tau)$.

Als Anwendung der starken Markov-Eigenschaft bestimmen wir die Verteilung des Supremums einer Brown'schen Bewegung $(B_t)_{t\geq 0}$. Für $t \geq 0$ sei $M_t = \sup_{0\leq s\leq t} B_s$. Da $B_0 = 0$ ist, ist $M_t \geq 0$. Für $x > 0$ sei $\tau_x = \inf\{t\colon B_t \geq x\}$. Für $t \geq 0$ und $x > 0$ ist $\{\tau_x \leq t\} = \{M_t \geq x\}$. Wir zerlegen das Ereignis $\{\tau_x \leq t\}$ in $\{\tau_x \leq t\} = \{\tau_x \leq t, B_t \geq x\} \cup \{\tau_x \leq t, B_t < x\} = \{B_t \geq x\} \cup \{\tau_x \leq t, B_t < x\}$. Es ist $P(\tau_x \leq t, B_t < x) = P(\tau_x \leq t)\cdot P(B_t < x|\tau_x \leq t)$. Da $B_{\tau_x} = x$ ist, folgt mit der starken Markov-Eigenschaft $P(B_\tau < x|\tau_x \leq t) = P(B_t - B_{\tau_x} < 0|\tau_x \leq t) = \frac{1}{2}$ und $P(\tau_x \leq t) = P(B_t \geq x) + \frac{1}{2}P(\tau_x \leq t)$, also $P(M_t \geq x) = P(\tau_x \leq t) = 2P(B_t \geq x)$. Wegen der Stetigkeit der Verteilungsfunktion von B_t hat M_t die Verteilungsfunktion $P(M_t \leq x) = 2P(B_t \leq x) - 1 = 2\phi\left(\frac{x}{\sqrt{t}}\right) - 1$ für $x \geq 0$, also die Verteilung mit der Dichte $\frac{1}{\sqrt{t}}\varphi\left(\frac{x}{\sqrt{t}}\right)$ $(x \geq 0)$, wobei φ und ϕ die Dichte bzw. Verteilungsfunktion der Standardnormalverteilung ist.

Das Vorgehen entspricht dem Reflektionsprinzip, bei dem man die Pfade mit $M_t \leq x$ nach der Zeit τ_x spiegelt. Dabei werden die Pfade mit $B_t > x$ auf Pfade mit $B_t < x$ abgebildet. Beide Ereignisse haben daher die gleiche Wahrscheinlichkeit.

Da $(B_t)_{t\geq 0}$ symmetrisch verteilt ist, hat $-\inf_{0\leq s\leq t} B_s = \sup_{0\leq s\leq t}(-B_s)$ die gleiche Verteilung.

16.4 Lévy-Prozesse

Mit einer wichtigen Klasse von Feller-Prozessen, den Lévy-Prozessen, wollen wir uns noch etwas genauer beschäftigen.

▸ **Definition 16.27** Ein adaptierter stochastischer Prozess $(X_t, \mathcal{A}_t)_{t\geq 0}$ in $\mathbb{R}^d$ mit $X_0 = 0$ heißt ein Lévy-Prozess, wenn gilt:

1. $(X_t, \mathcal{A}_t)_{t\geq 0}$ hat von der Vergangenheit unabhängige Zuwächse, d. h. für $0 \leq s < t$ ist $X_t - X_s$ unabhängig von $\mathcal{A}_s$.
2. $(X_t)_{t\geq 0}$ hat stationäre Zuwächse, d. h. für $0 \leq s < t$ hängt die Verteilung von $X_t - X_s$ nur von $t - s$ ab.
3. $(X_t)_{t\geq 0}$ ist stochastisch stetig.

Analog zu Martingalen und Markov-Prozessen bezeichnet man einen stochastischen Prozess $(X_t)_{t\geq 0}$ als Lévy-Prozess, wenn $(X_t, \mathcal{A}_t)_{t\geq 0}$ mit $\mathcal{A}_t = \sigma(X_s, s \leq t)$ $(t \geq 0)$ ein Lévy-Prozess ist. Mit $X_0 = 0$ ist in diesem Fall Bedingung 2 äquivalent zu der Eigenschaft, dass $(X_t)_{t\geq 0}$ unabhängige Zuwächse hat.

Bekannte Beispiele von Lévy-Prozessen sind allgemeine Brown'sche Bewegungen und Poisson-Prozesse.

▸ **Satz 16.28** Ein Lévy-Prozess $(X_t, \mathcal{A}_t)_{t\geq 0}$ ist ein Feller-Prozess.

Beweis: Für $f \in C_0(\mathbb{R}^d)$, $t > 0$ ist $(T_t f)(x) = \int f(x + y) q_t(\mathrm{d}\, y)$, wobei q_t die Verteilung von $X_{s+t} - X_s$ für $s > 0$ sei. Es folgt leicht, dass $T_t f \in C_0(\mathbb{R}^d)$ für $f \in C_0(\mathbb{R}^d)$, $t > 0$ ist. Die gleichmäßig stochastische Stetigkeit der Übergangswahrscheinlichkeiten $(p_t)_{t\geq 0}$ folgt aus der stochastischen Stetigkeit von $(X_t)_{t\geq 0}$.

Nach Satz 16.24 existiert eine Modifikation mit càdlàg Pfaden. Sie ist auch ein Lévy-Prozess, da Modifikationen die gleiche Verteilung haben. Wir nehmen daher im folgenden an, dass Lévy-Prozesse càdlàg Pfade haben.

Wir beschränken uns der Einfachheit halber auf reellwertige Lévy-Prozesse.

Ein wichtiges Hilfsmittel zur Untersuchung von Lévy-Prozessen sind charakteristische Funktionen.

Für $t \geq 0$, $\lambda \in R$ sei $f_t(\lambda) = E(\mathrm{e}^{\mathrm{i}\lambda X_t})$.

▸ **Lemma 16.29** Es ist $f_0 \equiv 1$ und $f_{t+s}(\lambda) = f_t(\lambda) \cdot f_s(\lambda)$ für $t, s \geq 0$, $\lambda \in \mathbb{R}$.

Beweis: Die erste Behauptung ist klar.

Für $t, s \geq 0$, $\lambda \in \mathbb{R}$ ist

$$\begin{aligned} f_{t+s}(\lambda) &= E\left(\mathrm{e}^{\mathrm{i}\lambda X_{t+s}}\right) = E\left(\mathrm{e}^{\mathrm{i}\lambda[X_s + (X_{t+s} - X_s)]}\right) = E\left(E\left(\mathrm{e}^{\mathrm{i}\lambda[X_s + (X_{t+s} - X_s)]}|\mathcal{A}_s\right)\right) \\ &= E\left(\mathrm{e}^{\mathrm{i}\lambda X_s} E\left(\mathrm{e}^{\mathrm{i}\lambda(X_{t+s} - X_s)}|\mathcal{A}_s\right)\right) = E\left(\mathrm{e}^{\mathrm{i}\lambda X_s}\right) \cdot E\left(\mathrm{e}^{\mathrm{i}\lambda(X_{t+s} - X_s)}\right) = f_t(\lambda) \cdot f_s(\lambda)\,. \end{aligned}$$

Mit der Stetigkeit in Verteilung nach Satz 7.11 folgt:

▸ **Korollar 16.30** Es existiert eine stetige Funktion ψ mit $\psi(0) = 0$, so dass $f_t(\lambda) = e^{-t\psi(t)}$ für $t \geq 0, \lambda \in \mathbb{R}$ ist.

▸ **Lemma 16.31** Für $\lambda \in \mathbb{R}$ ist $(M_t, \mathcal{A}_t)_{t\geq 0}$ mit $M_t = \frac{e^{i\lambda X_t}}{f_t(\lambda)}$ $(t \geq 0)$ ein komplexwertiges Martingal.

Beweis: Nach Korollar 16.30 ist $f_t(\lambda) \neq 0$ für $t \geq 0, \lambda \in \mathbb{R}$ und $(M_t)_{t\geq 0}$ daher definiert. Für $0 \leq s < t$ ist

$$E(M_t|\mathcal{A}_s) = \left(\frac{e^{i\lambda X_t}}{f_t(\lambda)}|\mathcal{A}_s\right) = e^{i\lambda X_s}\left(\frac{e^{i\lambda(X_t - X_s)}}{f_t(\lambda)}|\mathcal{A}_s\right) = e^{i\lambda X_s}\frac{f_{t-s}(\lambda)}{f_t(\lambda)} = \frac{e^{i\lambda X_s}}{f_s(\lambda)} = M_s\,.$$

Mit Hilfe dieses Martingals zeigen wir, dass die von einem Lévy-Prozess und allen Nullmengen erzeugte Filtrierung rechtsseitig stetig ist.

▸ **Satz 16.32** Sei $X = (X_t)_{t\geq 0}$ ein Lévy-Prozess auf $(\Omega, \mathcal{A}, P)$, $(\mathcal{A}_t^X)_{t\geq 0}$ die von X erzeugte Filtrierung und $\mathcal{A}_t = \sigma(\mathcal{A}_t^X, \mathcal{N})$ für $t \geq 0$, wobei $\mathcal{N}$ die Menge aller P-Nullmengen ist. Dann ist die Filtrierung $(\mathcal{A}_t)_{t\geq 0}$ rechtsseitig stetig und $(X_t, \mathcal{A}_t)_{t\geq 0}$ ein Lévy-Prozess.

Um die von einem Lévy-Prozess erzeugte Filtrierung zu einer Filtrierung mit den üblichen Bedingungen (s. Definition 15.13) zu erweitern, genügt es daher, sie um alle P-Nullmengen zu vervollständigen.

Beweis: Dass $(X_t, \mathcal{A}_t)_{t\geq 0}$ ein Lévy-Prozess ist, ist klar, da sich die Mengen der σ-Algebren $\mathcal{A}_t^X$ und $\mathcal{A}_t$ nur um Nullmengen unterscheiden.

Wir schließen die rechtsseitige Stetigkeit von $(\mathcal{A}_t)_{t\geq 0}$ aus der folgenden Eigenschaft:

$$\text{Für } t, s_1, \ldots, s_n \geq 0 \text{ und } \lambda_1, \ldots, \lambda_n \in \mathbb{R} \text{ ist } E\left(e^{i\sum_{j=1}^n \lambda_j X_{s_j}}|\mathcal{A}_{t+}\right) = E\left(e^{i\sum_{j=1}^n \lambda_j X_{s_j}}|\mathcal{A}_t\right). \tag{16.3}$$

Bevor wir (16.3) beweisen, zeigen wir, dass aus (16.3) die rechtsseitige Stetigkeit von $(\mathcal{A}_t)_{t\geq 0}$ folgt.

Die charakteristischen Funktionen legen die (16.3) entsprechenden bedingten Verteilungen auf einem $\cap$-stabilen Erzeugendensystem von $\sigma\left(\cup_{s\geq 0}\mathcal{A}_s^X\right)$, das Ω enthält, fest. Daher ist

$$P(A|\mathcal{A}_{t+}) = P(A|\mathcal{A}_t) \quad \text{für} \quad t \geq 0, A \in \sigma\left(\bigcup_{s\geq 0}\mathcal{A}_s^X\right).$$

Da sich die Mengen aus $\sigma\left(\cup_{s\geq 0}\mathcal{A}_s^X, \mathcal{N}\right)$ von Mengen aus $\sigma\left(\cup_{s\geq 0}\mathcal{A}_s^X\right)$ nur um Nullmengen unterscheiden, ist

$$P(A|\mathcal{A}_{t+}) = P(A|\mathcal{A}_t) \text{ auch für } t \geq 0, A \in \sigma\left(\bigcup_{s\geq 0}\mathcal{A}_s^X, \mathcal{N}\right).$$

Für $t \geq 0$ und $A \in \mathcal{A}_{t+}$ folgt $P(A|\mathcal{A}_t) = P(A|\mathcal{A}_{t+}) = 1_A$ und damit $A \in \mathcal{A}_t$.

Beweis von (16.3): Für $t, s_1, \ldots, s_n \geq 0$ und $\lambda_1, \ldots, \lambda_n \in \mathbb{R}$ ist $E\left(e^{i\sum_{j=1}^n \lambda_j X_{s_j}} | \mathcal{A}_t\right) = e^{i\sum_{j:s_j \leq t} \lambda_j X_{s_j}} \cdot E\left(e^{i\sum_{j:s_j>t} \lambda_j X_{s_j}} | \mathcal{A}_t\right)$. Die gleiche Beziehung gilt bzgl. $\mathcal{A}_{t+}$. Es genügt daher, (16.3) für $s_1, \ldots, s_n > t$ zu beweisen. Wie in ähnlichen Situationen beschränken wir uns auf den Fall $n = 2$, da das Beweisprinzip daraus klar wird. Wir bezeichnen s_1, s_2 mit u, v und nehmen $0 \leq t < u < v$ an. Aus der Monotonie der Filtrierung $(\mathcal{A}_t)_{t\geq 0}$ folgt $\mathcal{A}_{t+} = \cap_{n=1} \mathcal{A}_{t+\frac{1}{n}}$ und mit dem 2. Satz von Paul Lévy

$$
\begin{aligned}
E\left(e^{i(\lambda_1 X_u + \lambda_2 X_v)} | \mathcal{A}_{t+}\right) &= \lim_{n\to\infty} E\left(e^{i(\lambda_1 X_u + \lambda_2 X_v)} \Big| \mathcal{A}_{t+\frac{1}{n}}\right) \\
&= \lim_{n\to\infty} E\left(e^{i\lambda_1 X_u} \cdot \frac{e^{i\lambda_2 X_v}}{f_v(\lambda_2)} f_v(\lambda_2) \Big| \mathcal{A}_{t+\frac{1}{n}}\right) \\
&= \lim_{n\to\infty} E\left(E\left(e^{i\lambda_1 X_u} \cdot \frac{e^{i\lambda_2 X_v}}{f_v(\lambda_2)} \cdot f_v(\lambda_2) | \mathcal{A}_u\right) \Big| \mathcal{A}_{t+\frac{1}{n}}\right) \\
&= \lim_{n\to\infty} E\left(e^{i\lambda_1 X_u} \cdot \frac{e^{i\lambda_2 X_u}}{f_u(\lambda_2)} \cdot f_v(\lambda_2) \Big| \mathcal{A}_{t+\frac{1}{n}}\right) \\
&= \lim_{n\to\infty} E\left(e^{i(\lambda_1+\lambda_2) X_u} \cdot f_{v-u}(\lambda_2) \Big| \mathcal{A}_{t+\frac{1}{n}}\right) \\
&= \lim_{n\to\infty} e^{i(\lambda_1+\lambda_2) X_{t+\frac{1}{n}}} \cdot f_{v-(t+\frac{1}{n})}(\lambda_1+\lambda_2) \cdot f_{v-u}(\lambda_2) \\
&= e^{i(\lambda_1+\lambda_2) X_t} \cdot f_{v-t}(\lambda_1+\lambda_2) \cdot f_{v-u}(\lambda_2) .
\end{aligned}
$$

Mit den gleichen Umformungen bzgl. $\mathcal{A}_t$ an Stelle von $\mathcal{A}_{t+\frac{1}{n}}$ folgt

$$
e^{i(\lambda_1+\lambda_2) X_t} \cdot f_{v-t}(\lambda_1+\lambda_2) \cdot f_{v-u}(\lambda_2) = E\left(e^{i(\lambda_1 X_u + \lambda_2 X_v)} | \mathcal{A}_t\right)
$$

und damit

$$
E\left(e^{i(\lambda_1 X_u + \lambda_2 X_v)} | \mathcal{A}_{t+}\right) = E\left(e^{i(\lambda_1 X_u + \lambda_2 X_v)} | \mathcal{A}_t\right) .
$$

16.5 Übungen

16.1* Man führe den Beweis von Satz 16.2.2 genau durch.
Hinweis: Man beweise zunächst (s. auch Andeutung des Beweises)

$$
E\left(f_1(X_{u_1}) \cdot f_2(X_{u_2}) \cdot \ldots \cdot f_n(X_{u_n}) | \mathcal{A}_t\right) = E\left(f_1(X_{u_1}) \cdot f_2(X_{u_2}) \cdot \ldots \cdot f_n(X_{u_n}) | X_t\right)
$$

für $0 \leq t \leq u_1 < \ldots < u_n$ und beschränkte messbare Funktionen f_i $(1 \leq i \leq n)$.

16.2 Man ergänze die Beweise der noch fehlenden Eigenschaften, dass die Übergangswahrscheinlichkeiten der Brown'schen Bewegung eine Feller'sche Halbgruppe erzeugen.

16.3 Man bestimme die Übergangswahrscheinlichkeiten der geometrischen Brown'schen Bewegung und weise nach, dass sie die entsprechenden Vorwärts- und Rückwärtsgleichungen erfüllen.

Teil IV
Grundlagen der stochastischen Analysis

Semimartingale und ihr stochastisches Integral 17

In den letzten beiden Kapiteln werden wir eine Einführung in die Theorie des stochastischen Integrals von Semimartingalen als Integratoren, der Grundlage der stochastischen Analysis, geben. Wie in der Einleitung begründet, führen wir Semimartingale und ihr stochastisches Integral über eine geeignete Stetigkeitseigenschaft und damit anders als üblich ein.

Wir betrachten zunächst das pfadweise definierte stochastische Integral von stochastischen Prozessen, deren Pfade lokal von beschränkter Variation sind. Die allgemeine Theorie des stochastischen Integrals von Semimartingalen wie z. B. der Brown'schen Bewegung bereiten wir mit motivierenden Beispielen und einem kurzen Überblick über die geschichtliche Entwicklung vor. Dabei werden wir auch die von uns angewandte Methode erläutern und darlegen, wie sie aus früheren Verfahren entstand und mit ihnen zusammenhängt. Als weitere Vorbereitung behandeln wir lokale Martingale, die die wichtigste Klasse von Semimartingalen bilden, bevor wir uns dann allgemein mit Semimartingalen und ihrem stochastischen Integral beschäftigen.

Eine bedeutende Rolle in der stochastischen Analysis spielt die quadratische Variation, die wir schon von der Brown'schen Bewegung her kennen. Mit ihr und Anwendungen in der Finanztheorie werden wir uns im folgenden Kapitel beschäftigen.

In beiden Kapiteln ist ein System $(\Omega, \mathcal{A}, (\mathcal{A}_t)_{t\geq 0}, P)$ mit den üblichen Bedingungen (s. Definition 15.13) gegeben.

Wir haben gelegentlich stochastische Prozesse nicht, wie gewohnt, als indiziertes System, sondern mit nur einem Symbol bezeichnet, z. B. mit X an Stelle von $(X_t)_{t\geq 0}$ wie beispielsweise in Definition 15.1. Wir werden diese Bezeichnungsweise der Übersichtlichkeit halber jetzt systematisch verwenden.

Wenn nicht anders erwähnt, sind adaptierte stochastische Prozesse an die gegebene Filtrierung $(\mathcal{A}_t)_{t\geq 0}$ adaptiert. Entsprechendes gilt für Stoppzeiten.

M. Mürmann, *Wahrscheinlichkeitstheorie und Stochastische Prozesse*,
DOI 10.1007/978-3-642-38160-7_17,

17.1 Das stochastische Integral von Prozessen von endlicher Variation

Wir gehen für ein kompaktes Intervall $[a,b]$ von der nach Satz 12.30 gegebenen Beziehung $\mu((x,y]) = F(y) - F(x)$ für $a \leq x < y \leq b$ zwischen den rechtsseitig stetigen Funktionen F von beschränkter Variation auf $[a,b]$ und den endlichen signierten Maßen μ auf $(a,b]$ aus. Diese Beziehung lässt sich auf signierte Maße und entsprechende Funktionen auf $\mathbb{R}^+$ erweitern.

▸ **Definition 17.1** Eine Funktion $F\colon \mathbb{R}^+ \to \mathbb{R}$ heißt *von endlicher Variation*, wenn F auf jedem kompakten Intervall von beschränkter Variation ist.

Satz 12.30 lässt sich durch Zurückführung auf kompakte Intervalle mit Lokalisierung direkt übertragen zu einer analogen Beziehung zwischen lokal endlichen signierten Maßen und rechtsseitig stetigen Funktionen von endlicher Variation auf $\mathbb{R}^+$. Wir schließen jetzt auch den Punkt 0 ein mit $\mu(\{0\}) = F(0)$. Dann ist $\mu([0,t]) = F(t)$ für $t \geq 0$ und F damit eindeutig bestimmt. Wir bezeichnen die totale Variation von F als Funktion mit

$$|F|(t) = V_0^t(F) = \sup\left\{|F(0)| + \sum_{i=1}^{m} |F(t_i) - F(t_{i-1})| : 0 = t_0 < t_1 < \ldots < t_m = t, m \geq 1\right\} \quad (t \geq 0)\,. \tag{17.1}$$

Ist μ das zu F gehörende signierte Maß, so ist $|F|(t)$ die totale Variation von μ von $[0,t]$.

Lokal endlichen Maßen auf $\mathbb{R}^+$ entsprechen in diesem Fall rechtsseitig stetige, monoton wachsende Funktionen auf $\mathbb{R}^+$.

Wir betrachten jetzt stochastische Prozesse, deren Pfade von endlicher Variation sind.

▸ **Definition 17.2** Sei $A = (A_t)_{t\geq 0}$ ein stochastischer Prozess mit càdlàg-Pfaden. A heißt ein *monoton wachsender Prozess*, wenn seine Pfade A_t $(t \geq 0)$ in Abhängigkeit von t f.s. monoton wachsend sind, und ein *Prozess von endlicher Variation*, wenn seine Pfade f.s. von endlicher Variation sind. Für einen Prozess von endlicher Variation heißt der pfadweise durch (17.1) definierte Prozess $|A| = (|A|_t)_{t\geq 0}$ mit $|A|_t = |A|(t)$ für $t \geq 0$ der *Prozess der totalen Variation von A*.

Wir haben die Eigenschaft von càdlàg-Pfaden in die Definition mit aufgenommen, da wir nur die rechtsseitig stetige Version dieser Prozesse betrachten werden.

Sei A ein Prozess von endlicher Variation und $\omega \in \Omega$, so dass der Pfad $A_t(\omega)$ in Abhängigkeit von t von endlicher Variation ist. Da er auch rechtsseitig stetig ist, existiert ein eindeutig bestimmtes lokal endliches signiertes Maß $\mu_A(\omega, .)$ auf $\mathbb{R}^+$ mit $\mu_A(\omega,[0,t]) = A_t(\omega)$ für $t \geq 0$. Wir bezeichnen das zu diesem signierten Maß gehörende Stielt] es Integral mit

$$\int_0^t f(s)\,\mathrm{d}A_s(\omega) = \int_0^t f(s)\mu_A(\omega,\mathrm{d}s)\ (t \geq 0)\,.$$

Das Integral $\int_0^t f(s)\,\mathrm{d}A_s$ existiert f.s. z. B. für lokal beschränkte, messbare Funktionen f.

Da dieses Integral pfadweise definiert ist, kann man auch stochastische Prozesse pfadweise integrieren. Für einen lokal beschränkten, messbaren Prozess $H = (H_t)_{t\geq 0}$ z. B. existiert pfadweise f.s. $I_t(\omega) = \int_0^t H_s(\omega)\,\mathrm{d}A_s(\omega)$ für $t \geq 0$. Mit den üblichen Schritten zeigt man, dass $(I_t)_{t\geq 0}$ ein messbarer Prozess ist.

Aus der Analysis ist bekannt und auch leicht zu beweisen, dass man Riemann-Stieltjes Integrale $\int_0^t F(s)\,\mathrm{d}F_s$ von stetigen Funktionen f als Grenzwert von Riemann-Summen erhalten kann.

Durch pfadweise Anwendung auf die Integrale $\int_0^t H_s\,\mathrm{d}A_s$ folgt:

▸ **Satz 17.3** Sei A ein stochastischer Prozess von endlicher Variation und H ein messbarer Prozess mit f.s. stetigen Pfaden. Sei $t > 0$ und $(\mathcal{Z}_n)_{n\geq 1}$ eine Folge von zufälligen Zerlegungen von $[0,t]$ mit $\delta(\mathcal{Z}_n) \to 0$ f.s. für $n \to \infty$. Für $\tau_i \in \mathcal{Z}_n$ und $\tau_{i-1} \leq \sigma_i < \tau_i$ für alle i konvergiert

$$\sum_i H_{\sigma_i}(A_{\tau_i} - A_{\tau_{i-1}}) \to \int_0^t H_s\,\mathrm{d}A_s \text{ f.s. für } n \to \infty\,.$$

Eine wichtige Formel, die Itô-Döblin-Formel (Satz 18.16), die in der stochastischen Analysis eine grundlegende Rolle spielt, betrifft das Verhalten unter Variablentransformationen. Der folgende Spezialfall des stochastischen Integrals von Funktionen von endlicher Variation ist pfadweise aus der Analysis bekannt.

▸ **Satz 17.4** Sei A ein stochastischer Prozess von endlicher Variation mit stetigen Pfaden und f eine stetig differenzierbare Funktion. Dann ist auch der Prozess $(f(A_t))_{t\geq 0}$ ein Prozess von endlicher Variation, und für $t \geq 0$ ist $f(A_t) - f(A_0) = \int_0^t f'(A_s)\,\mathrm{d}A_s$.

Beweis: Dass $(f(A_t))_{t\geq 0}$ von endlicher Variation ist, folgt aus der Ungleichung $|f(A_s) - f(A_r)| \leq \sup\{|f'(A_s)|: 0 \leq s \leq t\} \cdot |A_s - A_r|$ für $r < s \leq t$, da $\{|f'(A_s|: 0 \leq s \leq t)$ f.s. für $t > 0$ beschränkt ist.

Die pfadweise leicht zu beweisende Integrationsformel setzen wir als bekannt voraus.

Die Integralformel wird sich für C^2-Funktionen als Spezialfall der Itô-Döblin-Formel ergeben.

17.2 Vorbereitung des allgemeinen stochastischen Integrals

Die Notwendigkeit, das pfadweise definierte stochastische Integral auf stochastische Prozesse, die nicht von endlicher Variation sind, wie z. B. die Brown'sche Bewegung, zu erweitern, motivieren wir mit einigen Beispielen.

1. Bewegung in einem zufälligen Feld.
   Wir betrachten zunächst eine Bewegung in einem deterministischen Kraftfeld in $\mathbb{R}^d$. Für $t \geq 0$ sei x_t der Zustand eines physikalischen Systems in $\mathbb{R}^d$ zur Zeit t. Für die

Bewegung eines Teilchens in $\mathbb{R}^3$ ist z. B. $d = 6$ mit x_t als Lage- und Impulskoordinaten, und für die Bewegung von N Teilchen ist $d = 6N$.
Wir gehen von einer klassischen Bewegungsgleichung von der Form $\frac{\mathrm{d}\,x_t}{\mathrm{d}\,t} = b(x_t, t)$ $(t \geq 0)$ aus, wobei b in den meisten physikalischen Beispielen nicht explizit von t abhängt. Wir nehmen an, dass zusätzlich zu dem deterministischen Kraftfeld ein stochastisches Rauschen als Störung wirkt. Wir bezeichnen den zufälligen Zustand zur Zeit t mit X_t und setzen als Bewegungsgleichung $\frac{\mathrm{d}\,X_t}{\mathrm{d}\,t} = b(X_t, t) + R_t$ $(t \geq 0)$ an mit einem additiven Rauschen $(R_t)_{t\geq 0}$. Es bestehe aus der Wirkung eines von $(X_t)_{t\geq 0}$ unabhängigen Grundrauschens $(W_t)_{t\geq 0}$ auf $(X_t)_{t\geq 0}$. Wir nehmen an, dass R_t proportional auf W_t wirkt, also von der Form $R_t = \sigma(X_t, t)\,W_t$ ist, und erhalten die Gleichung

$$\frac{\mathrm{d}\,X_t}{\mathrm{d}\,t} = b(X_t, t) + \sigma(X_t, t)\,W_t \quad (t \geq 0)\,.$$

Wir machen aus physikalischen Gründen die folgenden Annahmen über $(W_t)_{t\geq 0}$:

1. $E\,W_t = 0$ (andernfalls kann man $E\,W_t$ in b aufnehmen)
2. $(W_t)_{t\geq 0}$ ist ein stationärer Prozess
3. Die Zufallsvariablen $(W_t)_{t\geq 0}$ sind unabhängig.

Bedingung 3 entspricht der Idealisierung der Annahme, dass die Skala, in der sich der Prozess $(X_t)_{t\geq 0}$ merklich ändert, sehr groß ist im Vergleich zu der Skala, in der sich $(W_t)_{t\geq 0}$ entsprechend ändert. Man nennt eine solche Störung $(W_t)_{t\geq 0}$ „Weißes Rauschen".
Aber außer dem Prozess $(W_t)_{t\geq 0} \equiv 0$ existiert kein Prozess mit messbaren Pfaden, der diese Bedingungen erfüllt.
Entsprechend unseren Überlegungen in Kapitel 12, dass die Integration eine fundamentalere Operation als die Differentiation ist, versuchen wir, eine integrierte Form herzuleiten und betrachten dazu die Änderung in kleinen Zeitintervallen mit dem modifizierten Ansatz

$$X_{t+h} - X_t = b(X_t, t)h + \sigma(X_t, t)\cdot(B_{t+h} - B_t) + o(h) \quad \text{für} \quad h \downarrow 0 (t \geq 0) \tag{17.2}$$

mit dem auf integrierten Grundrauschen $(B_t)_{t\geq 0}$.
Man kann die Unabhängigkeit von $(W_t)_{t\geq 0}$ in einem schwachen Sinne so auffassen, dass $(B_t)_{t\geq 0}$ unabhängige Zuwächse hat. Mit den übrigen Bedingungen führt das zu $(B_t)_{t\geq 0}$ als Brown'scher Bewegung. Formal ist $W_t = \frac{\mathrm{d}\,B_t}{\mathrm{d}\,t}$ $(t \geq 0)$. Nach Korollar 14.53 ist die Brown'sche Bewegung jedoch f.s. in keinem Intervall differenzierbar.
Analog zu Maßen mit Dichten (Beispiel 1 in Abschn. 12.1) führt der infinitesimale Ansatz (17.2) mit heuristischen Argumenten durch Integration zu der folgenden Version:

$$X_t = X_0 + \int_0^t b(X_s, s)\,\mathrm{d}\,s + \int_0^t \sigma(X_s, s)\,\mathrm{d}\,B_s \quad (t \geq 0)\,. \tag{17.3}$$

Auf diese Weise sind wir zu dem Integral bzgl. der Brown'schen Bewegung gelangt. Wenn wir es definiert haben werden, werden wir von (17.3) als Bewegungsgleichung für oben beschriebene Situation ausgehen.
Man stellt (17.3) auch dar als stochastische Differentialgleichung

$$\mathrm{d}\,X_t = b(X_t, t)\,\mathrm{d}\,t + \sigma(X_t, t)\,\mathrm{d}\,B_t(t \geq 0)$$

mit dem Anfangswert X_0.
Ein anderer Zugang zu dieser stochastischen Differentialgleichung führt über Diffusionsprozesse. Wir haben in Beispiel 4 von Kap. 16 ihre Übergangswahrscheinlichkeiten, ausgehend von dem infinitesimalen lokalen Verhalten ihrer Verteilungen, durch Vorwärts- und Rückwärtsgleichungen abgeleitet. Jetzt gehen wir ähnlich direkt vom infinitesimalen lokalen Verhalten der Pfade aus.
Die Annahmen von Beispiel 4 führen dazu, dass, gegeben $X_t = x$, der Zuwachs $X_{t+h} - X_t$ lokal durch eine Brown'sche Bewegung mit entsprechenden Drift und Diffusionskonstanten approximiert wird. Wir können jetzt auch den nichtstationären Fall zulassen, dass Drift und Diffusionskonstante explizit von der Zeit abhängen. Mit der Brown'schen Bewegung $(B_t)_{t\geq 0}$ führt das ebenfalls zu (17.2) bzw. (17.3).
Zum Ornstein-Uhlenbeck-Prozess gehört z. B. die Langevin-Gleichung

$$\mathrm{d}\,X_t = -\rho X_t\,\mathrm{d}\,t + \sigma\,\mathrm{d}\,B_t \quad (t \geq 0)\,.$$

Ein weiteres konkretes Beispiel zur Gleichung (17.3) ist das folgende.

2. Kurs eines Wertpapiers.
Es bezeichne $(S_t)_{t\geq 0}$ die Entwicklung eines Wertpapiers, z. B. einer Aktie. Wie in Beispiel 1 betrachten wir Änderungen in kleinen Zeitintervallen. In diesem Fall nehmen wir an, dass die Änderung $S_{t+h} - S_t$ proportional zum jeweiligen Wert S_t mit einer deterministischen Wachstumsrate $\mu \in \mathbb{R}$ und zufälligen Fluktuationen ist. Analog zu den Überlegungen von Beispiel 1 führt das zu dem Ansatz

$$S_{t+h} - S_t = \mu S_t h + \sigma S_t(B_{t+h} - B_t) + o(h) \quad \text{für} \quad h \downarrow 0 \quad (t \geq 0)$$

mit einer Konstanten $\sigma > 0$.
In diesem Fall erhalten wir die stochastische Differentialgleichung

$$\mathrm{d}\,S_t = \mu S_t\,\mathrm{d}\,t + \sigma S_t\,\mathrm{d}\,B_t(t \geq 0)\,.$$

Damit (17.3) einen Sinn hat, muss das Integral $\int_0^t \sigma(X_s, s)\,\mathrm{d}\,B_s$ definiert sein. Die pfadweise Definition als Stieltjes-Integral bzgl. des zu $(B_t)_{t\geq 0}$ gehörenden Maßes ist nach Satz 12.30 nicht möglich, da nach Korollar 14.53 die Brown'sche Bewegung f.s. in keinem Intervall von beschränkter Variation ist.

Kommen wir nun zur Begründung einer sinnvollen Definition des Integrals $\int_0^t \sigma(X_s, s)\, \mathrm{d} B_s$.

Wir betrachten von vorn herein das Integral $\int_0^t H_s\, \mathrm{d} X_s$ für allgemeinere geeignete Prozesse $X = (X_t)_{t\geq 0}$ als Integratoren und $H = (H_t)_{t\geq 0}$ als Integranden, stellen uns zur Motivation aber weiterhin die Brown'sche Bewegung als typischen Integrator X vor. Als Möglichkeit bietet sich an, das Integral als Grenzwert von Riemann-Summen in einer schwächeren Konvergenz, z. B. der stochastischen oder L^p-Konvergenz für ein $p \geq 1$, zu definieren. Dazu müssen jedoch sowohl der Integrator X als auch der Integrand H gewisse Bedingungen erfüllen. Denn wenn z. B. solche Grenzwerte allein für alle stochastischen Integranden H mit stetigen Pfaden existieren sollen, muss X von endlicher Variation sein, wie man zeigen kann. Sieht man sich die entsprechenden Gegenbeispiele aber genauer an, so stellt man fest, dass sie von der Form sind, dass der Wert H_t des Integranden zur Zeit t von den Werten X_s für $s > t$ und damit von der Zukunft abhängt. Das führt zu der entscheidenden Überlegung, nur adaptierte Prozesse H zu integrieren. Für einen Integrator X mit stetigen Pfaden wie der historisch zuerst behandelten Brown'schen Bewegung genügt die Adaptiertheit von H. Will man aber nicht nur Prozesse mit stetigen Pfaden als Integratoren zulassen, so sind weitere Eigenschaften von H notwendig. Als einfachste Möglichkeit hat sich die linksseitige Stetigkeit der Pfade herausgestellt. Sie tritt bereits beim gewöhnlichen Stieltjes-Integral $\int f\, \mathrm{d} F$ auf. Denn das zu F gehörende Maß μ ist durch $\mu((a,b]) = F(b) - F(a) = \int 1_{(a,b]}\, \mathrm{d} F$ für alle $a < b$ charakterisiert. Während F rechtsseitig stetig ist, ist der Integrand $1_{(a,b]}$ linksseitig stetig. Beim entsprechenden Lebesgue Integral spielt die linksseitige Stetigkeit dann keine Rolle mehr, sondern die Messbarkeit, wohl aber beim stochastischen Integral, so weit wir es behandeln. Es entspricht in gewissem Sinne dem Riemann-Integral.

Wir werden daher adaptierte Prozesse H mit linksseitig stetigen Pfaden integrieren. Man kann das stochastische Integral mit wesentlich größerem Aufwand zum Integral von sogenannten vorhersehbaren Prozessen als Integranden fortsetzen. Wir werden sie in Abschn. 18.3 kurz erwähnen, uns aber nicht näher mit der dazu benötigten technisch sehr schwierigen Theorie beschäftigen. Denn wir können auch ohne sie grundlegende Eigenschaften des stochastischen Integrals beweisen, einschließlich der Behandlung wichtiger Beispiele und Anwendungen, z. B. in der Finanztheorie.

Bevor wir mit der Theorie beginnen, geben wir einen kurzen Überblick über die historische Entwicklung des stochastischen Integrals. Indem wir seine Entwicklung von der Brown'schen Bewegung bis zum Semimartingal skizzieren, werden sich auch die noch nicht erwähnten Bedingungen, die der Integrator X erfüllen muss, ergeben.

N. Wiener definierte 1920 das Integral $\int_0^t f(s)\, \mathrm{d} B_s$ $(t \geq 0)$ bzgl. der Brown'schen Bewegung $(B_t)_{t\geq 0}$ für geeignete deterministische Funktionen f.

Den entscheidenden Schritt tat Itô 1944, der die Bedeutung der Vorhersehbarkeit erkannte und das stochastische Integral bzgl. der Brown'schen Bewegung als Integrator von geeigneten adaptierten Prozessen als L^2-Isomorphie definierte. Dieses stochastische Integral nennt man daher Itô-Integral. Itô bewies auch die bereits kurz erwähnte Itô-Döblin-

Formel, die das Verhalten des stochastischen Integrals unter der Transformation mit einer C^2-Funktion angibt. Sie hat für das Itô-Integral eine grundlegende Bedeutung und wird meistens als Itô-Formel bezeichnet. Sie wurde jedoch schon 1940 von W. Döblin bewiesen, dessen Manuskript aber erst 2000 geöffnet wurde (s. P. Imkeller, S. Rœlly [6]). Kunita-Watanabe definierten 1967 für L^2-Martingale, d. h. in L^2 beschränkte Martingale, das Itô-Integral und bewiesen dafür die Itô-Döblin-Formel. Die Straßburger Schule, vor allem P. A. Meyer, verallgemeinerte schrittweise 1967–75 das stochastische Integral bis hin zu den sogenannten Semimartingalen als Integratoren.

Semimartingale setzen sich additiv zusammen aus lokalen Martingalen, die wir im nächsten Abschnitt einführen werden und deren Integral durch Lokalisierung des Verfahrens von Kunita-Watanabe definiert ist, und einem Prozess, dessen Pfade von endlicher Variation sind, deren Integral pfadweise definiert ist. Die Definition von Semimartingalen und ihrem Integral als additive Zusammensetzung scheint auf den ersten Blick eine willkürliche und künstliche Konstruktion zu sein. Dass sie aber sinnvoll ist, weil sich ihre beiden Anteile in gewissem Sinne ergänzen, sieht man bereits an der Itô-Döblin-Formel, da aus ihr mit konkreter Angabe der Zerlegung folgt, dass die Klasse der Semimartingale unter glatten Transformationen erhalten bleibt, und erschließt sich weiter mit fortgeschrittener Theorie. Diese wurde jedoch immer komplizierter. Laut P. A. Meyer benötigte man für das Itô-Integral zwei Vorlesungen als Vorbereitung und für das Integral von Semimartingalen sechs Monate.

Bichteler und Dellacherie bewiesen 1979 unabhängig voneinander, dass die so definierten Semimartingale durch eine Stetigkeitseigenschaft als geeignete Integratoren charakterisiert werden können. Dieses Resultat bietet die Möglichkeit, Semimartingale als stochastische Prozesse mit dieser Stetigkeitseigenschaft und ihr stochastisches Integral dementsprechend einzuführen. Auch bestätigt es nachträglich die klassische Definition von Semimartingalen. Es lässt sich relativ leicht zeigen, dass im wesentlichen Semimartingale nach der klassischen Definition auch Semimartingale in diesem Sinne sind (s. Korollar 17.26 mit Anmerkungen zu Definition 17.25), und die Definition sowie die Beweise der grundlegenden Eigenschaften des stochastischen Integrals werden bei diesem Zugang wesentlich einfacher. Erst für die fortgeschrittene Theorie mit der erwähnten Fortsetzung des stochastischen Integrals benötigt man die klassische Darstellung von Semimartingalen und damit auch die Umkehrung des Satzes von Bichteler und Dellacherie.

Konsequent hat bisher nur P. Protter ([12], die erste Auflage erschien bereits 1992, s. auch [11]) die stochastische Analysis so entwickelt. Auch wir werden wegen der erwähnten Vorteile Semimartingale und ihr stochastisches Integral auf diese Weise einführen und uns dabei am Vorgehen von Protter orientieren. Die Fortsetzung des stochastischen Integrals würde für unser Vorhaben, die Grundlagen der stochastischen Analysis innerhalb eines Kurses der allgemeinen Wahrscheinlichkeitstheorie zu behandeln, zu weit gehen. Wir werden auch ohne sie relativ weit kommen und die wichtigsten Prinzipien der stochastischen Analysis kennen lernen. Dem an der fortgeschrittenen Theorie Interessierten sei das erwähnte Lehrbuch von Protter empfohlen.

17.3 Lokale Martingale

Vor der Durchführung dieses Programms behandeln wir lokale Martingale, neben den Prozessen von endlicher Variation der andere Summand von klassischen Semimartingalen.

Lokalisierung ist ein wichtiges Prinzip in der stochastischen Analysis. Es bedeutet, dass eine Eigenschaft von stochastischen Prozessen von den bei τ_n gestoppten Prozessen gilt, wobei $(\tau_n)_{n\geq 1}$ eine monoton wachsende Folge von Stoppzeiten mit $\tau_n \uparrow \infty$ f.s. für $n \to \infty$ ist.

▸ **Definition 17.5** Sei X ein adaptierter stochastischer Prozess mit càdlàg-Pfaden

1. Eine Stoppzeit τ *reduziert* X, wenn $X^\tau 1_{\{\tau>0\}}$ ein gleichmäßig integrierbares Martingal ist.
2. Der Prozess X heißt ein *lokales Martingal* wenn eine monoton wachsende Folge von reduzierenden Stoppzeiten $(\tau_n)_{n\geq 1}$ mit $\tau_n \uparrow \infty$ f.s. für $n \to \infty$ existiert. Die Folge $(\tau_n)_{n\geq 1}$ heißt eine *lokalisierende Folge.*

Eigentlich müsste ein solcher Prozess ein lokal gleichmäßig integrierbares Martingal heißen. Wenn jedoch eine entsprechende Folge von Stoppzeiten $(\tau_n)_{n\geq 1}$ existiert, so dass $X^{\tau_n} 1_{\{\tau_n>0\}}$ für jedes n ein Martingal ist, dann existiert auch eine solche Folge $(\tau_n)_{n\geq 1}$, so dass $X^{\tau_n} 1_{\{\tau_n>0\}}$ für jedes n ein gleichmäßig integrierbares Martingal ist, wie wir mit Satz 17.9 zeigen werden.

Beispiel

Jedes Martingal ist ein lokales Martingal. Denn in diesem Fall ist $(\tau_n)_{n\geq 1}$ mit $\tau_n = n$ für $n \geq 1$ eine lokalisierende Folge.

Der einschränkende Faktor $1_{\{\tau_n>0\}}$ schwächt Voraussetzungen an X_0, z. B. Integrierbarkeit, ab.

Es konvergiert $1_{\{\tau_n>0\}} \uparrow 1$ f.s. für n $\to \infty$.

Setzt man $Y_t = X_t - X_0$ für $t \geq 0$, so ist für eine Stoppzeit τ

$$X^\tau 1_{\{\tau>0\}} = X_0 1_{\{\tau>0\}} + Y^\tau 1_{\{\tau>0\}} = X_0 1_{\{\tau>0\}} + Y^\tau ,$$

und es folgt:

▸ **Lemma 17.6** Eine Stoppzeit τ reduziert X genau dann, wenn $X_0 1_{\{\tau>0\}}$ integrierbar und Y^τ mit $Y_t = X_t - X_0$ für $t \geq 0$ ein gleichmäßig integrierbares Martingal ist.

Lokale Martingale erweitern den Martingalbegriff nicht nur wegen der Integrierbarkeit. Es gibt lokale Martingale, die gleichmäßig integrierbar und dennoch keine Martingale sind (s. z. B. P. Protter [12]).

Wir beweisen zunächst einige Eigenschaften von reduzierenden Stoppzeiten.

▸ **Satz 17.7** Sei M ein lokales Martingal und σ und τ Stoppzeiten.

1. Reduziert τ M und ist $\sigma \leq \tau$ f.s., dann reduziert auch σ M.
2. Reduzieren σ und τ M, dann reduziert auch $\sup(\sigma, \tau)$ M.
3. M^τ und $M^\tau 1_{\{\tau>0\}}$ sind lokale Martingale.

Beweis:

1. Aus $\sigma \leq \tau$ folgt $M^\sigma = (M^\tau)^\sigma$ und $1_{\{\sigma>0\}} = 1_{\{\tau>0\}} \cdot 1_{\{\sigma>0\}}$. Daher ist $M^\sigma 1_{\{\sigma>0\}} = (M^\tau 1_{\{\tau>0\}})^\sigma \cdot 1_{\{\sigma>0\}}$ f.s.
   Nach Voraussetzung ist $M^\tau 1_{\{\tau>0\}}$ ein gleichmäßig integrierbares Martingal. Nach dem Optional Sampling Theorem ist auch $(M^\tau 1_{\{\tau>0\}})^\sigma$ ein gleichmäßig integrierbares Martingal. Da $1_{\{\sigma>0\}}$ $\mathcal{A}_0$-messbar und beschränkt ist, folgt aus Lemma 17.6, dass $M^\sigma 1_{\{\sigma>0\}}$ ein gleichmäßig integrierbares Martingal ist.
2. Sei $X_t = M_t - M_0$ für $t \geq 0$. Aus der Voraussetzung folgt mit Lemma 17.6 und 1, dass $X^{\sup(\sigma,\tau)} = X^\sigma + X^\tau - X^{\inf(\sigma,\tau)}$ ein gleichmäßig integrierbares Martingal ist.
   Ferner ist $|M_0| 1_{\{\sup(\sigma,\tau)>0\}} \leq |M_0| 1_{\{\sigma>0\}} + |M_0| 1_{\{\tau>0\}}$ und $M_0 1_{\{\sup(\sigma,\tau)>0\}}$ daher integrierbar. Aus Lemma 17.6 folgt, dass $\sup(\sigma, \tau)$ M reduziert.
3. Sei $(\tau_n)_{n\geq 1}$ eine lokalisierende Folge von Stoppzeiten für M. Analog zum Beweis von 1 folgt aus dem Optional Sampling Theorem, dass jedes τ_n auch M^τ und $M^\tau 1_{\{\tau>0\}}$ reduziert.

▸ **Korollar 17.8** Die Menge aller lokalen Martingale ist ein Vektorraum.

Beweis: Da trivialerweise ein skalares Vielfaches eines lokalen Martingals ein lokales Martingal ist, ist nur zu zeigen, dass die Summe $M+N$ von lokalen Martingalen ein lokales Martingal ist. Seien $(\sigma_n)_{n\geq 1}$ und $(\tau_n)_{n\geq 1}$ lokalisierende Folgen von Stoppzeiten für M bzw. N.

Nach Satz 17.7.1 ist $(\inf(\sigma_n, \tau_n))_{n\geq 1}$ eine lokalisierende Folge von Stoppzeiten für M und N und damit auch für $M + N$.

Wie im Beweis von Korollar 17.8 werden wir noch öfter die Existenz einer lokalisierenden Folge von Stoppzeiten für mehrere lokale Eigenschaften benutzen.

Wir zeigen, dass ein Prozess, der lokal ein lokales Martingal ist, ein lokales Martingal ist.

▸ **Satz 17.9** Sei X ein adaptierter stochastischer Prozess mit càdlàg-Pfaden und $(\tau_n)_{n\geq 1}$ eine monoton wachsende Folge von Stoppzeiten mit $\tau_n \uparrow \infty$ f.s. für $n \to \infty$, so dass $X^{\tau_n} 1_{\{\tau_n>0\}}$ für jedes n ein lokales Martingal ist. Dann ist X ein lokales Martingal.

Da jedes Martingal ein lokales Martingal ist, ist die Voraussetzung insbesondere dann erfüllt, wenn $X^{\tau_n} 1_{\{\tau_n>0\}}$ für alle n Martingale sind. Daher ist in der Definition 17.5, wie bereits erwähnt, die gleichmäßige Integrierbarkeit nicht notwendig.

Beweis: Sei $M_n = X^{\tau_n} 1_{\{\tau_n > 0\}}$ für $n \geq 1$. Nach Voraussetzung sind die Prozesse M_n ($n \geq 1$) lokale Martingale. Daher existiert zu jedem n eine lokalisierende Folge $(\sigma_{nk})_{k\geq 1}$ von Stoppzeiten. Aus $\sigma_{nk} \uparrow \infty$ f.s. für $k \to \infty$ folgt, dass zu jedem n ein $k(n)$ mit $P\left(\sigma_{n,k(n)} \leq \inf(\tau_n, n)\right) \leq \frac{1}{2^n}$ existiert. Nach dem 1. Borel-Cantelli Lemma konvergiert $\sigma_{n,k(n)} \to \infty$ f.s. für $n \to \infty$. Die Stoppzeit $\inf(\sigma_{n,k(n)}, \tau_n)$ reduziert X^{τ_n} für jedes n und damit auch X, da $\inf(\sigma_{n,k(n)}, \tau_n) \leq \tau_n$ ist. Sei $\rho_n = \sup(\inf(\sigma_{1,k(1)}, \tau_1), \ldots, \inf(\sigma_{n,k(n)}, \tau_n))$ für $n \geq 1$. ρ_n reduziert X für jedes n. Da $(\rho_n)_{n\geq 1}$ eine monoton wachsende Folge von Stoppzeiten mit $\rho_n \uparrow \infty$ f.s. für $n \to \infty$ ist, ist $(\rho_n)_{n\geq 1}$ eine lokalisierende Folge für X.

Oft ist es wichtig zu wissen, wann ein lokales Martingal bereits ein Martingal ist. Wie schon erwähnt, genügt gleichmäßige Integrierbarkeit als hinreichende Bedingung nicht. Wir beweisen zunächst ein mehr theoretisches Kriterium, das notwendig und hinreichend ist, und leiten daraus ein nützlicheres hinreichendes Kriterium mit Hilfe des Supremumsprozesses ab.

Allgemein bezeichnet man für einen stochastischen Prozess $X = (X_t)_{t\geq 0}$ den Supremumsprozess mit $X_t^* = \sup_{0\leq s\leq t} |X_s|$ ($t \geq 0$) und $X_\infty^* = \sup_{s\geq 0} |X_s|$ (s. die analoge Bezeichnung im Fall diskreter Zeit z. B. im Beweis von Satz 14.21).

▸ **Satz 17.10** Ein lokales Martingal X ist genau dann ein Martingal, wenn für alle $t \geq 0$ die Familie der Zufallsvariablen $\{X_\tau\colon \tau \text{ Stoppzeit mit } \tau \leq t\}$ gleichmäßig integrierbar ist. Das ist insbesondere dann erfüllt, wenn $EX_t^* < \infty$ für alle $t \geq 0$ ist. Ist $EX_\infty^* < \infty$, dann ist X ein gleichmäßig integrierbares Martingal.

Beweis: Für ein Martingal X und eine Stoppzeit $\tau \leq t$ ist nach dem Optional Sampling Theorem $X_\tau = E(X_t|A_\tau)$. Für $t \geq 0$ folgt aus Lemma 14.30 die gleichmäßige Integrierbarkeit der Familie $\{X_\tau\colon \tau \text{ Stoppzeit mit } \tau \leq t\}$.

Aus der gleichmäßigen Integrierbarkeit von $\{X_\tau\colon \tau \text{ Stoppzeit mit } \tau \leq t\}$ für alle $t \geq 0$ folgt mit $\tau = t$, dass $E|X_t| < \infty$ für alle $t \geq 0$ ist.

Sei $(\tau_n)_{n\geq 1}$ eine lokalisierende Folge von X. Für alle $n \geq 1$ ist $X^{\tau_n} 1_{\{\tau_n > 0\}}$ ein gleichmäßig integrierbares Martingal. Für $0 \leq s \leq t$ ist daher $E\left(X_{\inf(\tau_n,t)} 1_{\{\tau_n>0\}} | \mathcal{A}_s\right) = X_{\inf(\tau_n,s)} 1_{\{\tau_n>0\}}$. Nach Voraussetzung ist die Folge $\left(X_{\inf(\tau_n,t)}\right)_{n\geq 1}$ gleichmäßig integrierbar. Mit majorisierter Konvergenz folgt $E(X_t|\mathcal{A}_s) = X_s$ für $0 \leq s \leq t$.

Sei $EX_t^* < \infty$ für ein $t \geq 0$. Für jede Stoppzeit $\tau \leq t$ ist $|X_\tau| \leq X_t^*$, und damit ist $\{X_\tau\colon \tau \text{ Stoppzeit mit } \tau \leq t\}$ gleichmäßig integrierbar.

Ist $EX_\infty^* < \infty$, dann folgt aus $|X_t| \leq X_\infty^*$ für alle $t \geq 0$, dass X gleichmäßig integrierbar ist.

Lokalisierung ist auch für andere Eigenschaften von stochastischen Prozessen von Bedeutung.

▸ **Definition 17.11** Ein stochastischer Prozess X *erfüllt eine Eigenschaft* $\mathcal{E}$ *lokal*, wenn eine monoton wachsende Folge von Stoppzeiten $(\tau_n)_{n\geq 1}$ mit $\tau_n \uparrow \infty$ f.s. für $n \to \infty$ existiert, so dass für jedes n der gestoppte Prozess $X^{\tau_n} 1_{\{\tau_n > 0\}}$ die Eigenschaft $\mathcal{E}$ hat. Die Folge $(\tau_n)_{n\geq 1}$ heißt eine lokalisierende Folge für $\mathcal{E}$.

Für gewisse lokale Eigenschaften der Pfade von stochastischen Prozessen wie lokale Beschränktheit stimmt die Definition mit der üblichen, d. h. ihrer Gültigkeit auf kompakten Mengen, überein (Übung 17.2). Man beachte jedoch den Unterschied zwischen einem Prozess mit (lokal) beschränkten Pfaden und einem (lokal) beschränktem Prozess. Das letztere bedeutet die (lokale) Beschränktheit aller Pfade und ist daher keine Eigenschaft einzelner Pfade.

Wie im historischen Überblick erwähnt, spielten L^2-Martingale und ihre lokalen Varianten eine entscheidende Rolle bei der Entwicklung des stochastischen Integrals. Sie sind nach wie vor wichtig (s. z. B. Satz 17.45). Als Beispiel zeigen wir für lokale Martingale mit beschränkten Sprunghöhen, dass sie lokal quadratintegrierbar sind.

▸ **Satz 17.12** Jedes lokale Martingal, deren Sprunghöhen an Unstetigkeitsstellen durch ein $\beta \geq 0$ f.s. beschränkt sind, ist lokal quadratintegrierbar. Insbesondere ist jedes lokale Martingal mit stetigen Pfaden lokal quadratintegrierbar.

Beweis: Sei X ein lokales Martingal mit Pfaden, deren Sprunghöhen an Unstetigkeitsstellen durch ein $\beta \geq 0$ f.s. beschränkt sind, und sei $(\tau_n)_{n\geq 1}$ eine lokalisierende Folge. Für $n \geq 1$ sei $\sigma_n = \inf(\inf\{t : |X_t| \geq n\}, n)$. $(\sigma_n)_{n\geq 1}$ ist eine monoton wachsende Folge von Stoppzeiten mit $\sigma_n \uparrow \infty$ f.s. für $n \to \infty$. Dieselben Eigenschaften hat auch die Folge $(\inf(\sigma_n, \tau_n))_{n\geq 1}$. Nach Satz 17.7.1 reduziert $\inf(\sigma_n, \tau_n)$ X für jedes n. Da $\left|X^{\inf(\sigma_n,\tau_n)} 1_{\{\inf(\sigma_n,\tau_n)>0\}}\right| \leq n + \beta$ ist, ist $X^{\inf(\sigma_n,\tau_n)} 1_{\{\inf(\sigma_n,\tau_n)>0\}}$ quadratintegrierbar.

Den Beweis des folgenden Satzes, den wir in der Theorie der Finanzmärkte anwenden werden, lassen wir als Übung 17.3.

▸ **Satz 17.13** Jedes nichtnegative lokale Martingal ist ein Supermartingal.

17.4 Definition und Eigenschaften von Semimartingalen

Wie im historischen Überblick begründet, ziehen wir es als Alternative zur klassischen Theorie vor, Semimartingale und ihr stochastisches Integral durch eine geeignete Stetigkeitseigenschaft einzuführen. Dazu definieren wir für einen zunächst beliebigen Prozess als Integrator das stochastische Integral von vorhersehbaren Prozessen mit endlich vielen Werten auf zufälligen Intervallen und führen Semimartingale durch eine Stetigkeitseigenschaft dieses Integrals ein, mit der wir das stochastische Integral fortsetzen können.

▸ **Definition 17.14** Ein stochastischer Prozess $H = (H_t)_{t\geq 0}$ heißt ein *einfacher vorhersehbarer Prozess* bzgl. $(\mathcal{A}_t)_{t\geq 0}$, wenn er in der Form

$$H_t = \widetilde{H_0} 1_{\{0\}}(t) + \sum_{i=1}^{m-1} \widetilde{H_i} 1_{(\tau_i, \tau_{i+1}]}(t) \tag{17.4}$$

mit Stoppzeiten $0 = \tau_1 \leq \ldots \leq \tau_m$ und $\mathcal{A}_{\tau_i}$-messbaren Zufallsvariablen $\widetilde{H_i}$ $(0 \leq i \leq m)$ mit $\tau_0 = 0$ darstellbar ist. Die Menge aller bzgl. $(\mathcal{A}_t)_{t\geq 0}$ einfachen vorhersehbaren Prozesse wird mit $\mathcal{E}((\mathcal{A}_t)_{t\geq 0})$ bezeichnet.

Wir definieren das stochastische Integral von einfachen vorhersehbaren Prozessen bzgl. eines stochastischen Prozesses X als Riemann-Stieltjes Integral.

▸ **Definition 17.15** Für einen stochastischen Prozess X ist die Abbildung $I_x : \mathcal{E}((\mathcal{A}_t)_{t\geq 0}) \to L^0(P)$ durch $I_X(H) = \widetilde{H_0} X_0 + \sum_{i=1}^{m-1} \widetilde{H_i}(X_{\tau_{i+1}} - X_{\tau_i})$ für $H \in \mathcal{E}((\mathcal{A}_t)_{t\geq 0})$ mit der Darstellung (17.4) definiert.

Dabei bezeichne $L^0(P)$ die Menge aller reellwertigen Zufallsvariablen.

Da die Abbildung I_X pfadweise als Integral definiert ist, ist sie unabhängig von der Darstellung definiert und linear.

Es zeigt sich, dass lokal die schwächste Stetigkeitseigenschaft genügt, dass aus der gleichmäßigen Konvergenz die stochastische Konvergenz dieses Integrals folgt, um es in geeigneter Weise auf adaptierte Prozesse mit linksseitig stetigen Pfaden fortzusetzen.

Wir versehen daher $\mathcal{E}((\mathcal{A}_t)_{t\geq 0})$ mit der gleichmäßigen Konvergenz und $L^0(P)$ mit der stochastischen Konvergenz bzgl. P.

▸ **Definition 17.16**

1. Ein adaptierter stochastischer Prozess X mit càdlàg-Pfaden heißt ein *totales Semimartingal* (bzgl. P und $(\mathcal{A}_t)_{t\geq 0}$) wenn die Abbildung $I_x : \mathcal{E}((\mathcal{A}_t)_{t\geq 0}) \to L^0(P)$ stetig ist.
2. X heißt ein *Semimartingal* (bzgl. P und $(\mathcal{A}_t)_{t\geq 0}$), wenn für jedes $t > 0$ der gestoppte Prozess X^t ein totales Semimartingal ist.

Meistens sind P und $(\mathcal{A}_t)_{t\geq 0}$ gegeben. Wir erwähnen ihren Bezug daher nur, wenn wir verschiedene Wahrscheinlichkeitsmaße bzw. Filtrierungen betrachten (z. B. Satz 17.18 f). Aus dem gleichen Grund werden wir $\mathcal{E}((\mathcal{A}_t)_{t\geq 0})$ meistens kurz mit $\mathcal{E}$ bezeichnen.

Zum Nachweis der Stetigkeit von I_X genügt es wegen der Linearität von I_X zu zeigen, dass für eine Folge $(H_n)_{n\geq 1}$ in $\mathcal{E}$ aus der gleichmäßigen Konvergenz $H_n \to 0$ für $n \to \infty$ die stochastische Konvergenz $I_X(H_n) \to 0$ folgt.

Aus der Linearität von I_X in Abhängigkeit von X folgt:

▸ **Satz 17.17** Die Menge aller (totalen) Semimartingale ist ein Vektorraum.

Wir untersuchen jetzt die Abhängigkeit von (totalen) Semimartingalen von dem Wahrscheinlichkeitsmaß und der Filtrierung.

▸ **Satz 17.18** Sei Q ein bzgl. P absolut stetiges Wahrscheinlichkeitsmaß. Dann ist jedes (totale) Semimartingal bzgl. P ein (totales) Semimartingal bzgl. Q.

Beweis: Da nach Satz 12.22 aus der stochastischen Konvergenz bzgl. P die stochastische Konvergenz bzgl. Q folgt, ist die Behauptung klar.

▸ **Satz 17.19** Sei X ein (totales) Semimartingal bzgl. $(\mathcal{A}_t)_{t\geq 0}$ und $(\mathcal{B}_t)_{t\geq 0}$ eine Unterfiltrierung von $(\mathcal{A}_t)_{t\geq 0}$. bzgl. der X adaptiert ist. Dann ist X ein (totales) Semimartingal bzgl. $(\mathcal{B}_t)_{t\geq 0}$.

Beweis: Die Behauptung folgt analog aus der Inklusion $\mathcal{E}((\mathcal{B}_t)_{t\geq 0}) \subset \mathcal{E}((\mathcal{A}_t)_{t\geq 0})$.

Die Beweise der Sätze 17.18 und 17.19 für Semimartingale nach der klassischen Definition sind wesentlich schwieriger.

Wir zeigen jetzt, dass Semimartingal ein lokaler Begriff ist, d. h. dass jedes lokale Semimartingal bereits ein Semimartingal ist. Wir beweisen sogar eine stärkere Eigenschaft, die vom Stoppen vor einer zufälligen Zeit ausgeht, wobei der gestoppte Prozess einen Sprung an dieser Zeit nicht mehr mitmacht. Für einen stochastischen Prozess X und eine zufällige Zeit τ definieren wir dazu den Prozess $X^{\tau-}$ durch

$$X_t^{\tau-} = X_t 1_{\{0\leq t<\tau\}} + X_{\tau-}1_{\{t\geq\tau\}} \quad (t\geq 0) \quad \text{mit} \quad X_{0-} = 0\,. \tag{17.5}$$

Da für $\tau = 0$ $X_t^{\tau-} = 0$ für alle $t \geq 0$ ist, ist $X^{\tau-}1_{\{\tau>0\}} = X^{\tau-}$, und man kann auf den Faktor $1_{\{\tau>0\}}$ verzichten.

▸ **Satz 17.20** Sei X ein adaptierter Prozess mit càdlàg-Pfaden. Es existiere eine Folge $(X_n)_{n\geq 1}$ von Semimartingalen und eine monoton wachsende Folge $(\tau_n)_{n\geq 1}$ von nichtnegativen Zufallsvariablen mit $\tau_n \to \infty$ f.s. für $n \to \infty$, so dass $X^{\tau_n-} = (X_n)^{\tau_n-}$ für alle $n \geq 1$ ist. Dann ist X ein Semimartingal.

Beweis: Sei $(H_k)_{k\geq 1}$ eine Folge in $\mathcal{E}$ mit $H_k \to 0$ gleichmäßig für $k \to \infty$, und sei $t > 0$. Aus $\tau_n > t$ folgt $X^t = (X_n)^t$. Daher ist für $n, k \geq 1$ und $\varepsilon > 0$

$$P\left(|I_{X^t}(H_k)| \geq \varepsilon\right) \leq P\left(\left|I_{(X_n)^t}(H_k)\right| \geq \varepsilon\right) + P(\tau_n \leq t)\,.$$

Da $P(\tau_n \leq t) \to 0$ für $n \to \infty$ konvergiert, existiert zu $\eta > 0$ ein $n_0 \geq 1$ mit $P(\tau_n \leq t) \leq \frac{\eta}{2}$ für $n \geq n_0$. Zu n_0 existiert ein $k_0 \geq 1$ mit $P\left(\left|I_{(X_{n_0})^t}(H_k)\right| \geq \varepsilon\right) \leq \frac{\eta}{2}$ für $k \geq k_0$, und es folgt $P\left(|I_{X^t}(H_k)| \geq \varepsilon\right) \leq \eta$ für $k \geq k_0$. Daher ist X^t ein totales Semimartingal.

In den meisten Fällen der Anwendung von Satz 17.20 liegt die folgende Situation vor.

Korollar 17.21 Sei X ein stochastischer Prozess. Es existiere eine monoton wachsende Folge $(\tau_n)_{n\geq 1}$ von Stoppzeiten mit $\tau_n \to \infty$ f.s. für $n \to \infty$, so dass X^{τ_n} oder $X^{\tau_n} 1_{\{\tau_n > 0\}}$ ein Semimartingal ist. Dann ist X ein Semimartingal.

Beweis: Als Grenzwert von X^{τ_n} oder $X^{\tau_n} 1_{\{\tau_n > 0\}}$ ist X ein adaptierter Prozess mit càdlàg-Pfaden. Für $X_n = X^{\tau_n}$ oder $X_n = X^{\tau_n} 1_{\{\tau_n > 0\}}$ für $n \geq 1$ ist $X^{\tau_n -} = (X_n)^{\tau_n -}$. Damit sind die Voraussetzungen von Satz 17.20 erfüllt.

17.5 Beispiele

Wir zeigen mit einer gewissen Einschränkung (s. u. Definition 17.25 mit Anmerkung und Korollar 17.26), dass Semimartingale nach der klassischen Definition auch Semimartingale nach Definition 17.16.2 sind.

Satz 17.22 Jeder adaptierte stochastische Prozess mit càdlàg-Pfaden von beschränkter Variation ist ein totales Semimartingal. Jeder adaptierte stochastische Prozess mit càdlàg-Pfaden von endlicher Variation ist ein Semimartingal.

Beweis: Die erste Behauptung folgt aus der Ungleichung $|I_X(H)| \leq \|H\| \cdot |X|_\infty$ für einen entsprechenden Prozess X und $H \in \mathcal{E}$ mit der Supremumsnorm $\|H\| = \sup\{|H_t(\omega)|: \omega \in \Omega, t \geq 0\}$, die zweite durch Anwendung auf X^t für alle $t > 0$.

Satz 17.23 Jedes lokal quadratintegrierbare lokale Martingal mit càdlàg-Pfaden ist ein Semimartingal.

Beweis: Wie nach Korollar 17.8 erwähnt, existiert eine lokalisierende Folge für beide lokale Eigenschaften. Es genügt daher nach Korollar 17.21, den Fall eines quadratintegrierbaren Martingals X mit càdlàg-Pfaden zu behandeln. Da man X darstellen als $X_t = X_0 + (X_t - X_0)$ für $t \geq 0$ und X_0 ein zeitlich konstantes Semimartingal ist, können wir ohne Einschränkung $X_0 = 0$ annehmen.

Für $H \in \mathcal{E}$ mit der Darstellung (17.4) und $t > 0$ ist

$$E\left[(I_{X^t}(H))^2\right] = E\left[\left(\sum_{i=0}^{m-1} \widetilde{H}_i \cdot (X^t_{\tau_{i+1}} - X^t_{\tau_i})\right)^2\right].$$

Für $i < j$ ist

$$\begin{aligned} E\left(\widetilde{H}_i\widetilde{H}_j \left(X^t_{\tau_{i+1}} - X^t_{\tau_i}\right)\left(X^t_{\tau_{j+1}} - X^t_{\tau_j}\right)\right) &= E\left[E\left(\widetilde{H}_i\widetilde{H}_j \left(X^t_{\tau_{i+1}} - X^t_{\tau_i}\right)\left(X^t_{\tau_{j+1}} - X^t_{\tau_j}\right) | \mathcal{A}_{\tau_j}\right)\right] \\ &= E\left[\widetilde{H}_i\widetilde{H}_j \left(X^t_{\tau_{i+1}} - X^t_{\tau_i}\right) E\left(\left(X^t_{\tau_{j+1}} - X^t_{\tau_j}\right) | \mathcal{A}_{\tau_j}\right)\right] = 0, \end{aligned}$$

da nach dem Optional Sampling Theorem $E\left(\left(X^t_{\tau_{j+1}} - X^t_{\tau_j}\right) | \mathcal{A}_{\tau_j}\right) = 0$ ist.

Aus Symmetriegründen gilt das auch für $j < i$, und es folgt

$$E\left[(I_{X^t}(H))^2\right] = E\left[\left(\sum_{i=0}^{m-1} \widetilde{H_i}^2 \cdot (X^t_{\tau_{i+1}} - X^t_{\tau_i})\right)^2\right] \le \|H\|^2 \cdot E\left[\sum_{i=0}^{m-1} (X^t_{\tau_{i+1}} - X^t_{\tau_i})^2\right].$$

Speziell im Fall $\widetilde{H_i} = 1$ für alle i ist

$$E\left[\sum_{i=0}^{m-1} (X^t_{\tau_{i+1}} - X^t_{\tau_i})^2\right] = E\left[\left(\sum_{i=0}^{m-1} (X^t_{\tau_{i+1}} - X^t_{\tau_i})\right)^2\right] = E\left[\left(X_{\inf(t,\tau_m)}\right)^2\right] \le E\left[(X_t)^2\right].$$

Die letzte Ungleichung gilt, da $((X_t)^2)_{t\ge0}$ ein Submartingal ist.

Damit erhalten wir die Ungleichung $E\left[(I_{X^t}(H))^2\right] \le \|H\|^2 \cdot E\left[(X_t)^2\right]$ für alle $H \in \mathcal{E}$.

Für eine Folge $(H_k)_{k\ge1}$ in $\mathcal{E}$ mit $H_k \to 0$ gleichmäßig für $k \to \infty$ und $t > 0$ folgt die L^2-Konvergenz $I_{X^t}(H_k) \to 0$ und damit auch die stochastische Konvergenz für $k \to \infty$.

Für L^2-Martingale kann man eine Isometrie in einer geeigneten L^2-Norm beweisen (für das Beispiel der Brown'schen Bewegung s. Übung 17.4 und Beispiel 1 in Abschn. 18.1). Die klassische Definition ihres stochastischen Integrals von Kunita-Watanabe geht von der Fortsetzung von I_X in dieser Norm aus.

Mit Satz 17.12 folgt

▸ **Korollar 17.24** Jedes lokale Martingal, deren Sprunghöhen an Unstetigkeitsstellen durch ein $\beta \ge 0$ f.s. beschränkt sind, ist ein Semimartingal.

Wie bereits erwähnt, ist in der klassischen Theorie ein Semimartingal als stochastischer Prozess definiert, der sich als Summe eines lokalen Martingals und eines Prozesses von endlicher Variation darstellen lässt. Man kann zeigen, dass sich solche Prozesse auch als Summe eines lokal quadratintegrierbaren lokalen Martingals und eines Prozesses von endlicher Variation darstellen lässt (s. P. Protter [12], Chap. III, Theorem 26). Da wir auf den Beweis, der auch in der klassischen Theorie geführt werden muss und der weitere umfangreiche Vorbereitungen benötigt, verzichten, definieren wir klassische Semimartingale direkt wie folgt:

▸ **Definition 17.25** Ein adaptierter stochastischer Prozess mit càdlàg-Pfade heißt ein *klassisches Semimartingal*, wenn er als Summe eines lokal quadratintegrierbaren lokalen Martingals und eines Prozesses von endlicher Variation darstellbar ist.

Für sie folgt aus den Sätzen 17.22 und 17.23:

▸ **Korollar 17.26** Jedes klassische Semimartingal ist ein Semimartingal.

17.6 Definition des stochastischen Integrals

Nachdem wir für einen beliebigen stochastischen Prozess als Integrator das stochastische Integral von einfachen vorhersehbaren Prozessen definiert und Semimartingale durch die lokal schwächste Stetigkeitseigenschaft dieses Integrals eingeführt haben, setzen wir jetzt für Semimartingale als Integratoren mit dieser Stetigkeit das stochastische Integral auf linksseitig stetige Integranden fort. Dabei werden wir auch das stochastische Integral als stochastischen Prozess definieren.

Zur Fortsetzung des stochastischen Integrals benötigen wir eine weitere Konvergenzart von stochastischen Prozessen, die lokal gleichmäßig stochastische, sowie gelegentlich die lokal gleichmäßig fast sichere (l.g.f.s.).

▸ **Definition 17.27** Eine Folge $(X^n)_{n\geq 1}$ von stochastischen Prozessen konvergiert gegen einen stochastischen Prozess X *lokal gleichmäßig stochastisch (l.g.s.)* bzw. *lokal gleichmäßig fast sicher (l.g.f.s.)* für $n \to \infty$, wenn für alle $t \geq 0$ $\sup_{0\leq s\leq t} |X_s^n - X_s| \to 0$ stochastisch bzw. f.s. für $n \to \infty$ konvergiert.

Wie bei allen Konvergenzarten, bei denen es auf eine Verteilung ankommt, ist der Grenzwert nur bis auf eine entsprechende fast sichere Übereinstimmung eindeutig. In diesem Fall handelt es sich um die folgende:

▸ **Definition 17.28** Stochastische Prozesse X und Y heißen *ununterscheidbar*, wenn $P(X_t \neq Y_t$ für ein $t \geq 0) = 0$ ist.

Ununterscheidbarkeit bedeutet, dass die Pfade f.s. übereinstimmen. Im Gegensatz zu Modifikationen hängt die Ausnahmemenge nicht von t ab. Es gilt jedoch:

▸ **Lemma 17.29** Modifikationen mit rechtsseitig stetigen Pfaden sind ununterscheidbar.

Beweis: Seien $(X_t)_{t\geq 0}$ und $(Y_t)_{t\geq 0}$ Modifikationen mit rechtsseitig stetigen Pfaden. Es existiert eine Nullmenge, außerhalb derer $X_t = Y_t$ für alle $t \in \mathbb{Q}^+$ ist. Aus der rechtsseitigen Stetigkeit der Pfade folgt für diese Realisierungen $X_t = Y_t$ für alle $t \geq 0$.

Wie schon erwähnt, gilt für den Grenzwert einer der l.g.s. konvergenten Folge:

▸ **Satz 17.30** Der Grenzwert einer der l.g.s. konvergenten Folge von stochastischen Prozessen ist bis auf Ununterscheidbarkeit eindeutig.

Analog zur fast sicheren Übereinstimmung von Zufallsvariablen werden wir daher im folgenden ununterscheidbare Prozesse im Zusammenhang mit der l.g.s. Konvergenz identifizieren bzw. zu den entsprechenden Äquivalenzklassen übergehen, ohne es jeweils extra zu erwähnen.

Beweis: Konvergiert $X^n \to X$ und $X^n \to X'$ l.g.s. für $n \to \infty$, dann ist $P(X_s \neq X'_s$ für ein s mit $0 \le s \le t) = P((X - X')^*_t \neq 0) = 0$ für alle $t > 0$, und die Behauptung folgt mit einer Folge $t_N \uparrow \infty$.

Außer der schon definierten Menge $\mathcal{E}$ benötigen wir für das stochastische Integral die folgenden Mengen von stochastischen Prozessen.

Analog zu càdlàg-Pfaden sind càglàd-Pfade linksseitig stetig mit rechtsseitigem Grenzwert. Wir bezeichnen mit $\mathcal{D}$ bzw. $\mathcal{L}$ die Menge aller adaptierten stochastischen Prozesse mit càdlàg- bzw. càglàd-Pfaden und mit $b\mathcal{L}$ die Menge aller Prozesse aus $\mathcal{L}$ mit beschränkten Pfaden.

Satz 17.31 $\mathcal{D}$ ist mit der l.g.s. Konvergenz metrisierbar mit der Metrik

$$d(X, Y) = \sum_{m=1}^{\infty} \frac{1}{2^m} E(\inf(1, (X - Y)^*_m)) \quad \text{für} \quad X, Y \in \mathcal{D}.$$

Entsprechend der Anmerkung zu Satz 17.30 ist d streng genommen eine Metrik auf der Menge der Äquivalenzklassen bzgl. Ununterscheidbarkeit.

Beweis: Dass d endlich und eine Metrik auf der Menge der Äquivalenzklassen ist, ist klar. Es ist leicht zu zeigen, dass $d(X^n, X) \to 0$ für $n \to \infty$ genau dann konvergiert, wenn für alle $m \ge 1$ $E(\inf(1, (X^n - X)^*_m)) \to 0$ für $n \to \infty$ konvergiert.

Wir zeigen jetzt für $m \ge 1$, dass $E(\inf(1, (X^n - X)^*_m)) \to 0$ für $n \to \infty$ genau dann konvergiert, wenn $(X - X)^*_m \to 0$ stochastisch für $n \to \infty$ konvergiert.

Nach der Tschebychev'schen Ungleichung ist für $0 < \varepsilon < 1$

$$P((X^n - X)^*_m \ge \varepsilon) = P(\inf(1, (X^n - X)^*_m) \ge \varepsilon) \le \frac{1}{\varepsilon} E(\inf(1, (X^n - X)^*_m)) .$$

Daher impliziert die Konvergenz $E(\inf(1, (X^n - X)^*_m)) \to 0$ für $n \to \infty$ die stochastische Konvergenz $(X^n - X)^*_m \to 0$ für $n \to \infty$.

Die Umkehrung folgt mit majorisierter Konvergenz (s. Übung 4.5).

Satz 17.32 $\mathcal{D}$ ist vollständig bzgl. der l.g.s: Konvergenz.

Beweis: Der Beweis verläuft analog zur Vollständigkeit der stochastischen Konvergenz (s. Übung 3.5).

Sei $(X^n)_{n\ge1}$ eine Cauchy-Folge bzgl. der l.g.s. Konvergenz in $\mathcal{D}$. Für $t > 0$, $\varepsilon > 0$ konvergiert $P((X^n - X^m)^*_t \ge \varepsilon) \to 0$ für $n, m \to \infty$. Zu $t > 0$ existiert daher eine Folge $(n_k)_{k\ge1}$ mit $P\left((X^n - X^m)^*_t \ge \frac{1}{2^k}\right) \le \frac{1}{2^k}$ für $m, n \ge \frac{1}{2^k}$ und $n_k \to \infty$ für $k \to \infty$. Nach dem 1. Borel-Cantelli Lemma existiert ein stochastischer Prozess X mit der Zeitmenge $[0, t]$, so dass $(X^{n_k} - X)^*_t \to 0$ f.s., also $X^{n_k} \to X$ f.s. gleichmäßig auf $[0, t]$ konvergiert für $k \to \infty$. Als fast sicherer Grenzwert ist X adaptiert und hat càdlàg-Pfade auf $[0, t]$.

Für $n \geq 1$ ist

$$P\left((X^n - X)_t^* \geq \varepsilon\right) \leq P\left((X^n - X^{n_k})_t^* \geq \frac{\varepsilon}{2}\right) + P\left((X^{n_k} - X)_t^* \geq \frac{\varepsilon}{2}\right).$$

Durch Wahl eines genügend großen n_k folgt mit einer üblichen Abschätzung die Konvergenz $P\left((X^n - X)_t^* \geq \varepsilon\right) \to 0$ für $n \to \infty$.

Schließlich setzt man mit einer Folge $t_N \uparrow \infty$ die jeweiligen Prozesse auf $[0, t_N]$ zu einem stochastischen Prozess X auf $\mathbb{R}^+$ zusammen, und es folgt die l.g.s. Konvergenz $X_n \to X$ für $n \to \infty$.

Für die Fortsetzung des stochastischen Integrals von $\mathcal{E}$ auf $\mathcal{L}$ benötigen wir ferner

▸ **Satz 17.33** $\mathcal{E}$ ist dicht in $\mathcal{L}$ bzgl. der l.g.s. Konvergenz.

Beweis: Wir zeigen zuerst, dass $b\mathcal{L}$ dicht in $\mathcal{L}$ ist.

Sei $X \in \mathcal{L}$. Für $n \geq 1$ sei $\tau_n = \inf(\inf\{t: |X_t| > n\}, n)$ und $X^n = X^{\tau_n} 1_{\{\tau_n > 0\}}$. $(\tau_n)_{n\geq 1}$ ist eine monoton wachsende Folge von Stoppzeiten mit $\tau_n \uparrow \infty$ für $n \to \infty$. Da die Pfade von X linksseitig stetig sind, ist $|X^n| \leq n$ und daher $X^n \in b\mathcal{L}$ für $n \geq 1$.

Für $t \geq 0$ konvergiert $(X^n - X)_t^* \to 0$ f.s. und daher auch stochastisch für $n \to \infty$.

Wir zeigen jetzt, dass $\mathcal{E}$ dicht in $b\mathcal{L}$ ist.

Sei $X \in b\mathcal{L}$. Da die Filtrierung $(\mathcal{A}_t)_{t\geq 0}$ rechtsseitig stetig ist, ist die rechtsseitig stetige Version $X_+ = (X_{t+})_{t\geq 0}$ adaptiert, also ist $X_+ \in \mathcal{D}$.

Zu $\varepsilon > 0$ definieren wir die Stoppzeiten τ_n^ε $(n \geq 1)$ rekursiv durch

$$\begin{aligned} \tau_n^\varepsilon &= 0 \\ \tau_{n+1}^\varepsilon &= \inf\left(\inf\left\{t > \tau_n^\varepsilon : \left|X_{t+} - X_{\tau_n^\varepsilon +}\right| > \varepsilon\right\}, n+1\right) \\ &= \inf\left(\inf\left\{t > \tau_n^\varepsilon : \left|X_t - X_{\tau_n^\varepsilon +}\right| > \varepsilon\right\}, n+1\right) \end{aligned}$$

für $n \geq 1$.

Für $\varepsilon > 0$ ist $(\tau_n^\varepsilon)_{n\geq 1}$ eine monoton wachsende Folge von Stoppzeiten mit $\tau_n^\varepsilon \uparrow \infty$ für $n \to \infty$. Nach Satz 15.17 ist für $n \geq 1$ $X_{\tau_n^\varepsilon +}$ $\mathcal{A}_{\tau_n^\varepsilon}$-messbar.

Sei $X^\varepsilon = X_0 1_{\{0\}} + \sum_{n=1}^\infty X_{\tau_n^\varepsilon +} 1_{(\tau_n^\varepsilon, \tau_{n+1}^\varepsilon]}$. Es ist $X^\varepsilon \in b\mathcal{L}$ mit $\|X^\varepsilon - X\| \leq \varepsilon$.

Denn für $t = 0$ ist $X_0^\varepsilon = X_0$. Für $\tau_n^\varepsilon < t < \tau_{n+1}^\varepsilon$, für ein $n \geq 1$ ist $|X_t^\varepsilon - X_t| = \left|X_{\tau_n^\varepsilon +} - X_t\right| \leq \varepsilon$. Diese Ungleichung gilt wegen der linksseitigen Stetigkeit von X^ε und X auch für $t = \tau_{n+1}^\varepsilon$. Schließlich gehen wir zu endlichen Summen über und setzen für $\varepsilon > 0$, $N \geq 1$ $X^{\varepsilon,N} = X_0 1_{\{0\}} + \sum_{n=1}^N X_{\tau_n^\varepsilon +} 1_{(\tau_n^\varepsilon, \tau_{n+1}^\varepsilon]} \in \mathcal{E}$. Für $N \to \infty$ konvergiert $X^{\varepsilon,N} \to X^\varepsilon$ l.g. f.s., also auch l.g.s. Damit erhält man, indem man erst $\varepsilon > 0$ genügend klein und dann N genügend groß wählt, $X^{\varepsilon,N}$ beliebig nahe bei X bzgl. der l.g.s. Konvergenz.

Wir sind nun soweit, dass wir das stochastische Integral definieren können. Für die dazu notwendige Stetigkeit haben wir das stochastische Integral I_X auf $\mathcal{E}$ als Zufallsvariable definiert. Das stochastische Integral, das wir jetzt definieren und im folgenden behandeln werden, ist selbst ein stochastischer Prozess. Wir beginnen wieder mit dem Integral von Prozessen aus $\mathcal{E}$.

▸ **Definition 17.34** Sei $X \in \mathcal{D}$. Die Abbildung $J_X \colon \mathcal{E} \to \mathcal{D}$ ist definiert durch $J_X(H) = \widetilde{H_0}X_0 + \sum_{i=1}^{m-1} \widetilde{H_i}(X^{\tau_{i+1}} - X^{\tau_i})$ für $H \in \mathcal{E}$ mit der Darstellung (17.4). $J_X(H)$ heißt *das stochastische Integral von H bzgl. X.*

Für $H \in \mathcal{E}$ ist $J_X(H) \in \mathcal{D}$.

Der Wert von $J_X(H)$ an der Stelle $t \geq 0$ ist $(J_X(H))_t = \widetilde{H_0}X_0 + \sum_{i=1}^{m-1} \widetilde{H_i} \cdot (X_t^{\tau_{i+1}} - X_t^{\tau_i}) = I_{X^t}(H)$, da $X_t^{\tau_i} = X_{\inf(\tau_i,t)} = X_{\tau_i}^t$, für $t \geq 0, 1 \leq i \leq m$ ist.

Bevor wir das stochastische Integral für Semimartingale X fortsetzen, bestimmen wir sein Verhalten unter Stoppen, das wir dazu benötigen werden.

▸ **Proposition 17.35** Sei $X \in \mathcal{D}$ und $H \in \mathcal{E}$. Dann ist für eine Stoppzeit τ

$$(J_X(H))^\tau = J_{X^\tau}(H) = J_X(H1_{[0,\tau]})\,.$$

Beweis: Sei $H \in \mathcal{E}$ mit der Darstellung (17.4). Für $1 \leq i \leq m$ ist $(X^{\tau_i})^\tau = X^{\inf(\tau_i,\tau)} = (X^\tau)^{\tau_i}$, und es folgt $(J_X(H))^\tau = J_{X^\tau}(H)$. Die Übereinstimmung mit $J_X(H1_{[0,\tau]})$ folgt aus der Darstellung

$$H1_{[0,\tau]} = \widetilde{H_0}1_{\{0\}} + \sum_{i=1}^{m-1} \widetilde{H_i}1_{(\inf(\tau_i,\tau),\inf(\tau_{i+1},\tau)]}(t)\,.$$

Wir zeigen jetzt, dass aus der definierenden Stetigkeitseigenschaft von Semimartingalen die l.g.s. Stetigkeit von J_X folgt, mit der wir das stochastische Integral fortsetzen können.

▸ **Satz 17.36** Sei X ein Semimartingal. Dann ist die Abbildung J_X stetig bzgl. der l.g.s. Konvergenz auf $\mathcal{E}$ und $\mathcal{D}$.

Beweis: Wir beweisen zunächst die Stetigkeit bzgl. der gleichmäßigen Konvergenz auf $\mathcal{E}$.

Sei also $(H^k)_{k\geq 1}$ eine Folge in $\mathcal{E}$ mit $H^k \to 0$ gleichmäßig für $k \to \infty$.

Sei $\delta > 0$. Wir definieren $\tau_k = \inf\{t : |(J_X(H^k))_t| \geq \delta\}$ für $k \geq 1$. Es ist $H^k1_{[0,\tau_k]} \in \mathcal{E}$ für $k \geq 1$, und es konvergiert $H^k1_{[0,\tau_k]} \to 0$ gleichmäßig für $k \to \infty$.

Sei $t > 0$. Für $k \geq 1$ impliziert das Ereignis $(J_X(H^k))_t^* > \delta$, dass $t > \tau_k$ und $|(J_X(H^k))_{\inf(\tau_k,t)}| = |(J_X(H^k))_{\tau_k}| \geq \delta$ ist.

Mit Proposition 17.35 folgt die Ungleichung

$$\begin{aligned} P\left((J_X(H^k))_t^* > \delta\right) &\leq P\left(|J_X(H^k)_{\inf(\tau_k,t)}| \geq \delta\right) = P\left(|J_X(H^k1_{[0,\tau_k]})_t| \geq \delta\right) \\ &= P\left(|I_{X^t}(H^k1_{[0,\tau_k]})_t| \geq \delta\right)\,. \end{aligned}$$

Da X ein Semimartingal ist, konvergiert $P\left(|I_{X^t}(H^k1_{[0,\tau_k]})_t| \geq \delta\right) \to 0$ für $k \to \infty$.

Sei $(H^k)_{k\geq 1}$ nun eine Folge in $\mathcal{E}$ mit $H^k \to 0$ l.g.s. für $k \to \infty$.

Zu $t > 0$, $\delta > 0$, $\varepsilon > 0$ existiert nach der Stetigkeit bzgl. der gleichmäßigen Konvergenz ein $\eta > 0$, so dass $P\left((J_X(H))_t^* > \delta\right) \le \frac{\varepsilon}{2}$ für alle $H \in \mathcal{E}$ mit $\|H\| \le \eta$ ist.

Für $k \ge 1$ sei $\sigma_k = \inf\left\{s : \left|H_s^k\right| > \eta\right\}$ und $\overline{H^k} = H^k 1_{[0,\sigma_k]} 1_{\{\sigma_k > 0\}}$. Es ist $\overline{H^k} \in \mathcal{E}$ mit $\left\|\overline{H^k}\right\| \le \eta$. Aus $\sigma_k \ge t$ folgt $\overline{H_s^k} = H_s^k$ für $s \le t$, und da J_X pfadweise definiert ist, $\left(J_X(\overline{H^k})\right)_t^* = \left(J_X(H^k)\right)_t^*$. Damit ist

$$P\left((J_X(H^k))_t^* > \delta\right) \le P\left((J_X(\overline{H^k}))_t^* > \delta\right) + P(\sigma_k < t) \le \frac{\varepsilon}{2} + P(\sigma_k < t)\,.$$

Da $H^k \to 0$ l.g.s. für $k \to \infty$ konvergiert, konvergiert $P(\sigma_k < t) \to 0$ für $k \to \infty$, und es existiert ein k_0, so dass $P\left((J_X(H^k))_t^* > \delta\right) \le \varepsilon$ für $k \ge k_0$ ist.

Aus den Sätzen 17.32, 17.33 und 17.36 folgt:

▸ **Satz 17.37** Für ein Semimartingal X ist die Abbildung $J_X \colon \mathcal{E} \to \mathcal{D}$ eindeutig zu einer bzgl. $\mathcal{L}$ und $\mathcal{D}$ l.g.s. stetigen linearen Abbildung $J_X \colon \mathcal{L} \to \mathcal{D}$ fortsetzbar. J_X heißt das *stochastische Integral bzgl. X*.

Da wir bzgl. der l.g.s. Konvergenz ununterscheidbare Prozesse identifizieren, gilt das auch für die Eindeutigkeit der Fortsetzung von J_X und damit für das stochastische Integral.

Die Bezeichnung J_X für das stochastische Integral als Abbildung ist geeignet für die Definition und die Fortsetzung. Im folgenden benutzen wir die üblichen Bezeichnungen

$$J_X(H) = \int H_s \,\mathrm{d} X_s = H \cdot X\,.$$

Während die Integralbezeichnung die Bedeutung als Integral hervorhebt und für explizit gegebene Prozesse passend ist, ist z. B. für Beweise die kompakte Bezeichnung $H \cdot X$ geeignet.

Den Wert an einer Stelle t bezeichnet man mit $(J_X(H))_t = \int_0^t H_s \,\mathrm{d} X_s = \int_{[0,t]} H_s \,\mathrm{d} X_s$. Gelegentlich schließt man den Beitrag der Zeit 0 aus und setzt

$$\int_{0+}^{t} H_s \,\mathrm{d} X_s = \int_{(0,t]} H_s \,\mathrm{d} X_s = \int_{0}^{t} H_s \,\mathrm{d} X_s - H_0 X_0\,.$$

Beispiel

Wir zeigen an einem Beispiel den Unterschied des Verhaltens unter Variablentransformationen zum pfadweisen Stieltjes Integral von Prozessen von endlicher Variation. Für einen Prozess $(A_t)_{t \ge 0}$ von endlicher Variation mit stetigen Pfaden und $A_0 = 0$ ist $\int_0^t A_s \,\mathrm{d} A_s = \frac{1}{2} A_t^2$ für $t \ge 0$ nach Satz 17.4. Wir werden später sehen, dass das stochastische Integral in diesem Fall mit dem pfadweisen Stieltjes Integral übereinstimmt.

Wir bestimmen jetzt $\int_0^t B_s \, d B_s$ für $t \geq 0$ für die Brown'sche Bewegung B. Als Martingal ist die Brown'sche Bewegung ein Semimartingal.

Sei $(\mathcal{Z}_n)_{n \geq 1}$ eine Folge von sich verfeinernden Zerlegungen von $\mathbb{R}^+$ mit $\delta(\mathcal{Z}_n) \to 0$ für $n \to \infty$. Für $n \geq 1$ sei $B^n = \sum_{\tau_i \in \mathcal{Z}_n} B_{\tau_i} 1_{(\tau_i, \tau_{i+1}]}$. Es ist $B^n \in \mathcal{L}$ für $n \geq 1$, und es konvergiert $B^n \to B$ l.g. f.s., also auch l.g.s. für $n \to \infty$. Daher konvergiert $\int B_s^n \, d B_s \to \int B_s \, d B_s$ l.g.s. für $n \to \infty$. Sei $t > 0$. Wir können annehmen, dass $t \in \mathcal{Z}_n$ für alle n ist.

Für $n \geq 1$ ist

$$\begin{aligned}
\int_0^t B_s^n \, d B_s &= \sum_{\tau_i \in \mathcal{Z}_n, \tau_i < t} B_{\tau_i} (B_{\tau_i + 1} - B_{\tau_i}) \\
&= \sum_{\tau_i \in \mathcal{Z}_n, \tau_i < t} \left[\frac{1}{2} (B_{\tau_i + 1} + B_{\tau_i})(B_{\tau_i + 1} - B_{\tau_i}) - \frac{1}{2} (B_{\tau_i + 1} - B_{\tau_i})(B_{\tau_i + 1} - B_{\tau_i}) \right] \\
&= \sum_{\tau_i \in \mathcal{Z}_n, \tau_i < t} \left[\frac{1}{2} (B_{\tau_i + 1}^2 - B_{\tau_i}^2) - \frac{1}{2} (B_{\tau_i + 1} - B_{\tau_i})^2 \right].
\end{aligned}$$

Als Teleskopsumme ist $\sum_{\tau_i \in \mathcal{Z}_n, \tau_i < t} (B_{\tau_i + 1}^2 - B_{\tau_i}^2) = B_t^2$ und nach Satz 14.52 konvergiert $\sum_{\tau_i \in \mathcal{Z}_n, \tau_i < t} (B_{\tau_i + 1} - B_{\tau_i})^2 \to t$, die quadratische Variation der Brown'schen Bewegung, f.s. für $n \to \infty$. Daher ist $\int_0^t B_s \, d B_s = \frac{1}{2} B_t^2 - \frac{1}{2} t$ für $t \geq 0$.

Wir werden später mit der Itô-Döblin-Formel sehen, dass der im Vergleich zum pfadweisen Stieltjes Integral zusätzliche Term der quadratischen Variation allgemein auftritt, und seine Bedeutung besser verstehen. Man beachte, dass dieser Term daher kommt, dass in der Riemann-Summe von Definition 17.15 wegen der Vorhersehbarkeit der Wert des Integranden am linken Randpunkt gewählt wurde. Die obige Bestimmung des Integrals zeigt, dass bei Wahl von $\frac{1}{2}(B_{\tau_i + 1} + B_{\tau_i})$ als Zwischenwert dieser Term wegfallen würde. Dem entspricht der Integralbegriff von Stratonovich, für den die klassische Substitutionsregel gilt. Das Itô-Integral und seine Erweiterung hat sich jedoch aus verschiedenen Gründen als geeigneter erwiesen.

17.7 Eigenschaften des stochastischen Integrals

Wir beweisen jetzt einige Eigenschaften des stochastischen Integrals. Linearität und l.g.s. Stetigkeit folgen als grundlegend aus der Fortsetzung nach Satz 17.37.

Für weitere Eigenschaften sei im Folgenden ein Semimartingal X und ein stochastischer Prozess $H \in \mathcal{L}$ gegeben.

▶ **Satz 17.38** Für eine Stoppzeit τ ist $(H \cdot X)^\tau = H \cdot X^\tau = (H 1_{[0,\tau]}) \cdot X$.

Beweis: Der Fall $H \in \mathcal{E}$ entspricht Präposition 17.35.

Zu $H \in \mathcal{L}$ sei nach Satz 17.33 $(H^n)_{n\geq 1}$ eine Folge in $\mathcal{E}$ mit $H^n \to H$ l.g.s. für $n \to \infty$. Für $n \geq 1$ ist $(H^n \cdot X)^\tau = H^n \cdot X^\tau = (H^n 1_{[0,\tau]}) \cdot X$. Wir zeigen die l.g.s. Konvergenz der einzelnen Glieder dieser Gleichung für $n \to \infty$.

Aus der l.g.s. Konvergenz $H^n \to H$ folgt die l.g.s. Konvergenz $H^n \cdot X \to H \cdot X$ und damit auch $(H^n \cdot X)^\tau \to (H \cdot X)^\tau$ sowie $H^n \cdot X^\tau \to H \cdot X^\tau$. Da auch $H^n 1_{[0,\tau]} \to H 1_{[0,\tau]}$ l.g.s. konvergiert, konvergiert $H^n 1_{[0,\tau]} \cdot X \to H 1_{[0,\tau]} \cdot X$ l.g.s.

Wir bestimmen jetzt die Unstetigkeitsstellen des stochastischen Integrals. Für einen stochastischen Prozess $Y \in \mathcal{D}$ setzen wir $\Delta Y_t = Y_t - Y_{t-}$ für $t > 0$ und, der Konvention $Y_{0-} = 0$ entsprechend, $\Delta Y_0 = Y_0$.

▸ **Satz 17.39** Der Prozess $(\Delta(H \cdot X)_t)_{t\geq 0}$ ist ununterscheidbar von $(H_t \Delta X_t)_{t\geq 0}$.

Beweis: Für $H \in \mathcal{E}$ ist $\Delta(H \cdot X)_t = (H \cdot X)_t - (H \cdot X)_{t-} = H_t \Delta X_t$ für alle $t \geq 0$. Denn für $t = 0$ ist $\Delta(H \cdot X)_0 = H_0 X_0 = H_0 \Delta X_0$, und für jedes $t > 0$ ist H in einer linksseitigen Umgebung von t konstant gleich H_t.

Sein nun wieder $H \in \mathcal{L}$ und $(H^n)_{n\geq 1}$ eine Folge in $\mathcal{E}$ mit $H^n \to H$ l.g.s. für $n \to \infty$.

Sei $t > 0$. Nach Übung 3.5 existiert eine Teilfolge $(H^{n_k})_{k\geq 1}$, so dass $H^{n_k} \to H$ und $H^{n_k} \cdot X \to H \cdot X$ f.s. gleichmäßig auf $[0,t]$ für $k \to \infty$ konvergieren.

Da die Prozesse X und ΔX auf $[0,t]$ f.s. beschränkt sind, konvergiert das punktweise Produkt $H^{n_k} \Delta X \to H \Delta X$ f.s. gleichmäßig auf $[0,t]$ für $k \to \infty$.

Aus der f.s. gleichmäßigen Konvergenz $H^{n_k} \cdot X \to H \cdot X$ auf $[0,t]$ für $k \to \infty$ folgt die f.s. gleichmäßige Konvergenz $\Delta(H^{n_k} \cdot X) \to \Delta(H \cdot X)$ auf $[0,t]$.

Daher ist $\Delta(H \cdot X) = H \Delta X$ f.s. auf $[0,t]$. Die Behauptung folgt mit einer Folge $t_N \uparrow \infty$.

▸ **Korollar 17.40** Für ein Semimartingal X mit f.s. stetigen Pfaden und $H \in \mathcal{L}$ hat auch das stochastische Integral $H \cdot X$ f.s. stetige Pfade.

Für Integranden $H \in \mathcal{E}$ ist das pfadweise definierte stochastische Integral unabhängig von dem zu Grunde liegenden Wahrscheinlichkeitsmaß P. Das gilt nicht mehr für $H \in \mathcal{L}$, da die l.g.s. Konvergenz von P abhängt. Um die Abhängigkeit des stochastischen Integrals von P zu untersuchen, bezeichnen wir es bzgl. P mit $H_P \cdot X$.

Nach Satz 17.18 ist für ein bzgl. P absolut stetiges Wahrscheinlichkeitsmaß Q jedes Semimartingal bzgl. P auch ein Semimartingal bzgl. Q.

Die einfachen Beweise der folgenden Aussagen über die Abhängigkeit des stochastischen Integrals von P lassen wir als Übungen 17.5 und 17.6.

▸ **Satz 17.41** Sei Q ein bzgl. P absolut stetiges Wahrscheinlichkeitsmaß und X ein Semimartingal bzgl. P. Dann ist $H_Q \cdot X$ ununterscheidbar bzgl. Q von $H_P \cdot X$ für $H \in \mathcal{L}$.

▸ **Korollar 17.42** Seien P und Q Wahrscheinlichkeitsmaße und X ein Semimartingal bzgl. P und bzgl. Q. Dann existiert ein stochastischer Prozess $H \cdot X$, der ununterscheidbar von $H_P \cdot X$ bzgl. P und ununterscheidbar von $H_Q \cdot X$ bzgl. Q ist.

Analog zu Satz 17.41 kann man unter den Voraussetzungen von Satz 17.19 auch die analoge Ununterscheidbarkeit des stochastischen Integrals in Abhängigkeit von der Filtrierung beweisen (s. P. Protter [12], Chap. II, Theorem 16).

In Abschn. 17.1 haben wir das stochastische Integral von Prozessen von endlicher Variation pfadweise definiert. Wir zeigen jetzt, dass es für Semimartingale von endlicher Variation mit dem stochastischen Integral übereinstimmt.

▸ **Satz 17.43** Sei X ein Semimartingal von endlicher Variation und $H \in \mathcal{L}$. Dann ist $H \cdot X$ ununterscheidbar von dem pfadweisen Stieltjes-Integral von H bzgl. X.

Den einfachen Beweis, dass in diesem Fall auch das stochastische Integral $H \cdot X$ von endlicher Variation ist, lassen wir als Übung 17.7.

Beweis: Nach Definition 17.36 gilt die Behauptung für $H \in \mathcal{E}$.

Für $H \in \mathcal{L}$ sei $(H^n)_{n \geq 1}$ eine Folge in $\mathcal{E}$ mit $H^n \to H$ l.g.s. für $n \to \infty$.

Sei $t > 0$. Wie im Beweis von Satz 17.39 sei $(H^{n_k})_{k \geq 1}$ eine Teilfolge, so dass $H^{n_k} \to H$ f.s. gleichmäßig auf $[0, t]$ für $k \to \infty$ konvergiert. Dann konvergiert das Stieltjes-Integral f.s. gleichmäßig auf $[0, t]$ und damit auch gleichmäßig stochastisch. Die Behauptung folgt mit einer Folge $t_N \uparrow \infty$.

Wir zeigen jetzt, dass das stochastische Integral ein Semimartingal ist, und beweisen für dessen stochastisches Integral ein Assoziativgesetz.

▸ **Satz 17.44** Für ein Semimartingal X und $H \in \mathcal{L}$ ist das stochastische Integral $H \cdot X$ ein Semimartingal. Für $G \in \mathcal{L}$ ist $G \cdot (H \cdot X) = (GH) \cdot X$.

Beweis: Es ist klar, dass $GH \in \mathcal{L}$ ist. Für $G \in \mathcal{E}$ ist $J_{H \cdot X}(G)$ nach Definition 17.34 definiert. Nach diesen Vorbemerkungen führen wir den Beweis in mehreren Schritten.

1. Für $G \in \mathcal{E}$, $H \in \mathcal{E}$ ist $J_{H \cdot X}(G) = J_X(GH)$.
   Beweis: Da wir bei der Darstellung von H und G durch pfadweise Verfeinerung der Zerlegung die gleichen Stoppzeiten wählen können, nehmen wir an, dass H die Darstellung (17.4) und G die Darstellung $G_t = \widetilde{G_0} 1_{\{0\}}(t) + \sum_{i=1}^{m-1} \widetilde{G}_i 1_{(\tau_i, \tau_{i+1}]}(t)$ $(t \geq 0)$ hat.
   Dann ist $J_{H \cdot X}(G) = \widetilde{G_0}(H \cdot X)_0 + \sum_{i=1}^{m-1} \widetilde{G}_i((H \cdot X)^{\tau_{i+1}} - (H \cdot X)^{\tau_i})$.
   Man überzeugt sich leicht, dass $(H \cdot X)^{\tau_{i+1}} - (H \cdot X)^{\tau_i} = \widetilde{H}_i(X^{\tau_{i+1}} - X^{\tau_i})$ für $1 \leq i \leq m-1$ ist, und es folgt $J_{H \cdot X}(G) = \widetilde{G_0}\widetilde{H_0}X_0 + \sum_{i=1}^{m-1} \widetilde{G}_i \widetilde{H}_i (X^{\tau_{i+1}} - X^{\tau_i}) = J_X(HG)$.
2. Für $G \in \mathcal{E}$, $H \in \mathcal{L}$ ist $J_{H \cdot X}(G) = J_X(GH)$.
   Beweis: Sei $(H^n)_{n \geq 1}$ eine Folge in $\mathcal{E}$ mit $H^n \to H$ l.g.s. für $n \to \infty$. Dann konvergiert auch $H^n \cdot X \to H \cdot X$ l.g.s. Es existiert eine Teilfolge $(H^{n_k})_{k \geq 1}$ mit $H^{n_k} \cdot X \to H \cdot X$ l.g.f.s. für $k \to \infty$. Für $k \geq 1$ ist $J_{H^{n_k} \cdot X}(G) = J_X(H^{n_k} G)$.
   Da $G \in \mathcal{E}$ ist, konvergiert nach der pfadweisen Definition $J_{H^{n_k} \cdot X}(G) \to J_{H \cdot X}(G)$ l.g.f.s. für $k \to \infty$. Es konvergiert $GH^{n_k} \to GH$ l.g.f.s., also auch l.g.s. Da X ein Semimartingal ist, konvergiert $J_X(GH^{n_k}) \to J_X(GH)$ l.g.s., und es folgt $J_{H \cdot X}(G) = J_X(GH)$.

3. Für $H \in \mathcal{L}$ ist $H \cdot X$ ein Semimartingal.
   Beweis: Sei $(G^n)_{n\geq 1}$ eine Folge in $\mathcal{E}$ und $G \in \mathcal{E}$, so dass $G^n \to G$ gleichmäßig für $n \to \infty$ konvergiert. Dann konvergiert $G^n H \to GH$ lokal gleichmäßig, also auch l.g.s. Da X ein Semimartingal ist, konvergiert $J_{H\cdot X}(G^n) = J_X(G^n H) \to J_X(GH) = J_{H\cdot X}(G)$ l.g.s. Aus $(J_{H\cdot X}(G))_t = I_{(H\cdot X)^t}(G)$ für $G \in \mathcal{E}$, $t \geq 0$ folgt, dass $(H \cdot X)^t$ für jedes $t \geq 0$ ein totales Semimartingal und $H \cdot X$ damit ein Semimartingal ist.
   Nachdem wir bewiesen haben, dass $H \cdot X$ ein Semimartingal ist, können wir wieder zu der gewohnten Bezeichnungsweise für das stochastische Integral übergehen und zeigen schließlich:
4. Für $G, H \in \mathcal{L}$ ist $G \cdot (H \cdot X) = (GH) \cdot X$.
   Beweis: Sei $G \in \mathcal{L}$ und $(G^n)_{n\geq 1}$ eine Folge in $\mathcal{E}$, so dass $G^n \to G$ l.g.s. für $n \to \infty$ konvergiert.
   Für $n \geq 1$ und $H \in \mathcal{L}$ ist $(G^n) \cdot (H \cdot X) = (G^n H) \cdot X$ nach 2.
   Da $H \cdot X$ nach 3 ein Semimartingal ist, konvergiert $G^n \cdot (H \cdot X) \to G \cdot (H \cdot X)$ l.g.s. für $\mathrm{n} \to \infty$.
   Aus der l.g.s. Konvergenz $G^n H \to GH$ für $n \to \infty$ folgt die l.g.s. Konvergenz $(G^n H) \cdot X \to (GH) \cdot X$ und damit $G \cdot (H \cdot X) = (GH) \cdot X$.

Das stochastische Integral besitzt verschiedene Stabilitätseigenschaften bzgl. des Integrators. So ist nach Satz 17.44 das stochastische Integral eines Semimartingals ein Semimartingal, und das stochastische Integral eines Prozesses von endlicher Variation ist ein Prozess von endlicher Variation (s. Anmerkung zu Satz 17.43). Man kann zeigen, dass das stochastische Integral eines lokalen Martingals ein lokales Martingal ist (s. P. Protter [12], Chap. III, Theorem 29). Wir beschränken uns auf lokal quadratintegrierbare lokale Martingale.

▸ **Satz 17.45** Sei X ein lokal quadratintegrierbares lokales Martingal und $H \in \mathcal{L}$. Dann ist auch $H \cdot X$ ein lokal quadratintegrierbares lokales Martingal.

Beweis: Wir beweisen die Behauptung unter zunächst zusätzlichen Annahmen, die wir wieder schrittweise verallgemeinern. Ohne Einschränkung nehmen wir $X_0 = 0$ an.

1. Für ein quadratintegrierbares Martingal X und einen beschränkten Prozess $H \in \mathcal{L}$ ist $H \cdot X$ ein quadratintegrierbares Martingal.
   Beweis: Es existiert ein $C \geq 0$ mit $\|H\| \leq C$. Sei $(H^n)_{n\geq 1}$ eine Folge in $\mathcal{E}$ mit $H^n \to H$ l.g.s. für $n \to \infty$. Nach der Konstruktion einer approximierenden Folge im Beweis von Satz 17.33 können wir $\|H^n\| \leq C$ für alle $n \geq 1$ annehmen.
   Da X ein Martingal ist, folgt für $n \geq 1$ aus Definition 17.34 von $H^n \cdot X$ mit dem Optional Sampling Theorem, dass $H^n \cdot X$ ein Martingal ist.

Für $n \geq 1$, $0 \leq s < t$ folgt wie im Beweis von Satz 17.23 mit den jeweiligen Darstellungen der H^n

$$E\left[(H^n \cdot X)_s^2\right] = E\left[\sum_{i\geq 0} \widetilde{H_i^n}^2 \cdot \left(X_s^{\tau_{i+1}^n} - X_s^{\tau_i^n}\right)^2\right] \leq C^2 \cdot E\left[\sum_{i\geq 0}\left(X_s^{\tau_{i+1}^n} - X_s^{\tau_i^n}\right)^2\right]$$
$$= C^2 E\left((X_s)^2\right) \leq C^2 E\left((X_t)^2\right).$$

Daher sind für jedes $t > 0$ die Prozesse $H^n \cdot X$ $(n \geq 1)$ auf $[0,t]$ in L^2 gleichmäßig beschränkt und damit gleichmäßig integrierbar. Für $n \to \infty$ folgt mit der Konvergenz der bedingten Erwartungen, dass $H \cdot X$ ein Martingal ist, und mit dem Lemma von Fatou die Quadratintegrierbarkeit.

2. Die Behauptung gilt für ein quadratintegrierbares Martingal X und $H \in \mathcal{L}$.
Beweis: Wir definieren die Stoppzeiten $\tau_n = \inf(\inf\{t : |H_t| > n\}, n)$ für $n \geq 1$. $(\tau_n)_{n\geq 1}$ ist eine monoton wachsende Folge von Stoppzeiten mit $\tau_n \uparrow \infty$ f.s. für $n \to \infty$. Für $n \geq 1$ ist $\left\|H1_{[0,\tau_n]}\right\| \leq n$, und nach 1 ist $(H \cdot X)^{\tau_n} = H1_{[0,\tau_n]} \cdot X$ ein quadratintegrierbares Martingal. Damit ist $H \cdot X$ ein lokal quadratintegrierbares lokales Martingal mit der lokalisierenden Folge $(\tau_n)_{n\geq 1}$.
3. Die Behauptung gilt für ein lokal quadratintegrierbares lokales Martingal X und $H \in \mathcal{L}$.
Beweis: Sei $(\sigma_n)_{n\geq 1}$ eine lokalisierende Folge, so dass $X^{\sigma_n}1_{\{\sigma_n > 0\}}$ ein quadratintegrierbares Martingal ist. Da $X_0 = 0$ ist, ist $X^{\sigma_n}1_{\{\sigma_n>0\}} = X^{\sigma_n}$ für alle $n \geq 1$. Nach 2 ist $(H \cdot X)^{\sigma_n} = H \cdot X^{\sigma_n}$ für $n \geq 1$ ein lokal quadratintegrierbares lokales Martingal und damit auch $H \cdot X$.

Wir zeigen für das Stieltjes Integral von stochastischen Prozessen von endlicher Variation an einem Beispiel, dass die linksseitige Stetigkeit des Integranden für die Erhaltung der lokalen Martingaleigenschaft notwendig ist.

Sei $(N_t)_{t\geq 0}$ der Poisson-Prozess mit Parameter $\lambda > 0$ und $M_t = N_t - \lambda t$ für $t \geq 0$. Der Prozess $M = (M_t)_{t\geq 0}$ ist ein quadratintegrierbares Martingal von endlicher Variation. Seien $(\tau_n)_{n\geq 1}$ die Sprungzeiten des Poisson-Prozesses. Für einen Prozess H, für den das Stieltjes Integral existiert, ist $\int_0^t H_s \, dM_s = \sum_{n:\tau_n \leq t} H_{\tau_n} - \lambda \int_0^t H_s \, ds$ für $t \geq 0$. Für $H = 1_{[0,\tau_1)} \in \mathcal{D}$ ist $\int_0^t H_s \, dM_s = -\lambda \inf(t, \tau_1)$ $(t \geq 0)$. Dieses stochastische Integral ist kein Martingal, auch kein lokales.

Als Abschluss dieses Kapitels zeigen wir, dass man das stochastische Integral durch Riemann-Summen mit zufälligen endlichen Zerlegungen von $\mathbb{R}^+$ approximieren kann.

Definition 17.46

1. Eine *zufällige endliche Zerlegung von* $\mathbb{R}^+$ ist eine endliche monoton wachsende Folge $\mathcal{Z} : 0 = \tau_1 \leq \tau_2 \leq \ldots \leq \tau_k$ von Stoppzeiten.
2. Eine Folge $(\mathcal{Z}^n)_{n\geq 1}$ von zufälligen endlichen Zerlegungen $\mathcal{Z}^n$: $0 = \tau_1^n \leq \tau_2^n \leq \ldots \leq \tau_{k_n}^n$ von $\mathbb{R}^+$ heißt eine *Riemann-Folge*, wenn $\sup_i \tau_i^n \to \infty$ f.s. und $\sup_i(\tau_{i+1}^n - \tau_i^n) \to 0$ für $n \to \infty$ f.s. konvergiert.

Man beachte, dass nicht notwendig $\mathcal{Z}^{n+1}$ eine Verfeinerung von $\mathcal{Z}^n$ für $n \geq 1$ ist.

▸ **Satz 17.47** Sei X ein Semimartingal und $H \in \mathcal{D}$ oder $H \in \mathcal{L}$. Dann konvergiert für eine Riemann-Folge $(\mathcal{Z}^n)_{n\geq 1}$ von zufälligen endlichen Zerlegungen von $\mathbb{R}^+$ $\sum_{\tau_i^n \in \mathcal{Z}^n} H_{\tau_i^n}(X^{\tau_{i+1}^n} - X^{\tau_i^n}) \to H_- \cdot X$ l.g.s. für $n \to \infty$.

Für $H \in \mathcal{L}$ und $t > 0$ ist $H_{t-} = H_t$. Wegen der Konvention $H_{0-} = 0$ gilt das i. A. nicht für $t = 0$.

Unter Berücksichtigung von H_0 folgt:

▸ **Korollar 17.48** Für $H \in \mathcal{L}$ konvergiert unter den Voraussetzungen von Satz 17.46 $H_0 X_0 + \sum_{\tau_i^n \in \mathcal{Z}^n} H_{\tau_i^n}(X^{\tau_{i+1}^n} - X^{\tau_i^n}) \to H \cdot X$ l.g.s. für $n \to \infty$.

Beweis von Satz 17.47: Für einen stochastischen Prozess H und eine zufällige endliche Zerlegung $\mathcal{Z}$: $0 = \tau_1 \leq \tau_2 \leq \ldots \leq \tau_k$ von $\mathbb{R}^+$ bezeichnen wir mit $H^{\mathcal{Z}}$ den Prozess $H^{\mathcal{Z}} = H_0 1_{\{0\}} + \sum_{i=1}^{k-1} H_{\tau_i} 1_{(\tau_i, \tau_{i+1}]}$.

Für $H \in \mathcal{D}$ oder $H \in \mathcal{L}$ ist $H^{\mathcal{Z}} \in \mathcal{E}$ mit $H^{\mathcal{Z}} \cdot X = H_0 X_0 + \sum_{i=1}^{k-1} H_{\tau_i}(X^{\tau_{i+1}} - X^{\tau_i}) 1_{(\tau_i, \tau_{i+1}]}$.

Wir beweisen die Konvergenz für $H \in \mathcal{D}$. Der Beweis für $H \in \mathcal{L}$ geht analog. Er ist etwas einfacher, da $H_{t-} = H_t$ für $t > 0$ ist.

Für $H \in \mathcal{D}$ ist $H_- \in \mathcal{L}$ mit $(H_-)_0 = 0$. Wir nehmen ohne Einschränkung $X_0 = 0$ an, da wir den allgemeinen Fall auf diesen mit $X_t - X_0$ $(t \geq 0)$ zurückführen können.

Wir müssen zeigen, dass $H^{\mathcal{Z}_n} \cdot X \to H_- \cdot X$ l.g.s. für $n \to \infty$ konvergiert.

Sei $(H^k)_{k\geq 1}$ eine Folge in $\mathcal{E}$ mit $H^k \to H_-$ l.g.s. für $k \to \infty$.

Wir zerlegen mit einem zunächst beliebigen $k \geq 1$

$$(H_- - H^{\mathcal{Z}_n}) \cdot X = (H_- - H^k) \cdot X + (H^k - (H_+^k)^{\mathcal{Z}_n}) \cdot X + ((H_+^k)^{\mathcal{Z}_n} - H^{\mathcal{Z}_n}) \cdot X. \quad (17.6)$$

Dabei ist H_+^k die Version von H^k mit càdlàg-Pfaden.

Für $k \to \infty$ konvergieren nach Definition des stochastischen Integrals $(H_- - H^k) \cdot X \to 0$ und $((H_+^k)^{\mathcal{Z}_n} - H^{\mathcal{Z}_n}) \cdot X \to 0$ l.g.s. gleichmäßig in $n \geq 1$, weil $((H_+^k)^{\mathcal{Z}_n} - H^{\mathcal{Z}_n})_t^* \leq (H^k - H_-)_t^*$ für $t \geq 0$ ist. Wir zeigen für jedes k, dass $(H^k - (H_+^k)^{\mathcal{Z}_n}) \cdot X \to 0$ l.g.s. für $n \to \infty$ konvergiert. Daraus folgt durch Wahl von genügend großem k, dass $(H_- - H^{\mathcal{Z}_n}) \cdot X \to 0$ l.g.s. konvergiert.

Sei $k \geq 1$ fest. Da $(H_-)_0 = 0$ ist, können wir ohne Einschränkung $(H^k)_0 = 0$ annehmen. H^k habe die Darstellung $H^k = \sum_{j=1}^{m-1} \widetilde{H}_j 1_{(\sigma_j, \sigma_{j+1}]}$. Dann ist $H_+^k = \sum_{j=1}^{m-1} \widetilde{H}_j 1_{[\sigma_j, \sigma_{j+1})}$ und $(H_+^k)^{\mathcal{Z}_n} \cdot X = \sum_{i \geq 1} (H_+^k)_{\tau_i^n}(X^{\tau_{i+1}^n} - X^{\tau_i^n})$.

Wir zerlegen die Summe über i nach den j mit $\sigma_j \leq \tau_i^n < \sigma_{j+1}$. Für solche i, j ist $(H_+^k)_{\tau_i^n} = \widetilde{H}_j$ und damit $((H_+^k)^{\mathcal{Z}_n}) \cdot X = \sum_{j=1}^{m-1} \widetilde{Y}_j \sum_{i:\sigma_j \leq \tau_i^n \leq \sigma_{j+1}} (X^{\tau_{i+1}^n} - X^{\tau_i^n})$. Die innere Summe ist eine Teleskopsumme.

Für $n \to \infty$ konvergiert daher $\sum_{i:\sigma_j \leq \tau_i^n \leq \sigma_{j+1}} (X^{\tau_{i+1}^n} - X^{\tau_i^n}) \to X^{\sigma_{j+1}} - X^{\sigma_j}$ wegen der rechtsseitigen Stetigkeit von X und damit $((H_+^k)^{\mathcal{Z}_n}) \cdot X \to \sum_{j=1}^{m-1} \widetilde{H}_j (X^{\sigma_{j+1}} - X^{\sigma_j}) = H^k \cdot X$ l.g.f.s., also auch l.g.s.

17.8 Übungen

17.1 Sei $(N_t)_{t\geq 0}$ ein Poissonprozess mit Parameter $\lambda > 0$ und $M_t = N_t - \lambda t$ für $t \geq 0$. Der Prozess $M = (M_t)_{t\geq 0}$ ist ein Martingal von endlicher Variation. Man zeige, dass für einen adaptierten Prozess H mit stetigen Pfaden das stochastische Integral $H \cdot M$ ebenfalls ein Martingal von endlicher Variation ist.

17.2 Man zeige, dass Definition 17.11 für gewisse lokale Eigenschaften der Pfade von stochastischen Prozessen wie lokale Beschränktheit mit der üblichen, d. h. ihrer Gültigkeit auf kompakten Mengen übereinstimmt. Welche Bedingung müssen die Eigenschaften erfüllen?

17.3* Man beweise Satz 17.13.

17.4 Man zeige: Für eine Brown'sche Bewegung B ist

$$\|I_{B^t}(H)\|_2 = \left(E\left(\int_0^t (H_s)^2 \,\mathrm{d}s\right)\right)^{1/2} \quad \text{für } H \in \mathcal{E} \text{ und } t \geq 0 .$$

17.5* Man beweise Satz 17.40.

17.6* Man beweise Korollar 17.41.

17.7* Man zeige: Das stochastische Integral bzgl. eines Semimartingals von endlicher Variation ist ein Semimartingal von endlicher Variation.

Die quadratische Variation und Kovariation 18

In Satz 14.52 haben wir die quadratische Variation der Brown'schen Bewegung als Grenzwert der Summe der Quadrate ihrer Zuwächse bestimmt. Wir zeigen jetzt, dass für alle Semimartingale dieser Grenzwert für Riemann-Folgen von zufälligen endlichen Zerlegungen von $\mathbb{R}^+$ existiert und geben ihn explizit an. Im Gegensatz zur quadratischen Variation der Brown'schen Bewegung ist sie i. A. zufällig. Wir führen auch die entsprechende quadratische Kovariation von Semimartingalen ein und fassen beide als stochastische Prozesse auf. Die quadratische Variation und Kovariation von Semimartingalen sind wichtige Prozesse auch für das stochastische Integral. Nach ihrer Einführung und dem Beweis ihrer grundlegenden Eigenschaften beschäftigen wir uns mit zwei entsprechenden Themen. Wir beweisen die Itô-Döblin-Formel und behandeln Anwendungen, z. B. die Lösung stochastischer Differentialgleichungen. Aus der klassischen Theorie von Semimartingalen untersuchen wir das Verhalten bei Übergang zu einem äquivalenten Wahrscheinlichkeitsmaß, das auch für unseren Zugang von Bedeutung ist, mit wichtigen Anwendungen in der mathematischen Theorie von Finanzmärkten.

18.1 Existenz und Eigenschaften der quadratische Variation und Kovariation

Die Existenz der quadratischen Variation mit ihrer Darstellung liefert der folgende Satz, der die anschließende Definition begründet.

▸ **Satz 18.1** Sei X ein Semimartingal und $(\mathcal{Z}^n)_{n\geq 1}$ eine Riemann-Folge von zufälligen endlichen Zerlegungen von $\mathbb{R}^+$. Dann konvergiert $X_0^2 + \sum_{\tau_i^n \in \mathcal{Z}^n} (X^{\tau_{i+1}^n} - X^{\tau_i^n})^2 \to X^2 - 2X_- \cdot X$ l.g.s. für $n \to \infty$.

▸ **Definition 18.2** Sei X ein Semimartingal. Die *quadratische Variation* $[X,X] = ([X,X]_t)_{t\geq 0}$ von X ist definiert durch $[X,X] = X^2 - 2X_- \cdot X$.

DOI 10.1007/978-3-642-38160-7_18,

Beweis von Satz 18.1: Für $n \geq 1$ ist

$$X_0^2 + \sum_{\tau_i^n \in \mathcal{Z}^n} (X^{\tau_{i+1}^n} - X^{\tau_i^n})^2 = X_0^2 + \sum_{\tau_i^n \in \mathcal{Z}^n} \left((X^2)^{\tau_{i+1}^n} - (X^2)^{\tau_i^n} - 2X^{\tau_i^n}(X^{\tau_{i+1}^n} - X^{\tau_i^n}) \right).$$

Sei $\sigma^n = \sup_i \tau_i^n$ für $n \geq 1$. Da $\sigma^n \to \infty$ f.s. für $n \to \infty$ konvergiert, konvergiert die Teleskopsumme $X_0^2 + \sum_{\tau_i^n \in \mathcal{Z}^n} \left((X^2)^{\tau_{i+1}^n} - (X^2)^{\tau_i^n} \right) = (X^2)^{\sigma^n} \to X^2$ l.g.f.s.

Für alle n und i ist $X^{\tau_i^n}(X^{\tau_{i+1}^n} - X^{\tau_i^n}) = X_{\tau_i^n}(X^{\tau_{i+1}^n} - X^{\tau_i^n})$, wie man zu der Zeit t durch Fallunterscheidung $t \leq \tau_i^n$ und $t > \tau_i^n$ leicht sieht. Nach Satz 17.47 konvergiert $\sum_{\tau_i^n \in \mathcal{Z}^n} X^{\tau_i^n}(X^{\tau_{i+1}^n} - X^{\tau_i^n}) = \sum_{\tau_i^n \in \mathcal{Z}^n} X_{\tau_i^n}(X^{\tau_{i+1}^n} - X^{\tau_i^n}) \to X_- \cdot X$ l.g.s. für $n \to \infty$.

Man beachte, dass die quadratische Variation ein stochastischer Prozess ist. Man nennt sie daher auch den quadratischen Variationsprozess.

Beispiel

Wir bestätigen mit Definition 18.2 die schon bekannte quadratische Variation der Brown'schen Bewegung B. Für $t \geq 0$ ist $[B, B]_t = B_t^2 - 2\int_0^t B_s \, \mathrm{d} B_s = t$.

Die quadratische Variation hat folgende elementare Eigenschaften.

▸ **Satz 18.3** Die quadratische Variation $[X, X]$ eines Semimartingals X ist ein adaptierter monoton wachsender Prozess. Es ist $[X, X]_0 = X_0^2$ und $\Delta([X, X]) = (\Delta X)^2$.

Beweis: Da X adaptiert mit càdlàg-Pfaden ist, hat auch $[X, X]$ diese Eigenschaften. Sei $0 \leq s < t$. Nach Satz 18.1 ist die quadratische Variation Grenzwert einer beliebigen Riemann-Folge von zufälligen endlichen Zerlegungen von $\mathbb{R}^+$. Wir wählen sie so, dass die Zeit s ein Zerlegungspunkt von allen Zerlegungen ist. Dann enthält jede approximierende Summe zur Zeit t mehr nichtnegative Terme als zur Zeit s. Daher ist $[X, X]_s \leq [X, X]_t$ f.s. Die Ausnahmemenge hängt zunächst von s und t ab. Analog zum Beweis von Lemma 17.29 zeigt man, dass f.s. $[X, X]_s \leq [X, X]_t$ für alle s, t mit $0 \leq s < t$ ist.

Es ist klar, dass $[X, X]_0 = X_0^2$ ist. Für $t > 0$ ist

$$\begin{aligned}(\Delta[X, X])_t &= \Delta(X^2)_t - 2\Delta(X_- \cdot X)_t = (X_t^2 - X_{t-}^2) - 2X_{t-}(X_t - X_{t-}) \\ &= (X_t + X_{t-} - 2X_{t-}) \cdot (X_t - X_{t-}) = (X_t - X_{t-})^2 = ((\Delta X)_t)^2 .\end{aligned}$$

▸ **Proposition 18.4** Für ein Semimartingal X von endlicher Variation mit stetigen Pfaden ist $[X, X]$ konstant gleich X_0^2.

Beweis: Sei $(\mathcal{Z}^n)_{n \geq 1}$ eine Riemann-Folge von zufälligen endlichen Zerlegungen von $\mathbb{R}^+$. Für $s \geq 0$ ist $\sum_{\tau_i^n \in \mathcal{Z}^n} (X_s^{\tau_{i+1}^n} - X_s^{\tau_i^n})^2 \leq \left(\sup_{\tau_i^n \in \mathcal{Z}^n} \left| X_s^{\tau_{i+1}^n} - X_s^{\tau_i^n} \right| \right) \cdot \left(\sum_{\tau_i^n \in \mathcal{Z}^n} \left| X_s^{\tau_{i+1}^n} - X_s^{\tau_i^n} \right| \right)$.

Für $t > 0$ konvergiert für $n \to \infty$ der erste Faktor auf der rechten Seite auf $[0, t]$ gleichmäßig gegen 0 f.s., und der zweite Faktor ist durch die Variation von X auf $[0, t]$

f.s. beschränkt. Daher konvergiert $X_0^2 + \sum_{\tau_i^n \in \mathcal{Z}^n} (X^{\tau_{i+1}^n} - X^{\tau_i^n})^2 \to X_0^2$ l.g.f.s. Für jedes $t > 0$ folgt $[X, X] = X_0^2$ f.s. auf $[0, t]$ und mit einer Folge $t_N \to \infty [X, X] = X_0^2$ f.s.

Weitere Eigenschaften werden als Spezialfälle der folgenden quadratischen Kovariation folgen.

▸ **Satz 18.5** Seien X, Y Semimartingale und $(\mathcal{Z}^n)_{n\geq 1}$ eine Riemann-Folge von zufälligen endlichen Zerlegungen von $\mathbb{R}^+$. Dann konvergiert $X_0 Y_0 + \sum_{\tau_i^n \in \mathcal{Z}^n} (X^{\tau_{i+1}^n} - X^{\tau_i^n})(Y^{\tau_{i+1}^n} - Y^{\tau_i^n}) \to XY - X_- \cdot Y - Y_- \cdot X$ l.g.s. für $n \to \infty$.

▸ **Definition 18.6** Seien X, Y Semimartingale. Die *quadratische Kovariation* $[X, Y] = ([X, Y]_t)_{t\geq 0}$ von X und Y ist definiert durch $[X, Y] = XY - X_- \cdot Y - Y_- \cdot X$.

Satz 18.5 folgt aus Satz 18.1 durch Anwendung der Polarisationsgleichung $xy = \frac{1}{2}\left((x + y)^2 - x^2 - y^2\right)$ für $x, y \in \mathbb{R}$ auf die einzelnen Summanden. Es folgt

$$[X, Y] = \frac{1}{2}([X + Y, X + Y] - [X, X] - [Y, Y]) \tag{18.1}$$

und aus den Eigenschaften der quadratischen Variation:

▸ **Satz 18.7** Die quadratische Kovariation von Semimartingalen X und Y ist ein Semimartingal von endlicher Variation. Es ist $[X, Y]_0 = X_0 Y_0$ und $\Delta([X, Y]) = (\Delta X)(\Delta Y)$.

Beweis: Nach (18.1) und Satz 18.3 ist $[X, Y]$ Differenz von adaptierten monoton wachsenden Prozessen und daher nach Satz 17.22 ein Semimartingal von endlicher Variation. Auch $[X, Y]_0 = X_0 Y_0$ und $\Delta([X, Y]) = (\Delta X)(\Delta Y)$ folgt aus Satz 18.3 mit (18.1).

▸ **Korollar 18.8 (Partielle Integration)** Seien X und Y Semimartingale. Dann ist auch XY ein Semimartingal, und es ist $XY = X_- \cdot Y + Y_- \cdot X + [X, Y]$.

Damit ist die Menge aller Semimartingale nicht nur ein Vektorraum, sondern auch eine Algebra.

Beweis: Die Formel der partiellen Integration ist nur eine Umformung von Definition 18.6. Man beachte den zusätzlichen Term der quadratischen Kovariation im Vergleich zur entsprechenden Formel der Analysis.

Da die Summanden auf der rechten Seite Semimartingale sind, ist auch XY ein Semimartingal.

Aus der Cauchy-Schwarz'schen Ungleichung für die approximierenden Summen in Satz 18.5 folgt im Grenzwert:

▸ **Satz 18.9** Für Semimartingale X und Y und $t \geq 0$ ist $|[X,Y]_t| \leq [X,X]_t^{1/2}[Y,Y]_t^{1/2}$.

▸ **Korollar 18.10** Sei X ein Semimartingal mit $[X,X] = 0$. Dann ist $[X,Y] = 0$ für alle Semimartingale Y.

Wir zeigen nun das Verhalten der quadratischen Kovariation unter Stoppen.

▸ **Satz 18.11** Seien X und Y Semimartingale und τ eine Stoppzeit. Dann ist $[X,Y]^\tau = [X^\tau, Y] = [X, Y^\tau] = [X^\tau, Y^\tau]$.

Beweis: Wir führen den Beweis mit Grenzwerten einer Riemann-Folge nach Satz 18.5. Da $(X^\tau)^{\tau_i^n} = (X^{\tau_{i+1}^n})^\tau$ und $(Y^\tau)^{\tau_i^n} = (Y^{\tau_{i+1}^n})^\tau$ für alle τ_i^n ist, folgt $[X,Y]^\tau = [X^\tau, Y^\tau]$.

Die entsprechenden Approximationen von $[X,Y]^\tau$ und $[X^\tau, Y]$ unterscheiden sich pfadweise nur in dem Summanden mit $\tau_i^n < \tau < \tau_{i+1}^n$. Ihre Differenz ist gleich

$$\begin{aligned}
&\left((X^{\tau_{i+1}^n})^\tau - (X^{\tau_i^n})^\tau\right) \cdot \left((Y^{\tau_{i+1}^n})^\tau - (Y^{\tau_i^n})^\tau - (Y^{\tau_{i+1}^n} - Y^{\tau_i^n})\right) \\
&= (X^\tau - X^{\tau_i^n}) \cdot \left((Y^\tau - Y^{\tau_i^n}) - (Y^{\tau_{i+1}^n} - Y^{\tau_i^n})\right) \\
&= (X^\tau - X^{\tau_i^n}) \cdot (Y^\tau - Y^{\tau_{i+1}^n}) \to 0 \text{ l.g.f.s. für } n \to \infty
\end{aligned}$$

da $\delta(\mathcal{Z}_n) \to 0$ f.s. für $n \to \infty$ konvergiert.

Daher ist $[X,Y]^\tau = [X^\tau, Y]$. Durch Vertauschung von X und Y folgt $[X,Y]^\tau = [X, Y^\tau]$.

Als Nächstes bestimmen wir die quadratische Kovariation von stochastischen Integralen.

▸ **Satz 18.12** Seien X, Y Semimartingale und $H, K \in \mathcal{L}$. Dann ist

$$[H \cdot X, K \cdot Y] = \int H_s K_s \,\mathrm{d}[X,Y]_s\,.$$

Beweis: Wir zeigen zunächst für die quadratische Kovariation mit einem stochastischen Integral

$$[H \cdot X, Y] = \int H_s \,\mathrm{d}[X,Y]_s \quad \text{für} \quad H \in \mathcal{L}\,. \tag{18.2}$$

Wir können ohne Einschränkung $X_0 = 0$ annehmen, da der allgemeine Fall durch Addition von $H_0 X_0 Y_0$ auf beiden Seiten folgt.

Sei zunächst $H \in \mathcal{E}$ mit der Darstellung (17.4). Dann ist

$$\begin{aligned}
[H \cdot X, Y] &= \left[\sum_{i=1}^{m-1} \widetilde{H_i}(X^{\tau_{i+1}} - X^{\tau_i}), Y\right] = \sum_{i=1}^{m-1} \widetilde{H_i}\,[X^{\tau_{i+1}} - X^{\tau_i}, Y] \\
&= \sum_{i=1}^{m-1} \widetilde{H_i}\,([X^{\tau_{i+1}}, Y] - [X^{\tau_i}, Y]) = \sum_{i=1}^{m-1} \widetilde{H_i}\,([X,Y]^{\tau_{i+1}} - [X,Y]^{\tau_i}) \\
&= \int H_s \,\mathrm{d}[X,Y]_s\,.
\end{aligned}$$

Für $H \in \mathcal{L}$ sei $(H^n)_{n\geq 1}$ eine Folge in $\mathcal{E}$ mit $H^n \to H$ l.g.s. und damit auch $H^n \cdot X \to H \cdot X$ l.g.s. für $n \to \infty$.

Für $n \geq 1$ ist $[H^n \cdot X, Y] = \int H^n_s \, d[X,Y]_s$. Nach Definition ist

$$[H^n{\cdot}X, Y] = (H^n{\cdot}X)Y - (H^n{\cdot}X)_-{\cdot}Y - Y_-{\cdot}(H^n{\cdot}X) = (H^n{\cdot}X)Y - (H^n{\cdot}X)_-{\cdot}Y - (H^n Y)_-{\cdot}X .$$

Für $n \to \infty$ konvergieren die einzelnen Terme und damit

$$[H^n \cdot X, Y] \to (H \cdot X)Y - (H \cdot X)_- \cdot Y - (HY)_- \cdot X = [H \cdot X, Y] \text{ l.g.s.}$$

Da auch $\int H^n_s \, d[X,Y]_s \to \int H_s \, d[X,Y]_s$ l.g.s konvergiert, folgt $[H{\cdot}X, Y] = \int H_s \, d[X,Y]_s$.

Aus (18.2) folgt $[H \cdot X, K \cdot Y] = \int K_s \, d[H \cdot X, Y]_s = \int H_s K_s \, d[X,Y]_s$ durch Iteration mit der Assoziativität.

▸ **Satz 18.13** Seien X, Y Semimartingale und $H \in \mathcal{D}$. Dann konvergiert für eine Riemann-Folge $(\mathcal{Z}^n)_{n\geq 1}$ von zufälligen endlichen Zerlegungen von $\mathbb{R}^+$ $\sum_{\tau_i^n \in Z^n} H_{\tau^n_{i+1}}(X^{\tau^n_{i+1}} - X^{\tau^n_i})(Y^{\tau^n_{i+1}} - Y^{\tau^n_i}) \to \int H_{s-} \, d[X,Y]_s$ l.g.s. für $n \to \infty$.

Beweis: Es ist

$$\begin{aligned}
&\sum_{\tau_i^n \in Z^n} H_{\tau^n_{i+1}}(X^{\tau^n_{i+1}} - X^{\tau^n_i})(Y^{\tau^n_{i+1}} - Y^{\tau^n_i}) \\
&\quad = \sum_{\tau_i^n \in Z^n} H_{\tau^n_{i+1}} \left[(X^{\tau^n_{i+1}} Y^{\tau^n_{i+1}} - X^{\tau^n_i} Y^{\tau^n_i}) - X^{\tau^n_i}(Y^{\tau^n_{i+1}} - Y^{\tau^n_i}) - X^{\tau^n_i}(Y^{\tau^n_{i+1}} - Y^{\tau^n_i}) \right] \\
&\quad = \sum_{\tau_i^n \in Z^n} H_{\tau^n_{i+1}} \left[(X^{\tau^n_{i+1}} Y^{\tau^n_{i+1}} - X^{\tau^n_i} Y^{\tau^n_i}) - X_{\tau^n_i}(Y^{\tau^n_{i+1}} - Y^{\tau^n_i}) - X_{\tau^n_i}(Y^{\tau^n_{i+1}} - Y^{\tau^n_i}) \right].
\end{aligned}$$

Für $n \to \infty$ konvergiert l.g.s.

$$\begin{aligned}
&\sum_{\tau_i^n \in Z^n} H_{\tau^n_{i+1}}(X^{\tau^n_{i+1}} - X^{\tau^n_i})(Y^{\tau^n_{i+1}} - Y^{\tau^n_i}) \to H_- \cdot (XY) - (HX)_- \cdot Y - (HY)_- \cdot X \\
&\quad = H_- \cdot (XY) - H_- \cdot (X_- \cdot Y) - H_- \cdot (Y_- \cdot X) = H_- \cdot [X,Y] .
\end{aligned}$$

Ein wichtiges Kriterium, unter welchen Bedingungen ein lokales Martingal ein quadratintegrierbares Martingal ist, mit Hilfe der quadratischen Variation ist das folgende.

▸ **Satz 18.14** Ein lokales Martingal und Semimartingal M ist genau dann ein quadratintegrierbares Martingal, wenn $E[M,M]_t < \infty$ für alle $t \geq 0$ ist. In diesem Fall ist $E(M_t)^2 = E[M,M]_t$ für alle $t \geq 0$.

Wie bereits erwähnt, ist jedes lokale Martingal ein Semimartingal. Da wir das nicht bewiesen haben, haben wir zusätzlich vorausgesetzt, dass das lokale Martingal M ein Semimartingal ist.

Beweis: Sei M ein quadratintegrierbares Martingal.

Nach Satz 17.45 ist $N = M^2 - [M, M] = 2M_- \cdot M$ ein lokal quadratintegrierbares lokales Martingal mit $N_0 = 0$. Sei $(\tau_n)_{n \geq 1}$ eine lokalisierende Folge von Stoppzeiten, so dass N^{τ_n} ein quadratintegrierbares Martingal für alle n ist. Für alle $t \geq 0$ ist $EN_t^{\tau_n} = EN_0 = 0$ und damit $EM^2_{\inf(\tau_n, t)} = E[M, M]_{\inf(\tau_n, t)}$.

Für $t \geq 0$ ist $M^2_{\inf(\tau_n, t)} \leq (M_t^*)^2$. Nach der Doob'schen Maximal-Ungleichung (Satz 14.51) ist $E(M_t^*)^2 \leq 4EM_t^2$ und mit majorisierter Konvergenz folgt $EM^2_{\inf(\tau_n, t)} \to EM_t^2$ für $n \to \infty$. Mit monotoner Konvergenz folgt $E[M, M]_{\inf(\tau_n, t)} \to E[M, M]_t$ für $n \to \infty$. Damit ist $E[M, M]_t = E(M_t)^2 < \infty$.

Sei M nun ein lokales Martingal und Semimartingal mit $E[M, M]_t < \infty$ für alle $t \geq 0$. Für $n \geq 1$ sei $\tau_n = \inf(\inf\{t : |M_t| > n\}, n)$. $(\tau_n)_{n \geq 1}$ ist eine monoton wachsende Folge von Stoppzeiten mit $\tau_n \uparrow \infty$ f.s. für $n \to \infty$. Für $n \geq 1$ ist M^{τ_n} ein lokales Martingal. Da für einen Sprung von M an der Stelle τ_n die Sprunghöhe zu $[M, M]_n$ beiträgt, ist $(M^{\tau_n})^* \leq n + |\Delta M_{\tau_n}| \leq n + ([M, M]_n)^{1/2}$, und wir erhalten eine quadratintegrierbare Majorante. Aus Satz 17.10 folgt, dass M^{τ_n} ein Martingal ist. Ferner ist die Folge $(M^{\tau_n})_{n \geq 1}$ gleichmäßig integrierbar. Für $n \geq 1$ ist $E\left[(M_t^{\tau_n})^2\right] \leq E\left[((M^{\tau_n})_t^*)^2\right] < \infty$ für alle $t \geq 0$. Damit erfüllt M^{τ_n} für jedes $n \geq 1$ die Voraussetzung des ersten Teils des Beweises, und es folgt $E\left[(M_t^{\tau_n})^2\right] = E[M^{\tau_n}, M^{\tau_n}]_t$ für alle $t \geq 0$. Nach der Doob'schen Maximal-Ungleichung ist für $t \geq 0$

$$E\left[((M^{\tau_n})_t^*)^2\right] \leq 4E\left[(M_t^{\tau_n})^2\right] = 4E\left[M^{\tau_n}, M^{\tau_n}\right]_t = 4E\left[M, M\right]_t^{\tau_n} \leq 4E[M, M]_t$$

und mit monotoner Konvergenz folgt $E\left[(M_t^*)^2\right] \leq 4E[M, M]_t < \infty$. Nach Satz 17.10 ist M damit ein quadratintegrierbares Martingal.

Beispiele

1. Sei B die Brown'sche Bewegung. Nach Satz 17.45 ist $H \cdot B$ für $H \in \mathcal{L}$ ein lokales Martingal, und nach Satz 18.12 ist $[H \cdot B, H \cdot B] = \int H_s^2 \,\mathrm{d}s$. Damit ist $H \cdot B$ ein quadratintegrierbares Martingal für alle $H \in \mathcal{L}$ mit $E\left(\int_0^t H_s^2 \,\mathrm{d}s\right) < \infty$ für alle $t \geq 0$. In diesem Fall ist $E\left(\left(\int_0^t H_s^2 \,\mathrm{d}B_s\right)^2\right) = E\left(\int_0^t H_s^2 \,\mathrm{d}s\right)$ für $t \geq 0$. Diese Beziehung war als Isometrie entscheidend für die Definition des Itô-Integrals bzgl. der Brown'schen Bewegung.
2. Sei N ein Poisson-Prozess mit Parameter λ und M mit $M_t = N_t - \lambda t$ für $t \geq 0$. M ist ein quadratintegrierbares Martingal, und es ist $E[M, M]_t = E(M_t)^2 = V(N_t) = \lambda t$ für $t \geq 0$.

Da die quadratische Variation $[X, X]$ eines Semimartingals X monoton wachsend ist, kann man sie in einen stetigen Anteil $[X, X]^c$ mit $[X, X]_0^c = 0$ und einen singulären Sprunganteil zerlegen durch $[X, X]_t = [X, X]_t^c + \sum_{0 \leq s \leq t} (\Delta X_s)^2$ für $t \geq 0$, wobei $\Delta X_0 = X_0$ entsprechend der Konvention $X_{0-} = 0$ ist. Aus der Monotonie folgt

$\sum_{0 \leq s \leq t} (\Delta X_s)^2 \leq [X, X]_t$ für $t \geq 0$ und damit $[X, X]_t^c \geq 0$. Analog folgt die Monotonie von $[X, X]^c$. Die quadratische Kovariation $[X, Y]$ von Semimartingalen X, Y zerlegt man entsprechend in $[X, Y]_t = [X, Y]_t^c + \sum_{0 \leq s \leq t} \Delta X_s \Delta Y_s$ für $t \geq 0$.

Ein Semimartingal X von endlicher Variation kann man analog zerlegen in $X_t = X_t^c + \sum_{0 \leq s \leq t} \Delta X_s$ für $t \geq 0$. Da X^c von endlicher Variation mit stetigen Pfaden und $X_0^c = 0$ ist, ist $[X^c, X^c] = 0$ nach Proposition 18.4. Für ein beliebiges Semimartingal Y folgt $[X, Y]_t = [X^c, Y]_t + \sum_{0 \leq s \leq t} \Delta X_s \Delta Y_s = \sum_{0 \leq s \leq t} \Delta X_s \Delta Y_s$ für $t \geq 0$ nach Korollar 18.10, und wir erhalten

Proposition 18.15 Sei X ein Semimartingal von endlicher Variation und Y ein Semimartingal. Dann ist $[X, Y]^c = 0$ und $[X, Y]_t = \sum_{0 \leq s \leq t} \Delta X_s \Delta Y_s$ für $t \geq 0$.

18.2 Die Itô-Döblin-Formel

Wie bereits erwähnt, spielte die Itô-Döblin-Formel bei der Entwicklung des stochastischen Integrals eine bedeutende Rolle. Eine wichtige Methode zur Berechnung stochastischer Integrale ist sie nach wie vor. Sie verallgemeinert die Variablentransformation von Satz 17.4 des Stieltjes-Integrals. Wie wir aber gesehen haben, enthält im Fall der Brown'schen Bewegung B das stochastische Integral $B \cdot B$ einen Zusatzterm, der in allgemeiner Form in der Itô-Döblin-Formel auftritt.

Wir werden die Itô-Döblin-Formel nur für Semimartingale mit stetigen Pfaden beweisen und sie später allgemein ohne Beweis angeben.

Satz 18.16 Sei X ein Semimartingal mit stetigen Pfaden und f eine reellwertige C^2-Funktion. Dann ist $f(X) = (f(X_t))_{t \geq 0}$ ein Semimartingal, und es gilt die Itô-Döblin-Formel

$$f(X_t) - f(X_0) = \int_{0+}^{t} f'(X_s)\, \mathrm{d}X_s + \frac{1}{2} \int_{0+}^{t} f''(X_s)\, \mathrm{d}[X, X]_s \quad \text{für } t \geq 0 \text{ f.s.}$$

Beweis: Da die einzelnen Summanden auf der rechten Seite der Itô-Döblin-Formel Semimartingale sind, folgt aus der Itô-Döblin-Formel, dass $f(X)$ ein Semimartingal ist.

Wir beweisen sie, indem wir für $t > 0$ das Intervall $[0, t]$ in kleine Teilintervalle zerlegen und in ihnen auf die Differenz der Funktionswerte die Taylor-Entwicklung 2. Ordnung anwenden.

Zunächst nehmen wir an, dass X beschränkt sei. Sei also $\|X\| \leq C$ für ein $C > 0$.

Sei $t > 0$ fest und $(\mathcal{Z}^n)_{n \geq 1}$ eine Folge von Zerlegungen von $[0, t]$ mit $\delta(\mathcal{Z}^n) \to 0$ für $n \to \infty$. Dann ist $f(X_t) - f(X_0) = \sum_{\tau_i^n \in \mathcal{Z}^n} \left(f(X_{\tau_{i+1}^n}) - f(X_{\tau_i^n}) \right)$. Die Taylor-Entwicklung von f ist $f(y) - f(x) = f'(x)(y - x) + \frac{1}{2} f''(x)(y - x)^2 + R(x, y)$ $(x, y \in \mathbb{R})$ mit einer

Abschätzung des Restterms $|R(x,y)| \le r(|y-x|)(y-x)^2$ für $|x|, |y| \le C$ mit einer monoton wachsenden Funktion $r: \mathbb{R}^+ \to \mathbb{R}^+$ mit $r(x) \to 0$ für $x \downarrow 0$. Damit ist

$$f(X_t) - f(X_0) = \sum_{\tau_i^n \in \mathcal{Z}^n} f'(X_{\tau_i^n})(X_{\tau_{i+1}^n} - X_{\tau_i^n}) + \frac{1}{2} \sum_{\tau_i^n \in \mathcal{Z}^n} f''(X_{\tau_i^n})(X_{\tau_{i+1}^n} - X_{\tau_i^n})^2 + \sum_{\tau_i^n \in \mathcal{Z}^n} R(X_{\tau_i^n}, X_{\tau_{i+1}^n}) .$$

Der erste Summand konvergiert nach Satz 17.47 stochastisch gegen $\int_{0+}^t f'(X_s)\,\mathrm{d}X_s$ und der zweite nach Satz 18.13 stochastisch gegen $\frac{1}{2}\int_{0+}^t f''(X_s)\,\mathrm{d}[X,X]_s$ für $n \to \infty$.

Es bleibt die stochastische Konvergenz der Restsumme gegen 0 zu zeigen. Es ist

$$\left|\sum_{\tau_i^n \in \mathcal{Z}^n} R\left(X_{\tau_i^n}, X_{\tau_{i+1}^n}\right)\right| \le \sum_{\tau_i^n \in \mathcal{Z}^n} r\left(X_s^{\tau_{i+1}^n} - X_s^{\tau_i^n}\right)\left(X_s^{\tau_{i+1}^n} - X_s^{\tau_i^n}\right)^2$$
$$\le \left(\sup_{\tau_i^n \in \mathcal{Z}^n} \left|r\left(X_s^{\tau_{i+1}^n} - X_s^{\tau_i^n}\right)\right|\right) \cdot \left(\sum_{\tau_i^n \in \mathcal{Z}^n} \left(X_s^{\tau_{i+1}^n} - X_s^{\tau_i^n}\right)^2\right) .$$

Für $n \to \infty$ konvergiert $\sum_{\tau_i^n \in \mathcal{Z}^n} \left(X_s^{\tau_{i+1}^n} - X_s^{\tau_i^n}\right)^2 \to [X,X]_t$ stochastisch und $\sup_{\tau_i^n \in \mathcal{Z}^n} \left|r\left(X_s^{\tau_{i+1}^n} - X_s^{\tau_i^n}\right)\right| \to 0$ f.s. wegen der pfadweisen f.s. gleichmäßigen Stetigkeit von X auf $[0,t]$. Damit konvergiert $\sum_{\tau_i^n \in \mathcal{Z}^n} R\left(X_{\tau_i^n}, X_{\tau_{i+1}^n}\right) \to 0$ stochastisch für $n \to \infty$.

Es folgt die Itô-Döblin-Formel f.s. für ein festes $t \ge 0$ und mit Lemma 17.29 für alle $t \ge 0$.

Im allgemeinen Fall sei $\tau_k = \inf(\inf\{t : |X| > k\}, k)$ für $k \ge 1$. Für $k \ge 1$ ist $X^k = X 1_{[0,\tau^k)}$ als Produkt von Semimartingalen ein Semimartingal mit $\|X^k\| \le k$, und es konvergiert $X^k \to X$ l.g.f.s. für $k \to \infty$. Aus der Itô-Döblin-Formel für alle X^k $(k \ge 1)$ folgt sie für X.

Eine entsprechende Itô-Döblin-Formel gilt auch für Funktionen von mehreren Semimartingalen, wie man mit der mehrdimensionalen Taylor-Entwicklung genauso beweist. Wir geben ihre zweidimensionale Form für Semimartingale X und Y an, da aus ihr die allgemeine Form klar wird. Sie lautet:

$$f(X_t, Y_t) - f(X_0, Y_0) = \int_{0+}^t \frac{\partial f}{\partial x}(X_s, Y_s)\,\mathrm{d}X_s + \int_{0+}^t \frac{\partial f}{\partial y}(X_s, Y_s)\,\mathrm{d}Y_s$$
$$+ \frac{1}{2}\int_{0+}^t \frac{\partial^2 f}{\partial x^2}(X_s, Y_s)\,\mathrm{d}[X,X]_s + \int_{0+}^t \frac{\partial^2 f}{\partial x \partial y}(X_s, Y_s)\,\mathrm{d}[X,Y]_s$$
$$+ \frac{1}{2}\int_{0+}^t \frac{\partial^2 f}{\partial y^2}(X_s, Y_s)\,\mathrm{d}[Y,Y]_s .$$

Anwendung: Die eindeutige Lösung der gewöhnlichen Differentialgleichung $\dot{y}(t) = f(t)y(t)$ $(t \geq 0)$ mit Anfangsbedingung $y(0) = y_0$ ist $y(t) = y_0 \exp\left(\int_0^t f(s)\,\mathrm{d}s\right)$ $(t \geq 0)$, im Fall $f(t) = \dot{x}(t)$ mit $x(0) = 0$ ist $y(t) = y_0 \mathrm{e}^{x(t)}$ $(t \geq 0)$.

Wir wollen für ein Semimartingal X mit stetigen Pfaden und $X_0 = 0$ die stochastische Differentialgleichung $\mathrm{d}\,Y_t = Y_t\,\mathrm{d}\,X_t$ mit der Anfangsbedingung Y_0 lösen. Nach (17.3) bedeutet das $Y_t = Y_0 + \int_0^t Y_s\,\mathrm{d}\,X_s$ für $t \geq 0$. Wir können uns dabei auf die Anfangsbedingung $Y_0 = 1$, d. h. auf

$$Y_t = 1 + \int_0^t Y_s\,\mathrm{d}\,X_s \quad \text{für} \quad t \geq 0 \tag{18.3}$$

beschränken, da man durch Multiplikation von (18.3) mit einem beliebigen $\mathcal{A}_0$-messbaren Anfangswert Y_0 die Lösung als Produkt der Lösung von (18.3) mit Y_0 erhält.

Wir geben eine explizite Lösung von (18.3) an. Man kann zeigen, dass die Lösung eindeutig ist.

▸ **Satz 18.17** Sei X ein Semimartingal mit stetigen Pfaden und $X_0 = 0$. Dann ist $Y = (Y_t)_{t\geq 0}$ mit $Y_t = \exp\left(X_t - \frac{1}{2}[X,X]_t\right)$ für $t \geq 0$ eine Lösung von (18.3).

Beweis: Sei $Z_t = X_t - \frac{1}{2}[X,X]_t$ für $t \geq 0$. Für $f(x) = \mathrm{e}^x$ $(x \in \mathbb{R})$ ist $Y_t = f(Z_t)$ für $t \geq 0$. Mit der Itô-Döblin-Formel folgt für $t \geq 0$

$$Y_t - 1 = \int_{0+}^t f'(Z_s)\,\mathrm{d}\,Z_s + \frac{1}{2}\int_{0+}^t f''(Z_s)\,\mathrm{d}[Z,Z]_s = \int_{0+}^t Y_s\,\mathrm{d}\,Z_s + \frac{1}{2}\int_{0+}^t Y_s\,\mathrm{d}[Z,Z]_s\,.$$

Da $[X,X]$ von endlicher Variation und stetig mit $[X,X]_0 = 0$ ist, ist nach Proposition 18.4 $[[X,X],[X,X]] = 0$ und nach Korollar 18.10 auch $[[X,X],X] = 0$. Daher ist $[Z,Z] = [X,X]$ und

$$Y_t - 1 = \int_{0+}^t Y_s\,\mathrm{d}\,Z_s + \frac{1}{2}\int_{0+}^t Y_s\,\mathrm{d}[X,X]_s = \int_{0+}^t Y_s\,\mathrm{d}\,X_s = \int_0^t Y_s\,\mathrm{d}\,X_s \quad \text{für} \quad t \geq 0\,.$$

Die Lösung Y von (18.3) heißt das Doléans-Dade Exponential von X. Es wird mit $\mathcal{E}(X)$ bezeichnet.

Beispiele

1. Sei B eine Standard-Brown'sche Bewegung. Dann ist $X = ((\mu t + \sigma B_t)_{t\geq 0})$ eine Brown'sche Bewegung mit Drift μ und Diffusionskonstante σ^2. Man bestimmt die quadratische Variation von X durch Ausmultiplizieren und erhält für $t \geq 0$ $[X,X]_t = \sigma^2 t$ und damit $\mathcal{E}(X)_t = \exp\left(\mu t + \sigma B_t - \frac{1}{2}\sigma^2 t\right) = \exp\left(\sigma B_t + \left(\mu - \frac{1}{2}\sigma^2\right)t\right)$.
   $\mathcal{E}(X)$ ist also eine geometrische Brown'sche Bewegung. $S = \mathcal{E}(X)$ löst die stochastische Differentialgleichung $\mathrm{d}\,S_t = \mu S_t\,\mathrm{d}\,t + \sigma S_t\,\mathrm{d}\,B_t$ $(t \geq 0)$ für den Kurs eines Wertpapiers (s. Beispiel 2 von Abschn. 17.2). Mit einem beliebigen Anfangswert S_0 ist die Lösung $S_t = S_0 \exp\left(\sigma B_t + \left(\mu - \frac{1}{2}\sigma^2\right)t\right)$ $(t \geq 0)$.

2. Sei B wieder eine Brown'sche Bewegung und $H \in \mathcal{L}$. Nach Satz 18.12 ist $[H \cdot B, H \cdot B]_t = \int_0^t H_s^2 \, \mathrm{d}s$ für $t \geq 0$ und daher $\mathcal{E}(H \cdot B)_t = \exp\left(\int_0^t H_s \, \mathrm{d}B_s - \frac{1}{2}\int_0^t H_s^2 \, \mathrm{d}s\right)$. $Y = \mathcal{E}(H \cdot B)$ löst damit die stochastische Differentialgleichung

$$Y_t = 1 + \int_0^t Y_{s-} \, \mathrm{d}(H \cdot B)_s = 1 + \int_0^t (HY)_{s-} \, \mathrm{d}B_s \quad (t \geq 0).$$

Als weitere Anwendung der Itô-Döblin-Formel beweisen wir eine Charakterisierung der Brown'schen Bewegung.

▸ **Satz 18.18** Ein stochastischer Prozess X mit stetigen Pfaden ist genau dann eine Standard-Brown'sche Bewegung, wenn X ein lokales Martingal mit $[X, X]_t = t$ für alle $t \geq 0$ ist.

Beweis: Dass eine Standard-Brown'sche Bewegung die Bedingungen erfüllt, haben wir schon gezeigt.

Sei also X ein lokales Martingal mit stetigen Pfaden und $[X, X]_t = t$ für alle $t \geq 0$.

Aus $[X, X]_0 = 0$ folgt $X_0 = 0$.

Sei $\lambda \in \mathbb{R}$ fest und $Y_t = \exp\left(\mathrm{i}\lambda X_t + \frac{\lambda^2}{2} t\right) = f(X_t, t)$ $(t \geq 0)$ mit $f(x, t) = \exp\left(\mathrm{i}\lambda x + \frac{\lambda^2}{2} t\right)$ $(x \in \mathbb{R}, t \geq 0)$. Die Itô-Döblin-Formel gilt auch für komplexwertige Semimartingale, wie durch Zerlegung in Real- und Imaginärteil folgt. Als Funktion von X und dem ausgearteten Semimartingal $(t)_{t \geq 0}$ benötigen wir ihre zweidimensionale Form. Da die quadratische Variation von $(t)_{t \geq 0}$ und damit ihre Kovariation mit X verschwindet, liefert sie

$$Y_t = 1 + \mathrm{i}\lambda \int_0^t Y_s \, \mathrm{d}X_s + \frac{\lambda^2}{2} \int_0^t Y_s \, \mathrm{d}s - \frac{\lambda^2}{2} \int_0^t Y_s \, \mathrm{d}[X, X]_s = 1 + \mathrm{i}\lambda \int_0^t Y_s \, \mathrm{d}X_s \quad \text{für } t \geq 0.$$

Da X ein lokales Martingal mit stetigen Pfaden ist, ist Y nach Satz 17.12 und Satz 17.45 ein komplexwertiges lokales Martingal. Für $t \geq 0$ ist $|Y|_t^* \leq \exp\left(\frac{\lambda^2}{2} t\right)$. Daher ist Y nach Satz 17.10 ein Martingal, und für $0 \leq s < t$ ist $E\left(\exp\left(\mathrm{i}\lambda x + \frac{\lambda^2}{2} t\right) | \mathcal{A}_s\right) = \exp\left(\mathrm{i}\lambda X_s + \frac{\lambda^2}{2} s\right)$ und damit $E\left(\exp\left(\mathrm{i}\lambda(X_t - X_s)\right) | \mathcal{A}_s\right) = \exp\left(-\frac{\lambda^2}{2}(t - s)\right)$.

Da dies für alle $\lambda \in \mathbb{R}$ gilt, folgt, dass $X_t - X_s$ für $0 \leq s < t$ unabhängig von $\mathcal{A}_s$ $N(0, t-s)$-verteilt und X damit eine Standard-Brown'sche Bewegung ist.

Gegenbeispiel

Wir zeigen an einem Gegenbeispiel, dass die Stetigkeit der Pfade notwendig ist. Sei N ein Poisson-Prozess mit Parameter 1 und X mit $X_t = N_t - t$ für $t \geq 0$. X ist ein Martingal mit $[X, X]_t = t$ für alle $t \geq 0$.

Ohne Beweis geben wir die Itô-Döblin-Formel für allgemeine Semimartingale X an (s. z. B. Ph. Protter II [12], Theorem 32). Sie lautet

$$
\begin{aligned}
&f(X_t) - f(X_0) \\
&= \int_{0+}^{t} f'(X_{s-})\,\mathrm{d}X_s + \frac{1}{2}\int_{0+}^{t} f''(X_{s-})\,\mathrm{d}[X,X]_s \\
&\quad + \sum_{0<s\le t}\left[f(X_s) - f(X_{s-}) - f'(X_{s-})\Delta X_s - \frac{1}{2}f''(X_{s-})(\Delta X_s)^2\right] \\
&= \int_{0+}^{t} f'(X_{s-})\,\mathrm{d}X_s + \frac{1}{2}\int_{0+}^{t} f''(X_{s-})\,\mathrm{d}[X,X]_s^c + \sum_{0<s\le t}[f(X_s) - f(X_{s-}) - f'(X_{s-})\Delta X_s]\,.
\end{aligned}
$$

Die Differentialgleichung (18.3) hat in diesem Fall die Form $Y_t = 1 + \int_0^t Y_{s-}\,\mathrm{d}X_s$ $(t \ge 0)$ mit der Lösung $Y_t = \exp\left(X_t - \frac{1}{2}[X,X]_t\right)\prod_{0<s\le t}(1+\Delta X_s)\exp\left(-\Delta X_s + \frac{1}{2}(\Delta X_s)^2\right)$ $(t \ge 0)$.

Auch in diesem Fall wird Y als Doléans-Dade Exponential $\mathcal{E}(X)$ von X bezeichnet.

18.3 Der Satz von Girsanov

Für die fortgeschrittene Theorie des stochastischen Integrals benötigt man seine weitere Fortsetzung auf die Klasse der vorhersehbaren Prozesse, die maßtheoretisch von $\mathcal{L}$ erzeugt werden, und u. a. dazu die klassische Darstellung eines Semimartingals als Summe eines lokalen Martingals und eines Prozesses von endlicher Variation mit dem Satz von Bichteler-Dellacherie. Diese schon für sich schwierige Theorie, die außerdem größere technische Vorbereitungen benötigt, wäre für unsere Zwecke zu aufwendig. Wir können mit unseren Mitteln jedoch noch einen Satz aus der klassischen Theorie von Semimartingalen beweisen, der auch für unseren Zugang interessant ist, und eine wichtige Anwendung in der Finanztheorie behandeln.

Es handelt sich dabei um das Verhalten eines klassischen Semimartingals unter einem Maßwechsel. Mit unserem Zugang konnten wir leicht zeigen (Satz 17.18), dass ein Semimartingal auch ein Semimartingal bei Übergang zu einem absolut stetigen Wahrscheinlichkeitsmaß bleibt. Die entsprechende Aussage in der klassischen Theorie, die wesentlich schwieriger zu beweisen ist, ist der Satz von Girsanov mit Angabe einer konkreten Transformation von lokalem Martingal und Prozess von endlicher Variation bei einem solchen Maßwechsel. Zum Beweis dieser Transformation, die auch für sich wichtig ist, benötigen wir nicht den Satz von Bichteler-Dellacherie, sondern es genügt, klassische Semimartingale nach Definition 17.25 zu betrachten. Der Einfachheit halber beschränken wir uns auf äquivalente Wahrscheinlichkeitsmaße, die die gleichen Nullmengen haben. Dieser Fall reicht für die wichtigsten Anwendungen aus.

Wir beginnen mit einigen Vorbereitungen, die das Verhalten von lokalen Martingalen unter einem Maßwechsel von P zu einem Wahrscheinlichkeitsmaß Q mit $Q \ll P$ betreffen.

Lemma 18.19 Sei Q ein Wahrscheinlichkeitsmaß mit $Q \ll P$ und $Z_t = E\left(\frac{\mathrm{d}Q}{\mathrm{d}P} | \mathcal{A}_t\right)$ für $t \geq 0$. Für eine Stoppzeit τ bezeichne P_τ und Q_τ die Restriktion von P bzw. Q auf $\mathcal{A}_\tau$. Dann ist $Z_\tau = \frac{\mathrm{d}Q_\tau}{\mathrm{d}P_\tau}$.

Der Prozess $Z = (Z_t)_{t\geq 0}$ heißt der lokale Dichteprozess von Q bzgl. P.

Beweis: $(Z_t, \mathcal{A}_t)_{t\geq 0}$ ist ein gleichmäßig integrierbares Martingal bzgl. P.

Sei τ eine Stoppzeit und $A \in \mathcal{A}_\tau$. Für $t > 0$ ist $(A \cap \{\tau \leq t\}) \in \mathcal{A}_{\inf(\tau,t)}$ und

$$Q(A \cap \{\tau \leq t\}) = \int\limits_{A\cap\{\tau\leq t\}} \frac{\mathrm{d}Q}{\mathrm{d}P}\,\mathrm{d}P = \int\limits_{A\cap\{\tau\leq t\}} Z_t\,\mathrm{d}P = \int\limits_{A\cap\{\tau\leq t\}} Z_{\inf(\tau,t)}\,\mathrm{d}P$$

nach dem Optional Sampling Theorem. Für $t \to \infty$ folgt mit gleichmäßiger Integrierbarkeit

$$Q_\tau(A) = \int\limits_A Z_\tau\,\mathrm{d}P = \int\limits_A Z_\tau\,\mathrm{d}P_\tau\,.$$

Da das für alle $A \in \mathcal{A}_\tau$ gilt, erfüllt Z_τ damit die definierenden Bedingungen von $\frac{\mathrm{d}Q_\tau}{\mathrm{d}P_\tau}$.

Satz 18.20 Unter den Voraussetzungen von Lemma 18.19 ist ein adaptierter stochastischer Prozess M mit càdlàg-Pfaden genau dann ein lokales Martingal bzgl. Q, wenn $MZ = (M_t Z_t)_{t\geq 0}$ ein lokales Martingal bzgl. P ist.

Beweis: Sei M ein adaptierter stochastischer Prozess mit càdlàg-Pfaden. Für eine Stoppzeit τ und $A \in \mathcal{A}_\tau$ ist nach Lemma 18.19, falls eins der Integrale existiert,

$$\int\limits_A M_\tau\,\mathrm{d}Q = \int\limits_A M_\tau\,\mathrm{d}Q_\tau = \int\limits_A M_\tau Z_\tau\,\mathrm{d}P_\tau = \int\limits_A (MZ)_\tau\,\mathrm{d}P\,.$$

Für eine Stoppzeit τ folgt bzgl. der Filtrierung $(\mathcal{A}_{\inf(\tau,t)})_{t\geq 0}$, dass M^τ genau dann ein Martingal bzgl. Q ist, wenn $(MZ)^\tau$ ein Martingal bzgl. P ist. Denn für $0 \leq s < t$ und $A \in \mathcal{A}_{\inf(\tau,t)}$ ist $\int_A M_{\inf(\tau,s)}\,\mathrm{d}Q = \int_A M_{\inf(\tau,t)}\,\mathrm{d}Q$ genau dann, wenn $\int_A (MZ)_{\inf(\tau,s)}\,\mathrm{d}P = \int_A (MZ)_{\inf(\tau,t)}\,\mathrm{d}P$ ist.

Aus Lemma 15.20 folgt die Äquivalenz auch bzgl. der Filtrierung $(\mathcal{A}_t)_{t\geq 0}$.

Die Behauptung folgt mit lokalisierenden Folgen von Stoppzeiten.

Für den Satz von Girsanov setzen wir äquivalente Wahrscheinlichkeitsmaße voraus.

Definition 18.21 Wahrscheinlichkeitsmaße P und Q heißen *äquivalent*, wenn $P \ll Q$ und $Q \ll P$ ist. Man bezeichnet diese Eigenschaft mit $P \sim Q$.

Unter der Voraussetzung $P \sim Q$ existiert auch $\frac{\mathrm{d}P}{\mathrm{d}Q}$. Es gilt:

▸ **Lemma 18.22** Sei Q ein Wahrscheinlichkeitsmaß mit $P \sim Q$. Dann ist $\frac{\mathrm{d}P}{\mathrm{d}Q} > 0$ und $\left(\frac{\mathrm{d}Q}{\mathrm{d}P}\right)^{-1} = \frac{\mathrm{d}P}{\mathrm{d}Q}$ P-f.s. und Q-f.s.

Beweis: Sei $N = \left\{\frac{\mathrm{d}Q}{\mathrm{d}P} > 0\right\}$. Dann ist $Q(N) = \int_N \frac{\mathrm{d}Q}{\mathrm{d}P}\,\mathrm{d}P = 0$. Da $P \sim Q$ ist, ist auch $P(N) = 0$. Für $A \in \mathcal{A}$ ist $P(A) = \int_A \left(\frac{\mathrm{d}Q}{\mathrm{d}P}\right)^{-1} \frac{\mathrm{d}Q}{\mathrm{d}P}\,\mathrm{d}P = \int_A \left(\frac{\mathrm{d}Q}{\mathrm{d}P}\right)^{-1} \mathrm{d}Q$. Damit erfüllt $(\frac{\mathrm{d}Q}{\mathrm{d}P})^{-1}$ die definierenden Bedingungen von $\frac{\mathrm{d}P}{\mathrm{d}Q}$.

▸ **Korollar 18.23** Für $t \geq 0$ ist $\frac{1}{Z_t} = E_Q\left(\frac{\mathrm{d}P}{\mathrm{d}Q} \,|\mathcal{A}_t\right)$.

Der Prozess $\frac{1}{Z} = \left(\frac{1}{Z_t}\right)_{t\geq 0}$ ist damit der lokale Dichteprozess von P bzgl. Q und ein gleichmäßig integrierbares Martingal bzgl. Q.
Beweis: Für $t \geq 0$ ist nach Lemma 18.19 $Z_t = \frac{\mathrm{d}Q_t}{\mathrm{d}P_t}$ und nach Lemma 18.22, angewandt auf P_t und Q_t, ist $Z_t = \frac{\mathrm{d}P_t}{\mathrm{d}Q_t} = E_Q\left(\frac{\mathrm{d}P}{\mathrm{d}Q} \,|A_t\right)$.

Im Fall $P \sim Q$ ist nach Satz 17.18 jedes Semimartingal bzgl. P auch ein Semimartingal bzgl. Q und umgekehrt, und nach Satz 17.41 sind die stochastischen Integrale bzgl. P und bzgl. Q ununterscheidbar bzgl. P bzw. Q. Wir brauchen daher in diesem Fall das zu Grunde liegende Wahrscheinlichkeitsmaß nicht zu erwähnen.

▸ **Satz von Girsanov 18.24** Sei Q ein Wahrscheinlichkeitsmaß mit $P \sim Q$, und sei $Z_t = E_P\left(\frac{\mathrm{d}Q}{\mathrm{d}P} \,|\mathcal{A}_t\right)$ für $t \geq 0$. Sei X ein klassisches Semimartingal bzgl. P mit der Darstellung $X = M + A$ mit einem lokal quadratintegrierbaren lokalen Martingal M und einem adaptierten stochastischen Prozess A von endlicher Variation mit càdlàg-Pfaden. Die Martingale Z bzgl. P und $\frac{1}{Z}$ bzgl. Q seien lokal quadratintegrierbar. Dann besitzt X auch bzgl. Q eine Darstellung der Form $X = N + C$, wobei $N = (N_t)_{t\geq 0}$ mit $N_t = M_t - \int_0^t \frac{1}{Z_s}\,\mathrm{d}[Z, M]_s$ $(t \geq 0)$ ein lokales Martingal und $C = (C_t)_{t\geq 0}$ mit $C_t = A_t + \int_0^t \frac{1}{Z_s}\,\mathrm{d}[Z, M]_s$ $(t > 0)$ ein Prozess von endlicher Variation ist.

Anmerkungen:

1. Auf die Voraussetzung der lokalen Quadratintegrierbarkeit von M kann man verzichten, da ohne sie, wie in der Anmerkung vor Definition 17.25 erwähnt, auch eine solche Darstellung mit einem lokal quadratintegrierbaren lokalen Martingal M existiert, was wir aber nicht bewiesen haben. Wir benötigen sie und die lokale Quadratintegrierbarkeit von Z und $\frac{1}{Z}$, um nach Satz 17.45 zu zeigen, dass ihre stochastischen Integrale auch lokale Martingale sind. Nach Satz 17.12 sind die Bedingungen für Z und $\frac{1}{Z}$ erfüllt, wenn Z stetige Pfade hat, wie z. B. im wichtigsten Fall der Brown'schen Bewegung (s. u. Satz 18.25).
   Das lokale Martingal N bzgl. Q ist i. A. nicht lokal quadratintegrierbar, aber wie oben erwähnt, existiert auch eine entsprechende Darstellung mit einem lokal quadratintegrierbaren lokalen Martingal.

2. Die Abhängigkeit von lokalem Martingal und Prozess von endlicher Variation von dem Wahrscheinlichkeitsmaß betrifft im wesentlichen das lokale Martingal.
3. Die Zerlegung ist nicht eindeutig. Sei z. B. N ein Poisson-Prozess mit Parameter λ und X mit $X_t = N_t - \lambda t$ für $t \geq 0$. X ist ein Martingal von endlicher Variation.

Beweis: Da M und Z lokal quadratintegrierbare lokale Martingale bzgl. P sind, ist auch $ZM - [Z, M] = \int Z_- \,\mathrm{d} M + \int M_- \,\mathrm{d} Z$ ein lokales Martingal bzgl. P. Aus Satz 18.20 folgt, dass $M - \frac{1}{Z}[Z, M] = \frac{1}{Z}\left(\int Z_- \,\mathrm{d} M + \int M_- \,\mathrm{d} Z\right)$ ein lokales Martingal bzgl. Q ist.

Nach Korollar 18.23 ist $\frac{1}{Z}$ ein Martingal bzgl. Q und damit ein Semimartingal bzgl. Q und P.

Mit partieller Integration folgt $\frac{1}{Z}[Z, M] = \int \left(\frac{1}{Z}\right)_{s-} \mathrm{d}[Z, M]_s + \int [Z, M]_{s-} \,\mathrm{d}\left(\frac{1}{Z}\right)_s + \left[[Z, M], \frac{1}{Z}\right]$.

Der zweite Summand ist bzgl. Q als stochastisches Integral bzgl. eines lokal quadratintegrierbaren lokalen Martingals ein lokales Martingal.

Da $[Z, M]$ von endlicher Variation ist, folgt für $t \geq 0$

$$\left[[Z, M], \frac{1}{Z}\right]_t = \sum_{0 \leq s \leq t} (\Delta[Z, M]_s)\left(\Delta \frac{1}{Z_s}\right)$$

und

$$\int_0^t \left(\frac{1}{Z}\right)_{s-} \mathrm{d}[Z, M]_s + \left[[Z, M], \frac{1}{Z}\right]_t = \int_0^t \frac{1}{Z_s} \,\mathrm{d}[Z, M]_s$$

als Stieltjes-Integral.

Damit ist bzgl. Q der Prozess $N = (N_t)_{t \geq 0}$ mit

$$N_t = M_t - \int_0^t \frac{1}{Z_s} \,\mathrm{d}[Z, M]_s = \left(M_t - \frac{1}{Z_t}[Z, M]_t\right) + \int_0^t [Z, M]_{s-} d\left(\frac{1}{Z}\right)_s \quad (t \geq 0)$$

als Summe von lokalen Martingalen ein lokales Martingal.

Der Prozess $C = (C_t)_{t \geq 0}$ mit $C_t = X_t - N_t = A_t + \int_0^t \frac{1}{Z_s} \,\mathrm{d}[Z, M]_s$ $(t \geq 0)$ ist ein Prozess von endlicher Variation.

Beispiel

Wir behandeln den von Girsanov betrachteten Fall, der umgekehrt von einem stochastischen Prozess ausgeht und ein geeignetes Wahrscheinlichkeitsmaß sucht, um aus dem Prozess ein Martingal zu machen, in dem Fall aus einer Brown'schen Bewegung mit Drift eine Brown'sche Bewegung ohne Drift.

Sei B eine Brown'sche Bewegung, $H \in \mathcal{L}$, und sei $Z = \mathcal{E}(-H \cdot B)$. Für $t \geq 0$ ist $Z_t = \exp\left(-\int_0^t H_s \,\mathrm{d} B_s - \frac{1}{2}\int_0^t H_s^2 \,\mathrm{d} s\right)$ (s. Beispiel 2 des Doléans-Dade Exponentials).

Z erfüllt die stochastische Differentialgleichung $Z_t = 1 - \int_0^t Z_{s-} \,\mathrm{d}(H \cdot B)_s = 1 - \int_0^t Z_{s-} H_s \,\mathrm{d} B_s$ $(t \geq 0)$.

Damit ist Z ein lokales Martingal mit stetigen Pfaden. Wir nehmen an, dass $(Z_t)_{0\le t\le T}$ für ein $T > 0$ ein Martingal ist. Wir werden anschließend zeigen, dass das z. B. für beschränkte Prozesse H erfüllt ist. Dann ist $Z_t = \mathcal{E}(Z_T|\mathcal{A}_t)$ für $0 \le t \le T$. Sei Q das Maß mit der Dichte $\frac{\mathrm{d}Q}{\mathrm{d}P} = Z_T$. Da $(Z_t)_{0\le t\le T}$ ein Martingal ist, ist $E_P Z_T = E_P Z_0 = 1$ und Q damit ein Wahrscheinlichkeitsmaß. Nach Definition ist $Z_T > 0$ und daher $P \sim Q$. Nach dem Satz von Girsanov, eingeschränkt auf $[0, T]$, ist $(X_t)_{0\le t\le T}$ mit $X_t = B_t - \int_0^t \frac{1}{Z_s}\,\mathrm{d}[Z,B]_s$ für $0 \le t \le T$ bzgl. Q ein lokales Martingal.

Aus der stochastischen Differentialgleichung von Z folgt $[Z,B]_t = [1,B]_t - [(Z_-H)\cdot B, B]_t = -\int_0^t Z_{s-}H_s\,\mathrm{d}[B,B]_s = -\int_0^t Z_s H_s\,\mathrm{d}s$ und mit der Assoziativität, dass $X_t = B_t + \int_0^t H_s\,\mathrm{d}s$ für $0 \le t \le T$ ist. Da das Integral $\int_0^t H_s\,\mathrm{d}s$ $(0 \le t \le T)$ von endlicher Variation ist, verschwindet seine quadratische Variation, und es folgt $[X,X]_t = [B,B]_t = t$ für $0 \le t \le T$.

Nach der Charakterisierung der Brown'schen Bewegung von Satz 18.18 ist damit $(X_t)_{0\le t\le T}$ bzgl. Q eine Brown'sche Bewegung.

Durch einen Maßwechsel haben wir aus einer Brown'schen Bewegung mit zufälligem, zeitabhängigem Drift eine Brown'sche Bewegung ohne Drift gemacht.

Wir fassen das Ergebnis wegen seiner Bedeutung als Satz zusammen:

▸ **Satz 18.25** Sei $H \in \mathcal{L}$ und $Z = \mathcal{E}(-H\cdot B)$. Das lokale Martingal $(Z_t)_{0\le t\le T}$ sei für ein $T > 0$ ein Martingal. Dann ist der Prozess $(X_t)_{0\le t\le T}$ mit $X_t = B_t + \int_0^t H_s\,\mathrm{d}s$ für $0 \le t \le T$ eine Standard-Brown'sche Bewegung bzgl. des Wahrscheinlichkeitsmaßes Q mit der Dichte Z_t bzgl. P.

Beispiel

Wir zeigen jetzt, dass für Prozesse H, die auf $[0, T]$ beschränkt sind, $(Z_t)_{0\le t\le T}$ ein Martingal ist. Sei $\|H\| \le C$ auf $[0, T]$ mit einer Konstanten $C > 0$. Aus der expliziten Darstellung von Z folgt die Abschätzung $Z_t^* \le \exp\left(C \sup_{0\le s\le t} |B_s|\right)$ für $t \ge 0$. Nach der Verteilung von $\sup_{0\le s\le t} B_s$ und $\inf_{0\le s\le t} B_s$ (Beispiel zur starken Markov-Eigenschaft Satz 16.26) ist $E\left(\exp\left(C \sup_{0\le s\le t} |B_s|\right)\right) < \infty$ für $0 \le t \le T$. Nach Satz 17.10 ist $(Z_t)_{0\le t\le T}$ damit ein Martingal.

Ein wichtiges Beispiel ist ein konstanter Prozess $H \equiv \mu$. In dem Fall ist $X_t = B_t + \mu t$ für $0 \le t \le T$, $(X_t)_{0\le t\le T}$ also eine Brown'sche Bewegung mit Drift μ und $Z_t = \exp\left(-\mu B_t - \frac{1}{2}\mu^2 t\right)$ für $0 \le t \le T$. Man kann leicht direkt zeigen, dass $(Z_t)_{t\ge 0}$ ein Martingal ist (s. Übung 14.12).

Die Aussage, dass im Fall von beschränkten Prozessen H, auch für die Zeitmenge $\mathbb{R}^+$, Z ein Martingal ist, ist auch für sich von Bedeutung. Wir werden es z. B. im folgenden Abschnitt benutzen.

18.4 Anwendung auf die mathematische Theorie der Finanzmärkte

Wir hatten schon darauf hingewiesen, dass die stochastische Analysis von großer Bedeutung für die mathematische Modellierung und Untersuchung von Finanzmärkten ist. Wir beschreiben jetzt ein einfaches Modell und behandeln speziell das Problem der Optionsbewertung.

Das einfachste Modell eines Finanzmarkts ist ein (B, S) Markt, der aus einem festverzinslichen Wertpapier („Bond") und einem Wertpapier mit Risiko („Stock"), z. B. einer Aktie, besteht. Der Kurs $(B_t)_{t\geq 0}$ des Bonds entwickle sich kontinuierlich mit einer konstanten Rate $r \in \mathbb{R}$, d. h. der Bondpreis genügt der Gleichung $\mathrm{d}\,B_t = rB_t\,\mathrm{d}\,t$ für $t \geq 0$. Sie hat die eindeutige Lösung $B_t = B_0 \mathrm{e}^{rt}$ für $t \geq 0$. Zur Unterscheidung werden wir für die Standard-Brown'sche Bewegung im folgenden die auch gebräuchliche Bezeichnung $W = (W_t)_{t\geq 0}$ („Wiener-Prozess") verwenden. Für die Entwicklung des Kurses $(S_t)_{t\geq 0}$ der Aktie legen wir, wie in Beispiel 2 von Abschn. 17.2 begründet, die stochastische Differentialgleichung $\mathrm{d}\,S_t = S_t\,(\mu\,\mathrm{d}\,t + \sigma\,\mathrm{d}\,W_t)$ $(t \geq 0)$ zugrunde. Nach Beispiel 1 zu Satz 18.17 hat sie die Lösung $S_t = S_0 \exp\left(\sigma W_t + \left(\mu - \frac{\sigma^2}{2}\right)t\right)$ $(t \geq 0)$.

Die Diffusionskonstante σ nennt man in der Finanztheorie Volatilität.

Der Bond dient auch als Diskontierung für die Änderung des Geldwerts. Durch Normierung der Einheit des Bonds können wir ohne Einschränkung $B_0 = 1$ annehmen. Dann ist $B_t = \mathrm{e}^{rt}$ und der diskontierte Kurs der Aktie $\frac{S_t}{B_t} = \mathrm{e}^{-rt} S_t$ für $t \geq 0$.

Aus der Itô-Döblin-Formel folgt

$$d\left(\frac{S_t}{B_t}\right) = -r\frac{S_t}{B_t}\,\mathrm{d}\,t + \frac{S_t}{B_t}(\sigma\,\mathrm{d}\,W_t + \mu\,\mathrm{d}\,t) = \sigma\frac{S_t}{B_t}\left(\mathrm{d}\,W_t + \frac{\mu - r}{\sigma}\,\mathrm{d}\,t\right)$$
$$= \sigma\frac{S_t}{B_t}\,\mathrm{d}\,W_t^{\mu-r} \quad (t \geq 0) \tag{18.4}$$

mit $W_t^{\mu-r} = W_t + \frac{\mu-r}{\sigma}t$ $(t \geq 0)$. $W^{\mu-r} = \left(W_t^{\mu-r}\right)_{t\geq 0}$ ist eine Brown'sche Bewegung mit Drift $\frac{\mu-r}{\sigma}$. Nach dem Beispiel zu Satz 18.25 ist Z mit $Z_t = \exp\left(-\left(\frac{\mu-r}{\sigma}\right)W_t - \frac{1}{2}\left(\frac{\mu-r}{\sigma}\right)^2 t\right)$ $(t \geq 0)$ ein Martingal, und für $T > 0$ ist $\left(W_t^{\mu-r}\right)_{0\leq t\leq T}$ unter dem Maß $P^{\mu-r}$ mit der Dichte Z_T eine Standard-Brown'sche Bewegung.

Weiter folgt aus (18.4), dass der diskontierte Aktienkurs $\left(\frac{S_t}{B_t}\right)_{0\leq t\leq T}$ unter $P^{\mu-r}$ ein Martingal ist.

Man nennt das Maß $P^{\mu-r}$ deshalb ein äquivalentes Martingalmaß. Es spielt in der Finanzmathematik eine wichtige Rolle, wie wir später sehen werden. Vergleicht man die stochastische Differentialgleichung (18.4) mit der von $(S_t)_{t\geq 0}$, so sieht man, dass die Rate μ durch 0 ersetzt wird, während die Volatilität σ gleich bleibt. Da der diskontierte Aktienkurs unter $P^{\mu-r}$ die Rate 0 hat, hat der Aktienkurs selbst die Rate r, also die gleiche wie der Geldwert bzw. der festverzinsliche Bond. Man nennt $P^{\mu-r}$ deshalb risiko-neutrales Maß.

Dieses stark vereinfachte Modell eines Finanzmarkts kann man verallgemeinern, indem man die Konstanten μ, r und σ durch geeignete stochastische Prozesse ersetzt und mehrere Aktien zulässt. Im folgenden legen wir jedoch das oben beschriebene Modell zugrunde.

Wir betrachten jetzt Anlagen in diesen Wertpapieren mit einem festen Anlagehorizont $T > 0$. Das bedeutet, dass im Zeitintervall $[0, T]$ gehandelt wird. Ein Portfolio bzw. Strategie ist gegeben durch $\pi = (\beta, \gamma)$, wobei $\beta = (\beta_t)_{0 \le t \le T}$ die Anteile des Bonds und $\gamma = (\gamma_t)_{0 \le t \le T}$ die Anteile der Aktie bezeichnen. Da wir β und γ integrieren werden, nehmen wir an, dass sie stochastische Prozesse aus $\mathcal{L}$ auf $[0, T]$ sind. Das ist auch aus finanztheoretischer Sicht sinnvoll. Denn ein Crash wirkt z. B. auf das Portfolio vor seinem Eintreten, das zu dem Zeitpunkt des Crashs nicht mehr angepaßt werden kann. Man stellt in der angewandten Mathematik häufig fest, dass rein mathematisch begründeten Annahmen Phänomenen der Realität, die man modelliert, entsprechen. Auch das ist ein Aspekt von „The Unreasonable Effectiveness of Mathematics in the Natural Sciences" nach E. Wigner [14].

Das zu einem Portfolio π gehörende Vermögen zur Zeit t ist $X_t^\pi = \beta_t B_t + \gamma_t S_t$ für $0 \le t \le T$. Strategien, bei denen mit einem Anfangskapital nur durch Umschichten zwischen Bond und Aktie gehandelt wird, ohne zusätzliches Kapital aufzunehmen oder zu konsumieren, nennt man selbstfinanzierend. Das bedeutet, dass die Vermögensänderung allein aus den Kursänderungen resultiert, also $\mathrm{d}X_t^\pi = \beta_t \,\mathrm{d}B_t + \gamma_t \,\mathrm{d}S_t$ für $0 \le t \le T$ ist. Aus den stochastischen Differentialgleichungen für B und S folgt für selbstfinanzierende Strategien π

$$\begin{aligned}\mathrm{d}X_t^\pi &= r\beta_t B_t \,\mathrm{d}t + \gamma_t S_t(\mu \,\mathrm{d}t + \sigma \,\mathrm{d}W_t) = rX_t^\pi \,\mathrm{d}t + \gamma_t S_t(\mu \,\mathrm{d}t + \sigma \,\mathrm{d}W_t - r\,\mathrm{d}t)\\ &= rX_t^\pi \,\mathrm{d}t + \sigma\gamma_t S_t\left(\left(\frac{\mu - r}{\sigma}\right)\mathrm{d}t + \sigma \,\mathrm{d}W_t\right) = X_t^\pi \,\mathrm{d}t + \sigma\gamma_t S_t \,\mathrm{d}W_t^{\mu - r} \quad (0 \le t \le T)\,.\end{aligned}$$

Für den diskontierten Vermögenskurs Y^π mit $Y_t^\pi = \frac{X_t^\pi}{B_t} = \mathrm{e}^{-rt}X_t^\pi$ für $0 \le t \le T$ folgt mit der Itô-Döblin-Formel $\mathrm{d}Y_t^\pi = rY_t^\pi \,\mathrm{d}t + \sigma\gamma_t \frac{S_t}{B_t}\,\mathrm{d}W_t^{\mu-r} - rY_t^\pi \,\mathrm{d}t = \sigma\gamma_t \frac{S_t}{B_t}\,\mathrm{d}W_t^{\mu-r}$. Damit ist $Y_t^\pi = Y_0^\pi + \int_0^t \sigma\gamma_t \frac{S_t}{B_t}\,\mathrm{d}W_t^{\mu-r}$ für $0 \le t \le T$. Unter dem Martingalmaß $P^{\mu-r}$ ist der diskontierte Vermögenskurs Y^π daher ein lokales Martingal.

Es ist erlaubt, dass $\beta_t < 0$ oder $\gamma_t < 0$ ist, also nicht nur Geld, sondern auch Aktien geschuldet werden dürfen (Aktien-Leerverkäufe), solange das Gesamtvermögen $X_t^\pi \ge 0$ für $0 \le t \le T$ ist. Selbstfinanzierende Strategien π mit $X_t^\pi \ge 0$ für $0 \le t \le T$ heißen zulässig. Für zulässige Strategien ist Y^π nach Satz 17.13 ein Supermartingal. Insbesondere folgt

$$E^{\mu-r}(\mathrm{e}^{-rT}X_T^\pi) \le X_T^\pi\,. \tag{18.5}$$

Dabei ist $E^{\mu-r}$ der zu $P^{\mu-r}$ gehörende Erwartungswert.

Die Ungleichung (18.5) hat die wichtige Folgerung, dass keine zulässige Strategie eine Arbitrage ist. Unter einer Arbitrage versteht man eine Strategie π, ohne Einsatz von Kapital risikolos Gewinn zu machen, für die also $X_T^\pi = 0$ und $X_T^\pi \ge 0$ für alle Realisierungen und $X_T^\pi > 0$ mit strikt positiver Wahrscheinlichkeit ist. Für eine Arbitrage π unter $P^{\mu-r}$ wäre (18.5) verletzt. Da P und $P^{\mu-r}$ äquivalente Wahrscheinlichkeitsmaße sind, ist eine Arbitrage unter P auch eine unter $P^{\mu-r}$. Eine Arbitrage kann in realen Märkten höchstens eine sehr kurze Zeit existieren. Denn Anleger würden sie in beliebiger Höhe sofort ausnutzen, und der Markt geriete aus dem Gleichgewicht. Die Forderung, dass es keine Arbitrage gibt, ist eine fundamentale Annahme in der Finanztheorie und kann als eine Art Axiom angesehen werden, aus der man wichtige Folgerungen ableiten kann. Wir zeigen das jetzt am Beispiel der Optionsbewertung.

Die Optionsbewertung ist ein wichtiges Thema in der Finanztheorie, der die Finanzmathematik bedeutende Impulse verdankt.

Als Beispiel einer Option beschreiben wir eine europäische Call-Option. Sie ist das Recht, aber nicht die Verpflichtung, zu einem späteren Zeitpunkt $T > 0$ eine Aktie zu einem Preis K, der zum Zeitpunkt des Kaufs der Option festgelegt wird, kaufen zu dürfen. Ist zur Zeit T der Wert der Aktie $S_T > K$, so wird ein Besitzer der Option das Recht ausüben und den Gewinn $S_T - K$ erhalten. Andernfalls wird er es nicht ausüben. Der Gewinn beträgt somit $(S_T - K)^+$. Analog ist eine europäische Put-Option das Recht, zu einem späteren Zeitpunkt $T > 0$ eine Aktie zu einem festgelegten Ausübungspreis K verkaufen zu dürfen. Bei ihr beträgt der Gewinn $(K - S_T)^+$. Allgemein versteht man unter einer europäischen Option einen $\mathcal{A}_T$-messbaren Auszahlungsanspruch $f_T \geq 0$ zur Zeit T. Eine amerikanische Option darf dagegen zu einem beliebigen Zeitpunkt im Zeitintervall $[0, T]$ ausgeübt werden. Wir betrachten im folgenden europäische Optionen mit einem zunächst allgemeinem Auszahlungsanspruch f_T mit endlichem Erwartungswert.

Das Problem der Optionsbewertung besteht darin, für eine Option einen rationalen Preis zu bestimmen. Das sogenannte Duplikationsprinzip, das wir jetzt beschreiben werden, hat sich dafür als wichtiger Grundsatz erwiesen, da es bei seiner Anwendung keine Arbitrage gibt.

Nehmen wir an, es gäbe eine zulässige Strategie π, deren Vermögen zur Zeit $T X_T^\pi = f_T$ ist. Dann muss ihr Wert X_t^π zur Zeit 0 dem Preis x der Option entsprechen, da es sonst eine Arbitrage gibt, wie wir zeigen werden. Das Prinzip, dass identische Zahlungen in der Zukunft gleiche Preise haben, heißt „law of one price".

Eine zulässige Strategie π mit $X_0^\pi = x$ und $X_T^\pi = f_T$ nennt man eine (x, f_T)-Hedge. Existiert eine (x, f_T)-Hedge π, dann gibt es nur bei dem Preis x der Option keine Arbitrage. Denn wäre ihr Preis größer als x, so erhielte man eine Arbitrage, indem man die Option zu diesem Preis verkauft, von dem erhaltenen Geld für den Preis x die Strategie π kauft und die Differenz im Bond anlegt. Zur Zeit T zahlt man mit dem Vermögen $X_T^\pi = f_T$ der Hedge den Anspruch des Käufers der Option aus und erhält den Wert des Bonds als risikolosen Gewinn. Damit hat man eine Arbitrage. Ähnlich erhält man eine Arbitrage im Fall, dass der Preis der Option kleiner als x ist, indem man die Option kauft, die Hedge verkauft und die Differenz im Bond anlegt. Man kann zeigen, dass diese Strategien zulässig sind. Da man beweisen kann, dass der (B, S) Markt arbitragefrei ist, bleibt nur der Preis x übrig, für den keine Arbitrage existiert.

Für eine (x, f_T)-Hedge folgt $E^{\mu-r}(\mathrm{e}^{-rT} f_T) \leq x$ aus (18.5) für den Preis $x = X_0^\pi$. Damit ist $E^{\mu-r}(\mathrm{e}^{-rT} f_T)$ eine untere Schranke für den Preis x, für den eine (x, f_T)-Hedge existiert. Andererseits kann man die Existenz einer (x, f_T)-Hedge mit $x = E^{\mu-r}(\mathrm{e}^{-rT} f_T)$ nachweisen. Dazu betrachtet man die Preisentwicklung $(X_t)_{0 \leq t \leq T}$ einer Option. Man erhält sie, indem man die Zeit 0 jeweils durch alle Zeiten $t < T$ mit zufälligen $\mathcal{A}_t$-messbaren Werten für den Preis ersetzt. Da man beweisen kann, dass der diskontierte Preis ein Martingal unter dem Martingalmaß ist, ist

$$X_t = E^{\mu-r}(\mathrm{e}^{-r(T-t)} f_T | \mathcal{A}_t) \quad \text{für} \quad 0 \le t \le T. \tag{18.6}$$

Zum Beweis der Existenz einer Hedge ist es jedoch nicht notwendig zu zeigen, dass der diskontierte Preis ein Martingal ist, sondern man kann (18.6) als Entwicklung einer Hedge ansetzen und eine zulässige Strategie π mit $X_t^\pi = X_t$ für $0 \le t \le T$ konstruieren. Dazu benötigt man i. A. eine größere Klasse von Strategien, die bereits erwähnten vorhersehbaren Prozesse. Man sieht also, dass für die allgemeine Finanzmathematik die fortgeschrittene Theorie des stochastischen Integrals benötigt wird. Am Beispiel der europäischen Call-Option werden wir sehen, dass man in speziellen Fällen auch ohne sie auskommt.

Einen Finanzmarkt, in dem es zu jedem Zahlungsanspruch f_T mit endlichem Erwartungswert eine (x, f_T)-Hedge mit einem geeigneten x gibt, nennt man vollständig.

Bisher haben wir die Parameter als fest angenommen. Für die weitere Untersuchung ist es nützlich, die Abhängigkeit von der Wachstumsrate μ der Aktie zu betrachten. Dazu bezeichnen wir ihren Kurs für die Wachstumsrate μ mit S^μ. Für $t \ge 0$ ist

$$S_t^\mu = S_0 \exp\left(\sigma W_t + \left(\mu - \frac{\sigma^2}{2}\right) t\right) = \mathrm{e}^{rt} S_0 \exp\left(\sigma W_t^{\mu-r} - \frac{\sigma^2}{2} t\right).$$

Da $(W_t^{\mu-r})_{0\le t\le T}$ unter $P^{\mu-r}$ eine Brown'sche Bewegung ist, hängt die Verteilung von $(S_t^\mu)_{0\le t\le T}$ unter $P^{\mu-r}$ nicht von μ ab. Für jedes μ ist diese Verteilung daher gleich der Verteilung von $(S_t^r)_{0\le t\le T}$ unter $P^0 = P$.

Hängt der Auszahlungsanspruch f_T nur von dem Wert der Aktie S_T^μ zur Zeit T ab, ist er also von der Form $f_T = f(S_T^\mu)$ wie im Fall der europäischen Call- und Put-Option, dann hängt ihr rationaler Preis $E^{\mu-r}(\mathrm{e}^{-rT} f(S_T^\mu)) = E(\mathrm{e}^{-rT} f(S_T^r))$ und seine Entwicklung nicht von μ ab. Wir nehmen das im Folgenden an.

Wir setzen $S_t = S_t^r$ für $0 \le t \le T$.

Aufgrund der Markov-Eigenschaft von $(S_t)_{0\le t\le T}$ ist $X_t = E(\mathrm{e}^{-r(T-t)} f(S_T) | \mathcal{A}_t) = E(\mathrm{e}^{-r(T-t)} f(S_T) | S_t)$ für $0 \le t \le T$. Da $S_T = S_t \exp\left(\sigma(W_T - W_t) + \left(r - \frac{\sigma^2}{2}\right)(T-t)\right)$ ist und $W_T - W_t$ und S_t unabhängig sind, ist $X_t = \mathrm{e}^{-r(T-t)} F_{T-t}(S_t)$ mit $F_s(x) = \frac{1}{\sqrt{2\pi}} \int f\left(x \exp\left(\sigma y \sqrt{s} + \left(r - \frac{\sigma^2}{2}\right)\right) s\right) \mathrm{e}^{-\frac{y^2}{2}} \,\mathrm{d}y$ für $x \in \mathbb{R}$, $0 \le s \le T$.

Im Fall der europäischen Call-Option ist $f(x) = (x - K)^+$ für $x \in \mathbb{R}$ und man erhält durch einfache Umformungen (Übung 18.3) als Entwicklung des Preises der europäischen Call-Option

$$X_t = S_t \phi(Y_t^+) - K\mathrm{e}^{-r(T-t)} \phi(Y_t^-) \quad (0 \le t \le T) \tag{18.7}$$

mit $Y_t^\pm = \frac{\log\left(\frac{S_t}{K}\right) + \left(r \pm \frac{\sigma^2}{2}\right)(T-t)}{\sigma\sqrt{T-t}}$ mit der Verteilungsfunktion ϕ der Standardnormalverteilung.

Für $t = 0$ ist $C_T = S_0 \phi(Y_0^+) - K\mathrm{e}^{-rt} \phi(Y_0)$ der rationale Preis der europäischen Call-Option.

Der durch (18.7) gegebene Werteprozess $(X_t)_{0\le t\le T}$ der Option ist unmittelbar als Vermögensprozess $(X_t^\pi)_{0\le t\le T}$ mit der Strategie

$$\beta_t = -\mathrm{e}^{-rT} K\phi(Y_t^+), \gamma_t = \phi(Y_t^+) \quad (0 \le t \le T) \tag{18.8}$$

darstellbar. Es muss jedoch gezeigt werden, dass die durch (18.8) definierte Strategie π selbstfinanzierend ist. Der Beweis mit der Itô-Döblin-Formel ist aufwendig, aber im Prinzip klar. Wir lassen ihn daher als Übung 18.3. Aus (18.6) folgt, dass π zulässig ist.

Mit diesem Vorgehen kann man auch in ähnlichen Situationen eine Hedge ohne die Fortsetzung des stochastischen Integrals konstruieren.

Aus $(K-x)^+ = (x-K)^+ - (x-K)$ für $x \in \mathbb{R}$ folgt als rationaler Preis der europäischen Put-Option

$$P_T = E(\mathrm{e}^{-rT}(S_T - K)^+) = C_T - E(\mathrm{e}^{-rT} S_T) + K\mathrm{e}^{-rT} = C_T - S_0 + K\mathrm{e}^{-rT} .$$

Diese Beziehung nennt man Call-Put-Parität.

Die Formel (18.7), insbesondere ihr Wert an der Stelle $t = 0$, ist die berühmte Black-Scholes-Formel. Sie wurde von Black und Scholes 1973 nach Vorarbeit von Merton hergeleitet. Merton und Scholes erhielten dafür 1997 den Nobelpreis für Wirtschaftswissenschaften. Black war 1995 gestorben.

Wer sich mit weiteren Anwendungen in der Finanztheorie, z. B. mit Portfolio-Optimierung, beschäftigen möchte, sei auf das Lehrbuch von R. Korn und E. Korn [9] verwiesen.

18.5 Übungen

18.1* Man beweise Satz 18.11, indem man direkt von Definition 18.6 ausgeht.

18.2 Man zeige, dass für Semimartingale X, Y mit $X_0 = Y_0 = 0$
$Z = \mathcal{E}(X)\mathcal{E}(Y) = (\mathcal{E}(X)_t \mathcal{E}(Y)_t)_{t\ge0}$ eine Lösung der stochastische Differentialgleichung von $\mathcal{E}(X + Y + [X,Y])$, d. h. $Z_t = 1 + \int_0^t Z_{s-}\,\mathrm{d}(X + Y + [X,Y])_s$ $(t \ge 0)$ ist.

18.3 Man beweise (18.7) und zeige, dass die durch (18.8) gegebene Strategie selbstfinanzierend ist.

Lösungen einiger Übungsaufgaben

1.1 s. z. B. Gegenbeispiel 1 zu Satz 3.17

2.6 Wir beweisen das Inklusion-Exklusionsgesetz

$$\mu\left(\bigcup_{i=1}^{n} A_i\right) = \sum_{k=1}^{n} (-1)^{k+1} \sum_{1\le i_1<i_2<\ldots<i_k\le n} \mu\left(A_{i_1} \cap A_{i_2} \ldots \cap A_{i_k}\right)$$

für $A_1, \ldots, A_n \in \mathcal{A}$ $(n \geq 2)$ mit $\mu(A_i) < \infty$ für $1 \leq i \leq n$ mit vollständiger Induktion.
Der Fall $n = 2$ ist Satz 2.14.2.
Sei $n \geq 2$ und $A_1, \ldots, A_{n+1} \in \mathcal{A}$ mit $\mu(A_i) < \infty$ für $1 \leq i \leq n+1$.
Wir wenden den Fall $n = 2$ an auf $A = \cup_{i=1}^{n} A_i$ und $B = A_{n+1}$ und erhalten

$$\begin{aligned}
\mu\left(\bigcup_{i=1}^{n+1} A_i\right) &= \mu\left(\bigcup_{i=1}^{n} A_i\right) + \mu(A_{n+1}) - \mu\left(\bigcup_{i=1}^{n} A_i \cap A_{n+1}\right) \\
&= \sum_{k=1}^{n} (-1)^{k+1} \sum_{1\le i_1<i_2<\ldots<i_k\le n} \mu\left(A_{i_1} \cap A_{i_2} \ldots \cap A_{i_k}\right) + \mu(A_{n+1}) \\
&\quad - \sum_{k=1}^{n} (-1)^{k+1} \sum_{1\le i_1<i_2<\ldots<i_k\le n} \mu\left(A_{i_1} \cap A_{i_2} \ldots \cap A_{i_k} \cap A_{n+1}\right) \\
&= \sum_{k=1}^{n+1} (-1)^{k+1} \sum_{1\le i_1<i_2<\ldots<i_k\le n+1} \mu\left(A_{i_1} \cap A_{i_2} \ldots \cap A_{i_k}\right).
\end{aligned}$$

Die letzte Gleichung folgt durch Zerlegung von $\sum_{k=1}^{n+1} (-1)^{k+1} \sum_{1\le i_1<i_2<\ldots<i_k\le n+1}$ $\mu\left(A_{i_1} \cap A_{i_2} \ldots \cap A_{i_k}\right)$ in die Summe der Summanden mit $i_k \leq n$ und mit $i_k = n+1$.

2.8 Der Beweis von a) bis c) verläuft im Prinzip wie der Fall des elementargeometrischen Inhalts. Wir beschränken uns daher auf seine entsprechenden Modifikationen.

a) Auf $\mathcal{J}_1$ definieren wir μ durch $\mu((a,b]) = F(b) - F(a)$ für a, b mit $-\infty \leq a < b \leq \infty$ und setzen μ auf $\alpha(\mathcal{J}_1)$ entsprechend (2.1) durch $\mu\left(\cup_{i=1}^{n} I_i\right) = \sum_{i=1}^{n} \mu(I_i)$ für paarweise disjunkte $I_1, \ldots, I_n \in \mathcal{J}_1$ fort.

M. Mürmann, *Wahrscheinlichkeitstheorie und Stochastische Prozesse*,
DOI 10.1007/978-3-642-38160-7, © Springer-Verlag Berlin Heidelberg 2014

Dass dadurch μ eindeutig zu einem Inhalt auf $\alpha(\mathfrak{I}_1)$ fortgesetzt wird, folgt wie im Fall des elementargeometrischen Inhalts aus dem Spezialfall

$$\begin{aligned}\mu((a,b]) &= F(b)-F(a) = (F(c)-F(a)) + (F(b)-F(c))\\ &= \mu((a,c]) + \mu((c,b])\end{aligned}$$

für $-\infty \le a \le c \le b \le \infty$. Sei μ ein Inhalt auf $\alpha(\mathfrak{I}_1)$, der auf den beschränkten Mengen endlich ist. Wir wählen ein beliebiges $c \in \mathbb{R}$ und definieren F durch

$$\begin{aligned}F(x) &= \mu((c,x]) \quad \text{für} \quad c < x\\ F(c) &= 0\\ F(x) &= -\mu((x,c]) \quad \text{für} \quad c > x\,.\end{aligned}$$

Durch Fallunterscheidung folgt leicht $\mu((a,b]) = F(b)-F(a)$ für a, b mit $-\infty \le a < b \le \infty$. Sei G eine weitere Funktion mit $\mu((a,b]) = G(b)-G(a)$ für a, b mit $-\infty \le a < b \le \infty$. Es folgt $F(b)-F(a) = G(b)-G(a)$ für $a, b \in \mathbb{R}$ mit $a \le b$ und durch Vertauschung von a und b für alle $a, b \in \mathbb{R}$. Halten wir $b \in \mathbb{R}$ fest, so folgt, dass $F-G$ konstant gleich $F(b)-G(b)$ ist. Sei umgekehrt G eine Funktion, für die $F-G$ konstant ist. Dann ist $\mu((a,b]) = F(b)-F(a) = G(b)-G(a)$ für $a, b \in \mathbb{R}$ mit $a \le b$.

b) Sei μ ein Maß und $(x_n)_{n\ge1}$ eine Folge mit $x_n \downarrow x$ für $n \to \infty$. Dann konvergiert $(x, x_n] \downarrow \emptyset$ für $n \to \infty$ und daher $F(x_n)-F(x) = \mu((x,x_n]) \downarrow 0$ für $n \to \infty$, und es folgt die rechtsseitige Stetigkeit von F.
Sei nun F rechtsseitig stetig. Analog zu Lemma 2.21 zeigen wir

$$\begin{aligned}&F(b)-F(a) \le \sum_{n=1}^{\infty}(F(b_n)-F(a_n)) \quad \text{für} \quad (a_n,b_n], (a,b] \in \mathfrak{I}_1\ (n\ge1)\\ &\quad \text{mit} \quad (a,b] \subset \bigcup_{n=1}^{\infty}(a_n,b_n]\,.\end{aligned}$$

Es genügt wieder, die Behauptung für beschränkte Intervalle $(a,b]$ und $\sum_{n=1}^{\infty}(F(b_n)-F(a_n)) < \infty$ zu beweisen.
Da F rechtsseitig stetig ist, existiert zu $\varepsilon > 0$ ein $\delta > 0$ mit $F(a+\delta)-F(a) \le \varepsilon$ und zu $\varepsilon > 0$ und $n \ge 1$ ein $\delta_n > 0$ mit $F(b_n+\delta_n)-F(b_n) \le \frac{\varepsilon}{2^n}$.
Es ist $[a+\delta,b] \subset (a,b] \subset \cup_{n=1}^{\infty}(a_n,b_n] \subset \cup_{n=1}^{\infty}(a_n,b_n+\delta_n)$, und nach dem Satz von Heine-Borel existiert ein $N \ge 1$ mit $[a+\delta,b] \subset \cup_{n=1}^{N}(a_n,b_n+\delta_n)$. Mit $(a+\delta,b] \subset \cup_{n=1}^{N}(a_n,b_n+\delta_n]$ folgt

$$\begin{aligned}F(b)-F(a)-\varepsilon \le F(b)-F(a+\delta) &\le \sum_{n=1}^{N}(F(b_n+\delta_n)-F(a_n))\\ &\le \sum_{n=1}^{\infty}(F(b_n)-F(a_n)) + \varepsilon\end{aligned}$$

und damit die Behauptung.

Daraus folgt wie im Fall des elementargeometrischen Inhalts die σ-Subadditivität von μ und damit, dass μ ein Maß ist.

c) Da μ auf der Algebra $\alpha(\mathfrak{J}_1)$ ein σ-endliches Maß ist, lässt sich μ eindeutig zu einem Maß auf die von $\alpha(\mathfrak{J}_1)$ erzeugte σ-Algebra der Borel-Mengen fortsetzen.

d) Für $a_n \uparrow a \le b$ konvergiert $(a_n, b] \uparrow [a, b]$, und es folgt

$$\mu([a,b]) = \lim_{n\to\infty} \mu((a_n, b]) = \lim_{n\to\infty} (F(b) - (F(a_n))) = F(b) - F(a-) \text{ für } a \le b.$$

Analog folgt $\mu((a,b)) = F(b-) - F(a)$ und $\mu([a,b)) = F(b-) - F(a-)$ für $a \le b$.

e) 1. Für $a = b$ folgt $\mu(\{a\}) = \mu([a,a]) = F(a) - F(a-)$ aus d). Die Unstetigkeitsstellen von F sind daher genau die Punkte a mit strikt positiver Masse $F(a) - F(a-)$ bzgl. μ.
2. Ist F auf dem Intervall $[a,b]$ konstant, dann ist $\mu((a,b]) = 0$, $(a,b]$ also eine μ-Nullmenge.

2.10 a) Für jede Menge $B \in \sigma(\mathcal{A}_0)$ mit $A \subset B$ ist $\mu^*(A) \le \mu^*(B)$ und daher ist $\mu^*(A) \le \inf\{\mu^*(B) \colon B \in \sigma(\mathcal{A}_0) \text{ mit } A \subset B\}$.
Für die Abschätzung von $\mu^*(A)$ nach unten seien $A_n \in \mathcal{A}_0$ $(n \ge 1)$ mit $A \subset \bigcup_{n=1}^\infty A_n$. Wir setzen $B_0 = \bigcup_{n=1}^\infty A_n$. Es ist $B_0 \in \sigma(\mathcal{A}_0)$ mit $A \subset B_0$ und $\mu^*(B_0) \le \sum_{n=1}^\infty \mu(A_n)$ und es folgt $\inf\left\{\mu^*(B) : B \in \sigma(\mathcal{A}_0) \text{ mit } A \subset B\right\} \le \sum_{n=1}^\infty \mu(A_n)$. Da diese Ungleichung für alle $A_n \in \mathcal{A}_0$ $(n \ge 1)$ mit $A \subset \bigcup_{n=1}^\infty A_n$ gilt, folgt nach Definition von μ^* die Ungleichung $\inf\{\mu^*(B) \colon B \in \sigma(\mathcal{A}_0) \text{ mit } A \subset B\} \le \mu^*(A)$.
Im Fall $\mu^*(A) = \infty$ ist $\mu^*(B) = \infty$ für alle $B \in \sigma(\mathcal{A}_0)$ mit $A \subset B$ und das Infimum wird trivialerweise angenommen.
Sei daher $\mu^*(A) < \infty$. Dann existiert zu jedem $n \ge 1$ ein $B_n \in \sigma(\mathcal{A}_0)$ mit $A \subset B_n$ und $\mu^*(B_n) \le \mu^*(A) + \frac{1}{n}$. Sei $B = \bigcap_{n=1}^\infty B_n$. Es ist $B \in \sigma(\mathcal{A}_0)$ mit $A \subset B$ und $\mu^*(B) \le \mu^*(A)$. Da damit $\mu^*(B) = \mu^*(A)$ ist, wird das Infimum für B angenommen.

b) Die Eigenschaft $\mu^*(A) + \mu^*(A^c) = \mu(\Omega)$ von Lebesgue entspricht der Carathéodory-Eigenschaft (C) speziell für $B = \Omega$. Die Carathéodory-Eigenschaft impliziert daher die Eigenschaft von Lebesgue.
Gelte umgekehrt die Eigenschaft von Lebesgue. Nach a) existieren zu A und A^c Mengen $\overline{A}, \overline{A^c} \in \sigma(\mathcal{A}_0)$ mit $A \subset \overline{A}, A^c \subset \overline{A^c}$ und $\mu^*(\overline{A}) = \mu^*(A), \mu^*(\overline{A^c}) = \mu^*(A^c)$. Aus $A \subset \overline{A}, A^c \subset \overline{A^c}$ folgt $\overline{A} \cup \overline{A^c} = \Omega$. Da μ^* auf $\sigma(\mathcal{A}_0)$ ein endliches Maß ist, ist $\mu(\Omega) = \mu^*(\Omega) = \mu^*(\overline{A} \cup \overline{A^c}) = \mu^*(\overline{A}) + (\overline{A^c}) - \mu^*(\overline{A} \cap \overline{A^c})$. Aus $\mu^*(\overline{A}) = \mu^*(A)$, $\mu^*(\overline{A^c}) = \mu^*(A^c)$ und $\mu^*(A) + \mu^*(A^c) = \mu(\Omega)$ folgt $\mu^*(\overline{A} \cap \overline{A^c}) = 0$.
Sei nun $B \subset \Omega$ eine beliebige Teilmenge und $\overline{B} \in \sigma(\mathcal{A}_0)$ mit $B \subset \overline{B}$ und $\mu^*(\overline{B}) = \mu^*(B)$. Dann ist $\mu^*(B) = \mu^*(\overline{B}) = \mu^*((\overline{B} \cap \overline{A}) \cup (\overline{B} \cap \overline{A^c})) = \mu^*(\overline{B} \cap \overline{A}) + \mu^*(B \cap \overline{A^c}) - \mu^*(\overline{B} \cap \overline{A} \cap \overline{A^c})$.
Betrachten wir die einzelnen Terme. Es ist $(B \cap A) \subset (\overline{B} \cap \overline{A})$ und daher $\mu^*(B \cap A) \le \mu^*(\overline{B} \cap \overline{A})$ sowie analog $\mu^*(B \cap A^c) \le \mu^*(\overline{B} \cap \overline{A^c})$. Aus $\mu^*(\overline{A} \cap \overline{A^c}) = 0$ folgt schließlich $\mu^*(\overline{B} \cap \overline{A} \cap \overline{A^c}) = 0$, und wir erhalten die Eigenschaft (C').

3.5 a) Es konvergiere $X_n \to X$ stochastisch für $n \to \infty$. Für $\varepsilon > 0$ und $n, m \geq 1$ ist wegen der Subadditivität $\mu\left(|X_n - X_m| \geq \varepsilon\right) \leq \mu\left(|X_n - X| \geq \frac{\varepsilon}{2}\right) + \mu\left(|X - X_m| \geq \frac{\varepsilon}{2}\right)$, und es folgt, dass $(X_n)_{n\geq 1}$ eine stochastische Cauchy-Folge ist.

b) Für $k \geq 1$ existiert ein $n_k \geq 1$ mit $\mu\left(|X_n - X_m| \geq \frac{1}{2^k}\right) \leq \frac{1}{2^k}$ für $n, m > n_k$. Durch evtl. Vergrößerung von n_k für $k \geq 1$ kann die Folge $(X_{n_k})_{k\geq 1}$ als Teilfolge gewählt werden.
Für $i \geq 1$ sei $N_i = \cup_{k=i}^{\infty} \left\{|X_{n_{k+1}} - X_{n_k}| \geq \frac{1}{2^k}\right\}$. Es ist $\mu(N_i) \leq \frac{1}{2^{i-1}}$, und $\sum_{k=1}^{\infty}(X_{n_k} - X_{n_{k+1}})$ konvergiert auf N_i^c. Daher ist $N = \cap_{i=1}^{\infty} N_i$ eine Menge mit $\mu(N) = 0$, außerhalb derer $(X_{n_k})_{k\geq 1}$ konvergiert.
Bezeichnen wir den Grenzwert mit X, so folgt, dass $|X - X_{n_k}| \leq \frac{1}{2^{i-1}}$ auf N_i^c für $k \geq i$ ist und damit auch die stochastische Konvergenz der Teilfolge $(X_{n_k})_{k\geq 1}$.

c) Mit einem üblichen Schluss folgt aus der stochastischen Konvergenz einer Teilfolge $(X_{n_k})_{k\geq 1}$ mit der Cauchy-Eigenschaft die stochastische Konvergenz der Folge $(X_n)_{n\geq 1}$.

d) Dass jede Teilfolge einer stochastisch konvergenten Folge eine f.ü. konvergente Unterteilfolge besitzt, folgt durch Anwendung von a) auf die Teilfolge. Dies gilt für beliebige Maße μ.
Die Umkehrung im Fall eines endliches Maßes beweisen wir indirekt. Sei $(X_n)_{n\geq 1}$ eine Folge, für die jede Teilfolge $(X_{n_k})_{k\geq 1}$ eine Unterteilfolge besitzt, die gegen X f.ü. konvergiert, aber nicht stochastisch gegen X konvergiert. Dann existieren $\varepsilon, \eta > 0$, so dass $\mu(|X_n - X| \geq \varepsilon) \geq \eta$ für unendlich viele n und damit für alle Glieder einer Teilfolge $(X_{n_k})_{k\geq 1}$ ist. Für diese Teilfolge konvergiert keine Unterteilfolge stochastisch und damit nach Korollar 3.19 auch nicht f.ü.

e), f) folgen leicht durch Anwendung von Kriterium d).

4.3 a) Nach Voraussetzung existiert eine Menge $N \in \mathcal{A}$ mit $\{X \neq Y\} \subset N$ und $\mu(N) = 0$. Für $B \in \mathcal{B}$ ist $Y^{-1}(B) = (Y^{-1}(B) \cap N) \cup (Y^{-1}(B) \cap N^c) = (Y^{-1}(B) \cap N) \cup (X^{-1}(B) \cap N^c)$. Da das Maß μ vollständig ist und $(Y^{-1}(B) \cap N) \subset N$ ist, ist $(Y^{-1}(B) \cap N) \in \mathcal{A}$. Wegen der Messbarkeit von X ist $(X^{-1}(B) \cap N^c) \in \mathcal{A}$, und es folgt $Y^{-1}(B) \in \mathcal{A}$.

b) Wenn das Maß μ nicht vollständig ist, existieren Mengen A, N mit $A \subset N$, $N \in \mathcal{A}$, $\mu(N) = 0$ und $A \notin \mathcal{A}$. Die Funktionen $X = 1_N$ und $Y = 1_A$ liefern ein Gegenbeispiel.

4.5 $(X_n)_{n\geq 1}$ ist eine monoton wachsende Folge mit $X_n \leq X$ für alle $n \geq 1$. Daher ist $(\int X_n \, d\mu)_{n\geq 1}$ eine monoton wachsende Folge mit $\lim_{n\geq 1} \int X_n \, d\mu = \sup_{n\geq 1} \int X_n \, d\mu \leq \int X \, d\mu$. Wenden wir Lemma 4.3 auf $Y = X$ an, so erhalten wir $\int X \, d\mu \leq \sup_{n\geq 1} \int X_n \, d\mu$.

4.6 Zum Beweis des Satzes von der majorisierten Konvergenz für stochastisch konvergente Folgen sei zunächst $(X_{n_k})_{k\geq 1}$ eine nach Übung 3.5 existierende f.ü. konvergente Teilfolge. Durch Anwendung des Satzes von der majorisierten Konvergenz folgt, dass X integrierbar ist. Zum Beweis der Konvergenz sei $(X_{n_k})_{k\geq 1}$ jetzt eine Teilfolge mit $\lim_{k\to\infty} \int |X_{n_k} - X| \, d\mu = \limsup_{n\to\infty} \int |X_n - X| \, d\mu$. Nach Übung 3.5 existiert eine f.ü. konvergente Unterteilfolge. Aus dem Satz von der majorisierten Konvergenz für diese Unterteilfolge folgt

$$\lim_{n\to\infty} \int |X_n - X| \, d\mu = \limsup_{n\to\infty} \int |X_n - X| \, d\mu = 0 .$$

Ähnlich führt man Satz 4.29 für stochastisch konvergente Folgen mit Hilfe von Teilfolgen auf f.ü. konvergente Folgen zurück.

5.5 s. Beweis von Satz 11.16

5.6 a) Wir überlassen die Lösung mit kombinatorischen Argumenten dem Leser und zeigen mit vollständiger Induktion, dass die Binomialverteilung mit Parameter n und p die Verteilung $P(S_n = k) = \binom{n}{k} p^k q^{n-k}$ $(0 \le k \le n)$ hat.
Für $n = 1$ ist $S_1 = X_1$. Die Verteilung $P(X_i = 1) = p$ und $P(X_i = 0) = q$ stimmt mit der Behauptung überein.
Für $n \ge 1$ ist $S_{n+1} = S_n + X_{n+1}$ mit unabhängigen Zufallsvariablen S_n und X_{n+1}. Setzen wir die angegebene Formel für n voraus, so folgt:
für $k = 0$ ist $P(S_{n+1} = 0) = P(S_n = 0) \cdot P(X_{n+1} = 0) = q^n \cdot q = q^{n+1}$
für $1 \le k \le n$

$$\begin{aligned} P(S_{n+1} = k) &= P(S_n = k) \cdot P(X_{n+1} = 0) + P(S_n = k-1) \cdot P(X_{n+1} = 1) \\ &= \binom{n}{k} p^k q^{n-k} \cdot q + \binom{n}{k} p^{k-1} q^{n-k+1} \cdot p \\ &= \left(\binom{n}{k} + \binom{n}{k-1}\right) \cdot p^k q^{n+1-k} = \binom{n+1}{k} p^k q^{n+1-k} \end{aligned}$$

für $k = n+1$ ist $P(S_{n+1} = n+1) = P(S_n = n) \cdot P(X_{n+1} = 1) = p^n \cdot p = p^{n+1}$.

9.3 Sei X standardnormalverteilt. Sei $c > 0$ und $f_c(x) = x$ für $|x| \le c$ und $f_c(x) = -x$ für $|x| > c$. Dann ist auch $Y = f_c(X)$ standardnormalverteilt. Für jedes c sind X und Y nicht unabhängig, und die gemeinsame Verteilung von X und Y ist keine 2-dimensionale Normalverteilung. Es existiert ein $c > 0$ mit $E(X^2 1_{\{|x| \le c\}}) = E(X^2 1_{\{|x|>c\}})$. Für dieses c ist $C(X, Y) = E(XY) = 0$. Man bestimme dieses c.

12.2 1. Da μ^+ und μ^- Maße sind, gilt für alle Mengen $B \in \mathcal{A}$ mit $B \subset A$: $\mu(B) = \mu^+(B) - \mu^-(B) \le \mu^+(B) \le \mu^+(\mathcal{A})$. Daher ist $\sup\{\mu(B) : B \in \mathcal{A}, B \subset A\} \le \mu^+(A)$.
Speziell für $B = A \cap \Omega^+$ ist $\mu(B) = \mu(A \cap \Omega^+) = \mu^+(A)$ und damit $\sup\{\mu(B) : B \in \mathcal{A}, B \subset A\} \ge \mu^+(A)$.
Der Beweis für $-\mu^-$ geht analog.
2. Sei $A \in \mathcal{A}$. Für $B \in \mathcal{A}$ mit $B \subset A$ ist $\mu(B) = \mu_1(B) - \mu_2(B) \le \mu_1(B) \le \mu_1(A)$. Mit 1 folgt $\mu^+(A) \le \mu_1(A)$ und analog $\mu^-(A) < \mu_2(A)$.

12.3 a) Dass $\mathcal{M}(\Omega, \mathcal{A})$ ein Vektorraum ist, und die Regeln der Ordnung folgen aus der punktweisen Definition von Addition, skalarer Multiplikation und Ordnung. Die

Verträglichkeit bedeutet

$$\lambda \le \mu, \lambda \le \nu \Rightarrow \lambda \le \mu + \nu$$
$$\mu \le \nu, a \ge 0 \Rightarrow a\mu \le a\nu$$

und folgt ebenfalls aus den Eigenschaften der punktweisen Ordnung reellwertiger Funktionen. Sei $\mu, \nu \in \mathcal{M}(\Omega, \mathcal{A})$. Für $\lambda \in \mathcal{M}(\Omega, \mathcal{A})$ ist $\lambda \ge \mu$ und $\lambda \ge \nu$ genau dann, wenn $\lambda - \mu \ge 0$ und $\lambda - \mu \ge \nu - \mu$ ist. Daher ist $\sup(\mu, \nu) = \mu + \sup(\nu - \mu, 0)$. Insbesondere folgt aus der Existenz von $\sup(\mu, 0)$ für alle $\mu \in \mathcal{M}(\Omega, \mathcal{A})$ die Existenz von $\sup(\mu, \nu)$ für alle $\mu, \nu \in \mathcal{M}(\Omega, \mathcal{A})$.

Wir zeigen, dass $\mu^+ = \sup(\mu, 0)$ für $\mu \in \mathcal{M}(\Omega, \mathcal{A})$ ist. Daraus ergibt sich auch die Existenz.

Offensichtlich ist $\mu^+ \in \mathcal{M}(\Omega, \mathcal{A})$ mit $\mu^+ \ge \mu$ und $\mu^+ \ge 0$. Sei $\nu \in \mathcal{M}(\Omega, \mathcal{A})$ mit $\nu \ge \mu$ und $\nu \ge 0$.

Dann sind ν und $\nu - \mu$ Maße auf $(\Omega, \mathcal{A})$ mit $\mu = \nu - (\nu - \mu)$. Aus Proposition 12.11.2 (s. auch Übung 12.2 oben) folgt $\mu^+ \le \nu$.

Die Existenz des Infimums und $\mu^- = \sup(-\mu, 0)$ für $\mu \in \mathcal{M}(\Omega, \mathcal{A})$ folgt analog oder aus $\inf(\mu, \nu) = -\sup(\mu, \nu)$ für $\mu, \nu \in \mathcal{M}(\Omega, \mathcal{A})$.

Schließlich ist $\sup(\mu, -\mu) = \mu + \sup(-\mu - \mu, 0) = \mu^+ - \mu^- + 2\mu^- = |\mu|$ für $\mu \in \mathcal{M}(\Omega, \mathcal{A})$.

b) Seien $\mu, \nu \in \mathcal{M}(\Omega, \mathcal{A})$ und $\lambda = \sup(\mu, \nu)$. Für $A, B \in \mathcal{A}$ mit $B \subset A$ ist $\mu(B) + \nu(A \setminus B) \le \lambda(B) + \lambda(A \setminus B) = \lambda(A)$, und es folgt $\sup(\mu, \nu)(A) \ge \sup\{\mu(B) + \nu(A \setminus B) \colon B \in \mathcal{A}$ mit $B \subset A\}$. Die oben bewiesene Beziehung $\sup(\mu, \nu) = \mu + \sup(\nu - \mu, 0)$ legt es nahe, $B = A \cap \Omega^-$ zu wählen, wobei (Ω^+, Ω^-) eine Hahn-Zerlegung von Ω bzgl. $\nu - \mu$ ist. Für diese Menge B ist

$$\begin{aligned}\mu(B) + \nu(A \setminus B) &= \mu(A) + (\nu - \mu)(A \setminus B) = \mu(A) + (\nu - \mu)(A \cap \Omega^+) \\ &= \mu + (\nu - \mu)^+(A) = \sup(\mu, \nu)(A)\,.\end{aligned}$$

13.3 Wir bezeichnen die bedingten Erwartungen bzgl. P bzw. Q mit E_P bzw. E_Q. Sei X eine Zufallsvariable mit Erwartungswert im weiteren Sinne, $\mathcal{B} \subset \mathcal{A}$ eine Unter-σ-Algebra und $Y = E_Q(X|\mathcal{B})$. Y ist $\mathcal{B}$-messbar und es gilt

$$\int_B Yf \,\mathrm{d}P = \int_B Y \,\mathrm{d}Q = \int_B X \,\mathrm{d}Q = \int_B Xf \,\mathrm{d}P \quad \text{für alle } B \in \mathcal{B}\,.$$

Es folgt $YE_P(f|\mathcal{B}) = E_P(Yf|\mathcal{B}) = E_P(Xf|\mathcal{B})$. Um zu beweisen, dass daraus $Y = (E_P(f|\mathcal{B}))^{-1}E_P(Xf|\mathcal{B})$ folgt, müssen wir zeigen, dass $E_P(f|\mathcal{B}) \ne 0$ Q-f.s. ist.

Sei $N = \{E_P(f|\mathcal{B}) = 0\}$. Da $N \in \mathcal{B}$ ist, ist $Q(N) = \int_N f \,\mathrm{d}P = \int_N E_P(f|\mathcal{B}) \,\mathrm{d}P = 0$.

13.4 Schränkt man die Eigenschaft $E(XZ) = E(YZ)$ für alle $\mathcal{B}$-messbaren Zufallsvariablen Z mit $E|XZ| < \infty$ ein auf die Zufallsvariablen Z der Form 1_B mit $B \in \mathcal{B}$, so

erhält man die definierende Eigenschaft 2 der bedingten Erwartung als Spezialfall. Umgekehrt kann man, ausgehend von diesem Spezialfall, den allgemeinen Fall mit den bekannten Schritten beim Integral mit Linearität und monotoner Konvergenz beweisen.
Für $X \in L^2(P)$ bedeutet die Eigenschaft $E(XZ) = E(YZ)$ für alle $Z \in L^2(\Omega, \mathcal{B}, P_{\mathcal{B}})$, dass $X - Y \perp L^2(\Omega, \mathcal{B}, P_{\mathcal{B}})$ ist. Es entspricht der Anmerkung nach dem Beweis von Satz 13.6.

13.5 folgt aus $1_B E(X|\mathcal{B}) = E(1_B X|\mathcal{B}) = E(1_B Y|\mathcal{B}) = 1_B E(Y|\mathcal{B})$.

13.6 Es ist $E(XE(Y|\mathcal{B})) = E(E(XE(Y|\mathcal{B})|\mathcal{B})) = E(E(E(X|\mathcal{B})E(Y|\mathcal{B})|\mathcal{B}))$. Dieser Ausdruck ist symmetrisch in X und Y, und die Behauptung folgt mit der Vertauschung von X und Y.

16.1 Wir zeigen die Behauptung $E(f_1(X_{u_1}) \cdot f_2(X_{u_2}) \cdot \ldots \cdot f_n(X_{u_n})|\mathcal{A}_t) = E(f_1(X_{u_1}) \cdot f_2(X_{u_2}) \cdot \ldots \cdot f_n(X_{u_n})|X_t)$ für $t \le u_1 < \ldots < u_n$ und beschränkte, messbare Funktionen $f_1, f_2, \ldots, f_n$ $(n \ge 1)$ durch Induktion. Der Fall $n = 1$ ist Satz 16.2.1.
Die Behauptung gelte für ein $n \ge 1$. Für $0 \le t \le u_1 < \ldots < u_{n+1}$ und beschränkte, messbare Funktionen $f_1, f_2, \ldots, f_{n+1}$ ist

$$\begin{aligned}
&E(f_1(X_{u_1}) \cdot f_2(X_{u_2}) \cdot \ldots \cdot f_{n+1}(X_{u_{n+1}})|\mathcal{A}_t) \\
&= E(E(f_1(X_{u_1}) \cdot f_2(X_{u_2}) \cdot \ldots \cdot f_{n+1}(X_{u_{n+1}})|\mathcal{A}_{u_n})|\mathcal{A}_t) \\
&= E(f_1(X_{u_1}) \cdot f_2(X_{u_2}) \cdot \ldots \cdot f_n(X_{u_n}) \cdot E(f_{n+1}(X_{u_{n+1}})|\mathcal{A}_{u_n})|\mathcal{A}_t) \\
&= E(f_1(X_{u_1}) \cdot f_2(X_{u_2}) \cdot \ldots \cdot f_n(X_{u_n}) \cdot E(f_{n+1}(X_{u_{n+1}})|X_{u_n})|\mathcal{A}_t) \\
&= E(f_1(X_{u_1}) \cdot f_2(X_{u_2}) \cdot \ldots \cdot f_n(X_{u_n}) \cdot E(f_{n+1}(X_{u_{n+1}})|X_{u_n})|X_t)\,.
\end{aligned}$$

Die letzte Umformung folgt aus der Induktionsannahme.
Damit ist $E(f_1(X_{u_1}) \cdot f_2(X_{u_2}) \cdot \ldots \cdot f_{n+1}(X_{u_{n+1}})|\mathcal{A}_t)$ $\sigma(X_t)$-messbar. Da die Integrationsbedingung von $E(f_1(X_{u_1}) \cdot f_2(X_{u_2}) \cdot \ldots \cdot f_{n+1}(X_{u_{n+1}})|X_t)$ trivialerweise erfüllt ist, folgt

$$\begin{aligned}
&E(f_1(X_{u_1}) \cdot f_2(X_{u_2}) \cdot \ldots \cdot f_{n+1}(X_{u_{n+1}})|\mathcal{A}_t) \\
&= E(f_1(X_{u_1}) \cdot f_2(X_{u_2}) \cdot \ldots \cdot f_{n+1}(X_{u_{n+1}})|X_t)\,.
\end{aligned}$$

Speziell für $f_i = 1_{A_i}$ mit $A_i \in \mathcal{B}$ für $1 \le i \le n$ folgt $P(B|\mathcal{A}_t) = P(B|X_t)$ für Mengen B von der Form $\{X_{u_1} \in A_1, \ldots, X_{u_n} \in A_n\}$ mit $t \le u_1 < \ldots < u_n$ und $A_i \in \mathcal{B}$ für $1 \le i \le n$. Das System aller Mengen dieser Form bildet ein $\cap$-stabiles Erzeugendensystem von $\sigma(X_u, u \ge t)$, das Ω enthält, und nach Satz 13.3 folgt $P(B|\mathcal{A}_t) = P(B|X_t)$ für $B \in \sigma(X_u, u \ge t)$.

17.3 Sei X ein nichtnegatives lokales Martingal und $(\tau_n)_{n\ge1}$ eine lokalisierende Folge, so dass $X^{\tau_n} 1_{\{\tau_n>0\}}$ für jedes n ein Martingal ist. Dann ist $E\left(X_t^{\tau_n} 1_{\{\tau_n>0\}}|\mathcal{A}_s\right) =$

$X_s^{\tau_n} 1_{\{\tau_n > 0\}}$ für jedes n und $0 \le s < t$. Mit dem Lemma von Fatou folgt

$$\begin{aligned} E(X_t | \mathcal{A}_s) &= E\left(\lim_{n\to\infty} X_t^{\tau_n} 1_{\{\tau_n>0\}} | \mathcal{A}_s \right) \le \liminf_{n\to\infty} E\left(X_t^{\tau_n} 1_{\{\tau_n>0\}} | \mathcal{A}_s \right) \\ &= \lim_{n\to\infty} E\left(X_s^{\tau_n} 1_{\{\tau_n>0\}} \right) = X_s \,. \end{aligned}$$

17.5 Für Integranden $H \in \mathcal{E}$ ist das stochastische Integral pfadweise definiert und daher unabhängig von P.
Sei $H \in \mathcal{L}$ und $(H^n)_{n\ge1}$ eine Folge in $\mathcal{E}$ mit $H^n \to H$ l.g.s. bzgl. P für $n \to \infty$.
Aus der l.g.s. Konvergenz $H^n \to H$ bzgl. P für $n \to \infty$ folgt die l.g.s. Konvergenz $H^n \to H$ bzgl. Q und damit $H_Q^n \cdot X \to H_Q \cdot X$.
Andererseits konvergiert $H_Q^n \cdot X = H_P^n \cdot X \to H_P \cdot X$ l.g.s. bzgl. P und damit auch bzgl. Q, und es folgt die Behauptung.

17.6 Für $R = \frac{P+Q}{2}$ ist $P \ll R$ und $Q \ll R$. Mit $H \cdot X = H_R \cdot X$ folgt die Behauptung aus Übung 17.5.

17.7 Nach Satz 17.44 ist das stochastische Integral bzgl. jedes Semimartingals ein Semimartingal.
Für ein Semimartingal X und $H \in \mathcal{L}$ folgt für das Stieltjes-Integral (s. Satz 17.43) aus Satz 12.15 die Ungleichung

$$|(H\cdot X)_t - (H\cdot X)_s| \le \sup\{H_t : a \le t \le b\} \cdot (|X|_t - |X|_s) \quad \text{für} \quad a \le s < t \le b \,.$$

Da H nach Proposition 14.45 pfadweise auf jedem kompakten Intervall beschränkt ist, folgt für ein Semimartingal X von endlicher Variation und $H \in \mathcal{L}$, dass das stochastische Integral $H \cdot X$ ebenfalls von endlicher Variation ist.

18.1 Es genügt, den Fall eines totalen Semimartingals X zu behandeln.
Wegen der Linearität von I_X genügt es zu zeigen, dass aus der gleichmäßigen Konvergenz $H_n \to 0$ für $n \to \infty$ einer Folge $(H_n)_{n\ge1}$ in $\mathcal{E}$ die stochastische Konvergenz $I_X(H_n) \to 0$ bzgl. P folgt.
Für $n \ge 1$ und $\varepsilon > 0$ ist $P(|I_X(H_n)| \ge \varepsilon) = \sum_{k\ge1} \lambda_k P_k (|I_X(H_n)| \ge \varepsilon)$.
Zu $\eta > 0$ existiert ein $K \ge 1$ mit $\sum_{k>K} \lambda_k \le \frac{\eta}{2}$.
Da X ein totales Semimartingal bzgl. jedes P_k $(k \ge 1)$ ist, existiert ein $n_0 \ge 1$ mit $P_k(|I_X(H_n)| \ge \varepsilon) \le \frac{\eta}{2}$ für $k \le K$, $n \ge n_0$, und es folgt $P(|I_X(H_n)| \ge \varepsilon) \le \eta$ für $n \ge n_0$.

Literatur

1. L. Breiman, *Probability* (SIAM, Philadelphia 1992)
2. P. Brémaud, *Markov Chains Gibbs Fields, Monte Carlo Simulation and Queues* (Springer, New York 1999)
3. R. Durrett, *Probability: Theory and Examples*, 3. Aufl. (Thomson Brookes/Cole, Belmont 2005)
4. R.J. Elliott, P.E. Kopp, *Mathematics of Financial Markets 2nd ed.* (Springer, New York 2005)
5. P. Imkeller, S. Rœlly, Die Wiederentdeckung eines Mathematikers: Wolfgang Döblin. DMV Mitteilungen **15**, 154–159 (2007)
6. H.-O. Georgii, *Stochastik*, 4. Aufl. (Walter de Gruyter & Co., Berlin 2009)
7. H. König, *Measure and Integration: An Advanced Course in Basic Procedures and Applications* (Springer, Heidelberg 1997)
8. H. König, Measure and Integral: New Foundations after one hundred years. *Functional Analysis and Evolution Equations* (The Günter Lumer Volume) (Birkhäuser, Basel 2007), S. 405–422
9. R. Korn, E. Korn, *Optionsbewertung und Portfolio-Optimierung*, 2. Aufl. (Vieweg & Sohn, Braunschweig 2001)
10. U. Krengel, *Einführung in die Wahrscheinlichkeitstheorie und Statistik*, 8. Aufl. (Vieweg & Sohn, Braunschweig 2005)
11. P. Protter, Stochastic integration without tears. Stochastics **16**, 295–325 (1986)
12. P. Protter, *Stochastic integration and Differential Equations*, 2. Aufl. (Springer, Heidelberg 2004)
13. J. Weidmann, *Lineare Operatoren in Hilbert-Räumen*, Teil I (B.G. Teubner, Stuttgart 2000)
14. E. Wigner, The Unreasonable Effectiveness of Mathematics in the Natural Sciences. Commun. Pure Appl. Math. **13**, 1 (1960)

Sachverzeichnis